최신 출제 경향에 따른

항공정비사
면허 실기·구술

조정현 지음

피앤피북

머리말

안녕하세요.

항공정비사 면허 실기 구술책을 제작한 조정현입니다.

수많은 항공 수험생 여러분들에게 효율적이고 실용적인 내용으로 시험 합격에 많은 도움을 드리고자 이책을 제작하게 되었습니다.

기종별로 내용이 약간은 상이한 부분도 있기에 대부분 기본적으로 많이 공부하시는 B737 기종을 기준으로 작성했습니다. 내용에 오류가 있거나 잘못된 부분이 있다면 언제든 피드백 주시면 감사하겠습니다.
또한, 이 책 제작에 힘써주신 여러 현직자 여러분들께도 깊은 감사의 말씀을 올립니다.

우리나라 항공정비 산업이 향후 많은 부분에서 부흥과 발전이 이루어지길 바라며, 아울러 수험생 여러분들의 항공산업으로의 진출과 항공교육 분야의 무궁한 발전에 기여할 수 있기를 희망합니다.

감사합니다.

저 자 올림

항공정비사 실기영역 세부기준

[Part1 항공기체 및 발동기]

1. 법규 및 관계규정

가. 정비작업범위

1) 항공종사자의 자격 (구술 평가)
   가) 자격증명 업무범위(항공안전법 제36조, 별표)
   나) 자격증명의 한정(항공안전법 제37조)
   다) 정비확인 행위 및 의무(항공안전법 제32조, 제33조)

2) 작업 구분 (구술 평가)
   가) 감항증명 및 감항성 유지(항공안전법 제23조, 제24조), 수리와 개조(항공안전법 제30조), 항공기등의 검사 등(항공안전법 제31조)
   나) 항공기정비업(항공사업법 제2절), 항공기취급업(항공사업법 제3절)

나. 정비방식

1) 항공기 정비방식 (구술 평가)
   가) 비행전후 점검, 주기점검(A,B,C,D 등)
   나) Calendar 주기, Flight Time 주기

2) 부분품 정비방식 (구술 평가)
   가) 하드타임(Hardtime) 방식
   나) 온컨디션(On Condition)방식
   다) 컨디션 모니터링(Condition Monitoring) 방식

3) 발동기 정비방식 (구술 평가)
   가) HSI(Hot Section Inspection)
   나) CSI(Cold Section Inspection)

정보

2. 기본작업

가. 판금작업

1) 리벳의 식별 (구술 또는 실작업 평가)
    - 가) 사용목적, 종류, 특성
    - 나) 열처리 리벳의 종류 및 열처리 이유

2) 구조물 수리작업 (구술 또는 실작업 평가)
    - 가) 스톱홀(Stop Hole)의 목적, 크기, 위치 선정
    - 나) 리벳 선택(크기, 종류)
    - 다) 카운터 성크(Countersunk)와 딤플(Dimple)의 사용구분
    - 라) 리벳의 배치(ED, Pitch)
    - 마) 리벳작업 후의 검사
    - 바) 용접 및 작업 후 검사

3) 판재 절단, 굽힘작업 (구술 또는 실작업 평가)
    - 가) 패치(Patch)의 재질 및 두께 선정기준
    - 나) 굽힘 반경(Bending Radius)
    - 다) 셋백(Setback)과 굽힘 허용치(BA)

4) 도면의 이해 (구술 또는 실작업 평가)
    - 가) 3면도 작성
    - 나) 도면 기호 식별

5) 드릴 등 벤치공구 취급 (구술 또는 실작업 평가)
    - 가) 드릴 절삭, 에지각, 선단각, 절삭 속도
    - 나) 톱, 줄, 그라인더, 리마, 탭, 다이스
    - 다) 공구 사용 시의 자세 및 안전수칙

나. 연결작업

1) 호스, 튜브작업 (구술 또는 실작업 평가)
    - 가) 사이즈 및 용도 구분
    - 나) 손상검사 방법
    - 다) 연결 피팅(Fitting, Union)의 종류 및 특성
    - 라) 장착 시 주의사항

2) 케이블 조정 작업(Rigging) (구술 또는 실작업 평가)
   가) 텐션미터(Tension Meter)와 라이저(Riser)의 선정
   나) 온도 보정표에 의한 보정
   다) 리깅 후 점검
   라) 케이블 손상의 종류와 검사방법

3) 안전결선(Safety Wire) 사용 작업 (구술 또는 실작업 평가)
   가) 사용목적, 종류
   나) 안전결선 장착 작업(볼트 혹은 너트)
   다) 싱글랩(Single Wrap) 방법과 더블랩(Double Wrap) 방법 사용 구분

4) 토큐(Torque)작업 (구술 또는 실작업 평가)
   가) 토큐의 확인 목적 및 확인 시 주의사항
   나) 익스텐션(Extension) 사용시 토큐 환산법
   다) 덕트 클램프(Clamp) 장착작업
   라) Cotter Pin 장착 작업

5) 볼트, 너트, 와셔 (구술 평가)
   가) 형상, 재질, 종류 분류
   나) 용도 및 사용처

다. 항공기재료 취급

1) 금속재료 (구술 평가)
   가) AL합금의 분류, 재질 기호 식별
   나) AL합금판(Alclad) 취급(표면손상 보호)
   다) Steel 합금의 분류, 재질 기호
   라) Alodine 처리

2) 비금속재료 (구술 평가)
   가) 열가소성과 열경화성 구분
   나) 고무제품의 보관
   다) 실란트 등 접착제의 종류와 취급
   라) 복합소재의 구성 및 취급

정보

    3) 비파괴검사 (구술 평가)
        가) 비파괴검사의 종류와 특징
        나) 비파괴검사 방법 및 주의사항

3. 항공기 정비작업

가. 기체 취급

    1) Station Number 구별 (구술 평가)
        가) Station no. 및 Zone no. 의미와 용도
        나) 위치 확인요령

    2) 잭업(Jack Up) 작업 (구술 평가)
        가) 자중(Empty Weight), Zero Fuel Weight, Payload관계
        나) 웨잉(Weighing)작업 시 준비 및 안전절차

    3) 무게중심(C.G) (구술 또는 실작업 평가)
        가) 무게중심의 한계의 의미
        나) 무게중심 산출작업(계산)

나. 조종 계통

    1) 주조종장치(Aileron, Elevator, Rudder) (구술 또는 실작업 평가)
        가) 조작 및 점검사항 확인

    2) 보조조종장치(Flap, Slat, Spoiler, Horizontal Stabilizer 등) (구술 평가)
        가) 종류 및 기능
        나) 작동 시험 요령

다. 연료 계통

    1) 연료보급 (구술 평가)
        가) 연료량 확인 및 보급절차 체크
        나) 연료의 종류 및 차이점

    2) 연료탱크 (구술 평가)
        가) 연료 탱크의 구조, 종류
        나) 누설(Leak)시 처리 및 수리방법

다) 탱크 작업 시 안전 주의사항

라. 유압 계통

1) 주요 부품의 교환 작업 (구술 또는 실작업 평가)
   가) 구성품의 장탈착 작업시 안전 주의 사항 준수 여부
   나) 작업의 실시요령

2) 작동유 및 Accumulator Air 보충 (구술 평가)
   가) 작동유의 종류 및 취급 요령
   나) 작동유의 보충작업

마. 착륙장치 계통

1) 착륙장치 (구술 평가)
   가) 메인 스트러트(Main Strut or Oleo Cylinder)의 구조 및 작동원리
   나) 작동유 보충시기 판정 및 보급방법

2) 제동계통 (구술 또는 실작업 평가)
   가) 브레이크 점검(마모 및 작동유 누설)
   나) 브레이크 작동 점검
   다) 랜딩기어에 휠과 타이어 부속품제거, 교환 장착

3) 타이어계통 (구술 또는 실작업 평가)
   가) 타이어 종류 및 부분품 명칭
   나) 마모, 손상 점검 및 판정기준 적용
   다) 압력 보충 작업(사용 기체 종류)
   라) 타이어 보관

4) 조향장치(구술평가)
   가) 조향장치 구조 및 작동원리
   나) 시미댐퍼(Shimmy Damper) 역할 및 종류

바. 추진 계통

1) 프로펠러 (구술 평가)
   가) 블레이드(Blade) 구조 및 수리 방법
   나) 작동절차(작동전 점검 및 안전사항 준수)

정보

　　　다) 세척과 방부처리 절차

　　2) 동력전달장치 (구술 평가)
　　　가) 주요 구성품 및 기능점검
　　　나) 주요 점검사항 확인

사. 발동기 계통

　　1) 왕복엔진 (구술 또는 실작업 평가)
　　　가) 작동원리, 주요 구성품 및 기능
　　　나) 점화장치 작업 및 작업안전사항 준수 여부
　　　다) 윤활장치 점검(기능, 작동유 점검 및 보충)
　　　라) 주요 지시계기 및 경고장치 이해
　　　마) 연료계통 기능(점검, 고장탐구 등)
　　　바) 흡입, 배기 계통

　　2) 가스터빈엔진 (구술 또는 실작업 평가)
　　　가) 작동원리, 주요 구성품 및 기능
　　　나) 점화장치 작업 및 작업안전사항 준수 여부
　　　다) 윤활장치 점검(기능, 작동유 점검 및 보충)
　　　라) 주요 지시계기 및 경고장치 이해
　　　마) 연료계통 기능(점검, 고장탐구 등)
　　　바) 흡입 및 공기흐름 계통
　　　사) Exhaust 및 Reverser 시스템
　　　아) 세척과 방부처리 절차
　　　자) 보조동력장치계통(APU)의 기능과 작동

아. 항공기 취급

　　1) 시운전 절차(Engine Run Up) (구술 평가)
　　　가) 시동절차 개요 및 준비사항
　　　나) 시운전 실시
　　　다) 시운전 도중 비상사태 발생시(화재 등) 응급조치 방법
　　　라) 시운전 종료후 마무리 작업 절차

2) 동절기 취급절차(Cold Weather Operation) (구술 평가)
   가) 제빙유 종류 및 취급 요령(주의사항)
   나) 제빙유 사용법(혼합율, 방빙 지속 시간)
   다) 제빙작업 필요성 및 절차(작업안전 수칙 등)
   라) 표면처리(세척과 방부처리) 절차

3) 지상운전과 정비 (구술 또는 실작업 평가)
   가) 항공기 견인(Towing) 일반절차
   나) 항공기 견인(Towing)시 사용 중인 활주로 횡단 시 관제탑에 알려야할 사항
   다) 항공기 시동시 지상운영 Taxing의 일반절차 및 관련된 위험요소 방지절차
   라) 항공기 시동시 및 지상작동(Taxing 포함) 상황에서 표준 수신호 또는 지시봉(Light Wand) 신호의 사용 및 응답방법

차 례

CHAPTER 01 항공법규

01 정비작업 범위 ··· 14
02 정비방식 ··· 22
03 법규 및 규정 ·· 44
04 감항증명 ··· 52

CHAPTER 02 항공기체

01 판금작업 ··· 66
02 연결작업 ··· 89
03 항공기재료 취급 ··· 116
04 기체 취급 ·· 143
05 조종 계통 ·· 162
06 연료 계통 ·· 173
07 유압 계통 ·· 191
08 착륙장치 계통 ·· 218
09 항공기 취급 / 동결방지 계통 ··· 244
10 공기조화 계통 ·· 258
11 객실 계통 ·· 272
12 화재탐지 및 소화 계통 ·· 278
13 산소 계통 ·· 294
14 벤치작업 ··· 300
15 계측작업 ··· 309

CHAPTER 03 발동기

01 발동기 계통(왕복 엔진) ··· 316
02 발동기 계통(가스터빈엔진) ································· 338
03 추진 계통 ··· 391

CHAPTER 04 전자전기계기

01 전기전자작업 ·· 402
02 통신항법 계통 ··· 427
03 전기조명 계통 ··· 460
04 전자계기 계통 ··· 494

항공정비 약어 및 원어 ·· 515
참고문헌 ··· 522

[이 장의 특징]

항공법규는 항공기 운항 및 유지에 대한 안전과 규제의 기반이 된다. 항공산업에서 안전한 운행과 항공기의 기술적, 운영적 적합성을 보장하기 위해 필수적인 역할을 수행한다고 보면 된다. 국제 민간 항공 기구(ICAO)에 의해 국제적으로 표준화되어 있어 각 국가는 이 표준을 기반으로 자국의 법규를 개발하고 적용하여 국제적인 항공 안전성 유지에도 기여한다.

또한, 항공기의 설계, 제작, 운용, 유지에 대한 기준을 규정하며 항공기의 인증 및 운용 허가 요건을 정의한다. 항공기의 공항 접근, 이착륙, 정비 등의 활동 또한 항공법규에 따라 이루어진다.

CHAPTER
01

항공법규
Legislation

01 정비작업 범위

(1) 항공종사자의 자격
  ① 자격증명 업무범위(항공안전법 제36조, 별표)
  ② 자격증명의 한정(항공안전법 제37조)
  ③ 정비확인 행위 및 의무(항공안전법 제32조, 제33조)
(2) 작업 구분
  ① 감항증명 및 감항성 유지(항공안전법 제23조, 제24조), 수리와 개조(항공안전법 제30조), 항공기등의 검사 등(항공안전법 제31조)
  ② 항공기정비업(항공사업법 제2절), 항공기취급업(항공사업법 제3절)

Question 1
항공정비사란 무엇인가?

Answer

항공정비사는 항공안전법 제32조에 의거 정비나 개조 등을 수행한 항공기등을 확인하는 행위를 수행하는 항공종사자를 말한다.

예외로 확인하는 행위를 제외하는 경우는 국토교통부령으로 정하는 경미한 정비나 항공안전법 제30조 제1항에 따른 수리, 개조 업무를 수행했을 때이다.

Question 1-1
항공정비사는 정비업무 외에 어떤 업무를 하는가?

Answer

항공기 정비에 필요로 하는 정비계획 업무도 담당한다. 정비계획이라 함은 항공기에 소요되는 자재 관리 및 잡유

(연료, 오일, 작동유, 솔벤트, 이소프로필 알코올 등) 그리고 각종 이력부 등을 관리하는 것이다.

Question 1-2
항공정비사 업무범위는 어떻게 되는가?

Answer
항공안전법 제36조제1항 별표 내용에 따르면 다음과 같다.
① 제32조제1항에 따라 정비등을 수행한 항공기등, 장비품 또는 부품에 대해 감항성을 확인하는 행위
② 제108조제4항에 따라 정비를 수행한 경량항공기 또는 그 장비품, 부품에 대해 안전하게 운용할 수 있음을 확인하는 행위

Question 2
항공정비사 자격증명 시험 응시자격 조건은 어떻게 되는가?

Answer
① 자격증명을 받으려는 해당 항공기 종류(비행기, 헬리콥터)에 대한 6개월 이상의 정비업무경력을 포함하여 4년 이상의 항공기정비업무경력이 있는 사람
② 고등교육법에 따른 대학, 전문대학(다른 법령에서 이와 동등한 수준 이상의 학력이 있다고 인정되는 교육기관을 포함한다) 또는 학점인정 등에 관한 법률에 따라 학습하는 곳에서 항공정비사 학과시험의 범위를 포함하는 각 과목을 모두 이수하고, 자격증명을 받으려는 항공기와 동등한 수준 이상의 것에 대하여 교육과정 이수 후의 정비실무경력이 6개월 이상이거나 교육과정 이수 전의 정비실무경력이 1년 이상인 사람
③ 국토교통부장관이 지정한 전문교육기관에서 해당 항공기 종류에 필요한 과정을 이수한 사람. 이 경우 항공기의 종류인 비행기 또는 헬리콥터 분야의 정비에 필요한 과정을 이수한 사람은 경량항공기의 종류인 경량비행기 또는 경량헬리콥터 분야의 정비에 필요한 과정을 각각 이수한 것으로 본다.
④ 전자전기계기 업무한정 자격증명의 경우 전자, 전기, 계기 관련 분야에서 4년 이상의 정비실무경력이 있거나 국토교통부장관이 지정한 전문교육기관에서 해당 분야 정비에 필요한 과정을 이수한 사람으로서 관련 분야에서 정비실무경력이 2년 이상인 사람

Question 3

항공종사자란 무엇인가?
– 항공안전법 제34조 제1항, 각 자격증별 업무범위 항공안전법 제36조, 자격증명 종류 35조

Answer

항공안전법 제34조제1항에 따라 항공업무를 할 수 있도록 인가받은 자를 말하며 그 종류로는 운송용 조종사, 사업용 조종사, 자가용 조종사, 부조종사, 항공사, 항공기관사, 항공교통관제사, 항공정비사, 운항관리사 등이 있다.

Question 3-1

항공기관사는 어떤 업무를 수행하는 항공종사자인가?

Answer

항공기관사는 항공기에 같이 탑승하여 엔진과 기체를 취급하는 행위를 하는 항공종사자이다. 현재는 첨단화된 항공전자장치들로 인해 사라지고 있는 추세이다.

Question 4

항공안전법 제33조는 어떤 내용인가?

Answer

항공기 등에 발생한 고장, 결함 또는 기능장애 보고 의무에 관한 사항으로 형식증명, 부가형식증명, 제작증명, 기술표준품 형식승인 또는 부품등제작자증명을 받은 자가 제작한 항공기나 인증을 받은 항공기등, 장비품, 부품이 설계 또는 제작 시 발생된 결함으로 인해 국토교통부령으로 정하는 고장, 결함 또는 기능장애가 발생한 것을 알게 된 경우에는 국토교통부령으로 정하는 바에 따라 국토교통부장관에게 그 사실을 보고해야 하는 내용이다.

또한 항공운송사업자, 항공기사용사업자 등 대통령령으로 정하는 소유자등 또는 제97조제1항에 따른 정비조직인증을 받은 자는 항공기를 운영하거나 정비하는 중에 국토교통부령으로 정하는 고장, 결함 또는 기능장애가 발생한 것을 알게 된 경우에는 국토교통부령으로 정하는 바에 따라 국토교통부장관에게 그 사실을 보고해야 한다.

Question 5
감항성과 감항증명이란 무엇인가?

Answer

감항성은 항공기가 안전하게 비행할 수 있는 성능을 말한다. 이러한 성능 안정성을 증명하는 것이 바로 감항증명이며 유효기간은 1년이다. 관련 법령은 항공안전법 제23조, 제24조에 있다.

대한민국 국적인 항공기가 아니면 받을 수 없으나 국토교통부령으로 정하는 항공기의 경우에는 예외이며 감항승인을 위한 절차와 기준이 모두 충족할 경우 국토교통부장관에게 감항승인을 받는다.

Question 5-1
감항증명 발급 절차는 어떻게 되는가?

Answer

절차는 항공기를 등록 후 시험비행을 수행한 뒤 모든 조건에 충족되면 감항증명이 발급된다.

Question 5-2

감항증명은 무조건 유효기간이 1년인가?

Answer

그렇지 않다. 항공기 형식 및 소유자등의 정비능력 등을 고려하여 국토교통부령으로 정하는 바에 따라 유효기간을 연장할 수 있다.

Question 5-3

국토교통부장관이 감항증명 발급을 위한 검사 항목은 어떤 것들이 있는가?

Answer

설계, 제작과정, 완성 후의 상태와 비행성능에 대한 검사를 하고 해당 항공기의 운용한계를 지정한다.

Question 5-4

감항증명 신청 시 첨부해야 할 제출서류들은 무엇이 있는가?

Answer

비행교범, 정비교범 그리고 국토교통부령이 정하여 고시하는 감항증명의 종류별 신청서가 있다.

Question 5-5

감항증명 발급을 위해서는 시험비행을 해야 하는데, 시험비행 또한 감항증명 없이는 할 수가 없다. 그렇다면 어떻게 해야 시험비행을 할 수가 있는가?

Answer

감항증명 종류에는 표준감항증명과 특별감항증명 2가지가 있다. 여기서 시험비행을 위해서는 특별감항증명을 신청해야 한다. 특별감항증명은 연구, 개발 목적으로 하는 항공기나 제한형식증명을 발급받은 항공기의 시험비행을 위해 신청하는 것이며 시험비행을 통과하면 최종적으로 표준감항증명이 발급되는 것이다.

Question 6

형식증명이란 무엇인가?

Answer

형식증명은 항공안전법 제20조에 의거 항공기 설계를 위해 필요로 하는 증명으로 국토교통부령으로 정하는 바에 따라 국토교통부장관에게 신청하여 받을 수 있다.

Question 7

제한형식증명과 부가형식증명은 무엇인가?

Answer

제한형식증명은 항공안전법 제20조에 의거 산불 진화, 수색구조 등 특정 업무에 쓰이는 항공기에 대한 설계를 하는 자가 신청하는 증명이다.

부가형식증명은 형식증명과 제한형식증명 또는 형식증명승인을 받은 항공기에 대한 설계 변경을 위해 신청하는 증명으로 국토교통부장관에게 신청해야 한다.

Question 8

제작증명이란 무엇인가?

Answer

항공안전법 제22조에 의거 형식증명이나 제한형식증명을 받은 항공기등을 제작하려는 자는 국토교통부령으로 정하는 바에 따라 국토교통부장관으로부터 기술기준에 적합하게 항공기등을 제작할 수 있는 설비, 인력, 기술 및 품질관리체계 등을 갖추고 있음을 인증하는 증명을 말한다.

즉, 이 증명을 발급받아야 항공기 제작이 가능한 것이다.

Question 9

수리(Repair)와 개조(Alteration)의 차이는 무엇인가?

Answer

수리(Repair)는 항공기의 장비품 또는 부분품의 손상이나 기능 불량에 대해 설계기준의 원형, 즉, 원래의 상태로 성능을 회복하여 항공기의 감항성 요구조건으로 충족되도록 복구하는 것을 목적으로 하는 작업이다. 크게 2가지로 분류되며 기본적인 정의는 다음과 같다.

① 소수리(Minor Repair) : 장비품 또는 부분품 수리 및 수정, 교환작업 등과 같이 감항성에 영향을 끼치지 않는 작업
② 대수리(Major Repair) : 발동기 수리나 기체 오버홀, 내부 부품의 분해 작업 등과 같이 항공기의 기본구조 및 강도, 성능, 감항성에 상당한 영향을 미칠 수 있는 수리작업과 내부 부분품을 분해하는 작업이 해당되는 작업을 말한다.

즉, 소수리는 항공기 날개 외피에 Dent 현상이 발생했을 때 그 Dent를 펴는 작업을 말하고 손상도가 심할 경우 외피를 교체하는 것을 대수리라고 예시를 들어볼 수가 있다.

개조(Alteration)란 감항성 범위 내에서 항공기의 성능 및 기능을 향상시키는 것을 목적으로 항공기의 기체구조 및 장비품, 부품에 대한 원래의 설계를 변경시키거나 새로운 부품을 추가하여 항공기 및 동력장치, 장비품, 부분품 등의 기능 향상 및 형상의 변화를 통해 성능을 변화시키는 작업이다. 개조도 마찬가지로 크게 2가지로 분류된다.

① 소개조(Minor Alteration) : 감항성에 영향을 끼치지 않는 작업
② 대개조(Major Alteration) : 중량 및 구조강도, 기관의 성능 등 항공기의 감항성에 상당한 영향을 끼치는 작업

즉, 소개조는 항공기 날개에 Winglet이 필요한 경우 날개끝(Wing Tip)에 Winglet을 장착하는 것이며 대개조는 항공기 좌석 수를 늘리기 위해 동체의 길이를 더욱 길게 개조하는 것으로 예시를 들어볼 수가 있다.

Question 9-1
수리 · 개조를 수행하기 위한 절차는 어떻게 되는가?

Answer

항공기등 또는 부품등의 수리 · 개조 승인을 받으려는 자는 수리 · 개조승인 신청서에 수리계획서 또는 개조계획서를 첨부하여 작업을 시작하기 10일 전까지 지방항공청장에게 제출해야 한다. 다만, 항공기사고 등으로 인하여 긴급한 수리 · 개조를 해야 하는 경우에는 작업을 시작하기 전까지 신청서를 제출할 수 있다.

Question 10
항공기 기술기준이란 무엇인가?

Answer

국토교통부장관이 고시한 다음의 사항들을 포함하여 항공기등, 장비품 또는 부품의 안전을 확보하는 것을 말한다.

1. 항공기등의 감항기준
2. 항공기등의 환경기준(배출가스 배출기준 및 소음기준을 포함한다)
3. 항공기등이 감항성을 유지하기 위한 기준
4. 항공기등, 장비품 또는 부품의 식별 표시 방법
5. 항공기등, 장비품 또는 부품의 인증절차

02 정비방식

(1) 항공기 정비방식
   ① 비행 전후 점검, 주기점검(A, B, C, D 등)
   ② Calendar 주기, Flight Time 주기
(2) 부분품 정비방식
   ① 하드 타임(Hard Time) 방식
   ② 온 컨디션(On Condition) 방식
   ③ 컨디션 모니터링(Condition Monitoring) 방식
(3) 발동기 정비방식
   ① HSI(Hot Section Inspection)
   ② CSI(Cold Section Inspection)

Question 1

항공기 정비방식이 어떤 것을 말하고 어떻게 나누어져 있는가?

Answer

항공기 정비방식은 기체정비방식과 공장정비방식 그리고 발동기정비방식으로 크게 분류할 수 있으며, 기체정비방식에서는 운항정비방식과 주기점검 A Check가 포함되고 공장정비방식으로는 부분품정비방식, 보기품정비방식이 포함된다. 그 외에도 엔진에 관한 발동기정비방식도 있다.

먼저 운항정비방식에는 중간점검과 비행 전후 점검, 주간점검, 정시점검이 있고 부분품정비방식에서는 HT(Hard Time), OC(On Condition), CM(Condition Monitoring), 보기품정비방식은 오버홀, 벤치체크, 수리, 발동기정비방식에는 CSI, HSI가 있다.

```
                        항공기 정비방식
            ┌─────────────┬─────────────┬─────────────┐
            │ 운항정비방식  │  공장정비방식 │  발동기정비방식│
            ├─────────────┼─────────────┼─────────────┤
            │ 비행 전후 점검 │   정시점검   │ CSI(Cold Section│
            │ (PR, PO Check)│ (B, C, D Check)│  Inspection) │
            ├─────────────┼─────────────┼─────────────┤
            │  중간점검     │ 부분품정비방식 │ HSI(Hot Section│
            │ (TR Check)   │ (HT, OC, CM) │  Inspection) │
            ├─────────────┼─────────────┘
            │  주간점검     │ 보기품정비방식 │
            │(Weekly Check)│(Bench Check, │
            ├─────────────┤ Repair, OVHL)│
            │  정시점검     │              │
            │  (A Check)   │              │
```

* 항공기 정비방식은 항공사 또는 항공기 기종마다 약간의 차이가 있다.

Question 1-1
운항정비방식(Line Maintenance)이란 무엇인가?

Answer

운항정비방식은 중간점검(TR Check), 비행전후점검(PR/PO Check), 주간점검(Weekly Check)으로 분류되며 수행 시기에 차이가 있을 뿐 점검사항에 크게 차이가 없다. 각 점검에 대해서는 다음과 같이 정리할 수가 있다.

1. 중간점검(TR : Transit Check)

    중간점검(TR : Transit Check)은 항공기 출발태세 완료를 확인하는 점검으로 필요에 따라 Servicing 업무도 수행한다. 원칙적으로는 중간기지에서 수행하지만, 해당 항공기가 그날의 운항 횟수에 따라서 모 기지(Main Base)에서도 중간점검을 수행할 수도 있다.

    여기서 Servicing이란 항공기에 소요되는 각종 유류(연료, 오일, 작동유, 질소 등)를 보충해주는 작업을 말한다.

예시

인천공항에서 출발하는 항공기가 일본을 하루에 2번을 운항해야 한다면, 일본공항에 도착했을 때 이 항공기는 다시 인천공항으로 복귀하여 비행을 마치는데, 이때 그날 비행 종료 전까지 일본공항과 인천공항에 수행되는 기지를 중간기지로 본다. 이때 수행되는 점검을 중간점검(TR Check)이라 한다.

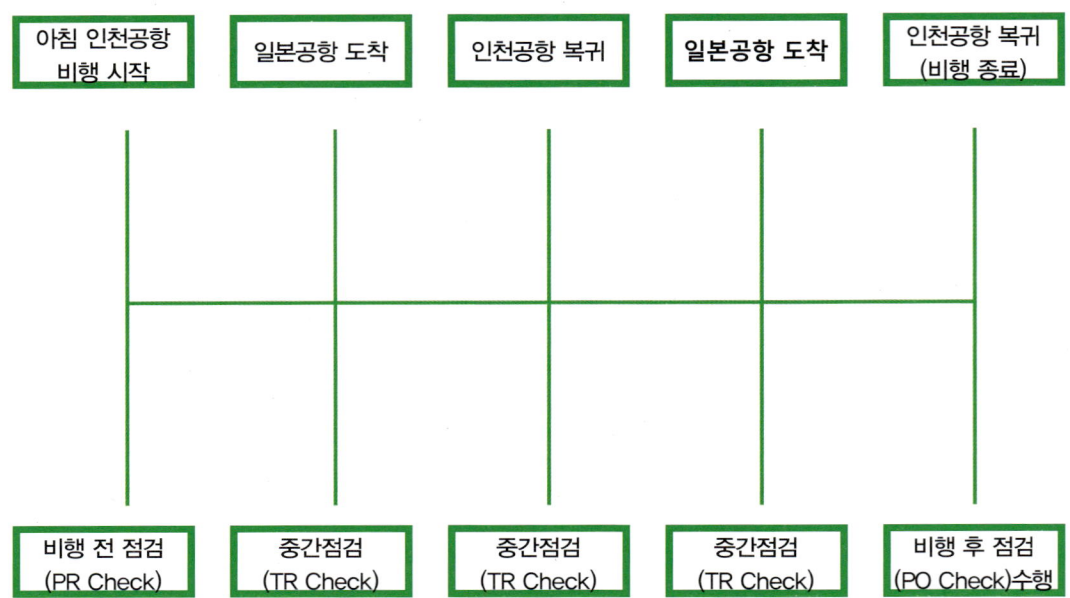

중간점검 시 수행하는 사항으로는 다음과 같이 있다.
① 항공기 연료 보급
② 항공기 엔진 오일량 확인 및 보충
③ 항공기 IDG(Integrated Drive Generator) 오일량 확인 및 보충
④ 항공기 타이어 압력 상태 확인 및 질소 보충
⑤ 항공기 랜딩기어의 쇼크 스트럿(Shock Strut) 팽창길이 확인 및 작동유 누설 흔적 여부 검사, 좌우 팽창 길이 차이 발생 시 작동유나 질소 보충 실시
⑥ 항공기 내외부 손상여부에 대한 육안검사 및 기내(조종실, 객실 등) 청결상태 유지

2. 비행전후점검(PR/PO Check)

비행전후점검(PR : Pre Flight Check, PO : Post Flight Check)은 그날의 최종비행을 마치고부터 다음 비행 전까지 항공기 출발 태세를 확인하는 점검으로써 엔진, 보조동력장치(APU), IDG(Integrated Drive Generator)에 소요되는 오일량을 확인 후 보충, 산소, 음용수 보급, 비행에 필요한 법정 연료 보급, 항공기 내외부 오염이 없는지 청결상태 확인, 항공기 각종 계통(화재탐지계통, 비상전원공급계통, TCAS, 승객비상상태 경고계통,

항법등, 충돌방지등 점검)점검과 외부 육안점검 등을 수행한다.

수행시기는 국내선만을 운항하는 경우 최종비행 후 다음 비행이 계획된 날 첫 비행 이전에 수행(24시간 이내)하고, 국제선을 포함한 경우는 점검수행 후 비행시각으로부터 48시간 이내에 수행하며 비행이 없을 경우는 생략할 수 있다.

(1) 비행 전 점검(PR Check : Preflight Check)

주로 아침에 비행 전 완전한 출발태세를 갖추도록 하는 점검으로 다음과 같은 사항들을 Walk – Around Inspection으로 수행한다.

① 항공기 동체 외부에 장착된 각종 Probe, Sensor들이 막혀있거나 손상에 대한 육안 점검을 실시한다.
② 항공기 동체 외부 표면, 날개, 랜딩기어 손상, 결빙, 스크루(Screw) 유실에 대해 점검한다.
③ 항공기 타이어의 압력과 브레이크 마모도를 확인 후 필요 시 압력을 보충하고 조치를 취한다.
④ 항공기 엔진 오일량을 확인 후 부족하면 보충한다. 이때 엔진 Shutdown 후 5~60분 사이에 오일을 보충한다.

◆ B737 항공기 CFM56-7B Engine Fan Case에 장착된 Oil Tank ◆

(출처 : Wikipedia)

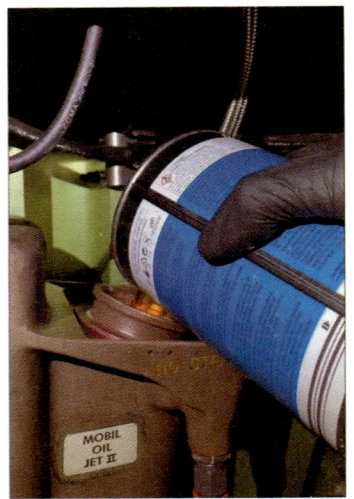

◆ B737 항공기 CFM56-7B Engine Oil Tank에 오일 캔을 이용하여 오일을 직접 보급하는 모습 ◆

⑤ IDG(Integrated Drive Generator) 오일량을 확인 후 부족할 경우 오일을 보충한다. – 발전기 내용에서 자세한 내용 참조

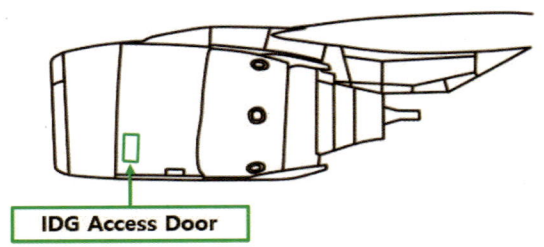

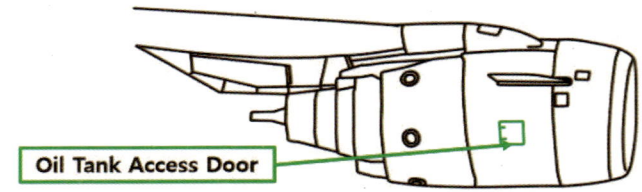

◆ B737 CFM56-7B Engine의 Oil Tank and IDG Access Door 위치 ◆

*Access Door란 정비사가 쉽게 해당 구성품을 점검을 위해 접근할 수 있도록 한 점검창으로 표시된 부분의 잠금장치인 래치(Latch)를 풀면 열어서 엔진의 오일탱크나 IDG를 확인해볼 수가 있다.

⑥ 항공기 엔진과 나셀, 팬 블레이드, 흡입구 카울(Inlet Cowl), 터빈 블레이드, 배기부(Exhaust Section) 등 손상, 패스너(Fastener) 유실, 래치(Latch) 잠금상태에 대해 점검을 실시한다.

⑦ 항공기 엔진에 FOD가 없는지 확인한다.

⑧ Ram Air Inlet/Exhaust Door와 Cabin Pressure Outflow Valve에 장애물이 없는지에 대해 점검한다.
⑨ APU 오일량을 확인 후 부족할 경우 보급한다.
⑩ 유압계통 작동유를 확인 후 부족할 경우 보급한다. – 유압계통 내용에서 자세한 내용 참조

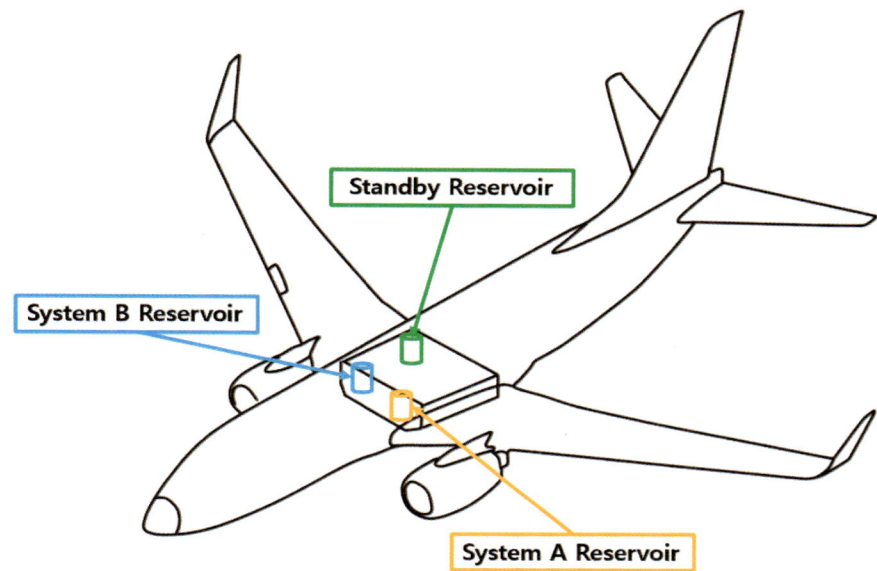

◆ B737 항공기 Main Landing Gear Wheel Well에 있는 유압계통 레저버 종류별 위치 ◆

⑪ 비행에 필요한 법정 연료 급유(Fueling)

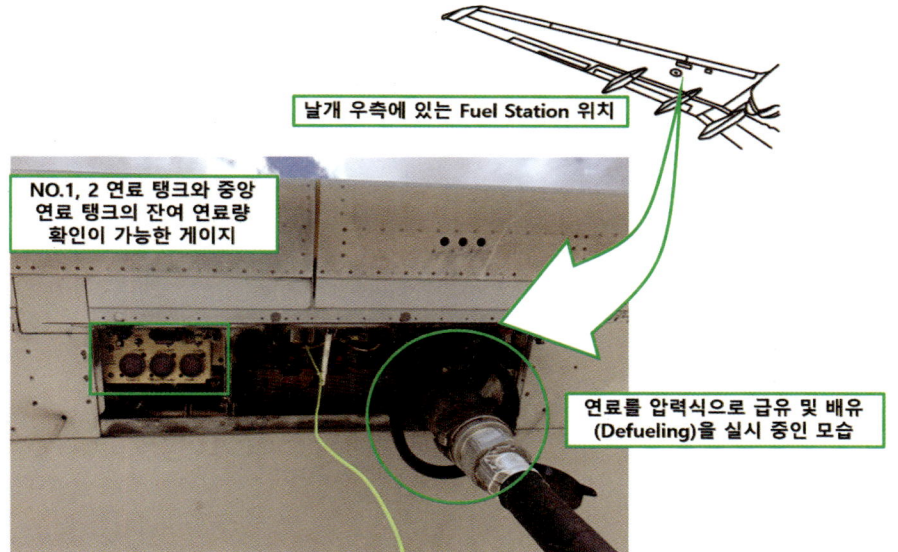

(2) 비행 후 점검(PO Check : Post Flight Check)

그날의 최종 비행을 모두 마치면 밤에 점검사항이나 정비결함 발생 부분을 교정하고 해소시키는 등 다양한 업무들이 이루어진다. 이에 따라 다음날 비행을 위해 주간에 해소시키지 못한 부분들을 전부 수행한다.

점검사항은 비행 전 점검처럼 수행함과 동시에 다음과 같은 계통별 점검도 실시한다.

① 항공기 계통 기능점검
- 화재탐지장치 및 소화계통 기능점검(Fire/Overheat, Squib Test)
- 항법등 및 충돌방지등 점검(Navigation & Anti-Collision Light Test)
- 비상 전원 계통 점검(Electric Standby Power System Test)
- 공중충돌방지 장치 기능점검(TCAS Test)
- 승객을 위한 비상 경고계통 점검(Passenger Information Test)

② 발생된 항공기 결함 해소

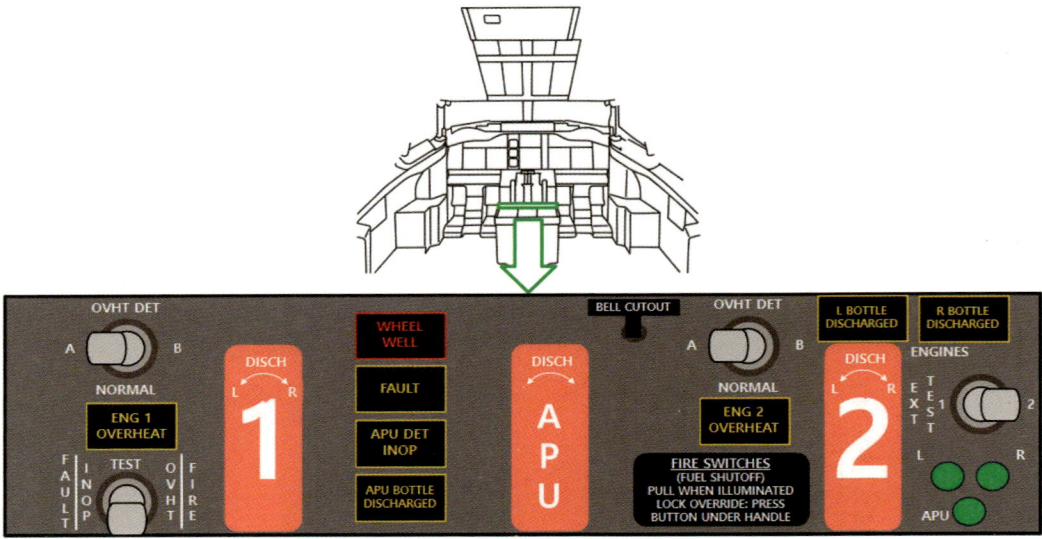

◆ B737 항공기 NO.1, NO.2 ENG, APU 화재탐지 제어 패널 위치 및 구성 ◆

(3) 주간점검(Weekly Check)

Calender 주기로 7일마다 수행하며 항공기 출발태세를 확인하는 점검으로, 항공기 내외부 손상 여부와 계통의 누설, 마모, 부품 손실 등 상태에 대한 점검을 수행한다.

Question 1-2
그럼 Calender 주기는 무엇을 말하는가?

Answer

Calender 주기란 항공기 점검을 위한 정해진 주기가 비행시간이 아닌 날짜마다 수행하도록 지정한 것을 말한다. 이외에도 비행시간을 기준으로 하는 Flight Time 점검 주기도 있다.

> **예시**
>
> 'A 항공기'의 비행시간이 300시간에 도달하여 해당되는 점검인 A Check를 수행하였다. 이때 수행된 A Check는 Flight Time 주기에 따라 수행된 것이다.

A Check를 완료한 'A 항공기'는 1주일 동안 간헐적으로 운용 혹은 주기장에 주기되었을 때 1주일에 1번씩 수행하는 주간점검(Weekly Check) 주기에 도래되어 수행하였다. 이때 수행된 주간점검(Weekly Check)은 Calender 주기에 따라 수행된 것이다.

또한 배터리(Battery)와 같은 시간이 지남에 따라 성능이 저하되는 품목도 Calendar 주기로 점검하여 기능유지에 기여한다.

Question 1-3
공장정비방식(Shop Maintenance)은 무엇인가?

Answer

공장정비(Base Maintenance)는 정시점검 C, D Check와 부분품정비방식, 보기품정비방식으로 분류되며 정시점검 내용에서는 A, B, C, D Check에 대한 내용을 모두 설명하도록 하겠다.

(1) 정시점검

정시점검은 A, B, C, D Check가 포함되는데 B Check 같은 경우에는 요즘에 수행하지 않는다.

① A Check, 주기는 보통 300시간 - **기종마다 차이가 있음**

운항과 관련하여 가장 빈도가 높은 점검으로 Servicing(필요에 따라 작동유, 오일, 연료, 질소 보충), Walk Around Inspection 등 작업을 수행한다.

② B Check, 주기는 보통 600시간 - **기종마다 차이가 있음**

A Check를 포함하여 항공기 엔진을 점검하는 작업으로 격납고(Hanger)에서 수행한다.

③ C Check, 주기는 보통 3200~5000시간 - **기종마다 차이가 있음**

Heavy Maintenance로 불리는 점검으로 A, B Check 사항을 모두 포함하며 일부 중요 구성품이나 부품을 장탈하여 교환함으로써 항공기의 감항성을 유지시키는 점검이다. 작업 수행을 위해 입고된 항공기는 운항을 2~3일 정도 하지 못한다.

여기서, HM(Heavy Maintenance)은 엔진과 여러 구성품들을 분해, 검사 및 필요한 수리를 수행함으로써 지속적인 감항성 유지를 위한 정비작업을 말한다.

④ D Check, 주기는 보통 12000~25000시간 - **기종마다 차이가 있음**

항공기 기체 오버홀 작업단계를 말하며, 정시점검에서 최고단계에 속한다. 대부분의 구성품, 부품, 플랩, 엔진, 랜딩기어도 장탈 대상이 된다.

⑤ 내부 구조 검사(ISI : Internal Structure Inspection)

항공기 감항성에 1차적인 영향을 주는 기체구조를 중심으로 검사하여 감항성 유지를 위한 내부 구조에 대한 표본 검사(Sampling Inspection)을 말한다.

ISI는 기체 내부 구조 점검을 위해 항공기 시트(Seat)와 바닥 패널(Floor Panel)들을 전부 제거하는 작업을 수행하며 검사 후 습기와 부식방지제도 도포해준다.

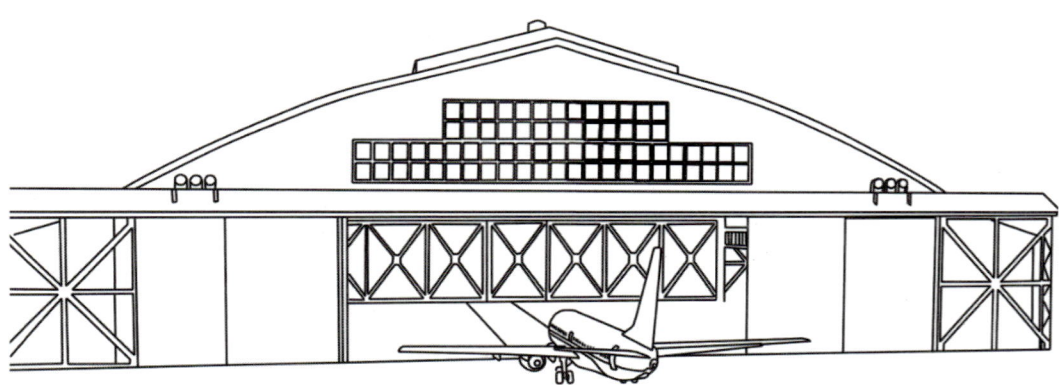

◆ C Check 점검 주기 도래된 항공기 입고 ◆

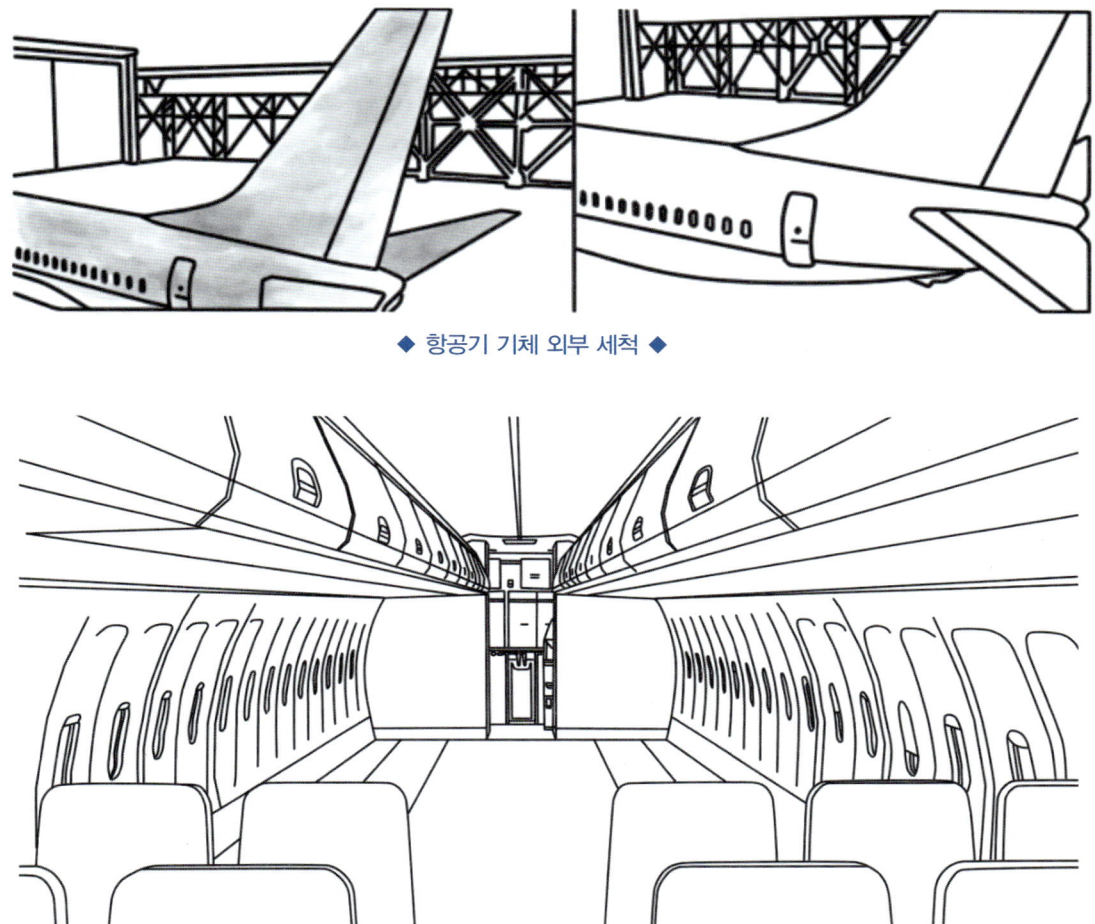

◆ 항공기 기체 외부 세척 ◆

◆ 항공기 객실 내부 시트와 천장 등 구성품 장탈 ◆

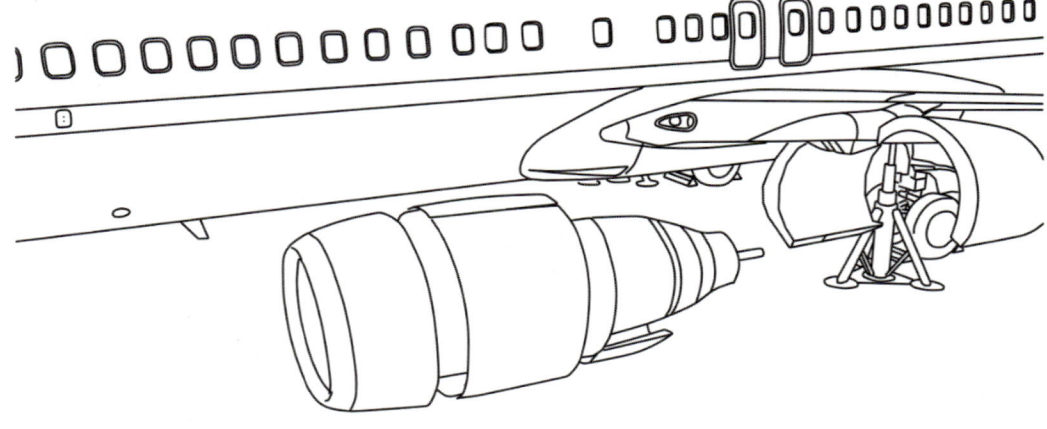

◆ 항공기 엔진 장탈 및 오버홀(Overhaul) 수행 ◆

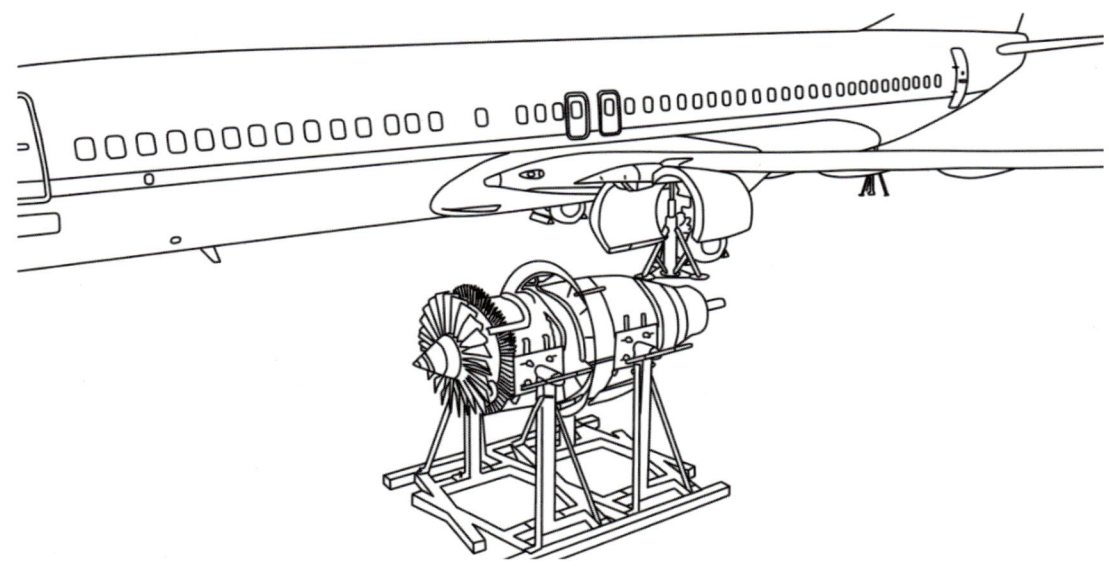

◆ 항공기 잭킹(Jacking) 후 랜딩기어 기능 점검 ◆

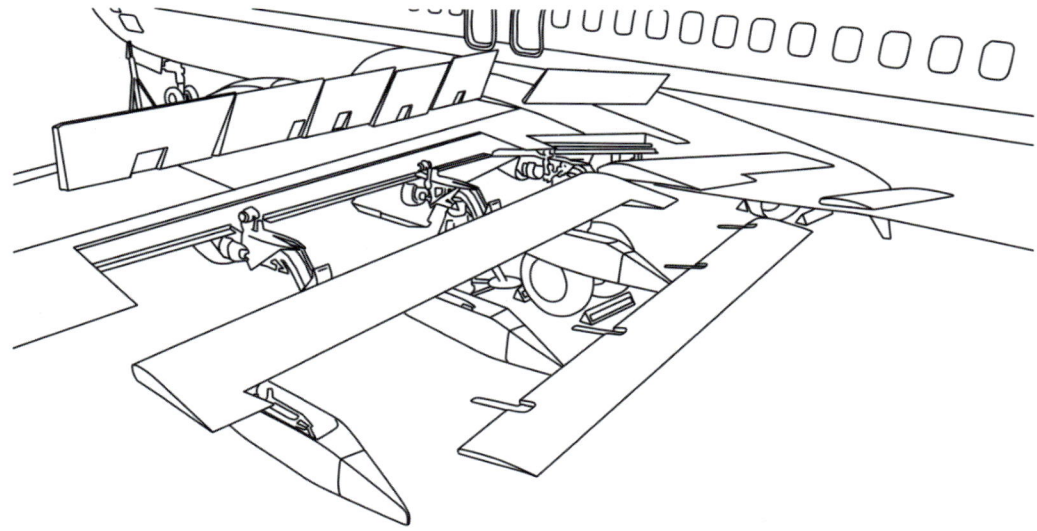

◆ 항공기 조종면(Flight Controls) 분해, 검사, 조립 수행 ◆

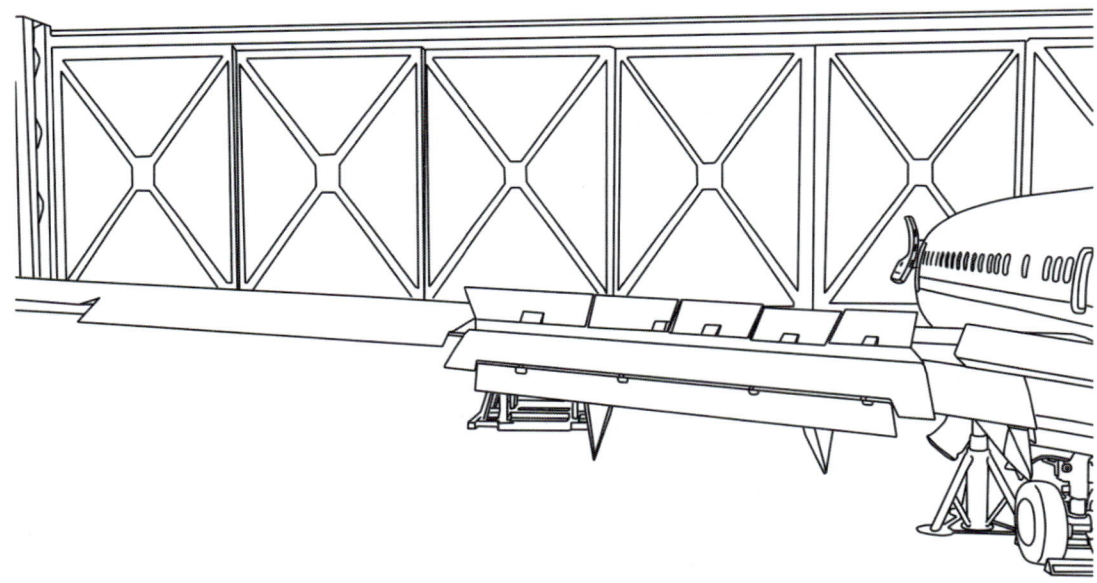

◆ 장착한 항공기 조종면(Flight Controls) 기능점검 ◆

◆ 장착한 항공기 조종면(Flight Controls) 기능점검 ◆

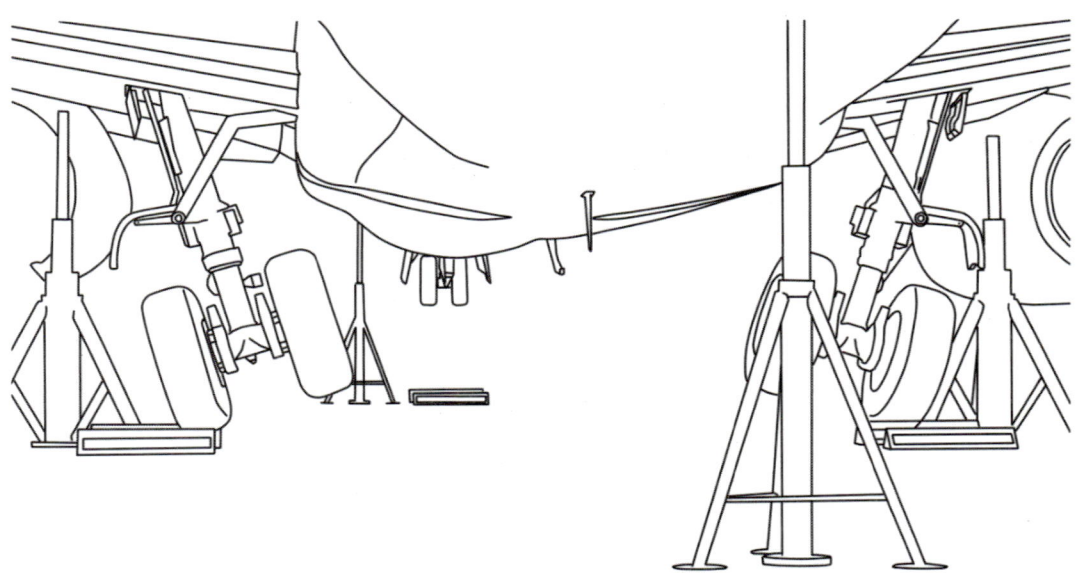

◆ 항공기 잭킹(Jacking) 후 랜딩기어 기능점검 ◆

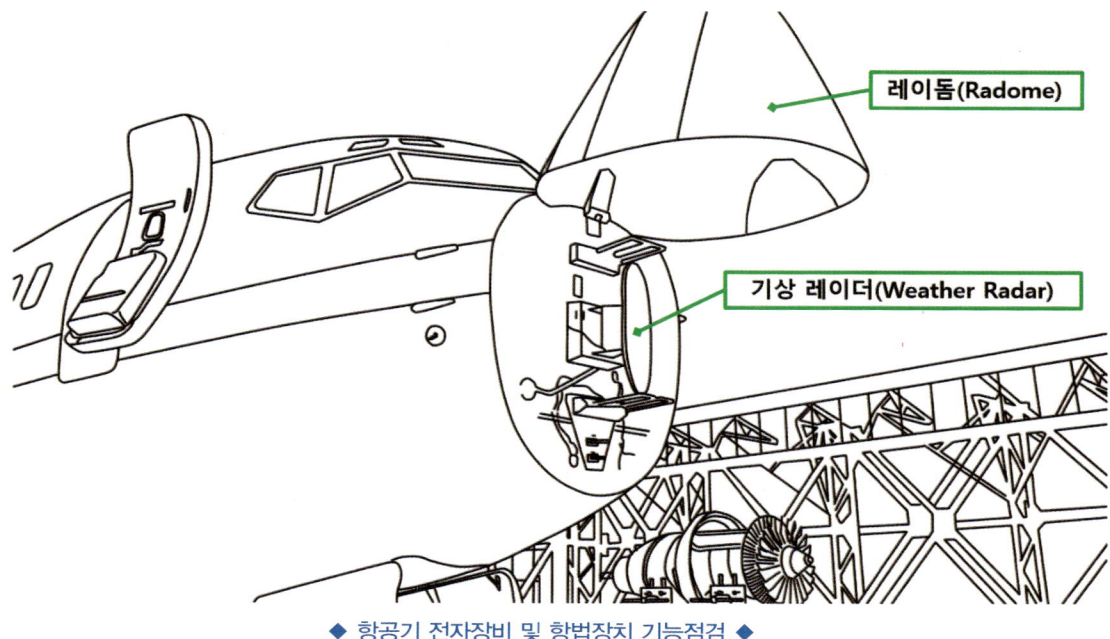

◆ 항공기 전자장비 및 항법장치 기능점검 ◆

◆ C Check 후 항공기 출고 ◆

> **Question 2**
>
> 부분품정비방식은 어떤 정비방식인가?

Answer

부분품정비방식은 하드 타임(HT : Hard Time), 온 컨디션(OC : On Condition), 컨디션 모니터링(CM : Condition Monitoring)이 포함되며 각각의 정의는 다음과 같다.

① HT(Hard Time)

HT는 시한성 정비를 말하며 항공기에 사용하는 부품에 시한성을 정해두고 주기적으로 분해, 점검하여 시한성에 도달하기 전 해당 부품을 교체하는 정비방식이다.

HT에 해당되는 품목으로는 TRP(Time Regulated Part)와 LLP(Life Limit Part)가 있다. TRP는 시한성 품목으로, 항공기 부품에 시한성을 정해두고 사용 시간에 임박한 품목들을 장탈하여 교체해준다.

LLP는 수명한계품목으로, 항공기 부품이 더 이상 사용할 수 없다고 판단되었을 때 교체해주는 것이다.

예시

TRP 품목에 대한 예시로는 이그나이터 플러그(Igniter Plug)가 있다. 이그나이터 플러그의 경우 4,000 비행시간마다 교체를 요구한다고 명시된 경우, 해당 시한성이 도달되기 직전 이그나이터 플러그를 신품으로 교체하여 감항성을 지속적으로 유지 및 관리한다.
LLP로 지정된 항공기 브레이크 패드의 경우에는 브레이크 마모도 점검을 위해 Wear Indicator Pin을 확인해보고 브레이크 패드 교환이 필요로 하다고 판단되었을 때 교환한다.

② OC(On Condition)

OC는 상태 점검 정비를 말하고, 항공기에 사용하는 부품을 점검하여 감항성에 영향이 미치는 것은 교체를 하고 그렇지 아니한 것은 그대로 사용하는 정비방식이다. OC에서 처리하지 못하는 정비를 CM에서 처리한다. 여기서 HT와 OC의 큰 차이는 부품 분해 여부에 따른 차이가 있다.

예시

항공기 랜딩기어 쇼크 스트럿(Landing Gear Shock Strut)의 상태를 점검하였을 때 쇼크 스트럿에 작동유 누설 흔적이 식별되었다면, 작동유 누설량을 확인하여 정비 매뉴얼에 명시된 한계치 이내인지 확인해본다. 만약 한계치 이내일 경우, 쇼크 스트럿 사용에는 문제가 없다고 판단되지만, 한계치를 초과한 경우에는 쇼크 스트럿을 교환하거나 장탈하여 공장 또는 창정비로 입고시켜 조치를 취한다.

③ CM(Condition Monitoring)

CM은 신뢰성 정비를 말하고, 항공기 계통을 매뉴얼대로 정비를 수행을 하였음에도 개선되지 않았을 시 이전의 기록된 고장탐구기록을 이용하여 정비를 수행하는 방식이다.

예시

항공기 계통 점검을 위해 결함 코드(Fault Code)를 각 계통별 컴퓨터에 입력하여 계통에 대한 결함사항 및 상태 점검 등을 수행해볼 수가 있다.

이 컴퓨터가 바로 CMC(Central Maintenance Computer)이며 계통별 결함 코드(Fault Code)를 다양하게 보유하고 기록하며 필요에 따라 정비업무를 위해 정비사에게 데이터를 제공해주기도 한다.

CMC가 없는 기종인 B737 항공기의 경우에는 E&E(Electronic Equipment) Bay로 들어가서 각 계통별 LRU(Line Replacement Unit)로 BITE-Test[1]를 수행해서 계통별 문제가 없는지 수행해야 한다.

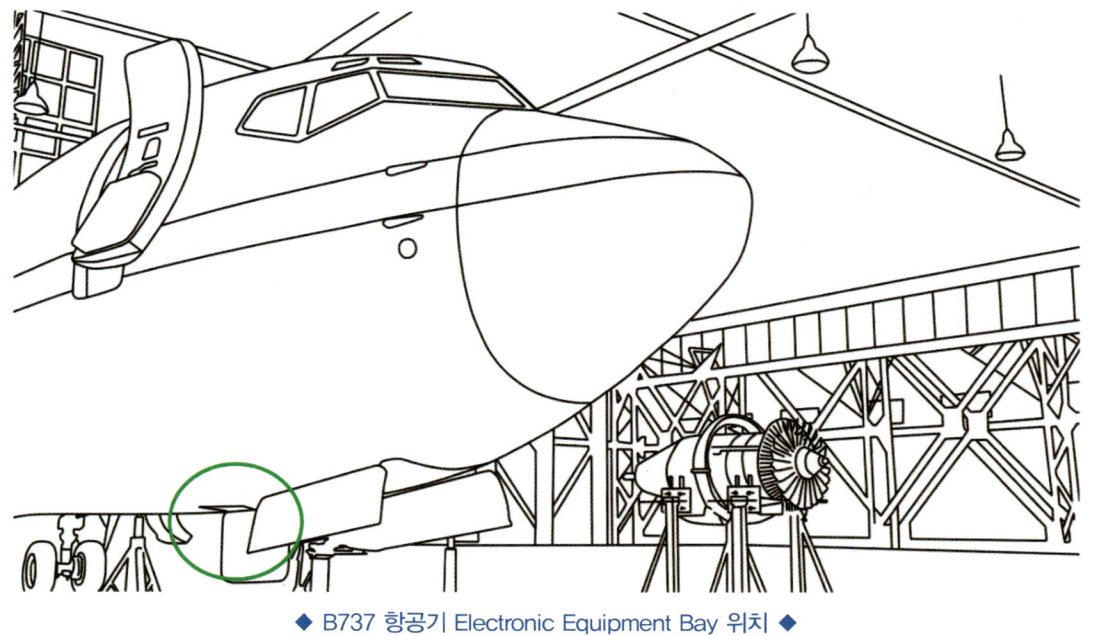

◆ B737 항공기 Electronic Equipment Bay 위치 ◆

---

[1] BITE-Test의 BITE는 Built-in Test Equipment의 줄임말로, 내장형 자가진단 기능을 말한다.

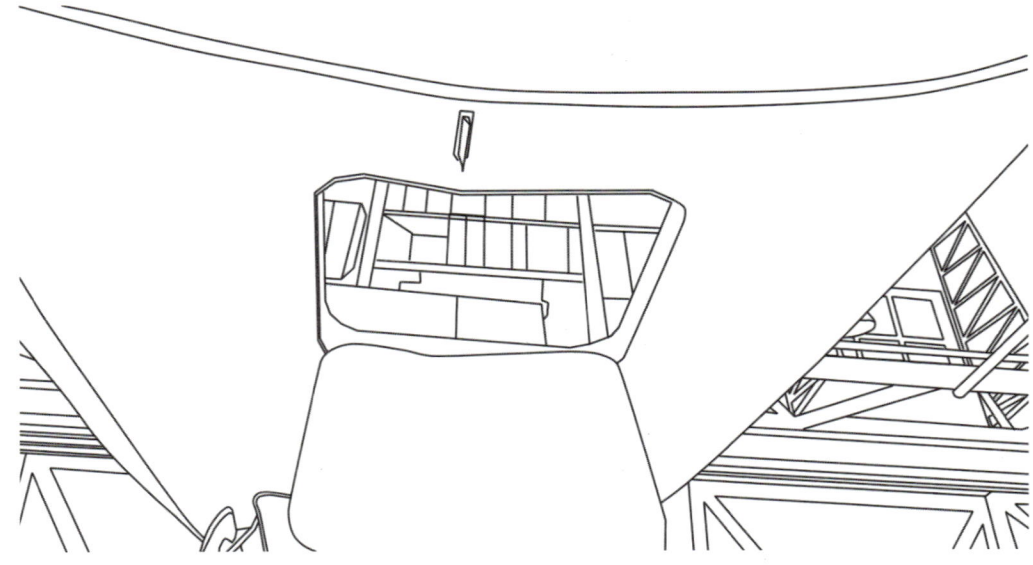

◆ B737 항공기 Electronic Equipment Bay 위치 ◆

◆ B737 항공기 Electronic Equipment Bay 내부에 있는 수많은 LRU 실물 ◆

> **Question 3**
>
> 보기품 정비방식(Component Maintenance Method)은 무엇인가?

Answer

보기품 정비방식은 벤치체크, 수리, 오버홀 3가지가 포함되며 정의는 다음과 같다.

(1) 벤치 체크(Bench Check)

Shop에 있는 Bench에서 부품의 사용 가능(Serviceable) 여부 또는 조정(Adjustment), 수리(Repair), 오버홀(Overhaul) 등이 필요한지 여부를 결정하기 위해 기능점검을 하는 것이다.

즉, 정비시설이 마련되어 있는 각 분야별 Shop의 테이블 또는 정비작업 스탠드에서 정비작업을 할 수 있는지 가능 여부를 확인하는 것이다.

> **예시**
>
> 항공기 곳곳에 쓰이는 액추에이터(Actuator)와 같은 부품들을 장탈 후 기능점검을 해보고 로드(Rod)의 행정 거리가 맞지 않거나 불균일할 경우 완전 분해를 수행하여 길이 조절 작업인 리깅(Rigging) 작업을 수행한다.

(2) 수리(Repair)

Bench Check 후 고장이나 불만족스러운 부분을 정비나 손질하여 그 기능을 복구시키는 작업이다.

(3) 오버홀(Overhaul : OVHL)

공장에 있어서 최고단계의 정비이며, 항공기에 사용하는 Part나 Assembly를 사용주기에 도달하기 전 점검 후 장탈하여 분해, 세척, 검사, 조립, 장착 등을 하여 사용시한을 "0"으로 환원하는 작업이다.

> **예시**
>
> 어떤 항공기 엔진의 모듈 오버홀 주기가 5000 사이클인 모듈의 경우 10년에 1번씩 오버홀을 수행할 주기가 도래되고 이때 오버홀 주기가 도래되면 해당 엔진을 항공기로부터 장탈하여 엔진 Shop으로 입고시킨다.
> ① 입고된 엔진은 모듈마다 수명이 모두 다르기 때문에 보어스코프 검사를 통해 내부 점검을 수행하여 추가적인 검사나 정비, 교환을 필요로 하는 작업은 없는지 정비업무 범위를 확인하기 위해 입고검사를 수행한다.
> ② 내부 점검이 끝나면 해당 모듈의 오버홀을 위해 엔진을 모듈별로 분해 후 해당 모듈을 완전 분해한다.

③ 분해 후 장탈된 수천만 가지의 부품을 폐기할 품목은 폐기(Bolt, Nut, Washer, Cotter Pin, Bearing 등)하고 검사하여 재사용할 수 있는 것은 재사용(일부 특수 Bolt, Nut는 검사 후 재사용하는 경우도 있음)한다.

④ 검사가 끝나면 조립을 위해 부품 수량 파악 및 부족한 품목에 대한 재고를 보충하여 조립을 수행하도록 하며 조립을 최종적으로 마치면 출고검사를 위한 보어스코프(Borescope) 검사로 한 번 더 최종 검사(Final Inspection)를 수행한 뒤 엔진 시운전 점검(Run Up Test)을 수행하여 이상 유무까지 파악한 후 완전한 출고를 한다.

Question 4
발동기정비방식은 무엇인가?

Answer

발동기정비방식에는 엔진의 열을 받지 않는 부분을 검사하는 CSI(Cold Section Inspection)와 열에 직접적으로 노출되는 부분을 검사하는 HSI(Hot Section Inspection) 2가지 검사 종류가 있다.

(1) CSI(Cold Section Inspection)

엔진에서 열을 받지 않는 부분을 검사하는 것으로 공기 흡입구, 압축기, 디퓨저가 이에 해당된다. CSI는 압축기 블레이드 내부 균열이나 블레이드 날의 거칠기, 뒤틀림 등을 보어스코프 또는 비디오스코프 장비를 이용하여 검사를 수행한다.

보어스코프/비디오스코프 장비는 기관에 각 구역별로 Borescope Port가 있어서 해당 Port 위치를 찾아 부품을 장탈하면 보어스코프를 집어넣을 수 있는 통로가 생긴다.

눈에 쉽게 보이는 공기 흡입구나 전방 팬 블레이드 부분은 정비용 플래시를 비추어 흡입구 부분에 이물질은 없는지, 표면 손상 여부, 팬 블레이드 손상 여부 등을 확인한다.

(2) HSI(Hot Section Inspection)

기관에서 열을 받는 부분을 검사하는 것으로 연소실, 터빈, 배기구가 이에 해당된다.

HSI는 터빈이나 연소실 부분이 고온에 의해 크리프 현상이나 열점 현상이 없는지 CSI와 마찬가지로 보어스코프 또는 비디오스코프 장비를 이용하여 검사한다.

연소실은 고온에 오랫동안 노출됨에 따라 내부에 부풀림이나 그을림, 균열 등을 확인하고 터빈 블레이드도 마찬가지로 균열이나 Dent, 뒤틀림 등 손상 여부를 확인한다.

배기부 같은 경우에는 후방에서 플래시를 비추어 손상 여부에 대한 육안 점검을 수행하기도 한다.

※ 계획정비에 따라 수행되는 발동기정비방식은 FOD(Foreign Object Damage, 외부 물질에 의한 손상)나 IOD(Internal Object Damage, 내부 물질에 의한 손상) 혹은 버드 스트라이크(Bird Strike)와 같은 외부적인 요소로 인해 엔진에 손상 및 결함을 초래할 때 비계획 정비로도 수행된다.

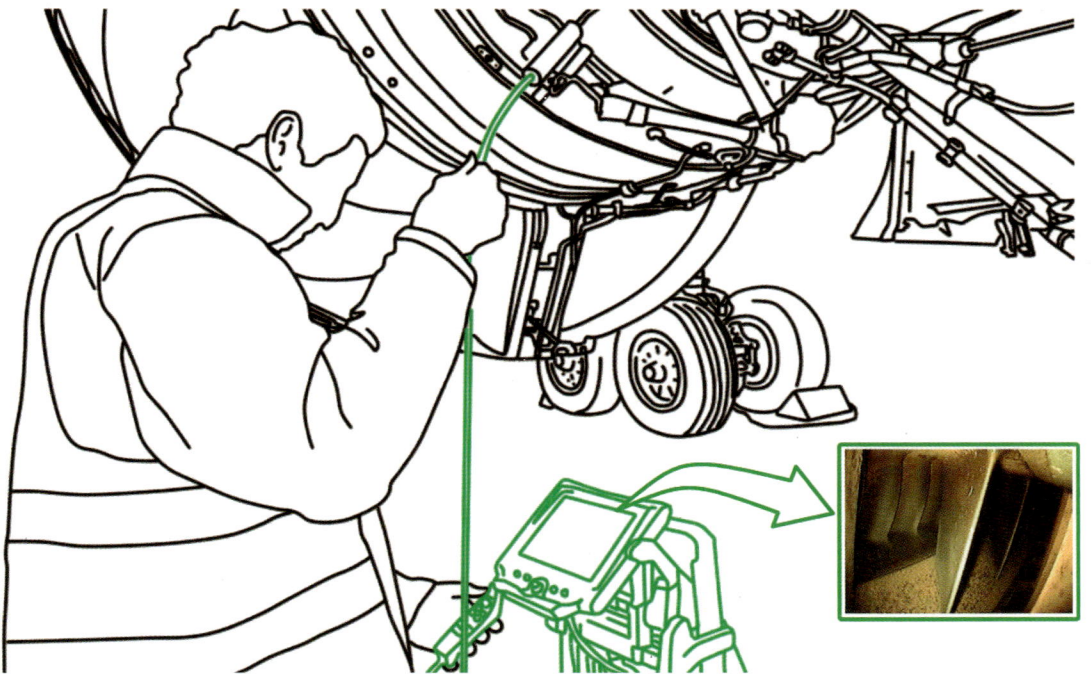

◆ 항공기 엔진의 BSI(Borescope Inspection)를 수행 중인 모습 ◆

최신 장비인 비디오스코프(Videoscope)는 사진과 같이 영상 녹화 및 캡처 기능이 있어 정비 데이터 기록은 물론 분석하기에 매우 유용하다. 항공기 엔진 카울링을 열면 엔진 스테이션 별로 위치한 보어스코프 포트를 통해 비디오스코프를 집어넣어 내부 검사를 할 수 있도록 설계되어 있다.

Question 5
MSG란 무엇을 말하는가?

Answer

MSG(Maintenance Steering Group)는 정비방식 체계를 갖추기 위한 것으로 MSG 1, 2, 3 총 3가지가 있다.

MSG 1은 1960년대 B747 항공기의 정비방식의 체계를 갖추기 위해 미항공운송국(ATA : Air Traffic Association)에서 발행한 것을 말한다.

MSG 2는 1970년대에 제작된 항공기들에 정비방식을 적용하고자 하여 MSG 1을 바탕으로 만든 방식이며 여기에 부분품정비방식인 HT, OC, CM이 있다. 점검방식으로는 Component Level에서 System Level로 소단위에서 대단위로 올라가는 방식이다.

MSG 3는 1980년대에 제작된 항공기들에 적용하고자 하는 방식이며, MSG 2와 달리 System Level에서 Component Level로 점검을 수행하는 방식으로 각 분야별로 System/Component, Zone, Structure가 있다.

다음과 같은 7가지 방식을 정하여 중요 정비항목에 대입하는 방식으로 정비를 수행한다.
① 폐기(DS : Discard) : 정해진 사용 수명 한계 내에서 부품을 장탈 또는 폐기하는 정비방식
② 복구(RS : Restoration) : 부분품의 기능을 정해진 기준으로 환원시키기 위한 정비작업
③ 기능 점검(FC : Functional Check) : 한 개 또는 둘 이상의 기능이 정해진 한계치 이내에서 작동하는지에 대해 여부를 확인하는 정비
④ 검사(IN : Inspection) : 검사를 수행하는 부분품이 정해진 기준을 충족하는지에 대한 여부를 확인하는 정비
⑤ 육안 점검(VC : Visual Check) : 고장 및 결함 발견을 위한 육안 점검으로서 일반 육안 검사(GVI : General Visual Inspection), 상세 육안 검사(DVI : Detailed Visual Inspection)가 있다.
⑥ 작동 점검(OP : Operational Check) : 고장 및 결함 발견을 위해 구성품의 작동 여부를 점검하는 정비
⑦ 윤활 및 서비싱(LU & SV : Lubrication & Servicing) : 오일, 작동유, 그리스 또는 기타 항공기에 소요되는 유류를 보급하는 것

> **Question 6**
>
> 정시점검에서 표본 검사(Sampling Inspection)는 무엇인가?

Answer

표본 검사(Sampling Inspection)는 예를 들어 생산된 부품이 10개가 있으면 2~3개 정도 일부만 검사해보고 이상이 없으면 나머지도 이상이 없다고 판단하는 검사법으로 시간적인 면이나 검사 부분에서는 경제적이지만 신뢰성이 떨어지는 단점이 있다.

03 법규 및 규정

(1) 항공기 비치서류
　① 감항증명서 및 유효기간
　② 기타 비치서류(항공안전법 제52조 및 규칙 제113조)
(2) 항공일지
　① 중요 기록사항(항공안전법 제52조 및 규칙 제108조)
　② 비치 장소
(3) 정비규정
　① 정비규정의 법적 근거(항공안전법 제93조)
　② 기재사항의 개요
③ MEL, CDL

Question 1

항공기에 비치(탑재)해야 할 서류는 무엇이 있는가? — 항공안전법 시행규칙 제113조

Answer

항공기등록증명서	무선국 허가증명서
탑재용 항공일지	탑승한 여객의 성명
감항증명서	탑승지 및 목적지가 표시된 명부
운항규정	해당 항공운송사업자가 발행하는 수송화물의 화물목록과 화물 운송장에 명시되어 있는 세부 화물신고서류(항공운송사업용 항공기만 해당한다)
운용한계 지정서 및 비행교범	해당 국가의 항공당국 간에 체결한 항공기 등의 감독 의무에 관한 이전협정서 사본
소음기준 적합증명서	비행 전 및 각 비행단계에서 운항승무원이 사용해야 할 점검표
항공운송사업의 운항증명서 사본	그 밖에 국토교통부장관이 정하여 고시하는 서류
각 운항승무원의 유효한 자격증명서	

Question 1-1

항공기 운용한계 지정서는 무엇인가? – 항공안전법 시행규칙 제39조

Answer

① 국토교통부장관 또는 지방항공청장은 법 제23조제4항 각 호 외의 부분 본문에 따라 감항증명을 하는 경우에는 항공기기술기준에서 정한 항공기의 감항분류에 따라 다음 각 호의 사항에 대하여 항공기의 운용한계를 지정해야 한다.

   1. 속도에 관한 사항
   2. 발동기 운용성능에 관한 사항
   3. 중량 및 무게중심에 관한 사항
   4. 고도에 관한 사항
   5. 그 밖에 성능한계에 관한 사항

② 국토교통부장관 또는 지방항공청장은 제1항에 따라 운용한계를 지정하였을 때는 운용한계 지정서를 항공기의 소유자등에게 발급해야 한다.

Question 1-2

탑재용 항공일지에 기록해야 할 사항은 무엇이 있는가? – 항공안전법 시행규칙 제108조

Answer

항공기의 소유자등은 항공기를 항공에 사용하거나 개조 또는 정비한 경우에는 지체 없이 다음 각 호의 구분에 따라 항공일지에 적어야 한다.

1. 탑재용 항공일지(법 제102조 각 호의 어느 하나에 해당하는 항공기는 제외한다)
   가. 항공기의 등록부호 및 등록 연월일
   나. 항공기의 종류·형식 및 형식증명번호
   다. 감항분류 및 감항증명번호
   라. 항공기의 제작자·제작번호 및 제작 연월일

마. 발동기 및 프로펠러의 형식
바. 비행에 관한 다음의 기록
    1) 비행연월일
    2) 승무원의 성명 및 업무
    3) 비행목적 또는 편명
    4) 출발지 및 출발시각
    5) 도착지 및 도착시각
    6) 비행시간
    7) 항공기의 비행안전에 영향을 미치는 사항
    8) 기장의 서명
사. 제작 후의 총 비행시간과 오버홀을 한 항공기의 경우 최근의 오버홀 후의 총 비행시간
아. 발동기 및 프로펠러의 장비교환에 관한 다음의 기록
    1) 장비교환의 연월일 및 장소
    2) 발동기 및 프로펠러의 부품번호 및 제작일련번호
    3) 장비가 교환된 위치 및 이유
자. 수리·개조 또는 정비의 실시에 관한 다음의 기록
    1) 실시 연월일 및 장소
    2) 실시 이유, 수리·개조 또는 정비의 위치 및 교환 부품명
    3) 확인 연월일 및 확인자의 서명 또는 날인

2. 탑재용 항공일지(법 제102조 각 호의 어느 하나에 해당하는 항공기만 해당한다)
   가. 항공기의 등록부호·등록증번호 및 등록 연월일
   나. 비행에 관한 다음의 기록
      1) 비행연월일
      2) 승무원의 성명 및 업무
      3) 비행목적 또는 항공기 편명
      4) 출발지 및 출발시각
      5) 도착지 및 도착시각
      6) 비행시간
      7) 항공기의 비행안전에 영향을 미치는 사항
      8) 기장의 서명

Question 1-3

항공기에 탑재하는 서류들의 비치 장소는 어디인가?

Answer

B737 항공기 기종 기준으로, 조종실 내 Observer Seat 아래 보관함에 넣어둔다.

Question 2

정비규정이란 무엇이고 왜 있는가?

Answer

항공기에 대한 정비기준, 방법 및 관리절차를 규정하고 이를 준수함으로써 항공운송의 안전과 정시성 확보를 위해 있는 것이다. 항공기 정시성 확보를 위한 근거로는 MEL과 CDL 2가지가 대표적으로 있다.

Question 2-1

최소 장비 목록(MEL : Minimum Equipment List)이란 무엇인가?

Answer

항공기의 계통, 부분품, 계기, 통신전자장비 등 장치된 중요부품들이 이중으로 장치되어 있어 어느 한 부분이 고장난 상태에서도 감항성이 유지되고 신뢰성을 보장할 수 있도록 되어 있는 목록을 말한다.

항공기 각 계통 구성품들은 Fail Safe를 위해 이중으로 장착되어 있고 이 목록에 기재된 품목 중 일부가 결함이 발생하여도 감항성에 저해요소가 되지 않는다면 정시성 확보를 위해 MEL을 근거로 정비를 이월시킬 수 있는 문서를 말한다.

> **예시**
>
> 기내등이 100개 있을 때 MEL에 안전운항을 위한 최소 기내등은 50개 이상 갖추어져 있어야 한다고 명시되어 있으면 50개까지는 고장 나도 감항성에 해가 되지 않으니 정시성을 위해 정해진 시각에 항공기를 띄우고 정비를 이월시킨다.

> **예시**
>
> 항공기 장비나 구성품에 문제가 발생하였을 경우 FIM(Fault Isolation Manual)에서 문제를 확인하고 정비하려고 하는데 해당 장비나 구성품이 없다면 MEL을 확인하여 장비나 구성품이 MEL에 있을 경우 Category에 의거하여 정시성을 위해 정비 이월(Defer)을 할 수가 있다.
>
> 만약 MEL에 해당 장비나 구성품이 포함되지 않았을 경우에는 A.O.G(Aircraft On the Ground) 즉, 항공기가 운항 불능 상태로 판단하여 다른 항공기로 교체하거나 없을 경우에는 Endorse[1]를 하여 빠르게 대체하여야 한다.
>
> Endorse는 Dry와 Wet이 있으며, Dry는 항공기만 대여하고, Wet은 항공기와 승무원 모두 대여하는 것을 말한다. 항공기에 결함이 발생했을 때 타국이나 주 기지가 아니면 kit가 없는 경우에 작은 장비나 부품들은 FAK(Fly Away Kit)로 구비해놓고 큰 장비의 경우에는 대체(Allocation)시켜 대비한다.
>
> 만약 이것마저 안 될 경우에는 항공사 간에 상호 부품을 빌려주는 계약인 Pooling을 하여 대체 방법을 강구하여 정비를 수행하기도 한다.

Question 2-2

MMEL와 MEL의 차이는 무엇인가?

Answer

1. MMEL(Master Minimum Equipment List)
   항공기 제작사에서 발행한 문서로 최소한으로 구비된 부품으로도 정비를 이월(Defer)시킬 수 있다는 것을 명시해놓은 문서이다.

2. MEL(Minimum Equipment List)
   MMEL에 명시되어 있지 않은 사항들을 별도로 추가하여 국토교통부에서 인증받아 해당 결함에 대한 조치를

---

[1] Endorse : 항공편이 지연 또는 결항됐을 때 항공사의 재량으로 다른 항공사 운항편으로 대체해주는 시스템을 말한다.

취하지 못할 경우에는 정비 이월(Defer)을 할 수 있게끔 해놓은 문서를 말한다.

즉, MMEL을 기준으로 각 항공사에서 도입한 여러 옵션과 장비들이 제각각인 기종에 대해 MEL을 제작하여 국토부에 인가받아 사용하는 문서다.

Category 별로 분류되는 내용들은 다음과 같다.

① Category A : 해당되는 작업들마다 수행시간이 전부 상이, Remark란 참조하여 조치
② Category B : 정비 이월(Defer) 된 작업을 3일 이내로 수행 - **연장 가능**
③ Category C : 정비 이월(Defer) 된 작업을 10일, 60일 이내로 수행 - **연장 가능**
④ Category D : 정비 이월(Defer) 된 작업을 120일 이내로 수행

이 수행 기간(Interval)은 항공사마다 차이가 있으며 정비 이월(Defer)을 목적으로 C에서 D로 더 연기시킬 수는 없다. 그러나 C에서 B로는 단축이 가능하다.

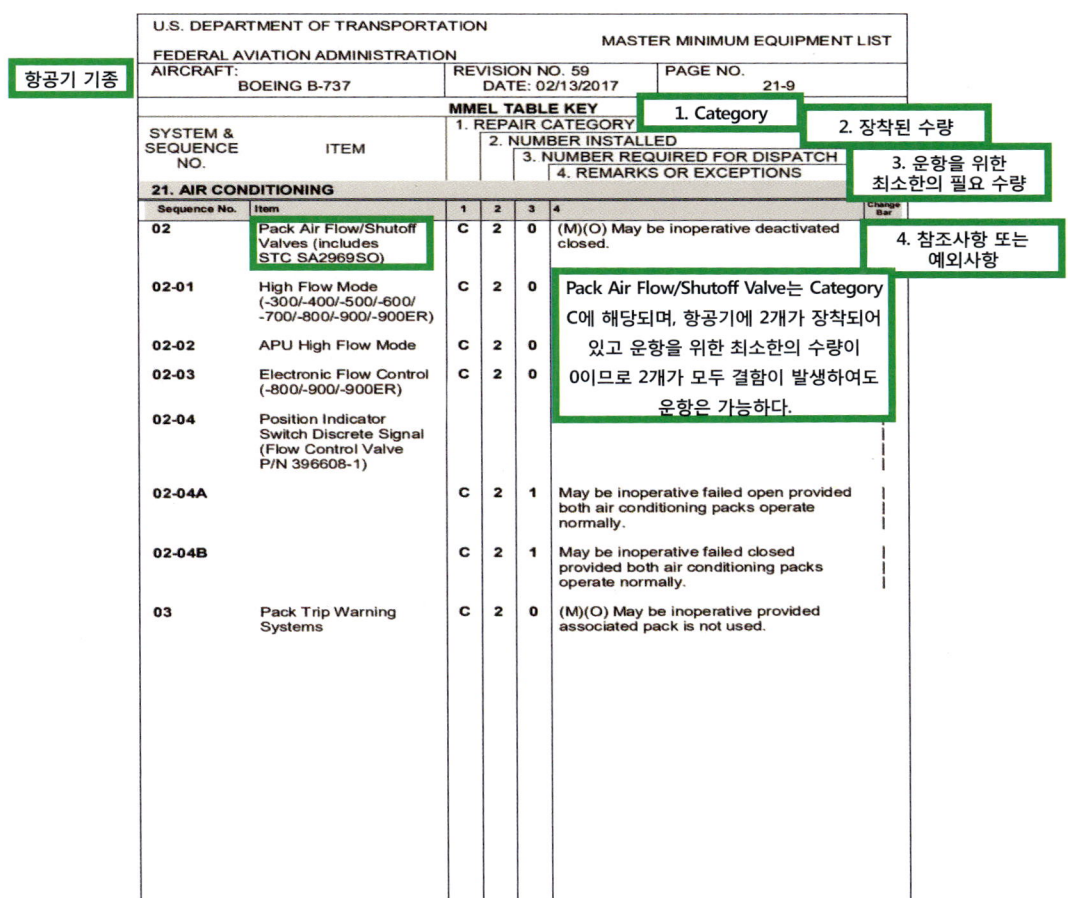

◆ B737 항공기의 MMEL에서 ATA Chapter 21 공기조화계통(Air Conditioning System)의 내용 중 일부 ◆

Question 2-3

MEL에 적혀있는 내용들은 어떤 것들이 있는가?

Answer

MEL에 기재된 사항들로는 다음과 같다.

① 항공기 해당 기종 및 ATA Chapter 번호별 계통 명칭
② MEL 개정 날짜
③ 항공기에 장착된 구성품의 숫자
④ 정비이월 Category 분류(A, B, C, D)
⑤ 비행에 필요한 최소 부품의 수
⑥ 필요한 조치 내용

Question 2-4

외형 이탈 목록(CDL : Configuration Deviation List)이란 무엇인가?

Answer

항공기 외부 표피(Skin)에 장착된 부품들에 손상 기준을 정해두고 정시성 준수를 목적으로 결함 발생이 운항에 큰 지장이 없는 것을 표기해놓은 목록을 말한다. CDL에 포함되는 대표적인 예시로는 Flap Support Fairing, Jacking Point Panel, Access Cover, Flap Aerodynamic Seal 등이 있다.

Question 2-5

정비규정에 포함되어야 할 사항들로는 무엇이 있는가?

Answer

정비규정에 포함되어야 할 사항들로는 다음과 같다.

일반사항(제정/개정/관리, 목적, 적용 범위 등)	정비 매뉴얼, 기술문서 및 정비 기록물의 관리방법
직무 및 정비조직	정비 훈련 프로그램
항공기 감항성을 유지하기 위한 정비 프로그램(CAMP)	자재 관리
항공기 검사 프로그램	안전 및 보안에 관한 사항
품질관리	그 밖에 항공운송사업자 또는 항공기 사용사업자가 필요하다고 판단하는 사항
기술관리	
계약정비	
장비 및 공구관리	
정비시설	

04 감항증명

(1) 감항증명
    ① 항공법규에서 정한 항공기
    ② 감항검사 방법
    ③ 형식증명과 감항증명의 관계
(2) 감항성 개선 명령
    ① 감항성 개선지시(Airworthiness Directive)의 정의 및 법적 효력
    ② 처리결과 보고절차

Question 1
항공기 등급, 종류, 형식은 어떻게 분류되는가? – 항공안전법 제2조

Answer
① 종류 : 비행기, 헬리콥터, 비행선, 활공기 및 기타 대통령령으로 정하는 기기 등
② 등급 : 육상단발, 육상다발, 수상단발, 수상다발
③ 형식 : A320, B737, B777 등

Question 1-1
항공기와 비행기의 차이는 무엇인가?

Answer
항공기는 공기의 반작용(지표면 또는 수면에 대한 공기 반작용은 제외)으로 뜰 수 있는 기기로서 최대이륙중량(MTOW : Maximum Takeoff Weight), 좌석 수 등 국토교통부령으로 정하는 기준에 해당하는 것으로 비행기, 헬리콥터, 비행선, 활공기 등이 있다.

비행기는 프로펠러나 엔진과 같은 추진체에 의해 추진력을 얻어서 양력을 발생시켜 비행을 하는 기계를 말한다.

Question 1-2
민간 항공기와 국가 항공기의 차이는 무엇인가?

Answer

민간 항공기는 항공법이 적용되는 반면 국가비행기는 항공법 일부가 적용이 제외되는 차이가 있다.

국가 항공기는 국가와 공공기관에서 소유하거나 임차한 항공기이다. 그 종류로는 군, 경찰, 세관의 항공기가 포함되며 법 적용이 제외된다. '민간항공기'는 그외의 사익을 위한 항공기이다.

Question 2
정비 기술 회보(S.B : Service Bulletin)란 무엇인가?

Answer

항공기 엔진, 기타 부품 제작사에서 발행한 안내서로서 수명기간을 연장시키거나 안전을 요하는 사항에 대한 개조 작업 등을 권고하는 문서를 말한다.

Question 2-1
S.B가 발행된 항공기의 작업을 수행시한 내에 하지 못할 경우에는 어떻게 해야 하는가?

Answer

SB는 항공기나 발동기 제작사의 권고 또는 항공안전본부장이 인정한 범위 내에서 수행시한을 연장하거나 항공기의 감항성 및 안전성 유지에 지장이 없는 대체 방법으로 전환할 수 있다.

Question 3

감항성 개선지시서(A.D : Airworthiness Directive)는 무엇인가?

Answer

항공기에 불안전한 상태가 존재할 경우 국토교통부에서 발행하는 감항성 개선 명령으로 반드시 이행을 요하는 것을 말한다.

Question 3-1

A.D를 발행받은 해당 항공기의 개선 작업을 수행시한 내에 못했다면 어떻게 해야 하는가?

Answer

A.D를 받고 수행시한 내에 작업을 못 할 경우 국토교통부장관의 승인을 받아서 수행시한을 연장하거나 대체방법으로 전환할 수 있다.

Question 3-2

A.D 발행 대상은 무엇이 있는가?

Answer

① 국제민간항공조약 부속서 8에 따라 국내에서 운용 중인 항공기 설계국가 또는 다른 운용국가에서 발행한 필수감항정보 또는 정비개선회보를 검토한 결과 필요하다고 판단한 경우
② 국내에서 설계·제작된 항공제품에서 감항성에 중대한 영향을 미치는 설계·제작상의 결함 사항이 발견된 경우

③ 동일한 고장이 반복적으로 발생되어 부품의 교환, 수리·개조 등 근본적인 수정조치가 필요하거나 반복적인 점검 등이 필요한 경우
④ 항공·철도 사고조사에 관한 법률 제26조에 따른 항공기 사고조사 결과 또는 법 제132조에 따른 항공안전 활동 결과 감항성에 중대한 영향을 미치는 고장 또는 결함이 형식이 같은 항공기에서도 발생할 가능성이 높다고 판단되는 경우
⑤ 법 제23조제5항에 따라 국토교통부장관이 고시한 항공기 기술기준에서 감항성과 관련된 중요한 기준이 변경된 경우
⑥ 항공기 안전운항을 위하여 운용한계(Operating Limitations) 또는 운용절차(Operation Procedure)를 개정할 필요가 있다고 판단한 경우
⑦ 그 밖에 국토교통부장관이 항공기 등의 안전을 확보하기 위하여 필요하다고 인정하는 경우

Question 3-3

A.D를 발행하는 곳은 어디인가?

Answer

미연방항공청(FAA : Federal Aviation Association)에서 발행하며 발행 대상의 기종을 운용하는 각 국의 감항당국으로 문서를 발행한다. 대한민국의 감항당국 역할을 하는 곳은 국토교통부가 있다.

Question 3-4

A.D와 S.B의 차이는 무엇인가?

Answer

A.D는 감항당국에서 발행하고 S.B는 항공기 제작사에서 발행하는 차이가 있다. 감항당국에서 해당 항공기에 대한 A.D 발행에 대해 여러 절차와 행정적 절차가 오래 걸릴 경우, S.B를 제작사에서 사전에 발행하여 조치를 취하기도 한다. S.B는 Mandatory, Alert 또는 Emergency 등 등급에 따라 긴급도가 나누어져 있고, 가장 높은 긴급도로 명시된 S.B는 수행시한 내에 수행해야 하는 강제성을 띠기도 한다.

Question 4
항공안전법의 정의와 목적은 무엇인가? – 항공안전법 제1조

Answer

항공안전법은 항공기, 항공시설, 항공사업 등이 항공에 관한 제반 사항을 규정하기 위한 법률을 말한다.

목적은 항공기, 경량항공기 또는 초경량비행장치의 안전하고 효율적인 항행을 위한 방법과 국가, 항공사업자 및 항공종사자 등의 의무 등에 관한 사항을 규정함을 목적으로 한다.

Question 4-1
항공안전법에서 시행령과 시행규칙은 무엇인가?

Answer

시행령은 항공법에 위임된 사항과 그 시행에 관해 필요한 사항을 정하는 것을 말하고 '시행규칙'은 항공법과 시행령에 위임된 사항과 그 시행에 관해 필요한 사항을 정하는 것을 말한다.

둘의 차이를 명확히 하자면 시행령은 대통령이, 시행규칙은 국토교통부장관이 발행하고 법률은 국회에서 심의하는 절차를 거친다.

Question 5
정비조직인증(AMO : Approved Maintenance Organization)이란? – 항공안전법 제97조

Answer

항공기정비업에 종사하고자 하는 개인이나 법인이 자신이나 타인의 항공기 등을 정비할 때 필요로 하는 인력, 설비, 검사체계 등이 인증기준에 적합하게 갖추어져 있는지 국토부장관에게 검사를 받고 인증을 받는 것을 말한다.

Question 5-1

정비조직인증(AMO) 발급 취소 사유는 어떠한 것들이 있는가? - 항공안전법 제98조

Answer

- 거짓이나 그 밖의 부정한 방법으로 AMO를 받은 경우
- 업무를 시작하기 전까지 항공안전관리시스템을 마련하지 아니한 경우
- 승인을 받지 아니하고 항공안전관리시스템을 운용한 경우
- 항공안전관리시스템을 승인받은 내용과 다르게 운용한 경우
- 승인을 받지 아니하고 국토교통부령으로 정하는 중요사항을 변경한 경우
- 정당한 사유 없이 정비조직인증기준을 위반한 경우
- 고의 또는 중대한 과실에 의하거나 항공종사자에 대한 관리 및 감독에 관해 상당한 주의의무를 게을리함으로써 항공기사고가 발생한 경우
- 이 조에 따른 효력 정지기간에 업무를 한 경우

Question 5-2

외국에서 대한민국 국적의 항공기를 정비하고자 할 때 국토교통부장관의 승인이 필요한가?

Answer

그렇다.

Question 6

국제민간항공기구(ICAO : International Civil Aviation Organization)와 부속서는 무엇을 말하는가?

Answer

항공안전법 제1조와 관련하여 항공기 항행 안전을 도모하고 시설 설치 및 관리의 효율화와 항공사업의 질서를 확립함으로써 항공산업의 발전을 도모하기 위한 기관으로 UN의 산하기관이다.

부속서(Annex)는 다음과 같이 분류된다.

부속서1	항공종사자의 자격증명, 면허
부속서2	항공규칙
부속서3	항공기상
부속서4	항공지도
부속서5	공지통신에 사용되는 측정단위
부속서6	항공기의 운항
부속서7	항공기의 국적기호 및 등록기호
부속서8	항공기의 감항성
부속서9	출입국의 간소화
부속서10	항공통신
부속서11	비행정보, 항공교통업무
부속서12	수색과 구조
부속서13	사고조사
부속서14	비행장
부속서15	항공정보업무
부속서16	환경보호 항공기소음 항공기관배출물질
부속서17	보안
부속서18	위험물수송
부속서19	항공안전관리

Question 7

항행안전시설이란 무엇인가? – 공항시설법 제2조

Answer

항행안전시설은 유선통신, 무선통신, 인공위성, 불빛, 색채 또는 전파를 이용하여 항공기의 항행을 돕기 위한 시설로서 국토교통부령으로 정하는 시설을 말한다.

여기서 국토교통부령으로 정하는 시설로는 항행안전무선시설과 항공등화, 항공정보통신시설이 있다.

각각 하나씩 살펴보자면 항행안전무선시설은 전파를 이용하여 항공기의 항행을 돕기 위한 항행안전시설로서 국토교통부령으로 정하는 시설을 말한다.

여기서 국토교통부령으로 정하는 시설로는 NDB, ADS(자동종속감시시설), MLS, TLS, ILS, VOR, DME, TACAN, 위성항법시설, 위성항법감시시설, 다변측정시설 등이 있다.

그 외에도 항공등화는 불빛, 색채 또는 형상을 이용하여 항공기의 항행을 돕기 위한 항행안전시설로서 국토교통부령으로 정하는 시설을 말하며 비행장등대, 진입등시스템, 비행장 식별등대, 지향 신호등이 있다.

끝으로 항공정보통신시설은 전기통신을 이용하여 항공교통업무에 필요한 정보를 제공, 교환하기 위한 시설로 관제권, 관제구가 있다.

Question 8

대한민국 항공기의 국적기호는 무엇인가?

Answer

HL(Hotel Lima)[1]이다. 항공기는 하나의 무선국으로 지정하여 'HL'과 같은 무선국 기호가 지정되어 있다.

---

[1] HL의 기호는 NATO 코드 식별법에 따라 'H'는 Hotel, 'L'은 Lima로 읽는다.

Question 8-1

항공기 국적기호와 등록기호란 무엇인가?

Answer

쉽게 말해서 항공기의 주민등록번호와 같은 것이다. 대한민국 항공기는 국적기호 'HL' 알파벳 대문자 2자리와 등록기호 4자리 아라비아 숫자로 구성되어 있다.

예시

어떤 항공기의 국적기호 및 등록기호가 'HL 7293'라고 한다면, 다음과 같이 풀이가 된다.

- 7 : 항공기 종류를 나타내는 번호로 제트엔진을 장착한 항공기
- 2 : 발동기(엔진) 장착 수량으로 2개의 엔진을 장착
- 93 : 동일기종끼리의 고유번호

[별표 1] 항공기 또는 경량항공기 등록기호(Aircraft Registration Marks)

구분	종류	발동기 종류 및 장착 수량		등록기호 Registration Mark
항공기 종류 Category of Aircraft	활공기 Glider	-		0000~0599
	비행선 Airship	-		0600~0799
	비행기 Airplane	피스톤 발동기 Piston Engine	단발기	1000~1799
			다발기	2000~2799
		터보프롭 발동기 Turbo-Prop Engine	단발기	5100~5199
			쌍발기	5200~5299
			삼발기	5300~5399
			사발기	5400~5499
		터보제트발동기 Turbo-jet Engine	단발기	7100~7199
			쌍발기	7200~7299 7500~7599 7700~7799 8000~8099 8200~8299 8300~8399 8500~8599 8700~8799
			삼발기	7300~7399
			사발기	7400~7499 7600~7699 8400~8499 8600~8699
	회전익항공기 Helicopter	피스톤 발동기 Piston Engine	단발기	6100~6199
			쌍발기	6200~6299
		터보 발동기 Turbo Engine	단발기	9100~9199 9300~9399 9500~9599
			다발기	9200~9299 9400~9499 9600~9699
경량항공기		-		C001~C799
임시지정		국내 생산 실험 및 연구 목적 그 밖의 경우		001S~999S 001X~999X 001Y~999Y
무인항공기				001U~999U

비고(Remark) : 사용하지 않은 등록기호는 항공기 등록대수 등을 고려하여 추후 결정할 예정입니다.

※ 항공기 및 경량항공기 등록기호 구성 및 지정요령 별표 1 참고자료

Question 9

정비 매뉴얼(MM : Maintenance Manual)을 보면 Warning, Caution, Note가 작업별로 명시되어 있는데 이것의 의미는 무엇인가?

Answer

정비 매뉴얼에 기재된 Warning, Caution, Note 사항에 대한 의미들은 다음과 같다.

① Warning : 매뉴얼에 해당하는 단계의 작업 시 부주의로 인한 장비의 손상 및 인명피해 발생에 대한 경고
② Caution : 매뉴얼에 해당하는 단계의 작업 시 부주의로 인한 장비의 손상에 대한 주의
③ Note : 작업 수행 시 매뉴얼에 있는 작업의 해당 단계에서 덧붙여 설명하는 주석

Question 9-1

B737 항공기 정비 매뉴얼(MM)에서 예시로 12-15-51이 우측 하단에 있는데, 이 번호들의 의미는 무엇인가?

Answer

항공기 정비 매뉴얼 각 페이지별 우측 하단에 있는 번호는 다음과 같다.

① 12 : Chapter No.
② 15 : Section No.
③ 51 : Subject No.

1. Landing Gear Tire Pressure Check and Tire Servicing

> **NOTE**
> This Procedure is a scheduled maintenance task.

A. General

1 This Task has instructions for two methods to determine tire pressure.

    a Use standardized pressures for the main gear and nose gear tires (recommended).

    b Use the tire inflation limit charts to determine main gear and nose gear tire pressures (optional).

B. References

Reference	Title
32-00-01-480-801	Landing Gear Downlock Pins Installation(P/B 201)
32-45-11 P/B 401	MAIN LANDING GEAR WHEEL AND TIRE ASSEMBLY - REMOVAL/INSTALLATION
32-45-21 P/B 401	NOSE LANDING GEAR WHEEL AND TIRE ASSEMBLY - REMOVAL/INSTALLATION

C. Tools/Equipment

> **NOTE**
> When more than one tool part number is listed uder the same "Reference" number, the tools shown are alternates to each other within the same airplane series. Tool part numbers that are replaced or non-procurable are preceded by "Opt", which stands for Optional.

Reference	Title
SPL-1527	Inflator - Tire **737-700, -800** Part #: F70199-52 Supplier : 00000
SPL-12301	Sensor - Tire Pressure, Smartstem(TPS) Handheld Reader) **737-700, -800** Part #: KIT83-008-03 Supplier : 00000 Opt Part #: KIT83-008-02 Supplier : 00000

Subject No. / Section No. / Chapter No. → 12-15-51

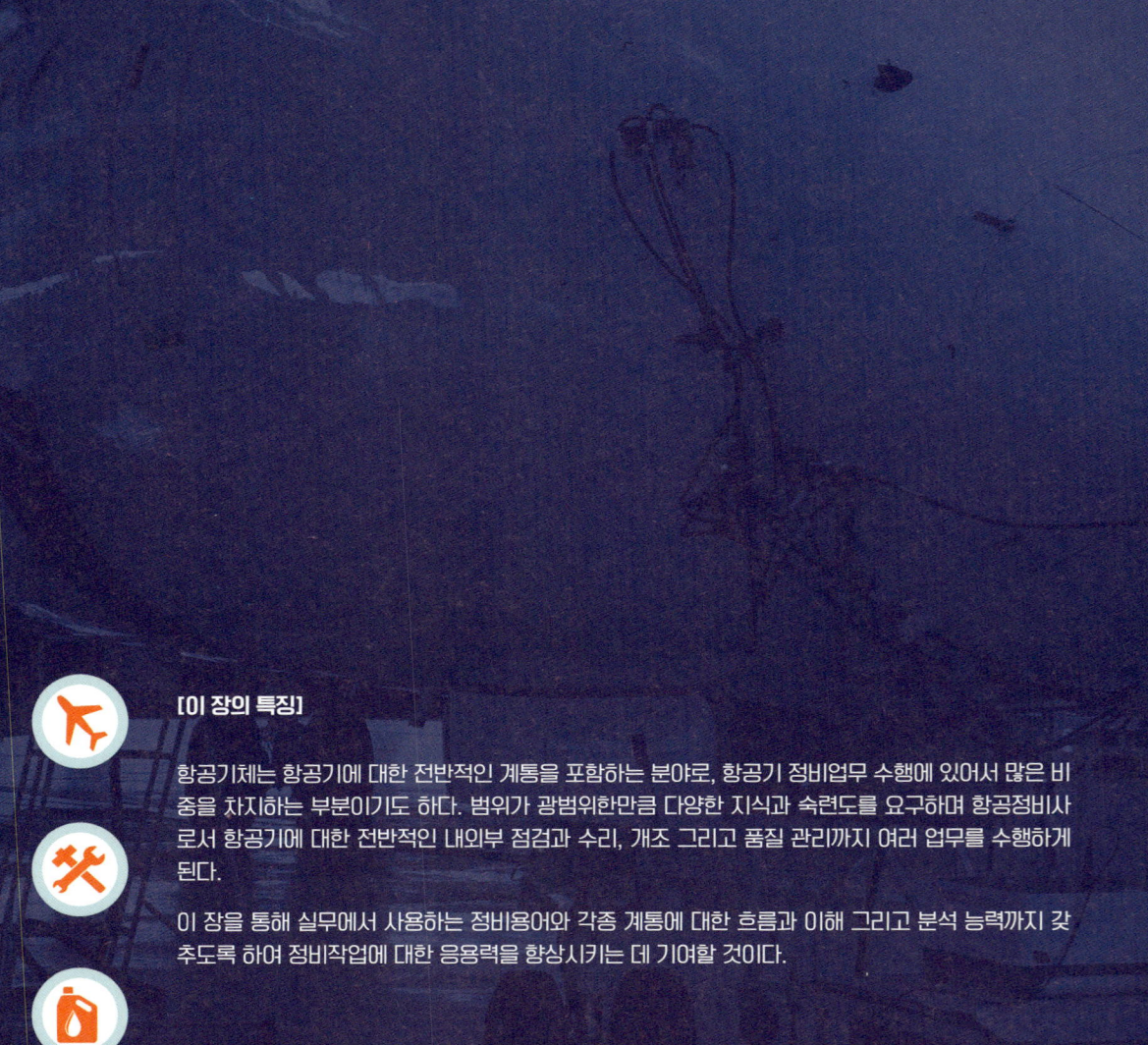

[이 장의 특징]

항공기체는 항공기에 대한 전반적인 계통을 포함하는 분야로, 항공기 정비업무 수행에 있어서 많은 비중을 차지하는 부분이기도 하다. 범위가 광범위한만큼 다양한 지식과 숙련도를 요구하며 항공정비사로서 항공기에 대한 전반적인 내외부 점검과 수리, 개조 그리고 품질 관리까지 여러 업무를 수행하게 된다.

이 장을 통해 실무에서 사용하는 정비용어와 각종 계통에 대한 흐름과 이해 그리고 분석 능력까지 갖추도록 하여 정비작업에 대한 응용력을 향상시키는 데 기여할 것이다.

CHAPTER

02

항공기체
Airframe

01 판금작업

(1) 리벳의 식별
   ① 사용 목적, 종류, 특성
   ② 열처리 리벳의 종류 및 열처리 이유
(2) 구조물 수리작업
   ① 스톱 홀(Stop Hole)의 목적, 크기, 위치 선정
   ② 리벳 선택(크기, 종류)
   ③ 카운터 성크(Counter Sunk)와 딤플(Dimple)의 사용 구분
   ④ 리벳의 배치(ED, Pitch)
   ⑤ 리벳 작업 후의 검사
   ⑥ 용접 및 작업 후 검사
(3) 판재 절단, 굽힘 작업
   ① 패치(Patch)의 재질 및 두께 선정기준
   ② 굽힘 반경(Bending Radius)
   ③ 셋백(Setback)과 굽힘 허용치(BA)
(4) 도면의 이해
   ① 3면도 작성
   ② 도면 기호 식별
(5) 드릴 등 벤치 공구 취급
   ① 드릴 절삭, 엣지각, 선단각, 절삭 속도
   ② 톱, 줄, 그라인더, 리머, 탭, 다이스
   ③ 공구 사용 시의 자세 및 안전수칙

Question 1

항공기에 사용하는 홀(Hole, 구멍)은 무엇이 있는가?

Answer

항공기에 사용하는 홀(Hole)은 스톱 홀(Stop Hole), 릴리프 홀(Relief Hole), 라이트닝 홀(Lightening Hole), 파일럿 홀(Pilot Hole)이 있다.

① 스톱 홀(Stop Hole) : 균열이 생긴 부분이 더는 진행되지 않도록 가공하는 구멍이다. 구성품이나 부품에 균열의 길이를 측정 후 한계치를 초과한 경우에 균열 끝단에 일정한 간격을 두고 구멍을 가공한다.

② 릴리프 홀(Relief Hole) : 2개의 굽힘 교차점이 교차하는 부분의 안쪽으로 크랙(Crack, 균열)이 발생하지 않도록 응력집중을 방지하기 위해 가공하는 구멍이다.
③ 라이트닝 홀(Lightening Hole) : 항공기 날개 구성 부재인 리브(Rib)나 일부 동체 구조물에 뚫는 구멍으로 무게 경감을 목적으로 가공하는 구멍이다.
④ 파일럿 홀(Pilot Hole) : 체결할 스크루(Screw)가 장착되는 모재(Material)에 잘 장착될 수 있게끔 스크루보다 작은 치수의 구멍을 가공하는 구멍으로, 파일럿 홀이 없으면 스크루가 너무 꽉 조여 모재가 손상되거나 스크루가 완전히 끊어질 수 있다.

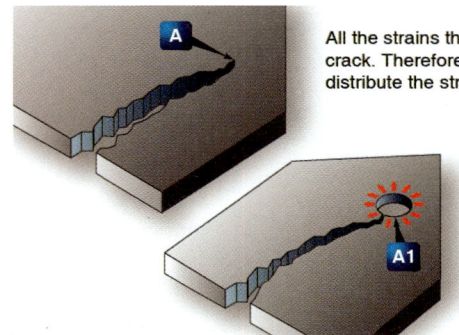

All the strains that originally caused the crack are concentrated at point **A** tending to extend the crack. Therefore, with a #30 or 1/8" drill bit, drill a small hole **A1** at the end of the crack point to distribute the strain over a wider area.

Each crack occurring at any hole or tear is drilled in the same manner.

◆ 스톱 홀(Stop Hole) 참고 자료 ◆
(출처 : 국토교통부 항공정비사 표준교재 항공기기체 제1권 기체구조판금)

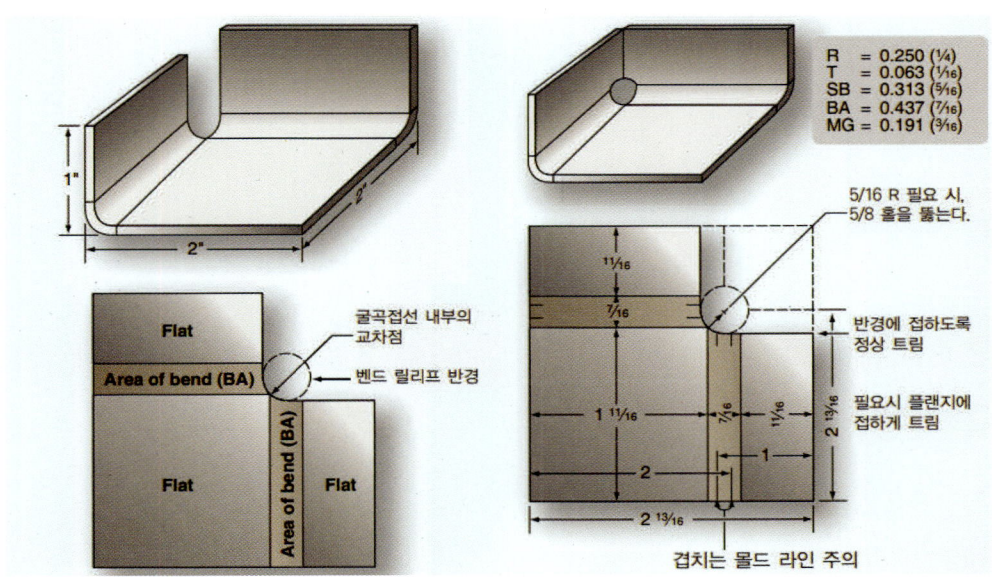

◆ 릴리프 홀(Relief Hole) 참고 자료 ◆
(출처 : 국토교통부 항공정비사 표준교재 항공기기체 제1권 기체구조판금)

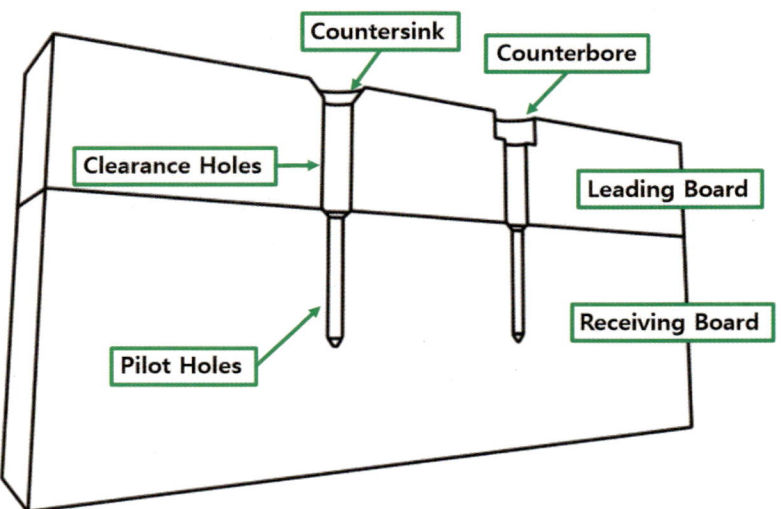

◆ 파일럿 홀(Pilot Hole) 참고자료 ◆

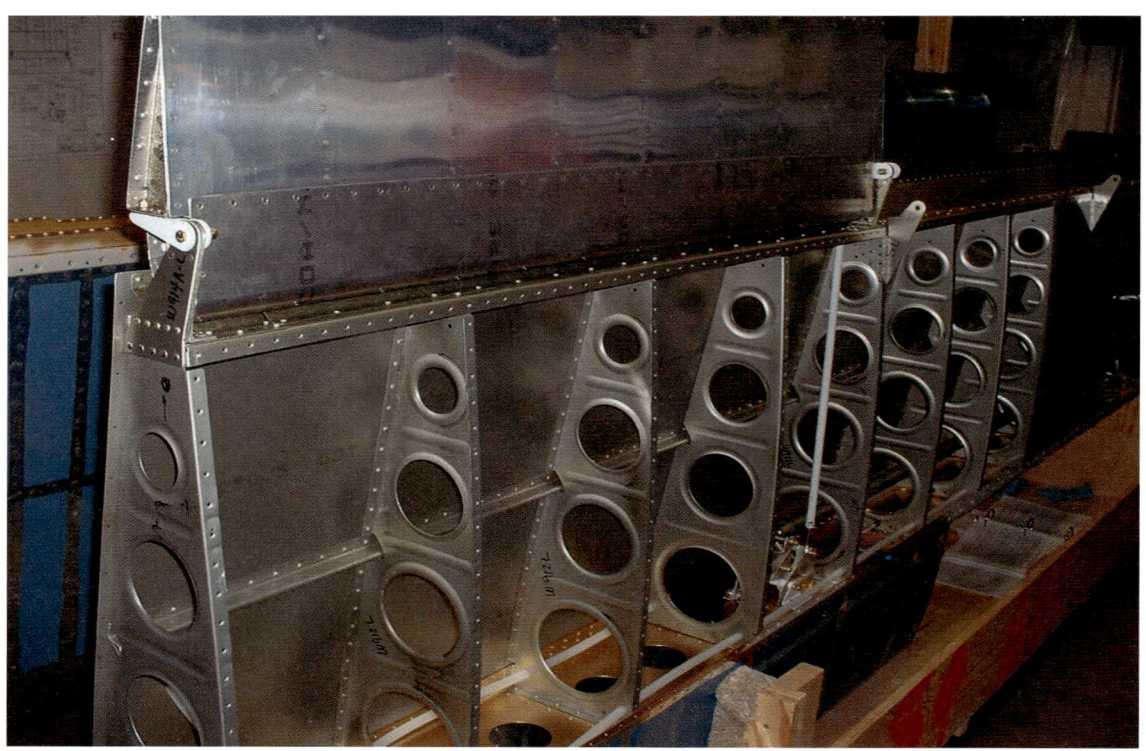

◆ 항공기 날개 리브(Rib)에 가공된 라이트닝 홀(Lightening Hole) ◆

> **Question 1-1**
>
> 스톱 홀(Stop Hole)은 균열과 일정 간격을 두고 홀(Hole)을 가공해야 하는데, 그 간격은 얼마인가?

Answer

균열과 홀(Hole)의 간격은 1/16[inch]이고, 홀(Hole)의 크기는 항공기 기종에 따른 SRM(Structure Repair Manual)이나 MM(Maintenance Manual)을 참조하여 가공한다.

> **Question 1-2**
>
> 항공기 기체 손상의 종류는 어떤 것들이 있는가?

Answer

항공기 기체 손상 종류로는 대표적으로 다음과 같이 있다.

손상	의미
스크래치(Scratch)	날카로운 물체와 접촉되어 발생하는 결함으로 길이, 깊이를 가지며 단면적의 변화를 초래한다.
크랙(Crack)	물체를 구성하는 분자와 분자 또는 원자와 원자의 결합을 분해하는 것으로, 재료에 허용강도 이상의 힘이 가해져 재료가 파괴되는 현상을 말한다.
눌림(Dent)	덴트라고도 부르며, 물체의 충돌에 의해 표면에 생기는 둥근 모양의 홈이나 일부가 깎여 나가 움푹 파인 홈을 말한다.
부식(Corrosion)	화학적/전기화학적 반응에 의해 재료의 성질이 변화, 퇴화되는 현상 또는 이로 인한 구조재의 손상을 말한다.
마모(Abrasion)	재료 표면에 외부 물체가 끌리거나 비벼지거나 긁혀져서 표면이 거칠고 불균일하게 되는 현상을 말한다.
찍힘(Nick)	항공기 구조물에서 재료의 표면이나 모서리가 외부 물체와의 충돌에 의해 예리한 면이 생기면서 떨어져 나가는 상태를 말한다.

Question 2

리벳의 재질에 따른 식별기호와 머리표식(Head Marking)은 어떻게 되는가?

Answer

① 1100 : 순수 99[%]의 알루미늄의 리벳으로, 재질기호는 'A'로 머리 부분에는 무표시로 한다. 또한 열 처리가 부적절하여 비구조용으로 사용한다.
② 2017 : 열처리를 해야 사용할 수 있는 리벳으로 아이스박스 리벳(Ice Box Rivet)으로 불리며, 재질기호는 'D', 머리 부분은 볼록점으로 표시한다.
③ 2117 : 상온에서 사용 가능한 리벳으로, 열처리를 하지 않고 사용할 수 있는 리벳이다. 재질기호는 'AD'로 표시하고 머리 부분은 오목점으로 표시한다.
④ 2024 : 열처리를 해야 사용할 수 있는 리벳으로 아이스박스 리벳(Ice Box Rivet)으로 불리며, 재질기호는 'DD,' 머리 부분은 쌍대시로 표시한다.
⑤ 5056 : 마그네슘 성분을 포함한 리벳으로 마그네슘 합금 접합용으로 사용한다. 머리 부분에는 '+'로 표시한다.

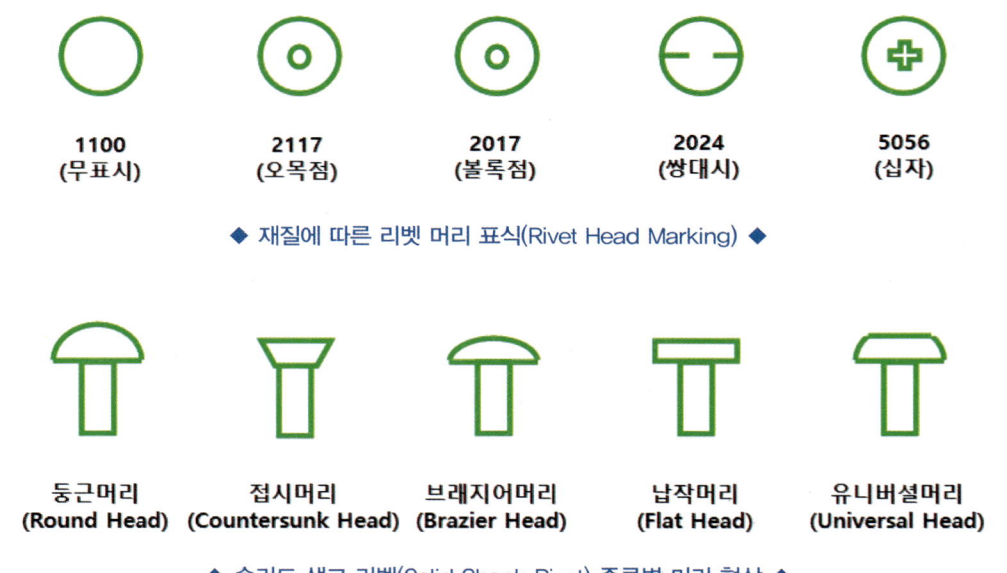

◆ 재질에 따른 리벳 머리 표식(Rivet Head Marking) ◆

◆ 솔리드 생크 리벳(Solid Shank Rivet) 종류별 머리 형상 ◆

Question 2-1

아이스박스 리벳(Ice Box Rivet)이란 무엇인가?

Answer

아이스박스 리벳(Ice Box Rivet)은 2017과 2024가 있고 2017은 열처리 후 1시간 이내에 사용, 2024는 30분 이내에 사용해야 하는 차이가 있다. 만약 이 리벳들을 열처리 후 시간 내에 사용하지 못할 경우에는 시효경화에 의해 리벳 성형이 되지 않아 작업하기 어려워진다.

Question 2-2

솔리드 생크 리벳(Solid Shank Rivet)과 블라인드 리벳(Blind Rivet)은 어떤 차이가 있는가?

(1) 솔리드 생크 리벳(Solid Shank Rivet)
  ① 둥근머리 리벳(AN430) : 일반적으로 두꺼운 판재나 강도를 필요로 하는 내부 구조물을 접합하는 데 쓰인다.
  ② 접시머리 리벳(AN420, 425, 426) : 접시머리 형상을 한 리벳으로 항공기 외피에 사용한다.
  ③ 납작머리 리벳(AN441, 442) : 항공기 내부 구조물 접합용으로 사용한다.
  ④ 브래지어머리 리벳(AN455, 456) : 외부 공기흐름에 노출이 적은 얇은 판재를 연결하는 곳에 쓰인다.
  ⑤ 유니버설머리 리벳(AN470) : 항공기 내부나 공기저항을 받지 않는 곳에 사용한다.

둥근머리 (Round Head) / 접시머리 (Countersunk Head) / 브래지어머리 (Brazier Head) / 납작머리 (Flat Head) / 유니버설머리 (Universal Head)

◆ 솔리드 생크 리벳(Solid Shank Rivet) 종류별 머리 형상 ◆

(2) 블라인드 리벳(Blind Rivet)

작업하기 좁은 장소나 리벳의 벅테일(Bucktail) 형성에 쓰이는 버킹 바(Bucking Bar)를 댈 수 없는 곳에 사용하는 리벳으로 종류는 체리 리벳, 리브 너트, 폭발 리벳 등이 있다.

① 체리 리벳(Cherry Rivet) : 체리 리벳 건을 통해 체리 리벳 내부에 있는 스템을 잡아당겨서 반대편에 벅테일(Bucktail)을 형성시켜주는 리벳이다.

② 리브 너트(Rivnut) 또는 팝 너트(Pop Nut) : 리브 너트 드라이버를 이용하여 돌려서 반대편에 벅테일(Bucktail)을 형성시켜주는 것이다.

③ 폭발 리벳 : 내부에 폭발물을 심어둔 리벳 머리에 열을 가하면 폭발물이 터지면서 반대편에 벅테일(Bucktail)을 형성시키는 리벳이다.

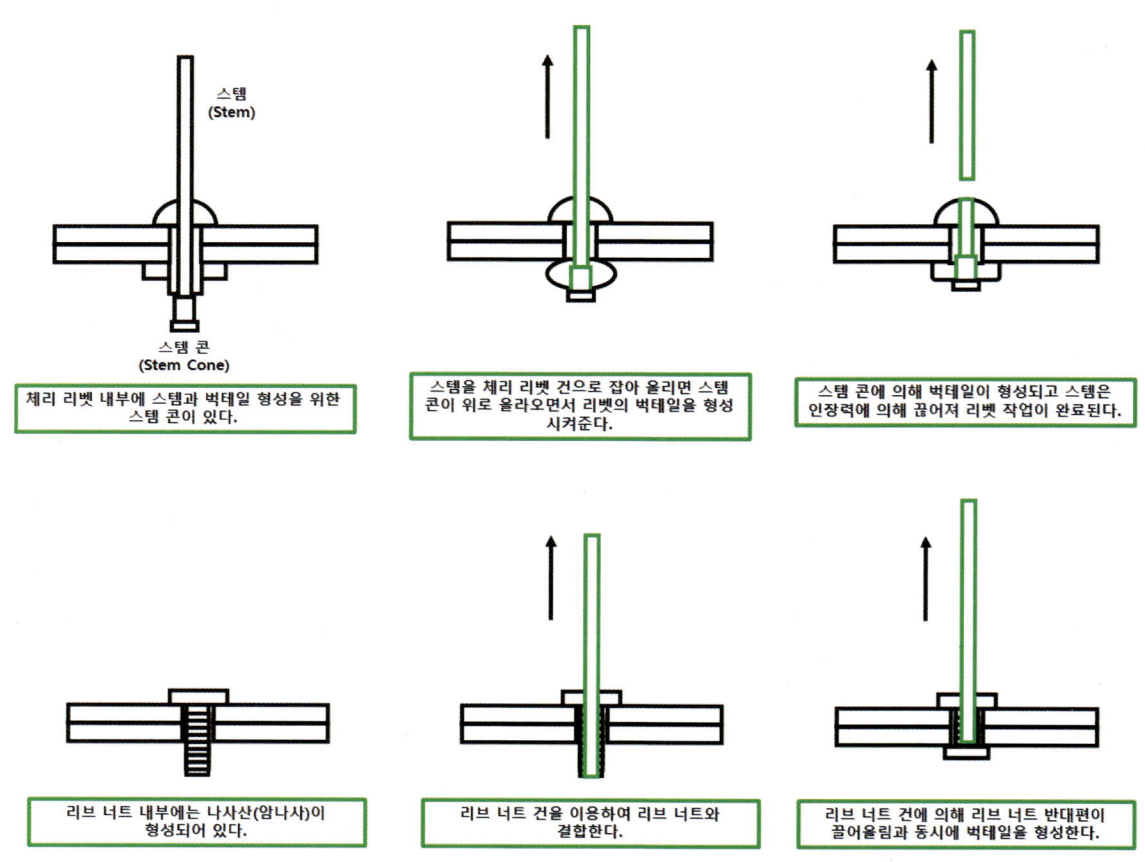

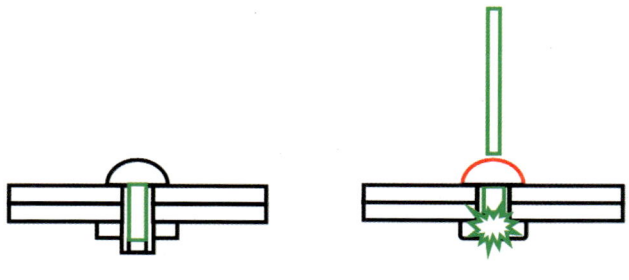

폭발 리벳 내부에는 폭발물이 들어있다.

리벳 머리를 가열시키면 내부 폭발물로 열이 전도되어 폭발함과 동시에 벅테일을 형성시킨다.

◆ 체리 리벳(Cherry Rivet)과 체리 리벳 건(Cherry Rivet Gun) 실물 ◆

◆ 리브 너트(Rivnut)와 리브 너트 건(Rivnut Gun) 실물 ◆

(출처 : Freepik)

Question 2-3

리벳의 벅테일(Bucktail)은 무엇이고 그 벅테일의 직경과 높이는 얼마여야 하는가?

Answer

리벳의 벅테일(Bucktail)은 리벳 고정을 위한 성형머리이며 벅테일의 직경은 리벳 지름의 1.5배, 높이는 리벳 지름의 0.5배이다.

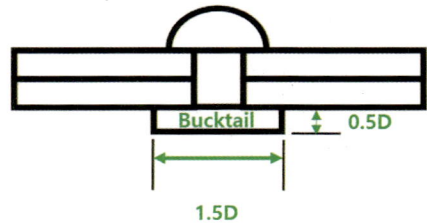

◆ 리벳 작업(Riveting) 후 형성된 벅테일(Bucktail)의 직경과 높이값 공식 ◆

Question 2-4

리벳 작업 후 리벳 제거는 어떻게 해야 하는가?

Answer

리벳 머리 부분을 줄(File)로 평평하게 갈아준 후 센터 펀치로 드릴 작업을 할 중앙 부분을 리벳 머리와 수직으로 위치한 상태에서 표시점을 만든 뒤 드릴로 리벳을 제거한다. 드릴 작업 후 남은 벅테일 부분은 볼핀 해머 등과 같은 해머로 핀 펀치를 이용하여 빼낸다.

Question 2-5

리벳 작업에서 연거리, 리벳피치, 횡단피치란 무엇인가?

Answer

① 연거리(Edge Distance) : 판재 끝과 첫 열의 리벳 중심과의 거리를 말하고 리벳 지름의 2~4배(2~4D) 범위로 제한한다.
② 리벳피치(Rivet Pitch) : 리벳과 리벳 간의 중심 간 거리를 말하고 리벳 지름의 3~12배(3~12D)이며 보통 6~8D를 사용한다.
③ 횡단피치(Transverse Pitch) : 리벳 열과 열간의 간격을 말하고 리벳 피치의 75[%], 100[%] 간격으로 사용한다.

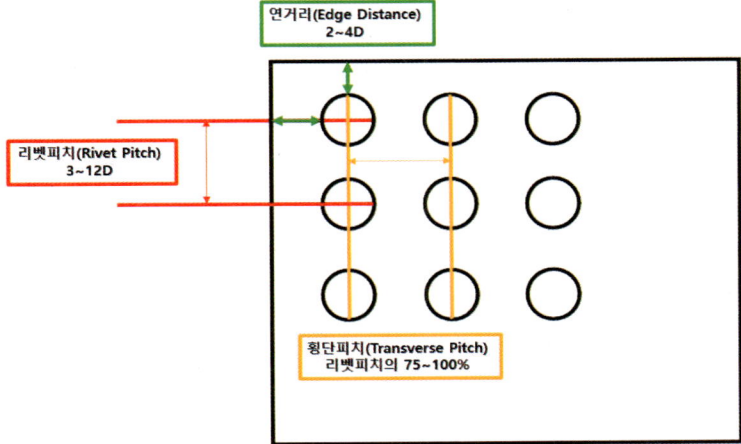

Question 2-6

만약 리벳 작업 후 연 거리가 짧다면 어떻게 되는가?

Answer

판재의 모서리 부분이므로 균열이 더 쉽게 발생될 수가 있다.

Question 2-7

리벳 작업을 할 때 올바른 리벳의 지름과 길이 선정은 어떻게 하는가?

Answer

리벳 지름(D) = 3T, 두꺼운 판재의 두께 3배
리벳 길이(L) = 1.5D + (T_1 + T_2), 리벳 지름의 1.5배 + (판재 두께를 합산한 값)

Question 2-8

리벳 작업에서 카운터싱킹(Countersinking)과 딤플링(Dimpling)의 차이는 무엇인가?

Answer

카운터싱킹은 접시머리 리벳을 판재에 작업하기 위해 판재 표면을 접시머리 모양이 들어갈 수 있도록 깎아내는 가공법을 말한다.

그러나 판재 두께가 0.04[inch] 이하인 얇은 판재일 경우에는 판재를 안쪽으로 오목하게 굽힘 가공하는 것을 딤플링(Dimpling)이라 한다.

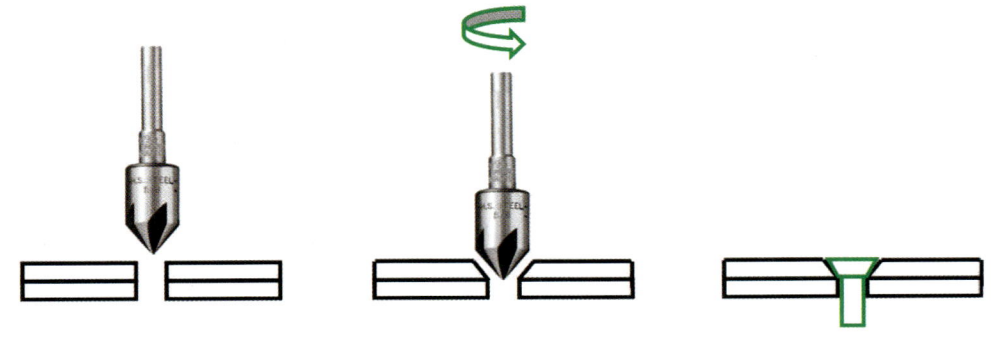

접시머리 리벳을 판재에 장착하기 위해 카운터싱킹 공구(Countersinking Tool)로 접시머리가 들어가도록 면을 만들어줘야 한다.

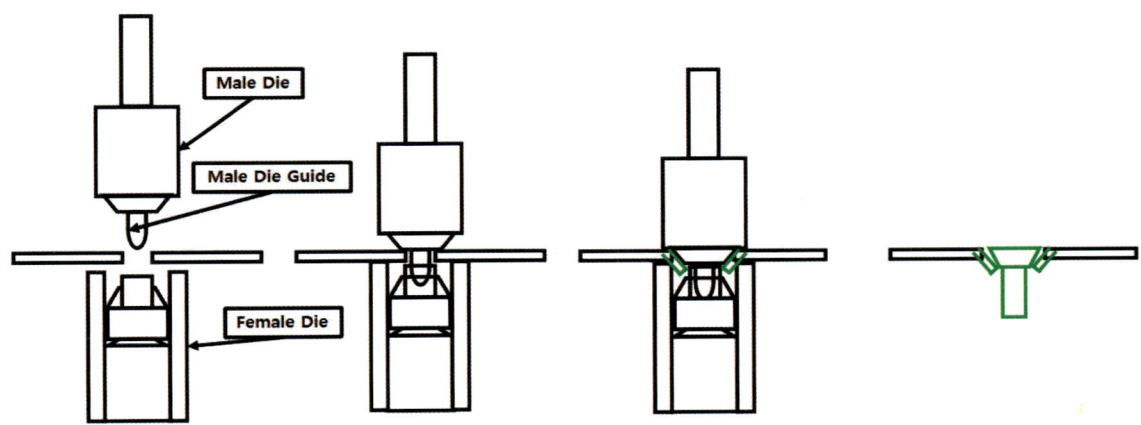

카운터싱킹(Countersinking)이 불가능한 얇은 판재의 경우에는 딤플링 공구(Dimpling Tool)를 이용하여 판재의 오목한 면을 만들어준다.

Question 3

용접이란 무엇이며 그 종류는 어떤 것들이 있는가?

Answer

용접이란 2개 또는 그 이상의 물체나 재료의 접합하려는 부분을 녹이거나 반 용융상태 또는 압력을 작용시켜 두 금속을 접합시키는 방법을 말하며, 종류로는 크게 융접(Fusion Welding), 압접(Pressure Welding), 납땜(Soldering) 등이 있다.

Question 3-1

용접에서 융접(Fusion Welding), 압접(Pressure Welding), 납땜(Soldering)이란 각각 무엇을 말하는가?

Answer

① 융접(Fusion Welding)
용접할 모재의 접합부를 용융상태로 가열하여 접합하거나 용융체를 주입하여 용착시킨 것을 말한다.
여기서 용융상태란 금속이 열을 받아 연해진 상태를 말한다.

② 압접(Pressure Welding)
가압용접이라고도 부르며, 접합부를 반 용융상태로 만들어 가열 혹은 냉간상태로 하여 기계적 압력을 가하여 접합하는 방법을 말한다.
대표적인 예시로 기차나 전철을 위한 철도 레일을 접합할 때 쓰인다.

③ 납땜(Soldering)
접합부의 금속보다 낮은 온도에서 녹는 용가재(납)를 접합부에 유입시켜 접합하는 방법으로 단면 납땜, 양면 납땜, 다중 납땜 방법이 있다.

Question 3-2

용접에서 아크용접 종류 중 TIG 용접과 MIG 용접의 차이는 무엇인가?

Answer

둘의 차이는 전극 소모 유무이다.

TIG 용접은 텅스텐 전극에 불활성 가스(헬륨이나 아르곤)를 사용하고 MIG 용접은 용접 와이어가 소모 전극이 되어 불활성가스(아르곤)에 미량의 산소를 혼합시켜 용접하는 것이다.

그 외에도 TIG 용접의 경우에는 용접봉을 수동으로 주입하고 MIG 용접은 스위치만 누르면 기계가 용접봉을 계속 주입시키는 방식이다.

이에 따라 TIG 용접은 섬세한 용접이 가능하고 MIG 용접은 빠르게 용접이 가능한 차이도 있다. 쉽게 말해 TIG 용접은 납땜과 비슷하고, MIG 용접은 글루건과 비슷하다고 볼 수 있다.

Question 3-3

용접에서 언더컷(Undercut)과 오버랩(Overlap) 결함형태는 무엇인가?

Answer

용접의 결함형태는 다음과 같이 있다.

- 언더컷 : 용접의 속도가 빠르고 온도가 높을 때 모재가 녹아 얇아지는 현상
- 오버랩 : 용접의 속도가 느리고 온도가 낮을 때 용접이 겉부분만 되는 현상

> **Question 4**
>
> 판금 작업을 할 때 굽힘 여유(Bend Allowance, B.A)와 세트백(Set Back, S.B)은 무엇인가?

Answer

① 굽힘 여유 또는 굽힘 허용량(Bend Allowance, B.A)
   판재를 굽히는데 사용되는 길이를 말하며 공식은 다음과 같다.

$$B.A = \frac{2\pi(R+\frac{1}{2}T)\theta}{360°}$$

   여기서, R은 굽힘 반경, T는 판재 두께, θ는 굽힘 각도를 뜻한다.

② 세트백(Set Back, S.B)
   성형점(Mold Point)에서 굽힘 접선까지의 거리를 말한다. 성형점은 판재 외형선의 연장선이 만나는 지점을 말하고 굽힘 접선은 굽힘의 시작점과 끝점에서의 접선을 말한다. 세트백 공식은 다음과 같다.

$$S.B = \tan\frac{\theta}{2}(R+T)$$

   여기서, R은 굽힘 반경, T는 판재 두께를 뜻한다.

> **Question 5**
>
> 드릴을 사용할 때 드릴의 날 끝 각도는 무엇인가?

Answer

드릴 날 끝 각도는 판재와 드릴 모서리 부분이 맞닿는 부분을 말하며 엣지각이라고도 한다.

Question 5-1

연질재료에 드릴 작업을 할 때 드릴 날 끝각(엣지각)은 어떻게 되는가?

Answer

재질에 따른 드릴 날 끝 각도(엣지각)는 다음과 같다.

① 경질재료 또는 얇은 판일 경우 : 118°, 저속, 고압 작업
② 연질재료 또는 두꺼운 판일 경우 : 90°, 고속, 저압 작업
③ 재질에 따른 드릴 날의 각도(일반 재질 : 118°, 알루미늄 : 90°, 스테인리스강 : 140°)

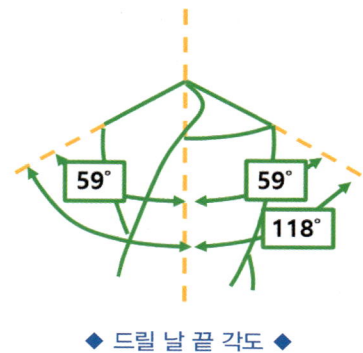

◆ 드릴 날 끝 각도 ◆

Question 5-2

그 연질재료에 가하는 드릴 압력은 어떻게 해야 하는가?

Answer

작은 압력으로 작업을 하는데, 여기서 압력은 드릴에 공급되는 공압이 아닌 사람이 드릴로 판재에 가하는 압력을 말한다.

Question 6

3면도란 무엇을 말하는가?

Answer

정면도, 측면도, 평면도를 말한다.

Question 6-1

도면에서 제1각법과 제3각법은 무엇인가?

Answer

제1각법은 각 그림의 배치는 정면도를 기준으로 아래쪽에 평면도 왼쪽에 우측면도가 배치된 투상 방식으로 눈 → 물체 → 투상면으로 보는 방법을 말한다.

제3각법은 각 그림의 배열을 정면도를 중심으로 위쪽에는 평면도, 오른쪽에는 우측면도가 배치된 투상 방식으로 가장 많이 사용되며 눈 → 투상면 → 물체로 보는 방법을 말한다.

특징으로는 다음과 같다.
① 그림이 물체를 전개한 위치에 배열되므로 실제로 실물을 보는 것과 같은 위치에 있다.
② 물체를 본 쪽에 그림이 배열되므로 그림을 보기가 쉽다.
③ 특히 긴 물체나 사면인 경우에 관련 그림을 대조하는데 편리하다.

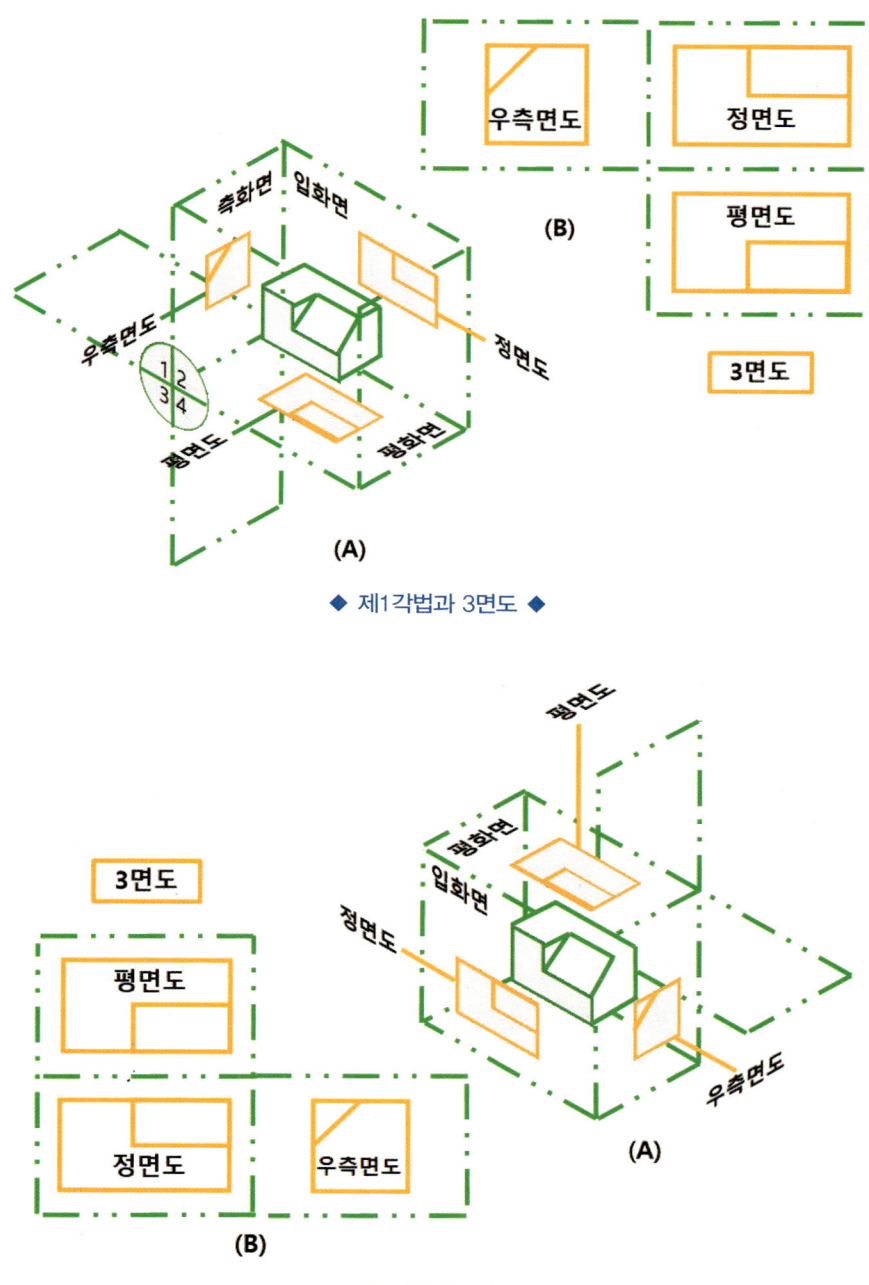

◆ 제1각법과 3면도 ◆

◆ 제3각법과 3면도 ◆

Question 6-2

도면의 선 종류와 표시법, 용도는 어떻게 되는가?

Answer

선의 종류	표시	용도
외형선(Visible Line)	———	보이는 부분에 대한 물체의 형상을 나타내는 선(굵은 실선)
은선 또는 숨은선(Hidden Line)	-------	보이지 않는 부분의 형상 표시
중심선(Center Line)	—·—·—	축이나 선에 대칭면을 표시
가상선(Phantom Line)	—··—··—	가상적인 위치나 상태 표시(물체의 이동 전후 위치 및 장착 상태 등)
치수선(Dimension Line)	→← ↔	치수 기입을 위한 선
치수 보조선(Extension Line)	———	치수가 표시될 부분을 연장하는 선(가는 선)
지시선(Leader Line)	→	기호나 수치를 기입하기 위하여 사용
투영 표시선(Cutting or Viewing Plane)	⌐↓ ↓⌐	물체를 원하는 방향으로 절단하여 단면을 투영하거나 보조 투영을 딴 곳에 표시하기 위하여 사용
꺾임절단선(Offset View)	⌐ ⌐	물체 내부를 여러 방향으로 절단하여 투영할 필요가 있을 때 사용
단면 표시선(Section Lining)	/////	물체의 절단된 표면을 나타내는 선
파단선(Break Line)	∿∿∿	물체의 부분 생략 및 중간 생략을 위해 사용
바느질 선(Stitch Line)	-------	바느질을 표시

Question 7

탭(Tap)과 다이스(Dies)는 무엇인가?

Answer

탭은 암나사산를 만들 때, 다이스는 수나사산을 만들 때 사용하는 공구이다.

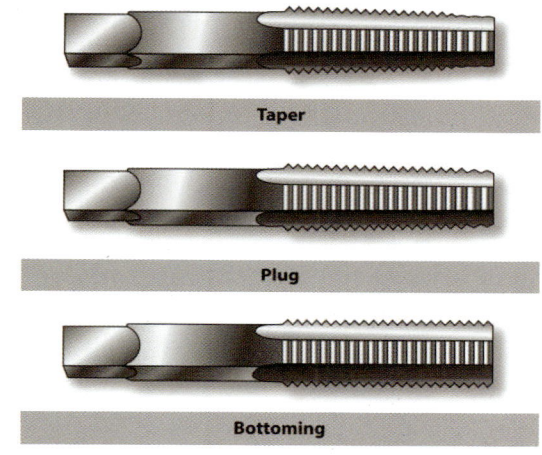

◆ 탭(Tap) 종류 ◆

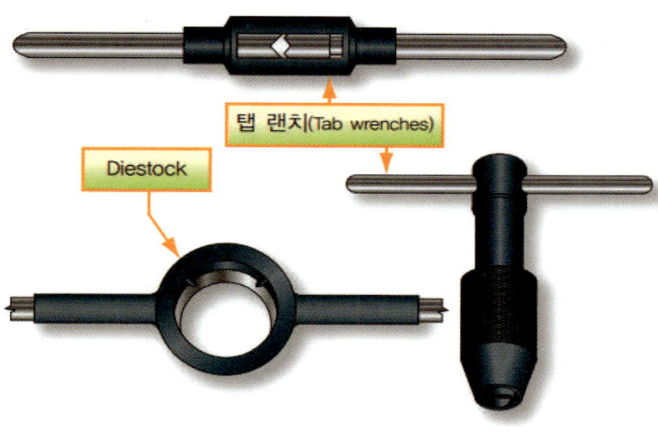

◆ 탭 렌치(Tap Wrench) ◆

(출처 : 국토교통부 항공정비사 표준교재 항공기정비일반)

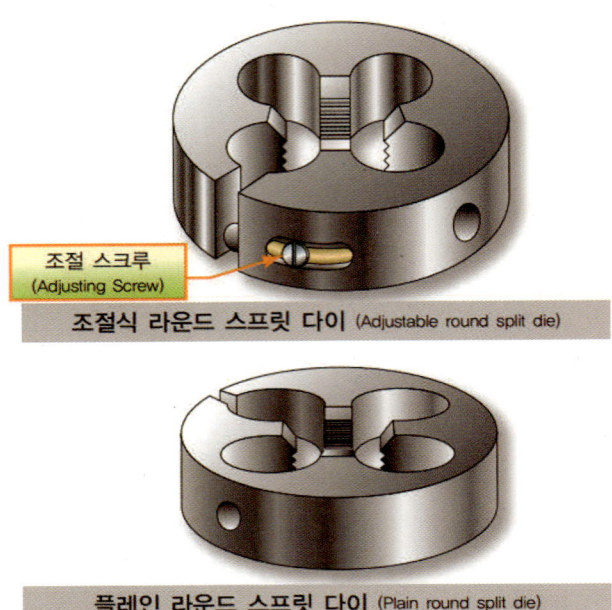

◆ 다이(Die) 종류 ◆

(출처 : 국토교통부 항공정비사 표준교재 항공기정비일반)

Question 7-1

헬리코일(Helicoil)이란 무엇인가?

Answer

헬리코일은 나사산 마모를 미리 방지하거나 나사부를 강화하는 목적으로 쓰이며, 파손된 나사산을 재생하려는 목적으로도 쓰인다.

본래 암나사와 수나사로 결합 시 엄밀한 기밀성 유지가 어렵기 때문에, 헬리코일을 사용하여 필요한 나사에 대응하는 구멍의 직경보다 한 치수 작은 드릴 비트를 선정하여 구멍을 가공한다.

그 후에는 헬리코일 전용 탭으로 나사산을 가공하고, 헬리코일에 의해 암나사와 수나사가 바르게 접합되도록 각 나사산에 가해지는 하중을 평균화시키면서 응력을 분산시켜 피로 강도를 커지게 하는 효과를 만든다.

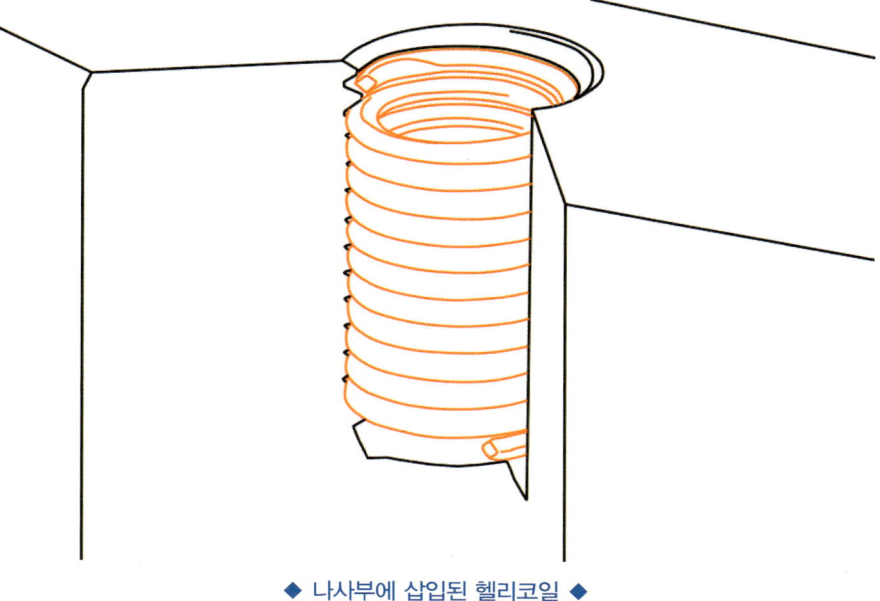

◆ 나사부에 삽입된 헬리코일 ◆

◆ 파손된 나사부(암나사)를 헬리코일을 이용하여 볼트(Bolt)의 파손 및 손상을 방지하는 예시 ◆

(출처 : Freepik)

Question 7-2

수공구와 동공구 사용 시 주의사항은 어떻게 되는가?

Answer

(1) 수공구
  ① Bolt와 Nut 체결 후 토크를 적용할 때에는 토크렌치를 이용하여 규정된 토크값을 적용한다.
  ② Bolt와 Nut 체결 시 손으로 어느 정도 체결 후 렌치를 사용해야 한다.
  ③ Bolt와 Nut 체결 시 치수에 맞는 공구를 사용해야 한다.
  ④ 체결 시 Bolthead 부분이 손상되지 않도록 주의한다.

(2) 동공구(회전 공구)
  ① 회전 공구 사용 시에는 장갑이 말려 들어갈 위험이 있기 때문에 장갑을 착용해서는 안 된다.
  ② 드릴 작업이나 그라인더 작업 시에는 파편이 튈 수 있기 때문에 보안경을 착용해야 한다.
  ③ 드릴 작업, 리벳 작업 등 작업을 수행하기 전 적정 공기압력인지 확인 후 사용 전 점검을 한다.
  ④ 드릴점 표시를 위해 센터펀치를 사용할 때는 센터 펀치와 대상물(금속)이 수직이 되도록 하여 표시점을 찍어준다.
  ⑤ 드릴작업 시 가공품은 확실하게 고정시킨 후 구멍을 뚫어야 한다.
  ⑥ 드릴작업이 끝날 무렵에는 가공압력을 적절하게 주어야 한다.
  ⑦ 그라인더(Grinder)를 사용할 때에는 그라인더 휠(Grinder Wheel)이 잘 장착되었는지 확인한다. 장착이 불량하거나 균열이 있을 때 또는 속도가 기준치보다 빠를 때 파편이 튈 위험이 있을 수 있다.

02 연결작업

(1) 호스, 튜브 작업
　① 사이즈 및 용도 구분
　② 손상검사 방법
　③ 연결 피팅(Fitting, Union)의 종류 및 특성
　④ 장착 시 주의사항
(2) 케이블 조정 작업(Rigging)
　① 텐션미터(Tension Meter)와 라이저(Riser)의 선정
　② 온도 보정표에 의한 보정
　③ 리깅 후 점검
　④ 케이블 손상의 종류와 검사방법
(3) 안전결선(Safety Wire) 사용 작업
　① 사용목적, 종류
　② 안전결선 장착 작업(볼트 혹은 너트)
　③ 단선식(Single Wrap) 방법과 복선식(Double Wrap) 방법 사용 구분
(4) 토크(Torque) 작업
　① 토크의 확인 목적 및 확인 시 주의사항
　② 익스텐션 바(Extension Bar) 사용 시 토크 환산법
　③ 덕트 클램프(Clamp) 장착작업
　④ Cotter Pin 장착작업
(5) 볼트, 너트, 와셔
　① 형상, 재질, 종류 분류
　② 용도 및 사용처

Question 1

호스(Hose)와 튜브(Tube)의 차이는 무엇인가?

Answer

호스와 튜브의 차이는 다음과 같다.

(1) 호스
　유연성(Flexible, 플렉시블)이 있고 상대운동을 하는 부분(진동이 있는 부분)에 사용한다.
　치수 측정은 내경(분수)으로 측정한다.

(2) 튜브

스테인리스강이나 알루미늄 합금 재질로 제작되어 호스처럼 유연성이 있지 않으며 상대운동을 하지 않는 부분(진동이 없는 부분)에 사용한다.

치수 측정은 외경(분수) × 두께(소수)로 측정한다.

Question 1-1

호스에 다음과 같이 규격이 표시되어 있다면 어떻게 식별하는가?
'MIL-H-8794:SIZE-6-2/92-MFG SYMBOL'

Answer

① MIL : Military Specification
② H : 호스(Hose)
③ 8794 : 호스 번호
④ SIZE-6 : 6/16"인 호스 내경
⑤ 2/92 : 분기와 년도
⑥ MFG SYMBOL 제작기호

Question 1-2

항공기 호스 장착 시 주의사항이 어떻게 되는가?

Answer

① 호스 장착 시에는 비틀림이 없어야 하고 호스에 있는 백색선을 보면서 꼬임이 없는지 확인한다.
② 필요 시 파손방지를 위해 테이프를 부착하고 여유 길이를 5~8[%] 정도 두고 장착해준다.
③ 진동 방지를 위해 60[cm]마다 클램프(Clamp)를 설치한다.
④ 고온부에 장착할 경우에는 열 차단판을 장착하여 호스가 열에 노출되지 않도록 해준다.
⑤ 호스가 서로 접촉되지 않도록 장착해준다.

Question 1-3
호스에 여유길이를 왜 주는가?

Answer

호스 내부에 흐르는 유체(작동유, 오일, 압축공기 등)의 압력이 호스에 작용하면 단면은 팽창되어 늘어나고 길이는 수축되어 끊어질 위험이 있기 때문이다.

Question 1-4
호스는 내경을 측정하는데 왜 내경을 측정하는가?

Answer

튜브와 달리 호스는 압력을 받아 팽창되기 때문이다.

Question 1-5
항공기 튜브 연결 방법에는 어떤 것들이 있는가?

Answer

연결 방법은 다음과 같다.

① 플레어 튜브 피팅(Flare Tube Fitting)
② 플레어리스 튜브 피팅(Flareless Tube Fitting)
③ 비드와 클램프 방식(Bead and Clamp)
④ 스웨이지(Swage)

가장 많이 쓰이는 방식이 플레어 튜브 피팅과 플레어리스 튜브 피팅인데, 이 중에서도 플레어 튜브 피팅을 가장 흔히 사용한다.

플레어 튜브 피팅에는 싱글 플레어(Single Flare)와 더블 플레어(Double Flare) 2가지 방식이 있고, 더블 플레어가 싱글 플레어보다 더욱 많이 쓰인다.

이유는 심한 진동을 받는 곳이나 계통의 압력이 높은 곳에 사용되는 곳에서 플레어 된 부분이 파손되거나 연결 부분이 누설되는 것을 방지해주는 효과가 있고 싱글 플레어보다 더 매끄러우며 밀폐 효과 또한 우수하기 때문이다.

일반적인 강 재질의 튜브에는 쓰이지 않고 주로 직경이 3/8[inch] 이하의 알루미늄 합금 튜브에 쓰인다.

◆ 항공기 튜브 플레어링(Tube Flaring) 단면 ◆

(출처 : 국토교통부 항공정비사 표준교재 항공기정비일반)

Question 1-6
튜브에 플레어링을 할 때 각도는 얼마로 해야 하는가?

Answer

플레어 각도는 17°, 37°, 43°가 있는데 표준으로 사용하는 일반적인 각도는 37°이다.

Question 1-7
항공기에 사용하는 튜브 재질은 무엇이 있는가?

Answer

유압계통은 알루미늄 합금이나 스테인리스 스틸을 사용하는데, 알루미늄 합금은 2024, 5056, 6061을 사용하며 2024는 1000[PSI]의 저압계통, 2000[PSI]는 중압이나 고압계통의 리턴 라인(Return Line)으로, 6061은 3000[PSI] 이상의 고압계통에 쓰인다.

스테인리스 스틸(Stainless Steel)은 3000[PSI] 이상의 고압계통이나 외부로 노출된 부분, 고열 부분에 사용된다.

Question 1-8
항공기에 사용하는 호스의 종류와 사용처는 어떻게 되는가?

Answer

항공기에 사용하는 호스는 저압, 중압, 고압 호스로 분류되며 사용처는 다음과 같이 있다.
① 저압 호스 : 250[PSI] 이하의 압력에서 사용가능하며, 직물 보강재로 구성되어 있다.
② 중압 호스 : 3,000[PSI]까지의 압력에서 사용가능하며, 하나의 철사 층으로 보강되어 있고, 작은 크기의 호스는 3,000[PSI]까지 사용가능하다. 큰 크기의 호스는 1,500[PSI]까지 사용가능하다.
③ 고압 호스 : 모든 크기의 호스는 3,000[PSI]까지 사용가능하다.

> **Question 1-9**
>
> 항공기 계통별 튜브 색깔 표식 중 연료, 오일, 유압, 산소, 화재탐지, 공압은 어떤 색으로 표시하는가?

Answer

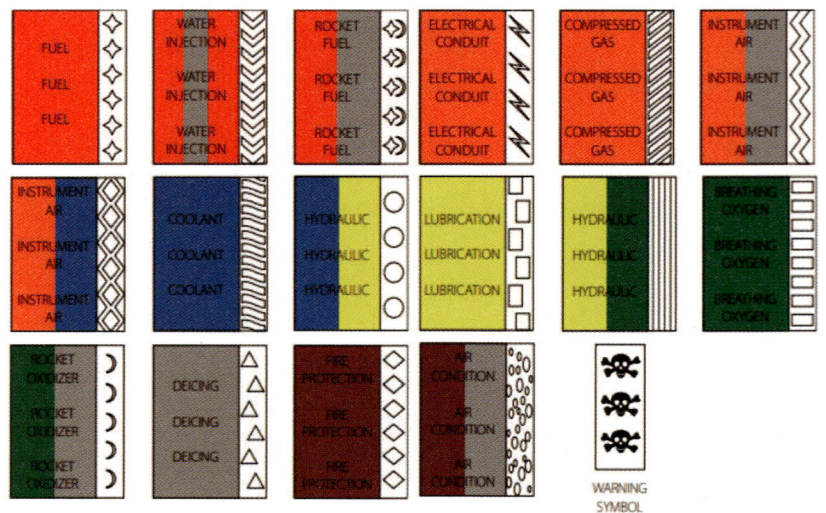

◆ 항공기 튜브에 부착되는 계통별 식별 테이프 ◆

◆ 실제 항공기 튜브에 부착되는 식별 테이프 ◆

Question 2

항공기 조종계통에서 조종케이블 장력은 왜 조절해주는가?

Answer

항공기가 지상과 공중 간의 온도차에 의한 케이블 장력이 변하면서 조종성에 영향을 주기 때문이다.

Question 2-1

지상하고 공중에서 조종케이블의 장력이 어떻게 되는가?

Answer

일반적인 온도에 따른 케이블 장력 변화와 달리 지상에서는 온도가 높아 동체가 상대적으로 팽창되면서 케이블을 잡아당겨 장력이 커진다. 공중에서는 반대로 온도가 낮아져서 동체가 수축되고 케이블은 수축되면서 장력이 작아진다.

Question 2-2

케이블 텐션 미터(Cable Tension Meter)는 어떻게 사용하는가?

Answer

텐션 미터는 T5와 C8 두 종류가 있고 차이는 T5의 경우 케이블 장력만 측정할 수 있는 반면, C8은 케이블 직경과 장력 모두 측정이 가능하고 많이 쓰이고 있다.

텐션 미터 모두 사용 전에는 검교정 일자가 유효한지 반드시 확인 후 사용해야 하며 측정 시 수직으로 측정할 경우 중력에 의해 오차가 발생하므로 수평으로 맞춘 상태에서 측정하는 것이 정확하다.

항공정비사 면허 실기 · 구술

T5는 케이블 직경을 측정하는 케이블 사이즈 게이지(Cable Size Gauge)를 이용하여 직경을 알아낸 후 차트를 보고 해당 직경에 맞는 라이저를 장착하여 케이블 장력을 측정한다. 그렇게 하여 측정값이 나온 것을 차트를 보면서 케이블 장력값을 확인한다.

C8은 케이블 직경 영점조정을 한 후 케이블 직경을 측정해보고 게이지에서 해당 케이블의 직경을 맞춘 후 장력을 측정하여 측정값을 그대로 읽어내는 방식이다.

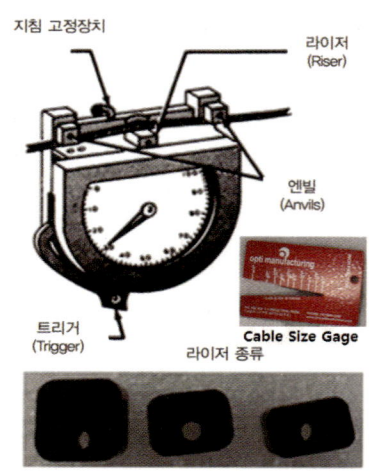

	NO. 1			RISER	NO. 2		NO. 3	
Dia.	1/16	3/32	1/8	Tension lb.	5/32	3/16	7/32	1/4
	12	16	21	30	12	20		
	19	23	29	40	17	26		
	25	30	36	50	22	32		
	31	36	43	60	26	37		
	36	42	50	70	30	42		
	41	48	57	80	34	47		
	46	54	63	90	38	52		
	51	60	69	100	42	56		
				110	46	60		
				120	50	64		

◆ T5 텐션 미터와 라이저, 장력 측정값 환산표 ◆

(출처 : 국토교통부 항공정비사 표준교재 항공기 기체 제2권 항공기시스템)

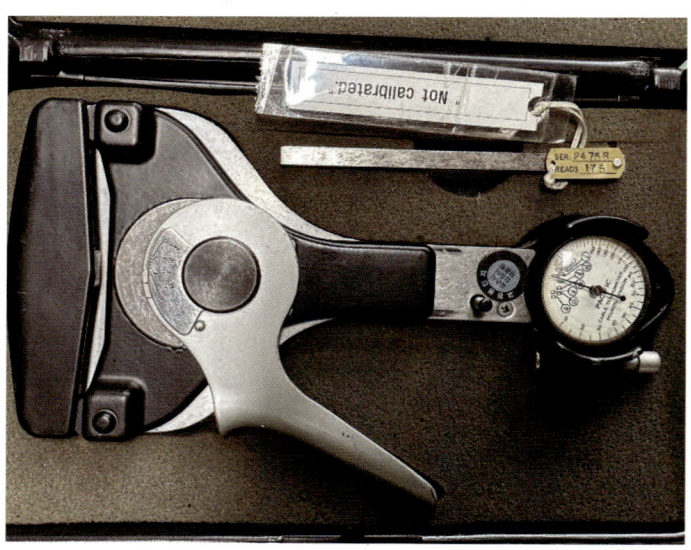

◆ C8 텐션 미터 실물 ◆

Question 2-3
조종케이블은 용접이 가능한가?

Answer

불가능하다. 조종케이블에 용접을 하게 되면 열응력이 발생하여 끊어질 위험이 있기 때문이다.

Question 2-4
조종케이블 연결 방법은 무엇이 있는가?

Answer

조종케이블 연결 방법으로는 다음과 같이 있다.
① 스웨이징(Swaging)
② 니코프레스 피팅(Nicopress Fitting)
③ 5단 엮기 이음 방식(5 Tuck Woven Splice Method)
④ 랩 솔더 스플라이스 방식(Wrap Solder Splice Method)

◆ 스웨이징(Swaging) ◆

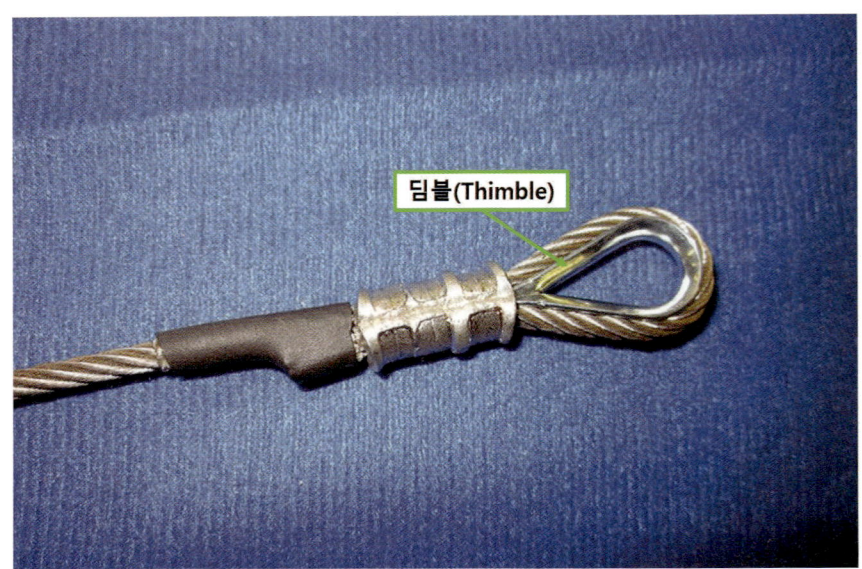

◆ 니코프레스 피팅(Nicorpess Fitting) ◆

◆ 5단 엮기 이음 방법(5 Tuck Woven Splice Method) ◆

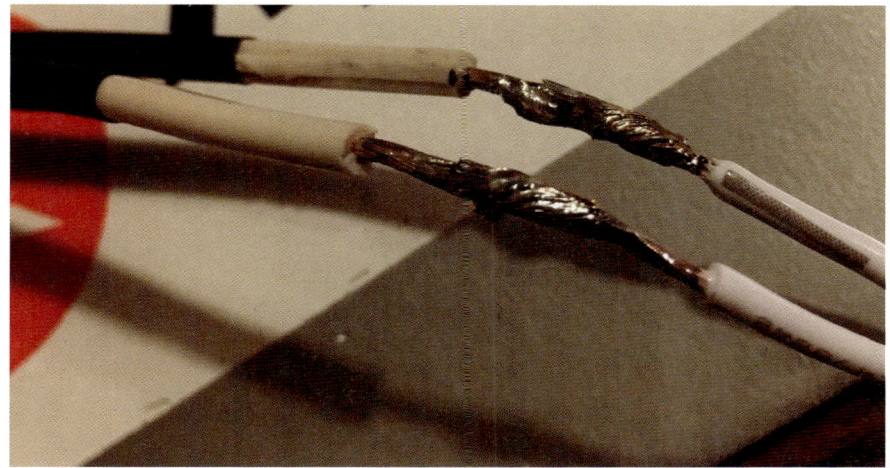

◆ 랩 솔더 이음 방법(Wrap Solder Splice Method) ◆

Question 2-5

항공기 조종케이블 부식에 대한 검사는 어떻게 하고, 부식이 발생했을 때 어떻게 조치를 해야 하는가?

Answer

조종케이블의 꼬임과 반대 방향으로 살짝 비틀어서 내부 부식이 있는지 확인해본다.

만약 쉽게 닦아낼 수 있는 녹이나 부식의 경우에는 마른걸레로 닦아내고 고착된 것은 솔벤트나 케로신을 이용하여 닦아낸다.

솔벤트나 케로신이 과도할 경우에는 조종케이블 내부 방청제를 모두 제거할 수 있으므로 주의해야 한다. 작업 후에는 케이블 부식방지를 위해 방청 작업을 해야 한다.

Question 3

토크렌치(Torque Wrench) 사용 시 주의사항은 어떻게 되는가?

Answer

토크렌치 사용 시 주의사항은 다음과 같다.
① 사용 전후 0점(최소값) 조정(Zero Set)을 할 것
② 적합한 범위의 토크 렌치를 사용할 것
③ 토크렌치를 떨어뜨리거나 충격을 주지 말 것
④ 사용 중에 다른 토크렌치로 교환해서 사용하지 말 것
⑤ 토크를 가하는 방향으로 부품의 축심과 수직인 상태에서 상, 하, 좌, 우 15° 범위 내에서 작업할 것
⑥ 주기적으로 정밀측정을 해야 하는 PME이므로 교정기 간의 유효기간이 유효한 것인지 확인(검사필증 확인)
⑦ 규정 토크로 조여진 체결 부품에 안전결선(Safety Wire)이나 코터핀(Cotter Pin)을 위하여 풀거나 더 조이지 말 것

Question 3-1

토크렌치는 왜 사용 전후로 0점(최소값) 조정을 해야 하는가?

Answer

0점 조정을 하지 않으면 다음에 재사용 시 토크렌치 내부에 있던 스프링이 지속적인 하중을 받아 정확한 토크값을 맞추지 못해 오차가 발생하므로 이러한 현상을 방지하기 위함이다.

Question 3-2

토크렌치 종류는 무엇이 있는가?

Answer

토크렌치 종류는 다음과 같다.

① 리지드 프레임 토크렌치(Rigid Frame Type Torque Wrench) 또는 다이얼식 토크렌치(Dial Type Torque Wrench)
② 디플렉팅 빔 토크렌치(Deflecting Beam Type Torque Wrench)
③ 프리셋 토크 드라이버(Preset Torque Driver)
④ 오디블 인디케이팅 토크렌치(Audible Indicating Torque Wrench) 또는 리미트식 토크렌치(Limit Type Torque Wrench), 마이크로미터 세팅식 토크렌치(Micrometer Setting Type Torque Wrench)

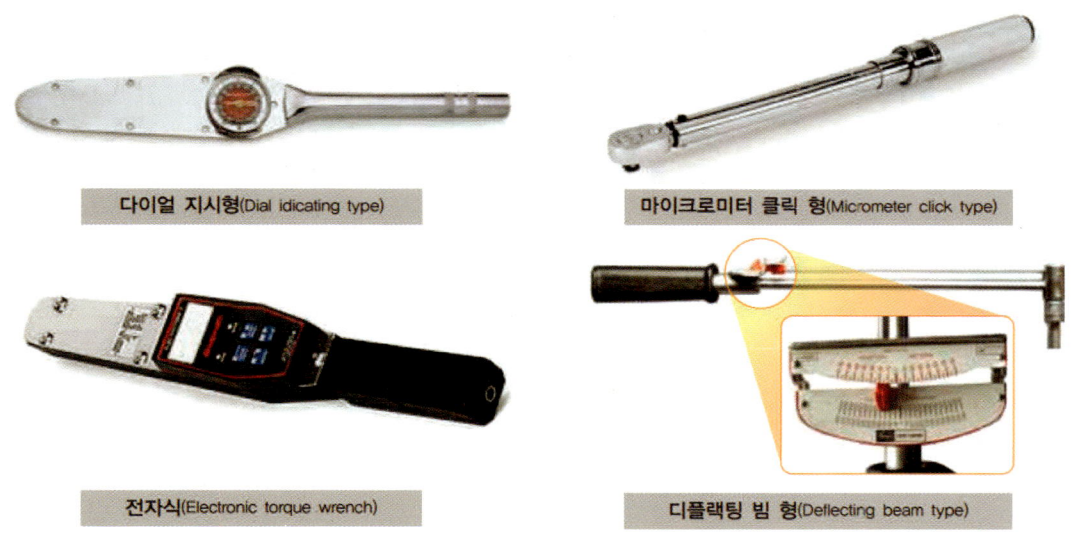

◆ 토크렌치(Torque Wrench) 종류 ◆

(출처 : 국토교통부 항공정비사 표준교재 항공기정비일반)

Question 3-3

토크(Torque)를 주는 목적이 무엇인가?

Answer

사람이 서로 가진 힘이 다르기 때문에, 힘을 단위로 환산해 하드웨어가 탈락되지 않을 정도로 또는 모재가 손상되지 않을 정도의 동일한 힘을 주기 위함이 목적이다.

Question 3-4

토크 종류 중 Run on Torque, Breakaway Torque가 있는데, 이것은 무엇을 말하는가?

Answer

Run on Torque는 셀프락킹너트(Self-Locking Nut)에 볼트 나사산(Thread)이 1~2개 정도 나와 있는 상태에서 셀프락킹너트를 돌렸을 때 너트의 셀프락킹(Self-Locking)을 이겨내는 마찰력을 측정하는 것을 말한다.

셀프락킹너트는 입출구 직경이 서로 다른 전금속형(All Metal Type)과 너트 내부에 파이버나 나일론이 있는 파이버형(Fiber Type)이 있는데, 이름 그대로 안전결선이나 코터핀과 같은 고정장치 없이도 너트가 스스로 고정능력을 발휘해내는 것을 말한다.

이 너트에 볼트가 일정 나사산이 나오도록 한 상태에서 더 돌려보면 셀프락킹에 의해 볼트가 돌아갈 때 힘 받는 느낌이 들다가 어느 정도 더 돌리고 나면 힘을 아예 안 받고 쉽게 돌아가게 된다. 이때의 마찰력을 측정하는 것이다.

Breakaway Torque는 Run on Torque와 반대로 너트를 풀 때 요구되는 힘을 측정하는 것이다.

마찬가지로 너트를 풀 때 처음에 어느 정도 힘을 주게 되면 너트가 풀리는데 이 마찰력을 이겨내면 너트는 볼트로부터 쉽게 이탈되거나 장탈 할 수 있게 된다.

이때, 측정할 때 사용하는 토크렌치는 리지드 프레임(다이얼식) 토크렌치를 사용하여 측정한다.

Question 3-5

토크렌치로 어떤 볼트를 100 [in-lbs] 토크를 적용하고자 한다. 토크렌치의 길이는 12 [inch]이고, 토크렌치에 6 [inch] 길이의 연장 공구를 장착하여 사용하려고 할 때 토크렌치에 지시되어야 할 토크값은 얼마인가?

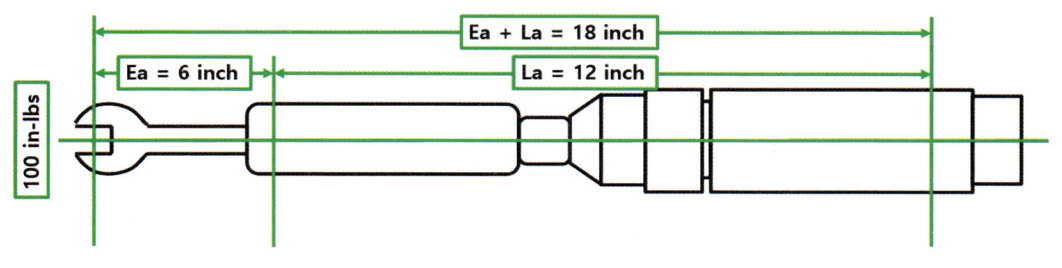

Answer

토크렌치 공식은 다음과 같다.

$$S = \frac{T \times L_a}{L_a \times E_a}$$

S : 토크렌치에 설정 또는 지시되어야 하는 값

T : 적용되는 토크값

L_a : 토크렌치 길이(단위 : inch)

E_a : 연장 공구의 길이(단위 : inch)

공식을 응용하여 계산하면

$$\frac{T \times L_a}{L_a \times E_a} = \frac{100 \times 12}{12 + 6} = \frac{1200}{18} = 66.6 \text{ in-lbs}$$

토크렌치에 지시되어야 할 토크값은 66.6 in-lbs가 된다.

Question 3-6

토크렌치로 어떤 볼트를 500 [in-lbs] 토크를 적용하고자 한다. 토크렌치의 길이는 10 [inch]이고, 토크렌치에 5 [inch] 길이의 연장 공구를 90°로 장착하여 사용하려고 할 때 토크렌치에 지시되어야 할 토크값은 얼마인가?

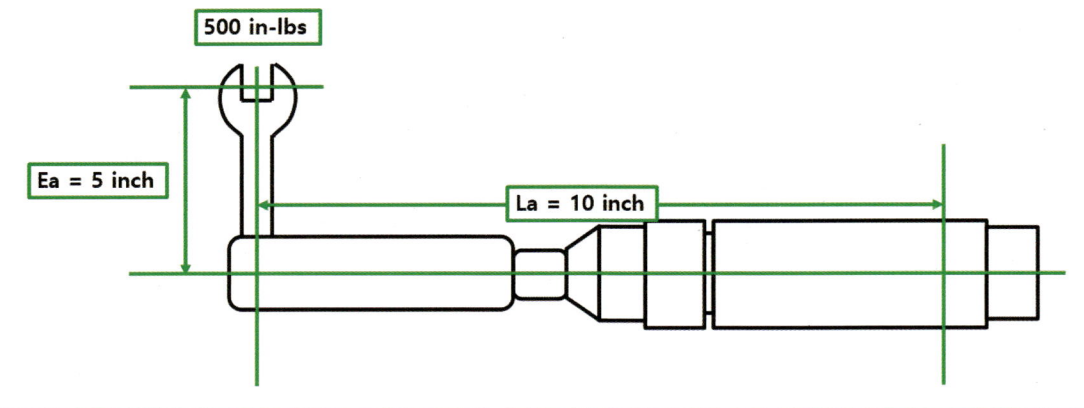

Answer

토크는 힘과 거리의 곱인데, 90° 각도의 연장 공구를 이용하여 적용할 경우 거리가 변하지 않기 때문에 토크값에 변화가 없으므로 그대로 500 [in-lbs] 적용된다.

Question 4

항공기에 사용하는 하드웨어(Hardware)란 무엇인가?

Answer

항공기 하드웨어에는 볼트, 너트, 와셔, 스크루, 리벳 등이 있다. 볼트와 너트는 비교적 큰 응력을 받으면서 정비를 하기 위해 분해, 조립을 반복적으로 수행할 필요가 있는 부분에 사용되는 체결부품이다.

와셔는 볼트의 그립 길이를 조절하거나 볼트가 받는 하중을 분산시켜 풀림을 방지하고 볼트와 모재 간의 이질금속 간의 접촉으로 인한 부식 방지 역할도 해준다.

스크루는 일상생활에서도 흔히 보는 것으로 너트 없이 나사산의 회전에 따라 모재를 결합할 때 쓰이며 볼트보다 강도가 낮다.

리벳은 항공기에 영구적으로 결합해야 할 부품을 결합할 때 사용하는 것으로 항공기 내부나 외부 구조물에 많이 쓰인다.

Question 4-1

항공기 너트에서 셀프락킹너트(Self Locking Nut)와 논셀프락킹너트(Non-Self Locking Nut)가 무엇인가?

Answer

먼저 셀프락킹너트는 크게 전금속형(All Metal Type)과 파이버형(Fiber Type)이 있다.

전금속형(All Metal Type)은 너트의 입구와 출구의 서로 다른 직경에 의해서 볼트가 체결될 때 출구쪽까지 체결되면 너트 금속 자체의 탄성에 의해 자체적으로 고정력을 유지하는 것을 말한다.

파이버형(Fiber Type) 같은 경우는 너트 출구 쪽에 파이버(Fiber)나 나일론(Nylon)으로 된 칼라(Collar)가 있고 그 칼라(Collar)의 탄성력에 의해 자체적으로 고정력을 유지하는 것을 말한다.

파이버(Fiber)는 재사용 15회, 나일론(Nylon)은 재사용 200회까지 가능하며 자체 고정능력이 있기 때문에 코터핀(Cotter Pin)이나 안전결선(Safety Wire)과 같은 고정작업(Locking)을 하지 않아도 되는 점이 있다.

셀프락킹너트는 회전부에 사용해서는 안 되며 철계 내열 합금 또는 내열 내식강 재질의 너트는 은도금을 한 800[°F] = 427[°C]와 1200[°F] = 649[°C] 너트 2가지가 있다.

논셀프락킹너트(Non-Self Locking Nut)는 셀프락킹너트(Self Locking Nut)와 달리 코터핀이나 안전결선에 의한 고정작업이 필요하고 종류와 사용처는 다음과 같다.

① 평 너트(Plain Nut, AN315) : 항공기 구조부재에 사용되지는 않고 비구조부재의 결합용으로 쓰인다.
② 캐슬 너트(Castle Nut, AN310) : 큰 인장하중이 작용하는 곳에 쓰이고, 볼트 나사산에 코터핀을 위한 드릴 홀(Drill Hole)이 있는 볼트에 일반적으로 쓰인다.
③ 캐슬 전단 너트(Castle Shear Nut, AN320) : 전단응력을 받는 곳에 쓰이며 캐슬 너트보다 두께가 얇은 것이 특징이다. 코터핀 작업을 수행할 때에도 두께가 얇기 때문에 차선식(Alternate Method)으로 적용한다.
④ 잼 너트(Jam Nut) 또는 체크 너트(Check Nut), AN316 : 푸시 풀 로드 엔드 피팅(Push Pull Rod End Fitting) 부분이나 기타 풀림 방지용으로 쓰인다. 푸시 풀 로드나 액추에이터에서 흔히 볼 수 있는 이 너트는 잠기는 방향

이나 푸는 방향을 조절함에 따라 푸시 풀 로드나 액추에이터 로드의 길이 조절(Rigging) 목적으로도 쓰인다.
⑤ 나비 너트(Wing Nut, AN350) : 맨 손으로 자주 장탈착하는 곳에 쓰이며, 대표적인 예시로 일부 기종에서 배터리(Battery) 장착 클램프(Clamp) 부분이나 점검창(Access Door) 부분에 쓰인다.

Question 4-2

셀프락킹너트에서 파이버형(Fiber Type) 종류 중 파이버(Fiber)와 나일론(Nylon)이 각각 15회, 200회 재사용이 가능하다는데, 그 기준이 무엇인가?

Answer

런 온 토크(Run On Torque)에 따라 정해진다. 셀프락킹너트의 재사용 기준이 되는 토크로써 셀프락킹너트가 볼트와 결합했을 때 나사산이 1~2개 이상 너트 밖으로 나온 상태에서 토크값을 측정하고 매뉴얼에 명시되어 있는 한계치를 참조하여 토크값이 정상 범위일 경우 재사용하고 그렇지 않으면 폐기한다.

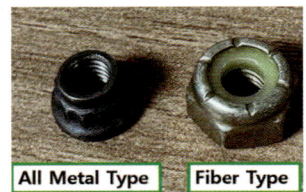

◆ 셀프락킹너트(Self-Locking Nut)의 종류 ◆

이 Nut(Fiber Type)는 손으로 돌렸을 때 사진과 같이 힘이 작용하여 더 이상 손으로 돌리기 어려운 상태이다.

이때부터는 공구를 이용하여 체결해야 하며 상태가 정상임을 나타낸다.

이 Nut(All Metal Type)는 손으로 돌렸을 때 사진과 같이 힘이 작용하지 않아 계속 나사산을 타고 회전한 상태이다.

이러한 상태는 비정상적인 Self-Locking을 보유하므로 교체해야 한다.

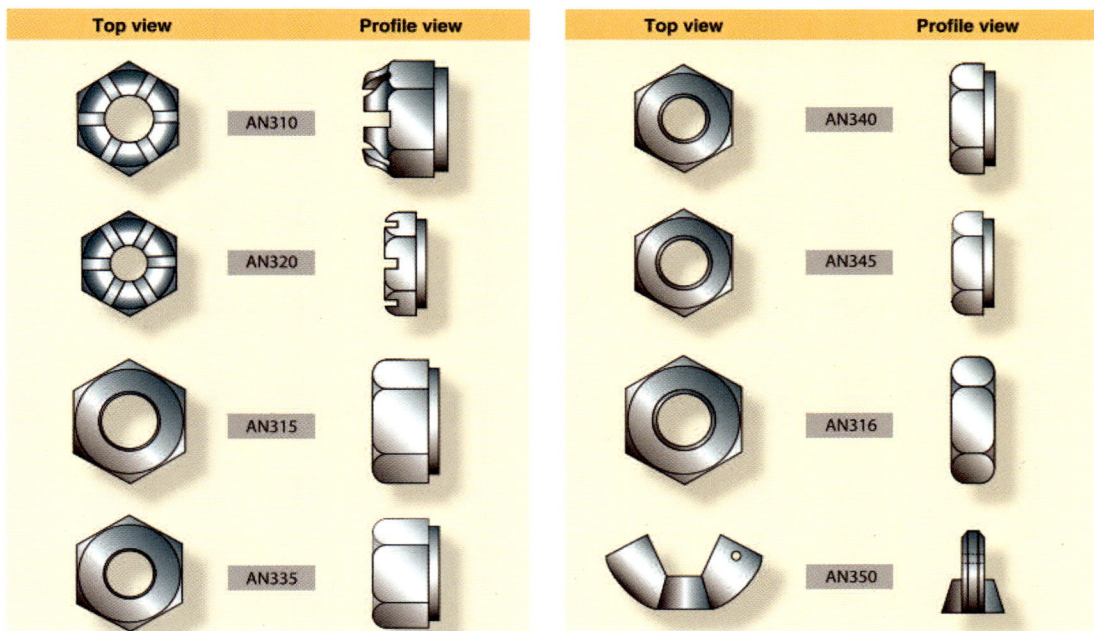

◆ 논셀프락킹너트(Non-Self Locking Nut) 종류와 형상, 규격 ◆

(출처 : 국토교통부 항공정비사 표준교재 항공기정비일반)

> **Question 4-3**
>
> 항공기용 너트 규격에서 "AN 315 D 7 R" 표시는 어떻게 식별하는가?

Answer

규격 식별에 대한 내용은 다음과 같다.

① AN 315 : Plain Nut

② D : 2017

③ 7 : 7/16[inch]

④ R : 오른나사

> **Question 4-4**
>
> 항공기 볼트 종류는 어떤 것들이 있는가?

Answer

항공기 볼트 종류로는 육각머리 볼트, 드릴 머리 볼트, 클레비스 볼트, 아이 볼트, 내부 렌칭 볼트, 외부 렌칭 볼트 등이 있다.

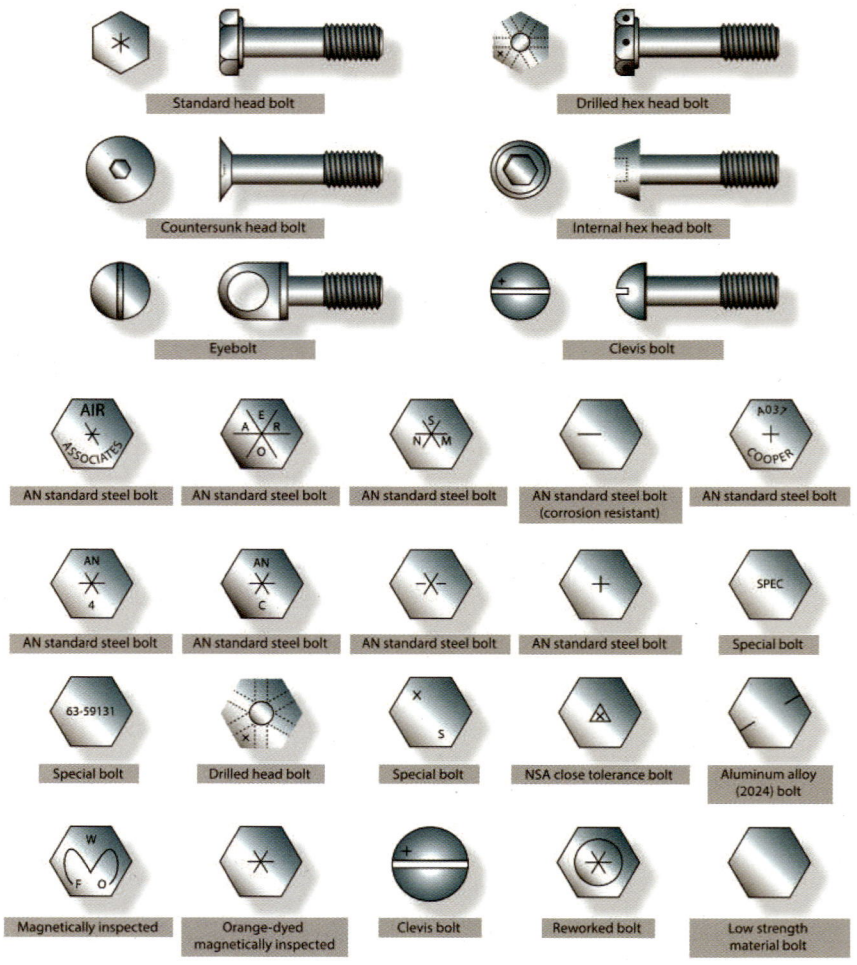

◆ 항공기 볼트 머리 형상과 종류 구분 ◆

(출처 : 국토교통부 항공정비사 표준교재 항공기정비일반)

> **Question 4-5**
>
> 항공기 볼트별로 사용처가 어떻게 되는가?

Answer

① 육각머리 볼트 : 인장하중과 전단하중이 작용하는 구조용 볼트로 사용한다.
② 드릴 머리 볼트 : 육각머리 볼트와 비슷하나 머리에 안전결선(Safety Wire)을 위한 구멍이 있다.
③ 클레비스 볼트 : 전단력이 작용하는 부분에 사용되며 스크루 드라이버(Screw Driver)를 사용할 수 있도록 머리에 홈이 파여 있다. 주로 비행조종계통의 플라이트 컨트롤 로드(Flight Control Rod)에서 볼 수 있다.
④ 아이 볼트 : 인장력이 작용하는 곳에 사용되며 머리에 있는 구멍에 일반적으로 조종계통의 턴버클이나 조종 케이블 샤클(Shackle) 등의 부품이 연결된다.
⑤ 내부 렌칭 볼트 : 인장력과 전단력이 작용하는 부분에 사용된다. 머리에는 L Wrench(Allen Wrench, 알렌 렌치)를 사용할 수 있도록 홈이 파여 있다.
⑥ 외부 렌칭 볼트 : 높은 인장력이 작용하는 곳에 사용되며 항공기에 가장 많이 사용되는 볼트이다.

> **Question 4-6**
>
> 볼트에 컴파운드(Compound)나 에폭시 프라이머(Epoxy Primer) 등을 바르는 이유가 무엇인가?

Answer

컴파운드의 경우 항공기 엔진에서는 핫 섹션(Hot Section)에 볼트, 너트가 열에 의해 고착되는 것을 방지하도록 볼트 나사산(Thread) 또는 생크(Shank)에 도포해준다.

그 외에도 밀폐 역할과 부식방지를 위해 도포해주는 경우도 있으며 에폭시 프라이머도 마찬가지로 쓰이는 일부 기종도 있다.

Question 5

항공기 하드웨어 중 와셔(Washer)의 역할이 무엇인가?

Answer

항공기 와셔의 역할은 다음과 같다.
① 볼트의 그립 길이를 조절
② 볼트와 판재 간의 이질금속 간 부식도 방지
③ 볼트의 풀림 방지
④ 볼트가 받는 하중을 분산

Question 5-1

볼트와 판재 간에 부식이 왜 발생되는가?

Answer

이질금속 간의 부식이라 하여 서로 다른 금속이 접촉하게 되면 이온화 작용에 의해 전류가 흐르면서 습도까지 침투되었을 경우 부식이 발생되는 것이다.

Question 5-2

와셔(Washer)는 최대 얼마까지 사용가능한가?

Answer

최대 3개까지 사용 가능하다. 볼트 머리(Bolt Head) 부분에 1개, 너트(Nut) 부분에 2개이다.

Question 5-3

항공기에 사용하는 와셔는 어떤 것들이 있는가?

Answer

(1) 평와셔(Plain Washer : AN960)

평와셔와 너트 사이에 평활한 표면을 제공하도록 가장 일반적으로 쓰이는 종류이며 캐슬 너트(Castle Nut)에 토크(Torque) 적용 시 코터핀 구멍(Cotter Pin Hole)이 일치하지 않을 때 와셔로 높이를 맞춰 구멍이 맞도록 한다.

(2) 고정 와셔(Lock Washer : AN935, 936)

① AN935 - Split Lock Washer

No.4 Screw부터 1/2" Bolt에 사용 가능하다. Spring Washer와 형상은 비슷하나 장착 시 와셔가 제공하는 마찰력에서 차이가 있다.

② AN936 - Shake Proof Washer

두께가 얇고 외곽 이빨과 내곽 이빨이 있는 것이 특징이다.

③ Spring Washer

스프링 작용으로 마찰력을 제공하며 너트가 진동으로 인한 풀림을 방지한다. 장탈 후 재사용이 가능하나 교환하는 것이 가장 이상적이다.

Split Lock Washer와 거의 동일하게 생겼으나 장착 시 부여되는 마찰력을 이용한 고정능력에 다소 차이가 있다.

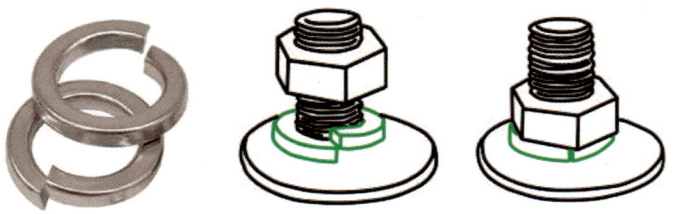

④ Cup Washer – Spring Steel로 제조된 접시모양의 와셔이다. 고율의 스프링 역할을 한다.

⑤ Crinkle Washer – 계기나 전기장치 등 비교적 가벼운 부하를 받는 곳에 사용한다.

⑥ Tab Washer – 외경에 2개 이상의 Tab을 보유하여 고정역할을 한다.

Question 5-4

항공기에 사용하는 와셔의 규격이 다음과 같을 때 어떻게 식별하는가?
"AN960 J D 716 L"

Answer

① AN : Airforce & Navy Aeronautical Standard
② 960 : Plain Washer
③ J : Washer Material
④ D : 2017T Al Alloy
⑤ 716 : 적용할 Bolt의 지름이 7/16"
⑥ L : Washer의 두께가 얇음을 표시, 무표시면 두꺼운 오-셔

Question 5-5

항공기 와셔의 사용 금지 구역은 어디인가?

Answer

항공기 와셔는 다음과 같은 장소에서 사용을 금한다.
① 1, 2차 구조물 장착부
② Screw 장탈이 빈번한 곳
③ 파손 시 공기흐름에 노출될만한 곳
④ 파손 시 항공기 사고나 인명 피해로 이어질 수 있는 곳
⑤ 부식 발생이 쉬운 곳
⑥ 표면 결함을 막는 밑바닥에서 Plain Washer 없이 Washer가 직접 재료에 닿는 경우

Question 6

항공기 스크루(Screw)는 무엇인가?

Answer

스크루는 볼트와 같이 나사산(Thread)이 있지만 볼트의 경우 렌치(Wrench)를 사용하여 체결한다면 스크루는 머리에 홈이 파여 있어 스크루 드라이버(Screw Driver)를 사용한다는 점에서 차이가 있다.

그 외에도 볼트는 Class 3, 스크루는 Class 2에 해당하기 때문에 강도 또한 볼트보다 낮으며 그립(Grip)도 종류에 따라 명확하지 않다는 차이가 있다.

종류는 구조용 스크루(Structure Screw), 기계용 스크루(Machinery Screw), 셀프 탭핑 스크루(Self – Tapping Screw)가 있다.

(1) 구조용 스크루(Structure Screw)

구조용 스크루는 그립(Grip)이 명확하게 있고 볼트(Bolt)와 같은 강도를 요구하는 곳에 사용한다.

(2) 기계용 스크루(Machinery Screw)

구조용 스크루와 달리 기계용 스크루는 그립(Grip)이 없고 내식강, 알루미늄 합금, 저탄소강 등으로 제작되며 일반적으로 많이 쓰이는 스크루(Screw)이다.

(3) 셀프 탭핑 스크루(Self – Tapping Screw)

셀프 탭핑 스크루는 스스로 암나사산을 만들어 체결력을 보유 가능한 스크루(Screw)이다.

> **Question 6-1**
>
> 항공기 스크루(Screw) 규격이 다음과 같을 때 어떻게 식별하는가?
> "NAS 514 P 428-8"

Answer

해당 규격 식별은 다음과 같이 한다.
① NAS : National Aircraft Standard 규격
② 514 : 스크루 계열
③ P : 스크루 머리에 홈이 있음, 무표시는 없음
④ 428 : 스크루의 지름(4/16" = 1/4")과 나사산 수
⑤ 8 : 스크루 길이가 (8/16" = 1/2")

03 항공기재료 취급

(1) 금속재료
    ① 알루미늄 합금의 분류, 재질 기호 식별
    ② 알루미늄 합금판(Alclad) 취급(표면손상 보호)
    ③ Steel 합금의 분류, 재질 기호
    ④ 알로다인(Alodine) 처리
(2) 비금속재료
    ① 열가소성과 열경화성 구분
    ② 고무제품의 보관
    ③ 실란트 등 접착제의 종류와 취급
    ④ 복합소재의 구성 및 취급
(3) 비파괴검사
    ① 비파괴검사의 종류와 특징
    ② 비파괴검사 방법 및 주의사항

Question 1

알루미늄 합금(Aluminum Alloy)은 어떤 재료인가?

Answer

알루미늄은 자성을 띠지 않는 비철금속재료 중 하나로, 비중이 2.7이며 이 금속에 마그네슘이나 아연 등을 첨가하여 합금으로 사용하여 항공기 구조재료나 리벳, 볼트, 너트 등 다양하게 사용되어 왔다. 종류로는 내식강 알루미늄 합금과 고강도 알루미늄 합금으로 분류되며 다음과 같이 있다.
① 내식강 알루미늄 합금은 1100, 3003, 5056, 6061, 6063
② 고강도 알루미늄 합금은 2014, 2017, 2024, 7075

(1) 내식강 알루미늄 합금
    ① 1100 : 순수 99[%] 알루미늄으로 내식성은 있으나 열처리는 불가능하다. 그래서 항공기 구조재로 사용하기에는 강도가 약하기 때문에 부적절하다.
    ② 3003 : Al – Mn계 합금으로 내식성이 우수하고 가공성, 용접성이 우수하다. 이 합금은 비구조부, 큰 강도를 요구하지 않는 부분에 사용한다.

③ 5056 : Al – Mg계 합금으로 용접성이 떨어지고 장기간 사용 시 내식성도 감소된다. 주로 리벳 재료로 사용한다.
④ 6061, 6063 : Al – Mg – Si계 합금으로 열처리 강도를 높일 수 있으며 기계적 강도와 성형 가공성, 용접성, 내식성 등이 우수한 특징을 갖고 있다. 항공기에서는 주로 Nose Cowl, Engine Cowl, Wing Tip 등에 쓰인다.

(2) 고강도 알루미늄 합금
① 2014 : Al – Cu계 합금으로 내식성은 떨어지지만 내부 응력이 우수하다. 주로 Supercharger, Impeller 등에 사용된다.
② 2017 : 두랄루민(Duralumin)은 Al – Cu – Mg계 합금이며, 초기에는 응력 외피로 사용하다가 현재는 개량된 2024를 사용하여, 2017은 리벳 재료로만 쓰인다.
③ 2024 : 2017에 마그네슘 양을 증가시킨 합금으로, 슈퍼 두랄루민(Super Duralumin)이라 하며, 전단, 인장 응력 그리고 내식성이 우수한 특징을 갖고 있어, 주요 구조부의 골격 및 외피, 리벳 등 재료로 사용된다.
④ 7075 : Al – Zn – Mg계 합금으로, 엑스트라 슈퍼 두랄루민(ESD : Extra Super Duralumin)이라 하며, 일본에서 개발되어 미국에서 개량된 알루미늄 합금이다. 2024보다 20[%] 정도 강도가 더 높으나 피로강도면에서는 좋지 않으며, 시효 경화한 상태에서는 깨지기 쉽고 가공성이 나쁘기 때문에 드릴 작업(Drilling)을 할 때는 세심한 주의가 필요하다. 항공기에서는 주로 동체의 프레임 등에 사용한다.

Question 1-1
알루미늄 합금의 특징은 무엇인가?

Answer
알루미늄 합금의 특징은 다음과 같이 있다.
① 시효경화성이 있다.
② 전성이 우수해서 성형 가공성 또한 우수하다.
③ 상온에서 기계적 성질이 우수하고, 내식성이 양호하다.
④ 합금원소의 조성을 변화시켜 강도와 연신율을 조절할 수 있다.

Question 1-2

6061 알루미늄 합금 같은 경우에는 어떤 금속이 함유되어 있는가?

Answer

알루미늄 합금에 마그네슘 – 규소가 함유되어 있다. 앞자리 숫자가 AA 규격의 6번이기 때문이다.

Question 1-3

AA규격 식별은 어떻게 되는가?

Answer

미국 알루미늄 협회(AA : American Association) 규격 식별은 다음과 같다.

번 호	금 속
1	순수 알루미늄(Al)
2	구리(Cu)
3	망간(Mn)
4	규소(Si)
5	마그네슘(Mg)
6	마그네슘-규소(Mg-Si)
7	아연(Zn)

Question 2

알루미늄 부식방지처리는 어떻게 하는가?

Answer

알루미늄 부식방지처리에는 알로다인(Alodine), 양극 산화 처리(Anodizing), 알클래드(Alclad)가 있다.

(1) 알로다인(Alodine)

① 물 1[L]에 4[g]의 분말을 첨가하여 섞은 후 혼합액을 헝겊에 묻혀 표면에 바르거나 침지시켜 1~5분간 젖은 상태로 유지한다. 그 후 물을 적신 헝겊이나 깨끗한 물이 들어있는 통에 넣어서 헹굼처리 후 자연건조시켜 마무리한다.

② 피막이 얇지만, 공정 자체가 간단해서 널리 쓰인다.

③ 알로다인은 #1000, #1200 두 가지가 대표적으로 있는데,

   a. #1000은 알루미늄 합금으로 된 날개와 동체에 사용하고, 사용 시 피막이 투명하기 때문에 처리 여부의 식별이 어렵다.

   b. #1200은 날개를 제외한 동체와 그밖에 알루미늄 합금으로 된 구조재에 사용하며, 표면처리를 하게 되면 황금색을 띠게 된다. 날개에 쓰지 못하는 이유는 날개에 먼저 칠해져 있는 아연 프라이머와 반응하여 손상을 일으킬 수 있기 때문이다.

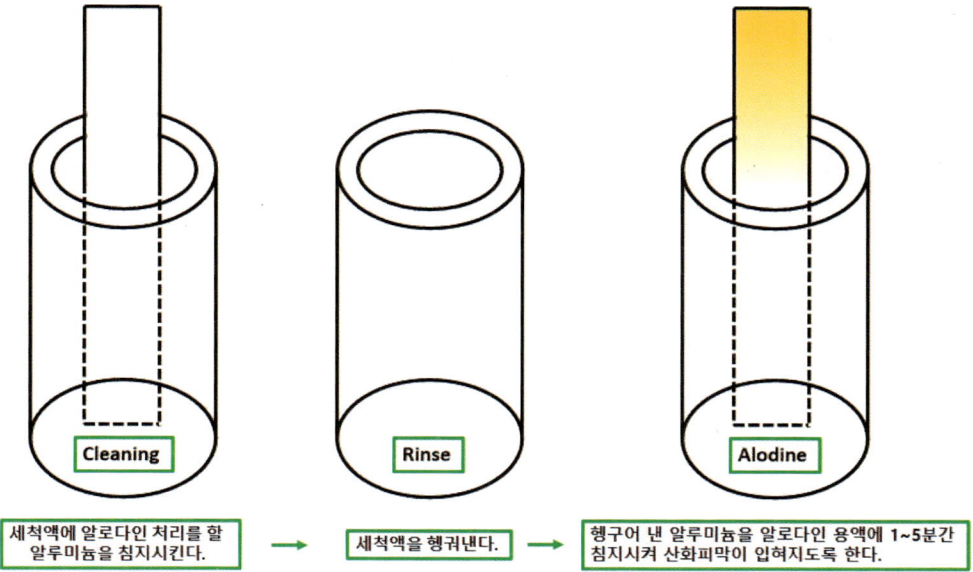

금속 표면에 침지법으로 적용 중인 알로다인 용액 #1200, 적용된 금속은 황금색을 띠고 있다.

(2) 양극 산화 처리(Anodizing)

알루미늄은 보통 화학적으로 접근하자면, 자연계에서 산화 알루미늄(Al_2O_3)에서 알루미늄만을 추출해서 얻어낸 것이다.

반대로 알루미늄은 산소와 친화력이 우수하여 산소와 접촉 시 바로 산화 알루미늄이 되는데, 오히려 이러한 성질을 이용하여 알루미늄을 부식시켜 산화 피막을 입히도록 한다.

보통 산화 알루미늄은 얇아서 보호피막층으로 사용하기 어려우므로 알루미늄을 (+)전극을 띠게 하고, 전해액에 공기를 불어넣어 기포를 형성시키면 이 산소가 (−)전극을 띠게 되어 (+)전극의 알루미늄 표면에 달라붙기 시작한다.

이렇게 표면에 붙은 산소는 알루미늄을 산화시켜 두꺼운 층의 산화피막을 형성시키게 해준다. 알루미늄 산화피막층에는 오목한 여러 개의 홈을 만들어서 잉크를 입히는 경우도 있는데, 이렇게 채색이 된 알루미늄은 쉽게 지워지지 않는 장점도 있다.

이러한 현상을 전해 산화 작용으로, 이온화 작용을 이용하여 피막을 입히는 것이다.

종류로는 전해액에 따라 황산법, 수산법, 크롬산법으로 나눌 수가 있다.

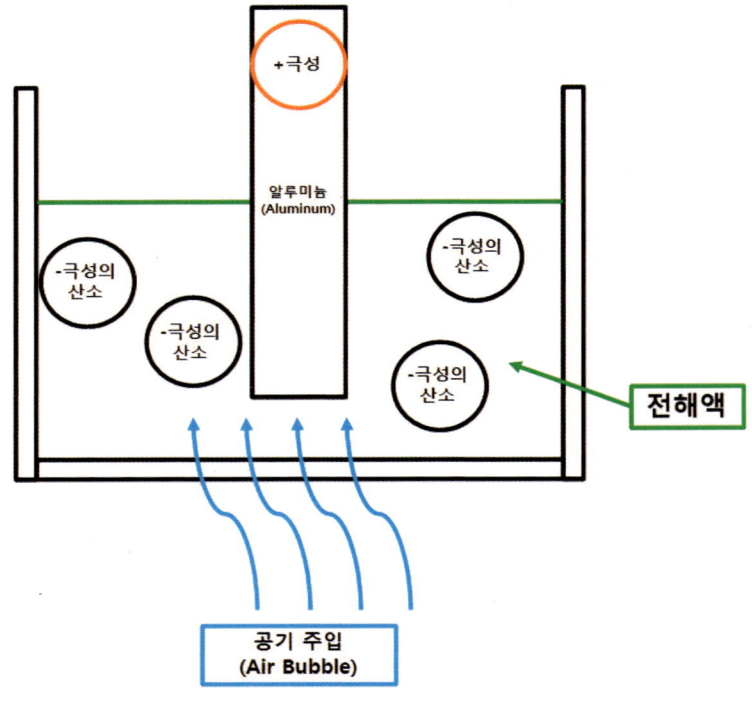

◆ 양극 산화 처리(Anodizing) 예시-1 ◆

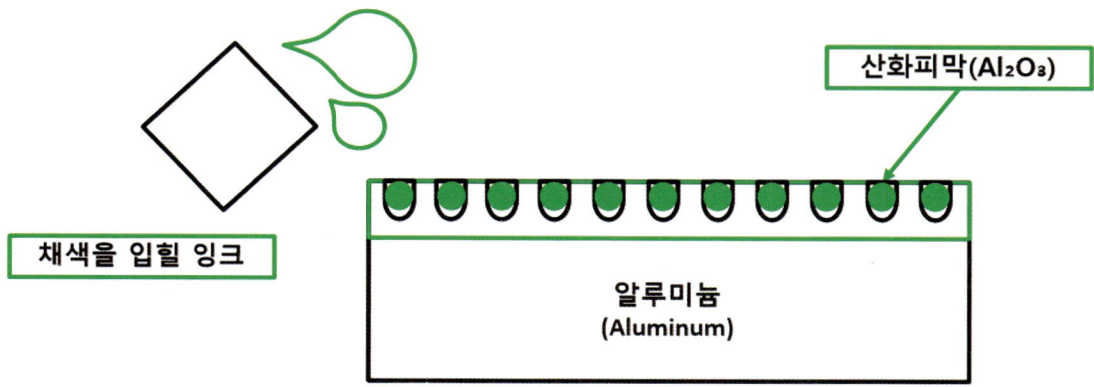

◆ 양극 산화 처리(Anodizing) 예시-2 ◆

◆ 양극 산화 처리(Anodizing)로 채색을 입힌 알루미늄 합금 튜브 ◆

(출처 : Freepik)

(3) 알클래드(Alclad)

알루미늄 합금 표면에 5.0~5.5[%] 정도 두께의 순수 알루미늄을 피복시킨 후 공기 중에 노출시켜서 내식성의 산화 피막을 만드는 작업이다.

알클래드 처리를 한 알루미늄 합금 재질의 항공기는 직접 비행을 하고 나면 표면에 피복된 순수 알루미늄이 고속의 공기흐름과의 마찰로 인해 벗겨지면서 산화 피막을 형성시키게 해준다. 순수 알루미늄은 산소와 친화력이 우수하기 때문에 가능한 것이다.

◆ F-86D SABRE 항공기의 Alclad 처리된 모습 ◆

(출처 : Wikimedia Commons)

Question 3

철강재료는 어떤 재료인가?

Answer

항공기 금속재료는 철강재료, 비철금속재료, 비금속재료로 분류가 되는데, 철강재료의 경우에는 자성을 띠는 특징이 있다.

여기에는 탄소강을 기본으로, 1개 또는 몇 개의 다른 원소를 첨가하여 합금강으로 만들어서 사용하는데, 탄소강 같은 경우에는 철과 탄소의 합금으로 탄소 함유량이 보통 0.025~2.2[%] 범위의 강을 뜻하며 함유량에 따라 저탄소강, 중탄소강, 고탄소강으로 분류된다.

탄소강은 탄소의 함유량이 많을수록 경도는 증가하나 인성과 내충격성 그리고 용접성까지 저하되어 항공기 기체구조재로 사용하기에는 부적합하다.

항공기에서는 주로 코터핀(Cotter Pin)이나 케이블(Cable)에 쓰인다.

(1) 저탄소강

저탄소강은 탄소의 함유량이 0.1~0.3[%] 범위에 속하며, 전성과 연성이 우수한 특징이 있다.

사용처로는 구조용 볼트, 너트, 핀 등에 쓰이며 안전결선용 철사, 케이블 부싱, 나사, 로드 등에도 사용한다.

(2) 중탄소강

탄소의 함유량이 0.4~0.6[%] 범위이며, 탄소의 함유량이 증가하면 강도와 경도가 증가하게 된다.

(3) 고탄소강

고탄소강은 탄소의 함유량이 0.6~1.2[%] 범위에 속하며 강도와 경도가 매우 큰 특징이 있다. 그 외에도 전단이나 마멸에 잘 견디며 충격에도 강한 특징이 있다.

(4) 주철

탄소의 함유량이 2.0~6.68[%]인 탄소와 철의 합금으로 용융점이 낮고 유동성이 우수한 이 금속은 주조성 또한 우수하여 공업용 부품을 제조하는 데 사용되고 종류로는 주철, 고급주철, 특수주철로 분류된다.

(5) 고장력강

고장력강은 인장강도와 내구성이 우수하여 구조재나 부품 등에 널리 쓰이고 있다. 종류로는 니켈강, 크롬강, 니켈 – 크롬강, 니켈 – 크롬 – 몰리브덴강 등이 있다.

① 니켈강

니켈강은 탄소강에 니켈을 2~5[%] 함유한 합금강으로, 인장강도와 경도 등이 우수하며 고온에서의 기계적 성질이 우수하다는 특징이 있다. 또한 내마멸성과 내식성이 우수하며 고온부에 사용하는 재료로 적합하다.

② 크롬강

탄소강에 크롬을 1~2[%] 함유한 이 합금강은 충격과 부식에 강하며, 상온에서 자체경화되는 자경성이라는 성질도 보유하고 있어 강도와 경도를 크게 증가시키는 특징도 있다. 그 외에도 내마멸성도 우수하다.

③ 니켈 – 크롬강

니켈강에 크롬을 0.8~1.5[%] 함유한 것으로 적당한 열처리에 의해 경도와 강도 및 인성을 높인 것이 특징이다.

강도를 요하는 봉재나 판재, 기계동력을 전달하는 축, 기어, 캠, 피스톤 등에 널리 쓰인다.

④ 니켈 – 크롬 – 몰리브덴강

니켈 – 크롬강에 약간의 몰리브덴강을 첨가한 것으로, 구조용 합금강 중에서 가장 우수한 금속이다.

사용처로는 왕복 엔진의 크랭크샤프트나 항공기 랜딩기어, 고강도 볼트 등에 쓰인다.

(6) 내식강

금속의 부식을 개선시키기 위해 내식성을 부여한 강으로, 종류는 다음과 같이 있다.
- 스테인리스강
- 크롬계 스테인리스강
- 크롬 – 니켈계 스테인리스강

① 크롬계 스테인리스강

이 내식강은 탄소강에 12~14[%] 크롬을 첨가한 것이며, 예시로 크롬이 13[%] 함유된 강을 13Cr강이라 한다.

자성을 띠고 열처리가 가능하며 열간가공과 단조가 용이하다는 특징이 있다. 내식성과 강도를 요하는 가스터빈엔진의 인렛 가이드 베인(IGV : Inlet Guide Vane) 및 압축기 블레이드(Compressor Blade) 등에 사용했으나 현재는 고성능 엔진들이 FOD[1]에 대한 내구성을 향상시키기 위해 티타늄 합금들을 사용하고 있는 추세이다.

② 크롬 – 니켈계 스테인리스강

크롬계 스테인리스강에 니켈을 첨가한 것으로, 보통 크롬 18[%], 니켈 8[%]인 18 – 8 스테인리스강을 많이 사용한다.

크롬계 스테인리스강에 비해 내식성이 매우 높고 연성 또한 매우 우수하며, 비자성을 띠는 특징이 있다. 열처리를 하지 않고도 기계적 성질 또한 개선시키지 않는 특징도 있다.

이 합금강은 우수한 내식성으로 인하여 엔진의 부품이나 방화벽, 안전결선 와이어, 코터핀 등에 사용한다.

Question 3-1

철강재료 부식방지법은 무엇이 있는가?

Answer

철금속 부식방지법에는 도금처리, 페인팅 처리, 파커라이징, 벤더라이징 등이 있다.

(1) 도금처리(Plating)

화학적인 방법이나 전기화학적인 방법(이온화)에 의해 금속 표면에 다른 금속의 막을 형성시키는 것이다.

---

[1] FOD(Foreign Object Damage) : 외부 물질에 의해 엔진이 손상되는 것을 말한다. 반대의 용어로 IOD(Internal Object Damage)가 있다.

(2) 페인팅 처리(Painting)
금속 표면에 페인트를 도포하면 해당 항공기에 대한 식별성을 높여줄 수 있고, 외부 환경요소로 인한 부식 및 기타 오염으로부터 보호해주는 역할도 한다.

(3) 파커라이징(Parkerizing)
처리할 금속을 인산염 용액 내부에서 처리해서 표면에 흑갈색의 인산염 피막을 형성시키는 방법이다.

(4) 벤더라이징(Benderizing)
파커라이징(Parkerizing)의 개량법으로 인산염 용액에 인산구리를 첨가하여 표면에 구리를 석출(Eduction)시켜 부식을 방지하는 방법이다.

Question 4

항공기에 사용하는 시일(Seal) 종류와 가스켓(Gasket)과 패킹(Packing) 차이는 무엇인가?

Answer

시일(Seal)에는 패킹(Packing), 가스켓(Gasket), 와이퍼(Wiper)가 있다. 가스켓(Gasket)과 패킹(Packing)의 차이라고 하면 재질에 따른 차이라고 볼 수 있다. 가스켓(Gasket)의 경우에는 석면이나 알루미늄과 같은 견고한 재질로 제작되고, 패킹(Packing)은 탄성과 유연성이 있는 고무로 제작되어 밀폐 역할을 한다.

이러한 시일은 각종 유체 라인의 튜브 피팅 유니온(Tube Fitting Union)이나 각종 커버(Cover), 구성품의 샤프트(Shaft) 부분 등 항공기 곳곳에 쓰인다.

패킹(Packing)

석면 재질의 가스켓(Gasket)

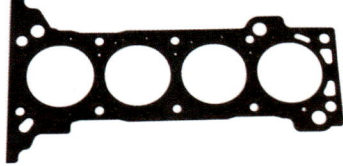
알루미늄 재질의 가스켓(Gasket)

Question 5

항공기 부식 종류는 무엇이 있는가?

Answer

① 표면부식(Surface Corrosion) : 화학적/전기화학적으로 인해 표면에 발생하는 부식이다.
② 이질금속간 부식 = 갈바닉 부식 = 전해질 부식(Galvanic Corrosion) : 서로 다른 두 금속이 접촉하면 이온화 작용으로 인해 양극으로 분리된 상태가 된다. 이때 물과 습기 또는 어떠한 용액이 침투되면 한쪽의 재료가 빠르게 부식되는 것이다.
- A군 : 1100, 3003, 5056, 6061
- B군 : 2014, 2017, 2024, 7075

③ 입자간 부식(Intergranular Corrosion) : 부적절한 열처리로 인해 합금성분 분포가 불균일하여 발생하는 부식이다.
④ 응력 부식(Stress Corrosion) : 인장응력과 부식 발생 조건이 함께 충족되면 발생되는 부식이다.
⑤ 마찰 부식 = 찰과 부식 = 프레팅 부식(Fretting Corrosion) : 서로 밀착한 부품간에 작은 진동이 일어날 경우 나타나는 부식이다.
⑥ 점 부식(Pitting Corrosion) : 금속 표면 일부분에 부식속도가 빨라서 국부적으로 깊은 홈을 발생시키는 부식이다.

Question 5-1

부식(Corrosion)과 침식(Erosion)의 차이는 무엇인가?

Answer

부식은 금속 표면에 화학적인 반응에 의해 표면에 어떤 변화가 발생되는 것이고, 침식은 금속 표면에 먼지나 모래 등 이물질에 의해 깎이는 현상을 말한다.

> **Question 5-2**
>
> 알루미늄 합금 판재(Aluminium Alloy Sheet)에 부식이 발생하였다면 어떻게 해야 하는가?

Answer

알루미늄 합금이 도색되어 있다면 표면에 있는 페인트 제거를 위해 Paint Scrapper 또는 브러시를 이용하여 제거한다.

부식이 발생된 부분이 많을 경우에는 금속 브러시(Metallic Brush)를 이용하여 제거하거나 솔벤트(Solvent) 등을 적신 타올(Towel)로 닦아낸다. 또는 초음파세척기 등을 이용하여 부품이나 구성품의 부식을 제거한다.

만약 부식이 제거되어 부식된 부분에 국부적인 홈이 발생하였을 경우에는 홈 측정용 깊이 게이지(Pit Depth Gage)를 이용하여 측정해보고, 부식에 따른 손상도를 매뉴얼을 보고 확인한 뒤 이 부품을 다시 부식방지 처리와 페인팅 처리를 해서 재사용할지 혹은 신품으로 교환해서 사용할지 결정한다.

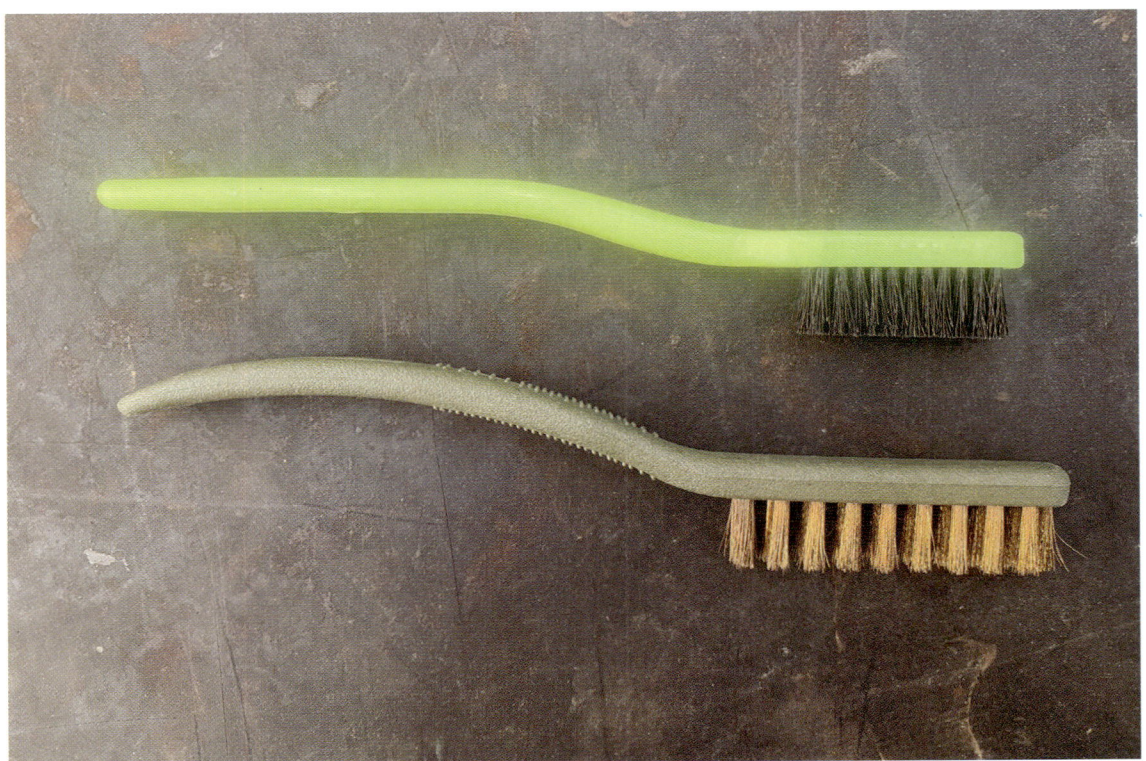

◆ 녹이나 이물질 등을 제거하는데 사용되는 플라스틱 브러시(Plastic Brush)와 금속 브러시(Metallic Brush) ◆

Question 6

항공기 비파괴검사(NDI : Non Destructive Inspection) 종류는 어떤 것들이 있는가?

Answer

육안 검사, 침투탐상검사(염색, 형광), 초음파 검사, 방사선 검사, 자분탐상검사, 와전류 검사, 보어스코프 검사가 있다.

Question 6-1

각각 종류별로 어떤 검사를 어떻게 하는가?

Answer

① 육안 검사(Visual Inspection)는 항공기 구성품(Component)이나 부품(Part)을 분해하지 않고 육안으로 외부에 이상이 없는지, 볼트, 너트와 같은 하드웨어가 잘 장착되어 있는지를 확인하는 것이다.
② 침투탐상검사는 염색 침투액과 형광 침투액 2가지 기법이 있고, 피검사물의 표면 결함을 확인하는 데 쓰인다. 침투탐상의 기본적인 절차는 전처리 – 침투 – 세척 – 건조 – 현상 – 검사 – 후처리 순으로 진행되지만, 형광 침투액을 적용하는 기법에서는 암실에서 자외선조사장치(Black – Light)로 비추어 형광 물질이 발광하는 부위를 찾아 검사한다.

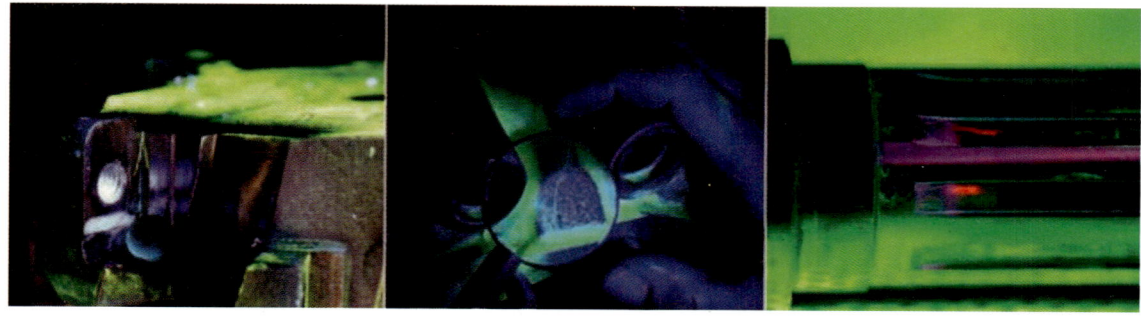

◆ 형광침투탐상을 이용한 결함 탐지 ◆
(출처 : 국토교통부 항공정비사 표준교재 항공기정비일반)

③ 초음파 검사는 피검사물의 내부 결함을 찾는데 효과적인 비파괴검사이다. 피검사물에 탐촉자로부터 송신되는 초음파를 불연속부(결함)에 반사되는 초음파를 검출하여 초음파 성분을 분석하는 방식이다.

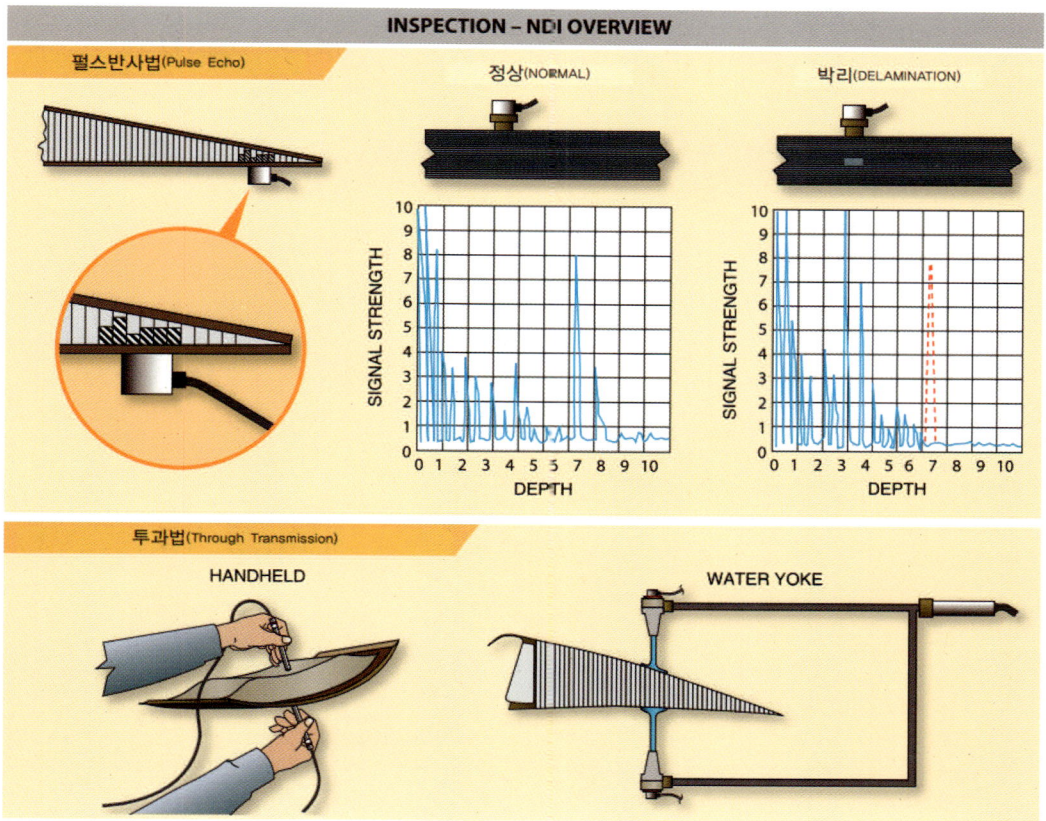

◆ 초음파 검사 원리와 결함 탐지 예시 ◆

(출처 : 국토교통부 항공정비사 표준교재 항공기정비일반)

④ 자분탐상검사는 피검사물을 자화시켜서 자분이 결함이 있는 곳으로 모이는 것을 확인하여 결함을 발견하는 것으로, 전처리(세척) – 자화 – 자분적용(습식, 건식 중 택1) – 검사 – 탈자 – 후처리(세척) 순으로 진행되며 자화할 때는 원형자화, 종축자화를 이용하여 모든 방향의 결함을 다 탐지할 수 있도록 한다.

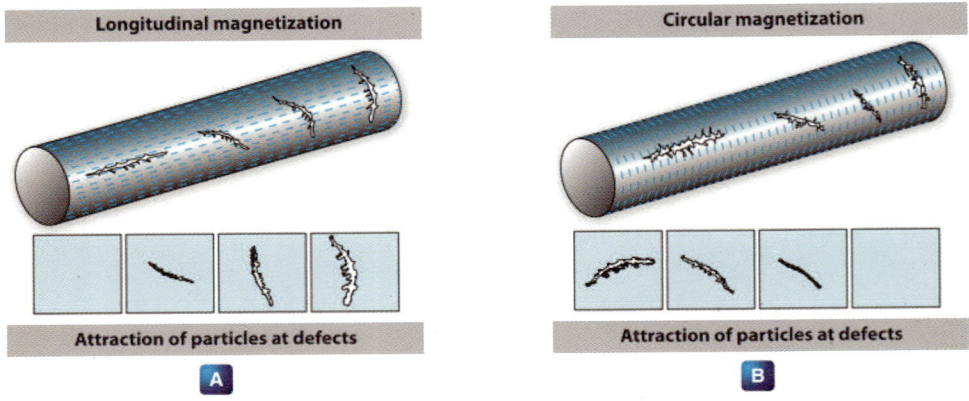

◆ 종축자화와 원형 자화에 따른 결함 선명도 ◆

(출처 : 국토교통부 항공정비사 표준교재 항공기정비일반)

◆ 크랭크샤프트에는 종축 자화, 캠 샤프트에는 원형 자화를 적용시키는 모습 ◆

(출처 : 국토교통부 항공정비사 표준교재 항공기정비일반)

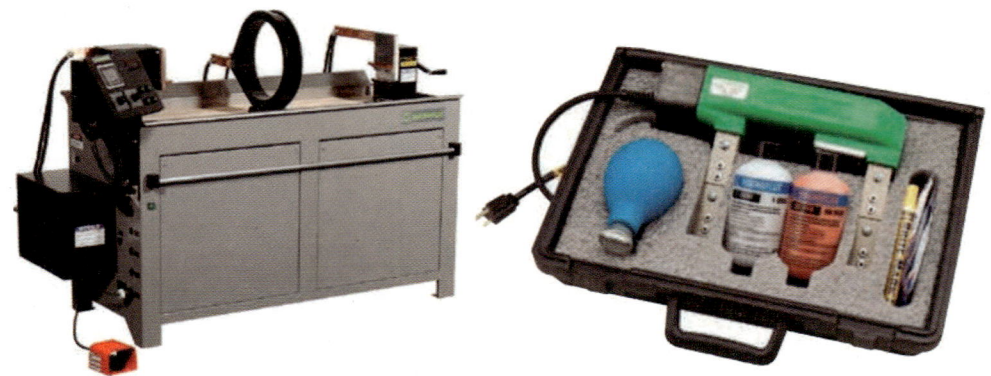

◆ 고정식과 이동식으로 구성되는 자분탐상키트 ◆

(출처 : 국토교통부 항공정비사 표준교재 항공기정비일반)

⑤ 와전류 검사는 피검사물의 내부 결함 탐지에 용이한 검사로, 코일을 감은 유도봉을 피검사물에 접촉시킨 후 유도코일에 전원을 인가하면 발생되는 와전류를 통해 내부 결함을 확인하는 방법이다. 원리는 앙페르의 오른 나사 법칙을 응용하여 접근하면 이해하기 쉽다. 이 원리는 직선으로 흐르는 자기장은 주위에 나선형의 전류 흐름이 발생된다는 것이다. 이로 인해 탐침봉에 전원이 인가되어 내부 코일에 전류 흐름이 발생되면 코일 중심으로 자기장이 발생된다. 이러한 상태에서 피검사물(금속 물체) 표면에 접촉시키면 자기장은 피검사물을 통과하지만, 주변에 발생된 전류는 그렇지 못하고 표면에 맴돌게 된다. 이러한 전류를 맴돌이 전류(와전류)라 하며 전류 흐름이 표면에 흐를 때 결함과 같은 불연속부에 흐를 경우 탐지 장비에 육안으로 식별할 수 있도록 나타난다.

⑥ 방사선 검사는 일상생활에서도 흔히 쓰이는 것으로 내부 결함 확인에 쓰이는 검사이다. 3대 구성 요소인 방사선원, 필름, 시험편이 있어야 한다.

방사선원 중 X선과 파장이 짧고 에너지가 강한 감마선이 있으며 방사선이 피검사물을 투과하면 찾고자 하는 결함 부위의 명암 차이를 보고 비교하여 확인하는 검사를 말한다.

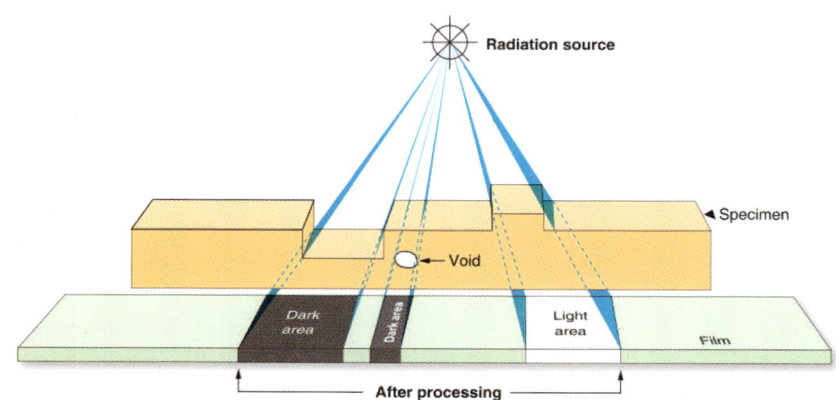

(출처 : 국토교통부 항공정비사 표준교재 항공기정비일반)

Question 7

항공기에 실란트(Sealant)를 사용하는 이유가 무엇인가?

Answer

실란트(Sealant)를 사용하는 이유는 다음과 같이 있다.
① 객실여압 및 연료탱크 기밀 유지
② 항공기 외피 표면을 매끄럽게 하여 공기흐름의 혼란을 감소
③ 완전한 밀폐로 산소를 차단시켜 화재발생요소 감소
④ 볼트, 너트와 같은 외부에 노출된 하드웨어들은 실란트를 도포해줌으로써 습기와 부식 발생을 방지
⑤ 엔진 연소실, 터빈과 같은 고온부에 장착되는 볼트, 너트와 같은 하드웨어들이 열팽창에 따른 고착 방지를 위해 나사산에 도포하여 적용

Question 7-1

실란트(Sealant) 종류는 어떤 것들이 있는가?

Answer

실란트는 등급에 따라 A, B, C, D Type으로 분류되고, 사용에 따라 1액성, 2액성으로도 분류된다.
① A Type : 볼트(Bolt), 너트(Nut) 체결 후 나사산에 실란트 또는 고착 방지제(Anti-Seize Compound)를 붓이나 브러시를 이용하여 도포하고 인테그럴 연료 탱크(Integral Fuel Tank)에 스파(Spar)와 외피(Skin)가 High-Lock으로 체결 시 나사산부에 누설을 방지하는 목적으로 쓰인다.
② B Type : 기체 외피(Skin) 장착 시 판재 간에 발생하는 모서리 부분에 이음새를 기밀유지를 위해 Sealing Gun이나 Masking Tape를 이용하여 Sealing Compound를 도포할 때 쓰인다.
③ C Type : 면과 면에 Roller로 도포할 때 쓰인다.
④ D Type : B Type과 유사하나 현장에서 잘 안 쓰이는 방식이다.

1액성과 2액성은 실란트에 경화제(Hardener)를 혼합하여 사용하는지에 따라 분류된다.
2액성 실란트는 베이스 컴파운드(Base Compound)와 경화제를 일정 비율에 맞춰 혼합하여 사용하며 2개의 Part가 하나의 키트(Kit)로 구성된다. 혼합된 실란트의 경화시간을 단축시키고자 할 경우에는 인가된 적외선 온풍기나 램프 등을 이용하여 가열시킨다.

Aircraft Maintenance Technician

◆ 2개의 Part로 구성된 2액성 실란트(Sealant) ◆

Question 7-2

실란트에서 Cure Time과 Cure Date, Expiration Date, Shelf Life는 무엇인가?

Answer

① Cure Time : 실란트와 경화제를 섞어 실링(Sealing) 작업을 해서 양생되기까지 소요되는 시간을 말한다.
② Cure Date : 실란트와 경화제를 혼합한 날짜를 뜻하는 것으로, 예시로 4Q20 : 4분기 20년도라는 뜻이다.
③ Expiration Date : 실란트 실링(Sealing) 작업 후 실링의 유효기간을 뜻한다.
④ Shelf Life : 실란트 자체의 유통기한을 뜻한다.

Question 7-3

MSDS(Material Safety Data Sheet)는 무엇인가?

Answer

MSDS는 물질안전보건자료로서 화학물질에 대한 유해성, 위험성 정보, 취급 및 저장방법, 응급조치요령, 독성 등의 정보를 통해 사업장에서 취급하는 화학물질에 대한 종합관리의 기초자료로 활용되는 것을 말한다.

◆ 항공기 볼트(Bolt) 나사산에 고착 방지를 위한 고착 방지제(Anti-Seize Compound)를 도포하는 모습 ◆

◆ 항공기에 장착된 Bolt가 외부로부터 부식되지 않도록 방지하기 위해 도포된 Sealing Compound ◆

◆ 항공기 외피와 외피 사이 틈새를 메꾸거나 페어링 간에 틈새를 메꾸도록 도포된 Sealing Compound ◆

Question 8

복합소재(CM : Composite Material)란 어떤 재료인가?

Answer

복합소재는 강화재(Fiber Reinforced)와 모재(Matrix)로 이루어진 적층 구조 형식의 신소재이다.

강화재(Fiber Reinforced)에는 유리 섬유, 아라미드 섬유, 탄소 섬유, 보론 섬유 등이 있고, 모재(Matrix)로는 플라스틱, 금속, 세라믹, 고무 등이 있다.

항공기에서는 모재로 플라스틱을 가장 많이 사용하며, 이 플라스틱에는 열경화성 수지와 열가소성 수지가 있다. 예시로 'CFRP'라는 복합소재 같은 경우에는 탄소 섬유를 열경화성 수지나 열가소성 수지를 이용하여 기존의 알루미늄 합금 재료보다 더욱 강도와 경도를 높인 것이다.

여기서 수지(Resin)는 섬유들이 서로 잘 접착되어 적층 구조를 이루도록 붙여주는 본드 역할을 한다고 보면 된다.

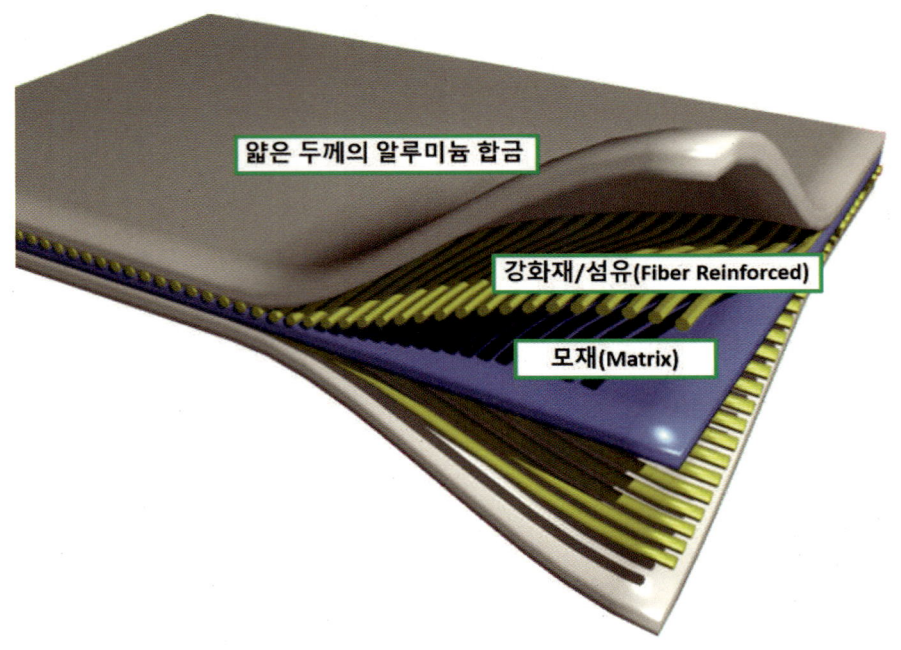

(출처 : Wikipedia)

복합소재 예시 : CFRP(Carbon Fiber Reinforced Plastic), GFRP(Glass Fiber Reinforced Plastic)		
예 시	강 화 재	모 재
CFRP	CFR(Carbon Fiber Reinforced), 탄소강화섬유	P(Plastic)
CFRC	CFR(Carbon Fiber Reinforced), 탄소강화섬유	C(Ceramic)
GFRM	GFR(Glass Fiber Reinforced), 유리강화섬유	M(Metal)
GFRR	GFR(Glass Fiber Reinforced), 유리강화섬유	R(Rubber)

GFRP(Glass Fiber Reinforced Plastic) : GFR은 강화재 용어로 유리강화섬유를 말한다. P는 Plastic의 약어로, 플라스틱 수지를 사용한 재료라는 뜻이다. 여기서 유리강화섬유가 아닌 탄소강화섬유를 사용하였다면, Carbon 용어를 따서 CFRP가 된다.

수지 또한 고무(Rubber)나 세라믹(Ceramic), 금속(Metal)을 사용하였다면 CFRR, CFRC, CFRM 등 이렇게 용어를 분석할 수가 있다.

Question 8-1

복합소재 장단점은 무엇이 있는가?

Answer

복합소재 장점은 다음과 같다.
① 무게당 강도비가 높다.
② 복잡한 형태나 공기역학적인 유선형 모형으로 제작이 용이하다.
③ 내식성 및 내마멸성이 우수하다.
④ 금속보다 수명이 길다.
⑤ 결합용 부품(Joint)이나 패스너(Fastener)를 사용하지 않아도 되므로 제작이 쉽고 구조가 단순해진다.

복합소재 단점은 다음과 같다.
① 폐기처리 시 환경문제 부분으로 문제가 있다.
② 적층 구조이다 보니 진동에 오래 노출되면 층분리(Delamination) 현상이 나타날 수 있고 해당 현상에 대한 식별과 검사가 어렵다.
③ 새로운 제작 방법에 대한 축적된 설계 자료(Design Database)가 부족하다.
④ 비용이 비싸고 제작 방법의 표준화된 시스템이 부족하다.
⑤ 재료, 과정 및 기술이 다양하다.
⑥ 수리 지식과 경험에 대한 정보가 부족하다.
⑦ 생산품이 종종 독성(Toxic)과 위험성을 가지기도 한다.

Question 8-2

복합소재 모재에서 열경화성 수지와 열가소성 수지의 차이는 무엇인가?

Answer

열경화성 수지는 플라스틱에 열을 가했을 때 처음에 성질이 변한 후 경화된 다음, 다시 재가열시켰을 때 열변형이 일어나지 않는 수지이다.

열가소성은 열을 가한 후 경화돼도 다시 재가열했을 때 열변형이 일어나는 수지를 말한다.

종류는 다음과 같이 구분된다.
- 열경화성 수지 : 페놀, 에폭시, 폴리에스테르 등
- 열가소성 수지 : 폴리에틸렌, 폴리염화비닐(PVC), ABS 수지, 아크릴 수지 등

Question 8-3
항공기에서 가장 많이 사용하는 수지는 어떤 것이며, 왜 그것을 사용하는가?

Answer

열경화성 수지의 에폭시 수지를 가장 많이 사용한다.

열경화성 수지는 한번 성형 후 다시 재가열해도 경화되어 변형이 일어나지 않기 때문에 외부 환경요인에 많은 노출이 있는 항공기 복합소재 접착제로 이상적이다.

에폭시 수지는 다른 수지에 비해 사용처에 따른 사용 용도가 제한적이지 않다. 그 외에도 강도와 강성 및 접착력, 내화학성이 우수하며 가공성도 용이하다는 특징이 있다.

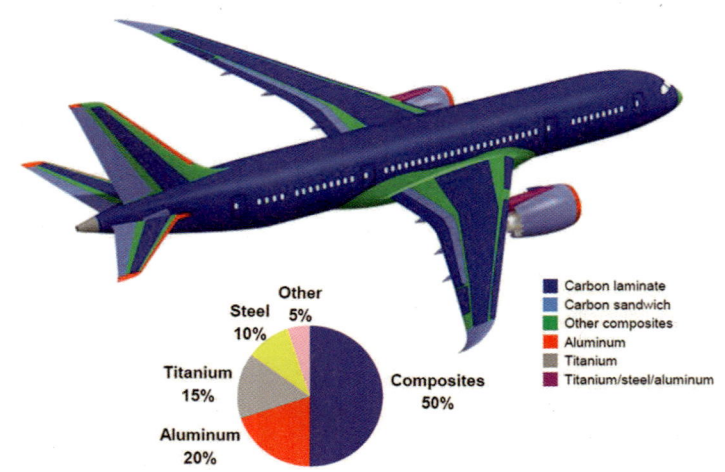

* B787 Dreamliner 항공기는 대부분 CFRP를 이용하여 제작된 항공기이다.

(출처 : ResearchGate)

> **Question 8-4**
>
> 항공기 복합소재의 강화재는 어떤 것들이 있는가?

Answer

복합소재 강화재에는 유리 섬유, 탄소 섬유, 아라미드 섬유, 보론 섬유 등이 있다.

각 섬유별 특징은 다음과 같이 있다.

(1) 유리 섬유(Glass Fiber)
　① 밝은 흰색을 띠고 있다.
　② 가격이 저렴하다.
　③ 2차 구조물에 많이 쓰인다.
　④ E-Glass : 전기 절연성 및 화학적 내구성이 우수, 열 팽창률이 적고 경제성 우수하다.
　⑤ G-Glass : 인장 강도와 탄성계수가 크며 무게 대비 강도가 커서 항공기에 많이 사용한다.
　⑥ D-Glass : 개량된 유전체 유리(Dielectric Glass), 전자적 성능 우수, 항공기 레이돔으로 사용한다.

항공기 레이돔(Radome)에는 구조강도 뿐만 아니라 전파 투과성도 고려하여 제작되기 때문에 유리 섬유 이외에도 쿼츠 섬유(Quartz Fiber), 아라미드 섬유(Aramid Fiber)도 쓰인다.

일부 기종에서는 유리 섬유가 페어링(Fairing)에도 사용된다.

(출처 : iStock)

(2) 탄소 섬유(Carbon Fiber)
   ① 강도와 강성이 크고 1차 구조재에 적합하다.
   ② 알루미늄과 직접 접촉하면 이질금속 간 부식이 발생될 수 있으므로 부식 방지 처리를 수행해야 한다.
   ③ 아라미드 섬유보다 인장 강도가 낮으나 압축 강도는 크다.
   ④ 탄소 섬유와 알루미늄 사이에 유리 섬유를 삽입(인터플라이 방식)하여 제작이 가능하다.
   ⑤ 현대 항공기에 대부분 주로 사용되는 재료이다.

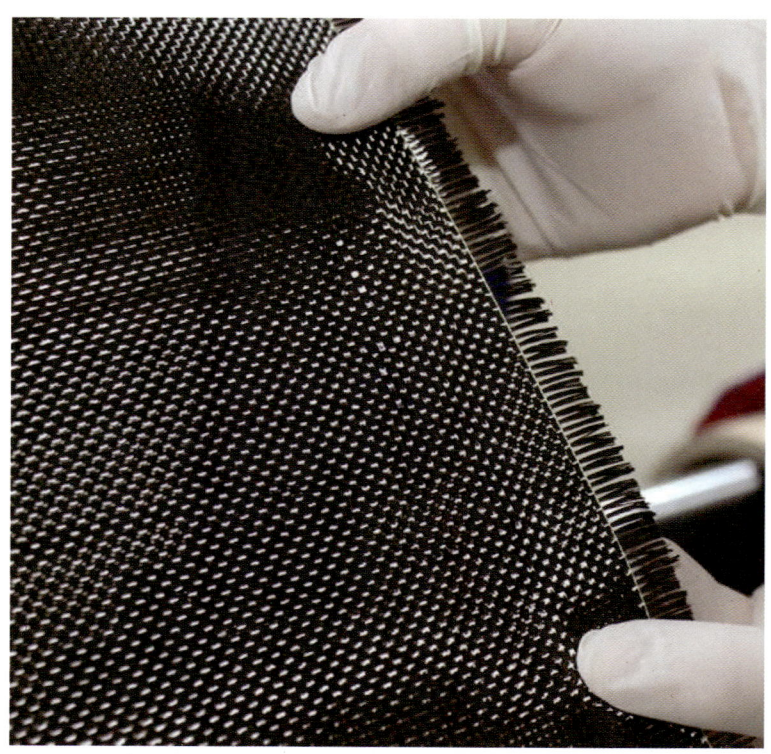

(출처 : iStock)

(3) 아라미드 섬유(Aramid Fiber)
   ① 일명 케블라(Kevlar)라 불리며, 비중이 작으므로 구조물 경량화를 위해 사용량이 증가되고 있다.
      *여기서 케블라는 아라미드 섬유에 대한 듀폰 회사의 제품 명칭이므로 같은 말이라고 보면 된다.
   ② 충격 손상에 대한 저항력이 우수하여 충격 손상을 입기 쉬운 곳에 널리 사용된다.
   ③ 알루미늄 합금보다 인장강도가 4배 이상 크고 밀도는 1/3 정도이다.
   ④ 압축력과 전단력에 취약한 단점이 있다.
   ⑤ 수분이 모재에 흡수되면 습기 침투에 대한 저항력이 취약하기 때문에 층분리(Delamination)가 발생될 수 있다.

(출처 : iStock)

(4) 보론 섬유(Boron Fiber)
　① 뛰어난 압축 강도와 경도를 가지고 있다.
　② 텅스텐 와이어를 사용하여 만든다.
　③ 취급이 어렵고 가격이 비싸다.
　④ 여러 종류의 실용 금속과 쉽게 반응하며 섬유강화금속으로 쓰인다.
　⑤ 주로 전투기에 사용하나 요즘은 대부분 쓰이지 않으며 사용량이 점차 감소되었다.

(출처 : iStock)

Question 8-5

복합소재에 대한 비파괴검사는 어떤 것이 있는가?

Answer

기본적으로 눈으로 하는 육안검사와 초음파 검사, 방사선검사 등이 있으며 간단한 코인 탭핑 검사도 수행하여 검사를 수행할 수 있다.

표면이 다공성이고 비자성체이기 때문에 자분탐상검사와 침투탐상검사, 와전류 검사는 적용하기 어렵다.

Question 8-6

복합소재 손상 부위에 대한 수리는 어떻게 수행하는가?

Answer

복합소재 비파괴검사 시 손상 부위가 식별되었을 경우 해당 부위의 표면을 샌딩(Sanding)하여 내부 코어가 보일 때까지 계단형 형태로 가공한다. 그 후 새로 보강처리 할 섬유를 모재와 함께 접착한 뒤 일정한 압력으로 가압시켜 진공백을 이용하여 완전한 밀착이 되도록 수리를 한다.

04 기체 취급

(1) Station Number 구별
   ① Station no. 및 Zone no. 의미와 용도
   ② 위치 확인 요령
(2) 잭 업(Jack Up) 작업
   ① 자중(Empty Weight), 영연료 무게(Zero Fuel Weight), 유상하중(Payload) 관계
   ② 웨잉(Weighing) 작업 시 준비 및 안전절차
(3) 무게중심(C.G)
   ① 무게중심의 한계의 의미
   ② 무게중심 산출작업

Question 1

Station Number는 무엇인가?

Answer

항공기 전후 위치를 명확히 나타내기 위해 기수나 기수 부근의 어떤 가상적인 수직면을 영점(Zero Point)으로 하여 여기로부터 수평거리를 Inch로 표시한 번호로 항공기 제작사에서 지정한다.

예시

항공기 Windshield가 손상되었을 경우 그 부분에 대한 정비를 위한 근거가 필요하다. (정비를 위해 해당 위치를 손쉽게 식별할 수 있도록 기준을 정하여 만든 번호) – 각각의 Station Number를 통해 원하는 부품의 위치를 찾을 수 있다.

종류로는 크게 Fuselage Station, Buttock Line, Wing Station, Water Line 등이 있다. 예시로는 B737 기종 기준으로 Fuselage Station과 Wing Station에 대해서만 설명하겠다.

(1) Fuselage Dimensions

항공기 동체 치수 표시를 위한 Station Number는 inch 단위를 사용하며 다음과 같이 있다.
① Body Station Line
② Body Buttock Line
③ Water Line

Body Station Line은 수평거리로 측정한 선을 말하며, 시작점을 0점으로 시작하여 비행기 전방부터 수직 기준선을 이용하여 Body Station Line을 측정한다.

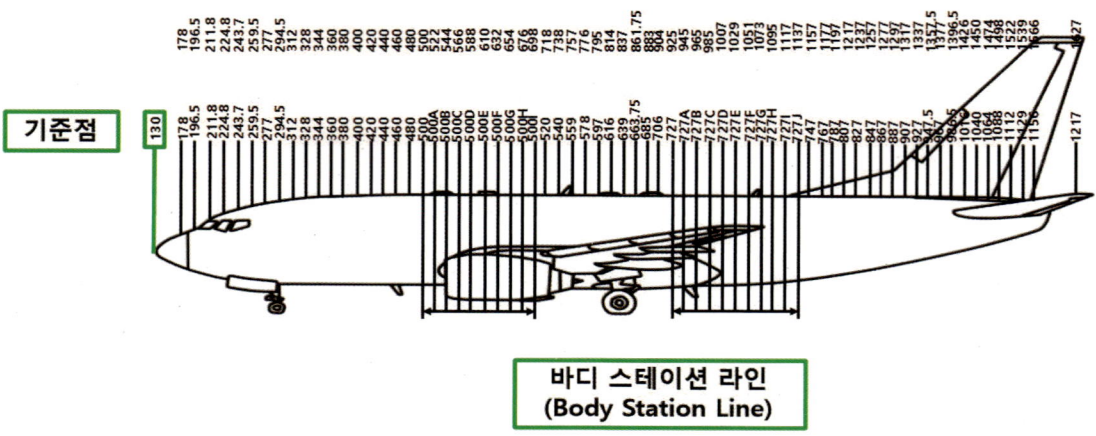

Body Buttock Line은 수직으로 측정한 선이며, 항공기 동체를 후방에서 바라본 단면에서 중심선 기준으로 좌우측을 평행하게 측정한 선을 말한다.

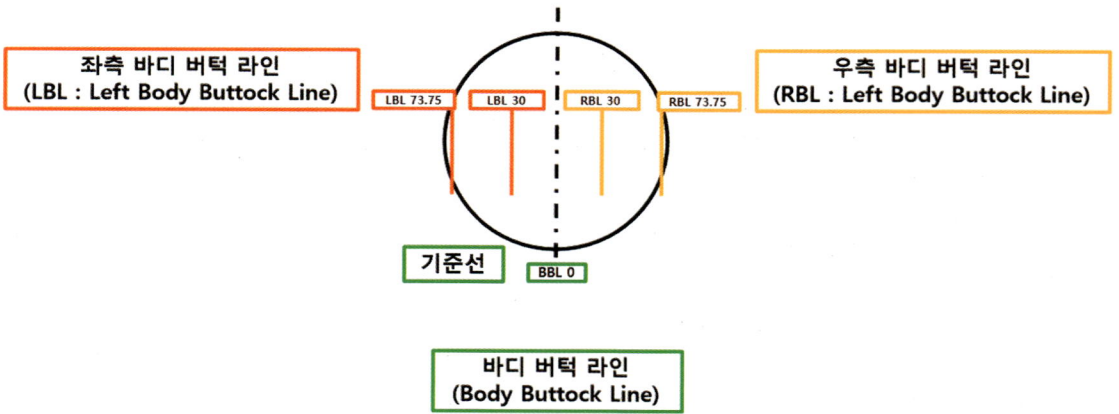

Water Line은 높이를 측정한 선으로, 항공기 동체의 아래 부분을 수평 기준선으로 잡고 Water Line을 측정한다.

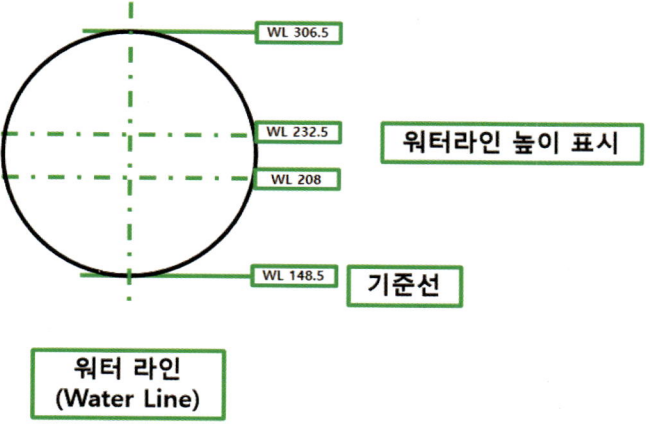

워터 라인
(Water Line)

(2) Wing Station

Wing Station에서는 마찬가지로 inch 단위를 사용하며 다음과 같이 있다.

① Wing Station
② Wing Buttock Line

Wing Station은 Wing Leading Edge에서 직각으로 측정하며 Wing Buttock Line은 Body Buttock Line과 평행하게 측정한다.

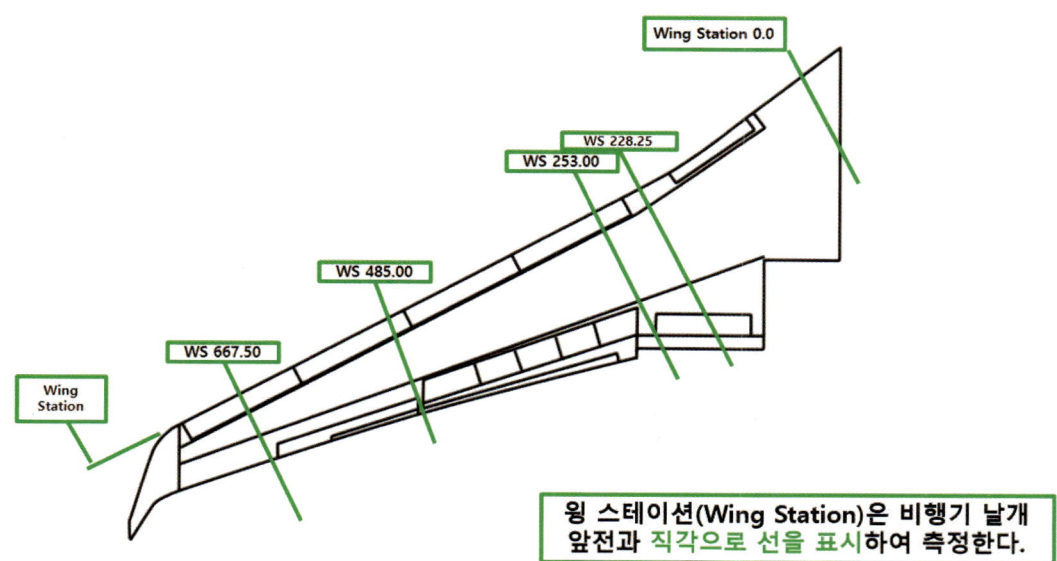

윙 스테이션(Wing Station)은 비행기 날개 앞전과 직각으로 선을 표시하여 측정한다.

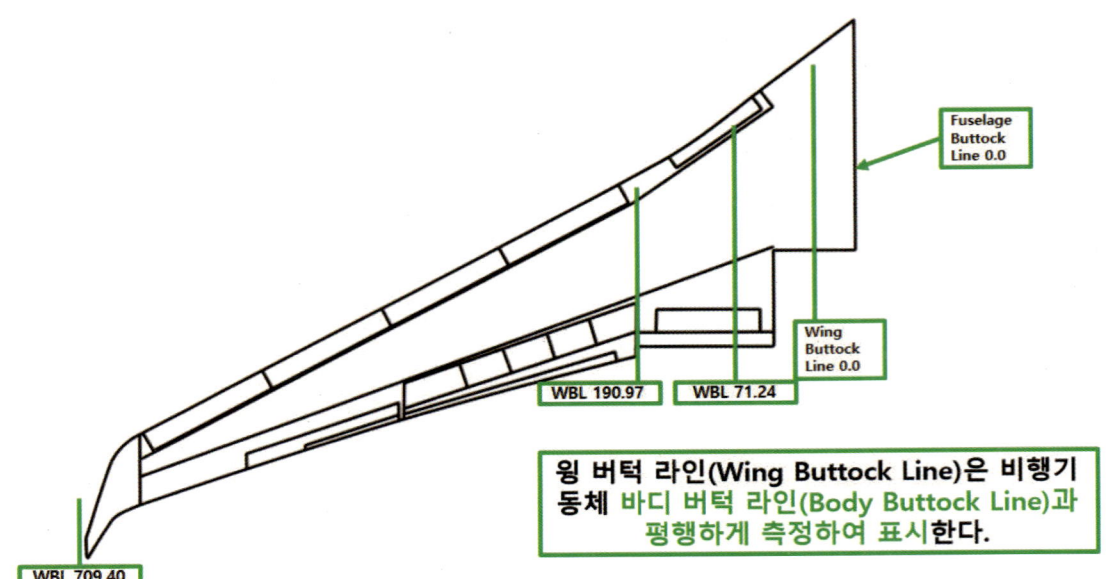

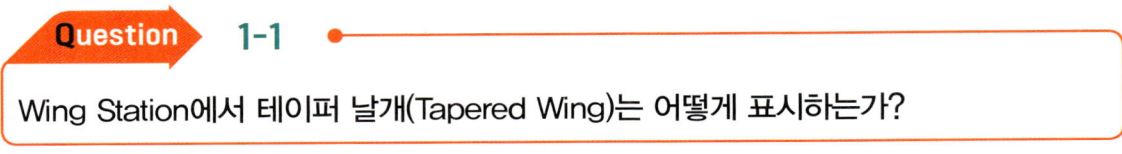

Question 1-1

Wing Station에서 테이퍼 날개(Tapered Wing)는 어떻게 표시하는가?

Answer

시위선 방향으로 날개 뿌리(Wing Root)에서 날개끝(Wing Tip)으로 측정하여 표시한다.

Question 2

Zone Number란 무엇인가?

Answer

정비목적으로 Access Door와 각종 Panel을 쉽게 위치를 식별하여 장탈할 수 있도록 번호를 부여한 것을 말한다.

Question 2-1

Zone Number는 B737 기종 기준으로 어떻게 되는가?

Answer

100 — Lower Half of Fuselage
200 — Upper Half of Fuselage
300 — Empennage
400 — Powerplant and Nacelle Struts
500 — Left Wing
600 — Right Wing
700 — Landing Gear and Landing Gear Doors
800 — Doors

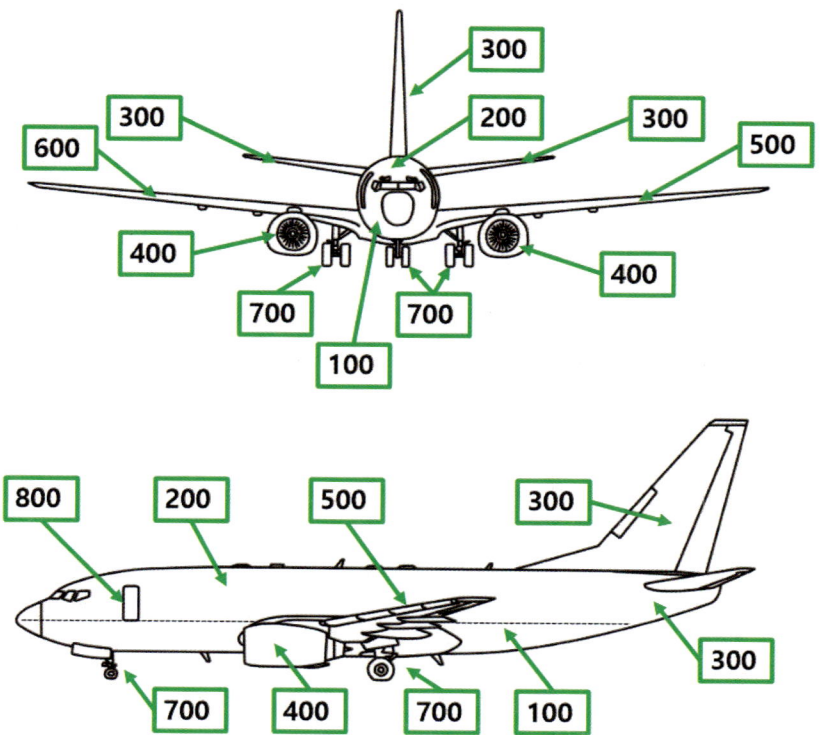

Question 3
Weight & Balance를 하는 목적은 무엇인가?

Answer

근본적인 목적은 안전이고, 2차적인 목적은 효과적인 비행을 위함이다. 부당한 하중은 비행성능에 효율을 떨어뜨리기 때문이다.

Question 3-1
그럼 Weight and Balance의 재측정 시기가 언제인가?

Answer

여객기의 경우에는 3년마다 측정하고, 필요에 따라 중량에 영향을 미치는 수리, 개조 작업이나 완전한 오버홀(Complete Overhaul) 및 단계적 오버홀(Progressive Overhaul) 완료 시 또는 기타 감항당국에서 필요하다고 인정할 경우에 한다.

Question 3-2
Weight & Balance는 무엇을 근거로 측정하는가?

Answer

항공기 명세서, 항공기 운용한계 지정서, 항공기 비행교범(Flight Manual) 및 항공기 Weight and Balance 보고서에 근거하여 측정한다.

Question 3-3

그럼 이 보고서에 기록된 자료가 유실되었거나 알 수 없을 경우에는 어떻게 해야 하는가?

Answer

재측정이 필요하고 새로운 Weight & Balance 기록이 계산되어야 한다.

Question 3-4

영 연료 무게(Zero Fuel Weight)란 무엇인가?

Answer

연료를 제외한 화물과 승객의 무게를 포함한 항공기 무게를 말한다.

Question 3-5

영 연료 무게에 기내식을 포함하는가?

Answer

포함된다. 이유는 OEW/SOW(Operational Empty Weight/Standard Operational Weight) + Payload = ZFW이기 때문이다.

Question 3-6
유효하중(Useful Weight)이란 무엇인가?

Answer

최대 인가 이륙 무게에서 자중(Empty Weight)을 뺀 무게를 말한다. 이 하중에는 조종사(Pilot), 승무원(Crew), 최대 오일량(Maximum Oil), 최대 연료량(Maximum Fuel), 승객(Passenger), 화물(Baggage) 등을 포함한다.

Question 3-7
유상하중(Payload)이란 무엇인가?

Answer

승객, 수화물, 화물 등 항공사의 수입원이 되는 중량을 말한다. 유상하중이 크고 작음에 따라 항공기 운항의 실효를 판단할 수 있다.

Question 3-8
자중(Empty Weight)이란 무엇인가?

Answer

자중(Empty Weight)은 항공기 내에 고정위치에 실제로 장착되어 있는 기체(Airframe), 발동기(Power Plant), 필요 장비(Required Equipment), 고정 작동장비(Operating Equipment), 배출하고 남은 잔여 연료와 오일, 고정 밸러스트(Fixed Ballast) 등을 포함한 무게를 말한다.

Empty Weight은 다음과 같이 여러 종류가 있다.

① MEW(Manufacturer's Empty Weight) : 제작 시의 순수 항공기의 무게로 항공기 기체구조물만 있는 상태
② BEW(Basic Empty Weight) : MEW에 Standard Item까지 포함한 무게
③ OEW/SEW(Operational Empty Weight)/(Standard Empty Weight) : BEW에 Operational Item까지 포함한 무게

- BEW(Basic Empty Weight) = MEW + Standard Item
- OEW/SEW(Operational Empty Weight)/(Standard Empty Weight) = BEW + Operation Item

*참고사항:
① Standard Item(대한항공 Option)
- 사용 불능의 연료(Unusable Fuel)
- 엔진 오일(Engine Oil)
- 화장실 물과 각종 유체(Toilet Fluid & Chemical Charge)
- 비상 장비(Emergency Equipment : 산소 마스크(Oxygen Mask), 구명조끼(Life Vest) 등)
- 갤리 구조물(Galley Structure, Bar Unit)
- FAK(First Aid Kit)

② Operational Item
- 운항승무원(Cockpit Crew)
- 객실승무원(Cabin Crew)
- 휴대품
- 기내식, 기내서비스 용품, 기내 판매품, 휴대용 음용수

Question 3-9

비행기 조종면에 있는 매스 밸런스(Mass Balance)란 무엇인가?

Answer

조종면에 과대 평형을 주는 것으로 조종면에 발생되는 플러터(Flutter) 현상을 방지하는 목적으로 쓰인다.

플러터 현상은 빠른 속도의 공기흐름이 조종면 표면을 흐르면서 진동을 일으키는 것을 말한다.

Question 3-10
프리즈 밸런스(Frise Balance)란 무엇인가?

Answer

에일러론(Aileron)에서 힌지 모멘트(Hinge Moment)가 서로 상쇄되도록 조종력을 경감시켜주는 것이다.

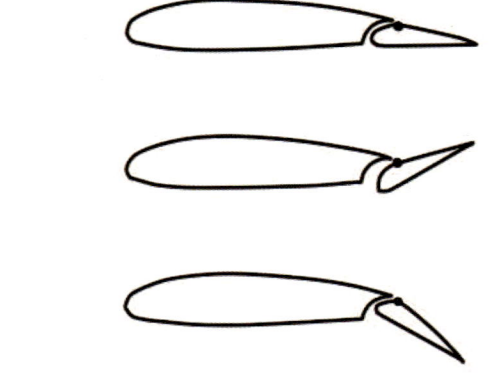

◆ 프리즈 밸런스 에일러론(Frise Balance Aileron)의 작동 모습 ◆

Question 4
항공기 무게중심(C.G)이란 무엇인가?

Answer

항공기 무게중심(C.G : Center of Gravity)은 항공기의 모멘트의 합이 모두 0이 되는 점으로 제작사에서 항공기를 제작할 때 지정해주며, 운항 전에는 화물이나 밸러스트(Ballast)[1], 연료 등으로 C.G를 맞춘다.

이 C.G는 비행 중에는 화물의 위치 이동이나 연료 소비에 따라서 변하게 되는데 변화범위는 최소허용무게와 최대허용무게 범위 내에 있으므로 항공기의 비행성과 감항성에 큰 영향을 끼치지 않을 정도로 변한다.

---

[1] 밸러스트(Ballast) : 항공기 무게중심이 한계값 이내에 들어가도록 항공기 내부에 장착함으로써 평형을 유지하는 어떤 무게를 말한다. 종류로는 납덩어리 또는 모래주머니로 임시 밸러스트 또는 고정 밸러스트(Ballast)가 있다.

Question 4-1
무게중심한계란 무엇을 말하는가?

Answer

최소와 최대 무게중심한계가 항공기마다 지정되어 있고, 항공법상 이 범위 안에 무게중심이 위치하도록 되어 있으며 무게중심한계를 벗어날 경우 연료소모량 증가와 안정성이 감소되는 현상이 발생된다.

실제로 비행 중 무게중심은 변하긴 하지만 한계값 이내에 있으므로 괜찮다.

Question 4-2
항공기 무게측정(Weighing) 작업을 할 때 측정 저울은 몇 개가 필요한가?

Answer

3개가 필요하다.

Question 4-3
왜 3개가 필요한가?

Answer

항공기 Landing Gear는 보통 Nose Landing Gear 1개, Main Landing Gear 2개로 구성되어 총 3개가 있다. 각각의 Landing Gear는 무게가 다를 수 있고, 하나의 저울을 사용한다면 정확한 무게 측정이 어려워 무게중심 또한 구하기 어렵다.

Question 4-4
항공기 무게측정(Weighing) 작업은 무엇인가?

Answer

항공기의 무게를 측정하는 것이다. 사람도 자신의 몸무게를 측정하듯 항공기도 마찬가지이다.

Question 4-5
왜 이 작업을 하는가?

Answer

이유는 항공기 무게를 측정해서 무게 변동 차이값을 알기 위함이다. 부당한 하중은 항공기 운항에 있어서 비행성능 저하와 연료 소비율을 높이기 때문이다. 사람도 몸무게가 많이 나가면 운동할 때 숨이 금방 헐떡이고 지치는 것을 예시로 들어볼 수가 있다.

Question 4-6
항공기 무게측정(Weighing) 작업은 어떻게 측정하는가?

Answer

먼저 항공기 잭킹(Jacking) 작업을 수행해야 하는데, 이 작업을 수행하기 위해서는 다음과 같은 조건들이 충족되어 있어야 한다.
① 바람의 영향을 받지 않는 곳에서 실시할 것
② Jack을 이용하여 항공기를 들어올릴 때 수평으로 천천히 맞춰서 올릴 것
③ 모든 Landing Gear를 내린 상태에서 Landing Gear가 접히는 것을 방지하도록 Lock Pin이 장착되어 있는지 확

인할 것
④ 항공기 Jack Point에 정확하게 맞춰서 들어올릴 것
⑤ 작동유가 누설되거나 손상된 Jack은 사용하지 말 것
⑥ Jacking 전 위험한 장비나 연료를 제거한 상태에서 수행할 것
⑦ 사람이 항공기 위에 올라가 있는 경우에는 절대로 심한 운동을 하지 말 것
⑧ 어느 Jack에도 과부하가 되지 않도록 할 것

전제조건을 충족시킨 후 항공기를 Jacking할 때 항공기에 있는 Jack Point와 Jack 사이에 Load Cell을 삽입한다. Load Cell이 위/아래로 받는 힘을 측정기를 통해 수치로 환산하여 표시되며, 이 값을 계산하여 기록한다. 일부 대형 항공기의 경우에는 전자식 저울 위에 항공기를 Towing하여 위치시킨 후 전자식 저울로부터 측정값을 측정장치를 통해 측정 및 기록한다.

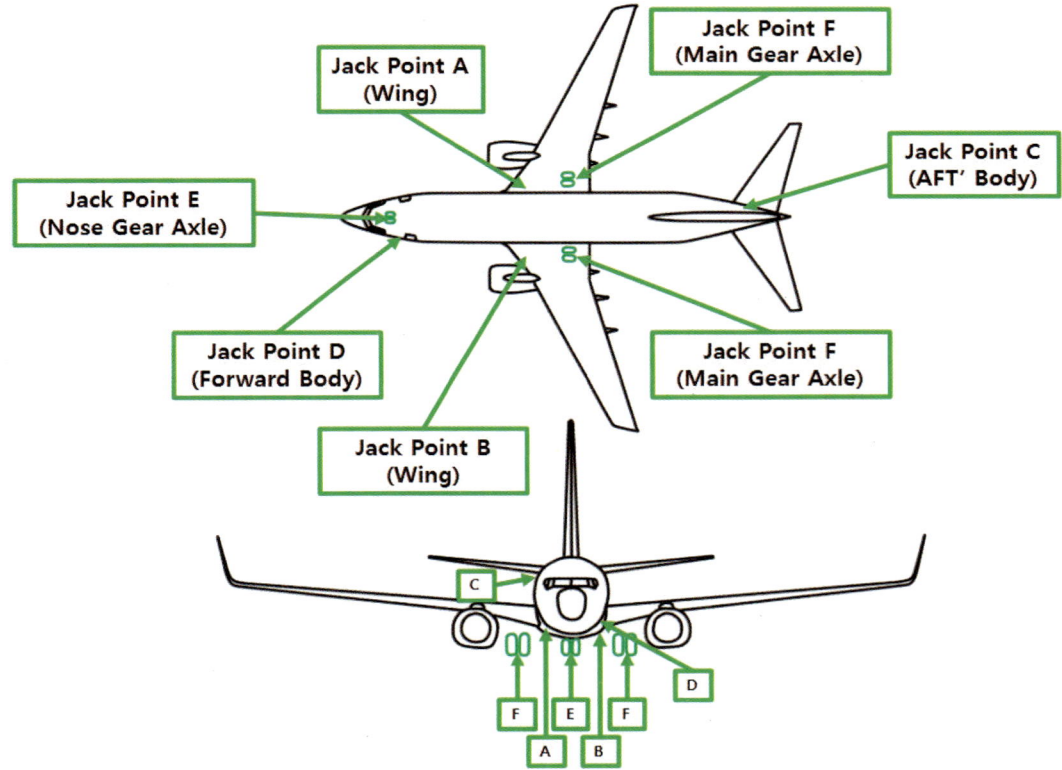

◆ Jack Point와 Jack 사이에 위치한 Load Cell ◆

◆ 항공기 무게측정(Weighing)을 위한 전자식 저울 ◆

(출처 : iStock)

> **Question 4-7**
>
> 항공기 무게측정(Weighing) 작업 시 주의사항은 무엇인가?

Answer

항공기를 가장 평평하고 고른 곳에 주기(Parking)하고 바퀴에 휠 고임목(Wheel Chock)을 설치해준다. 만약 고임목을 설치하지 않으면, 항공기가 움직일 수 있으며, 실제로 항공기가 움직여서 구조물과 충돌했던 사고사례도 있다.

수평상태 확인을 위해 Attitude Gage를 이용하여 Inclinometer에 있는 공기방울이 수평상태가 맞는지 확인하고 Plumb Bob[1]을 Landing Gear Wheel Well[2]에 장착하여 항공기를 천천히 Jack Up 하면서 수평 위치를 맞춘다.

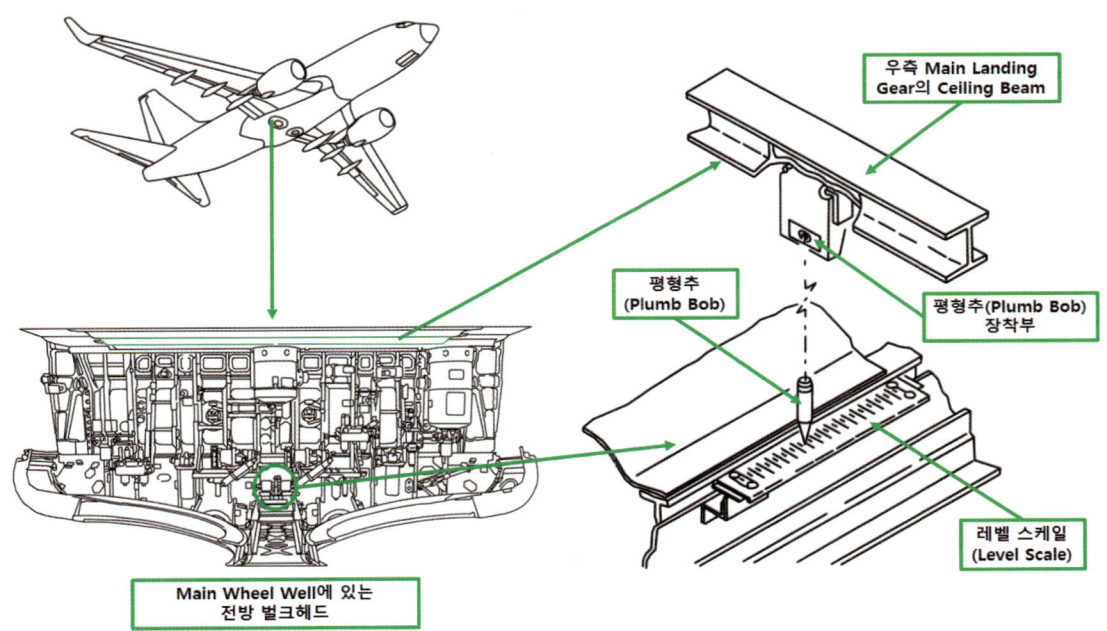

◆ B737 항공기 Plumb Bob과 항공기 수평상태를 확인하기 위한 Level Scale[3] ◆

---

1) 항공기 수평상태 확인을 위해 쓰이는 평형추를 말한다.
2) Landing Gear Wheel Well은 랜딩기어(Landing Gear)가 접혔을 때 수납되는 곳을 말한다.
3) Level Scale은 항공기 평형 상태를 확인하기 위한 눈금을 말한다.

◆ B737 항공기 Landing Gear Wheel Well에 위치한 Level Scale과 Plumb Bob ◆

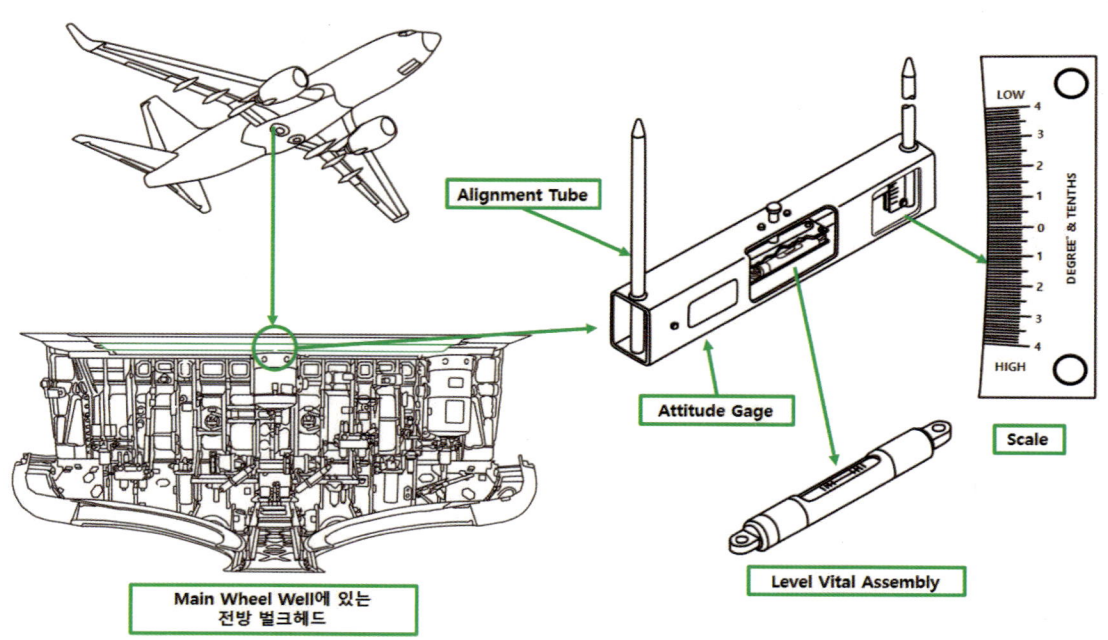

◆ B737 항공기 Attitude Gage 구성도 ◆

Question 5

항공기 MAC란 무엇인가?

Answer

MAC는 Mean Aerodynamic Chord로 항공기 설계상 에어포일(Airfoil)의 시위(Chord)를 나타내는 기술용어이다. 항공기 날개 앞전부터 뒷전까지의 평균 길이를 말하는데, 이 MAC는 항공기 CG 위치를 계산하고 나타내는 데 사용되기도 한다.

Question 5-1

그럼 항공기 기준선에서 무게중심까지의 거리가 170[inch]이고 또 하나는 기준선에서 MAC의 날개 앞전까지의 거리가 150[inch], MAC의 시위선 길이가 80일 때, 어떻게 계산해야 하는가?

Answer

$$\text{MAC} = \frac{\text{기준점으로부터 } C.G \text{까지의 거리} - \text{기준점에서 앞전까지의 거리}}{\text{평균공력시위}} \times 100$$

$$= \frac{(170-150)}{80} \times 100\% = 25[\%]$$

Question 6

항공기 안정성에서 정적 안정, 정적 불안정, 동적 안정, 동적 불안정이란 각각 무엇인가?

Answer

① 정적 안정 : 평형상태로부터 다시 평형상태로 되돌아가려는 초기의 경향을 말한다. 그림 a에서 'B' 원형 물체가 'A' 지점으로 돌아가려는 것을 볼 수가 있다.

② 정적 불안정 : 교란을 받은 물체가 교란된 방향으로 계속적으로 움직이는 경향을 말한다. 그림 b의 'B' 원형 물체가 계속으로 진행하는 것을 볼 수가 있다.
③ 정적 중립 : 교란된 평형상태의 물체가 이동된 위치에서 평형상태를 유지할 때의 상태를 말한다. 그림 c에서 'B' 원형 물체가 이동된 위치에서 정지되어 있는 것을 볼 수가 있다.

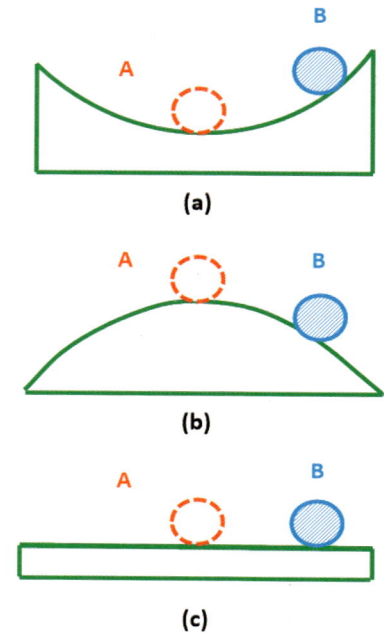

④ 동적 안정 : 평형상태에서 시간이 경과함에 따라 운동의 진폭(진동)이 감소하여 원래의 평형상태로 되돌아가는 것을 말한다.
⑤ 동적 불안정 : 운동의 진폭이 증가하여 원래의 평형상태로 되돌아가지 않는 것을 말한다.
⑥ 동적 중립 : 운동의 진폭이 증가하지도, 감소하지도 않고 진동이 계속되는 상태를 말한다.

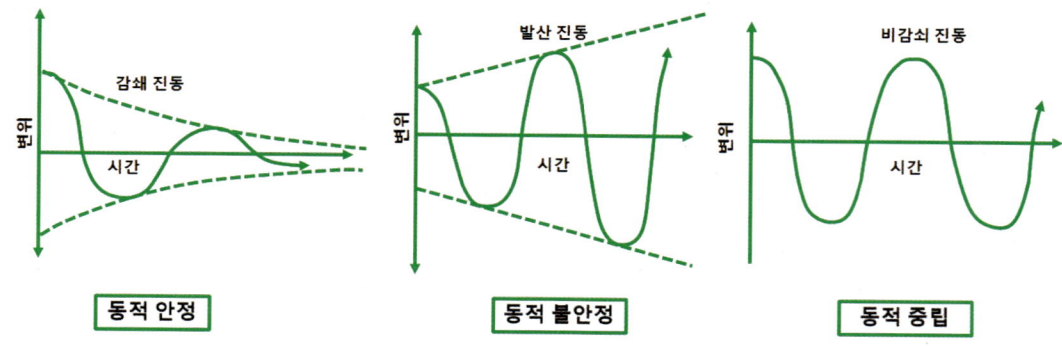

Question 6-1

턱 언더(Tuck Under), 피치 업(Pitch Up), 더치 롤(Dutch Roll) 현상이란 무엇인가?

Answer

(1) 턱 언더(Tuck Under)

항공기가 음속 돌파 시 날개 윗면에 발생되는 충격파로 인한 양력손실에 의해 풍압 중심이 뒤로 이동하여 항공기 기수가 점차 내려가는 현상을 말한다. 이 현상은 마하 트리머(Mach Trimmer)라는 장치를 통해 보정한다.

(2) 피치 업(Pitch Up)

항공기 기수를 당겼을 때 예상보다도 더 많이 상승된 상태를 말하며 Speed Trim 장치를 통해 보정할 수 있다.

(3) 더치 롤(Dutch Roll)

항공기에 Rolling과 Yawing이 복합적으로 일어나는 불안정운동을 말한다. 이 현상은 Yaw Damper를 이용하여 보정할 수 있다.

05 조종 계통

(1) 주조종장치(Aileron, Elevator, Rudder)
　① 조작 및 점검사항 확인
(2) 보조조종장치(Flap, Slat, Spoiler, Horizontal Stabilizer 등)
　① 종류 및 기능
　② 작동 시험 요령

Question 1

비행기 비행조종면(Flight Control Surface)에서 1차 조종면(Primary Flight Surface)은 어떤 것이 있는가?

Answer

비행기 1차 조종면은 다음과 같이 있다.

운동 축	조종 면	안정성	모멘트
세 로 축	에일러론(Aileron)	가 로 안 정	옆놀이 모멘트 (Rolling Moment)
가 로 축	엘리베이터(Elevator)	세 로 안 정	키놀이 모멘트 (Pitching Moment)
수 직 축	러더(Rudder)	방 향 안 정	빗놀이 모멘트 (Yawing Moment)

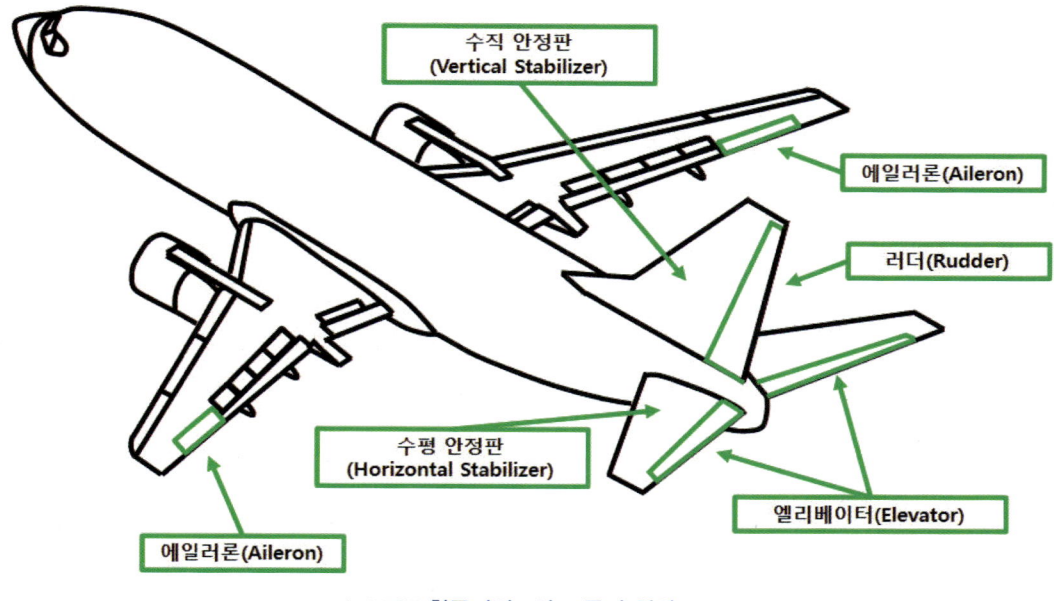

◆ B737 항공기의 1차 조종면 위치 ◆

Question 2

비행기 2차 조종면(Secondary Flight Surface)은 무엇이 있는가?

Answer

비행 중 항공기의 조종력을 경감시켜주는 Tab, 날개의 Camber를 증가시켜 양력을 높여주는 Flap, 항공기 착륙, 비행 시 제동 역할과 비행 시 Aileron의 Rolling 운동을 도와주는 Spoiler가 있다.

Question 2-1

항공기 조종면 중 탭(Tab)은 무엇인가?

Answer

Tab은 조종력을 0으로 경감시키기 위해 조종사가 직접 조작하여 사용하는 트림 탭(Trim Tab)과 조종면을 작동 시 반대로 움직여서 힌지 모멘트(Hinge Moment)를 감소시켜주는 밸런스 탭(Balance Tab), 탭을 작동시켜 조종면을 움직이게 하는 서보 탭(Servo Tab), 스프링 장력으로 탭을 움직이게 하는 스프링 탭(Spring Tab)이 있다.

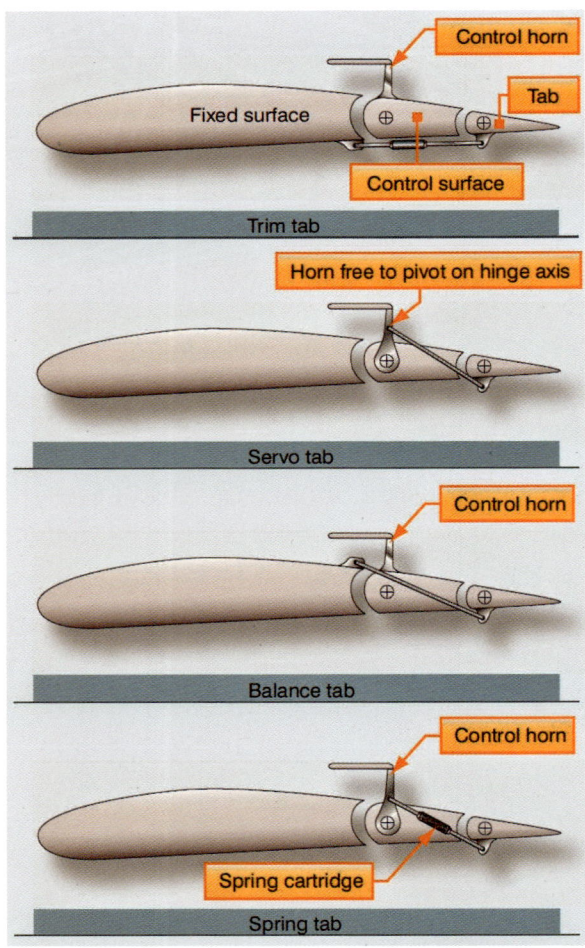

(출처 : 국토교통부 항공정비사 표준교재 항공기정비일반)

Question 2-2

항공기 스포일러(Spoiler)는 무엇인가?

Answer

스포일러는 플라이트 스포일러(Flight Spoiler)와 그라운드 스포일러(Ground Spoiler)로 분류된다. 플라이트 스포일러(Flight Spoiler)는 비행 중 속도를 감소시키고 비행 중 옆놀이(Rolling) 운동에 도움을 주기 위해 에일러론(Aileron)과 함께 쓰인다. 그라운드 스포일러(Ground Spoiler)는 착륙 시 항력을 높여 제동 역할을 하도록 한다.

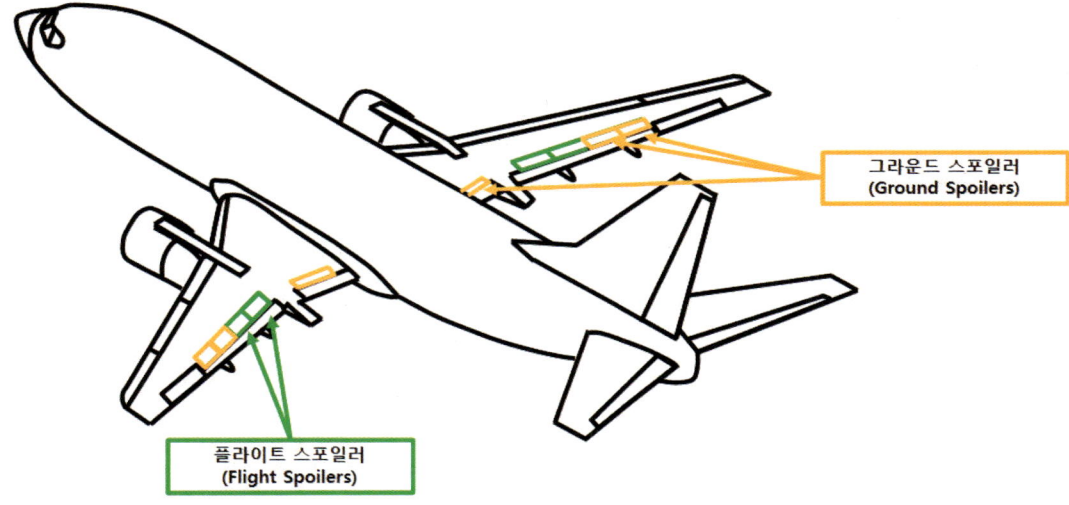

◆ B737 항공기의 스포일러 위치 ◆

Question 2-3

항공기 플랩(Flap)은 무엇인가?

Answer

플랩은 항공기 날개의 에어포일 캠버(Airfoil Camber)를 늘려 최대양력계수를 높여줌과 동시에 박리(Separation) 현상을 지연시켜주는 2차 조종면 중 하나이다. 플랩에는 앞전 플랩(L/E Flap)과 뒷전 플랩(T/E Flap)이 있는데, 각각의 종류로는 다음과 같이 분류된다.

L/E Flap	T/E Flap
드루프 플랩(Droop Flap)	플레인 플랩(Plain Flap)
크루거 플랩(Krueger Flap)	스플릿 플랩(Split Flap)
슬롯 & 슬랫티드 플랩(Slot & Slatted 플랩)	파울러 플랩(Fowler Flap)
	슬롯 & 슬랫티드 플랩(Slot & Slatted Flap)

- L/E : 날개 앞전 용어이며, 리딩 엣지(Leading Edge, 앞전)의 줄임말
- T/E : 날개 뒷전 용어이며, 트레일링 엣지(Trailing Edge)의 줄임말

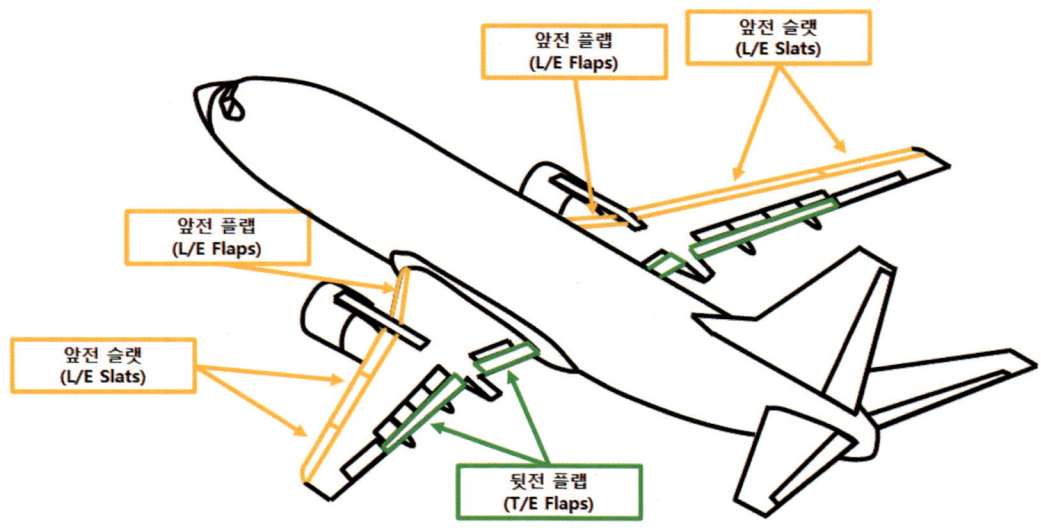

◆ B737 항공기의 슬랫과 플랩 위치 ◆

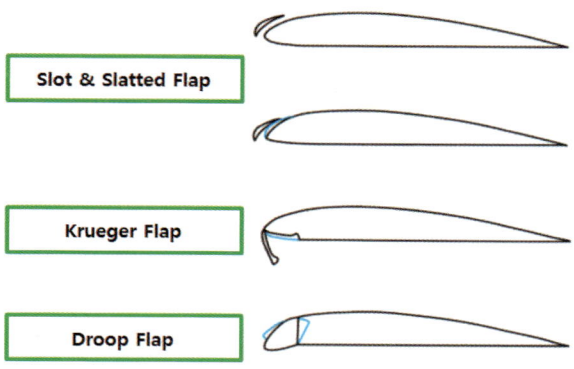

◆ 항공기 날개 앞전 플랩(Leading Edge Flaps)의 종류 ◆

◆ 항공기 날개 앞전에 쓰이는 크루거 플랩(Krueger Flap) 실물 ◆

(출처 : 국토교통부 항공정비사 표준교재 항공기기체 제1권 기체구조판금)

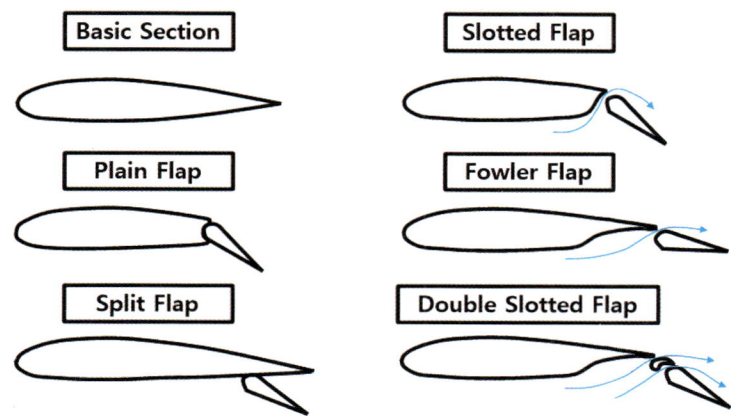

◆ 항공기 날개 뒷전 플랩(Trailing Edge Flaps) 종류 ◆

Question 2-4

비행기 이륙 시 사용하는 1차 조종면과 2차 조종면은 무엇이고 왜 그것을 사용하는가?

Answer

1차 조종면은 엘리베이터(Elevator), 2차 조종면은 플랩(Flap)을 사용한다. 이륙 시 조종간을 당겨 엘리베이터를 올리면 에어포일 윗면의 흐름이 아랫면보다 항력이 커져 압력이 높아지고, 압력차로 기수가 들어 올려진다. 플랩은 날개의 에어포일 캠버를 늘려서 양력계수를 높여 이착륙거리를 감소시킨다.

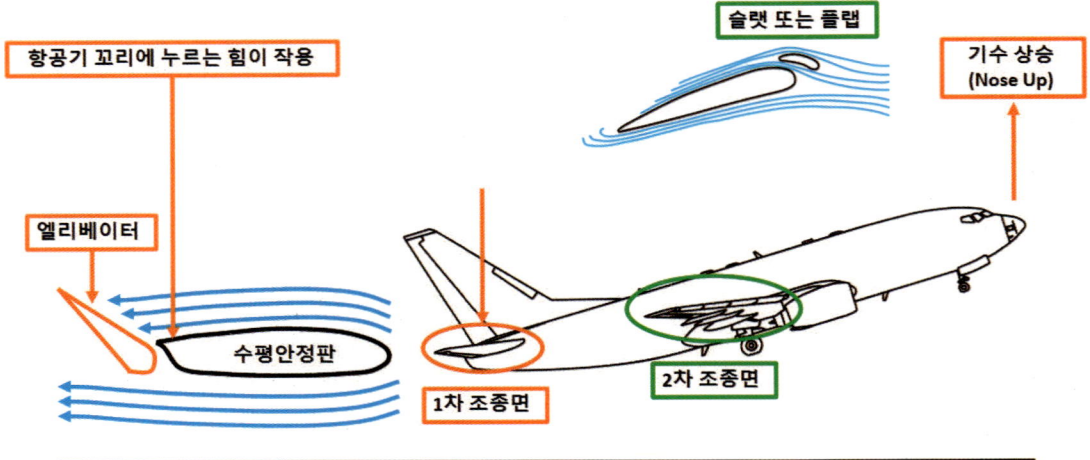

이륙 시 조종간을 당겨 엘리베이터를 올리면 수평안정판 상부의 공기흐름이 올라간 엘리베이터에 의해 압력이 높아지고 아랫면은 상대적으로 공기흐름에 저항이 없어 압력이 낮아진다. 이로 인해 항공기 꼬리를 누르는 힘이 발생하게 되어 기수가 들어 올려지게 된다.

날개의 경우 슬랫이나 플랩을 이용하여 에어포일 시위를 크게 늘려 양력계수를 더욱 높이도록 한다.

Question 2-5

비행기 조종실에서 조종간을 좌측으로 그리고 앞으로 밀면 조종면은 어떻게 작동되는가?

Answer

좌측 에일러론(L/H Aileron)은 올라가고 우측 에일러론(R/H Aileron)은 내려간다. 엘리베이터(Elevator) 또한 내려가서 항공기가 좌측 선회하면서 하강하게 된다.

Question 2-6

비행기 차동조종장치는 무엇인가?

Answer

항공기 선회 시 쓰이는 에일러론의 움직이는 각도의 조절을 하는 장치로, 선회 시 양쪽 에일러론이 완전히 올라가고(좌측) 완전히 내려가면(우측) 항공기가 내려간 에일러론 쪽의 양력이 더욱 커져서 롤링(Rolling) 운동이 좌측이 아닌 우측으로 일어나는 역빗놀이 현상이 일어날 수도 있다. 따라서 선회 시 양측으로 조작되는 에일러론의 각도를 제어하며 우측 에일러론의 내려가는 각도를 어느 정도 제한시키는 것이다.

Question 2-7

슬랫(Slat)과 슬롯(Slot)의 차이는 무엇인가?

Answer

슬랫(Slat)은 날개 앞전부분에 에어포일 캠버를 증가시키기 위해 있는 부분으로, 날개에 붙어있다가 플랩 작동 시 튀어나오는 부분을 말한다.
슬롯(Slot)은 항공기 날개 슬랫과 날개 앞전과의 틈새 부분을 말하며 높은 받음각에서도 이 공간을 통해 날개 윗면의 공기유량을 더욱 확보하여 양력을 증가시키고 박리를 지연시킨다.

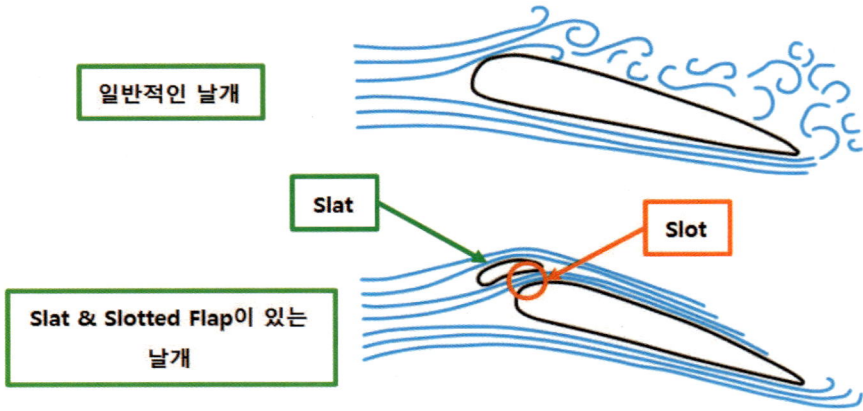

Slat & Slotted Flap이 있는 날개는 일반적인 날개보다 높은 받음각에서 박리 현상이 지연되는 것을 볼 수 있다. Slat과 날개의 공간을 Slot이라 하며 이 공간을 통해 날개골 윗면으로 공기흐름이 유도되어 실속을 방지하는 것이다.

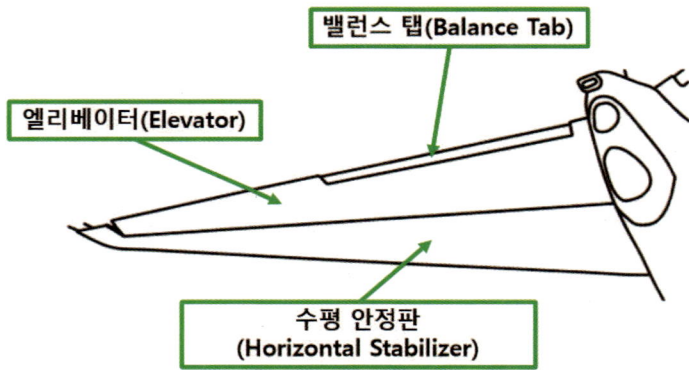

◆ B737NG 항공기의 Stabilizer와 Elevator 그리고 Balance Tab ◆

Question 3

항공기 조종계통 중 플라이 바이 와이어 시스템(Fly By Wire System)은 무엇인가?

Answer

조종실에서 조작한 조종력을 트랜스듀서(Transducer)에서 전기 신호로 변환 후 비행 제어 컴퓨터(FCC : Flight Control Computer)가 신호를 전달받아 입력을 받으면 그 전기 신호를 서보 액추에이터(Servo Actuator)로 신호를 보내 조종면을 작동시키는 시스템이다.

기존의 수동식, 케이블식 조종계통보다 조종사에게 필요로 하는 조종력을 경감시켜줌과 동시에 조종성에 높은 정밀도를 제공해주는 역할을 한다. 또한 조종계통의 정비 소요가 현저히 줄어들어 경제성 향상에도 도모하는 장점이 있다.

Question 3-1

플라이 바이 와이어 시스템의 컴퓨터가 결함이 발생하였다면 어떻게 되는가?

Answer

대부분의 플라이 바이 와이어(FBW) 시스템은 독립된 컴퓨터가 4개로 구성되고, 1개가 고장 나도 나머지 컴퓨터로 작동을 유지할 수 있도록 되어 있다.

Question 4

항공기 양력은 어떤 원리로 발생하는가?

Answer

양력은 일반적으로 날개의 윗면과 아랫면의 압력차로 인해 양력이 발생되는 베르누이 원리가 있다. 이 원리에서는 관을 통해 흐르는 유체, 즉 공기가 좁아지는 관에 도달할 때, 그 좁아진 관을 통과하여 흐르는 유체의 속도는 증가되고 압력은 감소된다는 원리이다. 날개 단면인 에어포일(Airfoil)의 상면은 유선형으로 관이 좁아지는 부분과 유사한 거동을 보여준다. 관이 좁아지는 것이 기류에 영향을 미치는 것처럼 에어포일의 곡면은 기류에 영향을 미친다.

공기가 에어포일의 윗면으로 흐를 때, 공기의 속도는 증가하고 그 압력은 감소하여 에어포일의 윗면에는 저압이 형성된다. 아랫면에는 더 높은 압력이 형성되어 날개를 위로 쳐들게 한다. 날개의 윗면과 아랫면에서의 이 압력 차이를 양력(Lift)이라고 부른다. 에어포일의 전체 양력의 3/4은 윗면의 압력 감소에 의한 것이며, 나머지 1/4은 에어포일의 자세에 의한 하단 면에 작용하는 공기의 충격력에 의하여 발생하는 것이다.

그러나 실제로는 날개의 윗면과 아랫면의 속도 차이는 크게 없고 날개 뒷전에서 윗면과 아랫면의 공기 흐름이 다시 만나는 동시통과이론이 거론되면서 뉴턴의 제3법칙인 작용, 반작용 원리로 인해 날개에 양력이 발생하는 것으로 설명이 되고 있다.

항공기 날개의 공기 흐름은 한번 흐르면 날개를 통과하는 것이 아닌 날개 뒷전의 흐름이 내리흐름이 발생되어 그 힘이 작용이 되고 날개를 순환하는 와류가 발생이 된다. 그만큼의 힘을 반작용으로 발생시켜 날개를 띄워주게 된다.

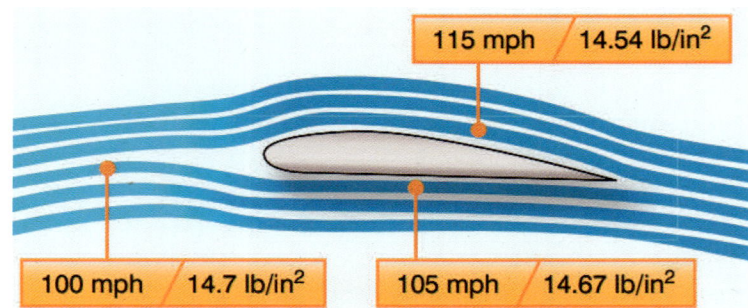

(출처 : 국토교통부 항공정비사 표준교재 항공기정비일반)

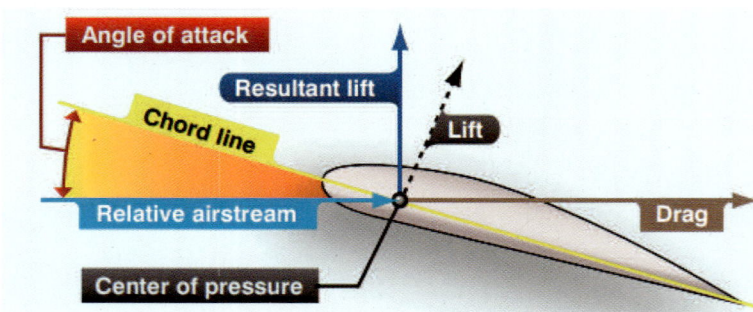

◆ 양력 발생에 대한 베르누이 정리와 받음각(AOA : Angle of Attack) 예시 ◆
(출처 : 국토교통부 항공정비사 표준교재 항공기정비일반)

06 연료 계통

(1) 연료보급
  ① 연료량 확인 및 보급 절차 체크
  ② 연료의 종류 및 차이점
(2) 연료탱크
  ① 연료탱크의 구조, 종류
  ② 누설(Leak) 시 처리 및 수리방법
  ③ 탱크 작업 시 안전 주의사항

Question 1
항공기 연료 비중을 체크하는 이유가 무엇인가?

Answer

항공기 연료 비중을 체크하는 이유는 항공기의 실제 중량을 알기 위해서이다. 표준 중량이 법적으로 정해져 있기는 하지만 열팽창에 의한 오차가 있으므로 이 부분을 잘 고려해서 연료량을 확인 후 중량으로 환산해야 한다. 제트 엔진에 쓰이는 연료는 온도에 따라 비중 변화가 크다. 그래서 동일 용적이라도 중량이 많이 변하기 때문에 연료 비중 체크가 중요하다.

Question 1-1
항공기 연료는 왜 가열시켜야 하는가?

Answer

연료는 온도 저하로 인해 연료 내에 있던 수분이 결빙되어서 Fuel Filter를 막히게 하는 결과를 초래하게 된다. 따라서 Oil/Fuel Heat Exchanger 또는 Fuel-Oil Cooler를 통해 연료를 지속적으로 가열시켜 수분에 의한 결빙과 Fuel Filter의 막힘을 방지한다.

Question 1-2

항공기에 사용하는 연료의 종류는 무엇이 있는가?

Answer

① 왕복 엔진 : 항공용 가솔린(AV Gas, Avigation Gasoline)
② 제트엔진 : 와이드 컷 연료(JET – B, JP4), 케로신 연료(JET – A, JET – A1, JP5, JP6, JP8)

Fuel Type and Grade	Color of Fuel	Equipment Control Color	Pipe Banding and Marking	Refueler Decal
AVGAS 82UL	Purple	82UL AVGAS	AVGAS 82UL	82UL AVGAS
AVGAS 100	Green	100 AVGAS	AVGAS 100	100 AVGAS
AVGAS 100LL	Blue	100LL AVGAS	AVGAS 100LL	100LL AVGAS
JET A	Colorless or straw	JET A	JET A	JET A
JET A-1	Colorless or straw	JET A-1	JET A-1	JET A-1
JET B	Colorless or straw	JET B	JET B	JET B

◆ 항공기 연료 종류별 색상 및 등급 ◆

(출처 : 국토교통부 항공정비사 표준교재 항공기기체 제2권 항공기 시스템)

Question 1-3

항공기 왕복 엔진에 사용하는 연료는 어떤 연료인가?

Answer

왕복 엔진에 사용하는 항공용 가솔린 또는 AV Gas 연료는 순수성분인 노말헵탄 성분이 발열량이 높아 디토네이션(Detonation), 노킹(Knocking), 조기점화(Pre-Ignition) 등 비정상 연소현상을 일으키므로 이러한 현상을 방지하도록 이소옥탄을 첨가하여 사용하며, 이소옥탄 함유량에 따라 등급을 나눈 것을 옥탄가라 한다.

옥탄가를 수치로 나타낼 때 100이 넘어가면 퍼포먼스 수(P.N : Performance Number)라고 하며 CFR(Cooperative Fuel Research Engine)에 연료를 넣어서 연소시켜 성능을 테스트해 보고 나온 수치를 말한다.

또한 4에틸납을 함유하여 내폭성을 증진시키고 ASTM 규격에 따라 80(적색), 100(녹색), 100LL(청색)으로 분류한다. 현재 항공업계에서 사용하고 있는 연료는 100LL(Low Lead)인 납 함유량이 가장 적은 연료를 사용한다.

Question 1-4

디토네이션, 노킹, 조기점화 현상은 어떤 현상을 말하는가?

Answer

디토네이션은 왕복 엔진 실린더 내부에 완전한 연소가 되지 않은 잔여 가스들이 실린더 내부 온도에 따라 자연발화 온도에 도달했을 때 폭발함과 동시에 충격파를 일으키는 현상을 말한다.

이러한 충격파 발생으로 엔진에 심한 진동이 발생되고 간혹 문을 노크하듯이 두드리는 소음이 난다고 하여 노킹이 일어난다고 한다.

조기점화는 디토네이션과 같은 비정상 연소현상으로 인해 실린더 내부 온도가 급상승함에 따라 Spark Plug 전극이 과열되어 정상적인 점화시기가 아닌 보다 이른 시기에 점화가 되는 현상을 말한다.

이 현상은 일정 행정 때 상사점으로 올라오는 피스톤을 하사점으로 내려서 Engine의 Kick Back 현상을 불러일으키기도 하며, 출력 손실 현상까지도 초래하게 된다.

Question 1-5
항공기 제트엔진에 사용하는 연료는 어떤 연료들이 있는가?

Answer

제트엔진에 쓰이는 연료는 와이드 컷 연료와 케로신 연료로 분류되며, 두 계열의 차이는 빙점과 성분 차이가 있다.
① 와이드 컷 연료(Wide Cut Type) : 케로신에 가솔린을 혼합한 연료, 종류 : JET-B, JP4
② 케로신 연료(Kerosene Type) : 순수 케로신 성분으로 이루어진 연료, 종류 : JET-A, JET-A1, JP5, JP6, JP8

또한 연료는 JET계열과 JP계열이 있는데, JET계열은 민간항공사에서 사용하고, JP계열은 군에서 사용한다.

Question 1-6
항공기 연료의 기본 구비조건은 무엇인가?

Answer

항공기 연료 구비조건은 다음과 같다.
① 발열량과 기화성이 적당할 것
　→ 지나친 발열량은 비정상적인 연소로 인해 연소실 내부에 열응력을 초래하게 되고, 기화성이 너무 높을 경우에는 증기폐색(Vapor Lock) 현상을 유발한다.
② 유동성과 경제성이 좋을 것
③ 점도가 낮을 것
　→ 점도가 높을 경우에는 연료가 계통으로 원활히 흐르지 못하고 내부 압력이 지나치게 상승되어 계통 파손을 초래할 수가 있다.
④ 온도변화에 따른 점도 변화가 낮을 것(점도지수가 높을 것)
⑤ 빙점이 낮을 것
　→ 빙점이 높을 경우에는 극지방이나 추운 기후의 날씨에서 영향을 받아 연료가 결빙되어 계통으로 원활히 흐르지 못하게 된다.
⑥ 화학적 안정성이 있을 것

Question 1-7

항공기 연료에 나타나는 증기폐색(Vapor Lock) 현상은 무엇인가?

Answer

고공 비행시 낮은 압력에 의해 기화성이 높아져 나타나는 현상으로, 연료에 기포가 발생하는 현상을 말한다. 이 현상으로 인해 압축성의 기포가 비압축성의 연료 흐름을 방해하여 연소가 원활히 되지 않아 Flame Out 현상을 야기시킬 수 있다.

> **예시**
>
> 증기폐색이 발생되는 대표적인 예시로는 고도가 높은 산에서 밥을 지을 때 설익게 되는데, 그 이유는 높은 고도에 따른 낮은 압력에 의해 물이 쉽게 기화되기 때문이다.

이에 따라 물이 기화되는 것을 방지하도록 냄비 뚜껑에 무거운 돌을 올려서 압력을 유지시키는 방법이 하나의 예시로 들어볼 수가 있다.

Question 1-8

증기폐색(Vapor Lock)을 방지하는 방법은 무엇이 있는가?

Answer

증기폐색(Vapor Lock)을 방지하는 방법으로는 다음과 같이 있다.
① 연료계통에 Boost Pump를 장착한다.
② 연료계통 내에 증기 분리기(Vapor Separator)를 장착한다.
③ 연료 라인을 열원에 노출되지 않는 곳에 장착한다.
④ 연료 라인 설계 시 가급적 직선으로 설계하고, 직경의 변화를 피한다.

Question 1-9

항공기 연료에 사용되는 첨가제 종류는 어떤 것들이 있는가?

Answer

(1) 산화 방지제(Anti-Oxidant)
저장 중에 연료가 변질하여 검(용해, 불용해 산화물)을 생성하는 수가 있으므로 산화를 방지한다.

(2) 금속 불활성제(Metal Deactivator)
연료 중에 존재하는 부유 금속(특히 구리 및 구리 화합물)을 불활성화하여 부유 금속이 다른 것과 반응해서 연료의 안정성을 해치지 않게 격리한다.

(3) 부식 방지제(Corrosion Inhibitor)
연료 중에 녹아들어 연료계통 구성 부품의 금속 표면에 피막을 형성시켜서 녹이나 부식 발생을 방지한다.

(4) 빙결 방지제(Anti-Icing Additive)
연료 중에 포함되어 있는 수분 중에 녹아들어 그 빙결 온도를 낮추고 저온에서의 연료 동결을 방지한다.

(5) 정전기 방지제(Anti-Static Additive, Electrical Conductivity Additive)
연료가 연료계통 내를 고속으로 통과할 때 정전기가 발생하여 탱크 내에 축적된다. 이것을 막기 위해 연료의 전기 전도도를 높이고 정전기의 축적을 방지한다.

(6) 미생물 살균제(Microbicide)
연료 중에 발생한 박테리아가 증식해서 연료탱크의 부식을 조장하지 않도록 박테리아를 살균한다.

Question 1-10

항공기 연료계통 흐름 순서는 어떻게 되는가?

Answer

B737 항공기 기종 기준으로 다음과 같이 흐른다.
① 항공기 동체와 날개에 있는 Fuel Tank
② Fuel Tank 하단에 위치한 Boost Pump
③ Fuel Shutoff Valve or Spar Valve

④ MFP(Main Fuel Pump Assembly)의 저압 펌프(LP : Low Pressure Pump)

⑤ IDG Oil Cooler

⑥ Oil/Fuel Heat Exchanger

⑦ Fuel Filter

⑧ MFP(Main Fuel Pump Assembly)의 고압 펌프(HP : High Pressure Pump)

⑨ HMU로 바로 공급되는 연료 라인과 Servo Fuel Heater를 거쳐 HMU로 흐르는 연료 라인으로 각각 2가지 연료 라인으로 공급

⑩ Fuel Flow Transmitter

⑪ Fuel Nozzle Filter

⑫ Fuel Manifold와 Fuel Nozzles

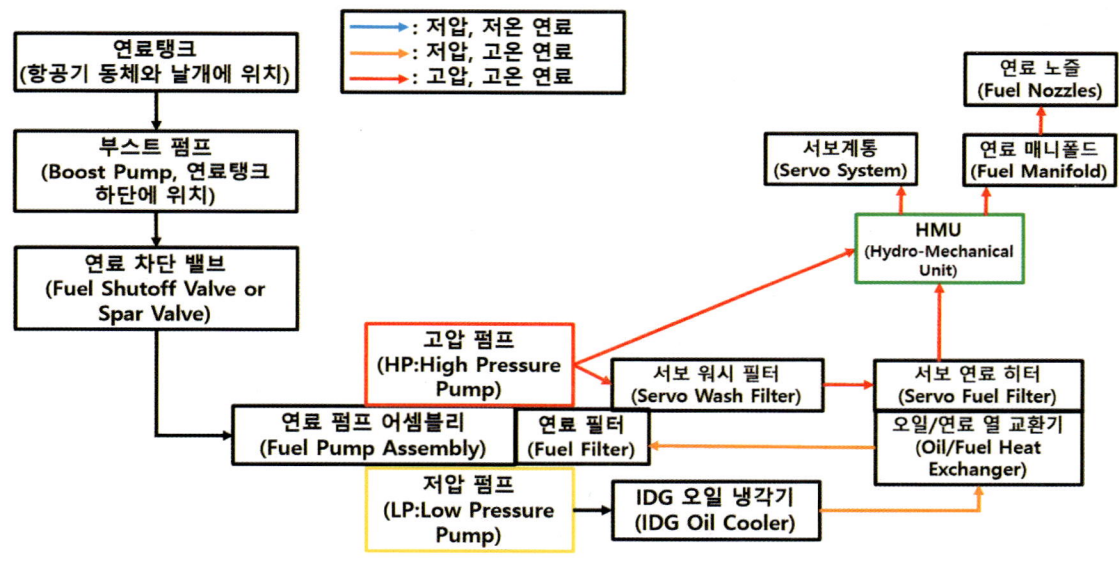

◆ B737 항공기 연료계통 흐름 순서 ◆

(1) Fuel Tank

Fuel Tank는 Integral Fuel Tank와 Cell Type Fuel Tank가 있고, Integral Fuel Tank는 주로 여객기, Cell Tank 는 군용기에 사용한다.

Integral Fuel Tank는 항공기 날개 내부 빈 공간을 연료탱크로 사용하여 구조를 간단히 하고 무게를 경감시키는 장점을 제공해준다.

Cell Type Fuel Tank는 항공기 날개나 동체에 합성고무제로 되어 있는 방식으로, 외부 공격에 의해 날개나 동체가 피탄될 경우 합성고무의 탄성력으로 구멍을 메꿔 연료가 누설되지 않도록 해준다.

B737 항공기 Fuel Tank는 다음과 같이 위치한다.
① 좌측 날개 : Main Tank 1, Surge Tank
② 우측 날개 : Main Tank 2, Surge Tank
③ 동체 중앙 : Center Tank

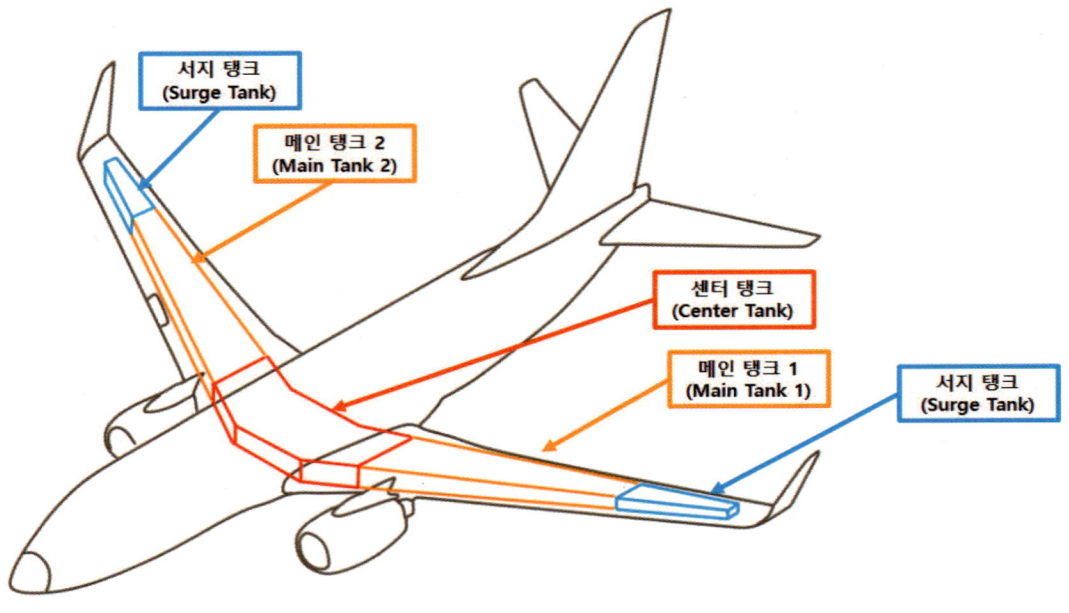

◆ B737 항공기의 연료탱크 위치 ◆

(2) Fuel Shutoff Valve or Spar Valve

Fuel Shutoff Valve or Spar Valve는 날개 Engine Mount 부분에 장착되어 있다. 작동은 Engine Start Lever에 의해 작동된다.

조종실에서 화재 발생에 따라 Engine Fire Handle Switch를 당기거나 Engine Start Lever를 "CUT OFF" 위치로 설정했을 때 Spar Valve와 Engine의 HPSOV(High Pressure Shut off Valve)는 연료가 더 이상 공급되지 않도록 모두 닫힌다.

(3) Boost Pump

Boost Pump는 Fuel Tank 하단에 위치하며 주로 원심식을 사용한다. 이 Pump의 역할은 다음과 같다.
① Fuel Tank에 있는 초기 연료의 압력을 높여주는 역할을 한다.
② 고고도 비행시 낮은 압력에 의해 기화성이 증가되어 발생되는 증기폐색(Vapor Lock)을 방지해준다.
③ Fuel Pump가 결함이 발생되어 연료가 이송이 안 될 경우에도 비상시에 사용할 수 있도록 한다.
④ Fuel Tank 간에 연료를 이송시키는 데 사용한다.

(4) Fuel Pump Assembly

가스터빈엔진에서 Fuel Pump는 주로 기어식을 사용하고, 왕복 엔진의 경우에는 베인식을 사용한다.

B737 항공기에서는 원심식 임펠러 방식의 저압 펌프(LP Pump)와 단일식 정용량형 기어식 고압 펌프(HP Pump) 그리고 Fuel Filter, Pressure Relief Valve까지 구성된 하나의 Assembly 방식이다.

(5) IDG 오일 냉각기(IDG Oil Cooler)

IDG(Integrated Drive Generator)는 통합구동발전기라고 불리는 CSD와 Generator를 하나로 합친 Assembly이다.

IDG는 항공기 주 전원(Main Power)인 115VAC, 3상, 400[Hz]를 생성해주는 중요한 역할을 하는 장치이며, 내부에 수많은 가동부와 기어(Gear)가 작동하는데 있어 냉각 오일이 순환되어 냉각할 수 있도록 해야 한다.

Fuel Pump Assembly에서 LP(Low Pressure Pump)를 거친 연료는 IDG Oil Cooler를 거쳐 가열된 오일과 차가운 연료를 상호 열교환을 하여 오일은 냉각시키고, 연료는 가열시키도록 한다.

연료 또한 가열시켜야 연료 내에 있는 수분에 의한 결빙 발생을 방지할 수가 있다.

(6) Oil/Fuel Heat Exchanger

Oil/Fuel Heat Exchanger는 Engine Bearing Sump로 공급될 오일과 연료를 상호 열교환하여 IDG Oil Cooler처럼 오일은 냉각시키고, 연료는 가열시키도록 한다.

(7) Fuel Filter

Fuel Filter는 Fuel Pump Assembly에 포함되며, 이 Filter 또한 Fuel Filter와 Servo Wash Filter 2가지로 구성된 Assembly이다.

Fuel Filter에는 Bypass Valve가 있다. 만약 Fuel Filter가 오염되어 막히면 'FILTER BYPASS' 지시등이 조종실에 점등된다.

만약 Filter가 완전히 막히게 된다면, Bypass Valve가 열려서 Filter를 통과하지 않고 Fuel Pump Assembly의 HP(High Pressure Pump)로 연료를 공급한다.

Servo Wash Filter는 HMU의 Servo Section으로 흐르는 연료의 이물질을 걸러준다. 이 Filter에도 마찬가지로 Bypass Valve가 있기 때문에, Filter가 막히면 연료를 Servo Wash Filter를 거치지 않고 바로 HMU Servo Section으로 공급한다.

(8) Servo Fuel Heater

Servo Fuel Heater는 HMU의 서보계통(Servo System)으로 흐르는 연료를 가열시켜 주며 Engine Scavenge Oil과 열교환하는 방식이다.

(9) Fuel Nozzle Filter

Fuel Nozzle Filter는 Fuel Nozzle로 흐르기 전 Fuel Pump의 HP(High Pressure Pump)와 HMU을 통과한 연료

의 오염물을 걸러낸다.

(10) Fuel Manifold와 Fuel Nozzles

Fuel Manifold는 12개의 Fuel Nozzle로 연료를 분배하여 공급해준다.

12개의 Fuel Nozzle은 1차 연료와 2차 연료로 분사하는 방식이며, 1차 연료 분사 방식에서는 연료 압력이 대략 15[psig]일 때 Fuel Nozzle이 열려 연소실 내에서 연료를 스프레이 방식으로 분무한다.

이때 분무되는 연료는 점화장치인 이그나이터(Igniter)에 가깝게 넓은 각도로 분사한다.

이후에 연료 압력이 상승되어 대략 125[psig]에 도달했을 때에는 2차 연료 분사 방식이 작동된다. 분무되는 연료는 좁은 각도로 멀리 분사하며 이때 1차 연료는 계속 분사되고 있는 상태이다.

(11) FADEC(Full Authority Digital Electronic Control)

FADEC은 현대 항공기 엔진에 있어서 성능 유지와 최적의 연료량 공급, 엔진 결함 및 정비데이터 등을 저장하여 정비성 향상에도 많은 도움을 준다.

FADEC에는 EEC(Electronic Engine Control)와 HMU(Hydromechanical Unit)를 통틀어 부르는 용어로, 비행 중 조종실에서 Forward Thrust Lever를 조작하지 않고도 연료를 자동으로 공급하도록 해준다.

EEC와 HMU에 대한 자세한 기능은 다음과 같다.

① EEC(Electronic Engine Control)

항공기 엔진에는 EEC가 각각 장착되어 있다. EEC는 작동 중인 채널에 결함 발생 시 자동으로 다른 채널로 전환하는 2개의 독립된 컨트롤 채널(Control Channel)을 갖추고 있다.

각 엔진이 시동될 때마다 EEC는 2개의 컨트롤 채널을 번갈아 전환하여 데이터를 상호간에 공유한다. 이때 채널은 Normal Mode와 Alternate Mode(Soft, Hard)로 분류된다.

EEC는 N1이나 N2 rpm이 한계치를 초과하지 않도록 과속 방지 기능은 있으나 배기가스 온도(EGT : Exhaust Gas Temperature)가 한계치를 초과했을 경우, 이를 방지해주는 기능은 없다.

a. EEC Normal Mode

Normal Mode에서 EEC가 현재 공중상태임을 나타내는 Air Mode를 감지하면 Bleed Air를 추출하여 N1의 정격 추력값을 계산한다.

EEC는 EEC에 입력된 N1 rpm과 실제 N1 rpm을 대조해보고 입력된 N1 rpm에 도달하도록 HMU에 신호를 전송하여 최적의 연료 흐름량을 조절하도록 한다.

b. EEC Alternate Mode(Soft)

EEC는 Normal Mode로 작동하기 위한 필수적인 입력 신호들이 감지되지 않았을 때 Alternate Mode(Soft)로 채널을 전환한다.

이때 채널이 전환되었음을 나타내주는 'ALTN' 지시등과 ON 지시등이 조종실 Overhead Panel에 점등된다.

마지막으로 저장되어 있던 정상적인 비행조건 데이터를 기준으로 엔진을 제어하여 Alternate Mode(Hard)로 전환되기 전까지 엔진 성능을 유지시키도록 한다.

c. EEC Alternate Mode(Hard)

이 Mode는 Thrust Lever를 'IDLE' 위치에 설정하거나 AFT Overhead Panel의 'ALTN EEC Switch'를 누르면 Alternate Mode로 전환할 수가 있다.

이때 자동으로 전환되면 'ALTN' Switch 및 ON 지시등이 점등되고 수동으로 전환했을 경우에는 'ALTN' Switch만 점등된다.

Normal Mode에서의 동일한 Thrust Lever 위치와 비교해서 Normal Mode에서의 출력을 동일하게 제어하거나 더 높은 출력을 내도록 엔진 추력을 제어한다.

② HMU(Hydromechanical Unit)

HMU는 과거 완전한 기계식인 FCU에서 기술이 진보된 방식으로, 연소를 위한 연료 공급과 엔진 Air System 작동을 위한 서보 연료압을 공급해준다. HMU는 엔진 연료 조절 계통을 위해 EEC로부터 전기적 신호를 공급받아 작동되며 항공기 Start Lever와 HPSOV(High Pressure Shutoff Valve) 작동 제어를 위해 Fire Handle Switch의 신호도 공급받아 작동된다.

과거 FCU는 rpm, CDP(Compressor Discharge Pressure, 압축기 출구 압력), CIT(Compressor Inlet Temperature, 압축기 입구 온도), PLA(Power Lever Angle, 파워 레버 각도), 연소실 압력 등 수감요소가 많지는 않았지만, 현재는 Engine Station Number 별로 수많은 Sensor들을 통해 신호를 전달받아 Engine 출력에 따른 적절한 연료량을 정확하게 조절하여 계통으로 공급해준다.

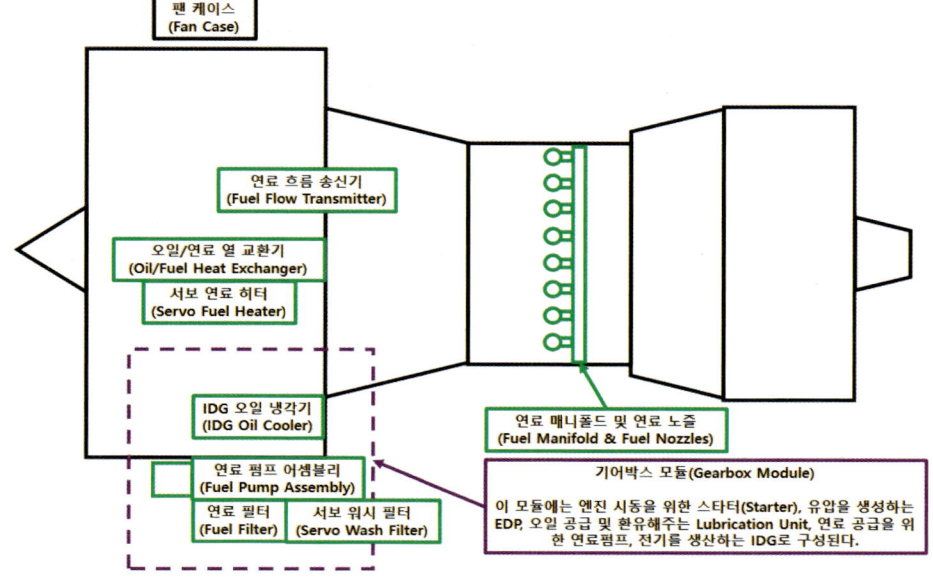

◆ B737 항공기 CFM56-7B 엔진 연료계통 구성품 장착 위치 ◆

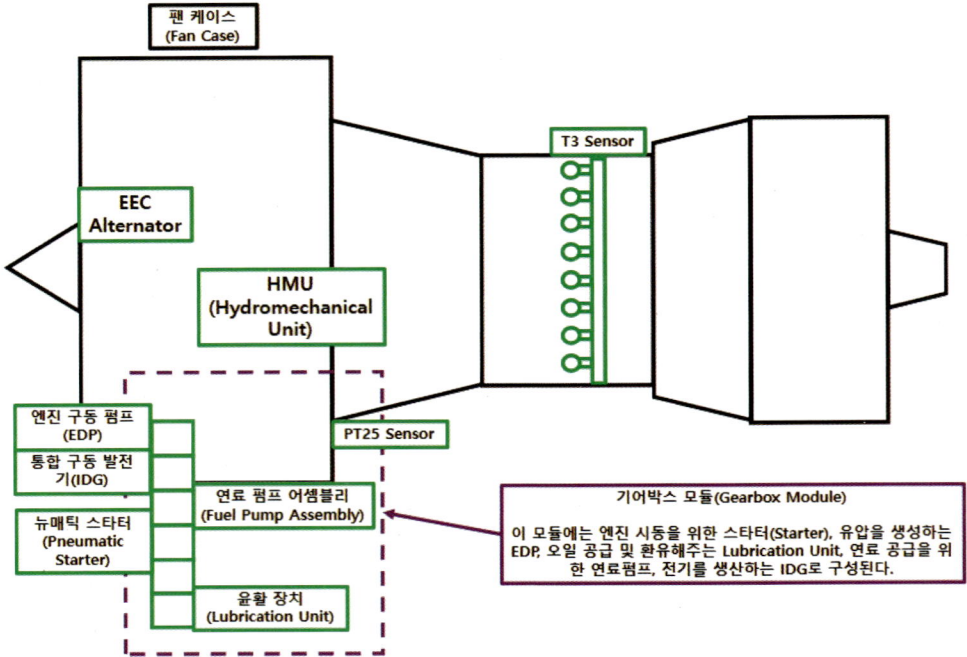

◆ B737 항공기 CFM56-7B 엔진의 HMU 장착 위치 ◆

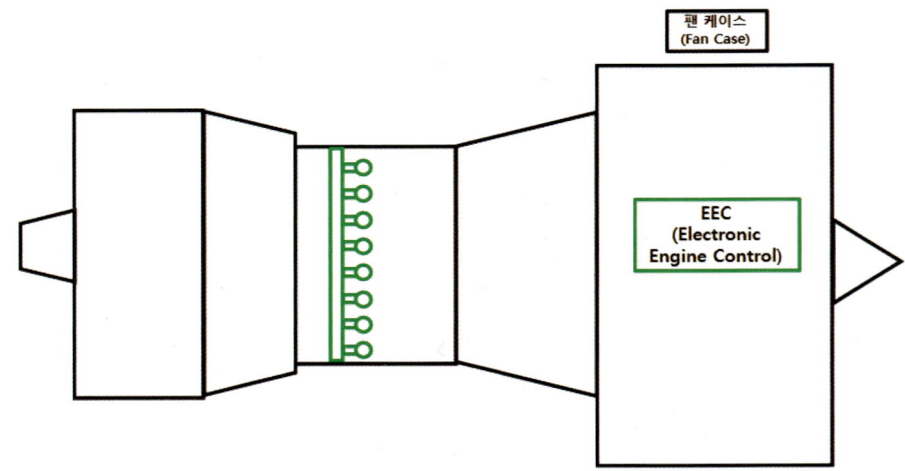

◆ B737 항공기 CFM56-7B 엔진의 EEC 장착 위치 ◆

Question 2

항공기 Fuel Tank에서 Surge Tank란 무엇인가?

Answer

Surge Tank는 좌우측 날개 끝에 1개씩 있다. 이 Tank는 처음에 연료를 급유할 때 Main Tank의 과급유 된 연료를 저장한다. 만약 연료가 Surge Tank로 일정량 이상 들어오게 되면 날개끝 하부면에 있는 삼각형 모양의 Vent Scoop에서 Drain된다.

Vent Scoop은 내외부로 공기가 자유롭게 유입되거나 빠져나갈 수 있도록 함과 동시에 Surge Tank에 있던 연료를 배출시킨다.

Surge Tank에는 Vent Channel과 Vent Tube에 있는 Drain Vent Valve가 있는데, 이 밸브보다 연료량이 낮을 경우에는 Surge Tank의 연료를 Main Tank로 보낸다.

이때 Main Tank에서 Surge Tank로 역류하지 못하도록 Surge Tank Drain Check Valve가 있다.

또한 재급유 시 Fuel Tank에 있는 공기와 연료 증기를 제거해주며 동시에 항공기가 상승 중일 때 Main Tank와 Surge Tank 간에 압력을 동일하게 조절해준다.

만약 Fuel Tank와 대기압 간에 지나친 차압이 발생했을 경우에는 Pressure Relief Valve가 내외부 압력차로 작동되어 압력을 동일하게 해준다.

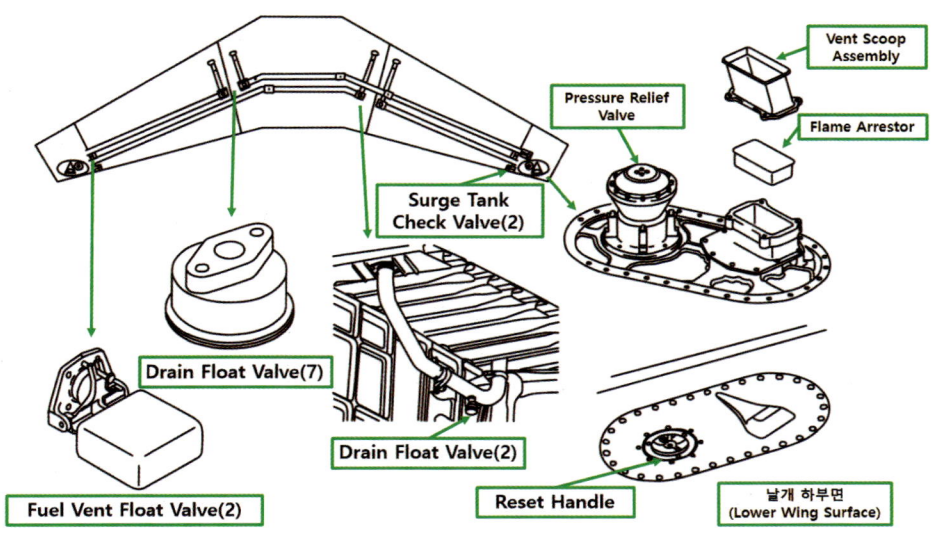

◆ B737 항공기의 Fuel Vent System 구성 ◆

Question 2-1

항공기 Fuel Tank의 연료 누설 확인은 어떻게 하는가?

Answer

먼저 항공기 Fuel Tank의 연료 누설을 확인하려면 날개 내부에 있는 연료를 모두 배유하고 날개 하부에 있는 Access Panel을 열어서 확인해야 한다. 이때 잔여 연료가 나올 수 있으므로 연료를 받아둘 통(Basket)을 구비해 둔다.

그 후 내부 연료 가스를 제거하기 위한 작업인 Purging 작업을 수행해야 하는데, Purging 작업을 하려면 Access Adapter를 날개 하부 Hole에 연결하여 Ventilator에 연결 후 내부 가스를 제거해준다.

그다음에 날개 외부에 비눗물이나 Leak Detection Fluid를 묻혀 100[psi]의 압력을 가압시킨다. 이때 기포가 발생되는 곳은 없는지 먼저 확인해본다.

연료탱크 내부를 확인할 때에는 2인 1조로 편성하여 연료탱크 내부로 들어가는 작업자는 마스크와 작업복을 입고 들어간다. 만약 연료 누설 부위가 식별되었다면, AMM에 따라 그 부위의 실란트를 제거하여 새로운 실란트를 도포한 뒤 누설 방지 작업을 마무리해준다.

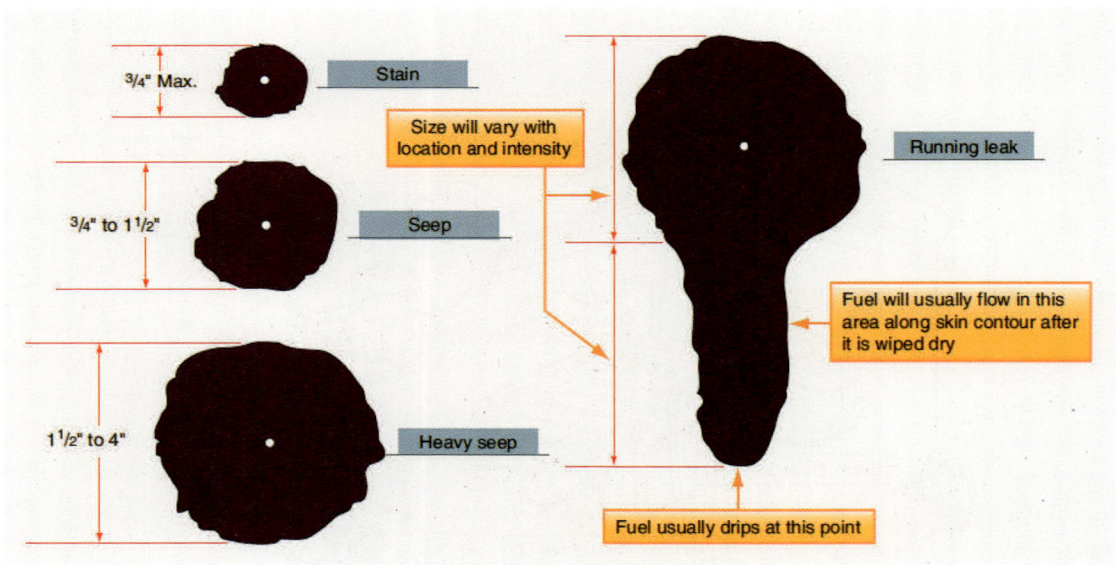

◆ 항공기 연료탱크 내부에 발생된 누설 크기에 따른 종류 분류 ◆

(출처 : 국토교통부 항공정비사 표준교재 항공기기체 제2권 항공기 시스템)

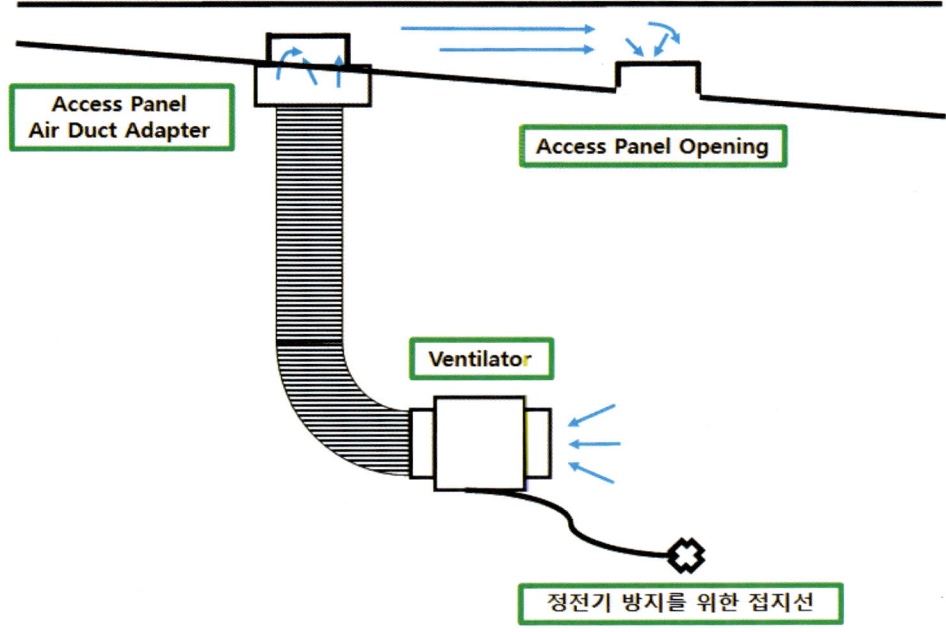

◆ 항공기 날개 연료탱크 내부로 들어가기 전 내부 가스를 제거하는 Purging 작업 ◆

Question 2-2

항공기 Sump Drain Valve란 무엇인가?

Answer

Sump Drain Valve는 항공기 연료탱크 하부에 있는 수분이나 오염물, 잔여 연료를 배출하는데 사용되는 밸브이다. 수분 배출(Water Drain)은 비행 전 점검마다 수행하거나 연료 급유 후에 수행한다.

연료 급유 후에는 연료 속 수분이 가라앉을 수 있는 시간인 약 30분 정도 기다린 후 배출시킨다. 또한 이 밸브를 통해 연료탱크 내부에 있는 불순물이나 이물질 등을 보고 오염상태를 확인할 수 있으며 만약 검출됐을 경우 전용 Kit를 이용하여 분석해볼 수도 있다.

Question 2-3

항공기 연료 오염상태 확인은 어떻게 하는가?

Answer

B737 항공기 기준으로 총 5곳에 Sump Drain Valve가 있다. 이 밸브에 Fuel Sump Drain Equipment를 꽂아서 소량의 연료를 추출한 후 스포이드로 일정량을 뽑아 Fuel Water Detector에 넣고 오염도를 확인해본다.

Question 2-4

항공기 연료량을 확인할 때 쓰이는 FQI, MMI는 어떤 장치인가?

Answer

FQI(Fuel Quantity Indicator)는 전기용량식 액량계 또는 정전용량식 액량계라고도 불리는 장치인데 날개 연료 탱크에 콘덴서(Condensor)를 설치하여 공기와 액체의 서로 다른 유전율(전기 에너지를 보유할 수 있는 비율)을 이용한 방식이다. 연료 부피의 따른 전기적 신호를 감지해서 밀도를 곱해 중량으로 나타내 조종실 계기판으로 유량을 나타낸다.

FQI 방식을 사용할 수 없을 경우에는 2차적인 방법으로 MMI(Manual Magnetic Indicator)라는 장치를 통해 알 수가 있다. 날개 하부에 있는 MMI Port를 Screw Driver로 풀면 Drip Stick Gage가 나오고 그 게이지가 노출된 길이를 읽어서 연료량을 측정하는 것이다.

MMI는 내부에 Magnet Float가 있어서 연료의 유량만큼 Float가 떠서 연료량을 확인할 수 있도록 도와준다.

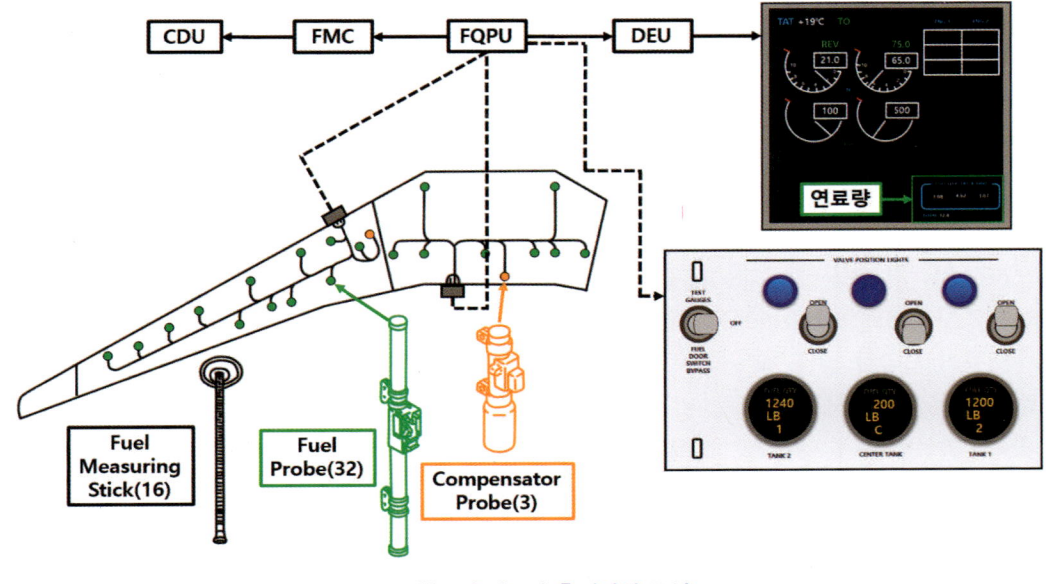

◆ B737 항공기 연료량 측정장치 구성도 ◆

Question 2-5

항공기 연료탱크 연료 소비 순서는 어떻게 되는가?

Answer

B737 항공기 기종 기준으로 항공기 동체에 위치한 Center Tank가 좌우측 날개에 위치한 Main Tank 1, Main Tank 2로 연료를 보내준다.

날개의 연료 소모는 보통 날개 뿌리 부분부터 소비시켜 날개 끝 연료의 중량으로 날개에 작용하는 양력에 따른 날개 뿌리 부분의 굽힘 모멘트를 상쇄시킨다.

소모된 Center Tank의 연료는 Surge Tank나 Trim Tank로부터 보충해줄 수 있으며 Fuel Tank 간의 연료 평형을 맞춰주도록 쓰이는 것을 Cross Feed System이라고 한다.

Question 2-6

항공기 연료 급유 시 주의사항은 무엇이 있는가?

Answer

항공기 연료 급유 시 주의사항은 다음과 같이 있다.
① 연료 급유 시 연료의 고속 흐름에 의해 연료 노즐 내에서 발생되는 마찰력이 정전기를 유발할 수 있으므로 3점 접지(항공기, 급유차, 항공기와 급유차 간)를 한다.
② 연료 급유 시 밀폐된 장소에서 하면 안 된다.
③ 항공종사자들은 급유 중인 항공기 30m 이내에서 담배를 피워서는 안 되고 화재 대비를 위해 소화기를 구비해 놓는다.
④ 연료 급유 중 Weather Radar나 항법장치, 전기장치 등을 작동시키지 말아야 한다.
⑤ 왕복 엔진 연료에는 납이 함유되어 있으므로 되도록 만지지 말고 의복이나 장갑 등을 착용하여 취급사항에 따른다.

07 유압 계통

(1) 주요 부품의 교환 작업
　① 구성품의 장탈착 작업시 안전 주의사항 준수 여부
　② 작업의 실시요령
(2) 작동유 및 Accumulator Air 보충
　① 작동유의 종류 및 취급 요령
　② 작동유의 보충작업

Question 1

항공기 유압계통에 적용되는 원리는 무엇인가?

Answer

항공기 유압계통에 적용되는 원리는 파스칼의 원리이다. 이 원리는 서로 다른 단면에 비압축성 유체를 채워 넣고 힘을 가하면 내부 비압축성의 압력은 어디든지 일정하게 작용하는 원리이다.

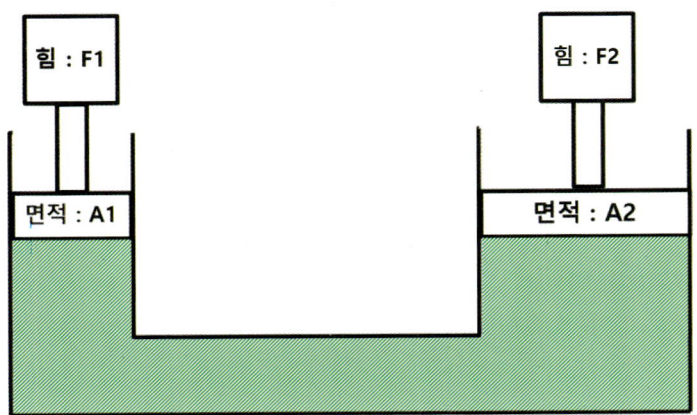

* 서로 다른 단면을 가진 밀폐된 용기에 비압축성의 유체를 채워 힘을 가하면
　내부에 작용하는 압력은 어느 구간이든 동일하게 작용한다.

Question 1-1
파스칼의 원리에서 힘을 전달하는 매개체가 무엇인가?

Answer

비압축성 유체이다. 항공기에서는 EDP(Engine Driven Pump)가 작동유를 3,000[PSI]까지 승압하여 각 조종계통으로 공급해주도록 한다.

Question 1-2
만약, 비행 중 작동유가 단 한 방울도 없다면 항공기는 어떻게 되는가?

Answer

비행 중 유압계통에 작동유가 단 한 방울도 없다면 항공기는 조종불능 상태가 되어 큰 사고로 이어지게 된다.

실제 과거에 있었던 일본항공사 'JAL123'편 항공기 사고가 대표적인 사례로 들 수가 있다. 수리가 잘못된 꼬리날개 부분을 방치하였다가 비행 중 응력이 한계치를 넘어 객실 여압에 의해 동체 꼬리날개 부분이 일부 손상되었다.

이때 이 손상된 부위에서 작동유 라인이 모두 누설되어 작동유가 한 방울도 없어지게 되었고, 항공기 조종계통은 조종불능 상태에 빠지게 되어 기수와 고도 유지에 엔진 출력으로만 의존하다가 결국 추락한 사건이다.

Question 1-3
항공기 유압계통 구성품 장탈 시 주의사항은 무엇이 있는가?

Answer

① 유압계통 구성품 장탈 전 전원을 차단한 상태에서 실시한다.
② 구성품 주변에 작동유가 있을 경우에는 Dry Cleaning Solvent나 Isopropyl Alchol로 닦아낸다.

③ 구성품 장탈 시 혹시 모를 누설이 있으므로 용기를 마련해둔다.
④ 모든 공구와 작업장은 청결 상태 및 먼지가 없는 상태로 유지해야 한다.
⑤ 모든 Seal과 Gasket은 재사용해서는 안 된다.
⑥ 분리된 라인은 Protective Cap 등을 이용해서 외부로부터 이물질이 유입되지 않도록 방지한다.
⑦ Accumulator는 장탈 전 내부에 차 있는 질소 압력을 모두 제거해야 한다.

Question 1-4

항공기 유압계통의 압력을 3,000[PSI]로 맞추는 이유는 무엇인가?

Answer

항공기 유압계통을 3,000[PSI]로 하는 이유는 각 계통의 구성품별 설계된 압력 한계치에 견딜 수 있도록 하기 위함이다. 계통에 여러 구성품이 장착됨에 따라 가장 낮은 압력 한계치의 구성품을 기준으로 계통 전체의 작용할 압력을 설정한다.

또한 알루미늄 재질이 견디는 압력 한계치도 고려해야 하며 계통에 적절한 압력을 사용하는 것은 압력 손실과 마찰 손실이 가장 적은 이유도 있다. 일부 기종에서는 기술이 발전됨에 따라 5,000[PSI]로 가압하는 경우도 있다.

Question 1-5

항공기 유압계통에 사용하는 작동유 종류와 특성은 어떻게 되는가?

Answer

항공기 유압계통에 사용하는 작동유 종류와 특성은 다음과 같다.

(1) 식물성유[Vegetable Oil Based Fluid(MIL-H-7644)]
   ① 피마자와 알코올로 구성한다.
   ② 코를 찌르는 냄새가 난다.

③ 파란색을 띤다.
④ 천연고무 시일(Natural Rubber Seal)에 사용되며, 현대 항공기 작동유로는 사용하지 않는 추세이다.

(2) 광물성유[Mineral Base Fluid(MIL−H−5606, MIL−PRF−5606)]
① 케로신계 석유에서 산출한 것이다.
② 붉은색을 띤다.
③ 윤활성이 양호하고 거품 발생이 적으나 연소성이 있다.
④ 합성고무 시일(Synthetic Rubber Seal)에 사용한다.
⑤ 사용 온도 범위 : $-65[°F] \sim 160[°F]$

(3) 합성유[Synthetic Phosphate−Ester Fluid(MIL−H−8466, MIL−PRF−83282)]
① 내화성이 있는 유체이며, 현대 항공기에 주로 사용된다.
② 자주색을 띤다.
③ 부틸 고무 또는 에틸렌 프로필 고무, 실리콘 고무 시일에 사용한다.
④ 페인트나 고무제품을 손상시킬 수도 있다.
⑤ 눈에 들어가거나 피부에 묻지 않도록 주의해야 한다.
⑥ 사용 온도 범위 : $-65[°F] \sim -225[°F]$

Question 1-6

항공기 유압계통 흐름 순서는 어떻게 되는가?

Answer

정용량형 펌프식의 유압계통 작동유 흐름 순서는 다음과 같다.
① 레저버(Reservoir)
② 엔진구동펌프(EDP : Engine Driven Pump)
③ 필터(Filter)
④ 체크밸브(Check Valve)
⑤ 압력 조절기(Pressure Regulator)
⑥ 어큐뮬레이터(Accumulator)
⑦ 릴리프 밸브(Relief Valve)
⑧ 셀렉터 밸브(Selector Valve)

⑨ 액추에이터(Actuator)

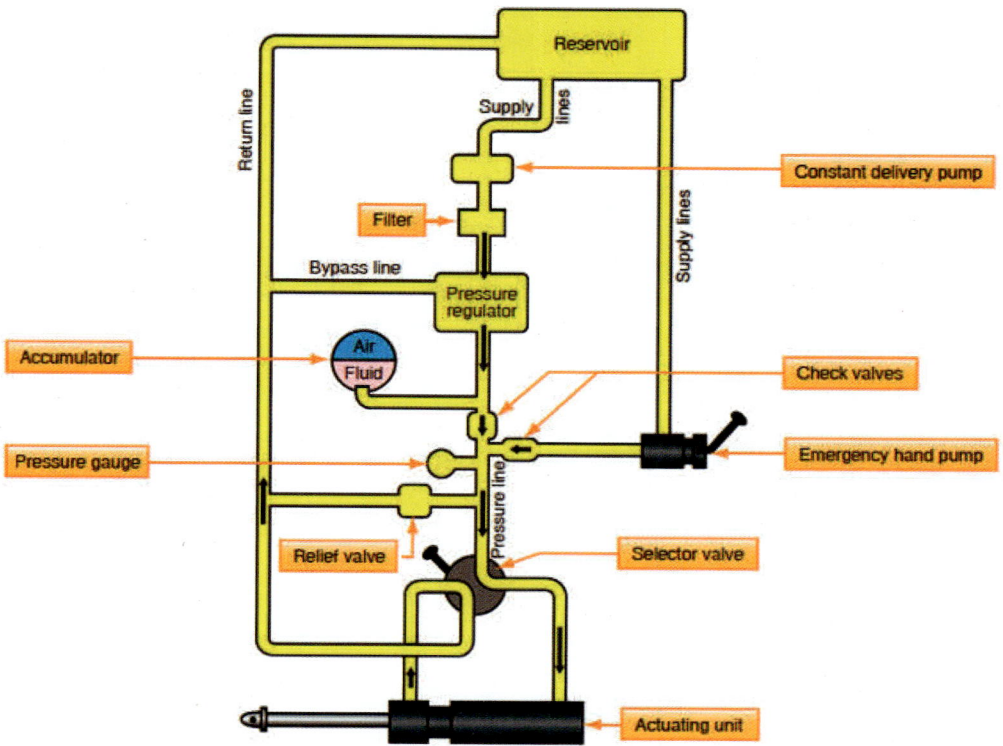

가변용량형 펌프가 있는 유압계통은 유압펌프가 유량과 압력을 알아서 조절하기 때문에 압력 조절기가 불필요하다. 대부분의 현대 항공기 유압계통이 이러한 방식을 사용하며 다음 사진에는 B737MAX 기종의 유압계통 흐름도이다.

(출처 : 국토교통부 항공정비사 표준교재 항공기기체 제2권 항공기 시스템)

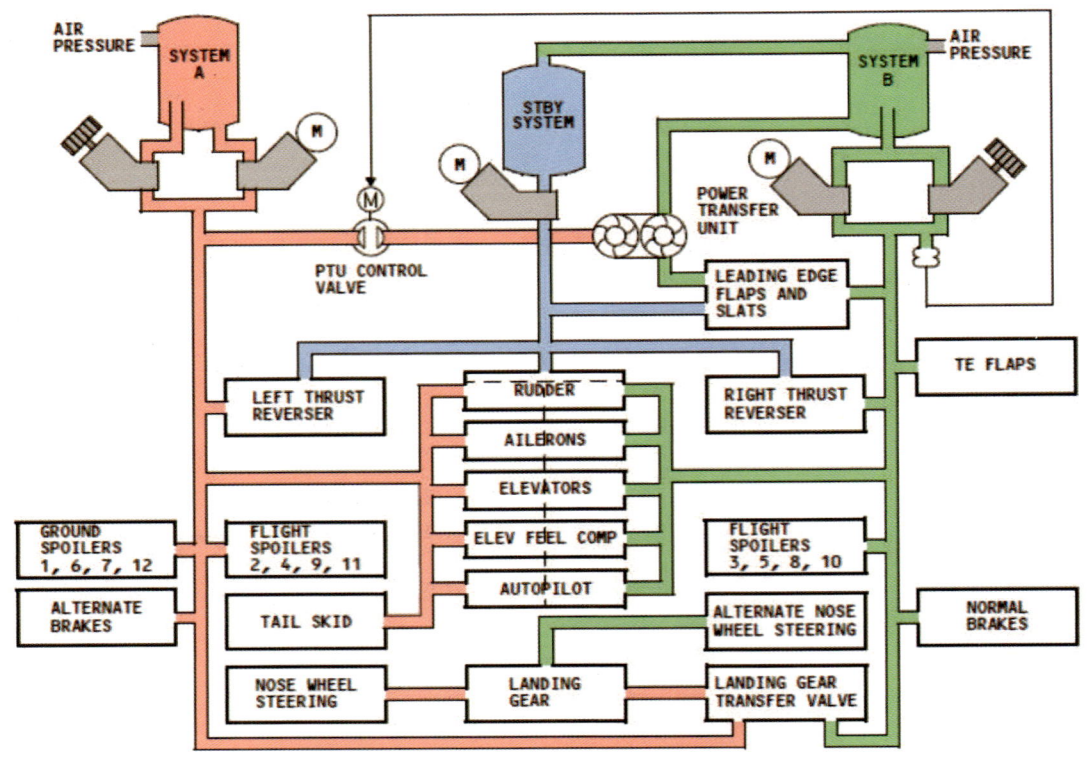

◆ B737MAX 항공기의 유압계통(Hydraulic System) ◆

(출처 : 국토교통부 항공정비사 표준교재 항공기기체 제2권 항공기시스템)

(1) 레저버(Reservoir)

레저버는 작동유를 저장하는 저장소 역할을 하며, 레저버 내부에 배플과 핀(Baffle & Fin), 스탠드 파이프(Stand Pipe), 사이트 게이지(Sight Gage), 벤트홀(Vent Hole) 등이 있다.

① 배플과 핀(Baffle & Fin)

레저버로 귀환하는 작동유의 공기를 제거해준다.

② 스탠드 파이프(Stand Pipe)

비상시에 사용할 수 있도록 예비 작동유를 저장하는 공간이다.

③ 사이트 게이지(Sight Gage)

레저버 내에 남아있는 작동유량을 보여준다.

④ 벤트홀(Vent Hole)

엔진 블리드 에어(Engine Bleed Air)를 레저버로 공급 후 내부를 가압시켜 유압펌프(Hydraulic Pump)의 캐비테이션(Cavitation) 현상을 방지해준다. 이 현상은 고고도 비행 시 압력이 낮아짐에 따라 작동유에 약간의 기화성이 발생될 수가 있는데, 이때 기화로 인해 기포가 작동유에 발생되는 현상을 말한다. 기포는 압축성이기 때문에 비압축성의 작동유의 흐름을 방해하여 계통으로 원활히 흐르지 못하게 할 수가 있다. 따라서 레저버를 가압시키는 것이다.

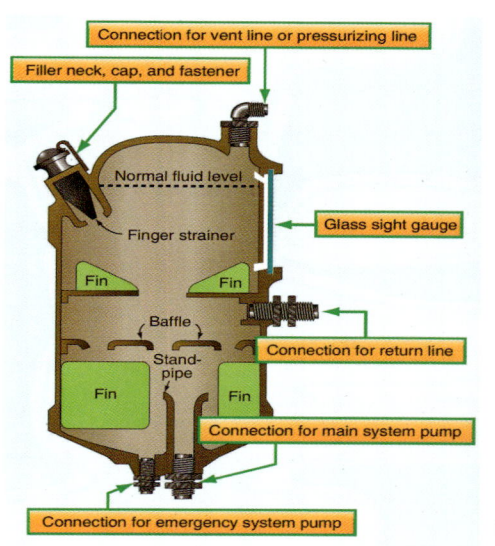 

◆ 항공기 유압계통 레저버 내부 구조와 실물 ◆

(출처 : 국토교통부 항공정비사 표준교재 항공기기체 제2권 항공기 시스템)

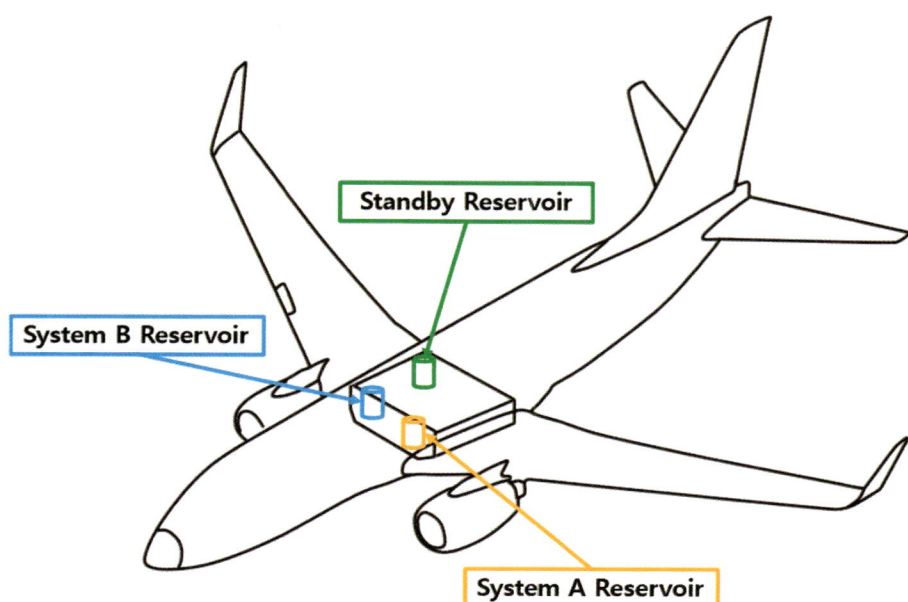

◆ B737 항공기 Main Landing Gear Wheel Well에 있는 유압계통 레저버 종류별 위치 ◆

(2) 어큐뮬레이터(Accumulator)

어큐뮬레이터의 역할은 다음과 같다.

① 비상시를 대비하여 가압된 작동유를 저장한다.

② 압력 조절기(Pressure Regulator)의 개폐 빈도수를 줄여 압력 조절기가 마모되는 것을 방지해준다. 이유는 압력 조절 역할을 어큐뮬레이터가 같이 분담하기 때문이다.

③ 작동유의 서지(Surge) 현상을 방지한다. 이 현상은 유압펌프(Hydraulic Pump)에 의해 고압으로 가압된 작동유가 파동현상이 발생하여 Tube가 흔들리는 경우가 있는데, 그 현상을 방지하기 위해 어큐뮬레이터로 작동유를 일부 빼냄과 동시에 어큐뮬레이터의 질소가 완충 역할을 한다.

종류로는 다이어프램형(Diaphragm Type), 블래더형(Bladder Type), 피스톤형(Piston Type)이 있으며, 이 중에서 피스톤형이 가장 많이 쓰인다.

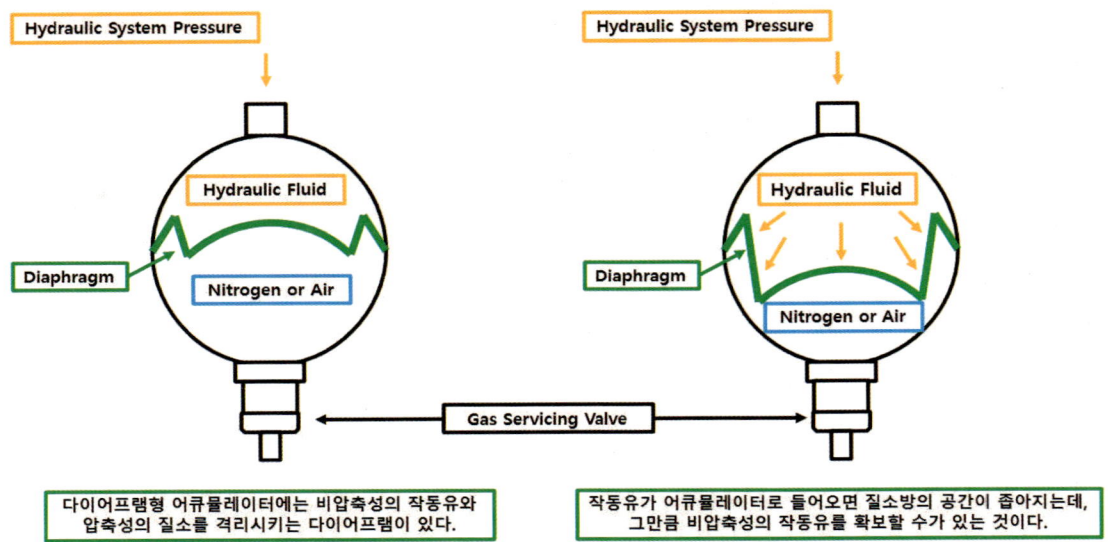

◆ 항공기 유압계통의 다이어프램형 어큐뮬레이터 구조 ◆

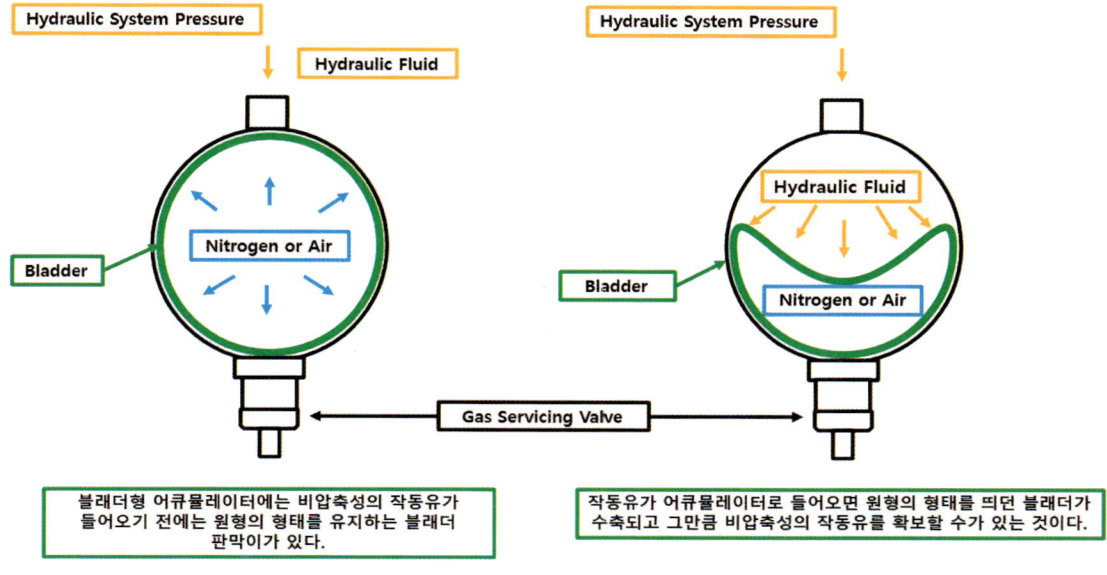

◆ 항공기 유압계통의 블래더형 어큐뮬레이터 구조 ◆

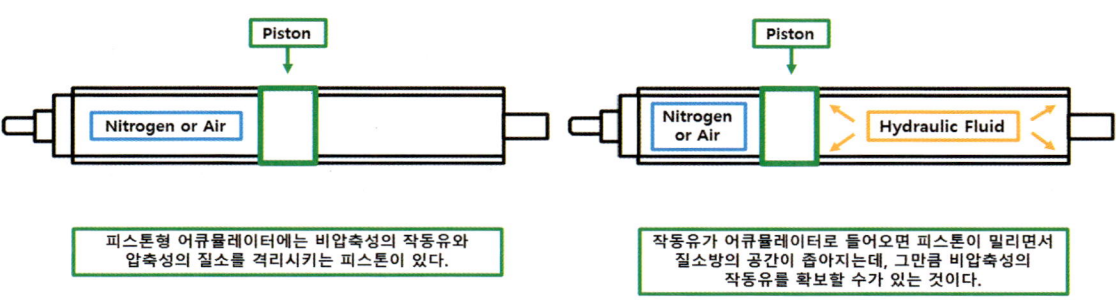

◆ 항공기 유압계통의 피스톤형 어큐뮬레이터 구조 ◆

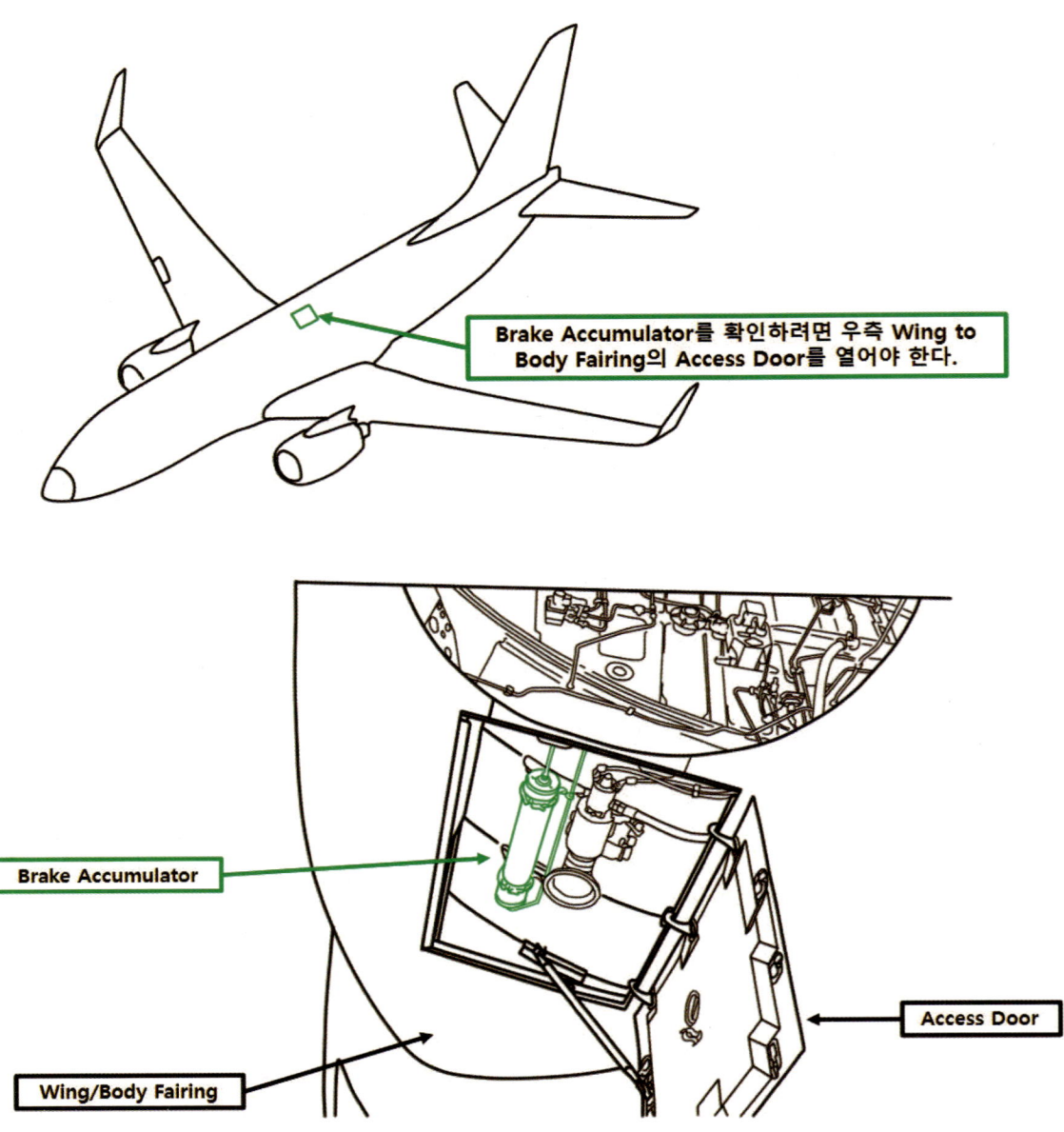

◆ B737 항공기의 브레이크 어큐뮬레이터(Brake Accumulator, Piston Type) 위치 ◆

(3) 체크밸브(Check Valve)

작동유의 흐름을 한 방향으로만 흐르게 하고, 역류를 방지한다. 체크밸브는 유압계통뿐만 아니라 유체가 흐르는 다른 계통에도 라인 중간에 장착되어 있다.

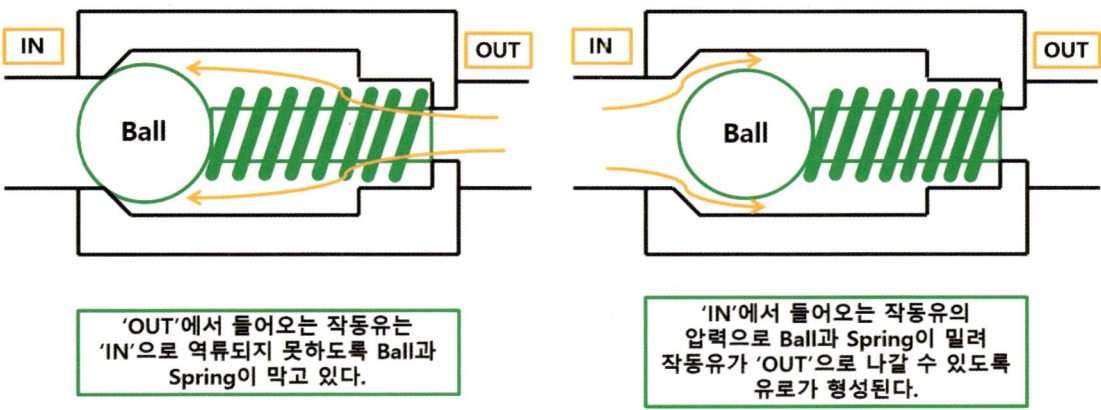

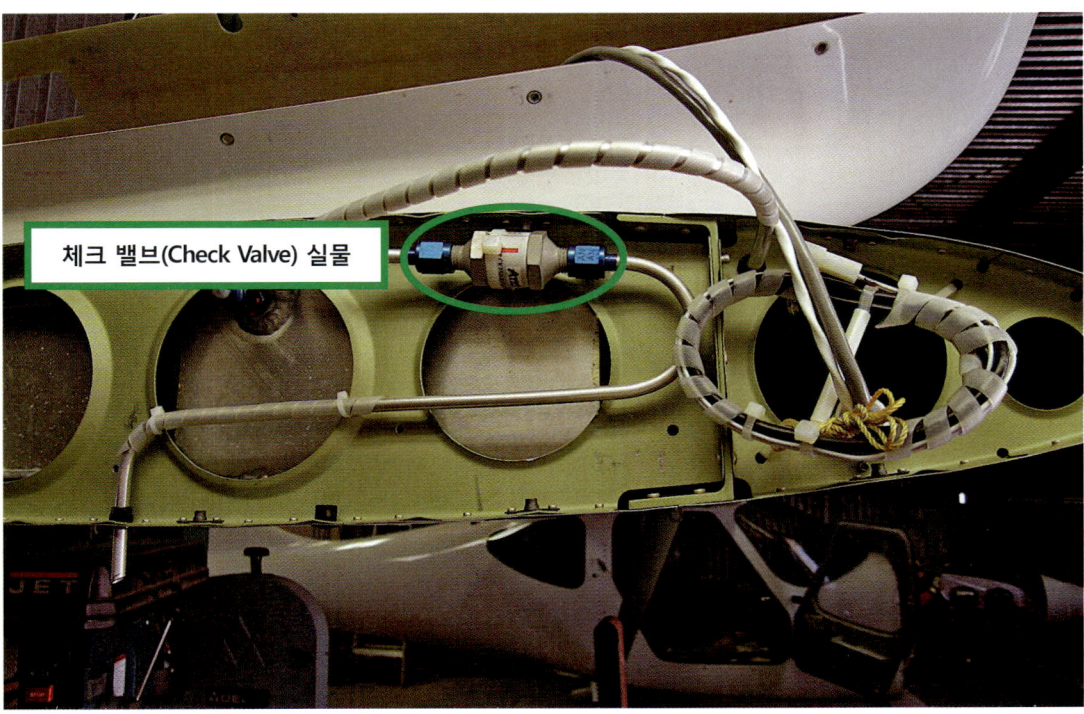

◆ 항공기 날개 내부 연료계통 라인 중간에 장착되어 있는 체크밸브(Check Valve) 실물 ◆

(출처 : Glasair Aircraft Owners Association)

(4) 셀렉터 밸브(Selector Valve)

이 밸브는 작동유의 유로를 형성시켜준다. 압력 라인(Pressure Line)과 리턴 라인(Return Line)의 유로를 상황에 맞게 작동되도록 바꿔주며 보통 4-Way Valve 방식을 많이 사용한다.

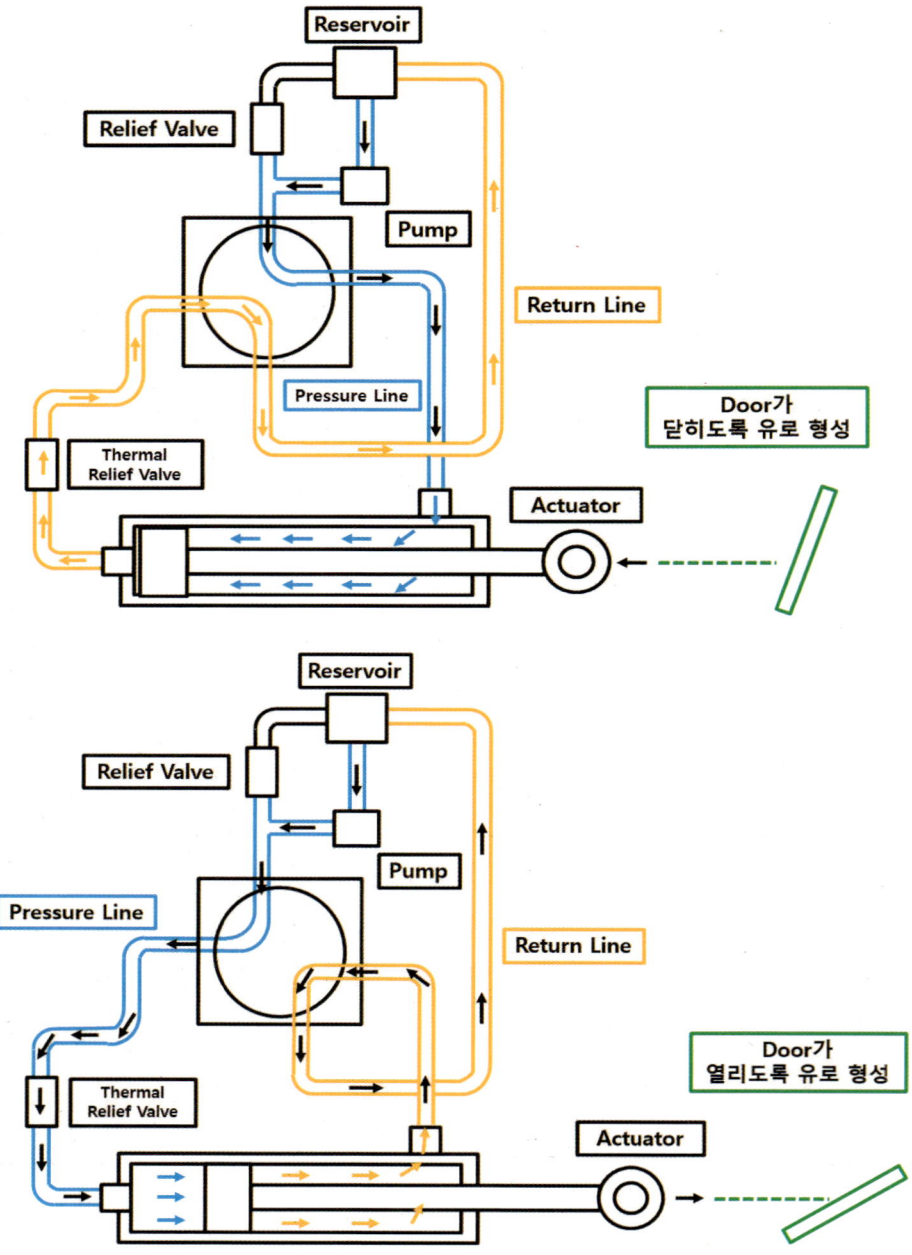

◆ 항공기 유압계통의 셀렉터 밸브(Selector Valve) 실물 ◆

(출처 : 국토교통부 항공정비사 표준교재 항공기기체 제2권 항공기 시스템)

(5) 릴리프 밸브(Relief Valve)

계통의 압력이 규정압력 이상으로 초과하게 되면 레저버로 귀환시키고, 펌프의 출구 압력이 높을 경우에도 펌프의 입구로 귀환시켜 계통을 보호한다.

릴리프 밸브 상단에 있는 압력 조절 스크루(Pressure Adjusting Screw)를 통해 압력 한계치를 얼마로 할지 스크루를 돌려서 조절도 가능하다.

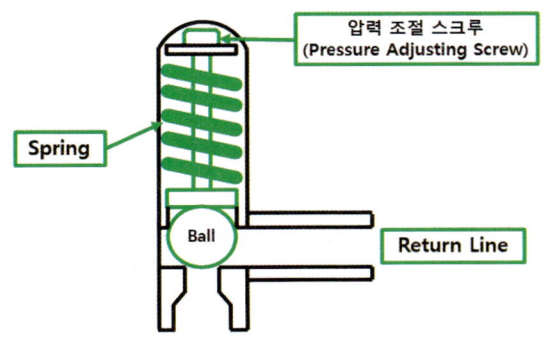

계통의 압력이 정상일 때 Relief Valve의 Ball Spring은 Return Line을 막고 있다.

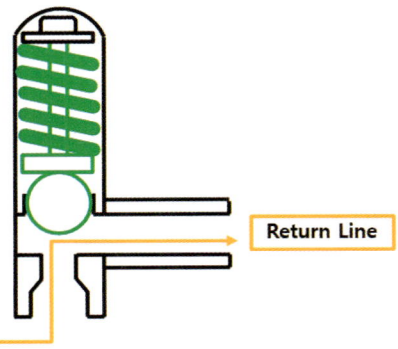

계통의 압력이 비정상적으로 높을 때 Relief Valve의 Ball Spring은 높은 압력의 작동유에 의해 밀려서 Return Line을 열어준다.

(6) 바이패스 밸브(Bypass Valve)

필터(Filter)가 막혔을 경우 입구 쪽에 작동유가 계속 머무르게 되면 출구와의 압력 차가 발생하게 된다. 이때 필터 입구에 높은 압력을 형성한 작동유에 의해 바이패스 밸브(Bypass Valve)가 열리게 되고 작동유를 다음 계통으로 공급할 수 있도록 해준다.

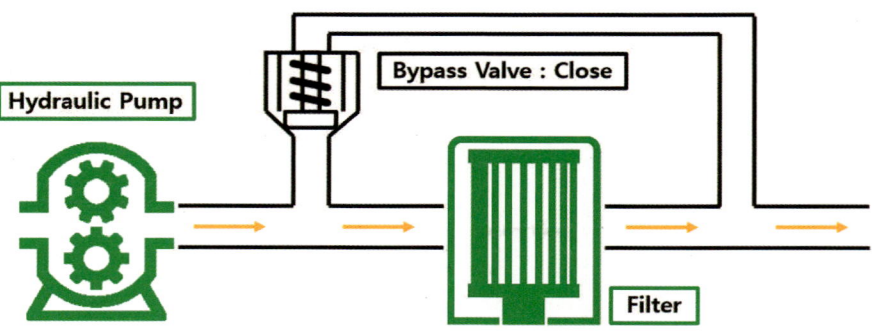

필터가 막혀있지 않을 때 작동유는 정상적으로 흐른다.

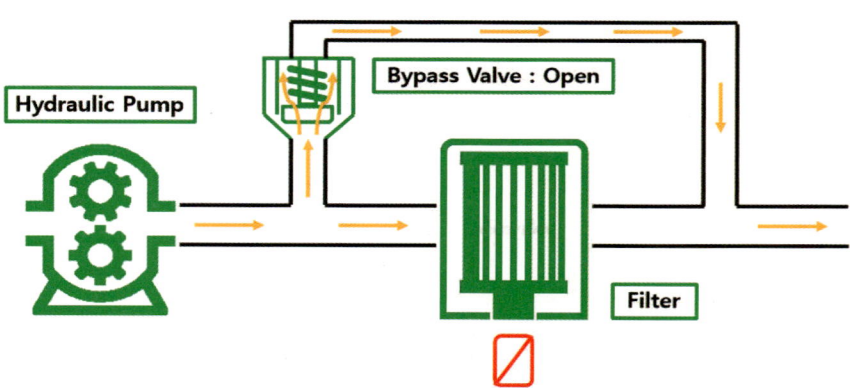

필터가 막히면 필터 입구쪽에 작동유가 계속 머무르면서 출구와의 압력차가 발생된다.

이때 필터 입구에 높은 압력을 형성한 작동유에 의해 바이패스 밸브가 열리게 되고 작동유를 다음 계통으로 공급할 수 있도록 유로를 형성한다.

(7) 셔틀 밸브(Shuttle Valve)

이 밸브는 주목적은 대체계통(Alternate System) 또는 비상용 계통으로부터 정상계통을 격리시키는 것이다. 즉, 정상계통이 고장 나게 되면 비상계통으로 유로를 형성시켜 계통의 작동을 유지시켜 준다.

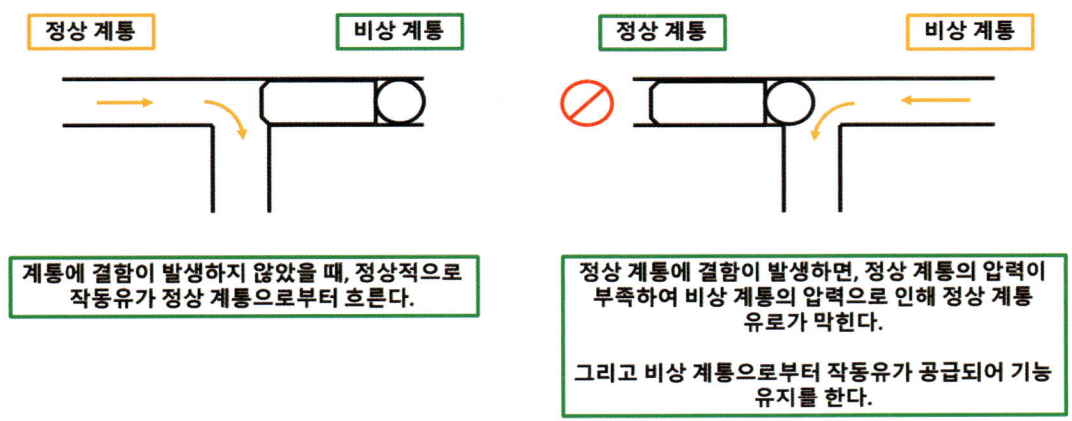

(8) 프라이오리티 밸브(Priority Valve)

이 밸브는 우선순위 밸브라고도 하며, 계통의 압력이 일정 압력 이하일 경우 유로를 차단시키고 우선적으로 공급할 곳으로 작동유를 공급해주는 밸브이다.

즉, 정상적인 경우에는 1차 계통(Primary System)과 2차 계통(Secondary System) 모두 유압을 제공해준다. 그러나 펌프가 원활하게 압력 공급을 하지 못한다면, 2차 계통을 차단하고 1차 계통으로만 집중적으로 유압을 공급할 수 있도록 유로를 형성시킨다.

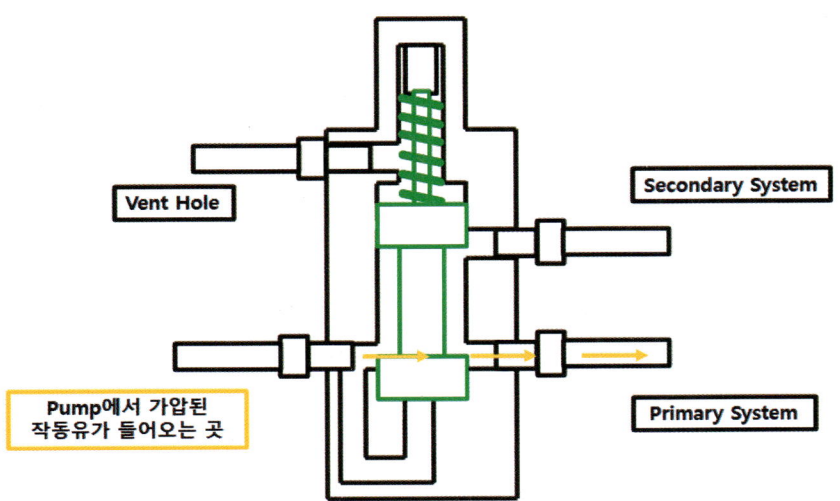

정상적인 상황에서는 1차 계통(Primary System)과 2차 계통(Secondary System)에 작동유가 모두 공급된다.

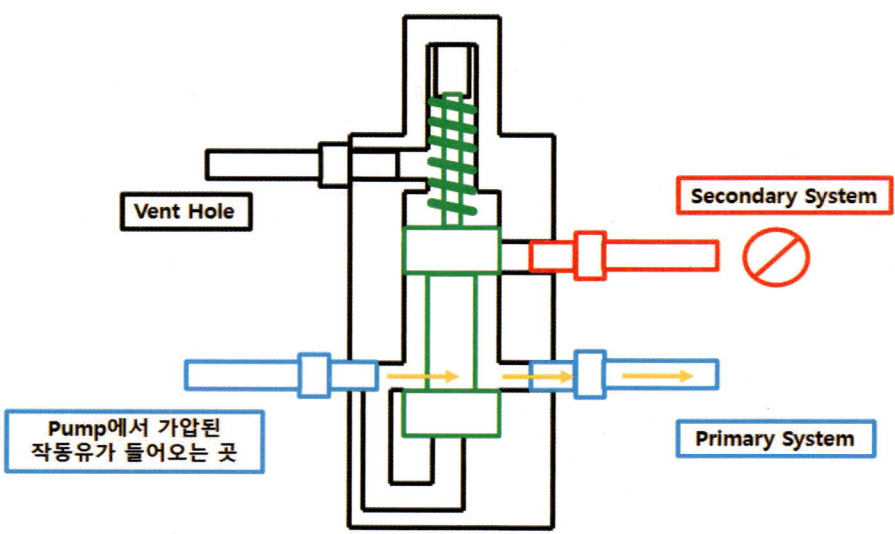

만약 펌프가 비정상적인 상황으로 유압을 원활히 제공하지 못할 경우에는, 밸브 내부에서 2차 계통의 유로를 차단시키고, 1차 계통에 작동유가 공급되도록 유로를 형성시킨다.

(9) 시퀀스 밸브(Sequence Valve)

이 밸브는 타이밍 밸브(Timing Valve)라고도 하며, 2개 이상의 작동계통에 순서대로 작동유를 공급해주는 밸브이다.

종류로는 압력 제어식 시퀀스 밸브(Pressure Controlled Sequence Valve)와 기계식 시퀀스 밸브(Mechanically Operation Sequence Valve) 2가지가 있다.

압력 제어식 시퀀스 밸브의 경우에는 Inlet Port로 작동유가 공급되어 피스톤 하부에 흐르면서 Outlet Port로 빠져나간다. 이로 인해 1차 계통이 작동되기 시작한다.

이후 1차 계통이 모두 작동되고 나면 작동유가 내부에 머무르게 되고 이로 인해 압력이 상승된다. 상승된 압력은 피스톤을 움직이게 만들어 2차 계통으로 유압이 흐르도록 유로를 형성시킨다. 이에 따라 2차 계통도 움직여 순차적으로 작동되도록 하는 것이다.

예시

랜딩기어를 내리려면 L/G Door부터 열어야 하므로 Door를 열기 위한 작동유 공급 → 랜딩기어가 완전히 내려오면 다운락 액추에이터(Down Lock Actuator)를 걸어줄 작동유 공급

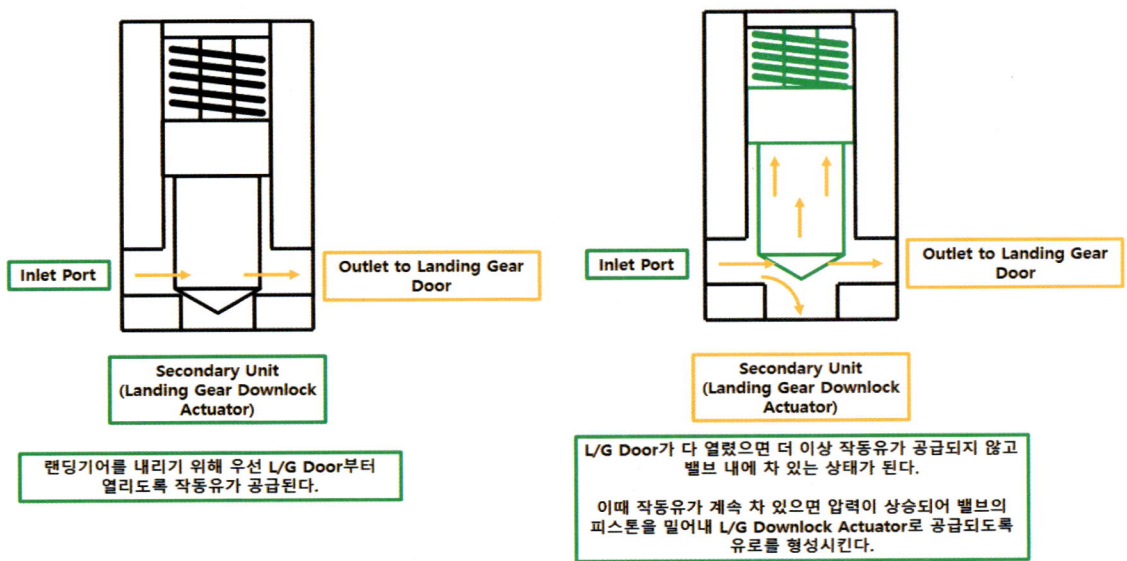

기계식 시퀀스 밸브는 내부에 장착된 플런저(Plunger)에 의해 유로를 순차적으로 형성시켜준다. 이 플런저는 1차 계통에 의해 작동되도록 장착되어 있다. 작동유가 들어오는 밸브 바디의 Port 사이에 볼 또는 포핏 형식으로 된 체크밸브 어셈블리(Check Valve Assembly)가 있고, 플런저나 유압에 의해 유로를 형성시킨다.

Port A와 1차 계통의 액추에이터(Actuator)는 하나의 라인으로 연결되어 있고, Port B의 경우에는 2차 계통의 액추에이터와 연결되어 있다. 작동유가 1차 계통으로 흐를 때 1차 계통의 액추에이터가 모든 작동이 완료되고 나면 내부에 차 있던 작동유의 압력이 상승되어 플런저를 움직이게 만든다.

이로 인해 플런저는 밸브 바디 내부에 있는 체크밸브 어셈블리의 볼을 움직이게 만들어 Port B로도 작동유가 흐르도록 유로를 형성시킨다.

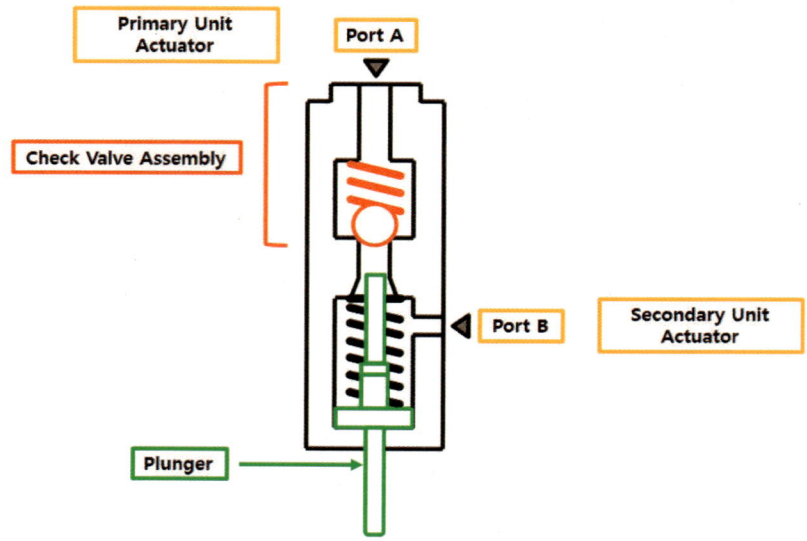

작동유가 1차 계통으로 먼저 공급된 후 1차 계통의 액추에이터가 모든 작동이 완료되면 플런저를 움직이게 한다.

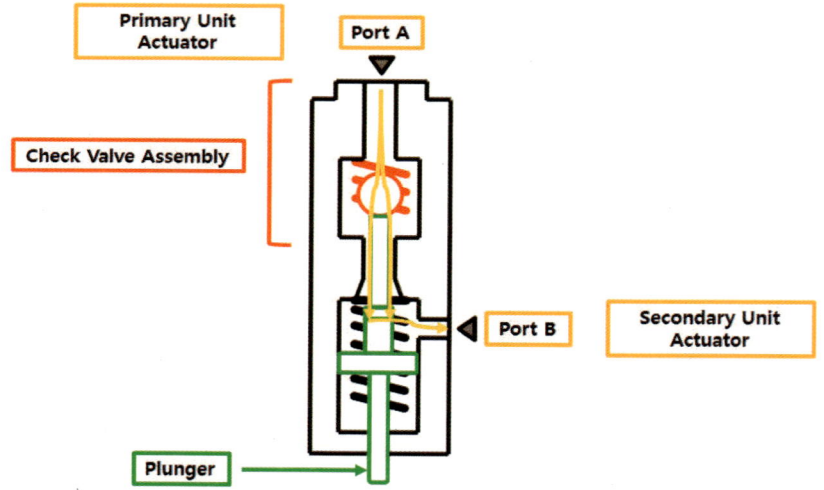

1차 계통과 연결되어 있는 플런저가 움직여 볼을 밀어낸다. 그 후 Port A로부터 작동유가 유입되어 Port B로 흐를 수 있도록 유로를 형성시킨다.

(10) 디부스터 밸브(Debooster Valve)

이 밸브는 주로 브레이크 계통(Brake System)에 사용되며, 작동유가 공급되면 좁은 단면의 입구쪽을 통과하고, 단면이 넓은 출구쪽으로 신속히 배출시켜 브레이크 작동을 위한 작동유량을 늘려준다.

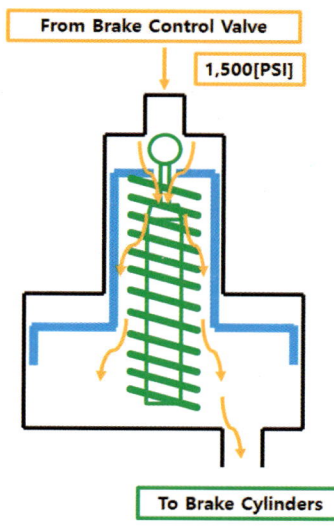
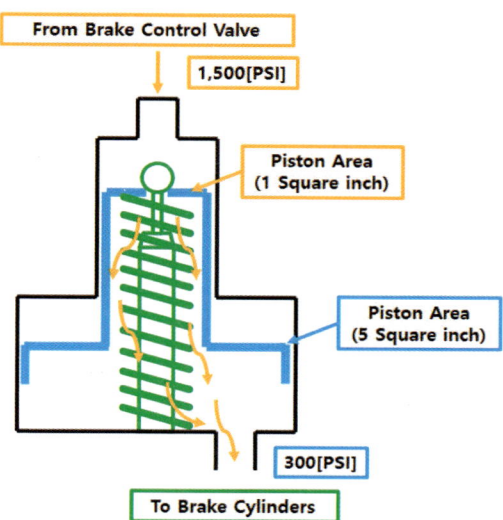

Question 1-7

항공기 유압계통의 펌프 종류 중 EDP와 EMDP는 무엇인가?

Answer

EDP(Engine Driven Pump)는 가스터빈엔진 기어박스(Gas Turbine Engine Gearbox)에 장착되어 있으며, 엔진 시동동력에 의해 구동되는 펌프이다.

EMDP(Electric Motor Driven Pump)는 배터리 전원을 이용하여 구동시키는 모터(Motor)로, 펌프를 구동시키는 방식이며, EDP가 결함이 발생하여 유압을 공급해줄 수 없을 때 조종실에서 스위치를 조작하여 작동시키는 일종의 페일 세이프 시스템(Fail Safe System)이다.

일부 기종에서는 RAT(Ram Air Turbine)라 불리는 비상장치를 작동시켜 비상전원을 공급하도록 한다. RAT를 자동이나 수동으로 작동시키면 항공기 동체 하부에 프로펠러가 튀어나와 상대풍에 의해 회전력이 발생된다. 이 회전력을 이용하여 비상 시 사용할 발전기와 모터를 회전시켜 전원 및 유압을 공급하도록 해준다.

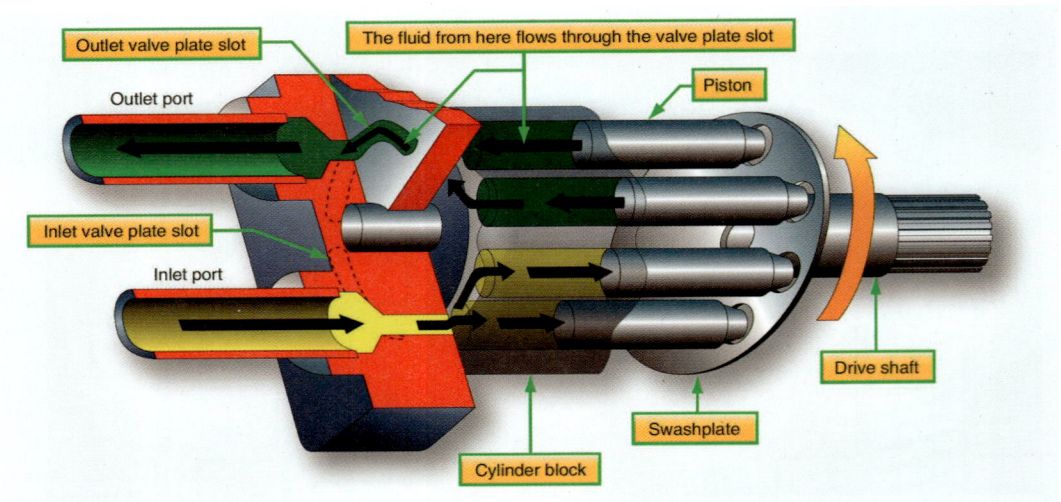

대부분 현대 항공기 유압계통에 쓰이는 Variable Piston Type Pump, EDP(Engine Driven Pump)가 이 방식을 사용한다.

(출처 : 국토교통부 항공정비사 표준교재 항공기기체 제2권 항공기 시스템)

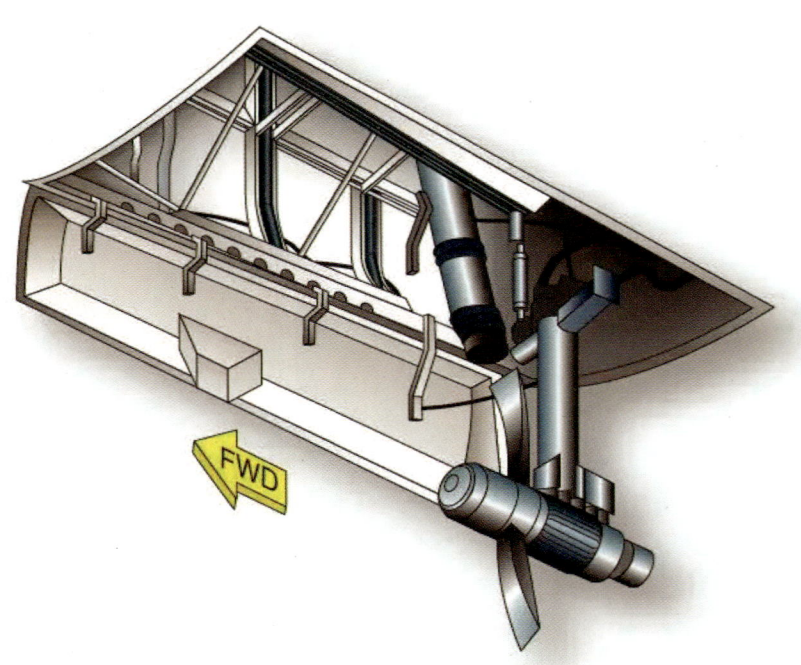

◆ 항공기 동체 하부에 튀어나오는 RAT(Ram Air Turbine) ◆
(출처 : 국토교통부 항공정비사 표준교재 항공기기체 제2권 항공기 시스템)

Question 1-8

항공기 유압계통에서 EDP와 EMDP의 차이는 무엇인가?

Answer

EDP는 가변용량형 피스톤식 펌프이며 압력이 균일하게 공급 및 방출이 이루어진다. ADG(Accessory Drive Gearbox) rpm에 따라 균일한 회전력을 유지할 수 있기에 가능한 것이다.

EMDP는 모터를 이용하여 펌프를 구동시켜 고압을 공급하다보니 고속회전 시 과열이 되고 이러한 상태를 알 수 있도록 조종실 상단에 위치한 오버헤드 패널(Overhead Panel)에 있는 EMDP 스위치에 과열 지시등(Overheat Light)이 있다.

Question 1-9

항공기 유압계통에 있는 유압 퓨즈(Hydraulic Fuse)는 무엇인가?

Answer

유압 퓨즈(Hydraulic Fuse)는 유압계통의 누설이 발생되면 유압 퓨즈의 입구와 출구의 압력차가 발생되는데, 이 압력차로 인해 퓨즈 내부에 있는 피스톤이 출구 쪽으로 밀려나면서 작동유 유로를 차단시켜 더 이상의 누설을 방지한다.

◆ 항공기 유압계통의 유압 퓨즈(Hydraulic Fuse) 실물 ◆

(출처 : 국토교통부 항공정비사 표준교재 항공기기체 제2권 항공기 시스템)

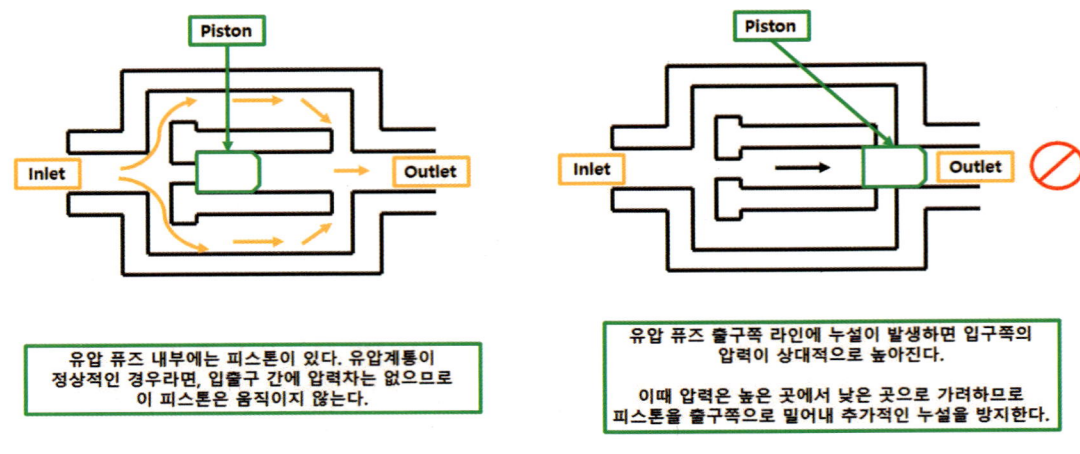

◆ 항공기 유압계통의 유압 퓨즈 내부 구조 ◆

Question 1-10

릴리프 밸브(Relief Valve)와 레귤레이팅 밸브(Regulating Valve)의 차이는 무엇인가?

Answer

릴리프 밸브(Relief Valve)는 우리가 흔히 공업용 압축기에서 공기 빠지는 소리가 나는 것을 들어볼 수 있는데, 내부에 과도한 압력이 쌓이는 것을 방지하는 차원에서 빼주는 것이다.

항공기 각 계통별로 장착된 이 Valve는 과도한 압력에 의해 계통이 손상되지 않도록 그 압력을 레저버나 펌프 입구로 되돌려 보낸다.

레귤레이팅 밸브(Regulating Valve)는 예시로 리벳 건(Rivet Gun)이 있다. 리벳 건 밑에 있는 조절 나사(Knob)를 돌려 리벳 건의 강도를 조절할 수 있도록 하는 역할을 한다.

Question 2

항공기 유압계통의 레저버 작동유 보급은 어떻게 하는가?

Answer

B737 항공기 기종 기준으로 설명하면, System A, System B 그리고 Standby System Reservoir로 총 3개의 레저버가 있다. 각 레저버에는 작동유량을 확인할 수 있는 Sight Gage가 있으며, 부족할 경우 보급 방법은 다음과 같다.

먼저 다음의 조건들이 성립되어 있어야 한다.
① System A, B, Stanby System을 작동시킬 것 – 플랩(Flaps), 스포일러(Spoilers), 랜딩기어(Landing Gear) 등 보급 전 다음의 전제조건을 수행시켜야 하기 때문이다.
② 플랩을 모두 Up Position으로 할 것
③ 스포일러와 랜딩기어는 모두 Down Position일 것
④ 비행조종장치들이 모두 중립 위치일 것
⑤ 역추력장치는 작동시키지 말 것

위 절차가 끝나면 System A, B 그리고 Standby System의 유압 펌프(EDP) 동력을 차단한다.
이때 EDP 동력을 제거하려면 엔진 시동을 끄면 되는데, 조종실에서 유압펌프 스위치를 OFF 시켜서는 안 된다. 펌프 작동 중에 갑자기 스위치를 OFF로 두면 감압 솔레노이드(Depressurization Solenoid)가 손상될 수도 있기 때문이다.

> **NOTE**
> 작동유 보급 전 Reservoir의 압력을 제거할 필요는 없다.

① System B Reservoir의 작동유를 보급하기 전 Brake Accumulator의 압력이 최소 2800[psig]인지 확인한다. 유압펌프가 작동되어 있지 않아도 이 압력이 있어야 한다. 만약 최소한의 압력이 없다면 계통 어딘가에서 누설이 있다는 뜻이다.
② Hand Pump를 사용할 경우 Suction Hose를 5[Gallon]의 작동유 캔으로 넣는다.
③ Hydraulic Cart를 사용할 경우 Hydraulic Cart와 Pressure Fill Connection에 Hose를 연결한다.
④ Reservoir에 있는 Reservoir Fill Selector Valve를 보급할 Reservoir의 유로 쪽으로 돌린다.

> **NOTE**
> PORT A는 Reservoir A의 작동유를 보급하는 데 쓰이고, PORT B는 Standby System Reservoir와 Reservoir B 작동유 보급에 쓰인다.

① Reservoir Fluid Gage가 RFL(Refill)과 F(Full) 사이 즉, 대략 2/3 정도(92[%])가 될 때까지 작동유를 보급해야 한다. 92[%] 정도 보급하는 것은 완전히 채워져 있지 않았다고 해서 System 작동에 영향을 끼치지는 않으며 Reservoir가 과보급 되는 것 또한 방지하는 차원에서 하는 것이다.

> **NOTE**
> Reservoir Fluid Gage 바늘이 RFL(Refill) 눈금보다 F(Full) 눈금에 더 가깝게 해야 한다.

> **NOTE**
> System A Reservoir에서 작동유 최대량(FULL 눈금의 양)은 대략 5.7 Gallon(21.6L)이며 System B와 Standby System Reservoir에서는 8.2 Gallon(31.1L) 정도 된다.
>
> Reservoir Pressure Fill Connection은 Ground Servicing System을 이용하여 System A와 System B Reservoir로 작동유를 보급하는 용도로 쓰인다.

② 보급이 다 되면 Reservoir Fill Selector Valve를 'CLOSED' Position으로 설정한다.
③ Hand Pump를 사용한 경우에는 Hand Pump에 있는 Handle과 Suction Hose를 제자리에 정리한다.
④ Hydraulic Cart를 사용한 경우에는 Supply Line을 분리한다.
⑤ 조종실에서 작동유량을 확인한다. 조종실 중앙에 위치한 Lower DU(Display Unit)에서 확인이 가능하다. 작동유량이 나타나는 게이지에서 지시값이 REFILL 위에 있도록 해야 한다.(대략 76[%] 이상)
⑦ 필요 시 유압계통 Bleeding 작업을 수행한다.

> **NOTE**
> 작동유를 보급하는 동안, 적은 양의 작동유만 보급하였다면 유압계통 Bleeding을 수행할 필요가 없다.
>
> 만약 정비업무 수행 중 계통으로 공기가 들어가게 했거나 많은 양의 작동유를 보급하고 Reservoir에서 계통으로 공기가 유입되었다고 확신할 경우에는 유압계통을 Bleeding 해야 한다.

⑧ 만약 과보급(100[%] 정도)하여 작동유를 Drain해야 할 경우 다음의 절차를 수행한다.
⑨ 해당 Reservoir의 압력을 방출시켜 감압시킨다.

> **NOTE**
> Air Charging Valve Manifold는 하나의 Valve로 모든 Reservoir를 감압시킬 수 있도록 해준다.

> **WARNING**
> 항공기에 사용하는 작동유는 인체에 상해를 입힐 수 있으므로 묻지 않도록 주의해야 한다. 작동유가 피부나 눈에 묻었을 경우 물로 씻어내고 의료진단을 받아야 한다. 작동유를 마시거나 먹었을 경우에도 의료진단을 받아야 한다.

⑩ Reservoir Drain Hose 출구 쪽에 Drain Hose 한쪽 끝을 연결한다.
⑪ 5[Gallon]의 작동유 캔에 Drain Hose 맞은편 끝쪽을 넣는다.
⑫ Reservoir Drain Valve의 Handle에 있는 안전결선을 제거한다.
⑬ Reservoir에 있는 작동유를 Drain 하는 동안, Reservoir의 Fluid Gage를 지속적으로 확인한다.
⑭ 5[Gallon] 작동유 캔으로 작동유를 Drain하도록 Reservoir Drain Valve를 열어준다.
⑮ Reservoir Fluid Gage가 Refill 위에 있을 때 Reservoir Drain Valve를 닫아준다. 이후 Reservoir Drain Valve의 Drain Hose를 제거하고 Valve에 안전결선 작업을 수행한 다음, Reservoir를 가압시킨다.

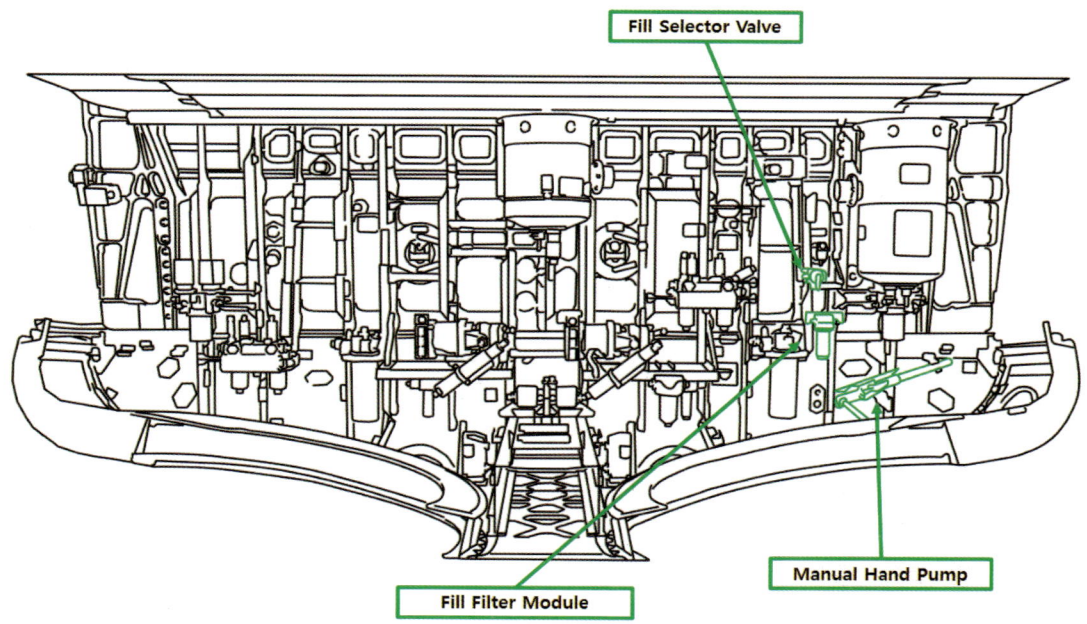

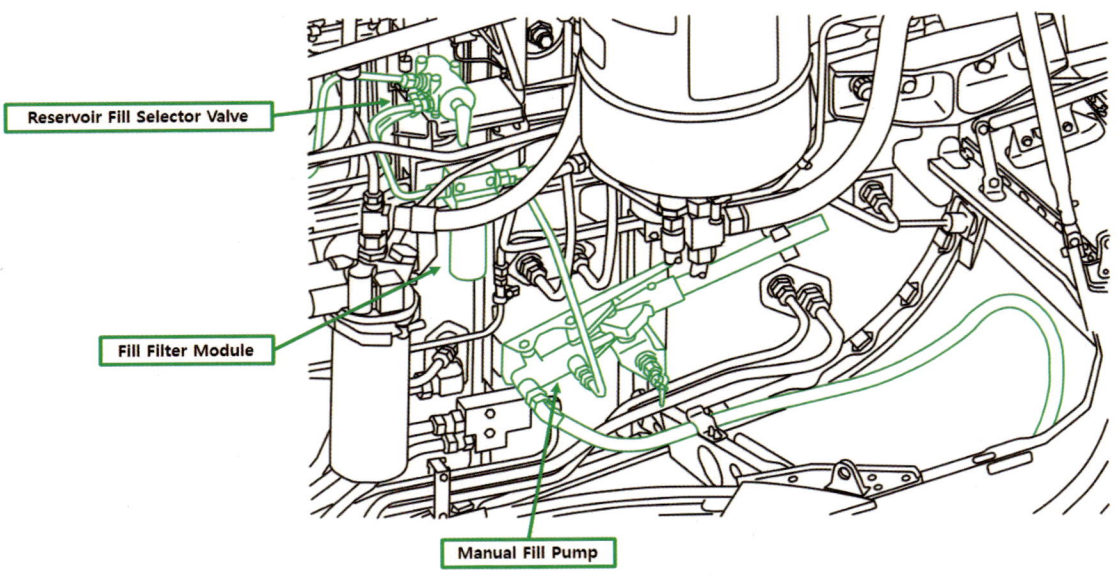

B737 Main Landing Gear Wheel Well에 들어가면 System A와 System B Reservoir 사이에 Reservoir Fill Selector Valve와 Fill Filter Module, Manual Fill Pump가 있는 것을 볼 수 있다.

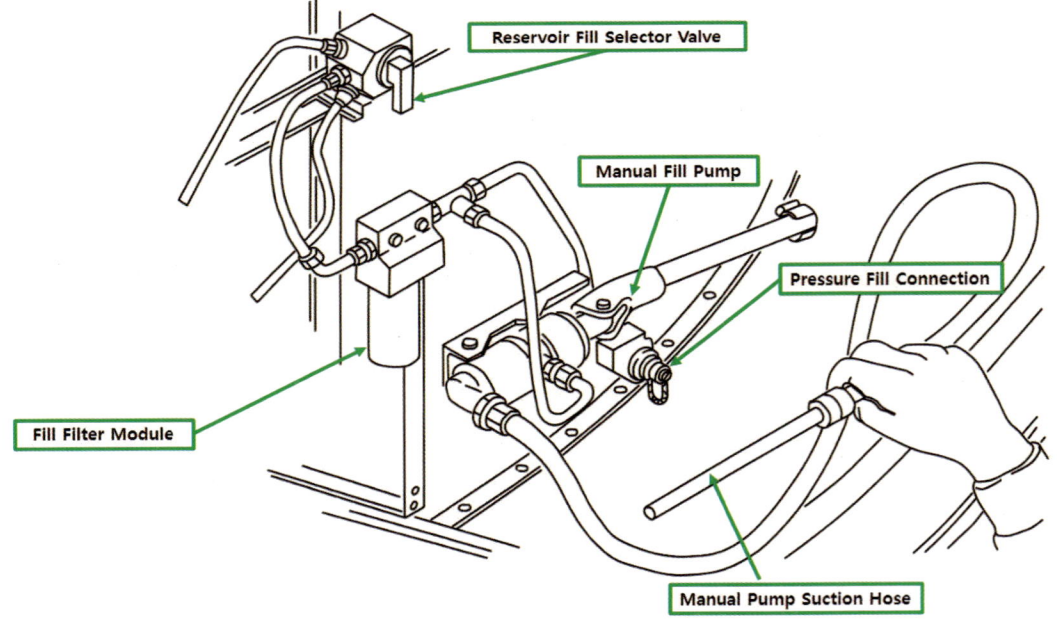

이러한 구성품들을 Ground Service System이라 부르며, Hand Pump로 작동유를 보급할 경우에는 Manual Pump Suction Hose를 작동유 캔에 넣고 Manual Fill Pump를 저어서 직접 보급한다.

Hydraulic Cart를 이용하여 가압하는 방식을 사용할 경우, Manual Fill Pump의 Pressure Fill Connection에 Hydraulic Cart Supply Line을 연결해준다.

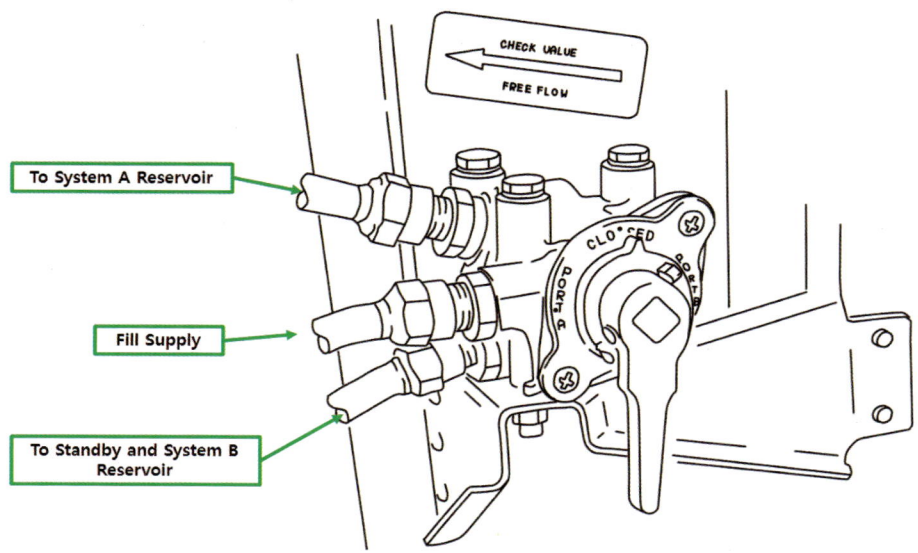

Reservoir Fill Selector Valve는 다음과 같이 유로를 형성시킬 수 있다.
① PORT A : System A Reservoir로 작동유를 보급할 수 있도록 유로를 형성
② PORT B : Standby System과 System B Reservoir로 작동유를 보급할 수 있도록 유로를 형성

Question 2-1

만약 Reservoir에 다른 제품의 작동유나 규격에 맞지 않는 작동유를 넣었을 경우 어떻게 해야 하는가?

Answer

잘못 보급된 Reservoir는 규격에 맞는 깨끗한 작동유를 지속적으로 공급하여 기존의 있던 작동유들을 모두 Drain 해야 한다. 이러한 과정을 Flushing이라 한다.

08 착륙장치 계통

(1) 착륙장치
　① 메인 스트럿(Main Strut or Oleo Cylinder)의 구조 및 작동원리
　② 작동유 보충시기 판정 및 보급방법
(2) 제동계통
　① 브레이크 점검(마모 및 작동유 누설)
　② 브레이크 작동 점검
　③ 랜딩기어에 휠과 타이어 부속품 제거, 교환 장착
　④ Anti-Skid 시스템 기본구성
　⑤ Landing Gear 위치/경고 시스템 기본 구성품
(3) 타이어 계통
　① 타이어 종류 및 부분품 명칭
　② 마모, 손상 점검 및 판정기준 적용
　③ 압력 보충 작업(사용 기체 종류)
　④ 타이어 보관
(4) 조향장치
　① 조향장치 구조 및 작동원리
　② 시미 댐퍼(Shimmy Damper) 역할 및 종류

Question 1

항공기 Landing Gear의 역할은 무엇인가?

Answer

항공기 Landing Gear 역할은 다음과 같이 있다.
① 이착륙 시 및 지상 활주 시 항공기 하중 지지와 지상 운행
② 착륙 시 충격하중의 완충
③ 지상 활주(Taxing) 중 방향 전환 및 제동

Question 1-1

항공기 Landing Gear의 재질은 무엇인가?

Answer

보통 스테인리스강(Stainless Steel)을 사용한다.

Question 1-2

항공기 Landing Gear에서 Main Gear와 Nose Gear는 어디인가?

Answer

Main Landing Gear는 날개와 동체 중간에 장착되어 있는 부분이고, Nose Gear는 항공기 전방 Nose 부분에 있는 곳이다.

Nose Gear에 Steering 기능[1]이 있어서 지상에서 항공기 지상 활주 간에 방향 전환이 가능하다.

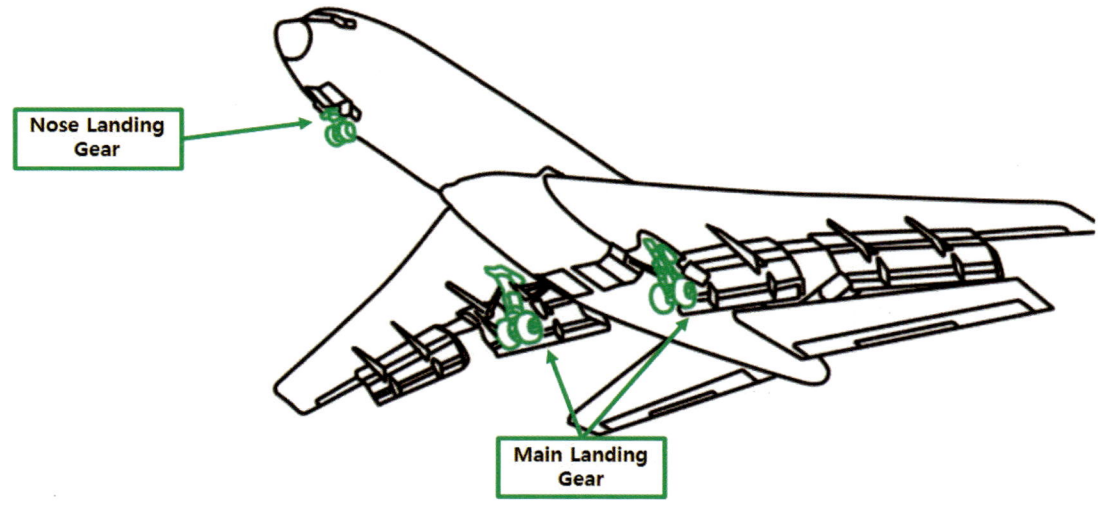

---

1) 지상에서 좌우로 움직이는 조향 기능을 말한다.

Question 1-3

항공기 Landing Gear의 작동 여부를 확인하기 위해 어떤 작업을 수행해야 하는가?

Answer

Jacking 작업을 해야 한다. 항공기를 들어올리는 작업이며 항공기를 비행 상태로 만들어서 각 계통들에 대한 기능점검이나 작동점검 또는 Wheel/Tire Assembly를 교환하거나 항공기 무게 측정 시 이 작업을 수행한다.

Question 1-4

항공기 Landing Gear의 Oleo Shock Strut 완충 원리는 어떻게 되는가?

Answer

Oleo Shock Strut 구조는 Outer Cylinder(Upper Cylinder)와 Inner Cylinder(Lower Cylinder)가 있고 Outer Cylinder에는 압축성의 질소, Inner Cylinder에는 비압축성의 작동유로 채워져 있다.

항공기가 착륙 시 항공기 하중과 충격에 의해 지면으로부터 타이어가 접지(Touch-Down)될 때 반력으로 올라오는 그 충격을 기내에 전달되지 않도록 해준다.

완충 원리는 Outer Cylinder와 Inner Cylinder가 압축됨에 따라 Outer Cylinder에 있던 질소가 압축되어 1차 충격을 흡수하고 Inner Cylinder의 작동유가 상부로 올라가 2차 충격을 마저 흡수해준다.

그런데 Inner Cylinder에 있는 작동유가 모두 Outer Cylinder로 올라가면 Cylinder가 제대로 압축이 되지 않아 완충 효율을 낼 수 없게 된다.

이에 따라 Outer Cylinder로 올라가는 작동유의 유량을 제어해 주는 것이 있는데 바로 Metering Pin이 그 역할을 한다.

즉, Shock Strut이 압축을 받을 때 작동유의 흐름을 어느 정도 지연시키는 것이다.

다음 사진에도 보면, 완전히 압축되었을 때(Fully Compressed)가 팽창되었을 때보다 단면이 점점 좁아지는 것을 알 수가 있는데, 이 역할이 바로 Metering Pin의 Orifice 부분이다.

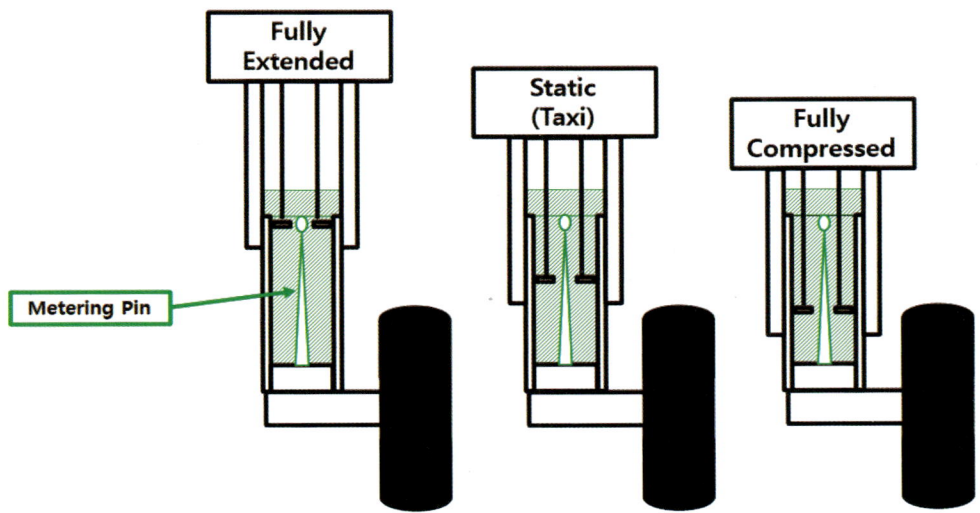

> **Question 1-5**
> 항공기 Landing Gear를 구성하는 구성품들은 무엇이 있고 역할은 어떻게 되는가?

Answer

항공기 Landing Gear를 구성하는 구성품들은 다음과 같이 있다.
① Trunnion
② Truck Beam
③ Centering Cam
④ Torsion Link
⑤ Side Strut
⑥ Drag Strut
⑦ Brake Equalizer Rod

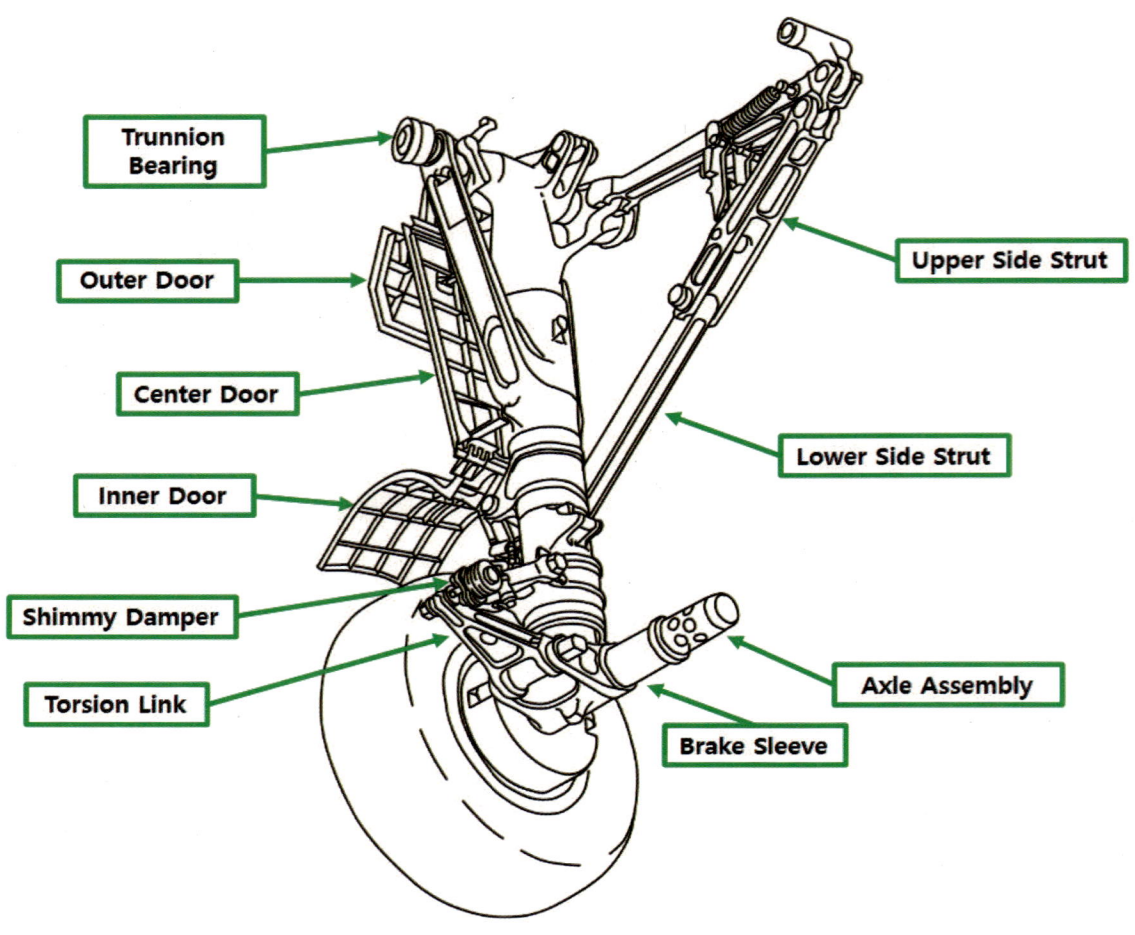

◆ 항공기 기본적인 랜딩 기어(Landing Gear) 구조 ◆

(1) Trunnion

Trunnion은 Trunnion Bearing에 의해 Landing Gear를 기체구조물에 장착할 수 있게 해준다.

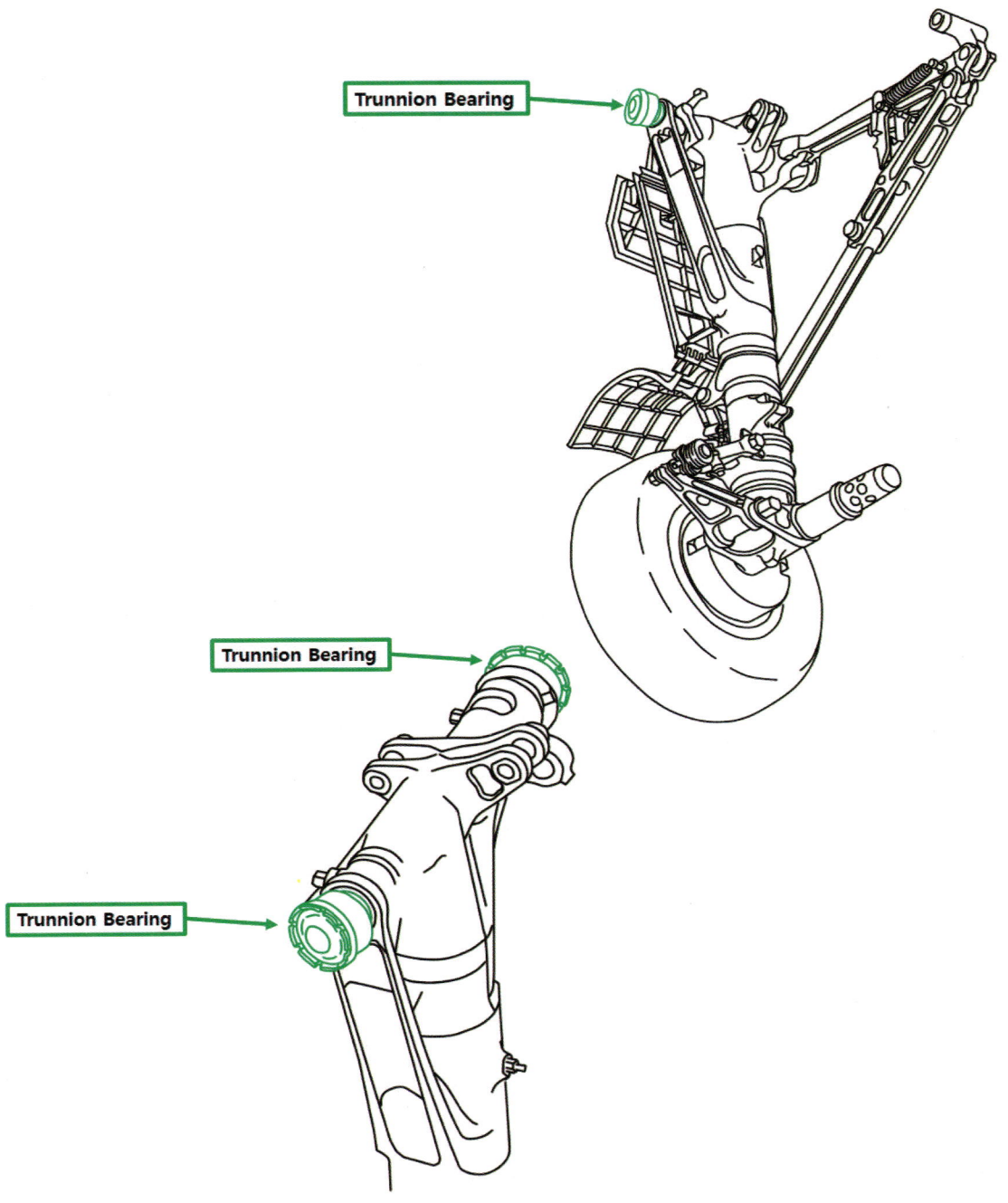

(2) Truck Beam

Truck Beam은 보기식으로 배열된 바퀴들을 장착할 수 있게 해주며, 바퀴 장착 수에 따라 Axle이 있다.

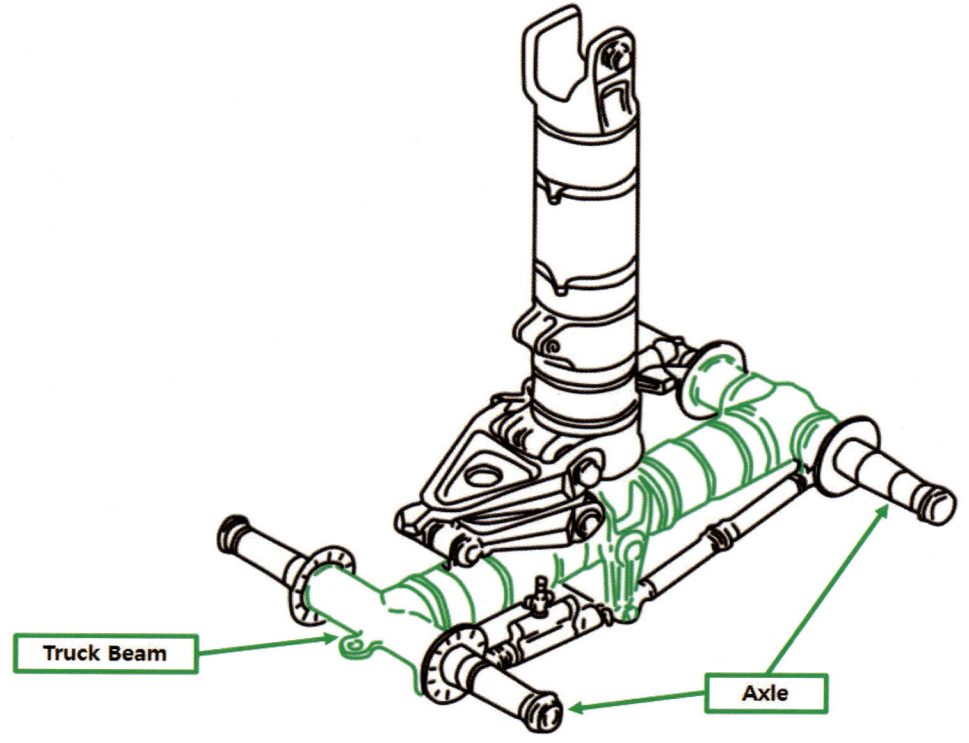

(3) Centering Cam

Centering Cam은 Nose Gear 내부에 있는 부품으로 Landing Gear를 접어올릴 때(Retracting) Landing Gear Wheel Well에 부딪히지 않게 중립상태로 맞춰준다.

Upper Locating Cam은 Shock Strut과 함께 움직이고, Lower Locating Cam은 고정되어 있다. Nose Gear를 접어올릴 때 Upper Locating Cam이 Lower Locating Cam과 결합되어 중립상태를 맞춰주도록 도와주는 것이다.

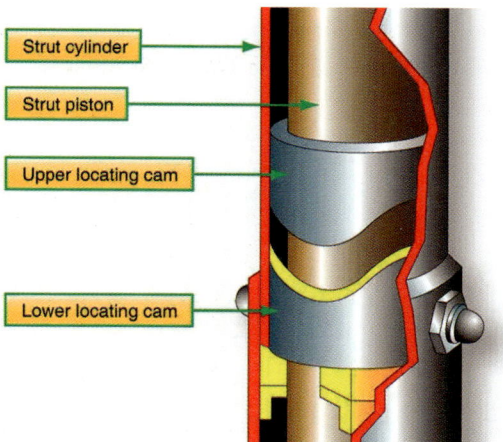

◆ 항공기 Landing Gear의 Centering Cam ◆

(출처 : 국토교통부 항공정비사 표준교재 항공기기체 제2권 항공기 시스템)

(4) Torsion Link

　Torsion Link는 Torque Link라고도 불리며, Outer Cylinder와 Inner Cylinder가 서로 비틀리거나 과도하게 팽창되지 않도록 잡아준다.

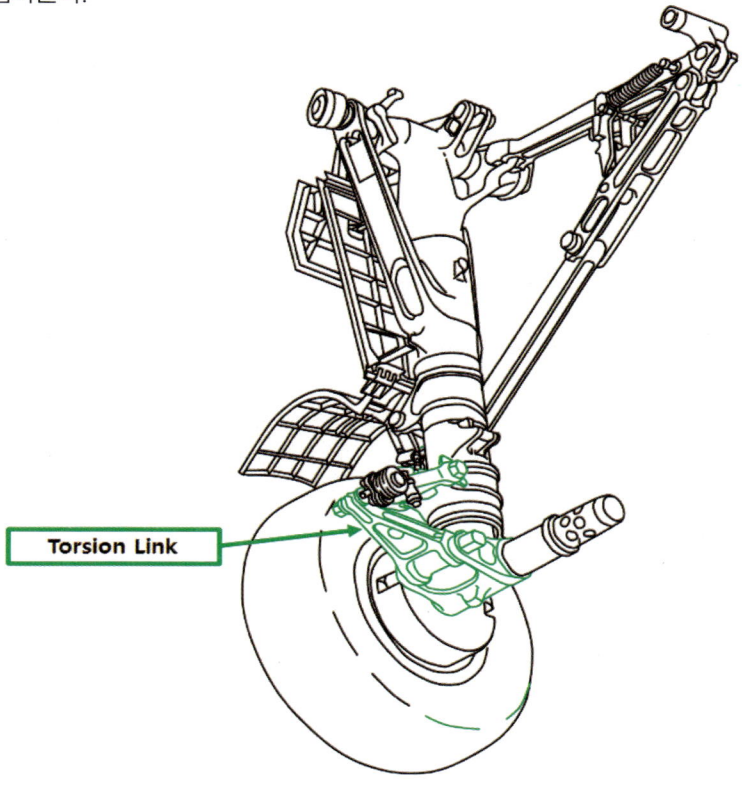

(5) Side Strut

　Side Strut은 Landing Gear가 옆으로 접히지 않도록 해주는 지지대이다.

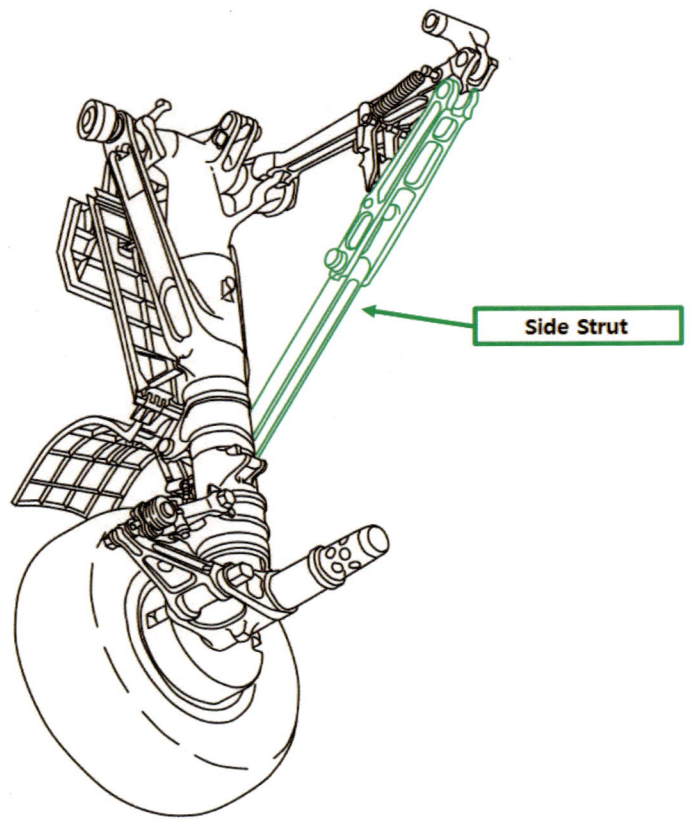

(6) Drag Strut

Drag Strut은 Landing Gear가 앞뒤로 받는 힘을 지지해주는 지지대이다.

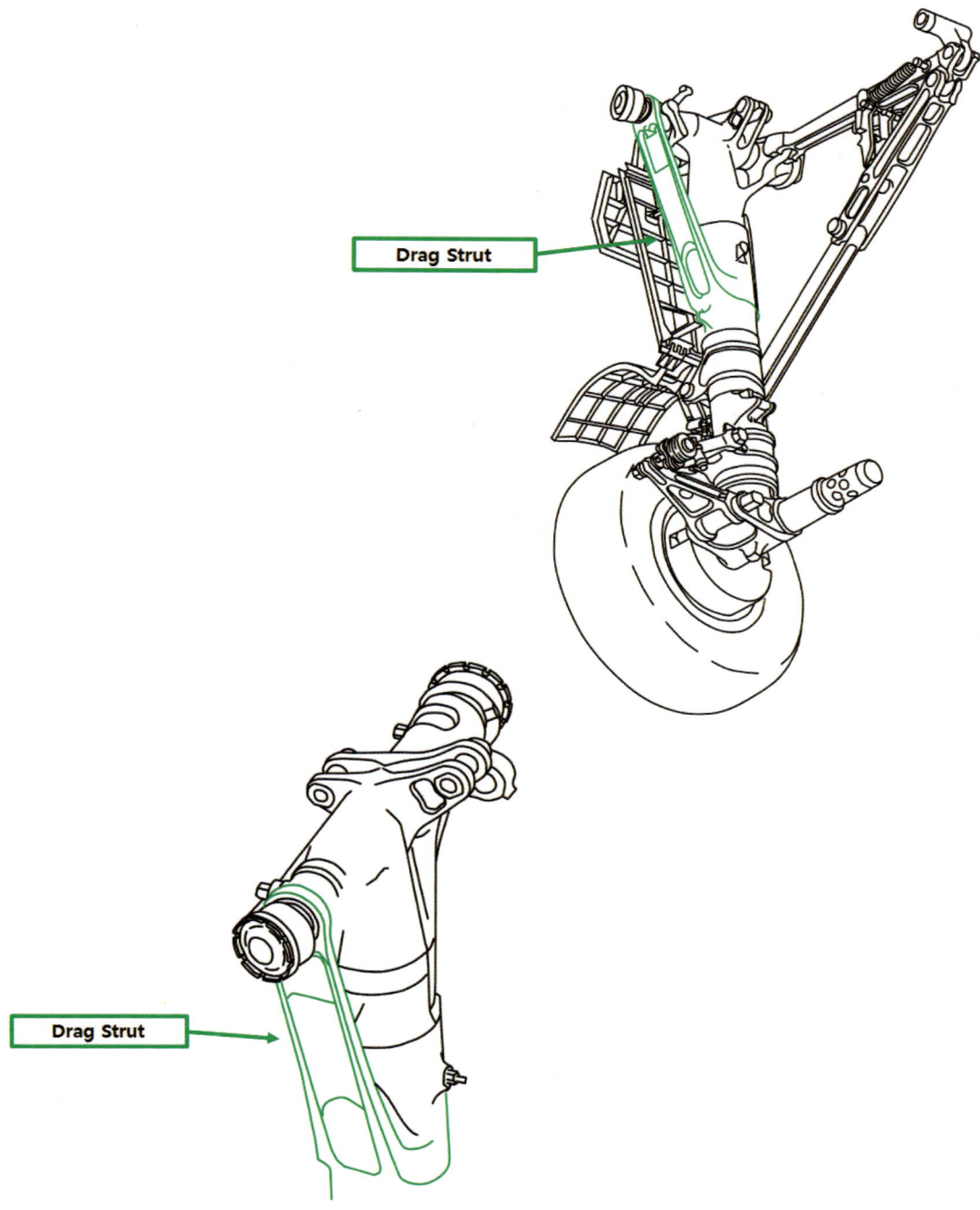

(7) Brake Equalizer Rod

Brake Equalizer Rod는 Landing Gear가 착륙 후 타이어가 지면과 접지(Touch Down)했을 때 Auto Brake System에 의해 제동력이 작용되면 관성에 의해 뒷바퀴가 들리게 되는데, 이렇게 되면 앞바퀴에 편마모가 집중된다.

이러한 현상을 방지하기 위해 이 장치가 Landing Gear의 전후방 바퀴들이 균등하게 제동력이 작용되도록 해 준다.

Question 1-6
항공기 Landing Gear Servicing 작업은 어떻게 하는가?

Answer

방식은 2가지가 있다. 지상에서 하는 것과 Jacking 후 Servicing을 수행하는 방식이다. 이 내용에 대해서는 지상에서 수행하는 작업만 설명하도록 하겠다.

(1) Landing Gear Servicing 절차
   ① Servicing 수행 전 모든 Landing Gear에 Downlock Pin이 장착된 상태여야 하며, Landing Gear Shock Strut을 수축시켜야 한다.
   ② Landing Gear Outer Cylinder에 있는 Gas Charging Valve의 Cap을 제거하고 Valve의 Swivel Nut를 2바퀴만 풀어서 질소를 완전히 빼낸다. 처음부터 완전히 Swivel Nut를 풀면 Valve Body가 질소 압력에 의해 튀어나와 인명 피해를 초래할 수 있으므로 주의해야 한다.
   ③ 이 절차를 수행하지 않으면 작동유를 보급 후 질소를 보급했을 때, 작동유에 질소가 유입되어 완충 효율이 제대로 나타나지 않을 수도 있다.
   ④ Shock Strut 내의 모든 압력이 빠졌으면, Gas Charging Valve의 Swivel Nut를 완전히 풀어준다. 이때가 모든 질소가 제거된 상태이므로 Shock Strut은 압축된 상태이다.
   ⑤ Oil Charging Valve도 마찬가지로 Cap을 제거한다. 보급 절차는 작동유부터 실시하는데, 작동유 보급을 위해 작동유 보급 장비의 작동유 공급 라인을 Oil Charging Valve Assembly에 장착한다.
   ⑥ 이때 Gas Charging Valve의 Swivel Nut는 완전히 열려있는 상태여야 하며, Gas Charging Valve에 호스를 장착 후 이 호스로부터 나오는 작동유를 받아둘 통도 구비해둔다.
   ⑦ 작동유를 Oil Charging Valve를 통해 보급한다. 이때 Gas Charging Valve에서 배출되는 작동유 내에 기포가 없어질 때까지 계속 보급한다.

⑧ 정상적으로 보급이 완료되면 Oil Charging Valve로부터 Oil Charging Line을 제거하고 Cap을 장착한다.
⑨ Gas Charging Valve에도 장착했던 호스를 제거한다.
⑩ 작동유 보급이 끝났으면 이제 질소를 보급하여 Shock Strut을 팽창시켜야 한다. NLG(Nose Landing Gear)와 MLG(Main Landing Gear)의 팽창 길이는 다음과 같다.

Dimension "X" 참고

- NLG : Dimension "X" – 16.5[inch] (41.9cm) 또는 1500[psig]의 압력이 도달될 때까지 Inner Cylinder를 팽창시킬 것
- MLG : Dimension "X" – 3.5[inch] (8.9cm) 또는 1700[psig]의 압력이 도달될 때까지 Inner Cylinder를 팽창시킬 것

Dimension X Servicing Chart 위치는 B737 항공기 기준

- NLG Servicing Chart : Nose Landing Gear Wheel Well의 좌측 벽면에
- MLG Servicing Chart : Main Landing Gear Wheel Well 내부에 있는 후방 벌크헤드 좌측면에 위치

⑪ Gas Charging Valve에 질소 보급 장비를 장착 후 Dimension "X" 길이나 1,700[PSIG] 압력이 도달될 때까지 팽창시켜준다.
⑫ Pressure Gage로 Shock Strut의 압력을 측정해보고, Shock Strut Extension Dimension "X"의 압력값이 Servicing Chart 범위에 있도록 Shock Strut을 팽창 또는 수축시킨다.
⑬ Dimension "X"까지 맞췄으면 Gas Charging Valve를 잠그고 질소 보급 장비를 제거한 다음 Cap을 장착하여 마무리한다.

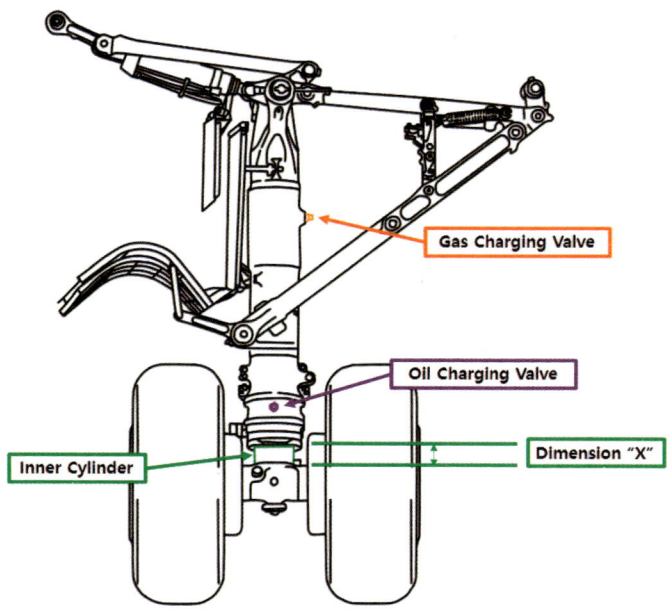

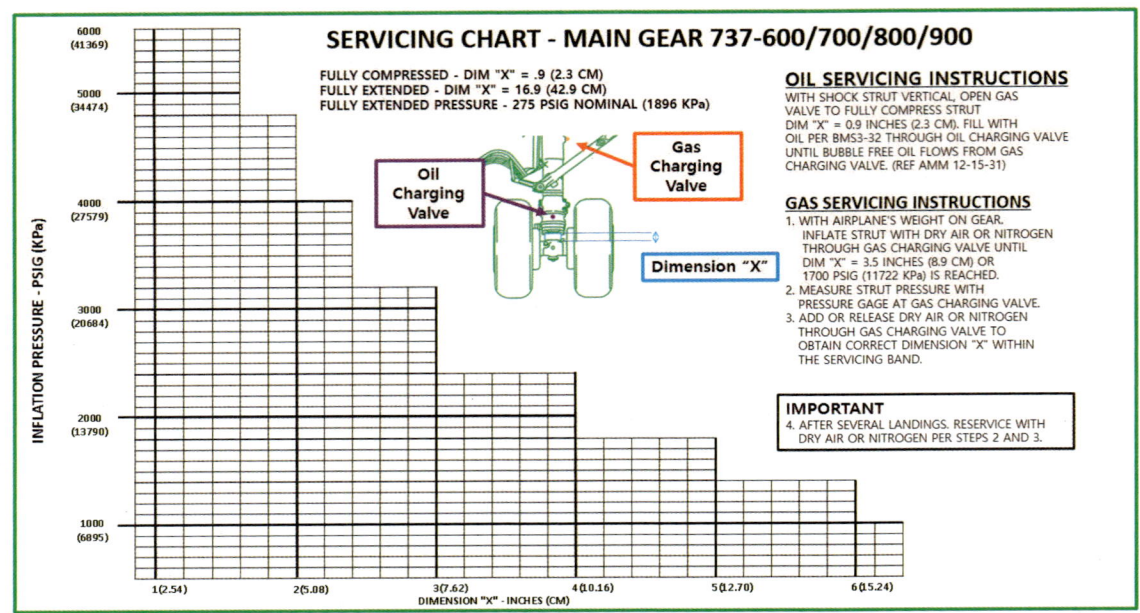

Question 2

항공기 타이어는 어떤 타이어이며, 종류는 어떤 것들이 있는가?

Answer

항공기 타이어는 타이어 내부에 튜브가 없는 튜브리스(Tubeless) 방식이며, 내부 플라이(Ply) 배열 패턴에 따라 바이어스 방식(Bias Type)과 레이디얼 방식(Radial Type) 2가지가 있다.

이 두 방식의 특징은 다음과 같이 있다.

(1) 바이어스 방식

전통적인 구조 방식이고 30~60° 전후 사선 방향으로 서로 대각선으로 여러 플라이(Ply)를 이루고 있다.

무게가 무겁고 Sidewall이 두꺼워 충격 흡수성이 약하며 타이어 수명이 짧은 단점이 있다.

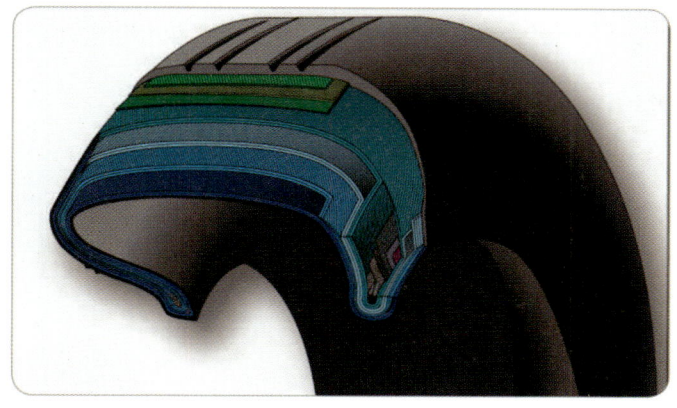 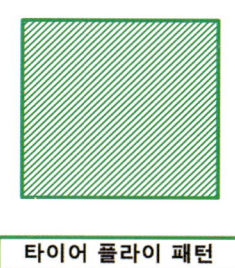

타이어 플라이 패턴

바이어스 형식의 타이어 플라이(Ply) 패턴은 사선모양으로 있다.

(출처 : 국토교통부 항공정비사 표준교재 항공기기체 제2권 항공기 시스템)

(2) 레이디얼 방식

최신 항공기에 적용되는 타이어 방식으로, Carcass Ply를 구성하는 방식이 방사형으로 되어 있다.

1개의 Wire Bead를 사용하여 Ply 수를 줄여 Sidewall의 두께가 얇아지고 신축성을 향상시켜 충격흡수성이 개선되었으며 무게가 가볍다.

전체적으로 바이어스 방식에 비해 중량 및 진동감소, 타이어의 수명이 보다 연장된 장점이 있지만, 가격이 비싸다는 단점이 있다.

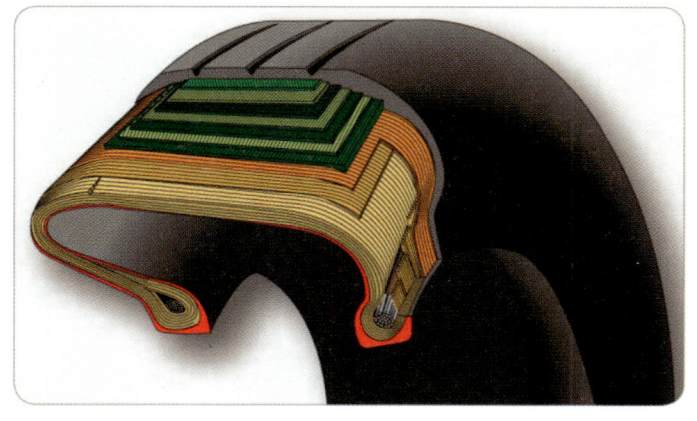 

타이어 플라이 패턴

레이디얼 방식의 타이어 플라이(Ply) 패턴은 방사형 모양으로 있다.

(출처 : 국토교통부 항공정비사 표준교재 항공기기체 제2권 항공기 시스템)

Question 2-1

항공기 타이어 구조는 어떻게 이루어져 있는가?

Answer

항공기 타이어를 구성하는 것은 다음과 같이 있다.

① 트레드(Tread)
② 카커스 플라이(Carcass Ply)
③ 브레이커(Breaker)
④ 와이어 비드(Wire Bead)
⑤ 사이드 월(Side Wall)

(1) 트레드(Tread)

지면과의 직접적으로 닿는 부분으로 마찰력을 부여해준다. 이 Tread는 중간중간에 홈이 파여져 있는데 이러한 홈을 그루브(Groove)라 한다.

이 그루브(Groove)는 습한 조건에서 타이어의 냉각을 도와주고 지표면에 접지력을 증대시켜 타이어 아래에서 물 배출이 원활히 되도록 해준다.

(2) 카커스 플라이(Carcass Ply)

코어 바디(Core Body) 또는 코드 바디(Cord Body)라고도 불리며, 여러 개의 플라이(Ply)로 구성되어 있고, 높은 공기압과 충격에 견디도록 해준다.

(3) 브레이커(Breaker)

카커스 플라이(Carcass Ply)와 트레드(Tread) 사이에 있고 외부 충격을 완화 및 브레이크(Brake)로부터 전도되어 오는 제동열을 차단시켜준다.

(4) 와이어 비드(Wire Bead)

타이어의 중요한 부분으로, 휠 플랜지(Wheel Flange)에서 타이어가 빠지지 않도록 해준다. 일반적으로 고무에 싸인 고강도 탄소강 와이어 다발로 제작된다.

(5) 사이드 월(Sidewall)

타이어 옆면을 말하며, 카커스 플라이(Carcass Ply)를 보호하도록 설계된 고무로 된 층이다. 또한 이곳에 타이어에 관한 각종 정보와 규격이 표시된다.

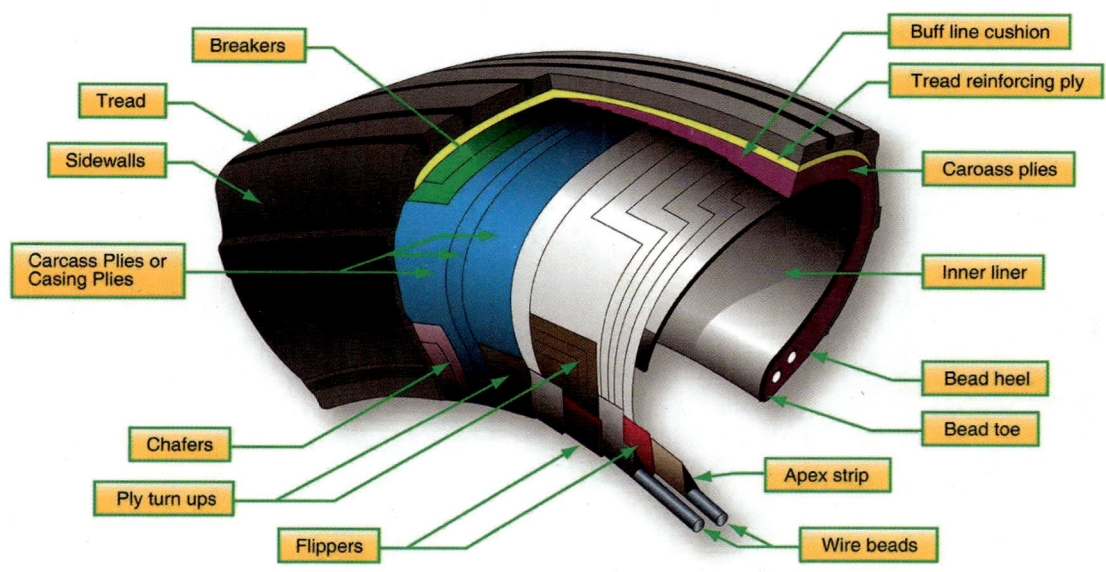

◆ 항공기 타이어(Tire) 구성 및 명칭 ◆
(출처 : 국토교통부 항공정비사 표준교재 항공기기체 제2권 항공기 시스템)

Question 2-2

항공기 타이어 압력 확인(Tire Pressure Check)은 어떻게 하는가?

Answer

먼저, 항공기 타이어 압력 확인은 항공기 착륙 후 최소 2시간 이후에 확인해야 한다.

확인하는 방법은 매뉴얼에 명시된 압력 게이지(Pressure Gage)를 타이어 질소 주입 밸브에 꽂아서 압력값을 각각 확인해본다.

만약 Wheel/Tire Assembly에 Combination Tire Pressure Fill Valve & Tire Pressure Transmitter가 장착된 항공기인 경우, Hand Held Device Tire Pressure Sensor Reader라는 장비를 이용하여 타이어 압력값을 확인해볼 수 있다.

Hand Held Device Tire Pressure Sensor Reader는 디지털 방식으로 된 압력 측정기이다. 보다 빠르고 편리하게 압력값 판독이 가능하다.

일부 기종에서는 조종실 EICAS/ECAM 계기를 통해 TPIS(Tire Pressure Indicating System) Page를 띄워서 확인할 수 있다.

최근 B737MAX 기종에서도 기장석 또는 부기장석에서 ND(Navigation Display) 계기판에 화면을 절반 정도 시현시켜 타이어 압력값과 Brake 온도 등을 확인해볼 수가 있다.

 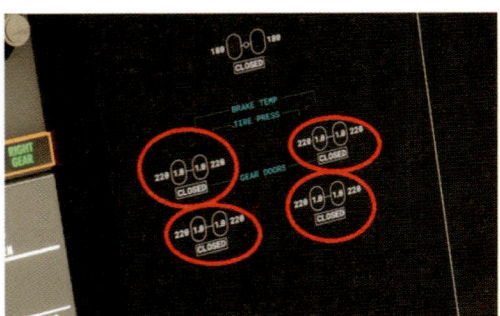

B737MAX에서는 ND(Navigation Display) 계기에서 타이어, 브레이크 온도도 같이 확인해볼 수가 있다.

Question 2-3

항공기 타이어 압력을 확인해본 결과 지속적으로 빠진다면 어떻게 조치해야 하는가?

Answer

타이어 압력 부족에 따른 조치사항은 다음과 같다.
① 타이어 압력이 5[%] 부족한 경우 : 질소를 보충해서 재사용한다.
② 5~10[%] 부족한 경우 : 질소를 주입 후 24시간 후에 다시 한번 압력을 확인해본다. 이때 5[%] 이상 압력이 또 빠지면 Wheel/Tire Assembly를 교환한다.
③ 10~20[%] 또는 그 이상으로 부족한 경우 : Wheel/Tire Assembly를 교환한다.

Question 2-4

현재 장착된 항공기의 타이어가 튜브리스 방식인지, 레이디얼 방식인지 확인은 어떻게 할 수 있는가?

Answer

타이어 사이드월에 튜브리스 타이어는 "Tubeless"로 적혀있고 규격 맨 끝에 "R"로 표기되어 있다. 바이어스 방식은 타이어 규격 맨 끝에 어떠한 표시도 있지 않다.

Question 2-5

항공기 타이어의 마모도 확인은 어떻게 확인하는가?

Answer

타이어의 가장 얇은 부분에 1/32[inch] 이상 깊이의 패임이 있을 경우 교체해야 한다. 또는 Tread Groove에 깊이 게이지(Depth Gage)를 꽂아서 확인해보기도 한다.

Question 2-6

항공기 타이어에 왜 질소를 사용하는가?

Answer

질소는 경제성이 있고 불연성이기 때문에 화재 위험성이 적다. 타이어 같은 경우에는 항공기가 착륙 후 지상 활주 중에 Brake로부터 전도되어 오는 제동열과 지면의 마찰열로 인해 매우 뜨거운 상태가 되기 때문이다.

또한 일반적인 산소보다 입자의 크기가 약간 큰 특징이 있기에 산소와 질소를 동일한 양으로 보급했을 경우 질소가 추후 덜 빠지는 차이도 있다.

Question 2-7
항공기 타이어가 과팽창 되거나 공기압이 낮을 경우 어떤 현상들이 나타나는가?

Answer

과팽창 된 타이어는 Tread 부분에 편마모가 발생하고, 낮은 공기압의 타이어는 Sidewall 부분에 집중적으로 마모된다.

Question 2-8
항공기 타이어 보관은 어떻게 해야 하는가?

Answer

타이어는 보통 햇빛에 노출되지 않도록 서늘하고 건조하며 햇빛이 들지 않는 곳에 보관한다. 또한 수평으로 눕혀서 보관해서도 안 된다.

수평으로 보관하면 타이어가 중량에 의해 눌림 현상이 발생하여 형태가 변형될 수도 있기 때문이다.

Question 3
항공기 Brake System 종류는 무엇이 있는가?

Answer

항공기 Brake System의 종류는 다음과 같이 있다.
① Expander Tube Type
② Single Disk Type
③ Multi Disk Type
④ Segment Rotor Type

Question 3-1

항공기 Brake 종류 중 Multi-Disc Type과 Segment Rotor Type은 어떤 방식인가?

Answer

Multi-Disc Type은 Rotor와 Stator로 구성되어 있고, Stator에 있는 Self Adjusting Piston에 유압이 들어가면 여러 장의 Stator가 밀리면서 각 Brake Disc들을 밀착시켜 마찰을 일으킨다. 높은 제동력으로 인해 현대 대형 항공기들은 대부분 사용하는 방식이다.

Segment Rotor Type은 하나의 Disc에 분할되어 있는 Brake Pad가 6~8장이 있다. 각 Brake Pad 간에 공간이 있는데, 이 공간을 통해 제동 시 발생되는 열을 방출시켜 소손(Burning)을 방지하고 마모된 Brake Pad만 교환하는 방식이다. 이 방식은 정비성에 있어서 시간 절약 및 경제성이 우수한 특징이 있다.

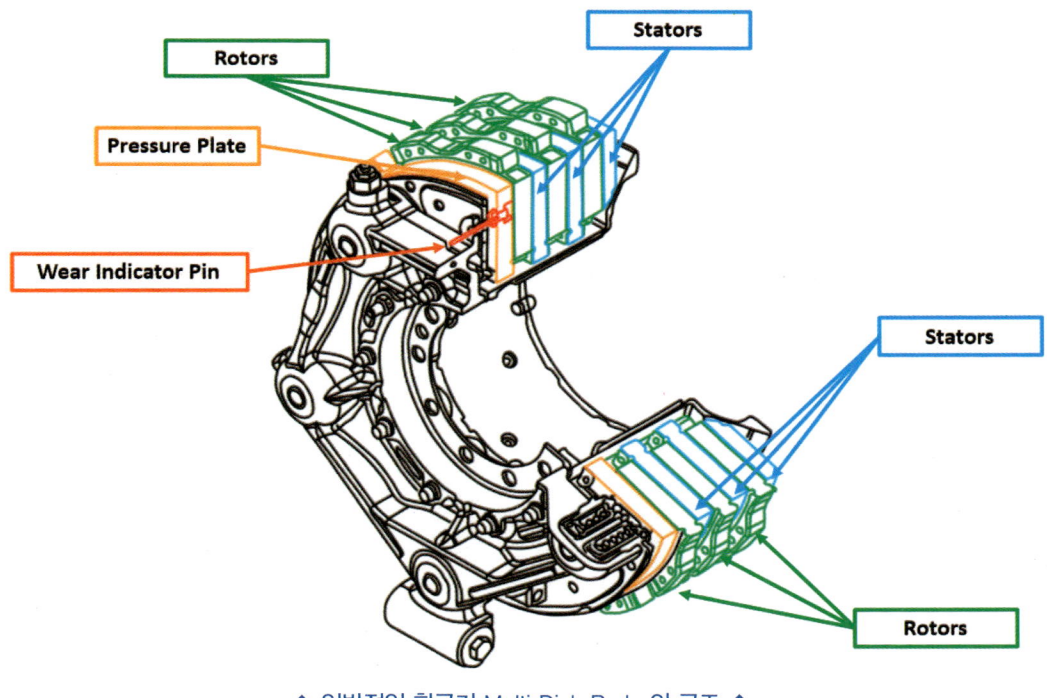

◆ 일반적인 항공기 Multi Disk Brake의 구조 ◆

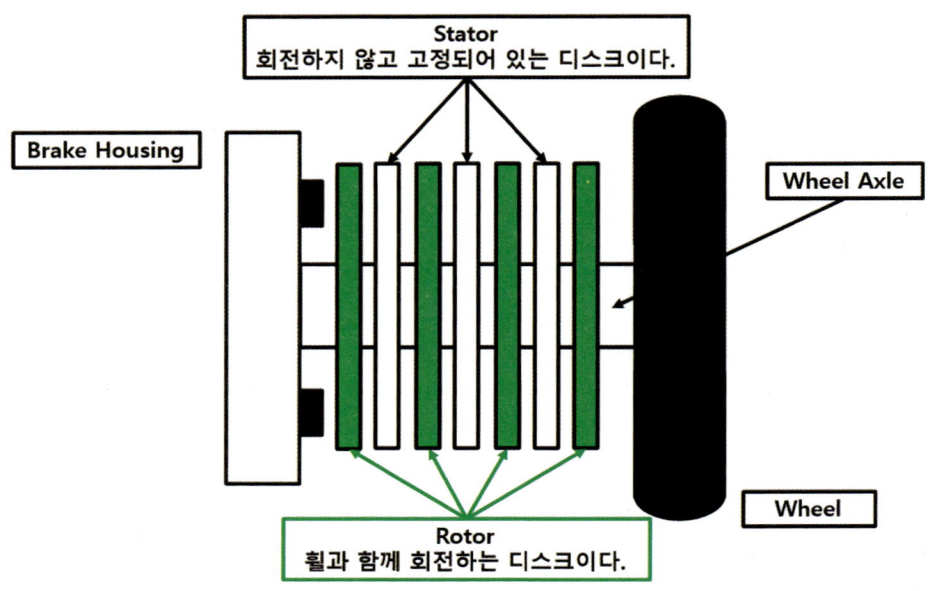

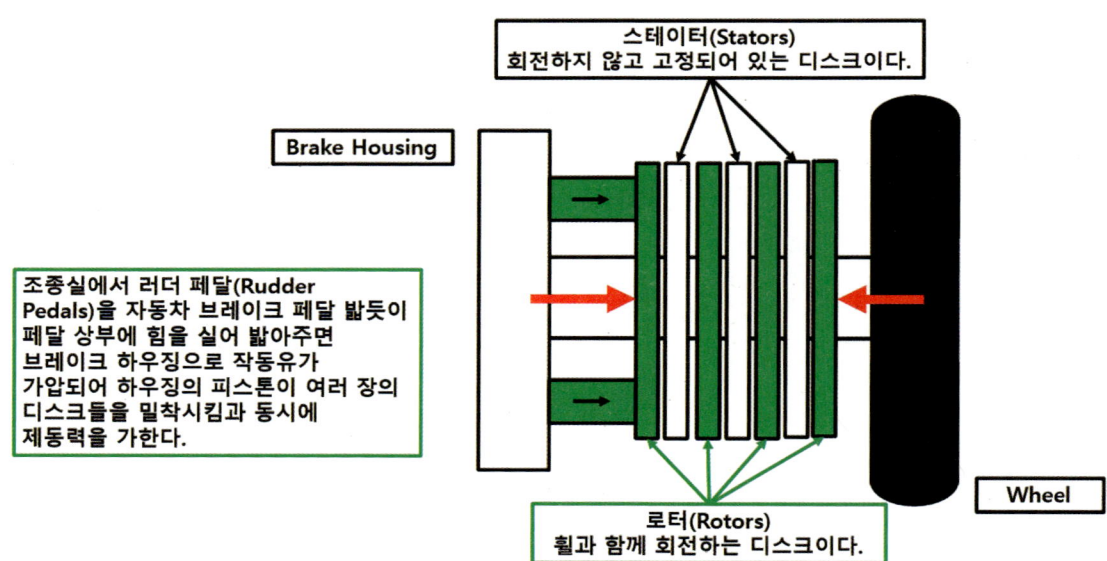

Question 3-2

항공기 Anti-Skid System이란 무엇인가?

Answer

Anti-Skid System은 항공기 착륙 후 Brake 제동력에 의한 타이어 Skid 현상을 방지하여 타이어 마모 방지 및 제동효율을 향상시켜 준다.

Anti-Skid System은 먼저, Wheel Speed Transducer가 각각의 Wheel rpm을 감지하는데 Wheel rpm이 서로 다를 경우 이 부분에 대해서 Anti-Skid Control Box로 전기적 신호를 전송한다.

신호를 수신받은 Anti-Skid Control Box는 Anti-Skid Valve로 Brake 작동에 대한 신호를 전송한다.

이로 인해 Brake로 공급되는 작동유량을 조절하여 스키드(Skid) 현상을 방지하며 제동효율을 높인다.

*Wheel rpm이 느린 곳은 Brake 작동 압력을 낮추고, 반대로 Wheel rpm이 빠른 곳은 Brake 작동 압력을 높여 속도 조절은 물론, Brake를 여러 번 잡았다 놨다를 반복하여 제동력을 높인다.

Question 3-3

항공기 Anti-Skid System은 크게 4가지 기능으로 나눌 수 있는데, 그 기능들은 무엇인가?

Answer

(1) Normal Skid Control
   Wheel rpm이 줄어들 때 작동하게 되며 정지할 때까지는 완전히 Brake 압력을 낮춘다.

(2) Locked Wheel Skid Control
   한쪽 Wheel이 Brake에 의해 고정되었을 경우 해당 Wheel의 Brake 압력을 완전히 낮춰 풀어준다.

(3) Touchdown Protection
   항공기가 착륙을 위해 활주로로 접근 시 조종사가 브레이크 페달을 누르더라도 브레이크가 작동하지 않게 해주는 것이다.

(4) Fail — Safe Protection

시스템이 고장 났을 때 자동으로 Brake System을 완전한 Manual Mode(수동)로 작동되게 하며, 이때 조종실에 경고등이 점등된다.

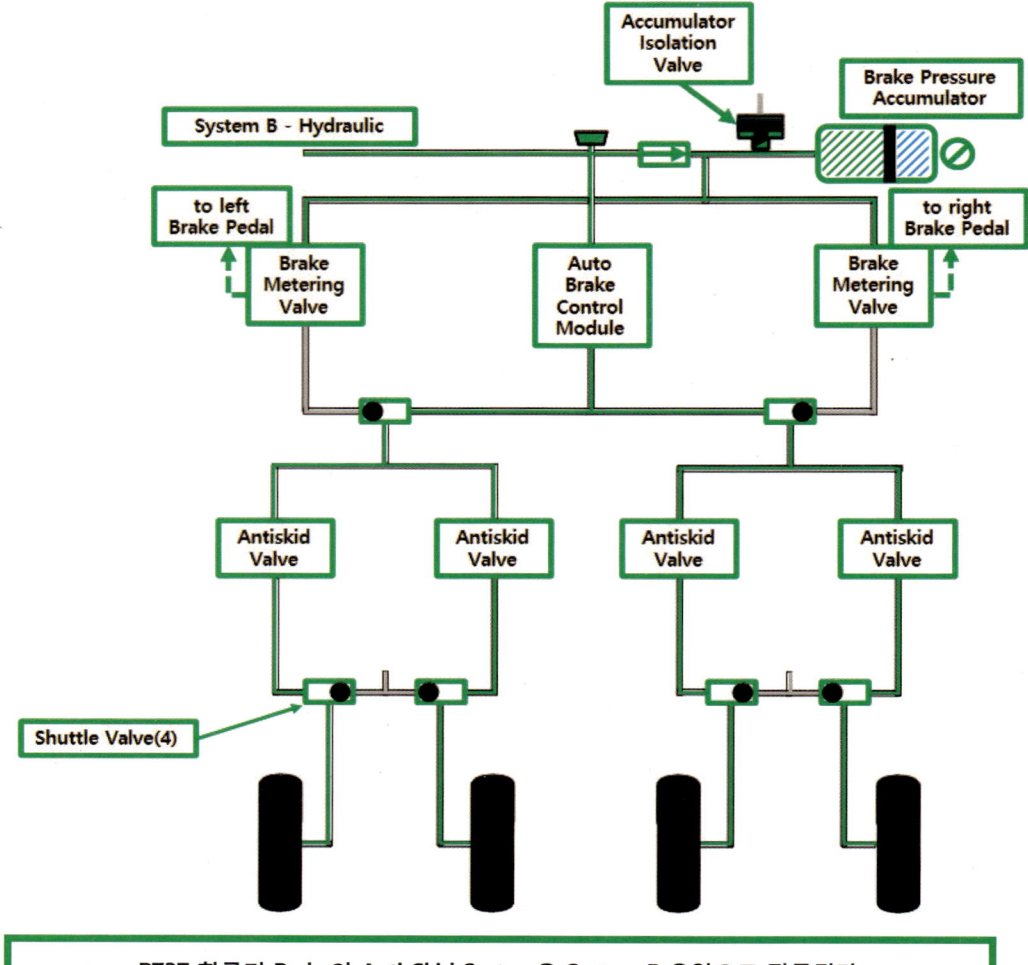

B737 항공기 Brake와 Anti-Skid System은 System B 유압으로 작동된다.

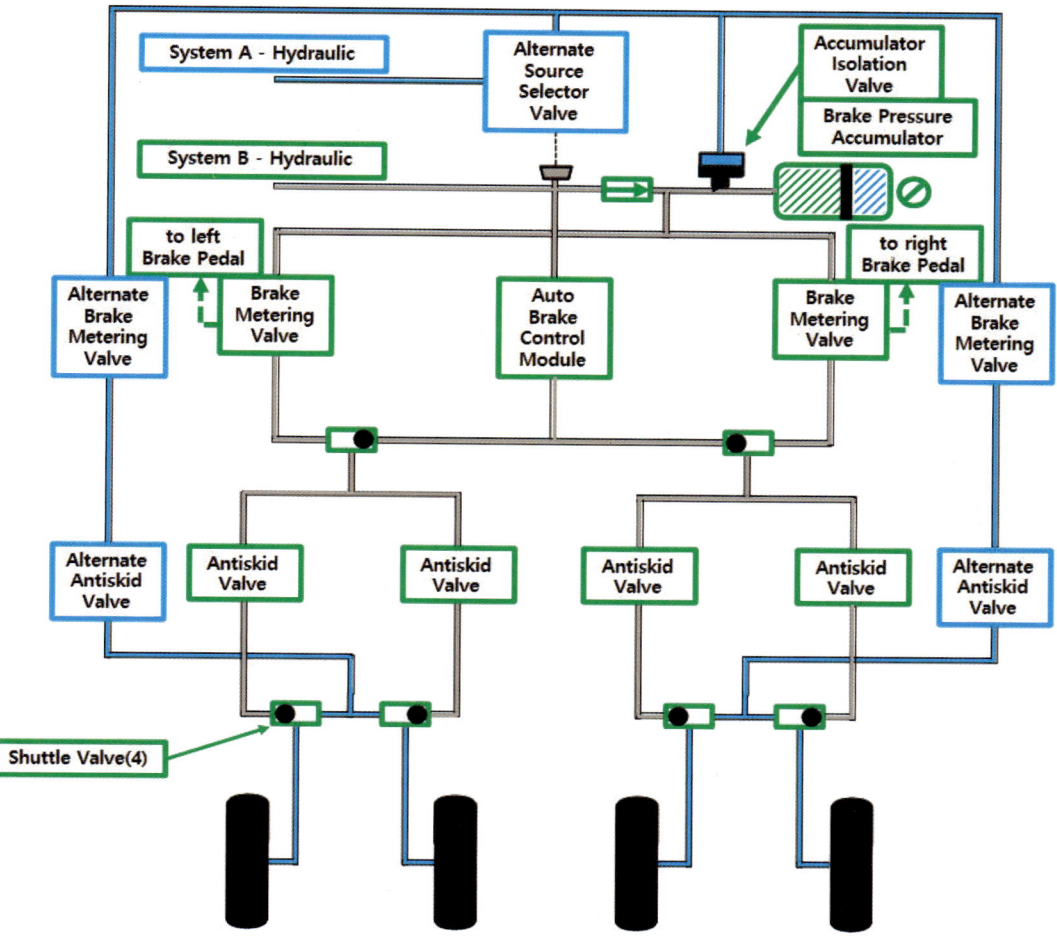

System B 유압 라인이 누설되거나 손상되면 System A 유압으로 기능을 유지한다.

1. Alternate Source Selector Valve가 System B의 유로를 막고 System A의 유로를 형성시킨다.
2. Accumulator로부터 작동유 공급을 막기 위해 Accumulator Isolation Valve가 마찬가지로 Accumulator의 유압 라인을 막아버린다.
3. Shuttle Valve가 Brake로 가는 유압 라인을 System B의 Antiskid Valve 유로를 막고 Alternate Antiskid Valve 유로로 형성한다.

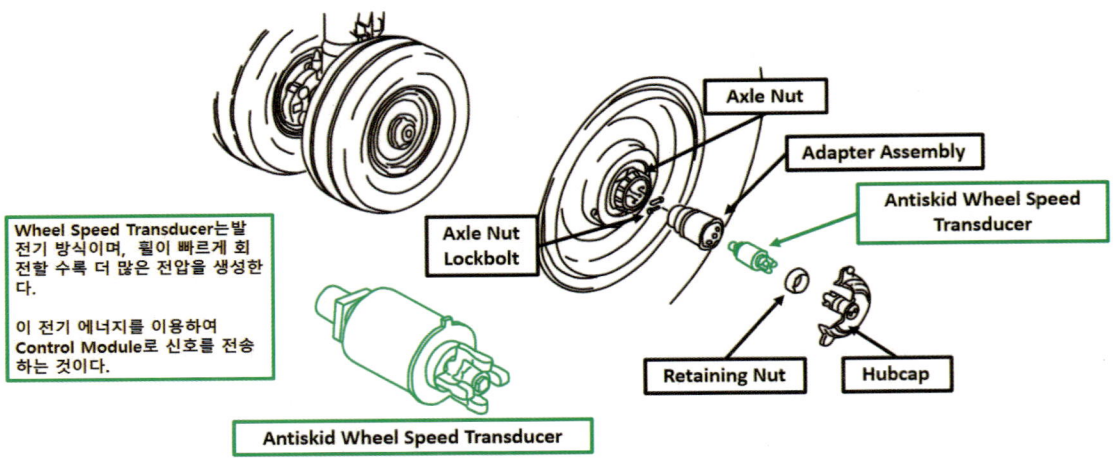

Question 3-4

항공기 Brake 이상 현상에는 어떤 것들이 있는가?

Answer

① Fading : Brake가 과열되어 제동이 원활히 되지 않은 현상이다.
② Grabbing : Brake에 이물질이 고착되어 제동이 원활히 되지 않는 현상이다.
③ Dragging : Brake 유압 라인에 공기가 차 있어서 제동 후에도 원상태로 복구가 잘 안 되는 현상이다.

Question 3-5

항공기 Brake System의 마모도 확인은 어떻게 하는가?

Answer

Brake Housing에 있는 Wear Indicator Pin의 상태를 보고 Brake Pad의 마모도를 확인해볼 수 있다.

Brake Pad의 마모가 심할 경우 이 Wear Indicator Pin이 Brake Housing과 수평을 이루며, 이 Wear Indicator Pin의 길이에 대해서는 Dimension "L"에서 명시된 한계치에 달했을 경우 Brake Pad를 교환해야 한다.

◆ Brake Housing에 있는 Brake Wear Indicator Pin 위치 및 실물 ◆

 09 항공기 취급 / 동결방지 계통

(1) 시운전 절차(Engine Run Up)
  ① 시동절차 개요 및 준비사항
  ② 시운전 실시
  ③ 시운전 도중 비상사태 발생시(화재 등)
  ④ 시운전 종료 후 마무리 작업 절차
(2) 동절기 취급절차(Cold Weather Operation)
  ① 제빙유 종류 및 취급 요령(주의사항)
  ② 제빙유 사용법(혼합률, 방빙 지속 시간)
  ③ 제빙작업 필요성 및 절차(작업안전 수칙 등)
  ④ 표면처리(세척과 방부처리) 절차
(3) 시스템 개요(날개, 엔진, 프로펠러 등)
  ① 방・제빙하고 있는 장소와 그 열원 등
  ② 작동시기 및 이유
  ③ Pitot 및 Static 계통, 결빙방지계통 검사
  ④ 전기 Windshield 작동 점검
  ⑤ Pneumatic De-Icing Boot 정비 및 수리
(4) 지상운전과 정비
  ① 항공기 견인(Towing) 일반절차
  ② 항공기 견인(Towing) 시 사용 중인 활주로 횡단 시 관제탑에 알려야 할 사항
  ③ 항공기 시동시 지상 운영 Taxing의 일반절차 및 관련된 위험요소 방지절차
  ④ 항공기 시동시 및 지상작동(Taxing 포함) 상황에서 표준 수신호 또는 지시봉(Light Wand) 신호의 사용 및 응답방법

Question 1
항공기 Engine Run Up 절차 수행 전 준비사항은 어떻게 되는가?

Answer

B737 항공기 기종 기준으로 다음과 같다.
① 정해진 장소로 항공기를 Towing 하여 Parking Brake를 설정한다.
② 항공기 Parking 시에는 반드시 항공기 전방이 바람이 부는 방향으로 향하도록 해야 한다.
③ 항공기 Landing Gear에 Lock Pin과 고임목(Chocks)을 설치한다.
④ Inlet Cowl, Fan Blade, Fan Spinner, T12 Sensor, External Cowl 표면에 손상이나 결빙은 없는지 육안 점검을

수행한다.

⑤ Engine LPT(Low Pressure Turbine, 저압 터빈), Exhaust Plug, Primary Nozzle에 손상은 없는지 육안 점검을 수행한다.

⑥ Run Up 장소 주변에 FOD가 발생하지 않도록 주변 정리정돈 상태를 확인한다.

⑦ Run Up 전 Engine Inlet과 Exhaust Duct, Pitot Probe, AOA Sensor, TAT Probe에 있는 Cover를 제거한다.

⑧ 조종실에서 Engine 오일량과 IDG(Integrated Drive Generator)[1] 오일량을 확인하고, 필요 시 보충해준다.

⑨ 항공기 조종실 레버 위치가 다음과 같이 있는지 확인한다.

  a. Forward Thrust Lever – IDLE
  b. Reverse Thrust Lever – Stow[2]
  c. Engine Start Lever – CUTOFF
  d. P5 Overhead Panel에 있는 Engine Start SW – OFF

⑩ 인명 피해 및 장비품 손상 방지를 위해 Weather Radar가 작동되지 않도록 회로 차단기(C/B : Circuit Breaker)를 Open[3]시켜 회로를 차단시킨다.

⑪ Engine 시동 시 배기가스로 인한 손상을 방지하기 위해 Flap을 Retract 시킨다.

Question 1-1

항공기 Engine Run Up 절차는 어떻게 되는가?

Answer

B737 항공기 기종 기준으로 다음과 같다.

① Battery Switch를 ON으로 설정한다.
② External Power Switch를 ON으로 설정하여 GPU에 의해 외부 전원을 공급받는다.
③ Fire Detection System의 Overheat Detector Test Switch를 "TEST" 위치로 설정하여 정상적으로 작동되는지 기능점검을 수행해본다.
④ 항공기 Anti–Collision Light와 Navigation Light or Position Light Switch를 ON으로 설정한다.
⑤ APU Switch를 'START'로 설정하여 APU를 시동한다.

---

1) IDG(Integrated Drive Generator)는 엔진 액세서리 기어박스(AGB : Accessory Gearbox)에 장착된 보기품 중 하나로써, 엔진 시동 시 작동되는 발전기이다. 항공기 주 전원 115VAC, 3상, 400[Hz] 전원을 생성한다.
2) Reverse Thrust Lever의 Stow Position은 역추력장치를 작동시키지 않을 때 설정한다.
3) 회로 차단기(C/B)의 스위치를 당긴 상태를 말한다. 이러한 상태는 회로로 전류를 공급하지 않도록 차단시킨 것을 의미한다.

⑥ APU Generator Switch를 ON으로 설정하여 APU로부터 전원을 공급받는다.
⑦ APU Bleed Switch를 ON으로 설정한다.
⑧ 일반적으로 NO.2 ENG부터 시동을 걸기 때문에 FUEL PUMP 2 FWD, FUEL PUMP 2 AFT 스위치를 ON으로 설정한다.
⑨ ENG Ignition Start Switch를 "GND"로 설정한다.
⑩ N2 rpm이 25[%]에 도달하였다면, NO.2 ENG START Switch를 "CUTOFF"에서 "IDLE"로 설정한다.
⑪ 조종실 Upper DU에서 N2 rpm 상승 및 Fuel Flow를 비롯한 아래 항목들을 모니터링한다.
    a. Oil Pressure와 ENG VIB(엔진 진동값)이 정상인지 확인
    b. Engine rpm이 Minimum Idle Speed까지 상승되었는지 확인
    c. 완전히 Engine 시동이 걸리면 ENG Ignition Start Switch가 "GRD"에서 자동으로 "OFF"로 설정됨
⑫ 모두 이상 없으면 NO.1 ENG도 동일하게 시동을 건다.

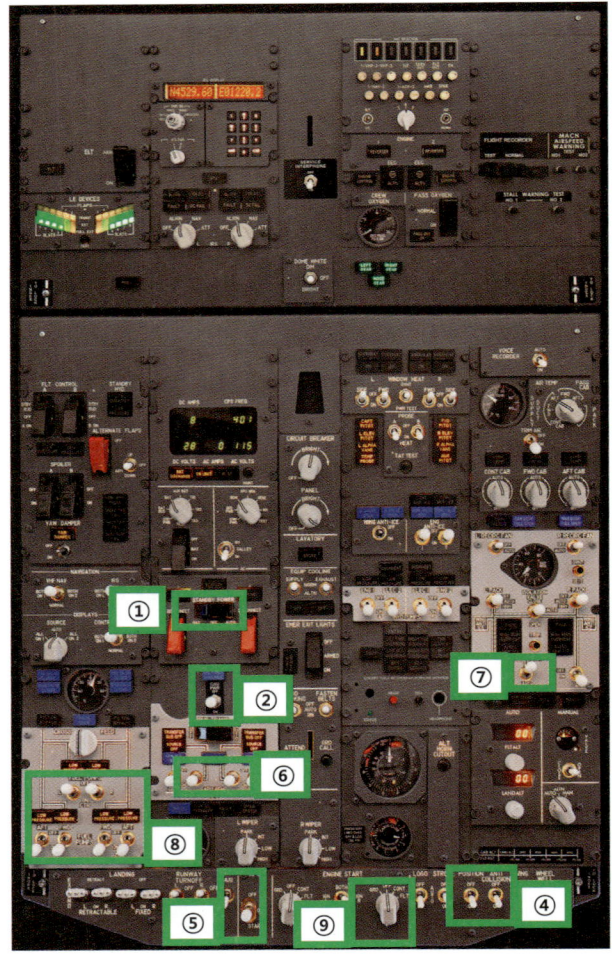

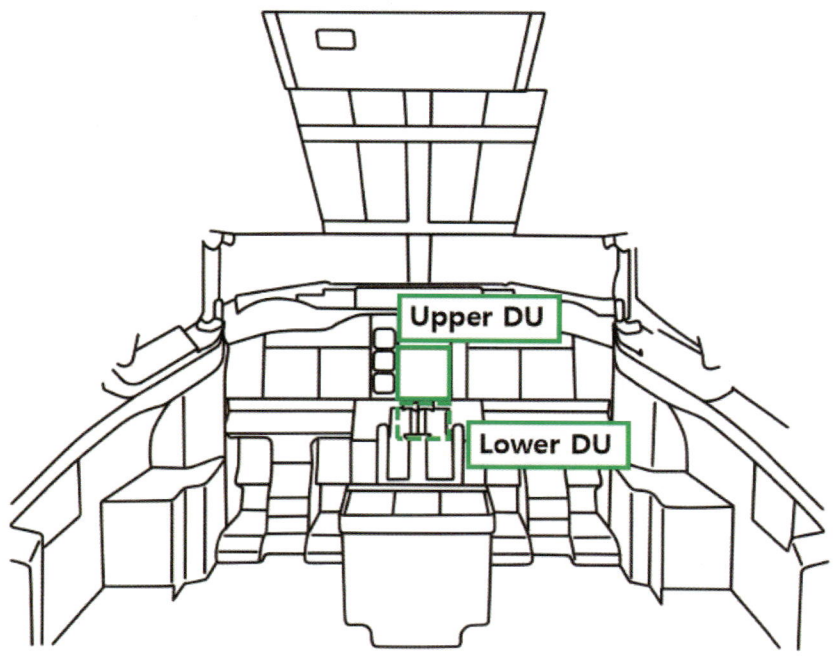

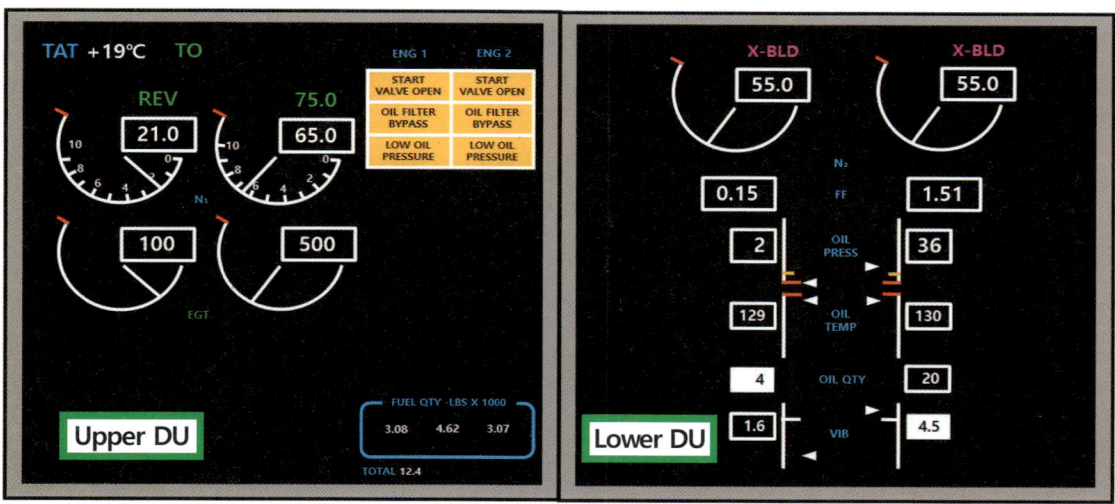

◆ B737 항공기 Upper DU와 Lower DU에 지시되는 각종 엔진 파라미터들(Engine Parameters) ◆

Question 1-2

항공기 Engine 시동 중 발생되는 비정상 시동 현상들은 무엇이 있는가?

Answer

항공기 Engine 시동 중 발생되는 비정상 시동 현상들은 다음과 같이 있다.

① Hot Start
② Hung Start
③ No Start

각 시동별 정의와 발생원인은 다음과 같다.

(1) Hot Start

Hot Start는 엔진 시동 중 EGT 값이 한계치를 초과한 시동상태를 말한다. 엔진 공기흡입부 공기흐름이 원활하지 못하거나 FCU(Fuel Control Unit)와 같은 연료조절장치가 고장났을 때 발생한다.

(2) Hung Start

Hung Start는 시동이 IDLE 상태까지 도달하지 못한 상태를 말한다. 원인으로는 시동기(Starter)의 고장으로 인해 불충분한 시동동력에 의해 발생한다.

(3) No Start

No Start는 규정시간 내에 엔진 시동이 되지 않는 현상으로, 점화장치 불량 또는 연료 흐름이 막히거나 불충분한 전력 공급 등으로 발생한다.

Question 2

항공기 제빙(De-Icing)과 방빙(Anti-Icing)은 무엇인가?

Answer

항공기 제빙과 방빙은 다음과 같다.

(1) 제빙 작업(De-Icing)

제빙은 얼음을 제거하는 것을 말한다. 일부 소형 항공기는 비행 중 날개 앞전에 장착된 제빙 부츠(De-Ice Boots)를 작동시켜 제빙작업을 한다. 제빙 부츠는 디스트리뷰터 밸브(Distributor Valve)에 의해 엔진 압축기 블리드 에어(Engine Compressor Bleed Air)를 이용하여 수축, 팽창을 일정 주기로 반복하여 날개 앞전에 형성된 얼음을 제거한다.

다른 제빙 작업은 제빙액을 이용한 화학적 방식이 있다. 따뜻한 물과 이소프로필 알코올/에틸렌글리콜을 혼합하여 쓰는 제빙액을 사용한다.

제빙액 종류로는 다음과 같이 분류된다.
① 제빙액 혼합비율은 날씨가 추울수록 농도를 더 높여서 효과를 높인다.
② TYPE I : 글리콜 80[%] - 주로 제빙에 사용하고, 점성이 낮다.
③ TYPE II, III, IV : 글리콜 50[%] - 주로 방빙에 사용하고, 점성이 높다.
④ 제빙은 물 또는 물+용액, 방빙은 용액 또는 물+용액으로 혼합하여 사용한다.

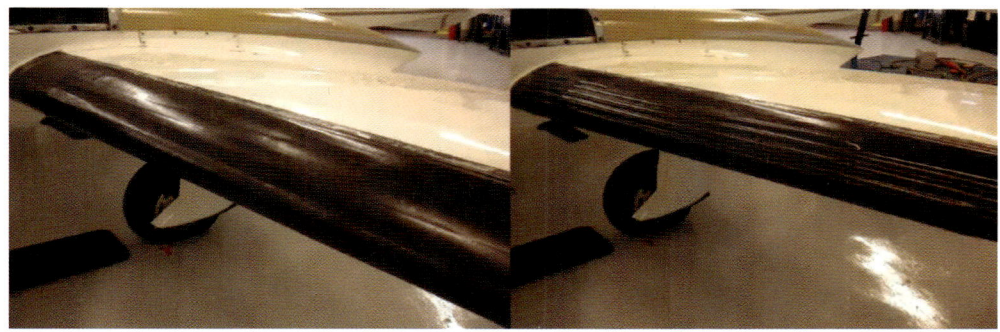

◆ 항공기 날개 앞전에 장착된 제빙부츠가 작동되는 모습 ◆

(출처 : 국토교통부 항공정비사 표준교재 항공기기체 제2권 항공기 시스템)

◆ 착륙 후 제빙패드(De-Icing Pad)에서 제빙작업을 수행 중인 B737 항공기 ◆

(출처 : Wikipedia)

(2) 방빙 작업(Anti-Icing)

방빙은 얼음이 형성되는 것을 방지하는 것을 말한다. 방빙 종류로는 엔진 압축기 블리드 에어(Engine Compressor Bleed Air)를 이용한 방식과 전열선 방식, 화학적 방식이 대표적으로 있다.

① 엔진 압축기 블리드 에어(Engine Compressor Bleed Air)를 이용한 방식

항공기 날개 앞전을 방빙할 수 있도록 Thermal Anti-Icing Air Duct를 통해 엔진 압축기 블리드 에어를 날개 앞전 내부에 공급하여 얼음이 형성되는 것을 방지한다. 또한, 이 블리드 에어로 엔진 에어 인렛(Engine Air Inlet) 방빙에도 사용한다.

② 전열선 방식

일부 기종에서는 왕복 엔진이나 터보 프롭 엔진의 프로펠러(Propeller), 피토 튜브(Pitot-Tube), 스태틱 포트(Static Port), 드레인 마스트(Drain Mast), 윈드실드(Windshield) 등에 쓰인다.

③ 화학적 방식

일부 기종에서 왕복 엔진이나 터보 프롭 엔진의 프로펠러, 왕복 엔진의 카뷰레이터(Carburetor), 윈드실드(Windshield) 등에 이소프로필 알코올이나 에틸렌글리콜을 사용하여 빙점을 낮춰 방빙한다. 참고로 윈드실드는 현재 전열선으로 방빙하는 방식이 대부분이기 때문에 화학적 방식은 사용하지 않는다.

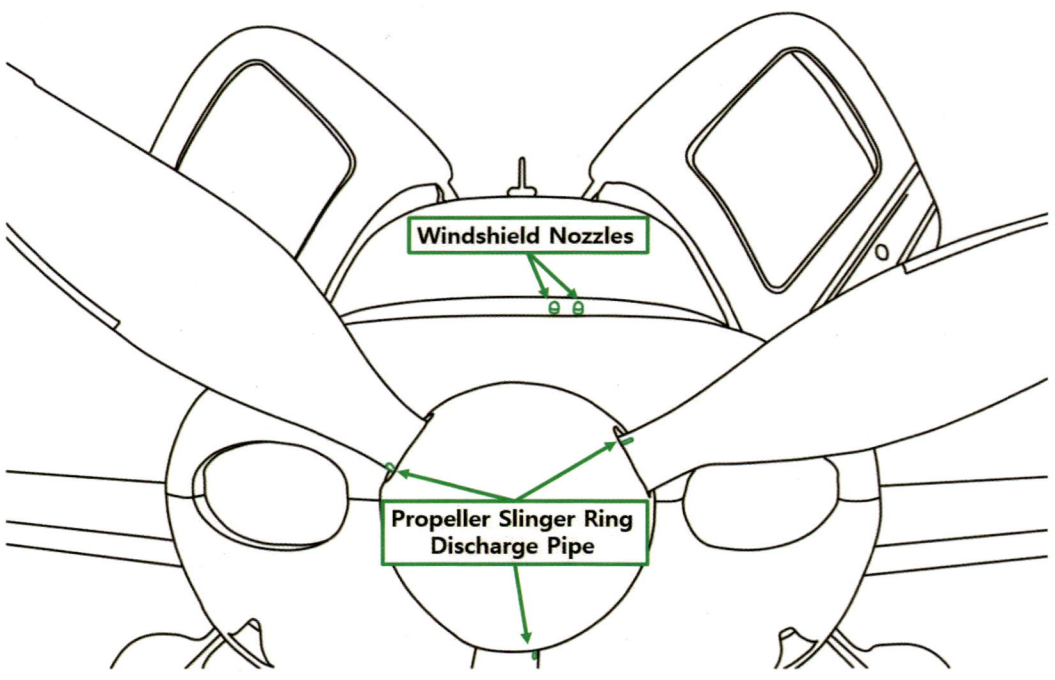

◆ 일부 항공기에서 볼 수 있는 윈드실드 방빙액 분사 노즐과 프로펠러 슬링어 링 분사 파이프 위치 ◆

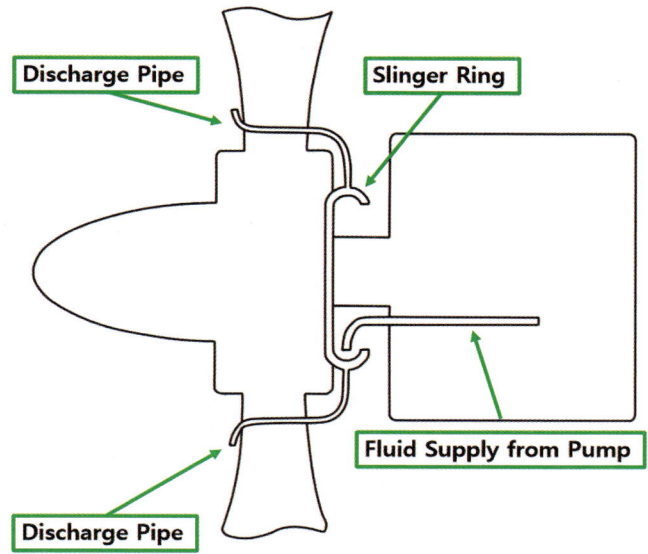

◆ 프로펠러 항공기의 슬링어 링을 이용한 방빙액 분사 장치 구성품 ◆

Question 2-1

항공기 윈드실드(Windshield)를 방빙하는 목적은 무엇인가?

Answer

근본적인 목적은 조종사의 시야 확보이며, 2차적인 목적으로는 겨울철 아크릴이나 유리가 잘 깨지는 특성을 방지하도록 강도 유지 목적으로 방빙한다.

만약 방빙이 안되면, 버드 스트라이크(조류 충돌) 충격으로도 윈드실드가 손상되어 조종불능 상태가 올 수도 있다.

Question 2-2

항공기 윈드실드(Windshield)가 방빙이 되고 있는지에 대해 확인하는 방법은 무엇이 있는가?

Answer

항공기 조종실 오버헤드 패널(Overhead Panel)에 있는 윈드실드 방빙 스위치(Windshield Anti-Ice Switch)를 작동시켰을 때 녹색으로 지시등이 점등되는지 여부에 따라 확인이 가능하며, 직접 만져보고 따뜻한지 확인해볼 수도 있다.

Question 2-3

제/방빙 용어 중 HOT(Holdover Time)이란 무엇인가?

Answer

제/방빙액을 분사 후 항공기 표면에 다시 결빙이 형성되는 소요시간을 말한다.

제/방빙액의 Type과 물의 비율에 따라 달라지며, HOT 이내에 이륙하지 못한다면 착빙이 재형성되므로 제/방빙 작업을 다시 수행해야 한다.

Question 2-4

항공기 날개 앞전에 과열 탐지기(Overheat Detector)가 있는 이유는 무엇인가?

Answer

항공기 날개 앞전에는 엔진 압축기 블리드 에어를 이용하여 방빙한다. 만약 과열로 인해 내부 덕트(Duct)가 손상되면 고온, 고압의 블리드 에어가 항공기 날개 앞전 주위를 과열시켜 손상을 일으킬 우려가 있기 때문에 과열 탐지기(Overheat Detector)가 장착된다. 이 탐지기는 열 스위치(Thermal Switch) 형식을 사용한다.

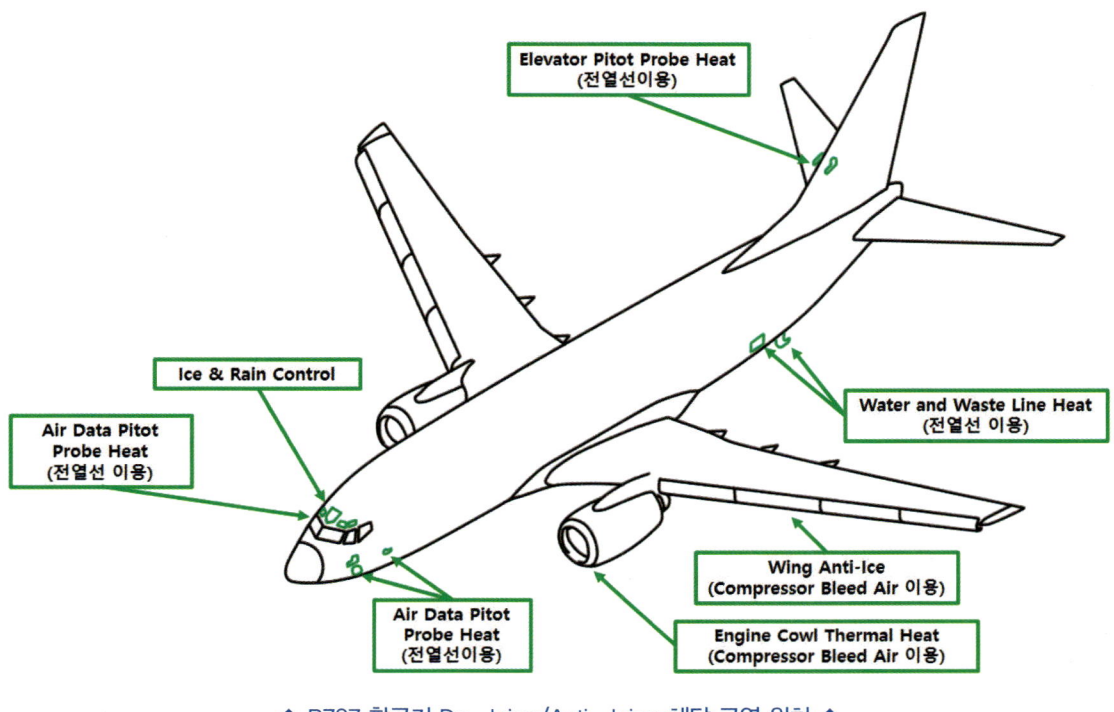

◆ B737 항공기 De-Icing/Anti-Icing 해당 구역 위치 ◆

Question 3

항공기 견인작업(Towing)에 대한 절차와 주의사항은 어떻게 되는가?

Answer

항공기 견인작업은 자격을 갖춘 정비요원이 실시해야 하며 조종실, 토잉카(Towing Car) 또는 터그카(Tug Car), 양날개 끝, 꼬리날개, 견인 감독관까지 총 6명으로 구성되어 진행된다. 조종실과 토잉카 요원은 플라이트 인터폰(Flight Interphone)을 이용하여 상호 간에 통신을 한다. 견인작업이 끝나면 고임목(Chocks)을 설치 후 토우바(Tow Bar)를 제거한다.

(1) 절차(Procedure)
  ① 각 랜딩기어 바퀴에 고임목(Chocks)이 설치되어 있어야 한다.
  ② Parking Brake가 설정되어 있는지 확인한다.

③ 각 랜딩기어에 Downlock Pin이 꽂혀있는지 확인한다.
④ 노즈 랜딩기어(Nose Landing Gear)에 Bypass Steering Pin을 장착한다.
⑤ 토우바(Tow Bar)와 노즈 랜딩기어(Nose Landing Gear)를 연결한다.
⑥ 조종실에 있는 인원은 다음의 스위치들을 설정한다.
  a. BATT SW를 ON하여 APU START SW를 'START'로 설정하여 APU 시동을 건다.
  b. EMDP(Electric Motor Driven Pump) SW ON
  c. Navigation Light, Anti-Collision Light SW ON
  d. 관제탑과 통신을 이루기 위해 VHF 주파수를 설정한다. 주파수는 Radio Tuning Panel을 통해 해당 공항 관제탑 주파수를 설정할 수 있다.
⑦ 관제탑에서 지시한 주기장이나 계류장으로 견인작업을 시작한다. 이때 속도는 8[km/h] 이내여야 한다.
⑧ 날개끝(Wing Tip) 인원은 견인작업(Towing)이 끝날 때까지 고임목을 들고 있다가 항공기가 해당 주기장이나 계류장에 위치되면 다시 바퀴에 고임목을 삽입한다.
⑨ 조종실에 있는 인원은 Parking Brake를 설정하고, 지상에 있는 인원들은 토우바(Tow Bar)와 노즈 랜딩기어(Nose Landing Gear)를 분리시킨 다음, 조종실에서 조작했던 모든 SW를 OFF한다.

Question 3-1

항공기 견인작업(Towing)을 할 때 견인요원과 관제탑 간에 교신을 하는 이유가 무엇인가?

Answer

해당 항공기 활주로 횡단 목적이나 주기(Parking) 장소를 사전에 허가받기 위해 교신한다.

Question 3-2

항공기 견인작업(Towing)을 할 때 사용하는 Pin 종류 3가지는 어떤 것들이 있는가?

Answer

항공기 견인작업 시 사용하는 Pin 종류는 다음과 같다.

(1) Shear Pin

　Tow Bar와 Nose Landing Gear를 연결했을 때 과도한 조작이나 급정거로 인해 Nose Landing Gear가 손상되는 것을 방지한다. 이 Shear Pin이 과도한 힘을 받아 부러지게 되면 Tow Bar와 Nose Landing Gear가 분리되도록 한다.

(2) Downlock Pin

　Main Landing Gear가 지상에 있을 때 접히지 않도록 장착한다.

(3) Bypass Steering Pin

　Tow Bar와 Nose Landing Gear가 연결된 상태에서, 조종실에서 Steering을 할 경우 Tow Bar와 Nose Landing Gear가 파손될 위험을 방지하기 위해 조종실에서의 유압을 차단시켜 주는 핀을 말한다.

Question 3-3

항공기 견인작업(Towing)을 할 때 지상에 있는 인원과 조종실에 있는 인원이 상호 간에 통신을 이루기 위하여, 조종실에 있는 인원은 어떤 인터폰(Interphone)을 사용하는가?

Answer

조종실에 있는 인원은 플라이트 인터폰(Flight Interphone)을 사용한다.

Question 3-4

항공기 견인작업(Towing)을 할 때 엔진 시동을 거는가?

Answer

그렇지 않다. 보통 APU를 시동걸어서 APU로부터 전원을 공급받아 필요로 하는 SW들을 조작하여 Towing을 수행한다.

Question 3-5

항공기 엔진 시동을 걸지 않았다면, 항공기 Brake는 어떻게 사용할 수가 있는가?

Answer

항공기 APU를 작동시켜서 APU Generator에 의해 전원을 공급받아 EMDP(Electric Motor Drive Pump)를 작동시킨다. 유압계통의 EMDP는 Motor에 의해 구동되는 Pump이며, 비상시 사용하기도 한다. 또한 Brake Accumulator에 있는 작동유를 통해 7~8회 Brake를 작동시킬 수가 있다.

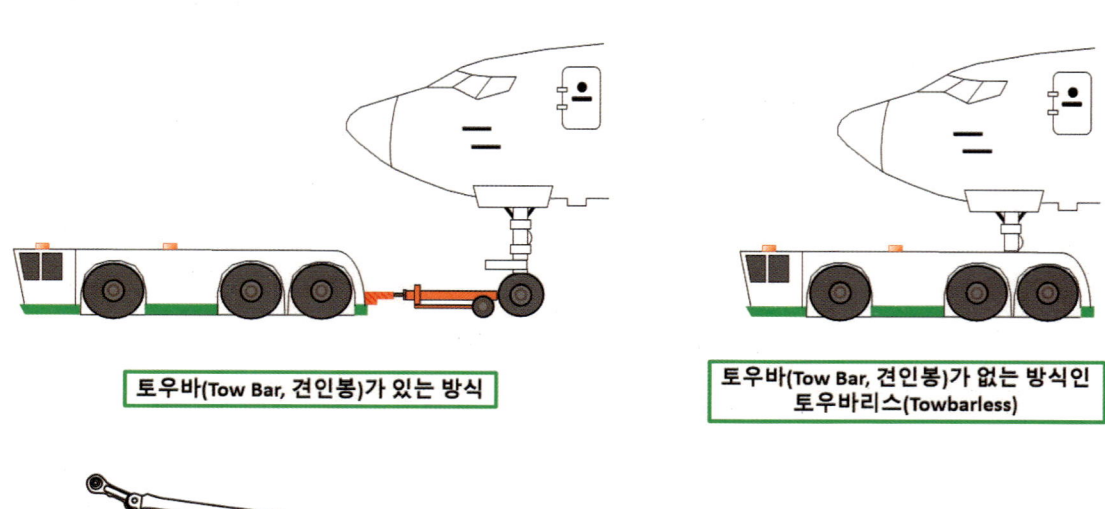

토우바(Tow Bar, 견인봉)가 있는 방식 / 토우바(Tow Bar, 견인봉)가 없는 방식인 토우바리스(Towbarless)

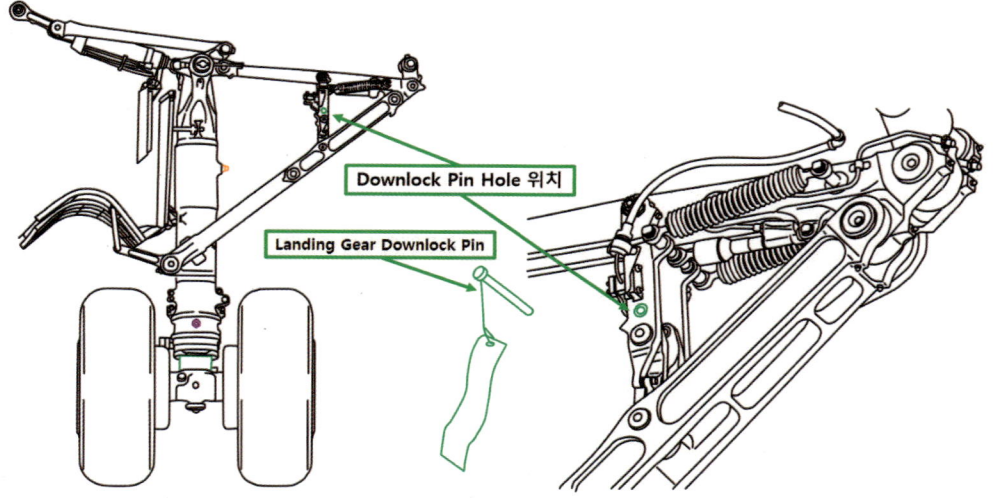

◆ B737 항공기 Main Landing Gear의 Downlock Pin Hole 위치 ◆

◆ 항공기 Landing Gear에 장착된 Downlock Pin 실물 ◆
(출처 : 국토교통부 항공정비사 표준교재 항공기기체 제2권 항공기 시스템)

10 공기조화 계통

(1) 공기순환식 공기조화계통(Air Cycle Air Conditioning System)
　① 공기 순환기(Air Cycle Machine)의 작동 원리
　② 온도 조절방법
(2) 증기순환식 공기조화계통(Vapor Cycle Air Conditioning System)
　① 주요부품의 구성 및 기능
　② 냉매(Refrigerant) 종류 및 취급 요령(보관, 보충)
(3) 여압 조절 장치(Cabin Pressure Control System)
　① 주요부품의 구성 및 작동 원리
　② 지시계통 및 경고장치

Question 1

항공기 공기순환장치에 적용되는 법칙은 무엇인가?

Answer

보일과 샤를의 법칙이다. 이 법칙들은 다음과 같다.

(1) 보일의 법칙

보일의 법칙은 기체의 온도를 일정하게 유지시킨 상태에서 압력을 2배로 하면, 체적은 1/2로 감소하는 것을 말한다.

반대로 가해진 절대 압력이 감소하였을 때, 체적이 증가한다. 즉, 밀폐된 기체의 체적은 온도를 일정하게 유지시키면 그 압력에 반비례한다는 것이다.

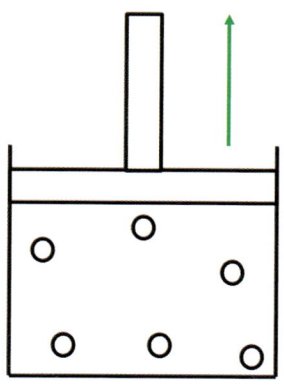
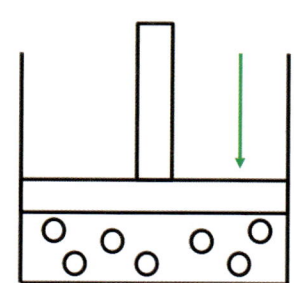

| 손잡이를 당기면 체적은 증가하나 압력은 감소한다. 공기 입자들이 밀집되어 있지 않기 때문이다. (공기 밀도 감소) | 손잡이를 누르면 체적은 감소하나 압력은 증가한다. 좁은 공간으로 인해 공기 입자들이 밀집된다. (공기 밀도 증가) |

(2) 샤를의 법칙

샤를의 법칙은 압력을 일정하게 유지하면, 모든 기체가 절대 온도의 변화에 따라 일정한 비율로 팽창하거나 수축되는 현상을 말한다.

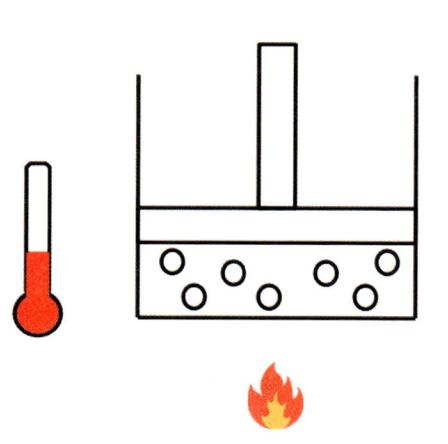
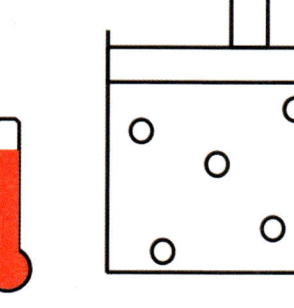

| 온도가 낮아지면 공기 입자의 운동도 둔해져 체적이 작다(수축). | 온도가 높아지면 공기 입자의 운동도 활발해져 체적이 커진다(팽창). |

항공정비사 면허 실기 · 구술

> **Question 1-1**
> 항공기 Air Conditioning System의 작동원리는 어떻게 되는가?

Answer

항공기 Air Conditioning System은 기내로 적절한 온도의 공기를 제공해주는 장치로써, Engine Compressor Bleed Air를 이용한다.

Engine Compressor Bleed Air는 보통 200~300[℃] 정도의 고온, 고압의 공기이기 때문에 냉각과정을 거쳐야 한다. 먼저 Pack Valve 또는 FCSOV(Flow Control and Shutoff Valve)가 열리면 고온의 공기와 냉각할 공기 2가지 라인으로 나뉘게 된다.

먼저, 냉각 라인부터 살펴보면, 고온, 고압의 블리드 에어는 Primary Heat Exchanger를 통과한다. Primary Heat Exchanger에서는 외부에서 유입되는 Ram Air를 통해 Bleed Air와 열교환을 하는 방식이다. 이후에 ACM(Air Cycle Machine)의 Compressor를 통과하여 고온, 고압으로 단열압축 과정을 거쳐 Secondary Heat Exchanger를 통과한다.

2차 열교환기 이후에는 ACM의 Turbine을 지나가게 되는데, 이때 Bleed Air의 온도는 3[℃]까지 기온이 감소되므로 매우 차가운 상태가 된다. 또한, 고온의 공기가 차갑게 열교환이 이루어짐에 따라 수분이 내포되는데, 이러한 수분이 기내로 공급되어 습기가 많아지지 않도록 Water Separator를 통과한다.

마지막으로 맨 처음에 고온의 공기 일부를 TCV(Temperature Control Valve)를 통해 냉각된 공기와 혼합하여 적정 온도의 공기를 기내로 공급하도록 한다.

*B737-800/900부터는 계통도가 약간 다르다. 흐름 순서는 다음과 같다.

① FCSOV가 열리면 Engine Compressor Bleed Air가 계통으로 들어온다.
② 블리드 에어는 Primary Heat Exchanger에서 냉각 후 ACM(Air Cycle Machine)의 Compressor에서 고온, 고압으로 단열압축이 된다.
③ 단열압축이 된 이 공기는 Secondary Heat Exchanger에서 냉각 후 일부 공기유량을 Water Extractor Duct로 공급하고 나머지는 Reheater로 흐른다.
④ Reheater를 통과한 공기는 온도가 상승된 상태가 되며, Condensor에서 냉각 공기에 의해 냉각된다. 이로 인해 공기에 내포된 수분을 쉽게 분리시키도록 Water Extractor로 흐른다.
⑤ Water Extractor에서 공기에 내포된 수분을 분리시켜 다시 Reheater를 통과한다.
⑥ 2차로 Reheater를 통과한 공기는 1차로 Reheater를 통과했을 때보다 수분이 분리된 상태이기 때문에 Reheater에서 더욱 열효율을 높일 수가 있다. 이후에는 공기를 ACM의 터빈으로 공급하고, 터빈에서 최대의

냉각효율을 만들 수가 있게 된다.
⑦ ACM의 터빈을 통과한 공기는 매우 차가운 상태가 되며 2차로 Condensor를 통과하면서 Condensor의 냉매로 쓰이기도 한다.
⑧ Pack System을 통해 냉각된 공기는 Mix Manifold로 모이게 되고, Trim Air Pressure Regulating Valve를 통해 블리드 에어의 압력을 알맞게 조절한다.
⑨ Trim Air Modulate Valve에 의해 블리드 에어를 혼합하여 각각의 Zone(조종실, 전방 승객실, 후방 승객실)에 알맞은 온도의 공기를 제공하도록 한다.

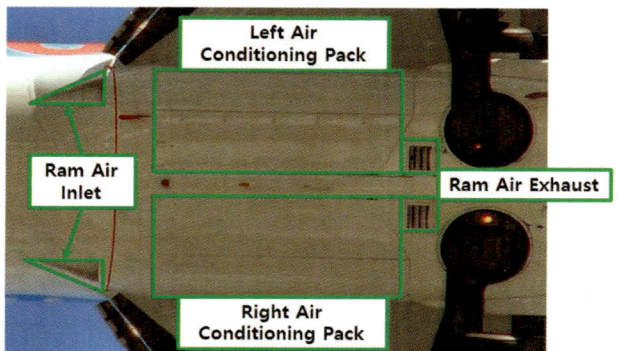

◆ B737 항공기 동체 하부에 위치한 Air Conditioning Packs ◆

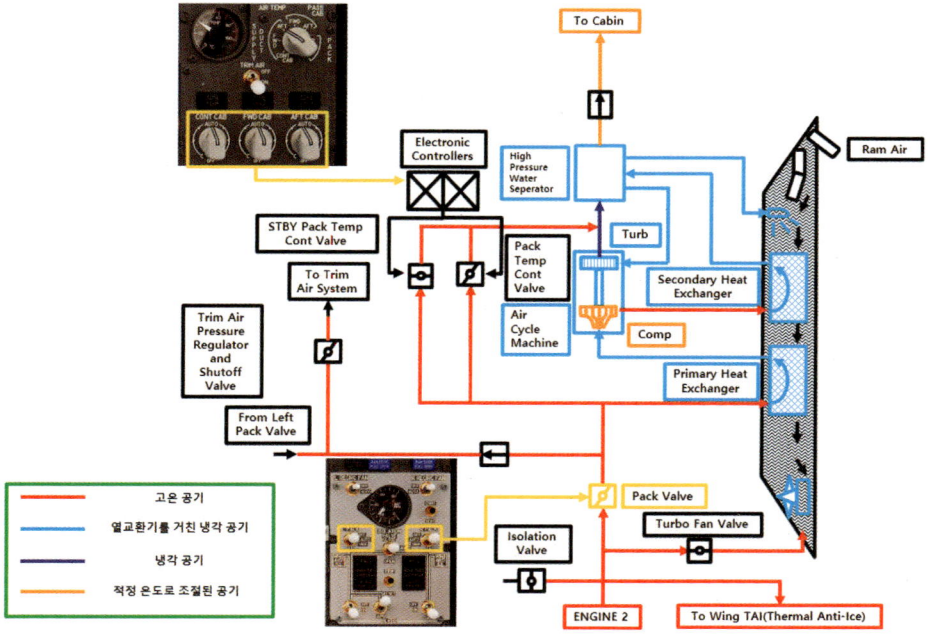

◆ B737-600/700 항공기 Air Conditioning System 계통도 ◆

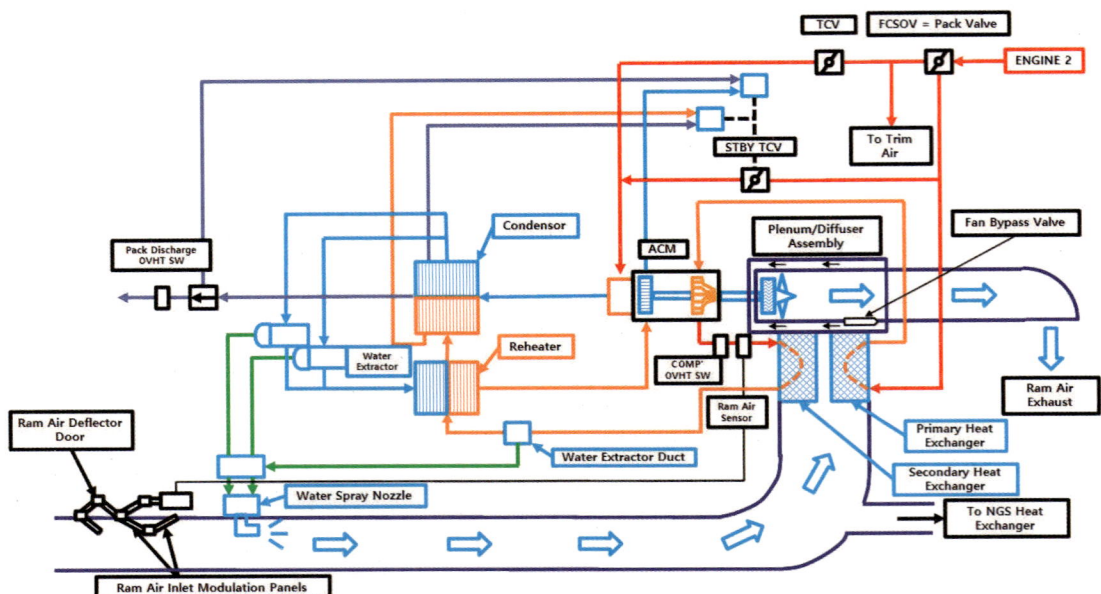

◆ B737-800/900 항공기 Air Conditioning System 계통도 ◆

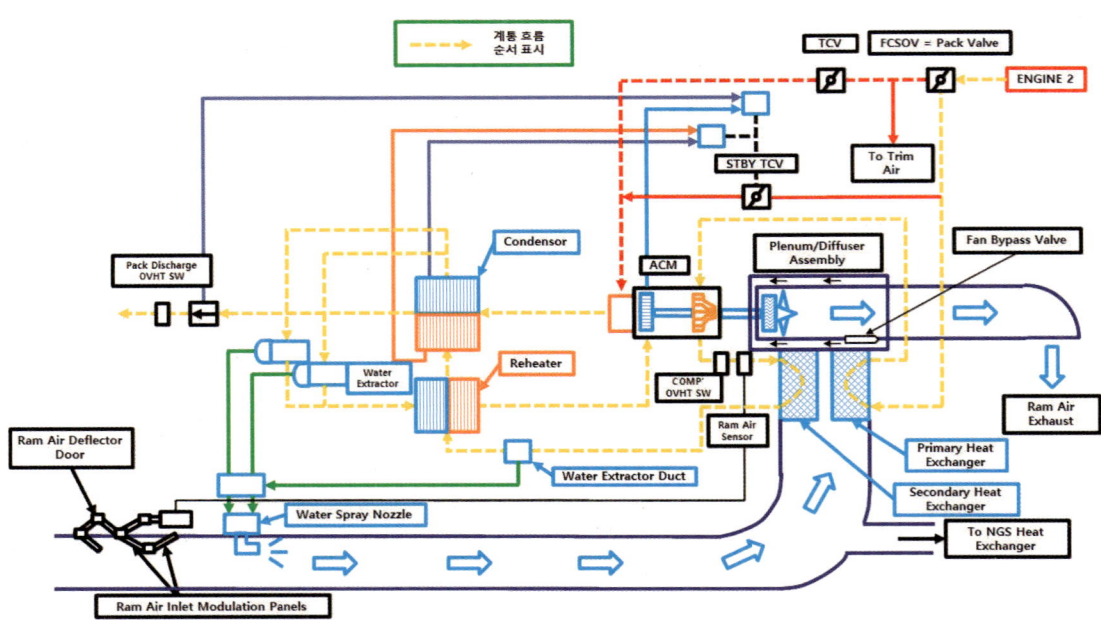

◆ B737-800/900 항공기 Air Conditioning System 계통도 흐름 순서 ◆
(노란색 화살표 참조)

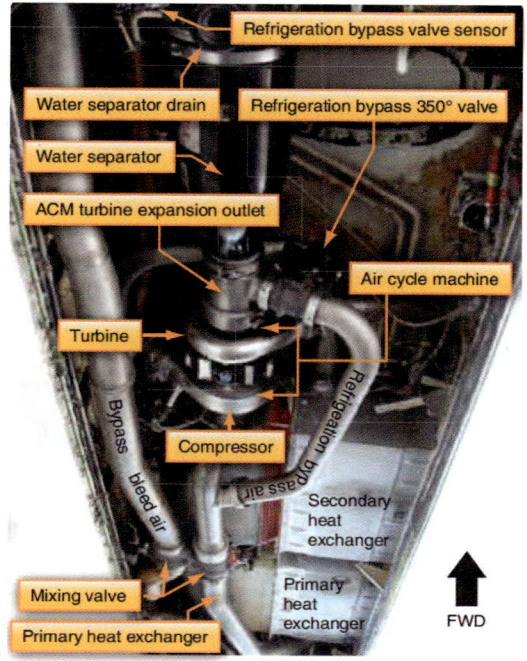

◆ B737 항공기 Air Conditioning System 구성품 위치 ◆
(출처 : 국토교통부 항공정비사 표준교재 항공기기체 제2권 항공기 시스템)

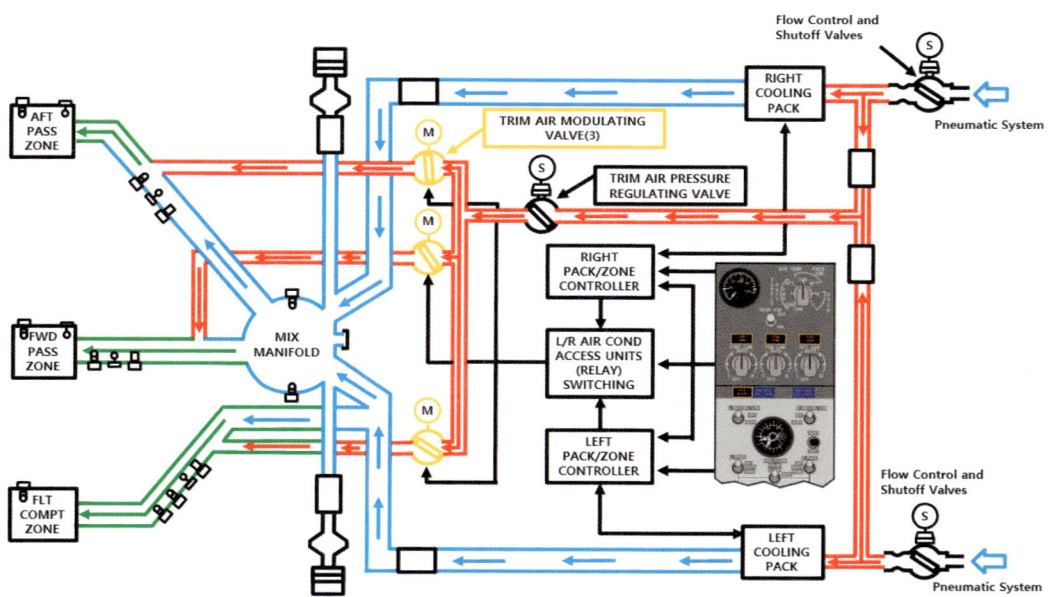

◆ B737 항공기의 Pack System에서 냉각된 공기를 엔진 압축기 블리드 에어와 혼합시키는 구간 ◆

> **Question 1-2**
>
> 항공기 Air Conditioning System에서 ACM(Air Cycle Machine)은 무엇으로 구동되는가?

Answer

ACM은 Compressor와 Turbine으로 구성된 것을 말하며, Turbine의 구동력에 의해 Compressor를 구동시켜 공기 온도를 조절한다.

> **Question 1-3**
>
> 항공기가 지상에서 계류 중이거나 주기 중일 때는 Ram Air Inlet으로 외부공기가 유입이 안 되는데, 이때 어떻게 공기 온도를 조절하는가?

Answer

B737 항공기의 경우에는 Air Conditioning System 구성품 중 ACM과 함께 구동되는 Impeller Fan이 있다. 이 Impeller Fan은 항공기가 지상에 있을 때 ACM의 구동력으로 외부공기를 유입시키도록 Ram Air Duct로 공기를 빨아들인다.

비행 중에는 많은 양의 공기가 유입되므로 높은 Ram Air Pressure가 형성된다. 이때 공기가 Plenum and Diffuser Assembly로 일부 흘러 일정 압력이 형성되면 Fan Bypass Check Valve에 의해 빼낸다.

Question 1-4

항공기 Air Conditioning System은 Engine Compressor Bleed Air를 사용한다고 하였는데, 지상에서 항공기가 주기장에 있을 때 엔진 시동은 걸지 않는다. 그런데도 Air Conditioning System이 작동되어 객실에 쾌적한 공기가 공급되는데, 이것은 어떻게 가능한 것인가?

Answer

APU(Auxiliary Power Unit)의 Bleed Air를 이용한 것이다. 엔진 시동이 걸리지 않은 상태에서는 APU Bleed Air를 이용하여 냉난방이 가능하다.

Question 1-5

항공기 Air Conditioning System 흐름 순서 과정을 보면 중간중간에 온도를 낮추다가 다시 상승시켜주는 과정이 있는데, 그 이유는 무엇인가?

Answer

공기의 온도를 낮추었다가 다시 높여주는 이유는 보일-샤를의 법칙과도 관련성이 있으며, 음펨바 효과(Mpemba Effect)에 따라 낮은 온도의 유체보다 높은 온도의 유체가 더 빠르게 냉각이 잘되는 현상으로도 설명할 수 있다. 즉, Turbine의 냉각효율을 더욱 증진시키기 위함이다.

Question 2

항공기 VCM(Vapor Cycle Machine)은 무엇인가?

Answer

VCM은 주로 항공기 객실 갤리에 있는 냉장고에서 찾아볼 수가 있으며 계통 흐름 순서는 다음과 같다.

① Compressor에서 냉매를 고온, 고압으로 압축 → 고온, 고압기체
② Condensor를 통과 → 고압액체
③ Receiver Dryer → 응축된 수분 수집
④ Thermal Expansion Valve → 저압액체
⑤ Evaporator에서 따뜻한 공기와 열교환 → Blower에 의해 차가운 공기 공급
⑥ Tube 내에 있는 저온, 저압기체는 다시 압축기로 돌아가 재순환되는 방식

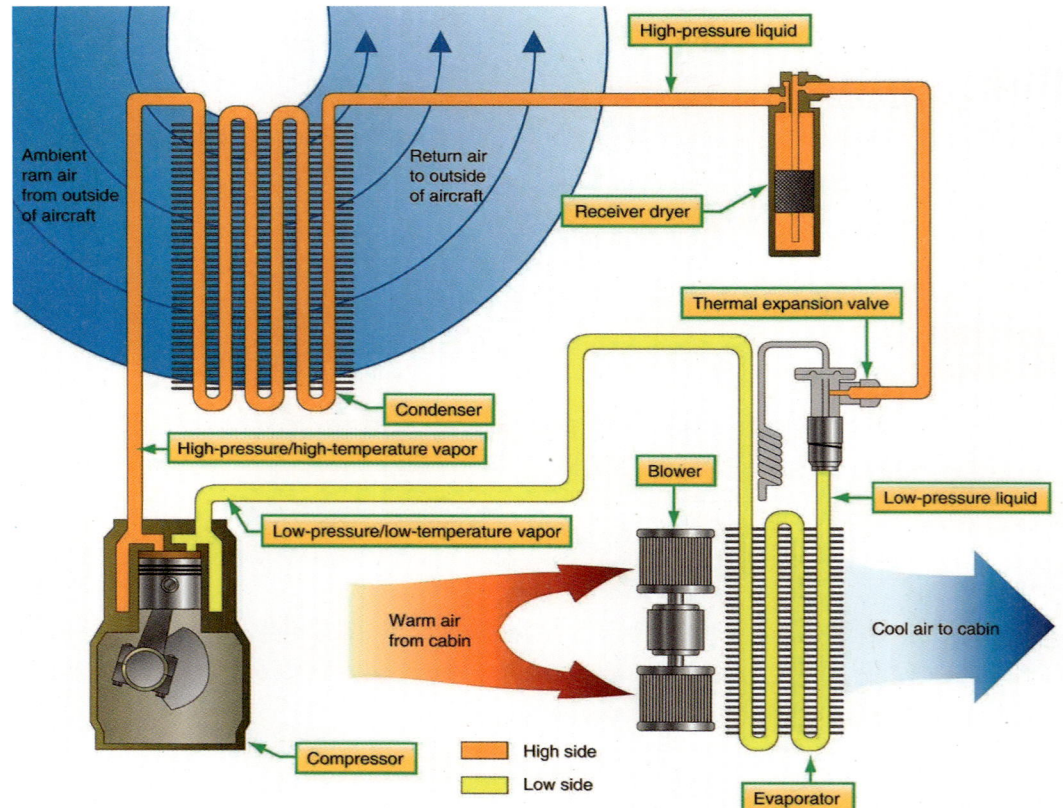

◆ 항공기 VCM(Vapor Cycle Machine) 계통도 ◆
(출처 : 국토교통부 항공정비사 표준교재 항공기기체 제2권 항공기 시스템)

Question 2-1

항공기 VCM(Vapor Cycle Machine)에 사용되는 냉매는 프레온 가스라고 하였는데, 현재는 환경규제 강화 및 오존층 파괴 원인으로 인해 사용하지 않고 있다. 대체품으로 어떤 냉매를 사용하는가?

Answer

현재는 테트라플루오로에탄이 널리 이용되고 있다.

Question 3

항공기 Cabin Pressurization System은 어떤 장치인가?

Answer

항공기 Cabin Pressurization System은 객실 내로 압력을 공급하여 고공에서 발생되는 저산소증(Hypoxia) 현상을 방지하고 사람이 활동할 수 있는 최대 한계 고도인 객실고도를 비행고도에 따라 알맞게 유지시킨다.

만약 여압이 안 된다면, 인체 혈관 내에 아주 작은 기포가 고공 비행에 의한 낮은 압력으로 인해 팽창되어 혈관의 혈액 공급이 원활히 되지 못하게 된다. 인체 혈관 내에 스펀지 현상이 나타나는 셈인 것이다.

Question 3-1

항공기 Cabin Pressurization System의 구성품들은 어떤 것들이 있는가?

Answer

항공기 Cabin Pressurization System에서 기본적인 구성품으로는 B737 항공기 기종 기준 다음과 같이 있다.
① Main Outflow Valve
② Negative Relief Valve
③ Pressure Relief Valve
④ CPC(Cabin Pressurization Controller)

(1) Main Outflow Valve

항공기 Air Conditioning System을 통해 기내로 공급되는 공기를 밖으로 배출시켜 일정한 압력을 유지시킨다.

(2) Negative Pressure Relief Valve

기내압이 대기압보다 낮을 때 압력 유지를 위해 이 밸브가 열려 기내 압력을 채워 넣어준다. 이러한 상황은 급하강하는 경우를 예로 들 수 있으며, 급하강 시 객실고도가 낮아지기 때문에 압력 차이가 발생한다.

(3) Pressure Relief Valve

이 밸브는 Positive Pressure Relief Valve라고도 하며, 기내압이 대기압보다 낮을 때 이 밸브가 열려 기내압을 외부로 배출시켜준다.

(4) CPC(Cabin Pressurization Controller)

CPC는 일종의 컴퓨터로써, Outflow Valve의 개폐량을 자동으로 설정한 값에 맞춰서 객실 압력을 규정된 압력으로 유지되도록 해준다.

만약 이 Controller에 결함이 발생되면 조종실에서 스위치를 'ALTN'으로 설정하여 Fail Safe 목적으로 장착된 나머지 Controller가 Valve의 작동을 개입한다. 이마저도 결함이 발생한 경우에는 수동으로 직접 Valve를 작동시켜서 기내압력을 유지해야 한다.

Question 3-2

비행 중 항공기 동체에 구멍이 나면 어떻게 되는가?

Answer

기내압은 대기압보다 상대적으로 높기 때문에 압력의 차이로 인하여 기내에 있는 모든 것들이 바깥으로 날아가게 된다.

Question 3-3

대기압과 기내압력의 압력 차이와 같은 원리를 이용한 가정용품이 있는데 어떤 것이 있는가?

Answer

바로 진공청소기이다. 진공청소기는 이 원리를 이용하여 대기압과 청소기 내부 압력의 차이를 모터를 통해 차압을 만들어 빨아들인다.

Question 3-4

지상에서 풍선을 불고 손을 놓았을 때, 공중으로 계속 올라가게 되면 이 풍선은 어떻게 되는가?

Answer

고도가 높을수록 공기의 압력, 밀도, 온도가 모두 감소한다. 이때 풍선 내부의 압력은 외기압보다 높은 상태이므로, 압력은 높은 곳에서 낮은 곳으로 이동하려는 성질로 인해 풍선이 터지게 된다.

◆ B737 조종실 Overhead Panel에 있는 Cabin Pressure Control Panel과 기능 ◆

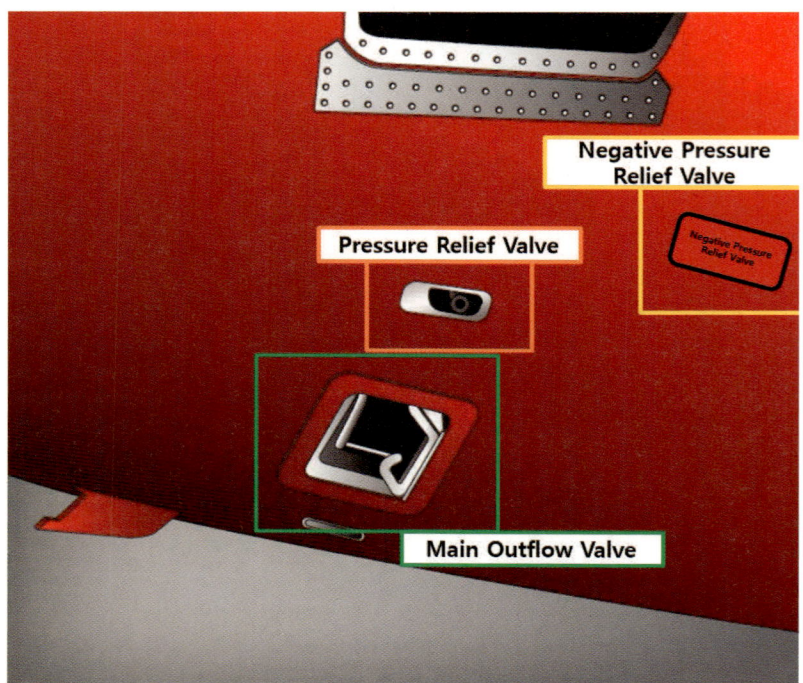

◆ B737 항공기 동체 후방 하부에 위치한 여압계통의 밸브 ◆

(출처 : 국토교통부 항공정비사 표준교재 항공기기체 제2권 항공기 시스템)

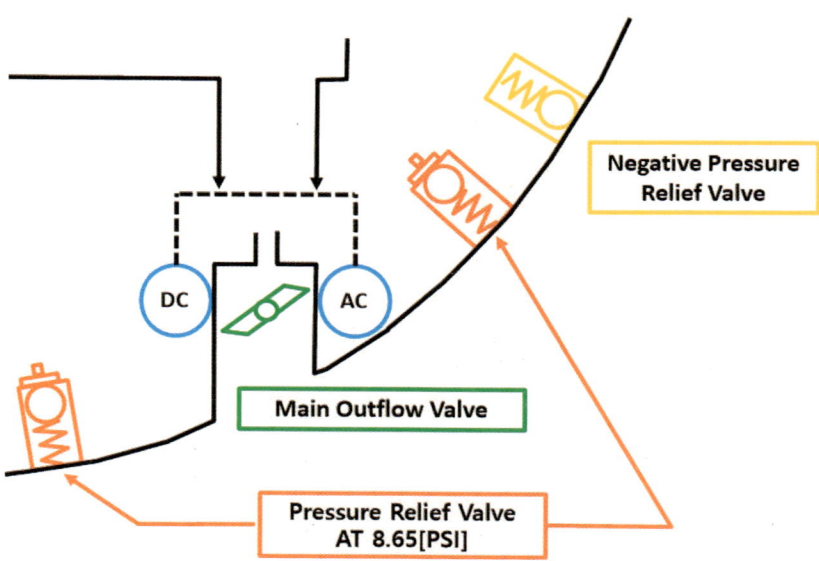

◆ B737 항공기 객실 여압 조절을 위한 Valve 위치와 작동 메커니즘 ◆

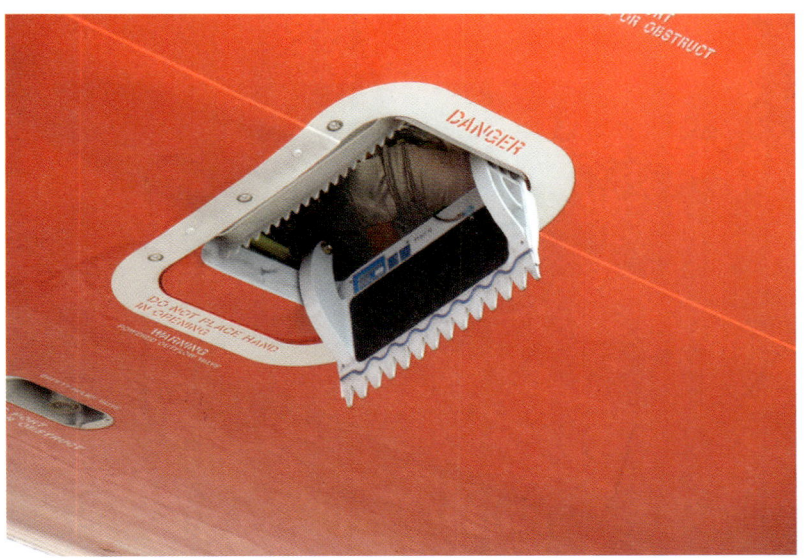

B737NG 항공기의 Main Outflow Valve는 공기역학적 소음을 감소시키기 위해 Valve 끝단을 이빨 모양으로 형성하는 설계 방식이 고안되었다.

(출처 : ResearchGate)

11 객실 계통

(1) 장비현황(조종실, 객실, 주방, 화장실, 화물실 등)
   ① Seat의 구조물 명칭
   ② PSU(Pax Service Unit) 기능
   ③ Emergency Equipment 목록 및 위치
   ④ 객실여압 시스템과 시스템 구성품의 검사

Question 1
항공기 조종실과 객실 시트는 어떻게 구성되어 있는가?

Answer

조종실에는 Captain Seat[1], First Officer Seat[2], Flight Engineer Seat[3], Observer Seat가 Track 또는 Floor Fitting에 장착되어 있다.

이 Seat들은 전부 전후, 상하, 회전, 등받이 조절 등 여러 조작을 기계적으로 일부는 전기적으로 할 수가 있으며, 허리 및 어깨를 잡아주는 Seat Belt가 장착되어 있다.

단, Captain Seat 후방의 Observer Seat는 접고 펼 수 있게 되어 있다.

객실 시트는 승객용(First Class와 Economy Class 등), Lounge용, Attendant용 시트가 있다. 객실 시트 또한 Floor에 설치된 Track에 고정되어 용도에 따라 간격을 조절할 수가 있고, 허리에 착용하는 Seat Belt가 장착되어 있다. Seat Frame은 알루미늄 합금을 사용하기 때문에 가볍고 충분한 강도를 갖추고 있다.

또한 Seat Cover도 내화성이 우수한 것을 사용하며 Seat Armrest에 각종 음악이나 영화, 음성 등을 청취하기 위한 Audio Control Box가 장착되는 경우도 있다.

---

[1] 기장석 시트를 말한다.
[2] 부기장석 시트를 말한다.
[3] 과거에 있었던 항공기관사(Flight Engineer)의 시트를 말한다. 현재는 첨단화된 항공전자장치들로 인해 사라지고 있는 추세이다.

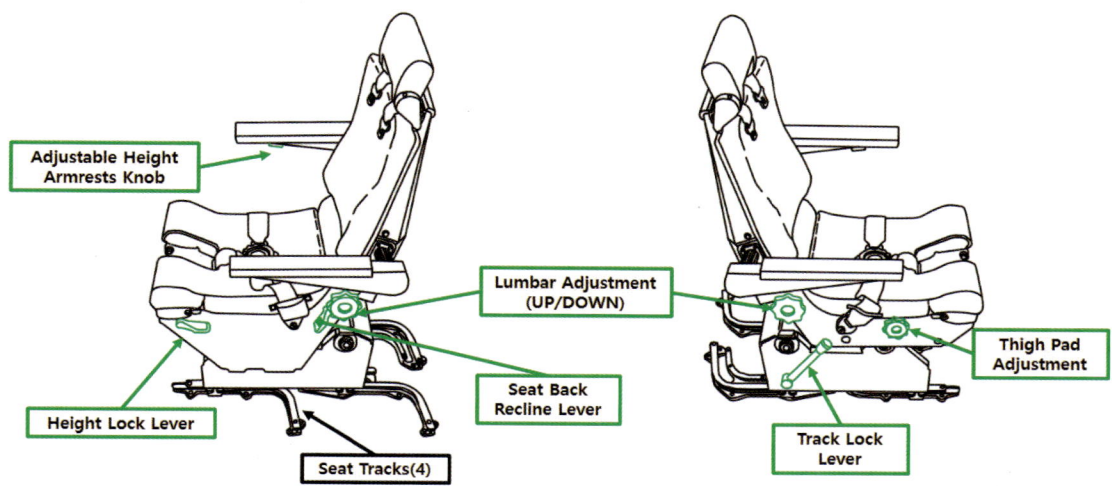

◆ 조종실에 있는 조종사 시트(Pilot Seat) 구조 및 구성품 ◆

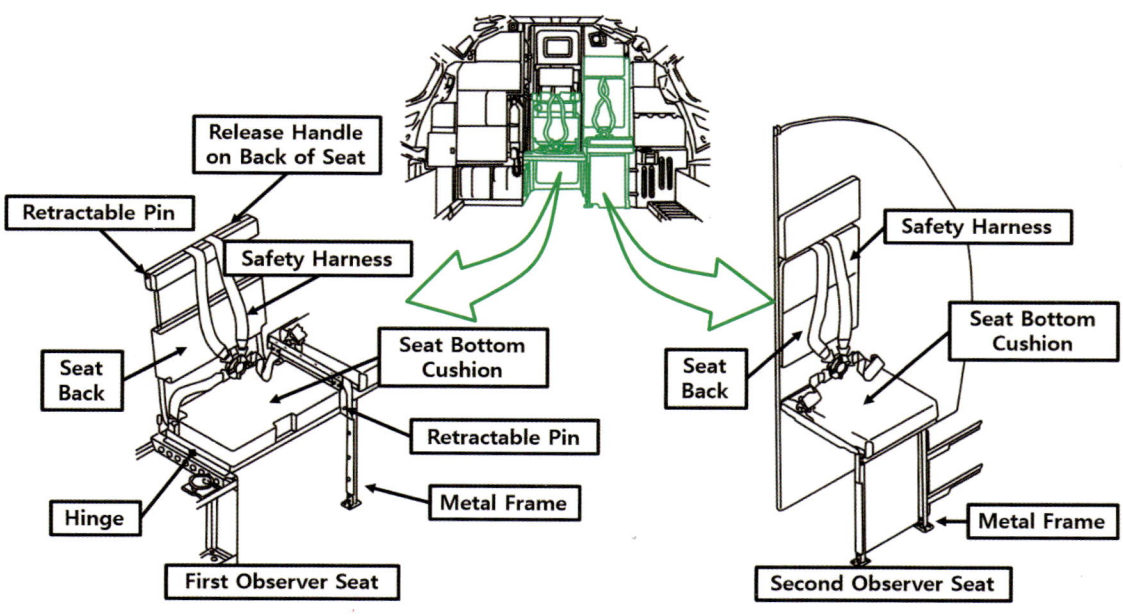

◆ 조종실에 있는 옵저버 시트(Observer Seat) 구조 및 구성품 ◆

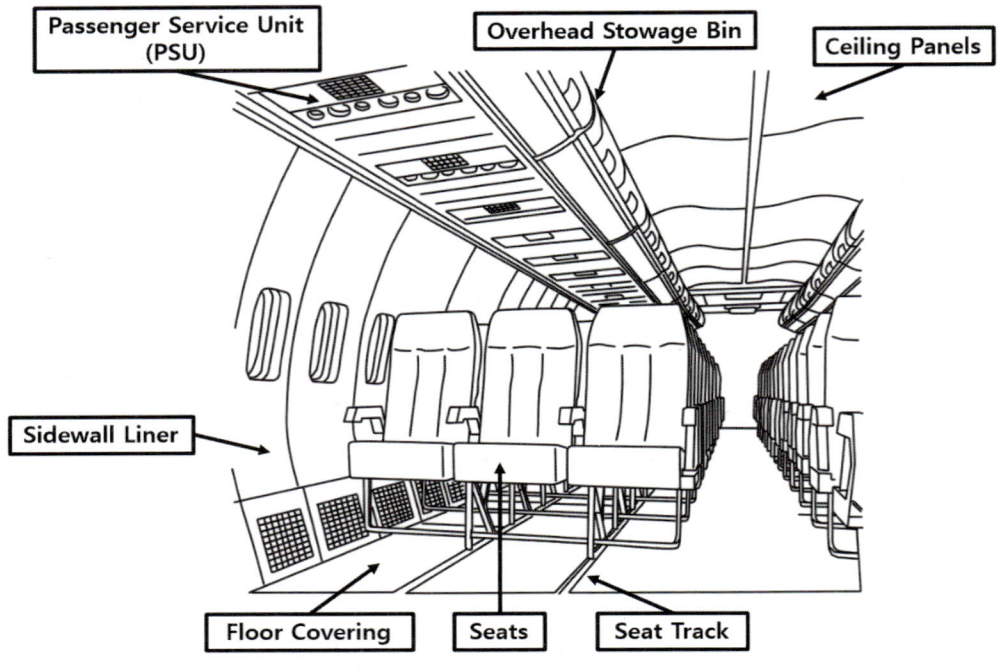

◆ 객실과 객실 시트(Cabin Seat) 구조 및 구성품 ◆

> **Question 2**
>
> 항공기 PSU(Passenger Service Unit)는 무엇인가?

Answer

항공기 PSU는 객실 승객의 각 좌석 머리 위에 있으며 승객들을 위한 장치들이 장착되어 있다. PSU에 있는 장치들로는 다음과 같이 있다.

1. 독서등(Reading Light)
2. 객실 사인등(Passenger Sign)
    - No Smoking
    - Fasten Seat Belt
    - Return to Seat
3. 승무원 호출 버튼(Attendant Call Button) 및 지시등
4. 비상시 승객을 위한 산소 발생기(Oxygen Generator)
5. 비상시 사용할 산소 마스크(Oxygen Mask)

일부 기종에서는 객실 각 좌석 팔걸이(Armrest)에 Control Box가 탑재되어 있으며, 이것을 이용하여 필요에 따른 독서등 작동 및 기내오락장치(PES)의 볼륨 조절, 시트 등받이 조절 등을 할 수도 있다.

◆ 항공기 객실 각 좌석 머리 위에 있는 PSU(Passenger Service Unit) ◆

Question 3

항공기 비상 장비(Emergency Equipment)는 어떤 것들이 있는가?

Answer

항공기 비상 장비(Emergency Equipment)는 다음과 같이 있다.
① 구명조끼(Life Vest)
② 구명뗏목(Life Raft)
③ FAK(First Aid Kit)
④ ELT(Emergency Locator Transmitter)
⑤ 도끼
⑥ 휴대용 확성기
⑦ 비상 탈출 슬라이드(Escape Slide)
⑧ 로프(Rope)

Question 3-1

항공기 ELT(Emergency Locator Transmitter)는 무엇인가?

Answer

항공기 ELT는 항공기가 올바른 장소로 착륙하지 못하고 조난당했을 때 자동으로 비상 주파수를 이용하여 24시간 동안 조난 신호를 인근 무선국이나 항공기에게 송신하여 자신의 위치를 알리는 비상 위치 송신기이다.

비상 주파수로는 민간 항공기는 121.5[MHz], 군용 항공기는 243[MHz], 위성 통신은 406[MHz]로 분류되며 현재 위성 통신을 이용하는 406[MHz]를 주로 이용한다. 406[MHz] 주파수는 더 높은 신뢰성과 정확성을 제공하며 GPS를 통해 보다 정확한 위치 정보를 전송할 수 있는 이점이 있다. 또한, 국제 비상 구조 작전 기관과 통신할 수 있는 위성 기반 시스템(Satellite – Based System)과 연동되어 빠른 위치 파악과 신속한 구조 지원에 기여한다.

ELT는 항공기가 구조적으로 분리되었을 때 분리된 부품에 내장된 가속도계 등의 센서를 통해 작동될 수도 있다. 이로 인해 해당 항공기의 위치를 파악하여 사고 조사에 많은 기여를 해준다. ELT는 항공기의 안전을 강화하고 비상 상황에서의 구조 작전을 지원하기 위해 국제 항공 기준과 규제에 따라 설치 및 운영되어야 한다. ELT의 작동 상태는 정기적으로 점검되며, 배터리 수명과 작동 조건 등을 확인하여 항상 신뢰성을 유지해야 한다.

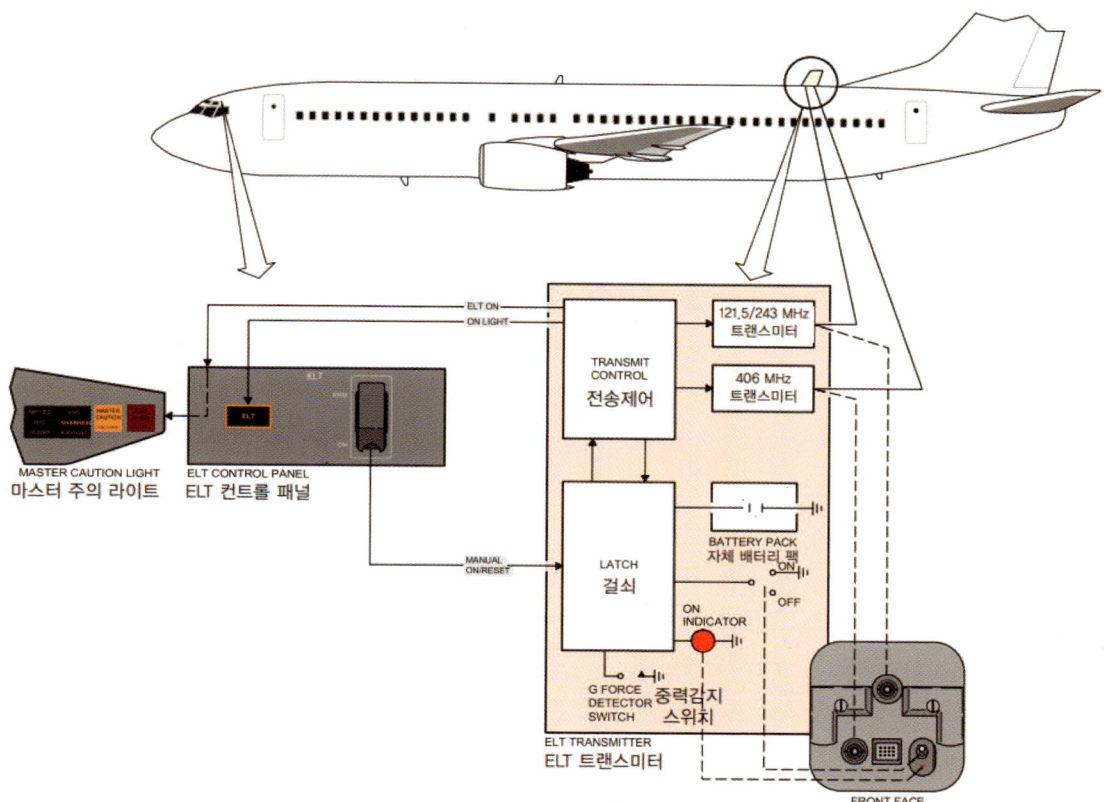

EMERGENCY LOCATOR TRANSMITTER (23-24)
트랜스미터 전면

(출처 : 국토교통부 항공정비사 표준교재 항공기전자전기계기)

12 화재탐지 및 소화 계통

(1) 화재탐지 및 경고장치
  ① 종류 및 작동원리
  ② 계통(Cartridge, Circuit) 점검방법 체크
(2) 소화계통
  ① 종류(A, B, C, D) 및 용도 구분
  ② 유효기간 확인 및 사용방법 체크

Question 1
연소의 3요소는 무엇인가?

Answer
열, 가연물(탈물질), 산소이다.

Question 1-1
화재 등급별로 구분은 어떻게 되는가?

Answer
화재 구분 및 사용하는 소화제는 다음과 같다.

화재 구분	화재 명칭	설명	소화제
A급 화재	일반 화재	종이, 목재 등 생활 주변에 가장 많이 존재하는 물체에서 쉽게 발생되는 화재	물

화재 구분	화재 명칭	설명	소화제
B급 화재	유류 화재	연료, 그리스, 솔벤트, 페인트와 같은 가연성 석유 제품에서 발생되는 화재	포말 소화기 (거품을 이용한 질식작용 이용), 가스 소화기 (이산화탄소)
C급 화재	전기 화재	전기계통에 발생되는 화재	가스 소화기 (이산화탄소)
D급 화재	금속 화재	마그네슘, 분말 금속, 두랄루민과 같은 알루미늄 금속 물질에서 발생되는 화재	분말 소화기

Question 1-2

B급 화재에 물을 사용하면 안 되는 이유가 무엇인가?

Answer

B급 화재는 유류 화재이기 때문에, 기름과 물이 만나면 서로 섞이지 않고 부피만 늘어나므로 오히려 화재가 더욱 커지기 때문이다.

Question 1-3

D급 화재에 분말 소화기가 효과적인 이유는 무엇인가?

Answer

분말 가루가 화재와 직접 만나게 되면 이산화탄소와 각종 기체가 형성되면서 산소를 차단하지만 이산화탄소 소화기 같은 경우에는 내부가 차가운 액체 상태로 되어있다가 분사될 때 갑작스러운 기압 강하로 기체화되면서 열과 산소를 차단하는 역할을 해준다.

금속 화재에 이러한 이산화탄소를 분사할 경우 매우 높은 고열상태의 금속과 접촉 시 급격한 열 변화로 인해 폭발 위험성이 크기 때문에 사용하면 안 된다.

Question 1-4

C급 화재에 분말 소화기를 사용할 수 있는가?

Answer

C급 화재에 분말 소화기를 사용하면 분말이 비전도체 성질이 있기 때문에 전기전자부품 작동에 치명적인 영향을 끼칠 수가 있다.

Question 1-5

C급 화재에서 물을 사용하면 안되는 이유가 무엇인가?

Answer

전기 화재에 물을 사용하면 전선 피복이 불에 타면서 발생되는 가스가 수분이 증발하면서 더욱 멀리 퍼져 질식사할 위험이 있다. 그 외에 감전사고 위험성도 있다.

Question 2

항공기 Fire Detection System의 장착 위치는 어디에 있는가?

Answer

항공기 Fire Detection System의 장착 위치는 다음과 같이 있다.
① APU
② Engine
③ 화물실(Cargo Compartment)
④ 화장실(Lavatory)
④ Landing Gear Wheel Well
⑤ Wing Thermal Anti – Icing System 등 방빙계통 부분

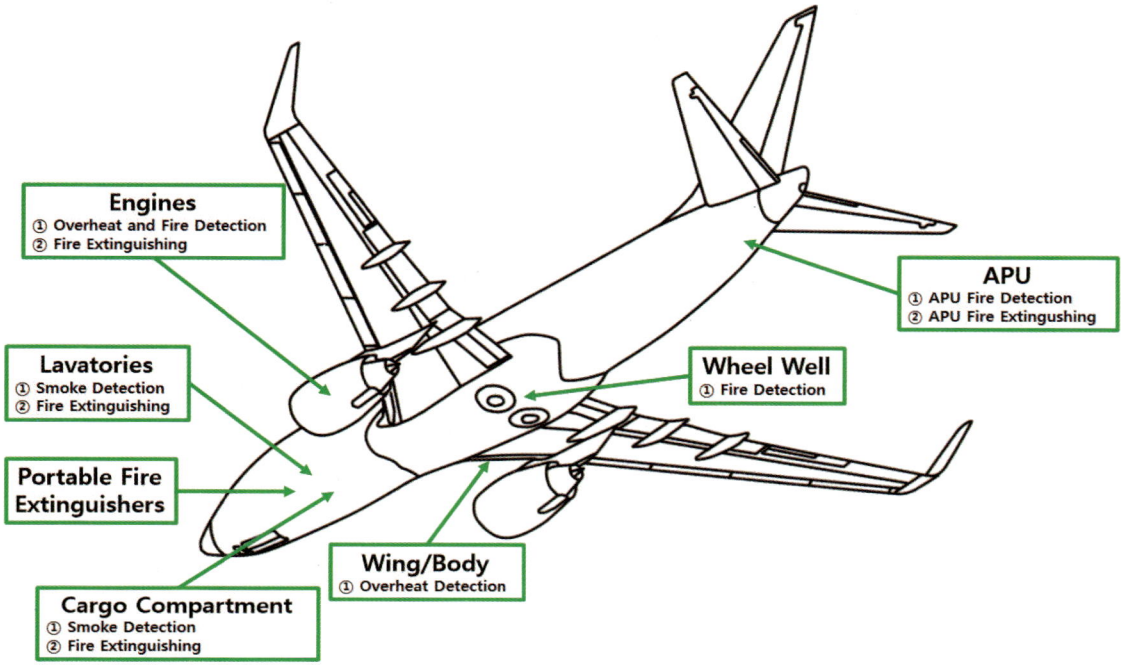

◆ B737 항공기 Fire Detection System 장착 위치 ◆

Question 2-1

항공기 Fire Detection System의 종류와 기능은 어떤 것들이 있는가?

Answer

Fire Detection System은 크게 Overheat Detector와 Smoke Detector로 분류되며 다음과 같이 있다.

(1) Overheat Detector

　　Overheat Detector는 항공기 Engine과 Landing Gear Wheel Well에 장착되어 화재 발생 시 과열을 탐지하는 탐지기이다. 이 탐지기의 종류로는 Continuous Loop Type, Thermal Heat Switch, Thermocouple 등이 있다.

　① Continuous Loop Type

　　Continuous Loop Type은 사용하는 Thermistor 차이에 따라 분류되며 Kidde Type, Graviner Type, Fenwal Type, Lindberg(Responder, 압력형) Type이 포함된다. 여기서 Thermistor는 화재 탐지기에 널리 이용되는 반도체로써 온도와 저항이 반비례 특성을 갖고 있는 물질을 말한다.

　　이 방식은 화재가 발생하게 되면 연속적으로 지시하도록 탐지기가 화재 발생부에 둘러 싸인 고리형태를 띠고 있어 Continuous Loop라는 말이 붙여졌다고 알려져 있다.

　　a. Kidde Type

　　　Kidde Type은 Inconnel Tube 내부에 2개의 Wire와 Thermistor Material이 있다. 2개의 Wire는 각각 항공기 Fire Detection System과 접지선으로 연결되어 있다.

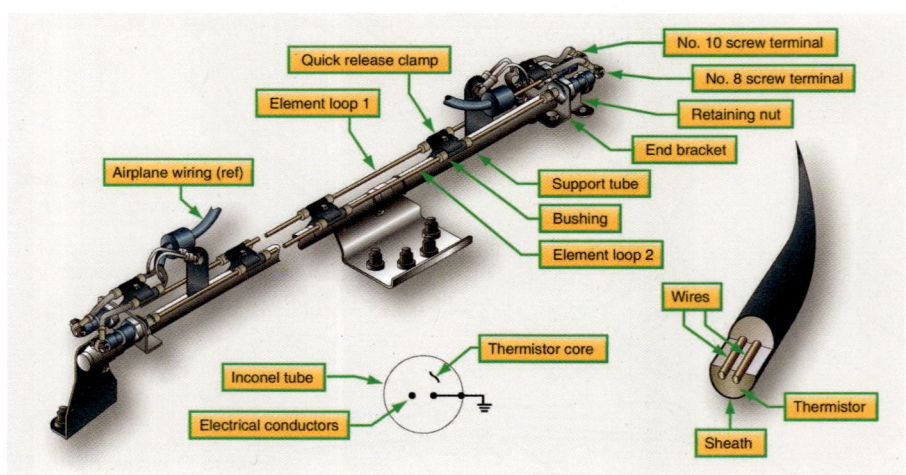

◆ Kidde Type Continuous Loop Overheat Detector ◆

(출처 : 국토교통부 항공정비사 표준교재 항공기기체 제2권 항공기 시스템)

b. Graviner Type

Graviner Type은 Stainless Steel Tube 내부에 1개의 Wire가 Sensitive De – Electric Core와 함께 내부에 채워져 있다.

c. Fenwal Type

Fenwal Type은 Inconel Tube 내부에 1개의 Wire가 특수 공융염 화합물(Special Eutetic Salt Compound)이 적셔진 절연재로 채워진 상태로 밀폐 처리가 되어 있다. B737 항공기에서는 Main Landing Gear Wheel Well과 Wing Leading Edge 부분에 과열을 탐지하는 목적으로 쓰인다.

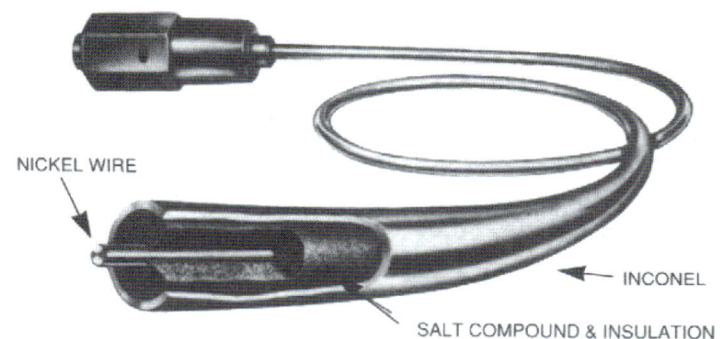

d. Lindberg(Responder) Type

이 방식은 압력형이라고도 불리며 스테인리스 스틸 튜브 내부에 가스가 채워져 있다. 이 가스는 일정 온도에서 팽창되며 Diaphragm Switch를 작동시켜 화재 경고를 울리게 한다. B737 항공기에서는 주로 Engine과 APU 화재 또는 과열 발생 시 튜브 내부에 가스가 팽창되어 회로를 형성하도록 한다. 이 신호는 Engine과 APU Fire Detection Module로 신호를 전송하여 조종실로 화재가 발생하였음을 경고음과 지시등을 작동시키게 하는 것이다.

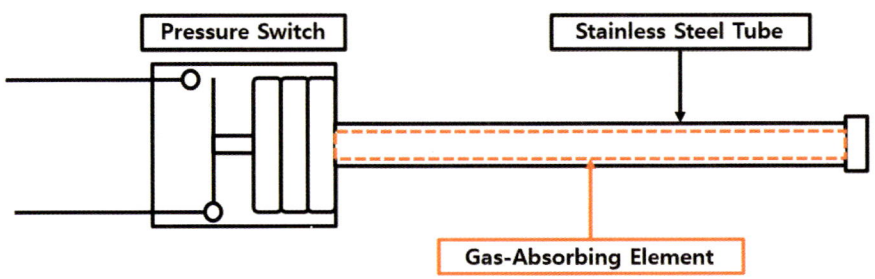

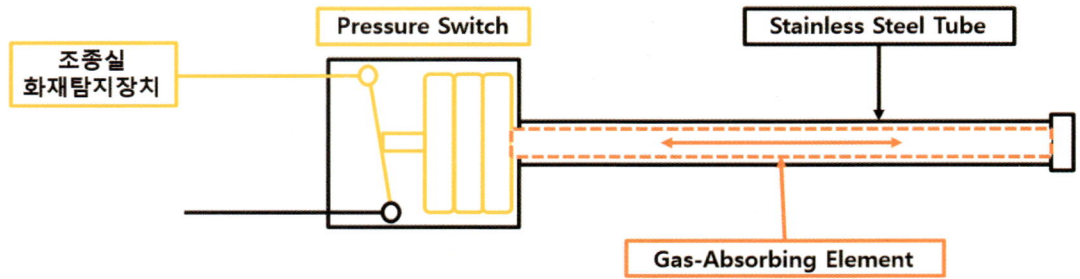

화재가 발생하면 탐지기 주변 온도가 증가하여 Stainless Steel Tube에 있는 가스가 팽창된다. 이로 인해 Pressure Switch의 Diaphragm을 팽창시켜 회로를 접속시킨다.

◆ 일반적으로 항공기에 장착되는 Continuous Loop Detector ◆
(출처 : 국토교통부 항공정비사 표준교재 항공기기체 제2권 항공기 시스템)

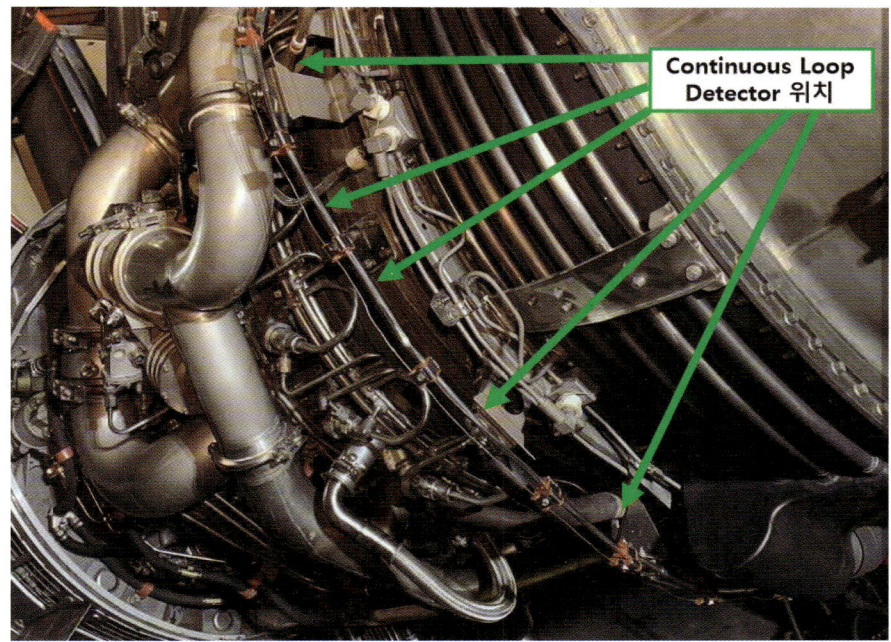

◆ B737 CFM56-7B Engine Turbine Case에 장착된 Continuous Loop Type Overheat Detector 실물 ◆

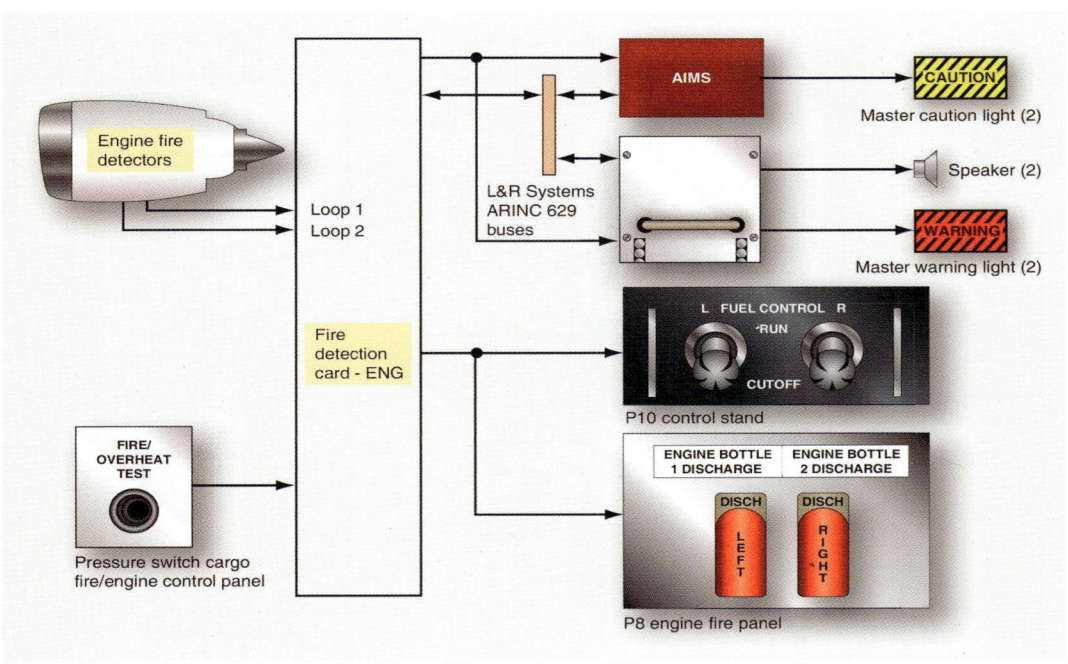

◆ 항공기 엔진(Engine) 화재 및 과열 감지에 대한 회로도 ◆
(출처 : 국토교통부 항공정비사 표준교재 항공기기체 제2권 항공기 시스템)

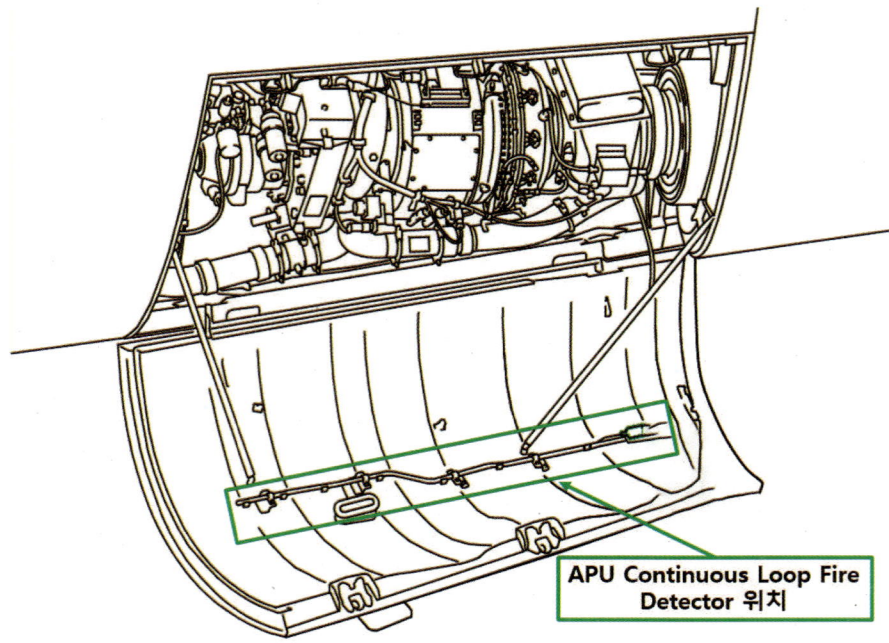

② Thermal Heat Switch

Thermal Heat Switch는 주로 항공기 Wing Leading Edge에 장착되며, 방빙(Anti-Icing)에 의한 과열을 탐지한다. 작동 원리는 서로 다른 열팽창계수를 가진 두 금속(Ni-Fe)을 이용하여 과열 시 열팽창에 의해 늘어난 두 금속이 스위치를 서로 접속시킴에 따라 회로를 구성시켜 작동된다.

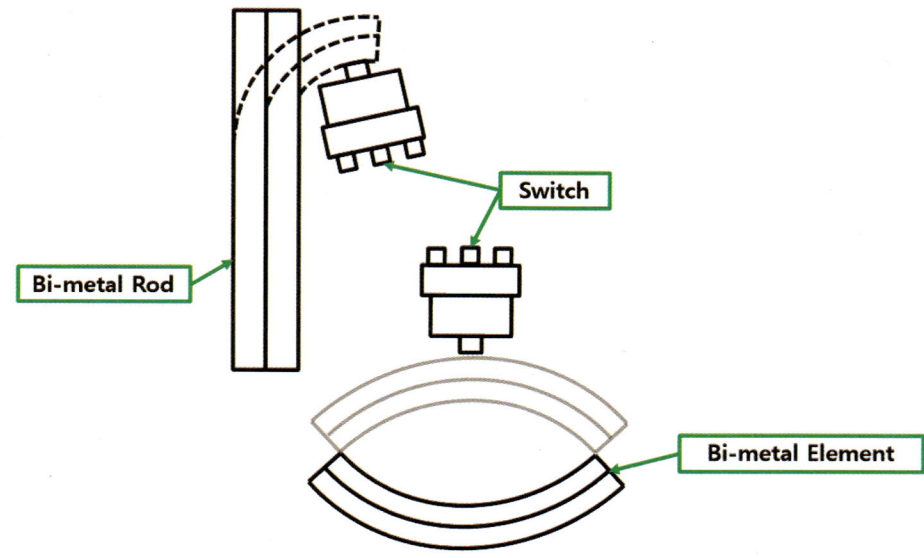

③ Thermocouple

Thermocouple은 항공기 Engine Fan Case에 장착된 FADEC의 EEC와 Turbine Section에 Shield Cable로 연결되어 있다. EEC 부분에는 차가운 부분인 Cold Junction, Turbine Section에는 열을 많이 받는 Hot Junction으로 2개의 접점으로 분류된다. 이러한 두 온도차로 인한 열기전력을 이용하여 서로 다른 두 금속(크로멜 – 알루멜)을 통해 조종실 EICAS/ECAM 계기에 EGT(Exhaust Gas Temperature) 값을 지시해준다.

Thermocouple은 크게 항공산업에서 다음과 같이 3가지 종류가 쓰이며 각각 사용하는 금속에 따라 특성도 다르다.

a. 철 – 콘스탄탄(Iron – Constantan)

최고 800[℃]까지 측정 가능하며 구리 – 콘스탄탄 조합과 마찬가지로 항공기 왕복 엔진의 실린더 헤드 온도계(CHT : Cylinder Head Temperature)로 사용된다. 일반적으로 구리 – 콘스탄탄 조합보다는 열기전력이 큰 철 – 콘스탄탄 조합을 사용한다.

b. 구리 – 콘스탄탄(Cu – Constantan)

최고 300[℃]까지 측정 가능하며 왕복 엔진의 실린더 헤드 온도계(CHT : Cylinder Head Temperature)로 사용된다. 현재는 측정 온도 범위가 높은 철 – 콘스탄탄을 대부분 사용한다.

c. 크로멜 – 알루멜(Cromel – Alumel)

크로멜 – 알루멜 조합은 최고 1,400[℃]까지 측정 가능하며 항공기 가스터빈 엔진의 배기가스 온도계(EGT)로 사용된다.

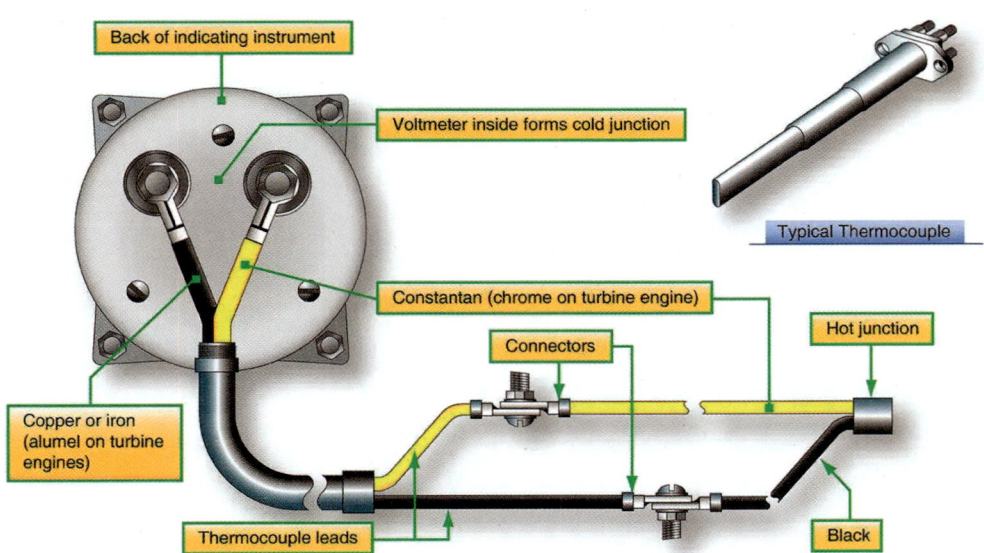

(출처 : 국토교통부 항공정비사 표준교재 항공기전자전기계기)

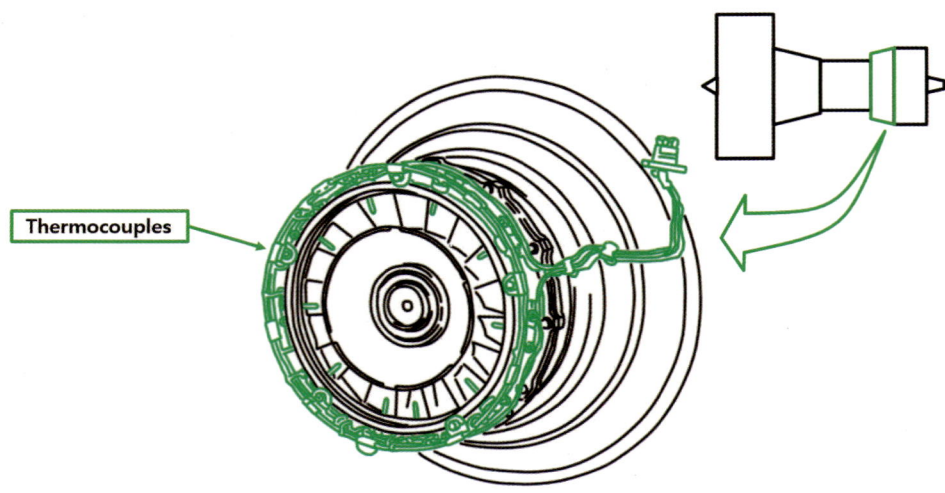

◆ Gas Turbine Engine Turbine Section에 원주 방향으로 장착된 Thermocouple의 위치 ◆

(2) Smoke Detector

Smoke Detector는 주로 항공기 화장실이나 화물실 연기를 감지하는 탐지기이다. 이 탐지기 종류에는 빛의 굴절을 이용한 Photo Cell Electric Smoke Detector와 방사성 물질을 이용한 이온식 Ionization Smoke Detector가 포함된다.

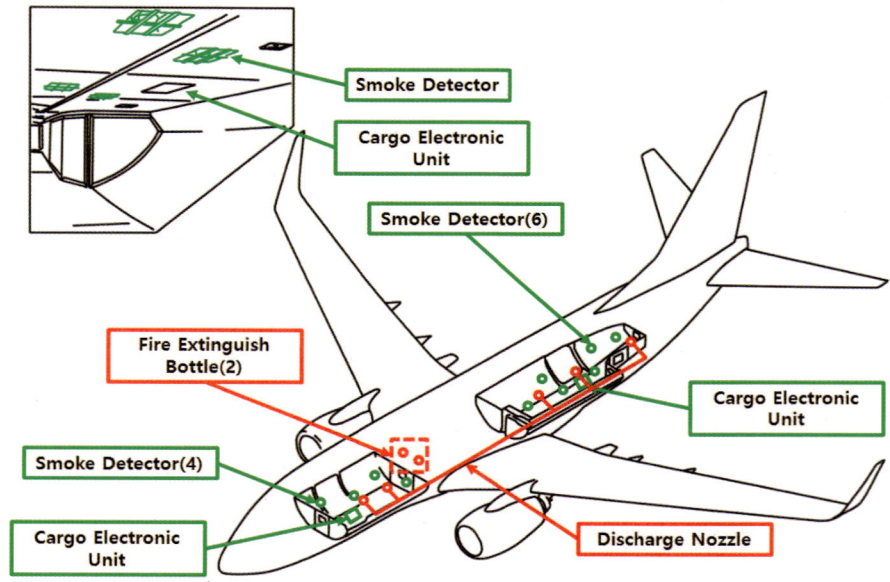

◆ B737 항공기 화물실(Cargo Compartment)의 Smoke Detector 위치 ◆

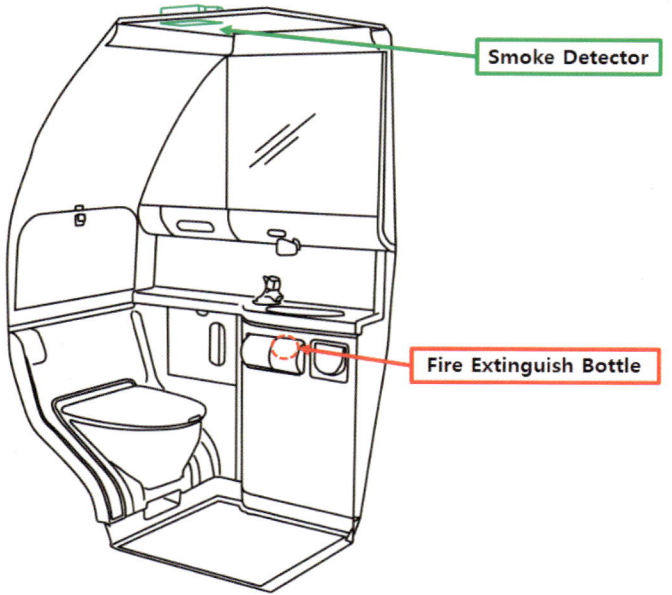

◆ B737 항공기 화장실(Lavatory)의 Smoke Detector 위치 ◆

a. Photo Cell Electric Smoke Detector

Photo Cell Electric Smoke Detector는 Beacon Lamp로부터 발산되는 빛이 화재에 의한 연기에 의해서 빛이 굴절되어 광전지로 들어가게 되면 광전지에 전류가 흘러 화재를 탐지하는 방식이다.

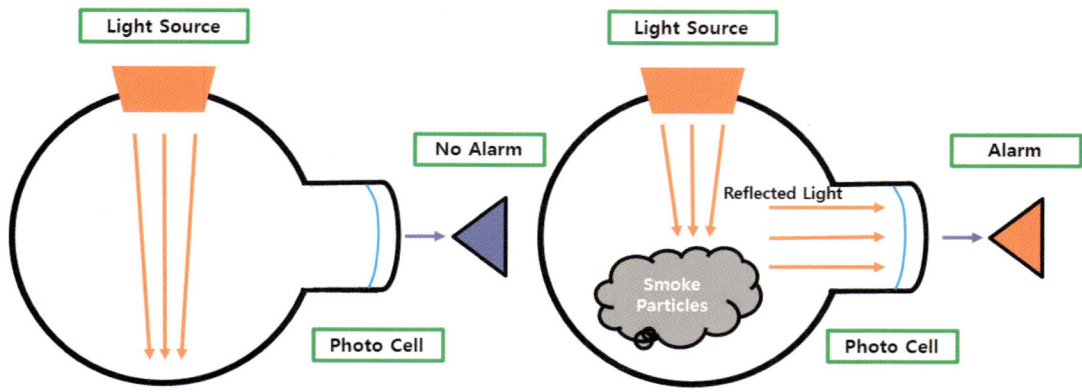

b. Ionization Smoke Detector

Ionization Smoke Detector는 방사성 물질인 Radio Active Americium 241이 Detector 내부에 채워져 있다. 이 Detector 내부 Chamber로 유입된 공기는 방사성 물질에 의해 이온화 작용을 하여 Detector에 있는 2개의 Wire에 전류가 흐르게 된다. 그러나 여기서 화재에 따른 연기가 유입되면 이온화된 입자의 무게가 무거워져 전류의 흐름이 감소되고 이로 인해 Smoke Signal을 발생시켜 조종실로 화재경보 및 지시등을 작동시킨다.

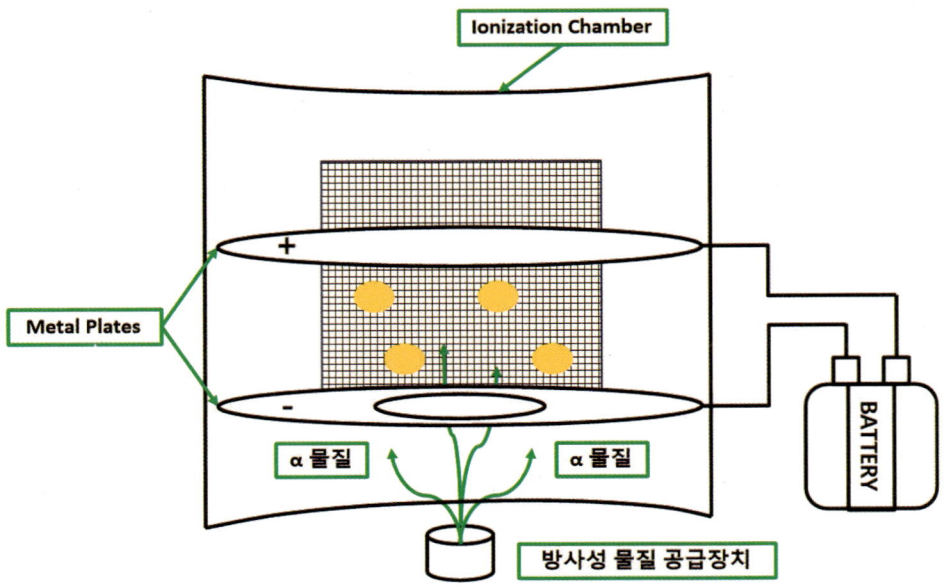

Question 3

항공기 Fire Detection System에서 소화제를 분사하지 않는 곳이 있는데, 그곳은 어디인가?

Answer

소화제를 분사하지 않는 곳은 Landing Gear 부분이다. Landing Gear가 Brake System에 의해 과열되면 Landing Gear를 내려서 상대풍에 의해 열을 식힐 수 있기 때문이다.

Question 3-1

항공기 Fire Detection System에서 HRD(High rate of Discharge)란 무엇인가?

Answer

HRD는 High of Rate Discharge라고 불리는 소화제가 저장된 저장통이다. 항공기 엔진 화재가 발생했을 때 조종실에서 해당 엔진의 Fire Handle을 조작하면 HRD로부터 소화제가 엔진으로 분사되어 화재를 진압한다.

Question 3-2

항공기 Fire Detection System에서 HRD(High rate of Discharge)의 Squib란 무엇인가?

Answer

Squib는 Cartridge라고도 불리며, HRD 분사 노즐 부분에 있다. 수동으로 조종실에서 Fire Handle을 조작하면 이 Squib로 전원이 공급되어 내부 Seal이 터지고, 이로 인해 내부에 가압된 소화제를 분사시킨다.

만약 Bottle의 온도가 130[℃] 이상으로 과열되면, Safety Pressure Port가 파열되어 소화제를 분사한다.

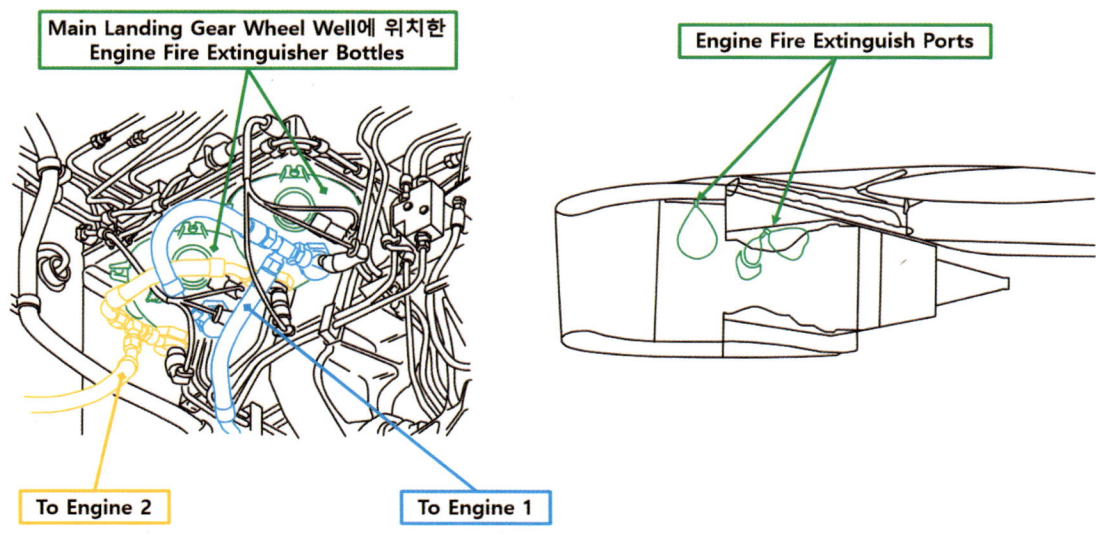

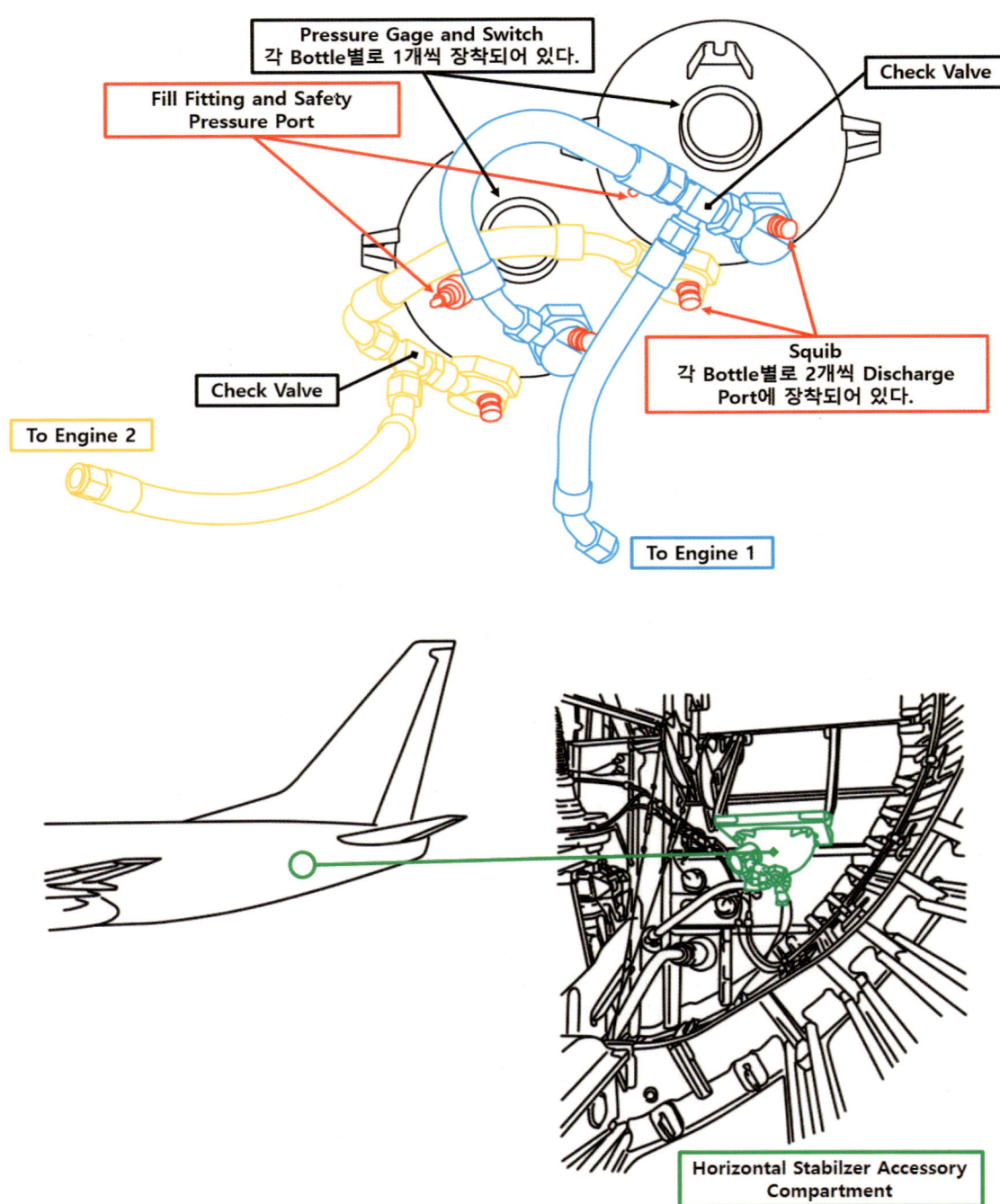

◆ B737 항공기의 APU Fire Extinguisher 위치 ◆

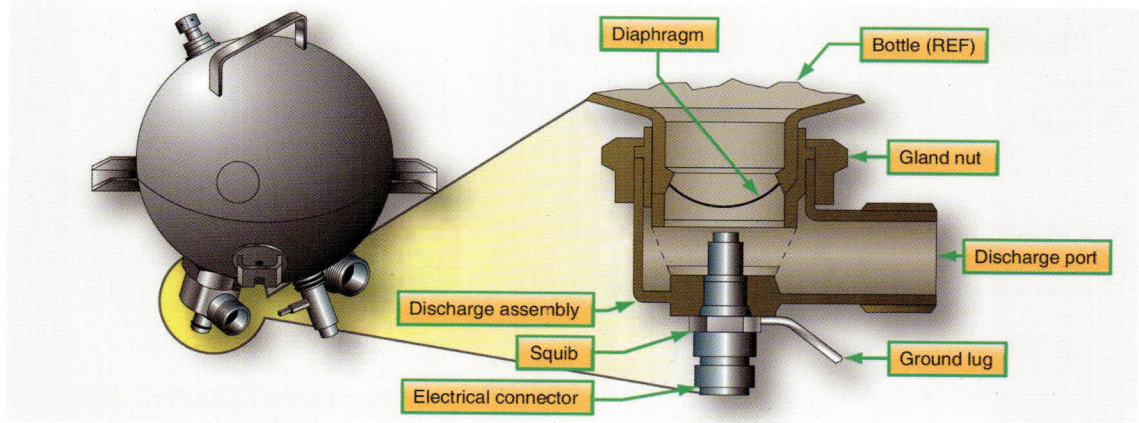

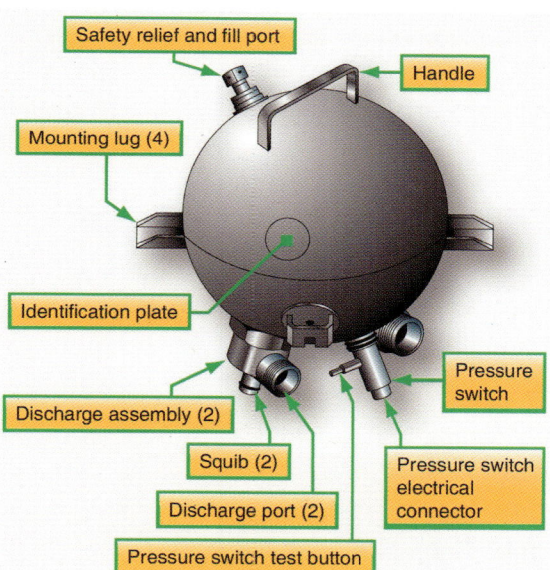

◆ 항공기 Fire Detection System의 HRD 구성품 ◆

(출처 : 국토교통부 항공정비사 표준교재 항공기기체 제2권 항공기 시스템)

13 산소 계통

(1) 산소장치 작업(Crew, Passenger, Portable OX, Bottle) (구술 평가)
   ① 주요 구성부품의 위치
   ② 취급상의 주의사항
   ③ 사용처

Question 1
산소의 원소기호와 원자번호는 어떻게 되는가?

Answer

산소의 원소기호는 O, 원자번호는 8번이다.

Question 1-1
항공기 산소계통(Oxygen System)은 어떤 계통인가?

Answer

항공기 산소계통은 크게 다음과 같이 분류할 수 있다.
① Crew Oxygen System
② Passenger Oxygen System
③ Portable Oxygen

먼저, Crew Oxygen System은 조종사들을 위한 산소계통으로, 화물실에 있는 산소 실린더(Oxygen Cylinder)가 조종실에 비치된 산소 마스크(Oxygen Mask)로 산소를 공급해준다. 또한, 조종실 내에 비상용 산소 실린더가 별도로 구비되어 있다. 조종사의 산소 마스크에는 마이크로폰이 내장되어 있어 운항 중 통신도 가능하다.

Passenger Oxygen System은 객실 내에 승객들을 위한 산소계통으로, 산소 공급원은 객실 승객 좌석 위에 위치한 PSU(Passenger Service Unit) 내부에 장착된 산소 발생기(Oxygen Generator)로부터 공급받는다. 이 산소 발생기는 내부에 채워진 고체 산소에 열을 가하여 기체 산소를 만들어내는 장치이다. 승객들에게 15~30분 동안 산소 마스크로 산소를 공급해주는 역할을 한다.

항공기 객실고도가 14,000[ft]를 초과해버리면 저산소증(Hypoxia)에 걸릴 위험이 있으므로 객실 승객 각 좌석 위에 위치한 PSU에서 자동으로 산소 마스크가 떨어지거나 조종사의 판단으로 조종실에서 수동조작하여 PSU에서 산소 마스크가 떨어지도록 한다.

Portable Oxygen은 휴대용 산소 실린더로써 객실 압력이 낮을 경우 조종사, 승무원, 승객에게 산소를 공급하고 응급 환자에게도 사용하는 용도로 쓰인다. 이 휴대용 산소 실린더는 비상시 객실 상황에 따라 산소 마스크를 그 실린더에 연결하여 객실 승무원이 들고 다니면서 파악하기 위해서도 쓰인다.

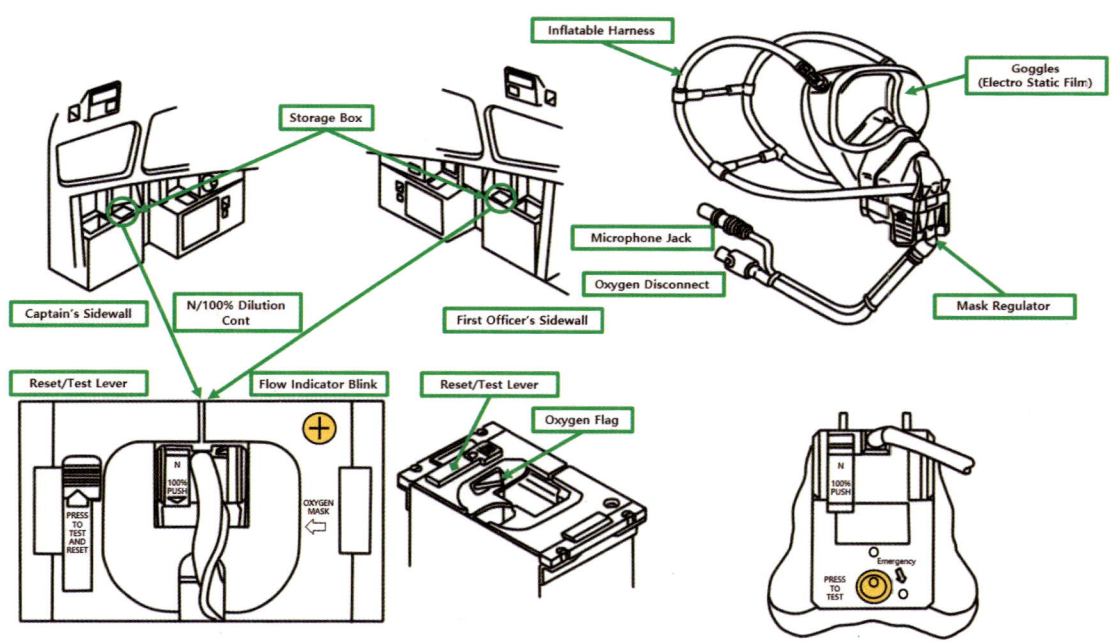

◆ 조종실에서 사용하는 조종사 산소 마스크 ◆

조종실로 공급되는
산소 실린더의 위치
(전방 화물실)

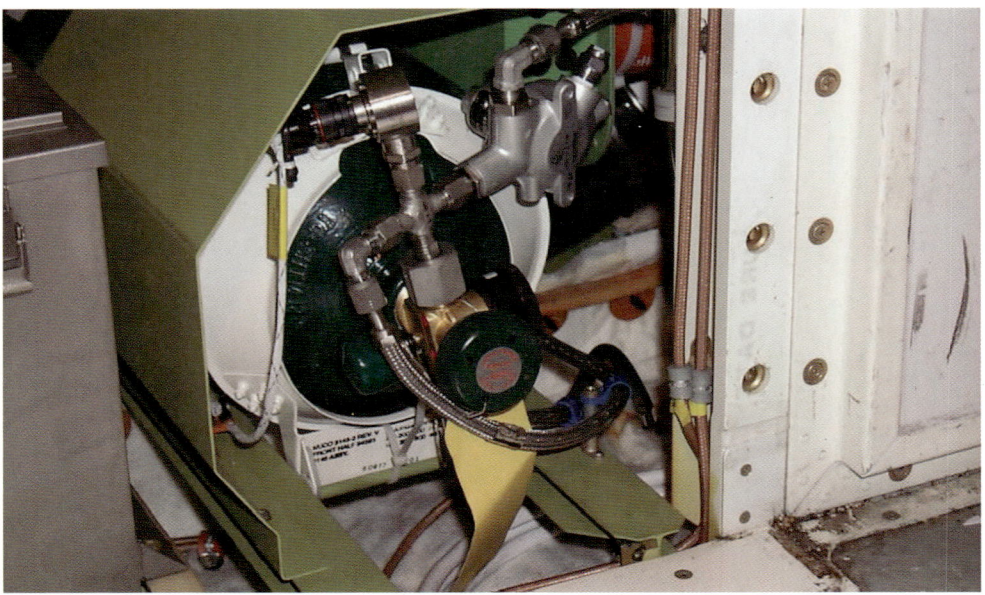

◆ B737 항공기 전방 화물실에 위치한 Crew Oxygen System의 산소 실린더 ◆

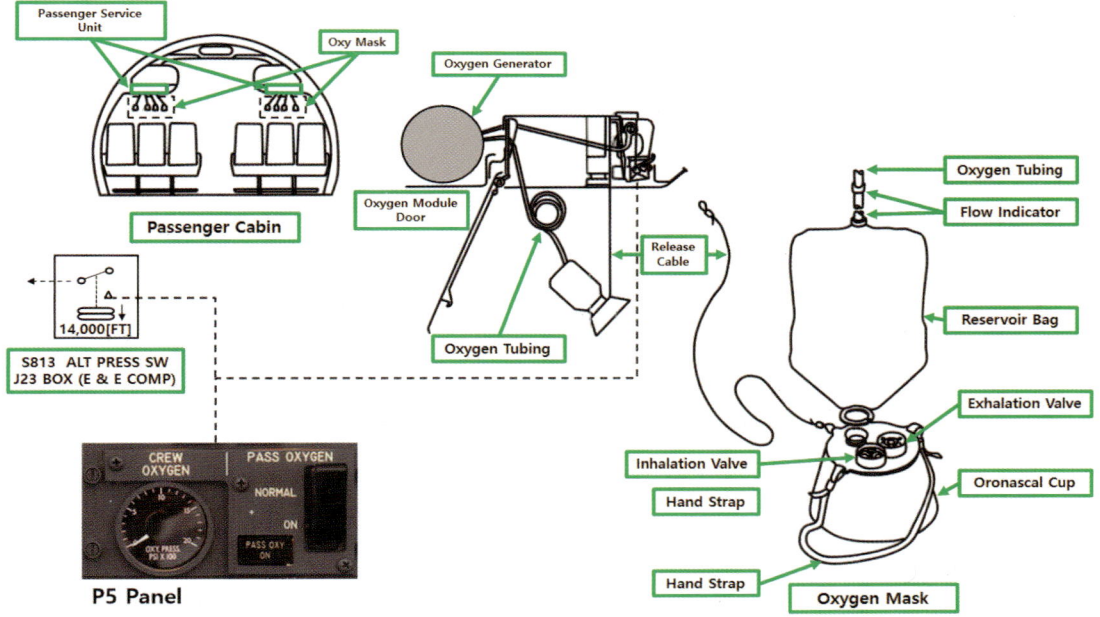

◆ B737 항공기 Passenger Crew Oxygen System 계통 구성 ◆

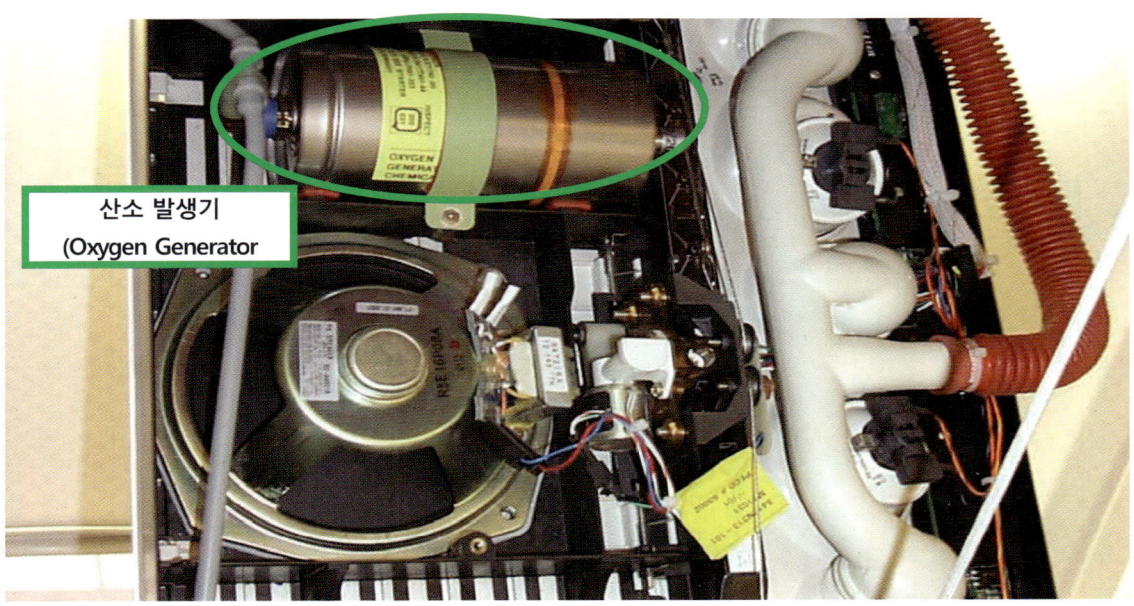

산소 발생기 (Oxygen Generator)

13 산소 계통

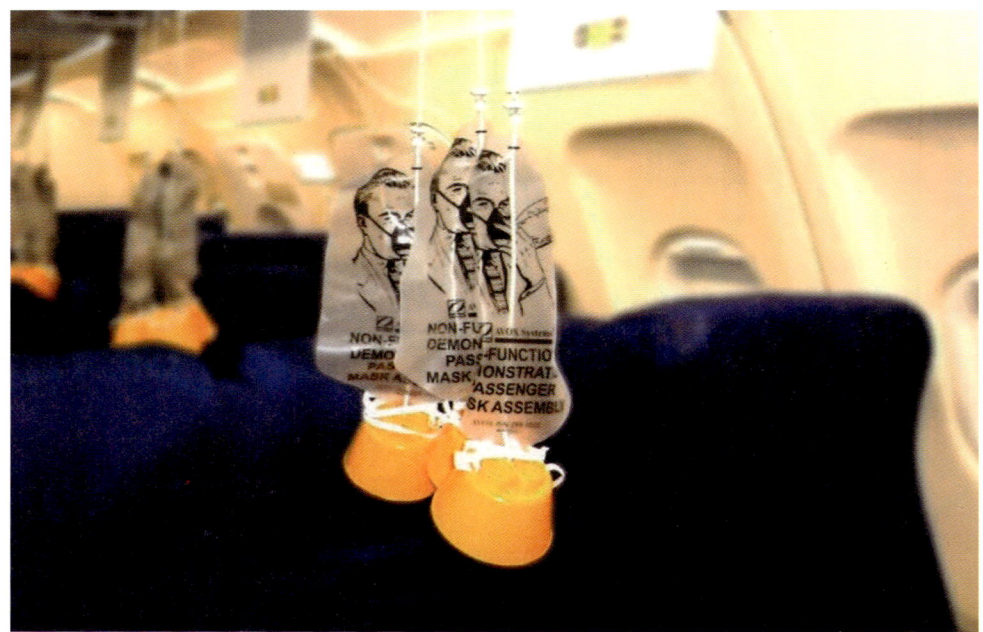

◆ 항공기 Passenger Oxygen System의 산소 마스크 ◆

(출처 : CleanPNG)

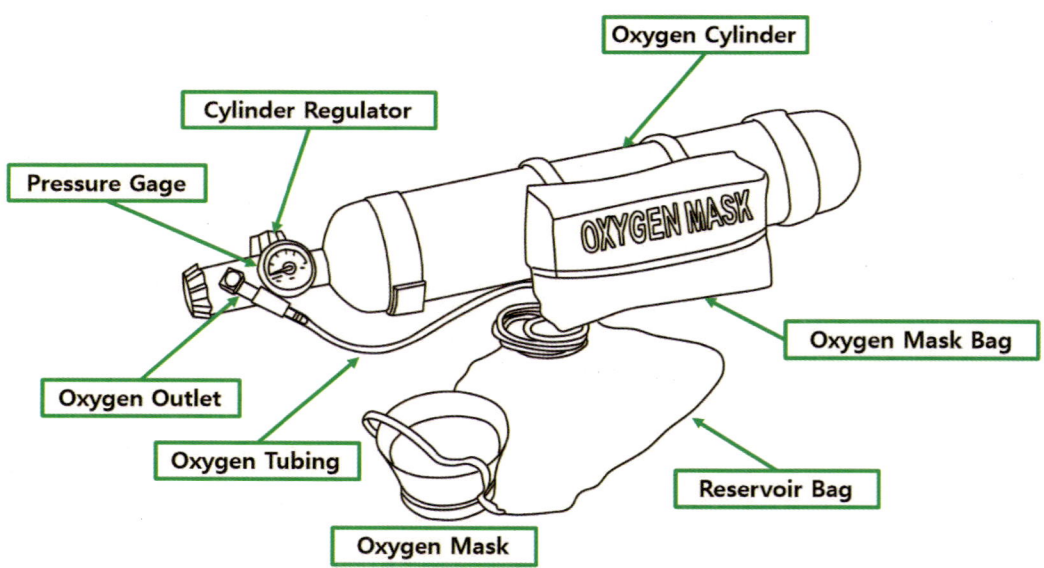

◆ 항공기 Portable Oxygen Cylinder ◆

Question 1-2

항공기 산소계통 취급 시 주의사항은 무엇이 있는가?

Answer

항공기 산소계통 취급 시 주의사항으로는 다음과 같이 있다.
① 오일이나 그리스와 같은 인화성 물질을 접촉하지 않도록 한다.
② 산소 차단 밸브(Oxygen Shutoff Valve)를 천천히 열어준다. 처음부터 Valve를 완전히 열어 버리면 고압의 산소가 Line에 열을 과열시켜 위험요소가 발생할 수 있기 때문이다.
③ 취급 시 반드시 유자격자가 취급하고 산소계통 작업 시에는 차단 밸브(Shutoff Valve)를 닫아야 한다.
④ 환기가 잘되는 곳에서 사용한다.

Question 1-3

항공기 산소계통의 산소 실린더(Oxygen Cylinder) 취급 시 주의사항은 무엇이 있는가?

Answer

항공기 산소계통의 산소 실린더 취급 시 주의사항으로는 다음과 같이 있다.
① 산소 실린더는 다양한 사이즈가 있으며, 기존에 장착된 실린더를 교체할 때 반드시 같은 사이즈의 실린더로 교체해야 한다.
② 작업자는 인가된 세척공정 및 장착법 등을 이용하여 작업을 수행해야 하며, 산소 실린더를 산소 실린더 장착대에 알맞게 장착되도록 해야 한다.
③ 산소 실린더와 산소 실린더의 구성품들이 어떠한 인화성 물질인 그리스, 오일, 오염물질 등이 없도록 깨끗한 상태를 유지해야 한다.
④ 산소 실린더와 산소 마스크를 분리하기 전에는 조종사의 산소 마스크 공급 라인에 차있는 압력을 제거해 준다.
⑤ 산소 실린더 차단 밸브(Oxygen Cylinder Shutoff Valve) 또는 산소 실린더 결합부에도 Over Torque를 적용하지 않도록 주의해야 한다.
⑥ 산소 실린더의 최대 충전 압력은 2,000[PSI]이지만 보통은 1,800[PSI]만 채워준다.

14 벤치작업

(1) 기본 공구의 사용
  ① 공구 종류 및 용도
  ② 기본자세 및 사용법

Question 1

항공기에 사용하는 일반적인 공구는 어떤 것들이 있는가?

Answer

항공기에 사용하는 일반적인 공구는 다음과 같이 있다.

(1) 스크루 드라이버(Screw Drivers)

스크루 드라이버는 모양, 블레이드 유형 및 블레이드 길이에 따라 구분된다. 이 공구의 목적은 스크루, 볼트 등을 풀거나 조이는 용도로 쓰이며, 일반 드라이버를 사용할 때에는 회전해야 하는 나사에 블레이드가 잘 맞는 가장 큰 드라이버를 선택해야 한다.

일반 드라이버는 스크루 슬롯의 75[%]를 채우고, 조이거나 풀어야 한다. 스크루 드라이버 블레이드의 크기가 적절하지 못할 경우에는 사용 시 미끄러짐이 발생하고 스크루 헤드의 손상이나 인접한 구조물 부분의 손상을 유발한다. 이럴 경우에는 스크루 추출기를 사용해야 할 정도로 손상이 심각할 수도 있다.

① 공용 스크루 드라이버(Common Screw Driver)

이 스크루 드라이버는 슬롯형 헤드 스크루 또는 고정 장치가 있는 경우에 사용한다. 고정 장치 예시로는 항공기 카울링(Cowling)을 고정하는 캠 락 패스너(Cam Lock Fastener)가 있다.

② 필립스(Phillips)와 리드엔프린스(Reed and Prince) 스크루 드라이버

이 스크루 드라이버는 끝부분이 뾰족하게 가공된 방식이다. 필립스 스크루는 십자 모양의 머리 중간 부분이 좀 더 큰 모양을 갖고 있으며 필립스 스크루 드라이버의 끝부분이 뭉뚝하게 되어 있다. 필립스 스크루 드라이버는 리드엔프린스 스크루 드라이버와 상호 호환이 안 된다.

③ 오프셋 스크루 드라이버(Offset Screw Driver)

오프셋 스크루 드라이버는 수직 공간이 제한된 경우에 사용되며 양쪽 끝이 생크 손잡이(Shank Handle)에 90° 구부러진 상태로 제작된다. 다른 쪽 끝을 사용함으로써 작업공간이 제한되어 있어도 대부분의 스크루를 풀거나 조일 수 있다.

④ 팁 교환 가능한 스크루 드라이버(Replaceable Tip Screw Driver)

이 스크루 드라이버는 보통 '10 in 1' 스크루 드라이버라고 하며, 팁이 마모되었을 때 쉽게 교환이 가능하여 경제적인 장점이 있다. 팁 모양은 일자형, 십자형, 사각형, 6각 별 모양(Torx) 등이 있다.

⑤ 스크루 드라이버 취급 시 주의사항
   a. 스크루 드라이버를 정이나 끌 대용으로 사용하지 말 것
   b. 전기 스파크가 발생하여 드라이버 끝부분이 녹아내릴 수 있으므로 스크루 드라이버를 전기회로의 점검용으로 사용하지 말 것
   c. 작은 부품 위에서 사용할 때에는 항상 바이스에 부품을 고정시키고 사용할 것
   d. 스크루 헤드 손상을 방지하기 위해 스크루를 장착할 때 너무 세게 토크를 주지 말 것
   e. 전동식 스크루 드라이버를 사용할 경우 곧바로 장착하기 보다는 손으로 먼저 나사산 자리를 잡은 후 체결해줄 것

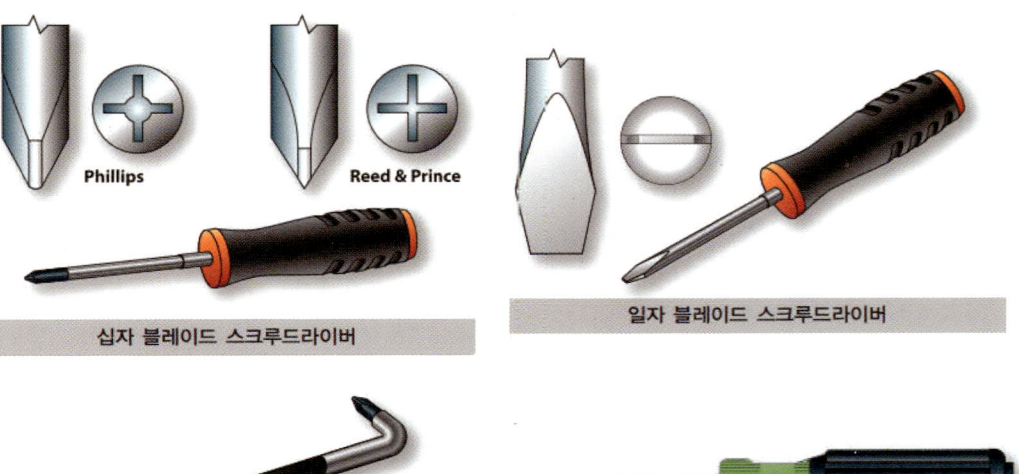

(출처 : 국토교통부 항공정비사 표준교재 항공기정비일반)

(2) 플라이어(Pliers)

플라이어는 지렛대 원리를 이용해서 악력을 증대시키는 작업용 공구이다. 판, 둥근 봉 외에 작은 것을 집는 데 유용하게 쓰인다. 형상으로는 조(Jaws)가 둥글게 된 것과 사각형을 띠는 것이 있으며 이것을 집고 구부리는 데도 사용한다. 또 다른 종류로는 선재를 절단할 수 있는 커팅 플라이어도 있다.

항공정비작업에서 사용되는 플라이어는 조(Jaws)의 모양에 따라 다이애그널 커터(Diagonal Cutter), 덕빌 플라이어(Duckbill Plier), 니들 노즈 플라이어(Needle Nose Plier), 라운드 노즈 플라이어(Round Nose Plier)가 있다.

플라이어의 크기는 전체 길이로 나타내며, 보통 5~12[inch] 플라이어를 사용한다.

① 다이애그널 커터 플라이어(Diagonal Cutter Plier)
보통 커팅 플라이어라고 불리며, 조(Jaws) 부분이 예리한 각도와 칼날이 가공되어 있어 조가 맞물릴 때 절단 작업을 할 수 있도록 해준다. 이 플라이어는 와이어, 리벳, 코터핀 그리고 작은 크기의 스크루 절단에 쓰이며 안전결선의 와이어 장착 또는 제거 작업에 유용하게 쓰인다.

② 덕빌 플라이어(Duckbill Plier)
덕빌 플라이어는 길고 평평한 모양의 조를 가지고 있어 마치 오리 주둥이를 닮았다고 하여 붙여진 이름이다. 보통 안전결선 와이어 작업 시 꼬임을 만들 때 사용한다.

③ 니들 노즈 플라이어(Needle Nose Plier)
니들 노즈 플라이어는 다양한 길이의 반원형 조가 있으며, 좁은 지역에서 물체를 잡고 조절하는 작업에 쓰인다.

④ 라운드 노즈 플라이어(Round Nose Plier)
끝이 둥근 이 플라이어는 보통 금속 클램핑에 사용된다. 이 플라이어는 조를 너무 세게 조작하면 제품 표면에 흔적이나 손상을 일으키므로 보통 피복이 씌워진 형태가 많다.

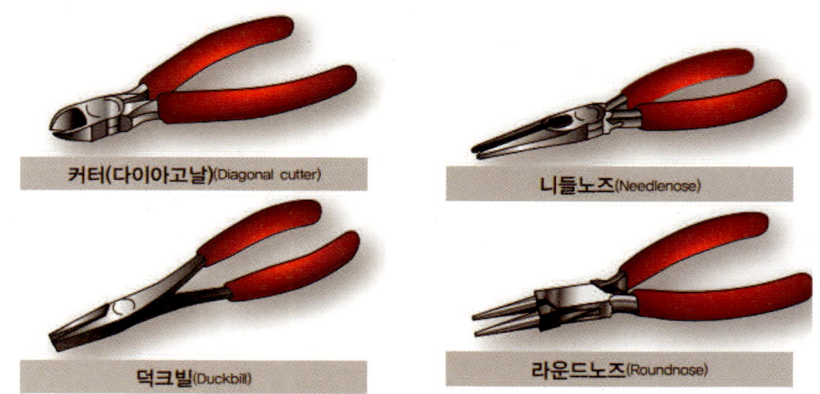

(출처 : 국토교통부 항공정비사 표준교재 항공기정비일반)

(3) 펀치(Punches)

펀치는 막대 모양으로 된 공구의 총칭이다. 종류에는 판금가공의 천공 펀치, 드로잉 펀치, 단조용 펀치 등이 있다. 구멍의 중심이나 금긋기 선의 교차점에 작은 점(펀치 마크)을 찍는 데 사용한다. 원을 그릴 수 있는 중심점을 잡고 드릴링 구멍을 가공하기 위한 위치 표시, 판재 제작을 위한 구멍 위치 표시, 구멍의 위치를 옮기는 패턴이 있는 홀 위치 복사와 손상된 리벳이나 볼트 제거에도 다양하게 쓰인다.

펀치는 속이 비어있는 형태와 속이 꽉 찬 솔리드(Solid) 방식 2가지가 있다. 솔리드 방식의 펀치는 끝부분 모양에 따라 다양하다.

① 센터 펀치(Center Punch)

센터 펀치는 드릴 작업을 위해 모재에 중심 마크를 표시 하는 데 쓰인다. 센터 펀치는 모재에 움푹 패인 모양(Dimple)이 생길 정도의 과도한 힘을 주거나 모재의 반대편이 튀어나올 정도의 힘을 주어 사용하여서는 안 된다. 센터 펀치는 프릭 펀치보다 무겁고 끝부분도 더 예리하게 가공되어 60°의 각도로 가공되어 있다.

② 프릭 펀치(Prick Punch)

프릭 펀치를 사용할 때에는 세게 두드리면 펀치가 휘거나 작업하고 있는 모재에 손상을 입힐 수 있으므로 너무 세게 두드리면 안 된다. 프릭 펀치는 금속 위에 펀치 마크를 찍는 데 사용한다. 이 펀치는 종이 도면의 치수를 금속 표면에 직접 옮기는데에도 쓰인다. 이렇게 하려면 먼저 종이 도면을 금속 재료 위에 놓고, 윤곽과 주요 지점에 펀치를 대고 작은 해머로 가볍게 두드려 재료 표면에 펀치 마크를 찍는다.

③ 드라이브 펀치(Drive Punch)

이 펀치는 끝으로 갈수록 테이퍼 되어 있는 형태이다. 구멍에 고착된 손상된 리벳이나 핀 또는 볼트를 제거하는 데 사용되며 끝부분인 플레이트의 모양도 평평한 면으로 제작되어 있다. 드라이브 펀치의 크기는 평평한 면의 폭으로 표시되며 보통 1/8~1/4[inch]를 많이 사용한다.

④ 드리프트 핀 펀치(Drift Pin Punch)

드리프트 핀 펀치는 드라이브 펀치와 같은 목적으로 쓰인다. 드리프트 핀 펀치는 몸체에 테이퍼가 없는 것이 특징이다. 이 펀치의 크기는 페이스의 직경을 1/32[inch] 단위로 표시하며, 보통 1/16~3/8[inch] 범위이다.

실제 사용 시 손상된 리벳이나 핀 또는 볼트를 제거하기 위해서는 먼저 드라이브 펀치를 활용해서 펀치의 면이 구멍에 접촉하는 시점까지 밀어 넣는다. 그 후 드리프트 핀 펀치를 활용해서 핀이나 볼트의 구멍의 밖으로 밀어낸다. 다루기 어려운 핀은 구리, 황동 또는 알루미늄 판재를 핀 위에 올려두고 핀이 움직이기 시작할 때까지 해머로 두드린다.

⑤ 트랜스퍼 펀치(Transfer Punch)

이 펀치는 보통 4[inch] 길이로 만들어져 있다. 펀치의 포인트는 테이퍼 져 있으며 템플릿에 위치한 드릴 구멍에 맞추기 위해 짧은 길이의 직선 모양으로 만들어져 있다. 트랜스퍼 펀치의 끝부분은 프릭 펀치와 비슷하며 이름에서 알 수 있듯이 재료에 형틀이나 패턴을 복사하기 위해 사용한다.

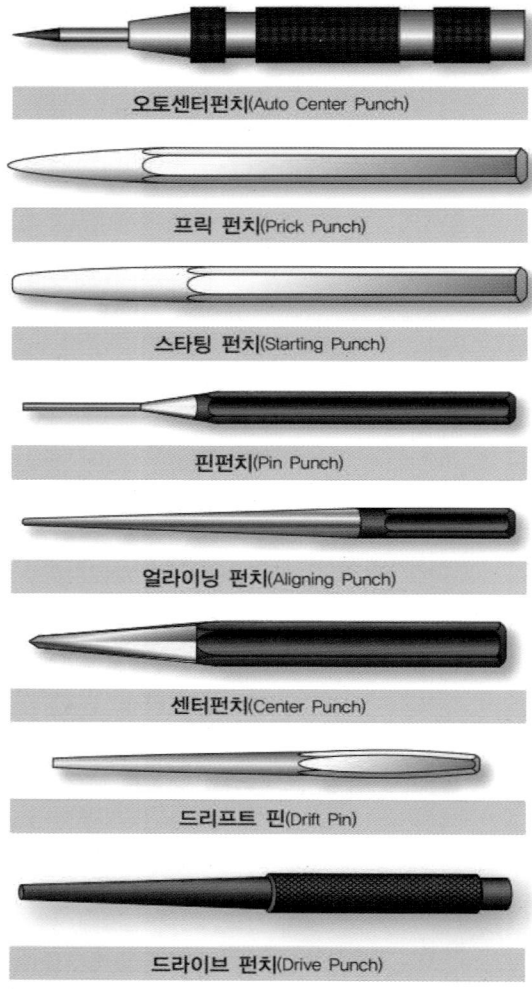

(출처 : 국토교통부 항공정비사 표준교재 항공기정비일반)

(4) 렌치(Wrench)

렌치의 의미는 비튼다는 의미로, 볼트, 너트나 파이프 등을 조이거나 풀 때 사용하는 공구를 말하며, 소켓 렌치, 몽키 렌치, 파이프 렌치, 스패너 등이 포함된다.

항공기 정비에 많이 사용되는 렌치는 오픈엔드렌치, 박스엔드렌치, 소켓, 조절렌치, 라쳇 및 특수 렌치로 분류된다. 렌치는 미국에서 부르는 명칭이고, 영국에서는 스패너(Spanner)라고 한다.

① 알렌 렌치(Allen Wrench)

알렌 렌치는 사용빈도는 낮지만 머리 부분이 움푹 들어간 특수한 나사의 결속에 사용한다. 렌치를 만드는 데 사용되는 금속은 크롬-바나듐 강으로, 상당히 강도가 높은 합금강이다. 이 렌치는 6각 렌치라고도 부르며 단면이 6각으로 되어 있어 볼트의 머리가 정육각형의 오목하게 되어 있는 볼트에 사용하는 렌치이다. 종류로는 소켓형, L형, T형이 있으며 각 종류의 크기는 모두 소켓 렌치와 같이 볼트 크기로 되어 있다.

② 오픈엔드렌치(Open End Wrench)

한쪽 끝이나 양쪽 끝에 조가 열려 있는 렌치를 오픈엔드렌치라고 한다. 견고하고 조정 불가능하며 턱이 손잡이에 평행하거나 90°까지의 각도로 되어 있다. 대부분은 15°의 각도로 제작되며 너트, 볼트 헤드 또는 다른 물체를 조이거나 풀 때 사용한다.

③ 박스엔드렌치(Box End Wrench)

박스엔드렌치는 좁은 공간에서 유용하게 사용한다. 보통 박스렌치라고 불리며 너트나 볼트를 온전하게 감싸도록 만들어졌다. 실제로 아주 잘 만들어진 박스렌치는 15° 각도보다 작은 공간에서도 움직임이 가능하도록 12각으로 제작된다. 이 렌치는 너트를 풀거나 잠글 때 적당하지만, 너트가 풀린 후 볼트로부터 너트를 빼내는 시간이 필요하다. 렌치를 회전시키기 위한 충분한 공간이 확보될 때에만 신속하게 낼 수 있다.

④ 컴비네이션 렌치(Combination Wrench)

너트의 잠김이 풀리고 나면 박스엔드렌치보다 오픈엔드렌치가 더 효과적이므로 이 두가지를 조합한 컴비네이션 렌치(Combination Wrench)가 활용된다. 이 렌치는 같은 크기의 렌치가 한쪽은 오픈엔드, 다른 한쪽은 박스엔드렌치로 만들어져 있다. 또한, 더욱 신속한 제거/장착 작업을 수행할 수 있도록 라쳇 방스으로 된 박스엔드렌치도 있다.

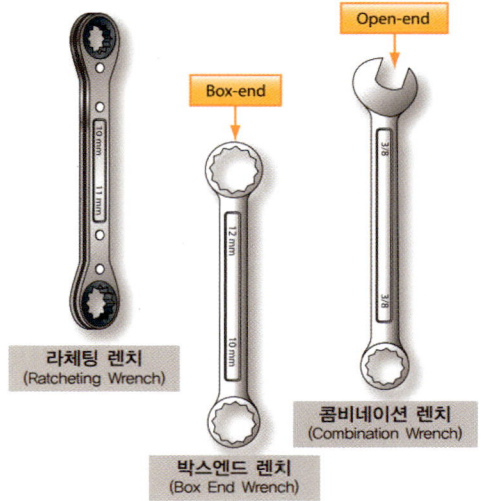

(출처 : 국토교통부 항공정비사 표준교재 항공기정비일반)

⑤ 소켓 렌치(Socket Wrench)

소켓 렌치는 두 부분으로 만든다. 볼트 또는 너트의 꼭대기 부분을 감싸는 소켓과 소켓이 장착되는 핸들이다. 어떠한 위치와 공간에서도 유용하게 사용할 수 있도록 여러 가지 형태의 핸들, 익스텐션, 어댑터가 있다. 소켓은 고정형 핸들 또는 분리형 핸들과 함께 만든다. 고정형 핸들과 함께 만들어진 소켓 렌치는 보통 기계의 부품처럼 가공된다. 소켓은 너트나 볼트 헤드에 고정되도록 4각, 6각 또는 12각의 정다면체로 제작된다. 소켓과 분리 가능한 핸들은 세트로서 제공되고 T 핸들, 라쳇 핸들, 스크루 드라이버 그립, 스피드 핸들과 함께 조합하여 사용한다.

소켓 렌치 핸들은 소켓 헤드에 있는 4각의 홈과 결합될 수 있는 4각 러그(Lug)를 한쪽 끝부분에 가지고 있고, 장력이 약한 스프링식 포펫(Spring Loaded Poppet)에 의해 결합된다.

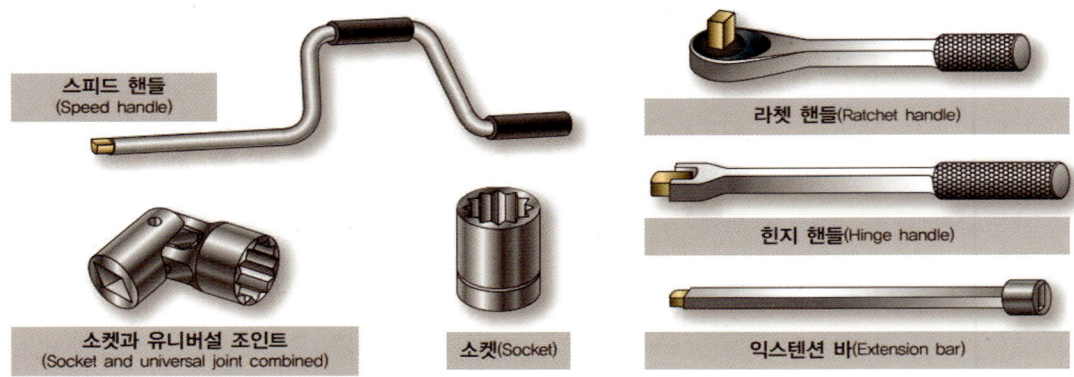

(출처 : 국토교통부 항공정비사 표준교재 항공기정비일반)

⑥ 조절 렌치(Adjustable Wrench)

조절 렌치는 조(Jaws)의 폭을 자유로이 조정하여 사용할 수 있는 공구이며, 볼트나 너트를 조이거나 풀 때 사용한다. 조절 렌치의 모양은 조와 자루의 중심선 경사각도가 15°인 것과 23°인 것이 있다. 조절 렌치의 호칭 치수는 조의 최대 열리는 양으로 결정되기 때문에 볼트의 크기에 따라서 알맞게 선택하여 사용한다. 호칭치수가 큰 조절 렌치로 작은 볼트를 조이는 것은 가능하나 볼트가 비틀려 부러질 염려가 있으므로 볼트 크기에 맞는 조절 렌치를 사용해야 한다.

조절 렌치는 오픈엔드렌치로 제작되어 있으며 부드러운 조를 갖고 있는 다루기 편리한 공구이다. 하나의 조는 고정되어 있고 다른 하나는 회전 스크루로 움직이는 스파이럴 스크루 웜(Sprial Screw Warm)에 의해 조절할 수 있다. 조의 폭은 0∼1/2[inch] 또는 그 이상으로 변형이 가능하다. 핸들의 오픈 각도는 조절렌치에서 22.5°이다. 조절 렌치 하나가 오픈엔드렌치 여러 개의 역할을 할 수 있지만, 표준 오픈엔드렌치, 박스엔드렌치, 소켓 렌치를 대체되지는 않는다. 조절 렌치를 사용할 경우 항상 손잡이를 잡아당기는 방향으로 사용해야 한다.

(5) 특수 렌치(Special Wrench)

특수 렌치에는 크로우풋(Crow Foot), 플레어 너트(Flare Nut), 훅 스패너(Hook Spanner), 토크렌치(Torque Wrench), 알렌 렌치(Allen Wrench) 등이 있다.

① 크로우풋(Crow Foot)

크로우풋 렌치는 다른 공구로 접근이 불가능한 곳에 장착된 스터드 또는 볼트에서 너트를 장탈하기 위해 접근이 필요한 부분에 일반적으로 사용되는 렌치이다.

② 플레어 너트(Flare Nut)

플레어 너트 렌치는 박스엔드렌치의 형태로 한쪽 끝이 잘려서 오픈되어 있는 렌치이다. 이렇게 오픈된 부분은 연료, 유압 그리고 산소계통의 튜브에 장착되는 B-너트에 사용한다.

플레어 너트 렌치의 마운트에는 크로우풋 렌치처럼 표준 사각 어댑터가 있어 토크렌치와 조합하여 사용할 수 있다.

③ 훅 스패너(Hook Spanner)

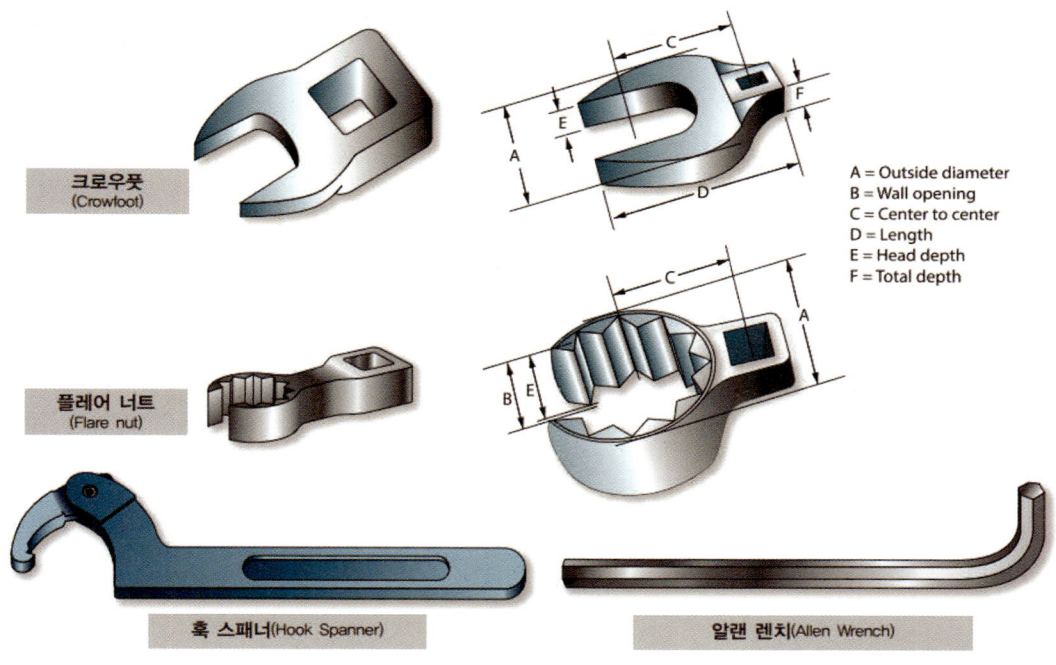

(출처 : 국토교통부 항공정비사 표준교재 항공기정비일반)

훅 스패너는 외경 부분에 잘라내어 만들어진 홈(Notch)이 있는 너트에 사용한다. 너트에 위치한 홈들 중 하나에 고정하는 훅(Hook)이 구부러진 암에 있다. 이 훅은 홈 하나에 고정되고 핸들의 일부가 너트를 돌릴 방향으로 접촉하도록 위치시킨다. 어떤 훅 스패너 렌치는 너트 직경의 변화에 따라 조절 가능한 것도 있다. U자 모양의 훅 스패너는 스크루 플러그의 면에 있는 홈에 맞도록 두 개의 러그를 가지고 있다.

핀 스패너는 러그 부분에 너트 끝부분에 있는 둥근 구멍 속에 맞는 핀이 있다. 페이스 핀 스패너는 러그 대신에 핀을 갖고 있다는 점을 제외하면 U–모양의 스패너와 비슷하다.

④ 스트랩 렌치(Strap Wrench)

스트랩 렌치는 항공정비작업에 있어서 아주 특별한 공구이다. 튜브, 호스, 피팅 또는 둥글거나 불규칙한 모양의 부품들은 용도에 따라 적절히 가능할 수 있는 만큼의 충분한 강도를 가지면서도 가능하면 가볍게 제작된다. 플라이어나 다른 집는 공구(Gripping Tool)를 오용하면 대상 부품을 쉽게 손상시킬 수 있다. 좁은 공간에서 부품을 잡아주는 그립이 필요하거나 손쉽게 제거하기 위해 회전시키는 것이 필요하다면 플라스틱으로 쌓인 천으로 만들어진 스트랩 렌치를 사용한다.

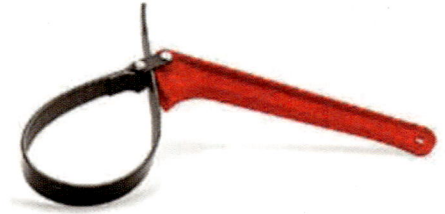

(출처 : 국토교통부 항공정비사 표준교재 항공기정비일반)

⑥ 임팩트 드라이버(Impact Driver)

맬릿 해머로 이 드라이버 손잡이 끝에 타격을 가하면 회전력이 발생하여 고착된 볼트나 스크루를 풀거나 조일 때 사용한다. 임팩트 드라이버의 움직이는 부분은 다양한 종류의 비트와 소켓을 결합하여 사용할 수가 있다.

15 계측작업

(1) 계측기 취급
  ① 국가교정제도의 이해(법령, 단위계)
  ② 유효기간의 확인
  ③ 계측기의 취급, 보호
(2) 계측기 사용법
  ① 계측(부척)의 원리
  ② 계측대상에 따른 선정 및 사용절차
  ③ 측정치의 기입 요령

Question 1

정밀측정장비(PME)에는 어떤 것들이 있는가?

Answer

정밀측정장비(PME)에는 일반적으로 다음과 같은 것이 있다.
① 버니어 캘리퍼스(Vernier Calipers)
② 마이크로미터(Micrometer)
③ 뎁스 게이지(Depth Gage)
④ 다이얼 게이지(Dial Gage)
⑤ 토크 렌치(Torque Wrench)
⑥ 케이블 텐션 미터(Cable Tension Meter)

항공정비사 면허 실기 · 구술

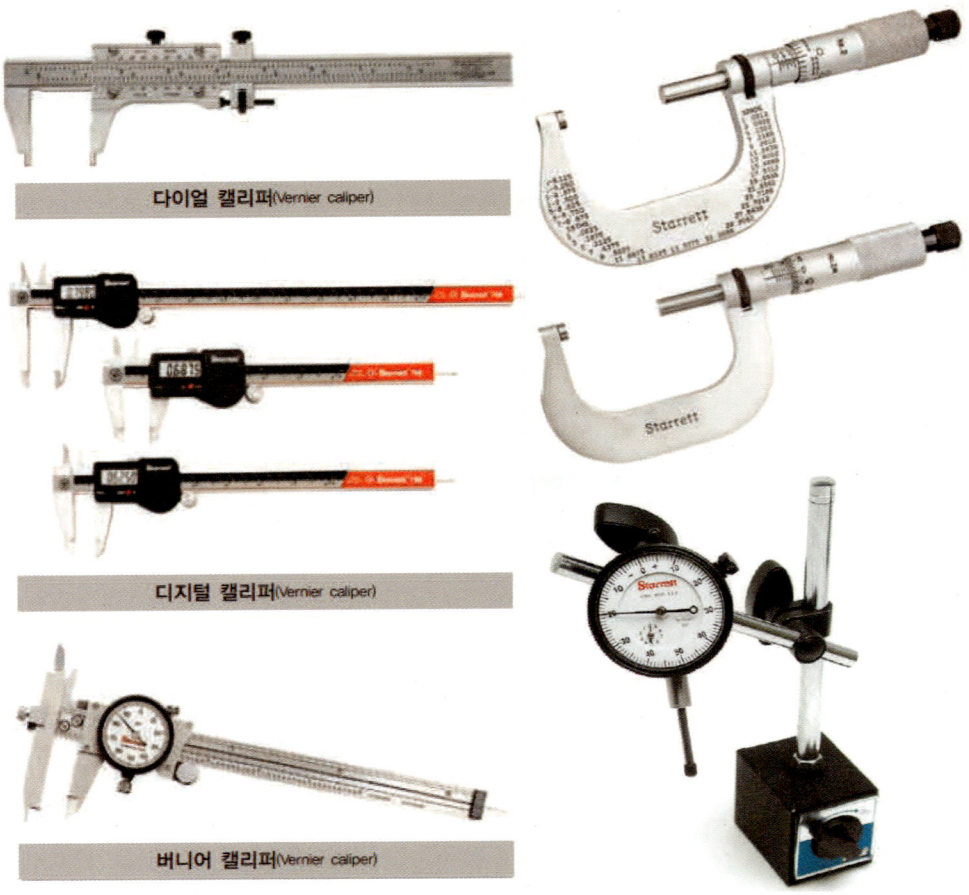

◆ 정밀측정장비(PME) 종류 ◆
(출처 : 국토교통부 항공정비사 표준교재 항공기정비일반)

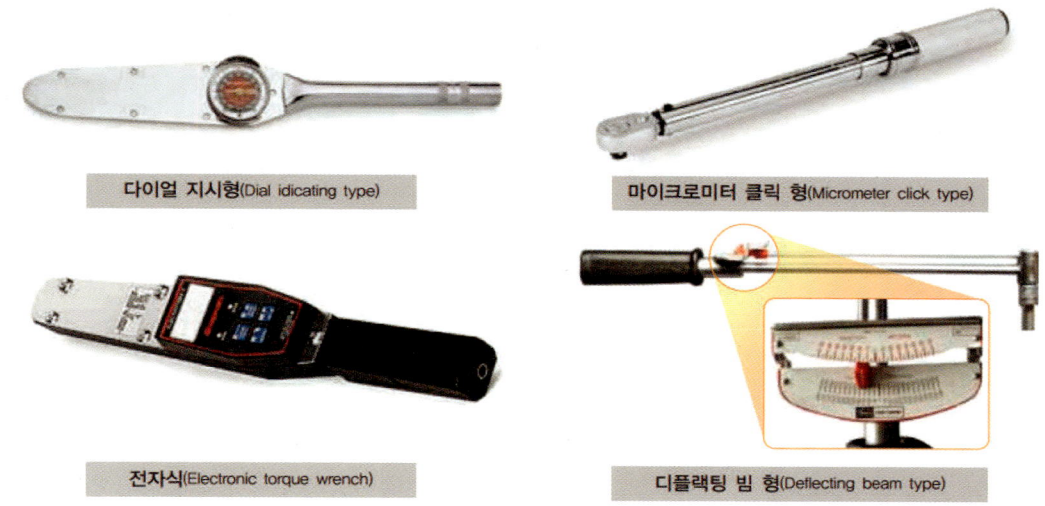

◆ 토크렌치(Torque Wrench) 종류 ◆

(출처 : 국토교통부 항공정비사 표준교재 항공기정비일반)

Question 1-1

정밀측정장비의 약어인 PME 원어는 무엇인가?

Answer

PME는 Precesion Measuring Equipment의 줄임말이다.

Question 1-2

정밀측정장비(PME)의 교정주기는 어떻게 되는가?

Answer

정밀측정장비(PME)의 교정주기는 품목마다 모두 다르다. 어떤 품목은 6개월마다, 12개월마다 각각 다르다.

Question 1-3
정밀측정장비(PME)를 교정하는 이유가 무엇인가?

Answer

정밀측정장비(PME)를 교정하는 이유는 특정 대상물이나 부품의 치수를 측정하는 데 있어서 가장 정확하고 신뢰성이 있도록 하기 위해 수행한다. 교정주기에 도달한 정밀측정장비(PME)는 측정치에 오차가 있을 수 있으므로 사용해서는 안 된다.

Question 1-4
정밀측정장비(PME) 사용 시 주의사항은 어떤 것들이 있는가?

Answer

정밀측정장비(PME) 사용 시 주의사항으로는 다음과 같이 있다.
① 측정자와 눈금판은 수직이 되어야 한다.
② 오차를 최소화하기 위해 측정값을 여러 번 측정(보통 3번)하여 평균값을 구한다.
③ 정밀측정장비(PME) 사용 전 측정기 자체오차에 대한 여부를 검사하고 확인한다.
④ 사용 전후로 0점 조절(Zero Set)을 해야 한다.
⑤ 정밀측정장비(PME)나 측정물을 다룰 때 맨손으로 취급하는 것을 권고하지 않는다.
⑥ 정밀측정장비(PME) 사용 전 교정일자 유효기간이 유효한지 확인 후 사용한다.

Question 1-5

정밀측정장비(PME)나 측정물을 다룰 때 맨손으로 취급하지 말아야 할 이유가 무엇인가?

Answer

인체의 손에 의한 염분이나 온도에 측정물이나 측정장비가 장기간 노출될 경우 부식이나 측정 오차를 유발할 수 있기 때문이다.

[이 장의 특징]

항공기에 사용하는 발동기는 크게 왕복 엔진, 제트엔진, 로켓 등이 사용되고 있으며, 현재 항공산업에서는 제트엔진 중에서도 가스터빈엔진이 주력으로 쓰이고 있다.

발동기는 항공기의 주력 동력원으로서, 연소 과정을 통해 생산된 가스를 추진력으로 사용하여 항공기가 비행할 수 있도록 해주는 중요한 요소이다. 또한 발동기는 수많은 항공역사와 발전을 통해 지금까지도 꾸준히 발전해 나아가고 있다.

이 장에서는 항공정비사로서 발동기에 대한 기본적인 원리와 구성품, 위치 그리고 엔진에 사용되는 용어 등을 숙지하여 현장에서 올바른 조치사항을 신속하게 취할 수 있도록 할 것이다.

CHAPTER
03

발동기
Power Plant

01 발동기 계통(왕복 엔진)

(1) 왕복 엔진
   ① 작동원리, 주요 구성품 및 기능
   ② 점화장치 작업 및 작업안전사항 준수 여부
   ③ 윤활장치 점검(기능, 작동유 점검 및 보충)
   ④ 주요 지시계기 및 경고장치 이해
   ⑤ 연료계통 기능(점검, 고장탐구 등)
   ⑥ 흡입, 배기 계통

Question 1

왕복 엔진의 발달사는 어떻게 되는가?

Answer

왕복 엔진 발달에 관한 역사 흐름 순서는 다음과 같이 있다.
① 19세기 1876년 – 독일의 아우구스트 오토(August Otto)와 에우겐 랑겐(Eugen Langen)에 의해 최초 4행정 사이클 엔진 개발 – 이 엔진을 오토 사이클 엔진이라 정하였다.
② 1885년 – 독일의 고틀리프 다임러(Gottlieb Daimler)에 의해 실질적으로 실용화되기 시작하였다.
③ 같은 해에 유사한 가솔린 엔진인 칼 벤츠(Karl Benz)가 엔진을 개발하였다. 다임러 벤츠 엔진은 초기 자동차 엔진에 사용되고 오늘날에 사용되는 엔진도 초기 다임러와 벤츠 엔진과 매우 흡사한 특징이 있다.
④ 최초로 성공한 항공기 엔진 – 1903년 라이트 형제에 의해 최초 동력 비행을 성공하였다. 이때 사용된 엔진은 라이트 형제와 동료 기술자인 카를로스 타일러(Charles Taylor)에 의해 설계되고 개발된 가솔린 엔진이었다.
⑤ 이후에 개발되는 왕복 엔진은 실린더 배열에 따라 V형, 직렬형(I형), 성형기관, 대향형 엔진으로 분류되거나 냉각방식(수냉식, 공냉식)에 따라 분류되었다.

Question 1-1

왕복 엔진의 작동원리는 어떻게 되는가?

Answer

가스의 압력과 부피, 온도 관계를 다루는 원리가 왕복 엔진 작동의 기본 원리이다. 내연기관인 왕복 엔진은 열에너지를 기계적 에너지로 변환시키는 장치이다.

가솔린이 기화하여 공기와 혼합되고 그것을 실린더 내부로 유입시켜 피스톤에 의해 압축, 점화를 통해 열 에너지가 기계적 에너지로 바뀌는 것이다.

에너지 변환 과정은 열역학 사이클인 오토 사이클의 4행정(흡입 – 압축 – 폭발 – 배기) 과정을 통해 크랭크샤프트가 회전하여 동력을 생성한다.

① 흡입과정 : 흡입밸브가 열리면서 혼합가스가 실린더 내부로 들어온다. 이때 피스톤은 내려가고 있는 상태이다.
② 압축과정 : 흡입밸브가 닫히고 난 후 피스톤이 상승하면서 실린더 내부 혼합가스를 압축시킨다.
③ 폭발과정 : 압축 상사점 직전에 스파크 플러그가 점화되어 혼합가스를 연소시킨다. 이 연소에 의한 충격파로 피스톤이 내려간다.
④ 배기과정 : 피스톤이 올라오면서 배기밸브가 열리고 이때 혼합가스들이 배기밸브 쪽으로 배출된다.

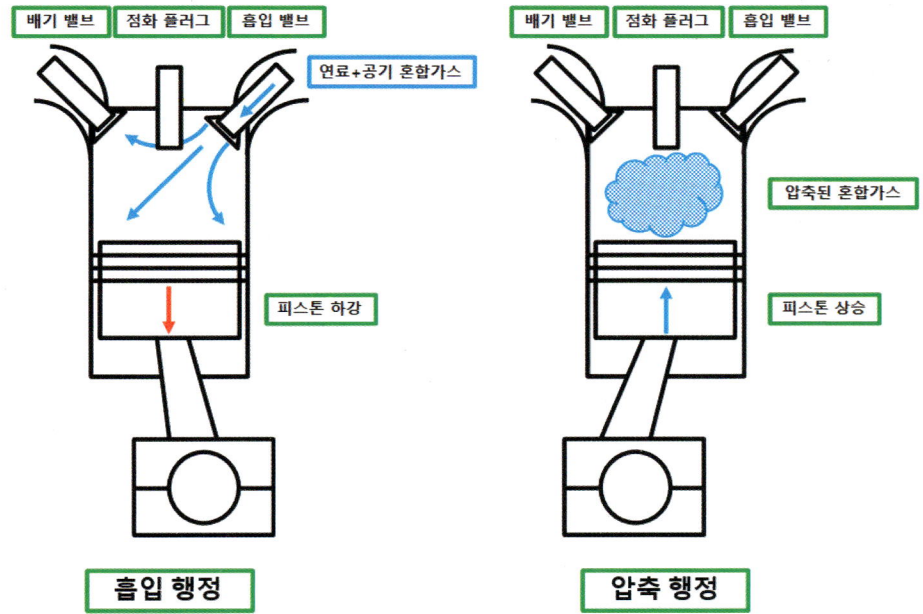

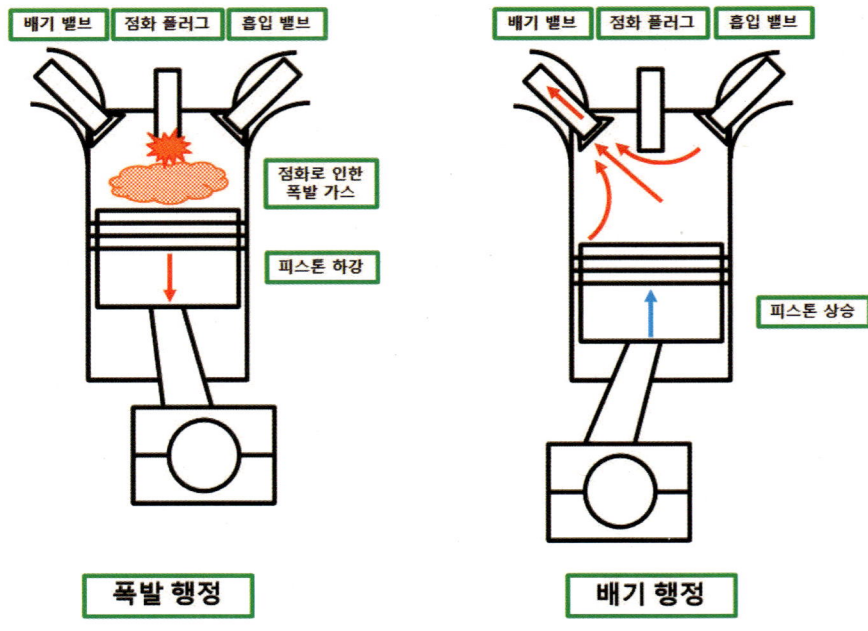

Question 1-2

왕복 엔진을 이루는 각 구성품별 역할은 어떤 것들이 있는가?

Answer

왕복 엔진을 이루는 각 구성품별 역할은 다음과 같다.

1. 실린더(Cylinder)

    실린더는 내부에 공기와 연료를 혼합시켜 연소가스를 형성시킨 뒤 스파크 플러그의 점화 불꽃을 통해 폭발하는 힘으로 출력을 얻어내도록 밀폐계 역할을 한다.

    또한 실린더 내부에서는 직선 왕복 운동을 하는 피스톤도 있기에 내구성도 중요하다. 실린더의 구성요소로는 실린더 헤드, 실린더 배럴, 실린더 플랜지 등이 있다.

    ① 실린더 헤드(Cylinder Head)

    실린더 헤드는 실린더 상단에 있는 부분을 말하며, 흡입 밸브(Intake Valve)와 배기 밸브(Exhaust Valve),

스파크 플러그(Spark Plug), 연료 인젝터(Fuel Injector)의 장착부를 제공해준다.

또한 실린더 헤드에는 밸브들을 외부 이물질로부터 보호하도록 실린더 헤드 커버로 씌워져 있다. 실린더 헤드 커버를 장착할 때에는 실린더 몸통 역할을 하는 실린더 배럴과 헤드 커버 사이에 가스켓(Gasket)을 장착한다.

가스켓은 밀폐역할을 하기 위해 사용하는 것으로써 시일(Seal)의 종류 중 하나이며 석면 또는 알루미늄 재질로 제작되어 있다.

② 실린더 배럴(Cylinder Barrel)

실린더 배럴은 실린더의 몸통 역할을 하는 부분으로 내부에는 피스톤(Piston)과 피스톤에 장착되는 디스톤 링(Piston Ring), 피스톤과 커넥팅 로드(Connecting Rod)를 연결해줄 피스톤 핀(Piston Pin) 등이 있다.

실린더 배럴은 내부에서 점화와 폭발이 이루어짐에 따라 냉각 해줄 냉각핀(Cooling Fin)을 형상화하여 항공기가 비행 시 프로펠러의 후류나 외부 공기 유입에 따라 실린더 표면을 고르게 흐르도록 유도역할을 해준다.

실린더 배럴의 재질로는 단조로 제작된 스틸 합금(Steel Alloy)이며, 내부에는 피스톤과 피스톤링에 의해 마모되지 않도록 표면 경화처리를 해준다.

여기서 내부 표면 경화처리법으로는 질화 처리를 이용하고 지속적으로 사용됨에 따라 마모된 내부 표면에 대해서는 재생 처리를 하도록 크롬 도금도 해준다.

크롬 도금 실린더의 경우에는 주철 피스톤링만을 사용해야 하며 일부 실린더 배럴은 열팽창과 마모도를 고려하여 상부 직경이 하부 직경보다 작게 제작되도록 하는 초크 보어 실린더(Chokebored Cylinder)도 있다.

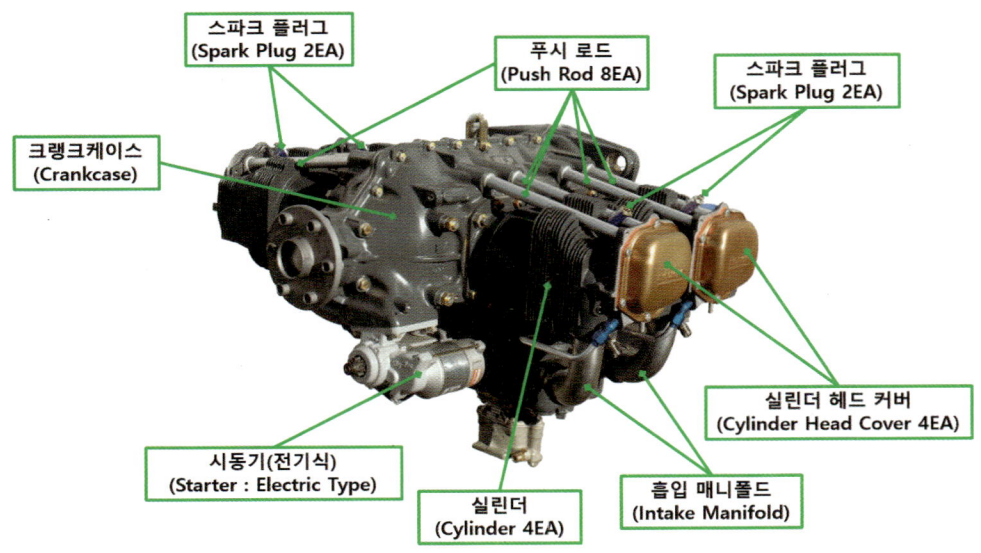

◆ 왕복 엔진 구성품 및 외부명칭 ◆

(출처 : Freepik)

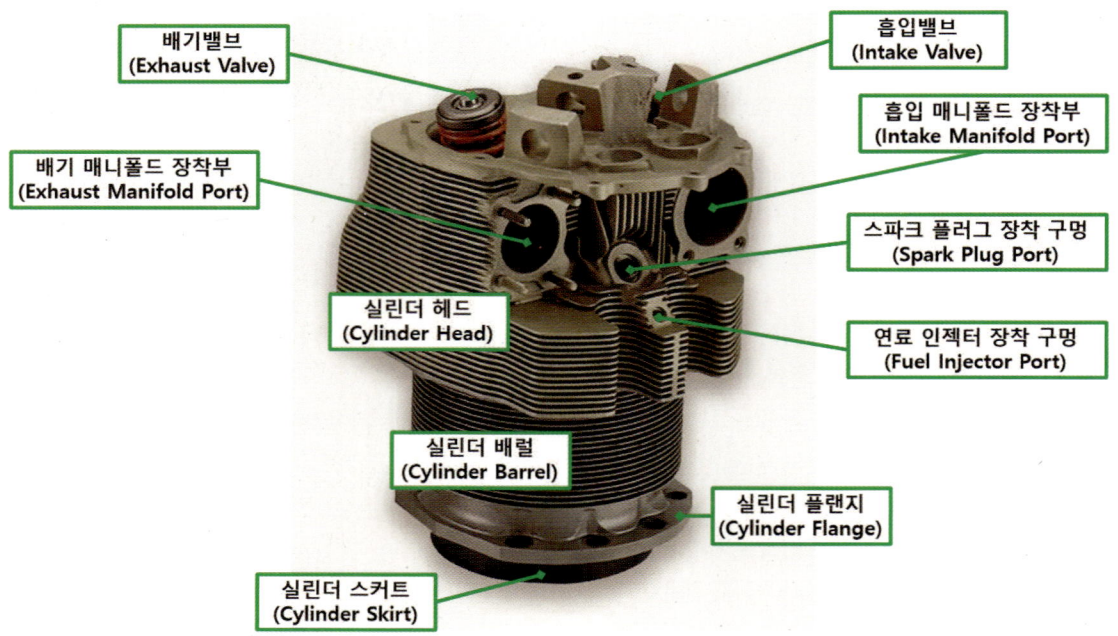

◆ 왕복 엔진 실린더 구성 및 명칭 ◆

(출처 : 국토교통부 항공정비사 표준교재 항공기엔진 제1권 왕복 엔진)

a. 실린더 번호 지정(Cylinder Numbering)

실린더는 엔진 출력 향상을 위해 여러 개의 실린더가 장착되는데, 보통 항공기에 사용되는 성형엔진과 대향형 엔진의 경우에는 각각 9기통과 6기통이 일반적으로 쓰인다.

엔진 좌우측 구분이 필요할 경우에는 항상 엔진 후방 또는 악세서리(Accessory) 끝단에서 봤을 때를 기준으로 한다. 크랭크샤프트(Crankshaft)의 회전방향 또한 후방에서 엔진을 바라봤을 때를 기준으로 시계방향인지 반시계방향인지도 구분하게 된다.

대향형 엔진에서는 번호를 식별할 때 우측 후방에서부터 1번, 좌측 후방이 2번으로 시작하게 된다. 그리고 1번 실린더 전방은 3번, 2번 실린더 전방은 4번으로 시작되며 제작사마다 번호 방식이 다르기도 하다.

왕복 엔진의 제작사인 컨티넨탈(Continental)의 경우에는 실린더 번호를 엔진 후방 우측에서부터, 라이코밍(LYCOMING)의 경우에는 엔진 전방 우측에서부터 시작하는 차이점도 있다.

단열 성형엔진의 실린더는 후방에서 바라봤을 때 시계방향으로 번호를 부여하고 12시방향 상단에 위치한 실린더가 1번 실린더가 된다. 복열 성형엔진의 경우에는 단열 성형엔진과 동일한 방식으로 똑같이 번호가 부여된다.

단열 성형엔진(Single-Row Radial)   복열 성형엔진(Double-Row Radial)

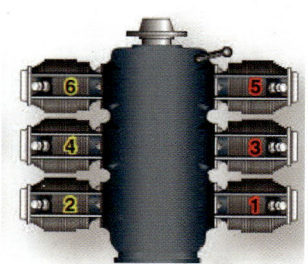

대향형엔진(Opposed)

◆ 왕복 엔진 실린더 배열에 따른 종류 ◆

(출처 : 국토교통부 항공정비사 표준교재 항공기엔진 제1권 왕복 엔진)

2. 밸브(Valves)

항공기 왕복 엔진의 밸브는 흡입 밸브와 배기 밸브 2가지가 있으며, 흡입 밸브의 경우에는 저온에서 작동하므로 크롬-니켈강 재질로 제작되고 배기 밸브는 내열성이 우수한 니크롬강, 실크롬 또는 코발트-크롬강으로 제작된다. 작동원리는 실린더 외부에 있는 푸시 로드(Push Rod)에 의해 여닫이가 되도록 설계되어 있다.

여기서 푸시로드란, 튜브 형태를 한 부품으로 크랭크 샤프트가 회전함에 따라 캠 샤프트도 함께 회전하는데, 이 캠 샤프트의 캠 로브(Cam Lobe)에 의해서 푸시 로드를 움직이게 만들고 푸시 로드의 움직임이 로커암(Rocker Arm)을 움직여 밸브들을 여닫도록 해준다.

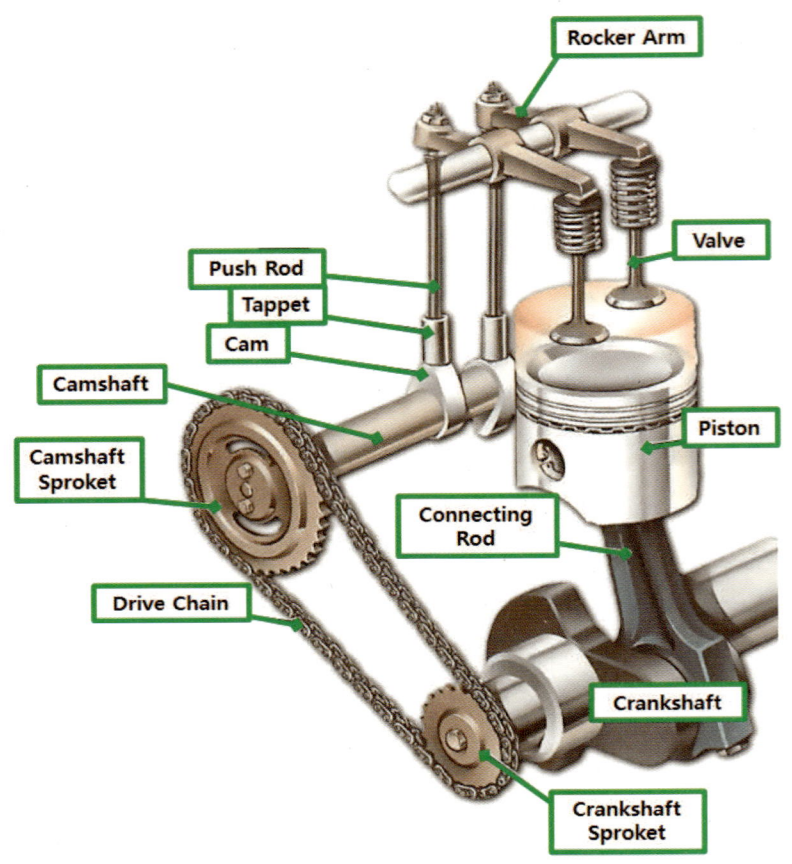

◆ 왕복 엔진 밸브(Valve) 작동을 위한 구성품과 명칭 ◆

(출처 : PNGEgg)

(1) 밸브 넥(Valve Neck)

    밸브 헤드와 스템 사이의 접합 부분을 말한다.

(2) 밸브 페이스(Valve Face)

    밸브 페이스는 밸브 시트(Valve Seat)에 밀착되어 실린더 내부 기밀 유지 및 밸브 헤드의 열을 실린더 헤드로 전도하는 역할을 한다.

    일반적으로 30° 또는 45°의 각도를 갖고 있으며 일부 엔진에서는 흡입 밸브를 30°, 배기 밸브를 45°로 하는 경우가 있다.

또한 내구성 향상을 위해 스텔라이트 재질을 사용하는데, 스텔라이트의 경우 내열성과 내식성, 내충격성, 내마모성이 우수한 특징이 있다.

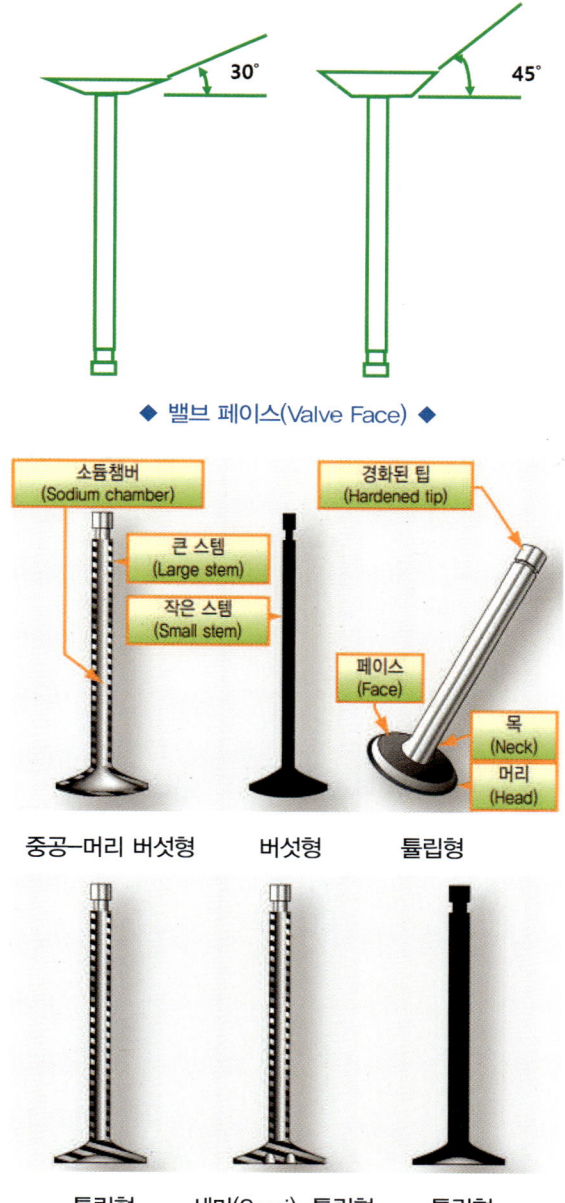

◆ 밸브 페이스(Valve Face) ◆

◆ 왕복 엔진 밸브(Valve) 구성 명칭과 형상별 분류 ◆
(출처 : 국토교통부 항공정비사 표준교재 항공기엔진 제1권 왕복 엔진)

(3) 밸브 스템(Valve Stem)

밸브 스템은 일종의 밸브 헤드의 안내 역할을 하는 길고 가는 축으로써 밸브 가이드(Valve Guide) 내에서 밸브의 왕복운동을 유지해주도록 한다. 이 또한 내마모성 향상을 위해 표면 경화처리가 되어 있다.

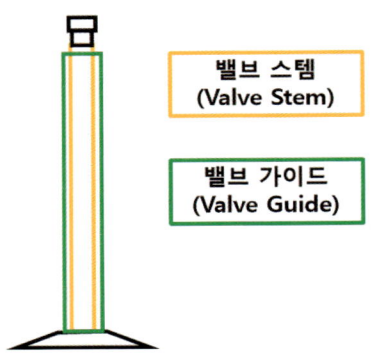

3. 피스톤(Piston)

피스톤은 왕복 엔진 내부에서 직선 왕복운동을 하면서 내부 연소가스를 수축, 팽창을 시켜 압력과 체적변화에 직접적인 영향을 주는 부품이다. 종류로는 크게 슬리퍼형(Slipper Type)과 트렁크(Trunk Type) 2가지로 분류되고 세부적으로는 피스톤 헤드 형상에 따라 분류된다.

슬리퍼형(Slipper Type)은 피스톤 강도가 약하고 내마모성이 떨어져 고출력 현대 항공기 엔진에는 사용되지 않고 있다.

피스톤 종류는 평형(Float Type), 오목형(Recessed Type), 컵형(Concave Type), 볼록형(Dome Type)이 있다. 오목형 같은 경우에는 밸브 작동에 간섭을 주지 않도록 피스톤 헤드를 밸브 모양에 맞게 오목한 형태로 가공된 특징이 있다. 이외에도 최신 왕복 엔진의 피스톤은 피스톤 핀에 수직면으로 직경이 큰 타원형으로 제작된 캠 그라운드 피스톤(Cam Ground Piston)이 있다.

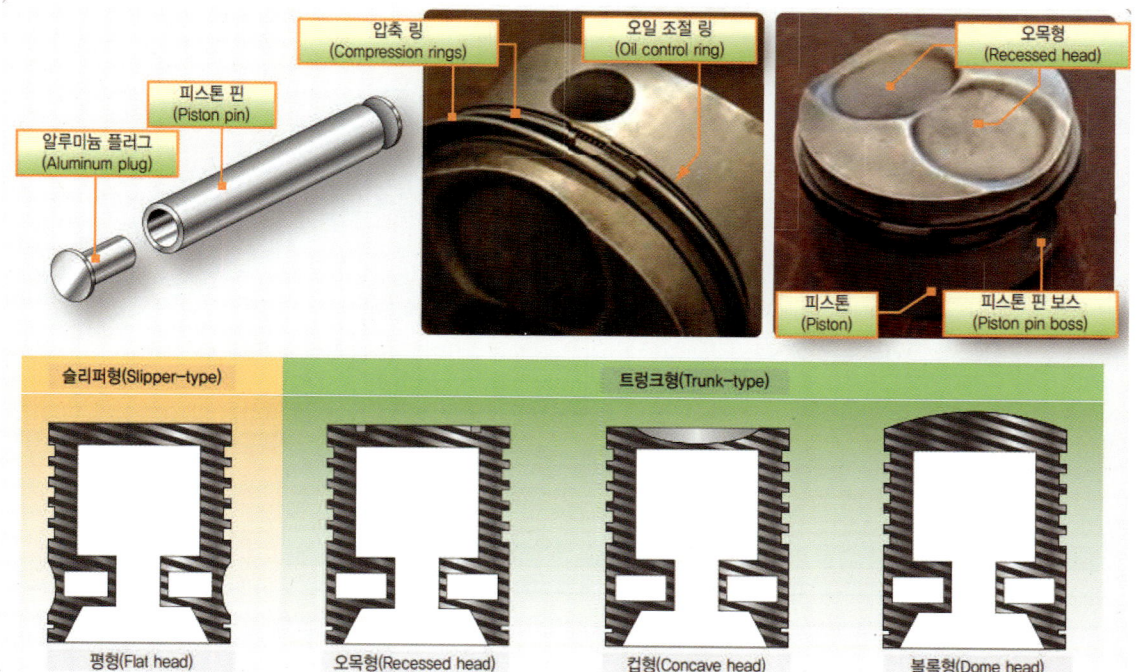

◆ 왕복 엔진 피스톤링(Piston Ring) 종류와 형상별 분류 ◆

(출처 : 국토교통부 항공정비사 표준교재 항공기엔진 제1권 왕복 엔진)

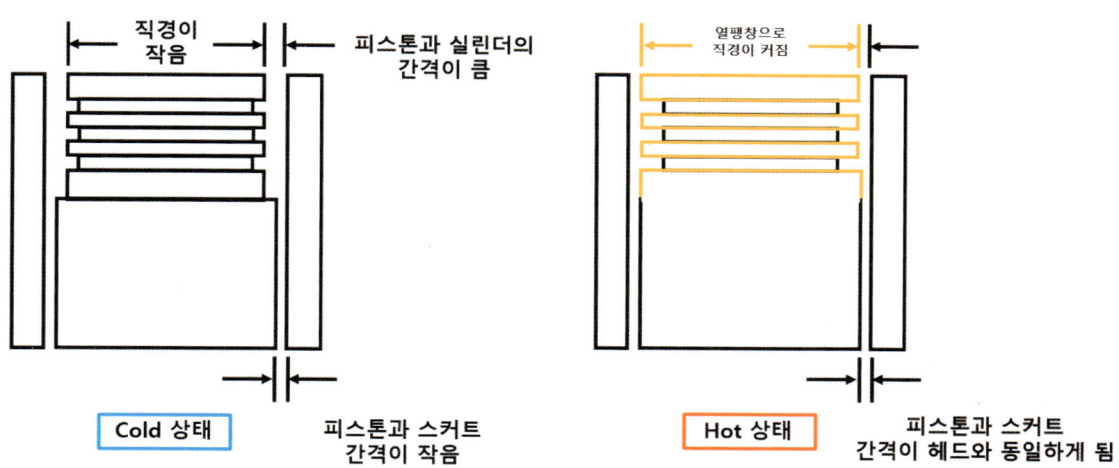

◆ 온도에 따른 캠 그라운드 피스톤(Cam Ground Piston) 변화 ◆

캠 그라운드 피스톤은, 한쪽은 직경이 크고 반대편은 작은 것이 특징인데, 그 이유는 엔진 초기 시동 시 실린더 내부에서 피스톤의 움직임이 흔들리지 않고 똑바로 유지될 수 있도록 하기 위함이다. 엔진이 정상작동 후 피스톤이 가열되기 시작하면 열팽창에 의해 완전한 원형이 된다. 즉, 저온에서는 타원형이고 작동 온도에 도달했을 때 원형으로 변형된다는 것이다. 이 과정은 예열(Warm Up)하는 동안 피스톤이 실린더 벽을 치는 것을 줄일 수 있고 엔진이 정상작동 온도 도달 시 피스톤이 정확한 치수를 유지하도록 한다.

① 피스톤 링(Piston Ring)

피스톤에는 피스톤 링을 장착할 수 있는 그루브(Groove)가 있다. 이 그루브는 일종의 장착을 위한 홈을 말한다. 피스톤 링이 장착되는 이 그루브 사이의 피스톤 부분은 그루브 랜드(Groove Land) 또는 링 랜드(Ring Land)라고 한다.

피스톤 링은 고급 회주철로 제작되며 역할로는 실린더 내부 연소실에서 가스압력이 누설되는 것과 내부로 오일이 유입되는 것을 방지해주고 피스톤의 열을 실린더 벽으로 열전도 해준다.

종류로는 압축링(Compression Ring), 오일 조절링(Oil Control Ring), 오일 제거링(Oil Scraper Ring, Oil Wiper Ring)이 있으며, 장착 개수는 다음과 같이 구성된다.

- 피스톤 링 3개가 장착되는 피스톤 : 압축링 2개, 오일링 1개
- 피스톤 링 4개가 장착되는 피스톤 : 압축링 2개, 오일링 2개
- 피스톤 링 5개가 장착되는 피스톤 : 압축링 3개, 오일링 2개

피스톤 링도 단면 형상에 따라 종류가 평면형(Rectangular Type), 테이퍼형(Tapered Type), 쐐기형(Wedge Shaped Type)으로 분류된다.

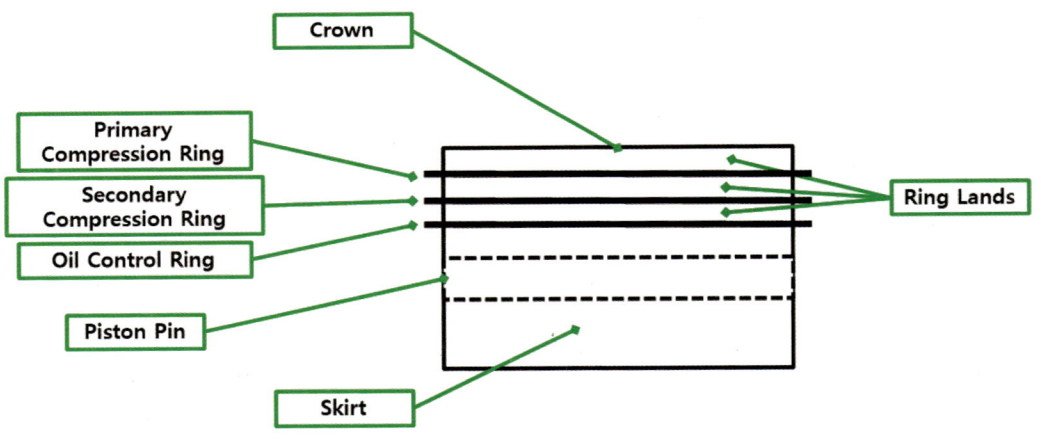

◆ 왕복 엔진 피스톤 구성 및 명칭 ◆

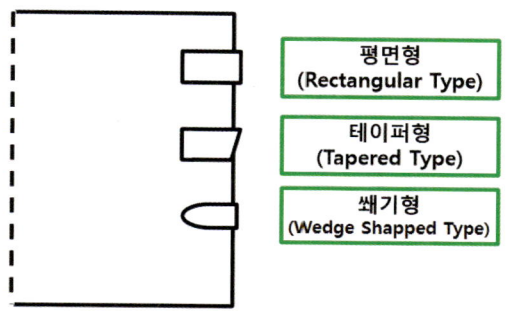

◆ 단면 형상에 따른 피스톤 링 종류 ◆

② 피스톤 핀(Piston Pin)

피스톤 핀은 피스톤 내부에 장착되는 것으로, 크랭크샤프트와 피스톤을 이어주는 매개체이다. 재질로는 강철이나 알루미늄 합금 등이 사용된다. 종류는 고정식, 반부동식, 전부동식으로 분류되고 전부동식이 가장 널리 쓰이고 있다.

4. 커넥팅 로드(Connecting Rod)

커넥팅 로드는 피스톤 핀과 크랭크샤프트를 연결해주는 매개체로써 실린더 내에서 작용하는 피스톤의 직선 왕복운동을 크랭크샤프트에 전달하여 회전운동으로 변환시켜준다.

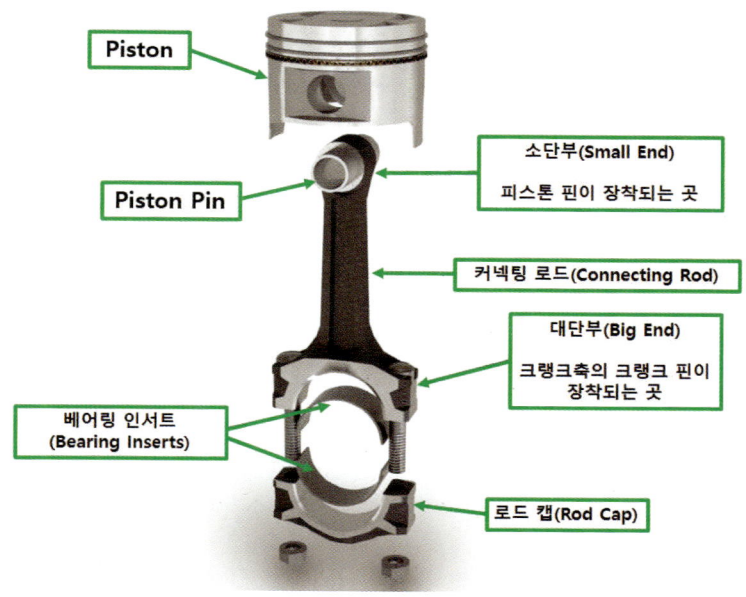

◆ 왕복 엔진 피스톤과 관련 구성품들 ◆

(출처 : Wikipedia)

5. 크랭크샤프트(Crankshaft)

크랭크샤프트는 피스톤의 직선 왕복운동을 커넥팅 로드를 통해 전달받아 회전운동을 발생시키는 것이며 크랭크샤프트의 회전운동이 곧 프로펠러의 회전력이 된다.

구성으로는 다음과 같이 있다.
- 크랭크 핀(Crank Pin)
- 크랭크 암(Crank Arm)
- 메인 저널(Main Journal)
- 동적 평형(Dynamic Balance)을 위한 다이내믹 댐퍼(Dynamic Damper)와 카운터 웨이트(Counter Weight)

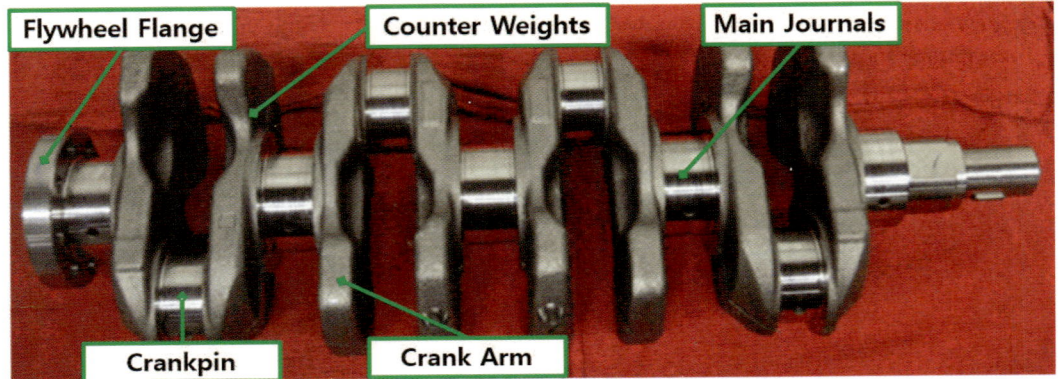

◆ 크랭크샤프트 구성 및 명칭 ◆

(출처 : Freepik)

① 크랭크 핀(Crank Pin)

크랭크 핀은 커넥팅 로드와 직접적으로 장착되는 곳으로, 피스톤과 커넥팅 로드에 의해 크랭크 핀에 힘이 가해지면 크랭크샤프트가 회전하게 된다.

외부 표면은 내마모성 증진을 위해 질화 처리를 해주고 크랭크샤프트의 무게 감소 및 오일 흐름의 통로 역할을 위해 내부를 중공 상태로 제작하며 재질은 일반적으로 니켈-크롬-몰리브덴강을 사용한다.
크랭크 핀은 과거 초기 엔진에서 내부를 중공 상태로 제작하여 오일에 내포된 찌꺼기들을 수집해놓는 슬러지 챔버(Sludge Chamber) 역할을 하였으나 최근 엔진들은 이 불순물들을 오일에 분산시키는 무회분산제(AD : Ashless Dispersant) 오일을 사용하므로 더는 그 역할을 쓰이지 않고 있다.

② 크랭크 암(Crank Arm)

크랭크 칙(Crank Cheek)이라고도 불리는 크랭크 암은 메인 저널과 크랭크 핀을 연결시켜주는 크랭크샤프트의 일부분이다.

대다수 엔진의 크랭크 암은 메인 저널 너머로 연장되도록 제작하는데, 그 이유는 크랭크샤프트의 평형(Balancing)을 유지하도록 카운터 웨이트(Counter Weight)를 지지하기 위함이다.

일부 엔진에서는 크랭크샤프트로부터 실린더 벽에 오일이 분사되도록 크랭크 암에 구멍을 뚫어 놓기도 한다.

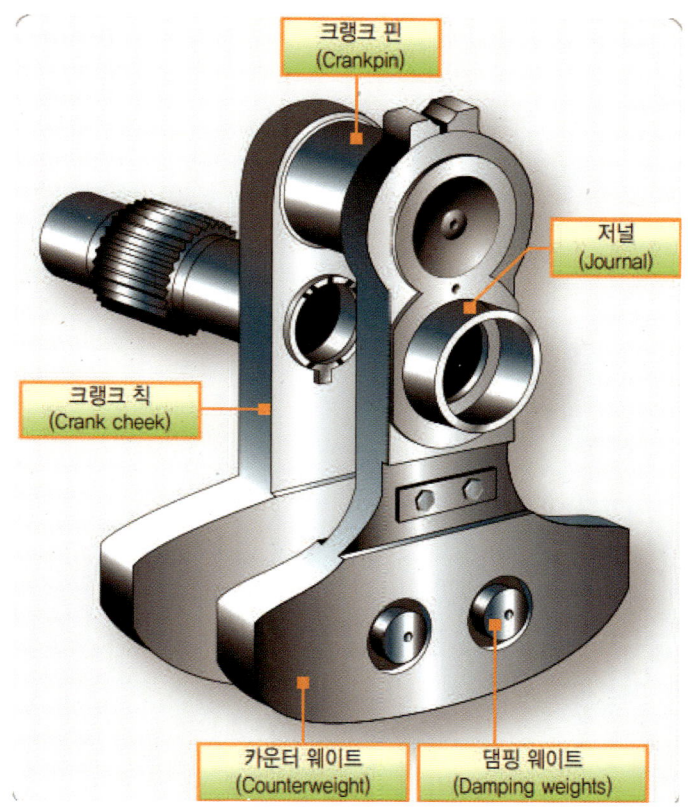

◆ 왕복 엔진 크랭크샤프트(Crankshaft)의 구성 ◆

(출처 : 국토교통부 항공정비사 표준교재 항공기엔진 제1권 왕복 엔진)

6. 크랭크케이스(Crankcase)

 알루미늄 합금으로 제작되는 크랭크케이스는 다양한 기계적 하중뿐만 아니라 여러 하중들을 견디도록 설계된다. 이 케이스의 기능은 다음과 같이 있다.
 ① 크랭크케이스 자체를 지지하며, 엔진의 다양한 내부 및 외부 구성품들을 지지한다.
 ② 오일을 완전 밀폐하도록 한다.
 ③ 실린더 장착을 위한 장착부가 있다.
 ④ 엔진을 항공기에 장착하기 위한 장착부가 있다.
 ⑤ 크랭크샤프트와 베어링의 잘못된 장착을 방지한다.

크랭크케이스 후방에는 악세서리 섹션(Accessory Section)에 해당하는 다양한 보기류들을 장착하도록 악세서리 케이스(Accessory Case) 장착부를 제공해준다. 여기서 악세서리 섹션은 일반적으로 알루미늄 합금 또는 마그네슘 주물로 제작되고 일부 엔진에서는 일체형으로 주조되기도 한다.

보기류로는 다음과 같이 있다.

① 마그네토(Magneto)
② 기화기(Carburetor)
③ 연료펌프(Fuel Pump)
④ 오일펌프(Oil Pump)
⑤ 진공펌프(Vaccum Pump)
⑥ 시동기(Starter)
⑦ 발전기(Generator)
⑧ 회전계(Tachometer)
⑨ 구동장치(Drive)

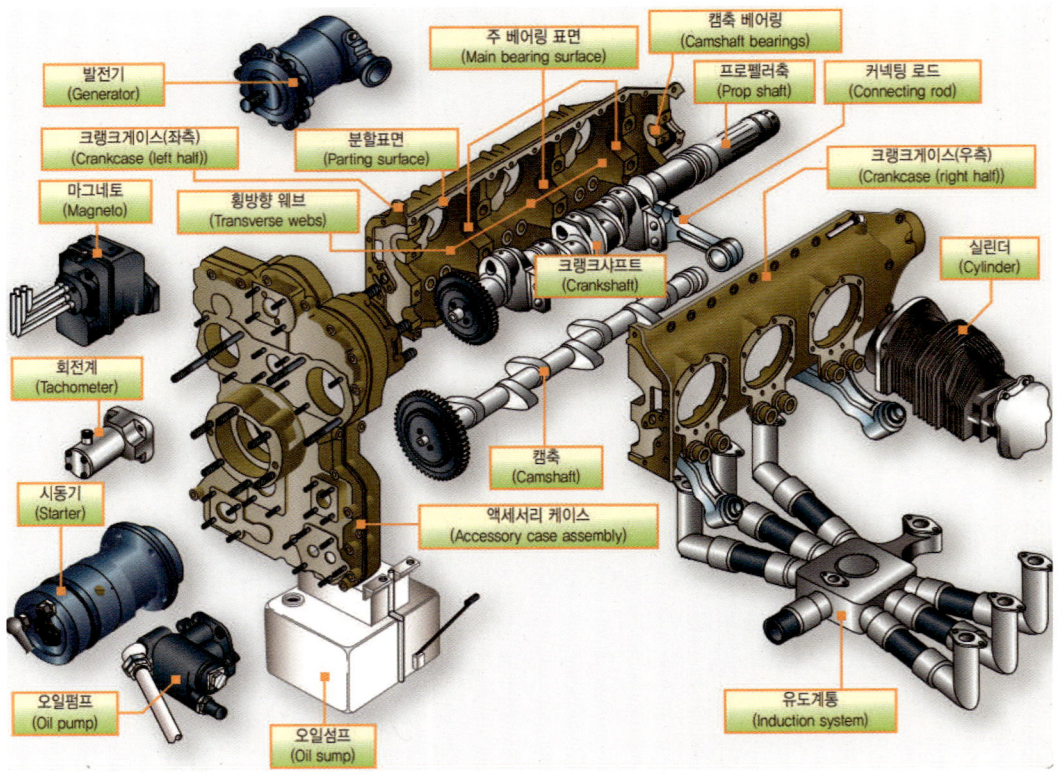

◆ 항공기 왕복 엔진 구성품과 구조 ◆
(출처 : 국토교통부 항공정비사 표준교재 항공기엔진 제1권 왕복 엔진)

Question 2

왕복 엔진 점화 이상현상인 디토네이션(Detonation)과 조기점화(Pre-Ignition)는 무엇인가?

Answer

1. 디토네이션(Detonation)
   디토네이션은 정상 점화 후 일부 연소되지 않은 미연소가스가 자연발화 온도에 도달해서 폭발하는 현상이다. 이로 인해 충격파가 발생하여 노킹(Knocking) 현상도 발생하며, 엔진에 심한 진동은 물론 파손까지 초래하게 된다.

2. 조기점화(Pre-Ignition)
   조기점화는 정상 점화 전에 스파크 플러그(Spark Plug)가 과열되어 점화가 먼저 되는 현상이다. 조기점화 원인은 디토네이션에 의해 발생한 연소 찌꺼기가 스파크 플러그에 축적되어 열점 현상(Hot Spot)에 따라 과열되면서 조기점화가 발생하는 것이다.

Question 2-1

왕복 엔진은 스파크 플러그가 실린더 하나에 2개씩 장착되는데, 그 이유는?

Answer

페일 세이프(Fail Safe) 목적과 연소를 보다 빠르게 하기 위함이다. 연소가 느릴 경우 연소되지 않은 가스가 실린더 내에 남아 자연발화온도에 도달하여 폭발할 수도 있다.

이러한 현상은 디토네이션(Detonation)을 발생시키고 디토네이션에 의한 충격파가 노킹(Knocking) 현상까지 초래하게 된다. 그리고 여기서 폭발한 연소 찌꺼기가 스파크 플러그(Spark Plug)에 고착되면 조기점화(Pre-Ignition)까지 초래하게 된다.

Question 2-2

왕복 엔진에서 저압 마그네토와 고압 마그네토의 차이는 무엇인가?

Answer

우선 마그네토는 왕복 엔진 항공기에 사용하는 점화장치이다. 종류로는 작동방식에 따라 저압 마그네토와 고압 마그네토로 분류되며, 차이점으로는 다음과 같다.

저압 마그네토는 전류를 흘려보내서 스파크 플러그 직전에 변압기(Transformer)를 통해 스파크 플러그에 전기 에너지를 승압시켜 보내주고 고압 마그네토는 마그네토로부터 유도된 전압을 승압 코일을 통해 고전압 전류를 바로 스파크 플러그에 보내준다.

고압 마그네토는 전류를 흘려보내는 과정에서 고전압 전류가 흐르기 때문에 고고도 비행 시 공기밀도 감소에 따른 플래시 오버(Flash Over) 현상이 쉽게 발생한다. 이에 따라서 고압 마그네토를 저고도 비행하는 항공기에 주로 사용한다.

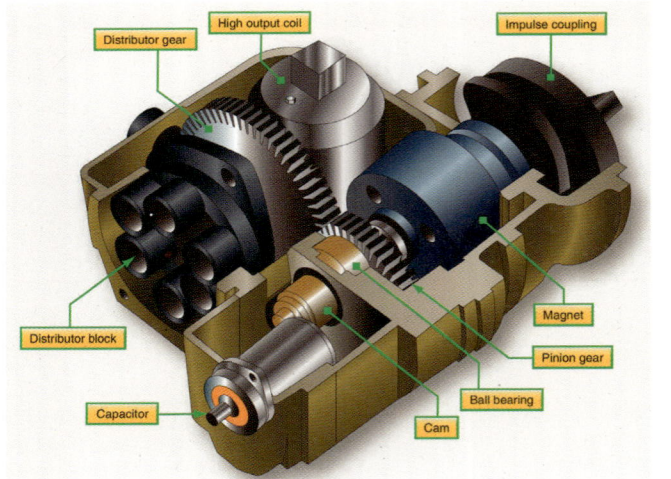 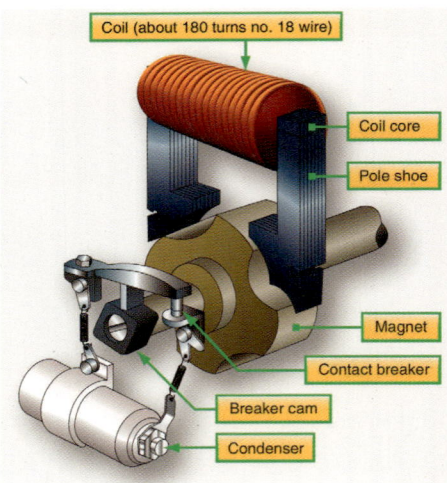

◆ 항공기 왕복 엔진 마그네토의 내부 구조와 구성품 ◆

(출처 : 국토교통부 항공정비사 표준교재 항공기엔진 제1권 왕복 엔진)

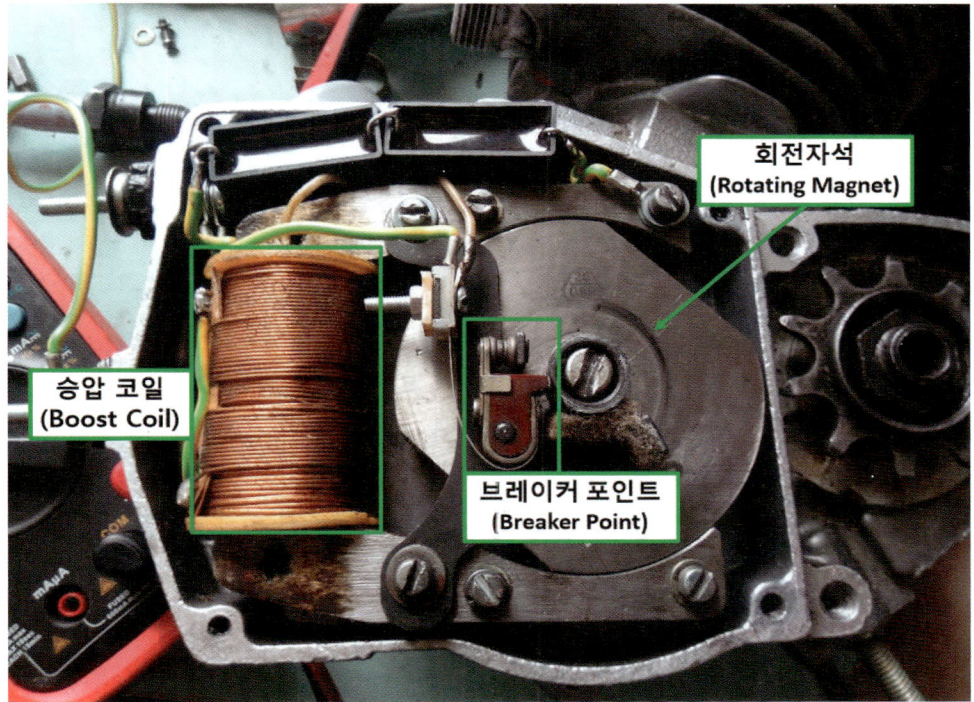

◆ 항공기용 왕복엔진의 마그네토 내부 구조 ◆

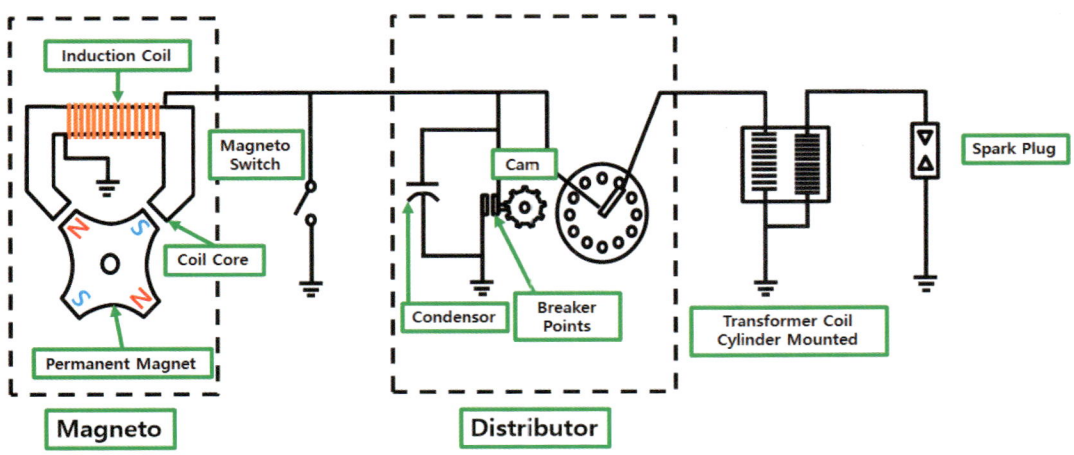

◆ Low Tension Magneto System ◆

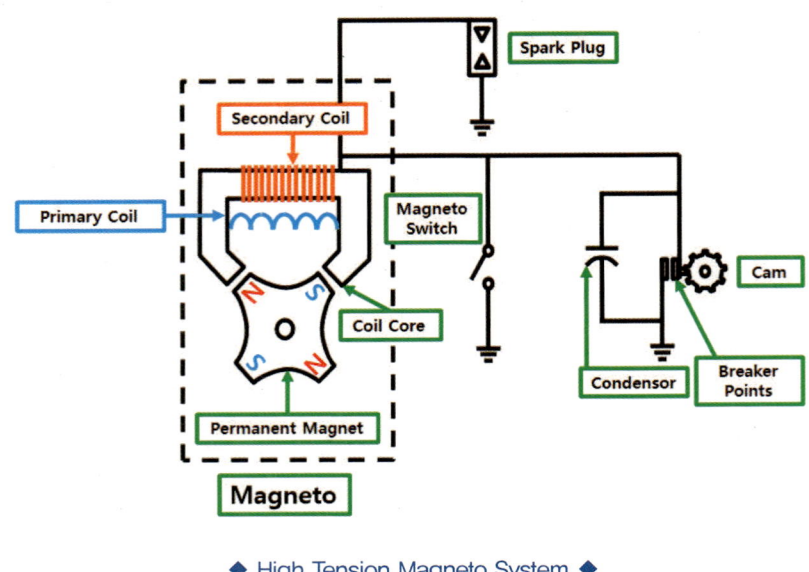

◆ High Tension Magneto System ◆

Question 2-3

왕복 엔진 마그네토 점화시기 점검 중 내부 점화시기와 외부 점화시기는 무엇인가?

Answer

왕복 엔진 마그네토를 교환하거나 장착하고 나면 정상적인 점화시기를 맞추어야 완전한 작동을 할 수 있게 되는데, 이러한 점검을 점화시기 점검이라 한다. 종류로는 외부 점화시기와 내부 점화시기 2가지가 있으며, 이 작업을 수행하기에 앞서 첫째로 유의해야 할 것은 마그네토의 내부 타이밍이다.

내부 점화시기는 마그네토의 E-Gap 각도를 맞추는 작업이고 외부 점화시기는 실린더의 압축 상사점을 맞추는 작업을 말한다.

내부 점화시기를 맞추기 위해 일부 마그네토에서는 브레이커 캠의 끝부분에 모서리가 깎인 치차(Chamfered Tooth)로 표시해놓는 경우도 있다. 곧은 자를 이 깎인 치차 부분에 놓고 브레이커 하중의 테두리에 있는 타이밍 마크(Timing Mark)와 일치되게 했을 때가 마그네토 회전자가 E-Gap 위치에 있을 때이며, 브레이커 포인트(Breaker Point)가 막 열리기 시작하는 때이기도 하다.

또 다른 방법으로는 타이밍 핀(Timing Pin)이 제자리에 있고 마그네토 케이스의 측면이 벤트 홀(Vent Hole)을 통해 보이는 적색 마크(Red Mark)가 정렬시켜서 맞추는 방법도 있다. 이때 회전자가 이 위치에 있을 때 브레이커 포인트는 막 열리기 시작한다.

외부 점화시기는 일반적으로 1번 실린더의 압축상사점 전 25~30°으로 맞추며 엔진마다 압축상사점 각도는 모두 다르다. 이 점화시기를 맞추기 위해서는 우선 왕복 엔진 실린더 헤드 커버를 제거하여 로커암(Rocker Arm)을 육안으로 보이게끔 한다. 그 후 스파크 플러그(Spark Plug)를 제거하여 스파크 플러그 장착부에 타임 라이트(Time Light)를 장착한다.

로커암의 움직임을 통해 흡입밸브와 배기밸브가 열리는 것을 식별할 수 있으며 프로펠러를 회전방향으로 돌려 흡입밸브가 열리고 닫힌 다음 압축상사점이 진행되는 것을 타임 라이트의 불빛이 점등되는 것을 통해 확인한다.

*마그네토 내부 점화시기는 보통 왕복 엔진 오버홀을 하고 나면 오버홀 샵(Overhaul Shop)에서 맞춰져서 출고된다. 따라서 라인에서 정비업무를 수행할 경우 별도로 수행되지는 않는다. 압축 상사점으로 맞춰서 점화시기를 맞추는 외부 점화시기는 라인에서 수행하며, 마그네토를 교환하거나 장탈착을 했을 경우에 수행한다.

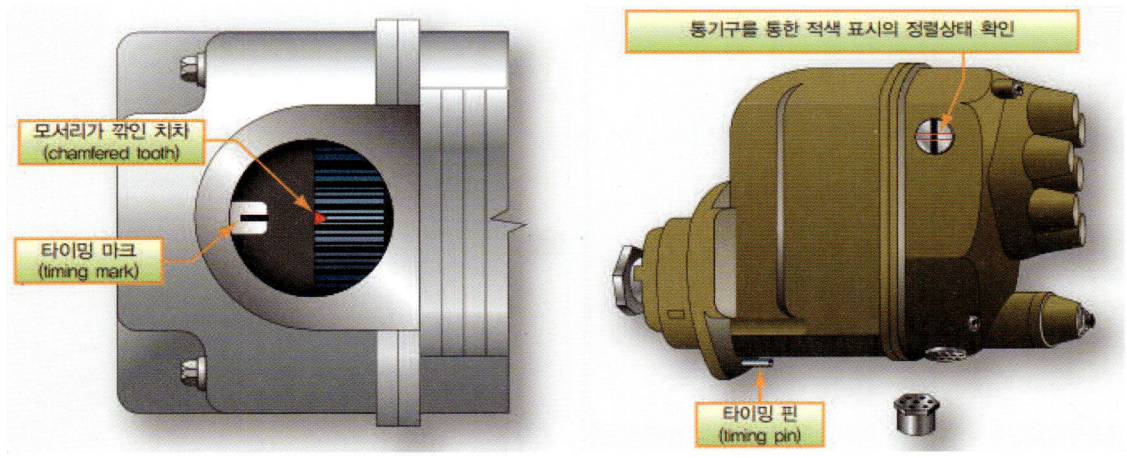

◆ 왕복 엔진 마그네토 타이밍 마크(Timing Mark) ◆
(출처 : 국토교통부 항공정비사 표준교재 항공기엔진 제1권 왕복 엔진)

> **Question 2-4**
>
> 왕복 엔진 마그네토에서 E-GAP 각도는 무엇을 말하는가?

Answer

마그네토의 회전자석의 극이 중립 위치를 벗어날 때 브레이커 포인트(Breaker Point)가 떨어지는 순간에 가장 강한 스파크를 얻어내는 각도를 말한다.

> **Question 3**
>
> 왕복 엔진 항공기에 장착되는 과급기(Supercharger)란 무엇인가?

Answer

과급기(Supercharger)는 항공기가 고고도 비행 시 고출력을 유지할 수 있도록 쓰이는 것이며, 고고도에서의 공기밀도는 감소되므로 다량의 공기를 압축기로 최대한 빨아들여 각 실린더로 공급해주는 장치이다.

종류로는 내부 구동식(Internal Driven Type)과 외부 구동식(External Driven Type)이 있고, 둘의 차이는 다음과 같다.
- 내부식 : 크랭크샤프트(Crankshaft)로 임펠러(Impeller)를 구동시켜 흡입 공기를 압축시킨다.
- 외부식 : 실린더에서 배출되는 배기가스(Exhaust Gas)로 터빈을 구동시켜 임펠러를 구동시킨다.

> **Question 3-1**
>
> 왕복 엔진 항공기에 장착되는 과급기(Supercharger) 기본적인 구성품과 역할은 무엇인가?

Answer

왕복 엔진 항공기에 장착되는 과급기의 기본적인 구성품과 역할은 다음과 같다.

① 임펠러(Impeller) : 유입되는 공기의 흐름 속도를 가속화하여 디퓨져(Diffuser)로 전달한다.
② 디퓨져(Diffuser) : 임펠러(Impeller)로부터 유입공기를 받아 속도를 감소, 압력을 증가시킨다.
③ 매니폴드(Manifold) : 공기를 분배시키는 다기관 역할을 한다.

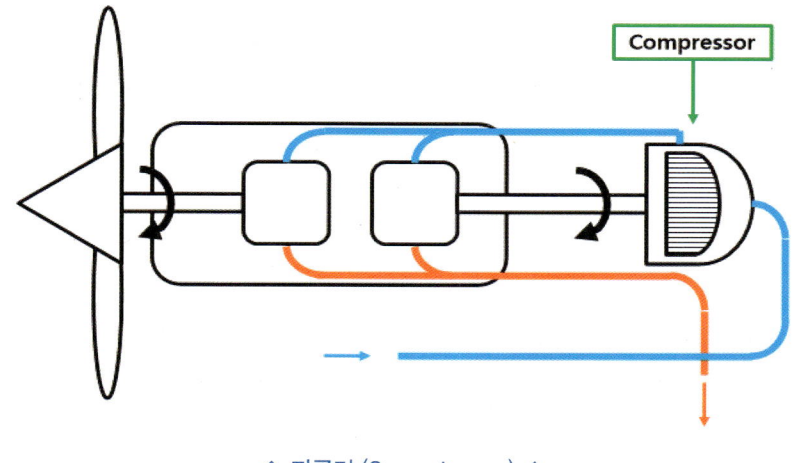

◆ 과급기 (Supercharger) ◆

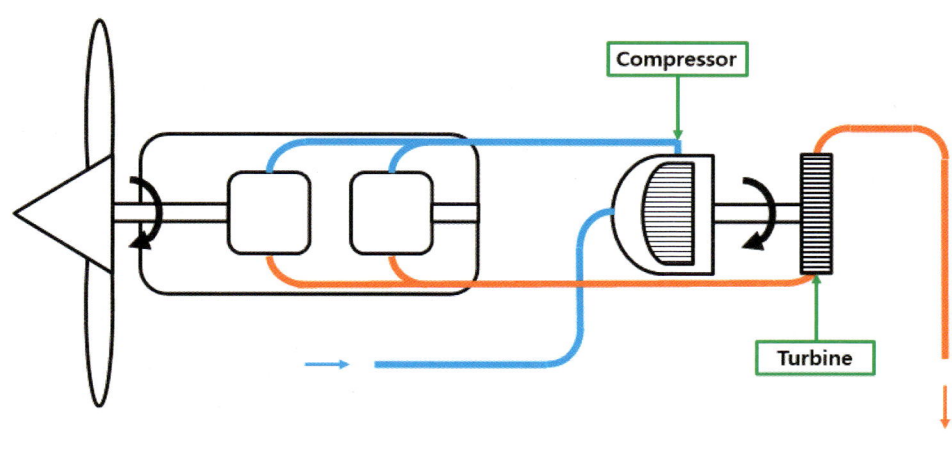

◆ 터보차저 (Turbocharger) ◆

02 발동기 계통(가스터빈엔진)

(1) 가스터빈엔진
  ① 작동원리, 주요 구성품 및 기능
  ② 점화장치 작업 및 작업 안전사항 준수 여부
  ③ 윤활장치 점검(기능, 작동유 점검 및 보충)
  ④ 주요 지시계기 및 경고장치 이해
  ⑤ 연료계통 기능(점검, 고장탐구 등)
  ⑥ 흡입 및 공기흐름 계통
  ⑦ Exhaust 및 Reverser 시스템
  ⑧ 세척과 방부처리 절차
  ⑨ 보조동력장치계통(APU)의 기능과 작동

Question 1

제트엔진의 종류는 어떤 것들이 있는가?

Answer

제트엔진 종류로는 다음과 같이 있다.

```
                    제트엔진
                   (Jet Engine)
    ┌──────────────┬──────────────────────────────┐
    │  램제트       │         가스터빈엔진            │
    │ (Ram Jet)    │      (Gas Turbine Engine)     │
    │              │  ┌──────────────┬───────────┐ │
    │  펄스제트     │  │ 터보 제트 엔진 │ 터보 팬 엔진│ │
    │ (Pulse Jet)  │  │(Turbo Jet    │(Turbo Fan │ │
    │              │  │  Engine)     │ Engine)   │ │
    │   로켓        │  ├──────────────┼───────────┤ │
    │  (Rocket)    │  │ 터보 프롭 엔진 │터보 샤프트엔진│
    │              │  │(Turbo Prop   │(Turbo Shaft│ │
    │              │  │  Engine)     │ Engine)    │ │
    └──────────────┴──────────────────────────────┘
```

> **Question 1-1**
>
> 가스터빈엔진 종류로는 어떤 것들이 있으며 각각의 엔진 종류별 특징은 어떤 것들이 있는가?

Answer

1. 터보 제트 엔진(Turbo Jet Engine)

   이 엔진은 엔진 출력의 100[%]를 배기가스 흐름으로 제트 에너지를 발생시키고, 그 반동으로 직접 항공기를 추진하는 방식이다. 초기 제트엔진에 대부분 사용하였고, 비교적 소량의 배기가스를 초고속으로 분출시킴으로써 추진력을 얻어서 속도가 빠를수록 효율이 우수하며 초음속 및 고고도에서 우수한 성능을 나타낸다. 그러나 배기소음이 크고 연료 소비율이 다소 높은 단점이 있다.

2. 터보 팬 엔진(Turbo Fan Engine)

   전방에 커다란 팬(Fan)을 장착하여 소음을 줄이고 경제성을 향상시키며 가스 발생기(Gas Generator)를 거치는 1차 공기와 팬 에어 덕트(Fan Air Duct)를 지나는 2차 공기를 통해 비교적 다량의 배기가스를 분출하여 소음 감소는 물론, 이착륙거리가 짧은 장점이 있다. 또한 다음속에서 효율이 우수하고 대부분 현대 항공기(여객용, 군용)에 가장 많이 쓰이고 있다.

3. 터보 프롭 엔진(Turbo Prop Engine)

   터보 프롭 엔진은 엔진의 가장 전방에 커다란 프로펠러를 장착한 방식이다. 엔진 시동시 가스 발생기(Gas Generator)의 축동력을 이용하여 전방 프로펠러를 구동시킨다. 이때 프로펠러가 엔진 회전수처럼 고속 회전수로 회전하지 않도록 감속기어를 장착하여 프로펠러에 알맞은 회전수를 제공하도록 한다. 프로펠러로부터 80~90[%], 배기가스로 10~20[%]의 추력을 얻어낸다.

4. 터보 샤프트 엔진(Turbo Shaft Engine)

   이 엔진은 가스 발생기(Gas Generator)로부터 나오는 연소가스를 파워 터빈(Power Turbine) 구동에 사용되며, 이 파워 터빈의 구동력을 100[%]의 축동력으로 이용한다. 주로 헬리콥터나 지상 발전기 또는 선박용에 쓰인다.

   헬리콥터의 경우에는 터보 샤프트 엔진의 축동력을 메인 트랜스미션으로 전달하여 인풋 모듈(Input Module)에서 메인 로터와 테일 로터를 구동시킬 알맞은 회전수로 감속시키도록 한다. 또한 악세서리 모듈(Accessory Module)에서는 유압 펌프 모듈(Hydraulic Pump Module)과 메인 제너레이터(Main Generator)가 장착되어 있어 항공기 유압계통에 작동유를 공급하고 115VAC, 3상, 400[Hz] 주 전원을 생성하도록 한다.

◆ 터보 제트 엔진의 기본적인 구조와 구성품 ◆

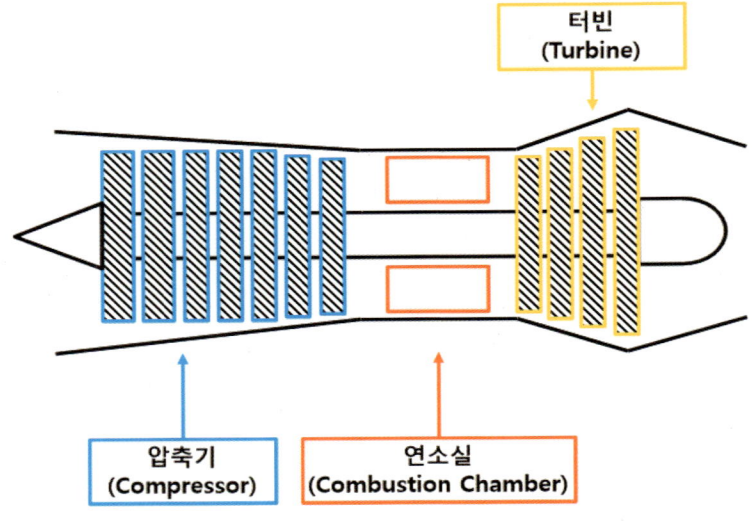

◆ 터보 제트 엔진이 장착된 전투기 ◆

(출처 : CleanPNG)

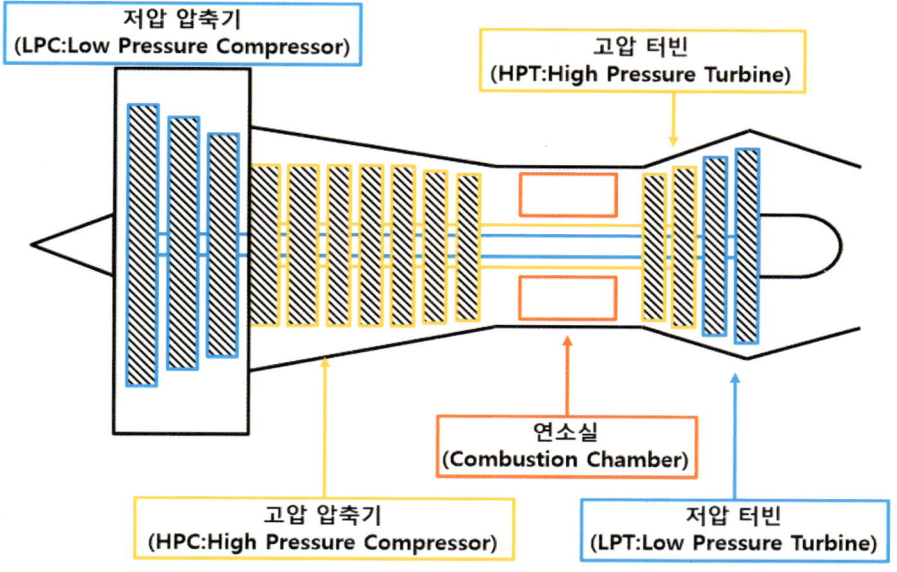

◆ 터보 팬 엔진의 기본적인 구조와 구성품 ◆

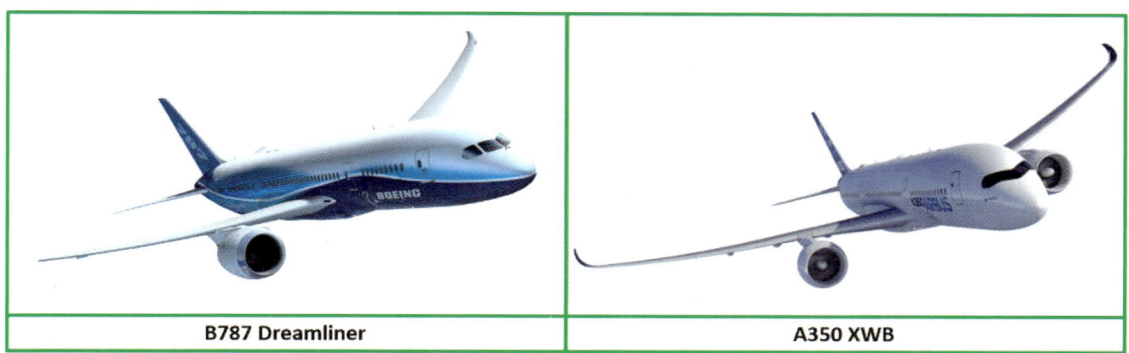

◆ 터보 팬 엔진이 장착된 여객용 항공기 ◆

(출처 : CleanPNG)

◆ 터보 팬 엔진이 장착된 전투기 ◆

(출처 : CleanPNG)

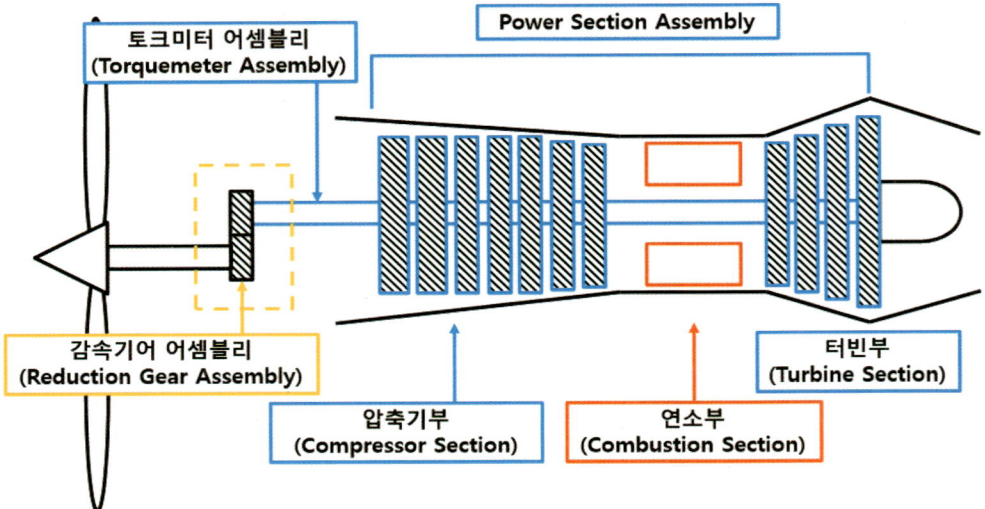

◆ 터보 프롭 엔진의 기본적인 구조와 구성품 ◆

◆ 터보 프롭 엔진이 장착된 수송기 ◆

(출처 : CleanPNG)

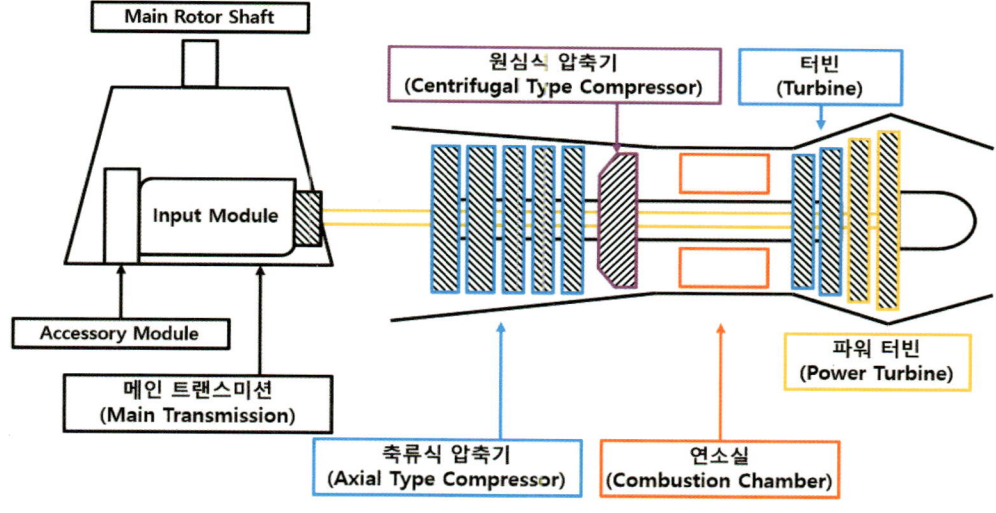

◆ 터보 샤프트 엔진의 기본적인 구조와 구성품 ◆

◆ 터보 샤프트 엔진이 장착된 헬리콥터 ◆

(출처 : CleanPNG)

Question 1-2

항공기 가스터빈엔진의 추력 발생 원리는 어떻게 되는가?

Answer

항공기 가스터빈엔진의 추력 발생 원리는 뉴턴의 제3법칙인 작용, 반작용 법칙이 적용된다. 가스터빈엔진 시동 시 터빈의 회전력으로 압축기를 회전시켜 다량의 공기를 유입시킨다. 유입된 공기는 압축기에서 압축되어 고온, 고압을 형성하여 연소실로 공급된다.

연소실에서는 연료와 점화장치인 이그나이터에 의해 연소가 이루어지고, 이 연소가스가 터빈을 통과하여 팽창되면 압력은 감소되고 속도는 증가하여 배기가스가 배기구를 통해 배출된다. 이때 배출되는 작용의 힘이 반작용의 힘으로 발생되어 항공기가 앞으로 나아가게 되는 추력이 발생되는 것이다.

Question 2

항공기 가스터빈엔진에서 다축식 압축기(Dual Spool/Multi Spool Compressor)란 무엇인가?

Answer

다축식 압축기는 축이 2개 이상인 형식의 압축기를 말하며, N1, N2로 구성되어 있다. 현대 항공기 가스터빈엔진에 가장 많이 쓰이는 방식이며 가장 일반적으로 터보 팬 엔진에서 흔히 찾아볼 수가 있다.

구동원리로는 다음과 같이 순서대로 진행된다.
① 시동이 걸린 APU로부터 블리드 에어(Bleed Air)를 엔진 악세서리 기어박스에 장착된 공압식 시동기(Pneumatic Starter)에 공급한다.
② APU Bleed Air를 공급받은 공압식 시동기가 구동되면 HDS(Horizontal Drive Shaft)를 구동시킨다.
③ HDS와 Bevel Gear 방식으로 연결된 RDS(Radial Drive Shaft)가 회전력을 전달받아 구동된다.
④ RDS와 연결된 터보 팬 엔진의 N2 Shaft Gear가 회전력을 전달받아 N2 HPC를 구동시킨다.

N2는 엔진속도를 제어하는 고압 압축기(HPC : High Pressure Compressor)와 고압 터빈(HPT : High Pressure Turbine)으로 구성되어 있다. N1은 엔진자체속도를 제어하는 저압 압축기(LPC : Low Pressure Compressor), 저압 터빈(LPT : Low Pressure Turbine)으로 구성된다.

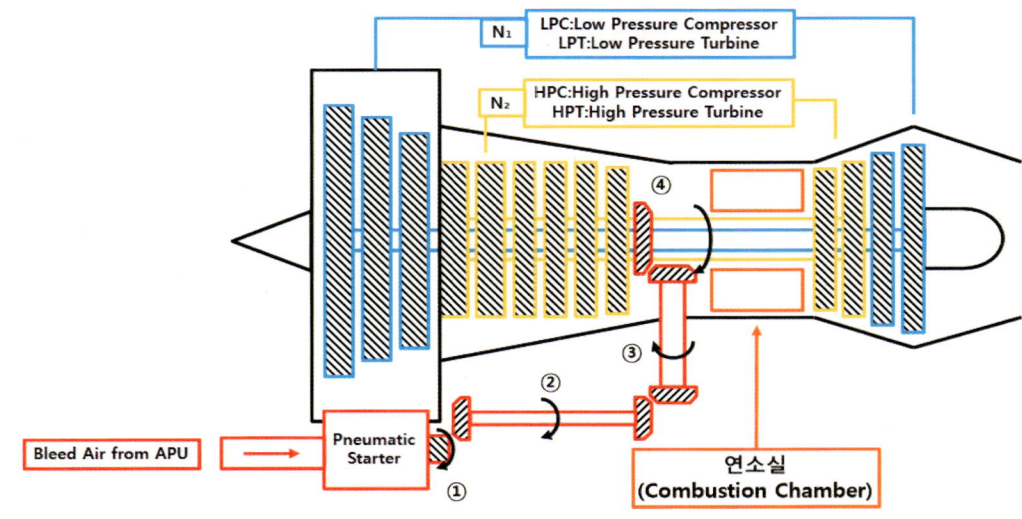

◆ 터보 팬 엔진의 작동 원리 ◆

Question 2-1

항공기 가스터빈엔진에서 다축식 압축기(Dual Spool/Multi Spool Compressor)에서 N3는 어떤 방식인가?

Answer

N3는 롤스로이스에서 제작된 엔진에 채택된 구조로 저압, 중압, 고압 3개의 축으로 나뉜 다축식 구조를 말한다. 또 다른 용어로는 기어드 터보 팬(Geared Turbo Fan : GTF Engine)이라고도 부른다.

이 구조는 엔진을 좀 더 각각 최적의 속도로 구동하기 쉬운 조건으로 형성되어 엔진을 좀 더 작고 가볍게 설계할 수 있었지만 축 중간에 유성기어 장치를 장착함에 따라 기어장치의 제조 비용과 신뢰성에 대한 검증이 필요하다는 점, 터빈과 압축기에서 줄인 중량보다 감속기어의 중량이 더 낮아야 한다는 점 등 여러 단점들이 있어 아직까지는 크게 쓰이는 추세는 아니다.

그러나 기술이 더욱 진보됨에 따라 다양한 구조와 형식의 가스터빈엔진이 지속적으로 개발되고 있다.

Question 2-2

항공기 가스터빈엔진에서 터보 팬 엔진의 주요 구성품 5가지는 어떤 것들이 있는가?

Answer

터보 팬 엔진의 구성품은 N1 Shaft에 있는 저압 압축기(LPC : Low Pressure Compressor)와 저압 터빈(LPT : Low Pressure Turbine), N2 Shaft에 있는 고압 압축기(HPC : High Pressure Compressor)와 고압 터빈(High Pressure Turbine)이 있고 그 가운데에 연소실로 총 5가지가 있다. N1 Shaft는 N2 Shaft가 악세서리 기어박스에 연결되어 있는 구동축에 의해 회전력을 전달받아 회전하면서 전방에 있는 팬(저압 압축기)을 구동시킨다.

Question 2-3

항공기 가스터빈엔진에서 압축기 종류와 장단점은 각각 어떤 것들이 있는가?

Answer

항공기 가스터빈엔진에 사용되는 일반적인 압축기 형식은 원심식과 축류식 그리고 이들을 조합한 컴비네이션 압축기가 있다.

1. 원심식 압축기(Centrifugal Type Compressor)

    구성 : 임펠러(Impeller), 디퓨저(Diffuser), 매니폴드(Manifold)

장 점	단 점
단당 압축비가 높다.	전면적이 커서 항력이 크고 압축기 효율이 낮다.
제작이 쉽고 값이 저렴하다.	다단으로 제작하기 어렵다.
구조가 튼튼하고 경량이다.	다량의 공기를 처리할 수 없다.
정비가 쉽고 FOD에 강하여 신뢰성이 높다.	압축기 입출구 압력비가 낮다.

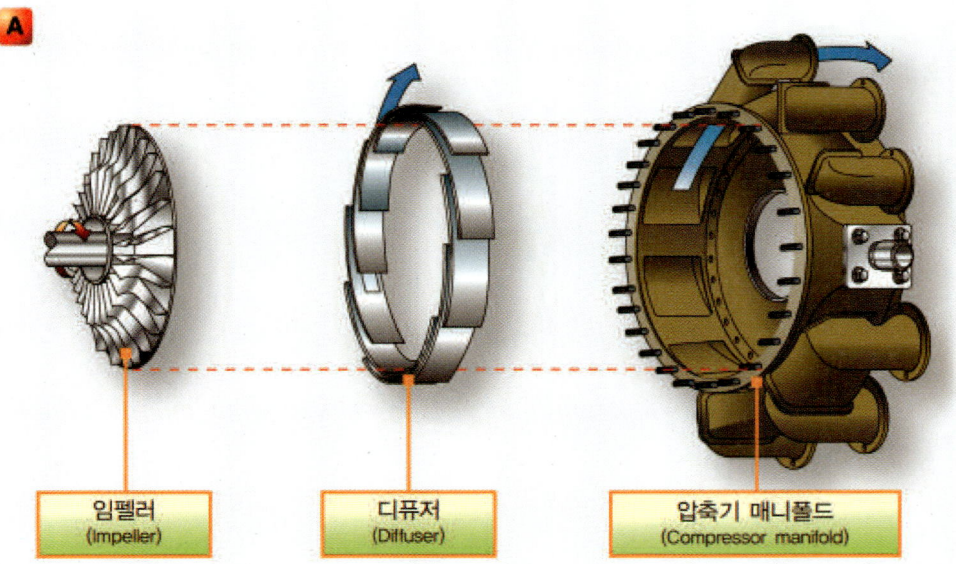

(출처 : 국토교통부 항공정비사 표준교재 항공기엔진 제2권 가스터빈엔진)

2. 축류식 압축기(Axial Type Compressor)

   구성 : 스테이터(Stator), 로터(Rotor)

장 점	단 점
전면적이 작아 항력이 작다.	FOD에 취약하다.
다단으로 제작이 가능하여 효율을 높일 수 있다.	구조가 복잡하고 제작비가 비싸다.
다량의 공기를 처리할 수 있다.	단당 압축비가 낮다.

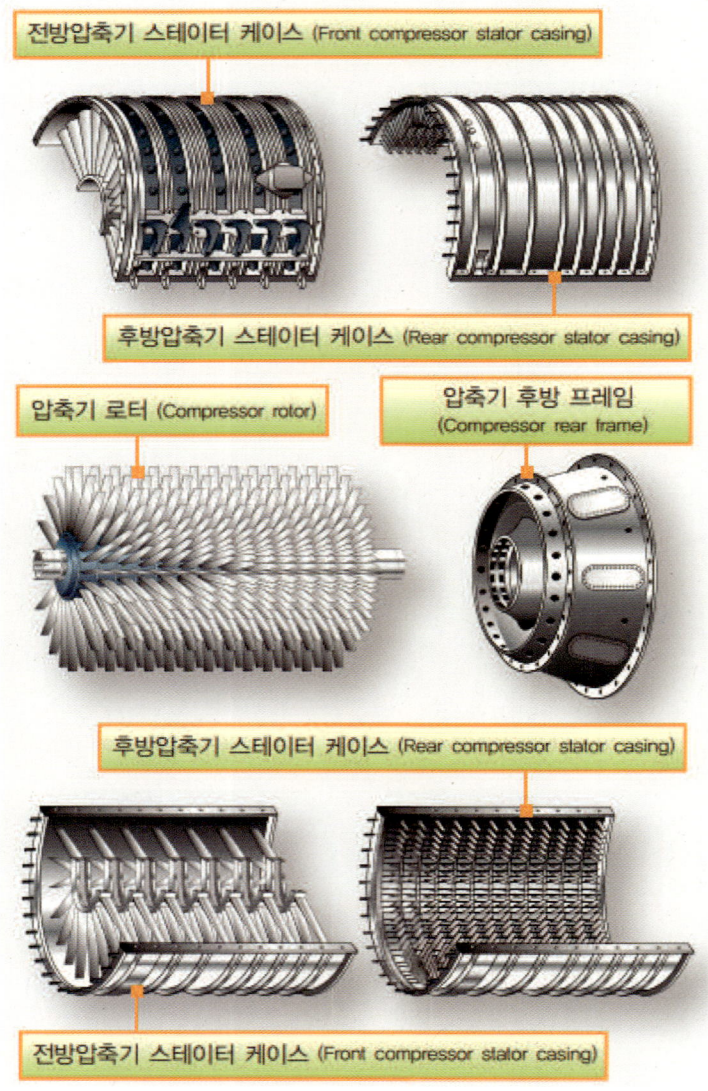

(출처 : 국토교통부 항공정비사 표준교재 항공기엔진 제2권 가스터빈엔진)

3. 컴비네이션 압축기(Combination Compressor)

 구성 : 스테이터(Stator), 로터(Rotor), 임펠러(Impeller), 디퓨저(Diffuser), 매니폴드(Manifold)

이 형식의 압축기는 주로 터보 샤프트 엔진에서 볼 수 있다. 터보 샤프트 엔진은 헬리콥터에 주로 장착되는데, 헬리콥터를 최적의 효율로 향상시키고 엔진의 크기를 동시에 줄이도록 하기 위해 축류식과 원심식을 합한 강식의 압축기를 고안해낸 것이다.

보통 일반적인 구성은 축류식으로 5단, 원심식 1단으로 형성되어 있다.

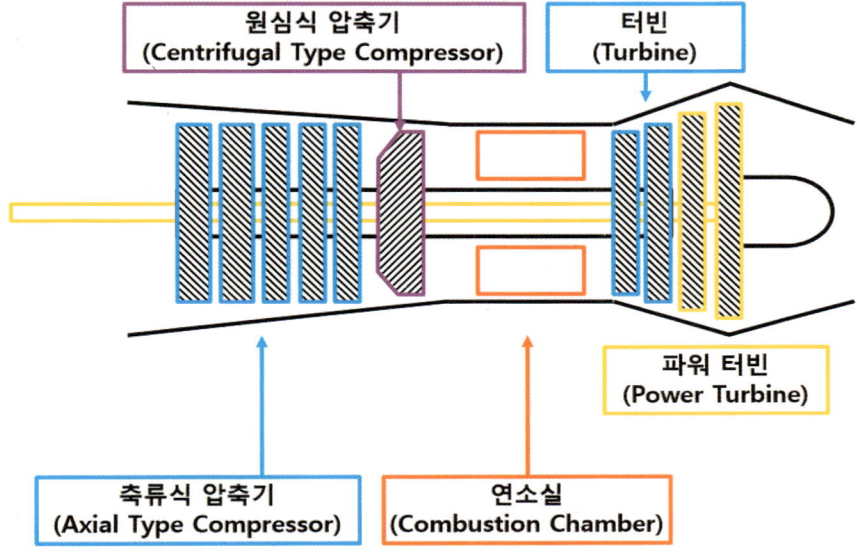

Question 2-4

항공기 가스터빈엔진 압축기에서 실속(Stall)과 서지(Surge) 2가지 현상이 나타나는데, 이 현상들의 차이는 무엇인가?

Answer

항공기 가스터빈엔진 압축기 블레이드(Compressor Blade)의 단면도 항공기 날개처럼 에어포일(Airfoil)이 형성되어 있다. 각각의 압축기 블레이드에 공기흐름이 원활하지 못해 박리(Separation) 현상이 일어나는 것을 실속(Stall) 현상이라 하고, 이로 인해 압축기 블레이드 전체가 공기흐름이 원활하지 못한 상태를 서지(Surge)라고 한다.

이러한 현상이 발생하면 가스터빈엔진 배기구에서 불꽃이 뿜어져 나오는 것을 볼 수가 있다. 장기간 방치될 경우 엔진에 손상을 초래하므로 점검을 수행해야 한다.

(출처 : Microsoft Flight Simulator 2020)

Question 2-5

항공기 가스터빈엔진 압축기 실속(Stall)을 방지하는 방지책은 무엇이 있는가?

Answer

일반적으로 VSV(Variable Stator Vane), VBV(Variable Bleed Valve), 다축식 구조(Dual Spool/Multiple Spool) 등이 있다.

먼저, VSV는 가변정익베인이라고도 하며, EEC가 엔진 압축기의 받음각에 따라 유입공기의 받음각을 일정한 각도로 유지되어 실속을 방지하도록 연료압력을 이용하여 VSV Actuator를 제어한다.

VBV는 가변블리드밸브라고 부르며, 압축기 중간에 흐름이 뭉쳐지는 초크(Choke) 현상을 방지하기 위해 공기흐름 일부를 빼내는 밸브이다. 여기서 추출된 공기는 항공기 엔진 흡입구나 날개 앞전 방빙, 엔진시동, 여압, 기내 온도조절 등에 쓰인다. 이러한 공기를 블리드 에어(Bleed Air)라고 한다.

다축식 구조(Dual Spool/Multiple Spool)는 단일축 구조에 비해 초기 시동시 시동기(Starter)가 감당하는 부하 범위를 크게 향상시켜 엔진을 더욱 효율적으로 시동이 되게끔 도와준다. 또한, 단일축 방식은 압축기의 입구와 출구간의 압력 차이가 발생하여 실속이 쉽게 일어날 수 있는 반면, 다축식 구조인 경우에는 저압축과 고압축의 회전수가 서로 달라 실속이 쉽게 일어나지 않게 된다.

Question 2-6

항공기 가스터빈엔진 압축기 실속(Stall) 원인은 무엇이 있는가?

Answer

항공기 가스터빈엔진 압축기 실속 원인으로는 다음과 같이 있다.
① 압축기 입구 온도(CIT : Compressor Inlet Temperature)가 높을 때 → 압축기 입구 온도가 높으면 공기 밀도가 감소되어 압축기의 압축효율이 감소된다.
② 압축기 출구 압력(CDP : Compressor Discharge Pressure)이 높을 때 → 압축기 출구 압력이 높으면 역압력이 형성됨에 따라 압축기 입구로 공기가 흐를 수가 있어 압축공기가 연소실로 유입되지 못하게 된다.
③ 압축기 중간 단수에서 초크(Choke) 현상이 생겼을 때 → 연소실로 압축공기가 원활하게 공급되지 못하게 된다.

④ 항공기 속도가 가스터빈엔진의 압축기 rpm보다 너무 작을 때 → 가스터빈엔진 압축기는 빠르게 회전하고 있는 상태에서 원활하게 외부공기 흡입과 압축이 되지 않아 실속이 발생할 수가 있다.
⑤ 갑작스런 비행 자세 변화에 의해 엔진으로 유입되는 공기흐름이 난류, 측풍, 다른 엔진으로부터 배기가스 흡입 등으로 속도 벡터를 감소시켜 받음각이 커진 경우
⑥ 갑작스런 엔진 가속으로 인해 엔진으로 공급되는 연료량이 증가하여 연소실의 역압력이 증가됨에 따라 속도를 감소시키고 받음각이 커진 경우
⑦ 갑작스런 엔진 감속으로 인해 엔진으로 공급되는 연료량이 감소하여 희박한 혼합비를 형성됨에 따라 연소실 압력을 감소시키고 속도 벡터가 커진 경우
⑧ 오염되거나 손상된 압축기 블레이드와 스테이터 베인의 압축 효율이 감소되어 속도 벡터를 증가시켜 받음각이 작아진 경우

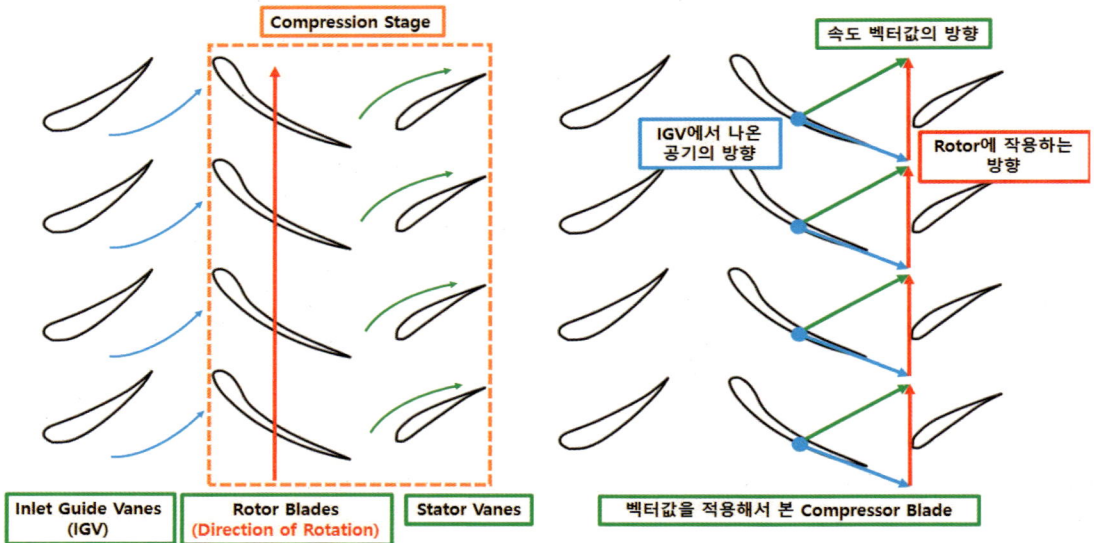

※ 압축기 전방에 있는 IGV에서 압축기로 유입되는 공기의 각도를 조절하여 Rotor로 흐르게 한다. 이때 Rotor는 IGV를 통과한 공기와 Rotor의 회전 방향에 의해 작용하는 공기 속도의 벡터 값이 작용한다. 이 합성 벡터 값이 적당한 받음각을 제공하면 Rotor의 Airfoil이 최소의 난류를 생성하게 된다.

Question 3

항공기 가스터빈엔진 연소실(Combustion Chamber) 종류와 특징은 어떤 것들이 있는가?

Answer

항공기 가스터빈엔진 연소실 종류와 특징은 다음과 같이 있다.

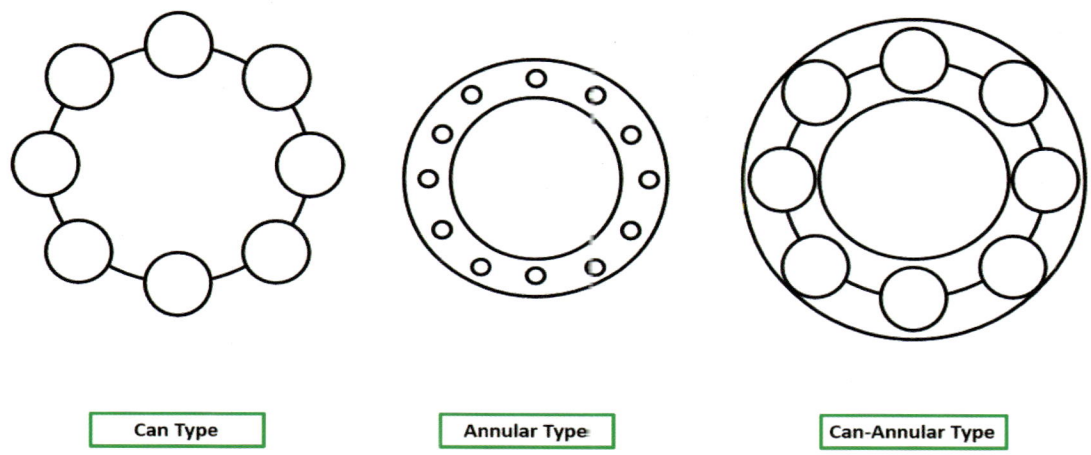

1. 캔형 연소실(Can Type Combustion Chamber)

    캔형 연소실은 과거 F-86 전투기에 장착되어 있던 J-47 엔진에 장착된 방식이다. 총 8개의 연소실이 장착되어 있으며 구성은 원통형의 Liner, Outer Case, 화염전파관(Flame Tube), Fuel Nozzles, Igniter 등이 있다.

    연소실 번호를 부여할 때에는 후방에서 엔진을 바라봤을 때 상부로부터 시계방향으로 순차적으로 부여한다.

장 점	단 점
구조가 튼튼하다.	고고도 비행 시 연소 불안정으로 인해 Flame Out[1] 현상이 발생한다.
설계와 정비성이 용이하다.	엔진 시동 시 Hot Start 발생이 빈번하다.
	연소실 내부 온도 분포가 불균일하다.

---

1) Flame Out : 연소실 내부의 연소가 불안정하여 불꽃이 꺼지는 현상을 말한다. 이로 인해 엔진 출력 손실을 초래한다.

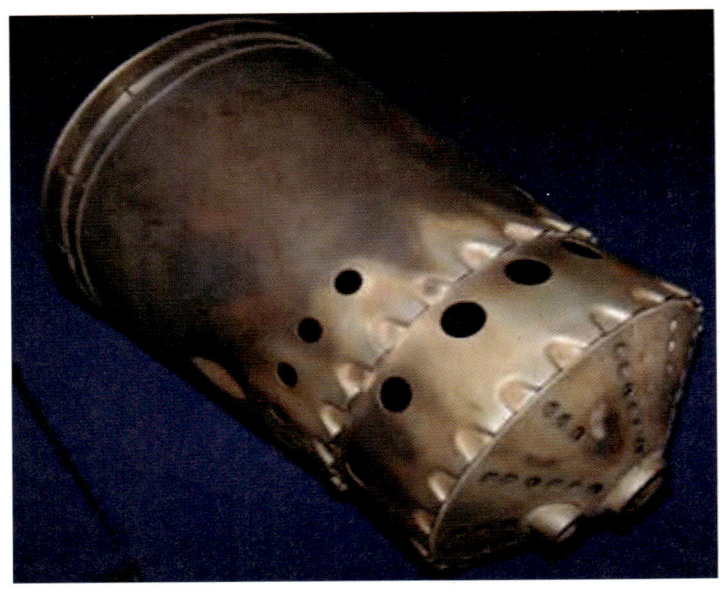

◆ 항공기 가스터빈엔진의 캔형 연소실 실물 ◆

(출처 : 국토교통부 항공정비사 표준교재 항공기엔진 제2권 가스터빈엔진)

2. 애뉼러형 연소실(Annular Type Combustion Chamber)

애뉼러형은 도넛 모양처럼 제작되어 있다. 연소가 안정되어 Flame Out 현상이 없고, 출구 온도 분포가 균일하여 배기 연기도 적은 장점들이 있어 최근 신형 고성능 가스터빈엔진에서는 엔진의 크기에 관계없이 가장 일반적으로 쓰이고 있다.

구성으로는 구동축 둘레에 Inner Case, 외부에는 Outer Case, 그 사이에 Liner가 위치하며 2개의 Igniter와 12개의 Fuel Nozzle이 있다.

장 점	단 점
구조가 간단하고 길이가 짧다.	구조가 약하다.
연소가 안정적이며 연소실 내부 온도 분포가 균일하다.	정비성이 우수하지 않다.
제작비가 저렴하다.	

◆ 항공기 가스터빈엔진의 애뉼러형 연소실 실물 ◆

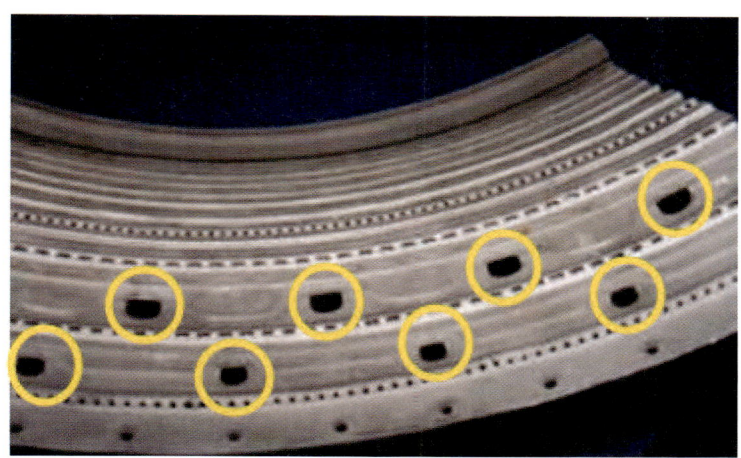

◆ 애뉼러형 연소실의 연소실 루버 위치 ◆

(출처 : 국토교통부 항공정비사 표준교재 항공기엔진 제2권 가스터빈엔진)

3. 캔-애뉼러형 연소실(Can-Annular Type Combustion Chamber)

이 연소실은 캔형 연소실처럼 화염전파관(Flame Tube)으로 서로 연결되어 있다. 각 연소실의 전면에는 Fuel Nozzle Cluster에 상응하는 6개의 Fuel Nozzle이 일직선으로 정렬되어 6개의 구멍을 향하고 있다. 또한 각 Fuel Nozzle 둘레에는 미리 소용돌이를 주기 위한 Pre-Swirl Vane이 있는데, 연료 분사 시 소용돌이 운동을 만들어 연료 분무와 연소 효율성을 더욱 높이도록 한다. 이로 인해 공기와 연료의 혼합이 잘되어 빠른 화염 전파 속도를 형성시키는 것은 물론, 축 방향으로 느린 공기 속도를 제공하여 불꽃이 과도하게 축 방향으로 이동되는 것을 방지해준다.

이외에도 연료 배출(Fuel Drain)이 잘되어 차기 시동 시 잔류 연료로 인한 Hot Start 방지를 위해 2개 이상의 아래쪽 연소실에 Fuel Drain Valve가 장착되어 있다. 연소실의 구멍과 루버(Louver)를 통한 공기의 흐름은 다른 형태의 연소실과 거의 동일하다. 특수한 기류조절장치(Baffling)는 연소실의 공기 흐름을 선회시키고, 난류를 만들어주기 위해 사용된다.

그러나 캔-애뉼러형 연소실은 현재 사용되고 있지 않은 형식의 연소실이다.

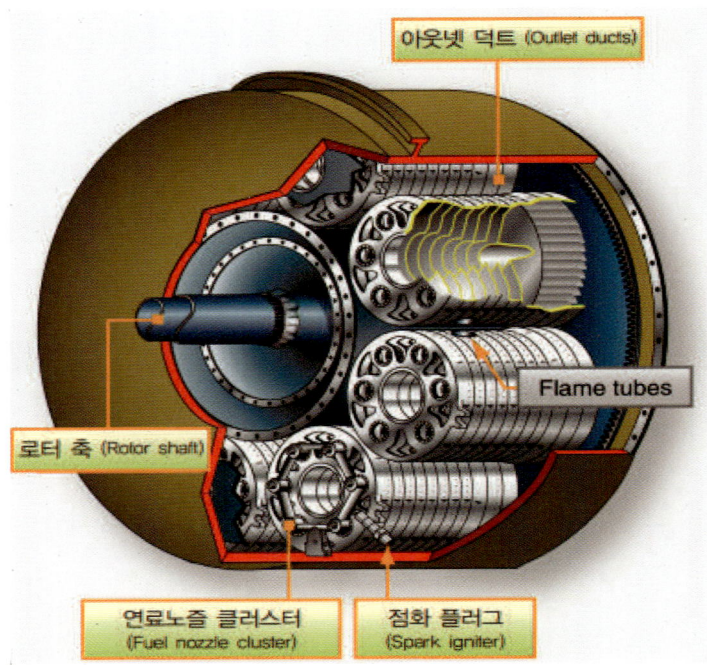

◆ 항공기 가스터빈엔진의 캔-애뉼러형 연소실 ◆

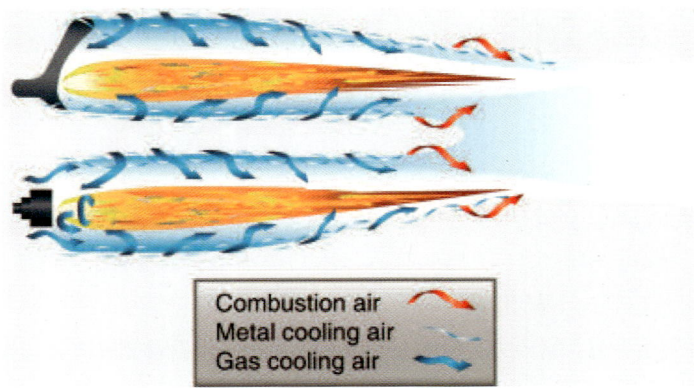

◆ 캔-애뉼러형 연소실 구성과 공기흐름 ◆

(출처 : 국토교통부 항공정비사 표준교재 항공기엔진 제2권 가스터빈엔진)

Question 3-1

항공기 가스터빈엔진 연소실에서 선회깃(Swirl Guide Vane)이 무엇인가?

Answer

항공기 가스터빈엔진 연소실의 선회깃(Swirl Guide Vane)은 연소실 전방 입구 부분에 위치하며, 소용돌이 모양의 형상을 하고 있어 유입되는 1차 공기흐름에 소용돌이를 발생시킨다. Fuel Nozzle 부근으로 유입되는 공기속도를 감소시키고 화염 전파 속도를 증가시키는 역할을 하는 것이다.

Question 3-2

항공기 가스터빈엔진 연소실에서 1차 연소영역과 2차 연소영역은 무엇인가?

Answer

1차 연소영역은 먼저 가스터빈엔진 압축기를 통해 유입되는 총 공기유량의 20~30[%] 정도를 선회깃(Swirl Guide Vane)에 의해 강한 선회를 주어 유입속도 감소 및 화염 전파 속도를 증가시킨다. 15:1 정도의 혼합비로 직접 연소를 시키는 영역이다.

2차 연소영역은 혼합 및 냉각영역이며, 전 공기유량의 70~80[%] 정도가 연소실 루버(Louver)를 통해 연소실 안팎에 공기막(Cooling Strip)을 형성하여 연소실을 보호하고 연소에 부족한 공기를 보충하며, 연소실 후방에서 1차 공기와 혼합되어 냉각시키므로 허용 TIT까지 되도록 해준다.

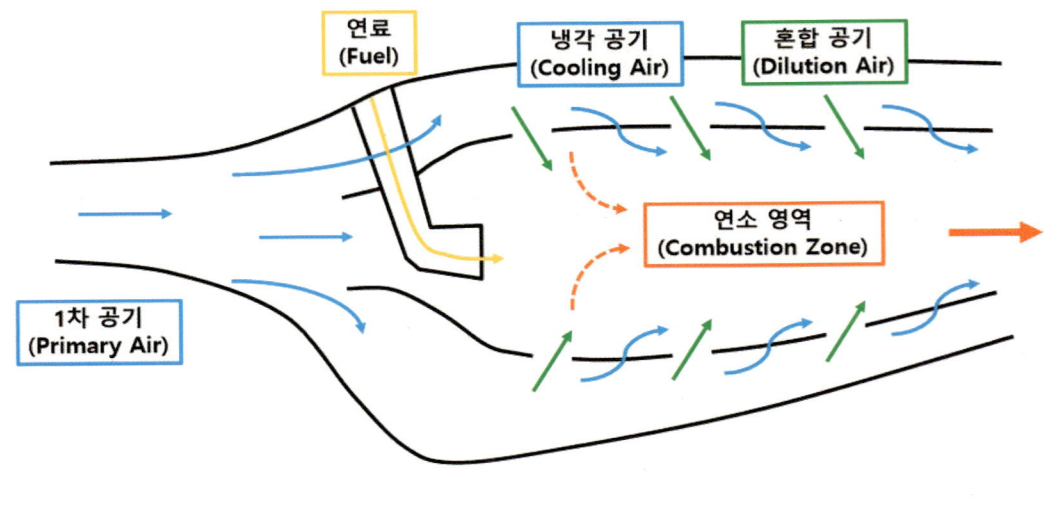

◆ 연소실로 유입되는 1차 공기와 2차 공기 영역 구분 ◆

> **Question 4**
> 항공기 가스터빈엔진 터빈(Turbine)의 역할은 무엇인가?

Answer

가스터빈엔진의 터빈은 연소실로부터 고온의 연소가스를 팽창시켜 배기가스를 배출하여 엔진의 추진력을 제공하는 것은 물론, 가스터빈엔진의 압축기 및 보기류를 구동하는 역할을 한다.

Question 4-1

항공기 가스터빈엔진 터빈의 종류와 특징은 어떤 것들이 있는가?

Answer

항공기 가스터빈엔진 터빈의 종류와 특징은 다음과 같다.

1. 방사형 터빈(Radial Flow Type Turbine)

    구조는 원심식 압축기와 동일하나 공기흐름이 반대이다. 연소실의 연소가스를 팽창시켜 가속화한다.

    ◆ 원심식 압축기 구성품 중 임펠러(Impeller) ◆

    (출처 : 국토교통부 항공정비사 표준교재 항공기엔진 제2권 가스터빈엔진)

2. 축류형 터빈(Axial Flow Type Turbine)

    구조는 축류형 압축기와 동일하나 공기흐름이 반대이다.

    (1) 스테이터 베인 또는 터빈 노즐 가이드 베인(Stator Vane, TNGV : Turbine Nozzle Guide Vane)

    Turbine Casing 안쪽에 수축 통로로 형성되어 있으며, 압력 및 온도를 감소시키고 공기흐름 속도를 증가시킨다. 재질은 코발트 합금이나 니켈 합금으로 정밀 주조하여 제작되며 1단과 2단 Vane에 공냉 터빈 날개 구조를 한 것이 대부분이다. 이 Vane의 수는 제작사에 따라 다르며 단당 50~100개 정도 된다.

(출처 : 국토교통부 항공정비사 표준교재 항공기엔진 제2권 가스터빈엔진)

(2) 로터 블레이드 또는 버킷(Rotor Blade, Bucket)

Turbine Wheel Serration에 전나무형(Fir Tree Type)으로 Locking Pin이나 Locking Strip 또는 리벳에 의해 고정되어 있다. Stator Vane에 의한 팽창 반동력으로 회전하여 회전력을 얻으며 유로 단면적이 수축형으로 연소가스를 더욱 팽창시켜준다.

재질은 내열 합금 또는 티타늄 합금을 사용하며 JO-Coating 처리를 하고 미세한 결함 발생 시 Blending을 하여 재사용할 수 있도록 되어 있다. 그러나 상태검사 후 한계치를 초과한다면 신품으로 교환해야 한다.

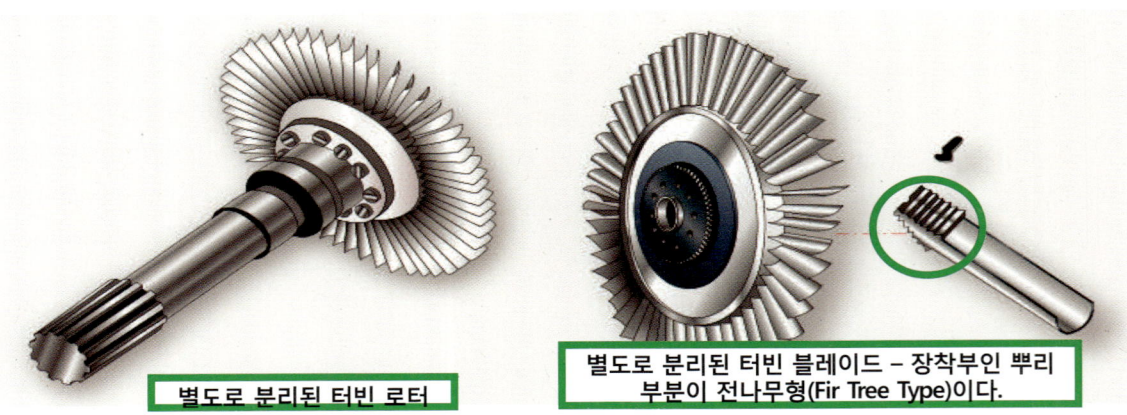

(출처 : 국토교통부 항공정비사 표준교재 항공기엔진 제2권 가스터빈엔진)

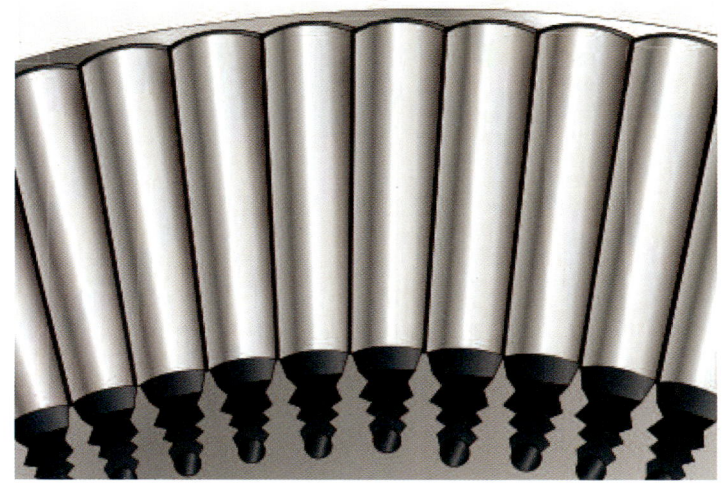

◆ 리벳으로 고정된 터빈 블레이드 ◆

(출처 : 국토교통부 항공정비사 표준교재 항공기엔진 제2권 가스터빈엔진)

① 충동형 터빈 블레이드(Impulse Turbine Blade)

충동형 터빈 블레이드는 버킷(Bucket)이라고도 불린다. 공기흐름이 블레이드 중앙을 가격하면서 에너지의 방향을 변화시키기 때문이다. 이로 인해 터빈 블레이드 디스크가 회전하고 최종적으로 터빈 로터가 회전하게 된다. 공기흐름과 터빈 블레이드 또는 버킷과의 충동 효율을 높이기 위해 엔진 오버홀과 터빈 노즐 어셈블리(Turbine Nozzle Assembly) 조립 시 터빈 노즐 가이드 베인(Turbine Nozzle Guide Vane)을 항상 잘 조정해주어야 한다.

② 반동형 터빈 블레이드(Reaction Turbine Blade)

반동형 터빈 블레이드는 공기흐름을 터빈에 가장 효율적인 특정한 각도로 터빈 블레이드를 빠르게 지나가게 하여 공기역학적 작용으로 터빈 로터를 회전하게 한다.

③ 충동 – 반동형 터빈 블레이드(Impulse – Reaction Turbine Blade)

충동 – 반동형 터빈 블레이드는 충동형과 반동형을 모두 하나의 터빈 블레이드에 적용시킨 것으로, 블레이드의 뿌리 부분(Root)에서부터 길이의 절반은 충동형의 형태(Bucket Shape), 블레이드 중간에서 끝단 부분(Tip)까지는 반동형 형태(Airfoil Shape)를 복합적으로 적용한 것이다.

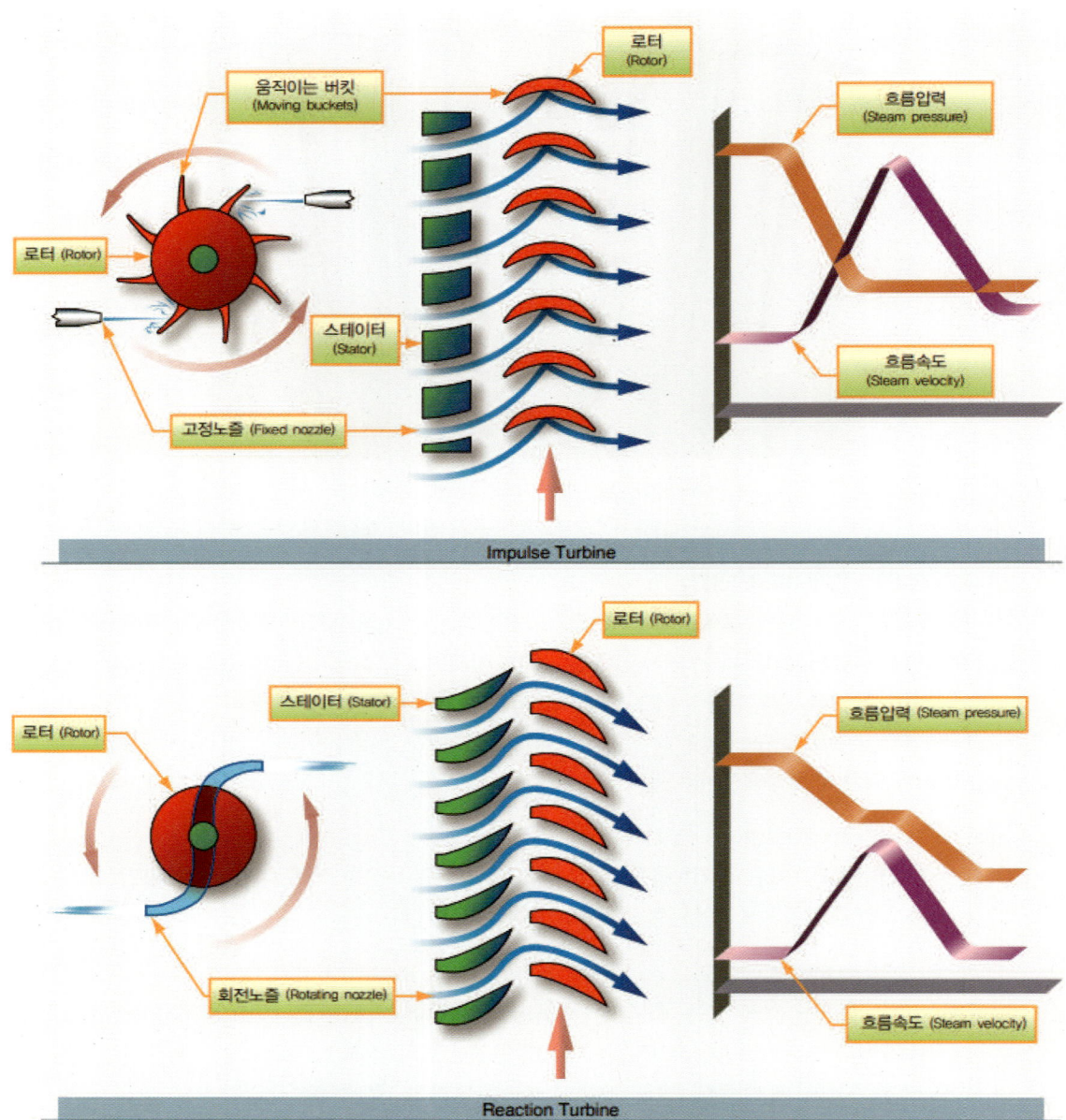

◆ 충동, 반동, 충동-반동 터빈의 공기 흐름 변화 ◆
(출처 : 국토교통부 항공정비사 표준교재 항공기엔진 제2권 가스터빈엔진)

Question 4-2

항공기 가스터빈엔진 터빈의 반동도는 무엇인가?

Answer

충동형 터빈 블레이드의 반동도는 스테이터 노즐이 100[%]의 공기흐름을 받아 터빈 로터를 회전시키는 방식이며 반동도는 0이다. 반면에 반동형 터빈 블레이드는 스테이터와 로터가 50[%]씩 각각 감당하는 방식이다.

Question 4-3

항공기 가스터빈엔진 터빈 블레이드에 나타나는 크리프(Creep) 현상은 무엇인가?

Answer

일정한 힘을 반복적으로 받다 보면 시간에 따라 원래 형태에서 조금 변형되는 현상을 크리프 현상이라 한다. 가스터빈엔진의 터빈 블레이드도 고온의 연소가스와 회전력에 의한 원심력이 복합적으로 작용되어 나타난다. 보통 크리프 현상 확인을 위해 치수 측정 검사를 실시하며, 최초의 터빈 블레이드 길이와 일정 운용 시간 이후 터빈 블레이드의 길이를 측정하여 늘어난 길이 값을 대조해보고 한계치 이내인지 확인해본다.

Question 4-4

항공기 가스터빈엔진의 터빈 블레이드는 왜 전나무형(Fir Tree Type)을 사용하는가?

Answer

항공기 가스터빈엔진의 터빈 블레이드에 전나무형을 사용하여 장착하는 이유는 열응력을 분산시켜 고착방지를 하기 위함이다. 반면에 압축기 블레이드는 비둘기 꼬리 모양인 도브 테일형(Dove Tail Type)을 사용한다.

Question 4-5

항공기 가스터빈엔진의 터빈 블레이드 슈라우드(Shroud)란 무엇인가?

Answer

슈라우드는 터빈 블레이드 끝단 부분에 붙어 있는 구조로, 다소 복잡한 구조이나 터빈 블레이드의 공진을 방지할 수 있고 가스 누설 현상을 막는 효과가 있으며 터빈 블레이드의 단면이 얇아져 공력 특성이 우수한 특징들이 있다.

Question 4-6

항공기 가스터빈엔진의 터빈 블레이드 냉각 방법으로는 무엇이 있는가?

Answer

항공기 가스터빈엔진의 터빈 블레이드 냉각 방법으로는 다음과 같이 있다.

1. 대류냉각(Convection Cooling)
   터빈 블레이드 내부를 중공 상태로 제작하여 냉각공기가 이 통로를 통해 블레이드를 냉각하도록 한다.

2. 충돌냉각(Impingement Cooling)
   터빈 블레이드 앞전에 작은 구멍과 관(Tube)을 설치하여 냉각공기가 그 관을 통해 나올 때 앞전에 뚫은 작은 구멍으로부터 연소가스가 직접 닿지 않도록 보호해주는 역할을 한다.

3. 공기막 냉각(Air Film Cooling)
   터빈 블레이드 앞전과 뒷전에 작은 구멍들을 가공하여 내부 냉각공기 통로를 만들어 블레이드 전체를 냉각공기가 흐르면서 연소가스가 닿지 않도록 보호막처럼 형성시키는 냉각방식이다. 현재 가장 많이 쓰이고 있는 방식이다.

4. 침출냉각(Transpiration Cooling)
   터빈 블레이드 자체를 사람이 입는 스웨터처럼 다공성 재료로 제작하여 냉각공기가 스며나오도록 만든 방법이지만 강도가 약해 잘 쓰이지는 않는다.

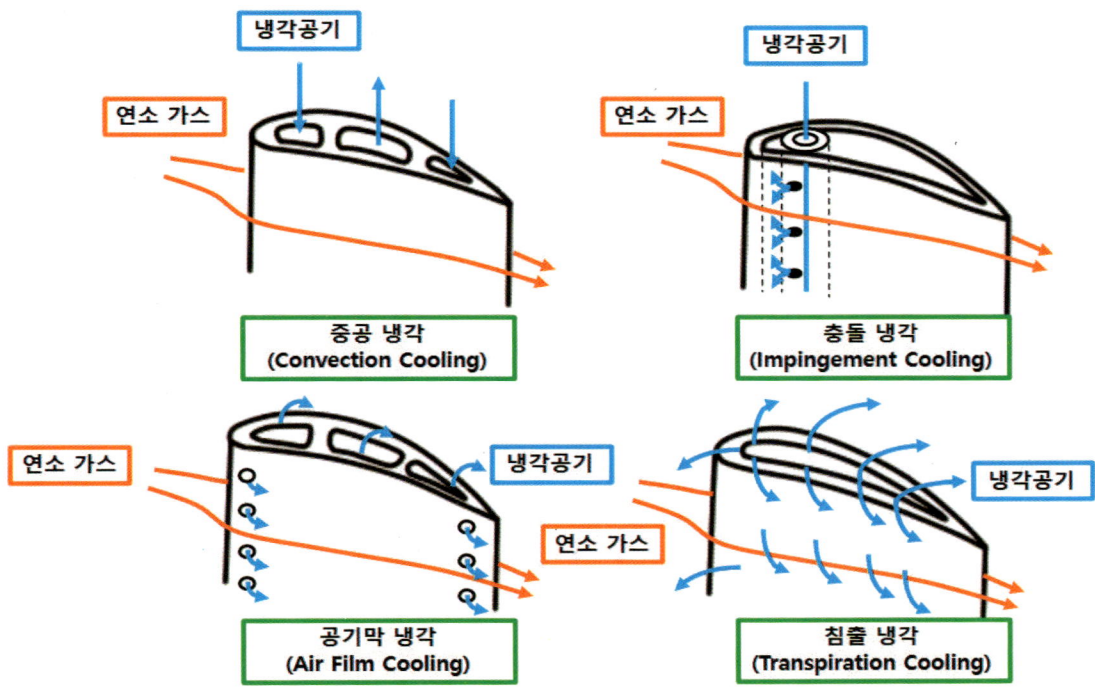

Question 4-7

항공기 가스터빈엔진에서 ACCS(Active Clearance Cooling System)란 무엇인가?

Answer

ACCS(Active Clearance Control System)는 TCCS(Turbine Case Cooling System)라고도 한다. ACCS는 터빈 케이스 안쪽의 에어 시일(Air Seal)과 터빈 블레이드 끝단 부분(Turbine Blade Tip)과의 간격이 너무 작으면 서로 접촉하여 에어 시일의 마모와 손상을 초래하고 간격이 너무 크게 되면 가스가 누설되어 터빈 효율의 저하를 초래한다.

보통 가스터빈엔진은 최대 출력(이륙)시에 높은 연소가스에 노출되는 터빈 블레이드를 냉각시켜 터빈 케이스와 터빈 블레이드의 간격을 최소로 하도록 설계되었다. 상승과 순항 출력에서는 터빈 케이스의 열팽창에 비해 터빈 블레이드의 열팽창이 부족하기 때문에 비교적 큰 팁 간격을 만들어 터빈 효율이 감소된다.

이 대책 방안으로 터빈 케이스 외부에 공기 매니폴드(Air Manifold)를 장착하고, 이 매니폴드로부터 순항 시에 냉각 공기(Fan Air)를 터빈 케이스 외부 표면에 공급하여 케이스를 수축시켜 터빈 블레이드 끝단 부분과의 간격을 적정 간격으로 조정한다. 이로 인해 터빈 효율이 향상됨과 동시에 연료비 개선 향상 효과까지 얻을 수 있게 되었다.

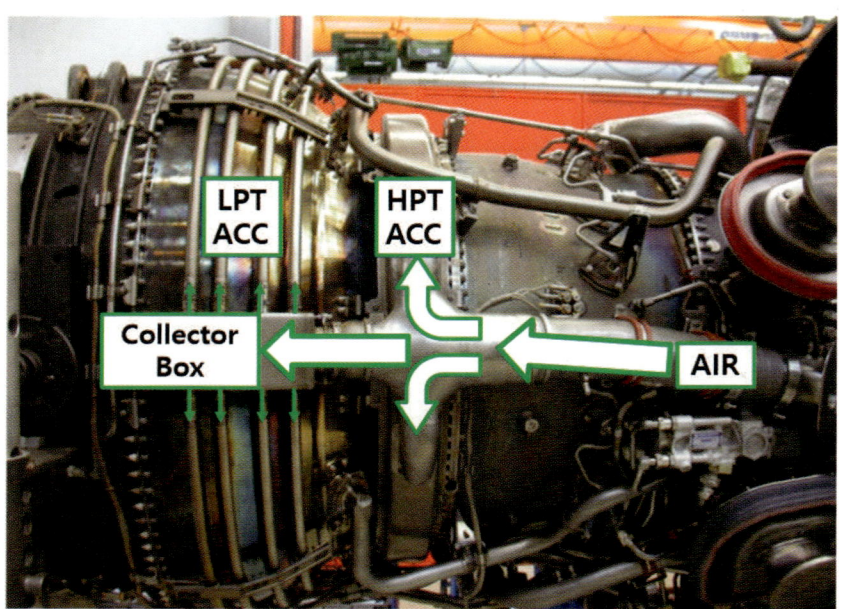

(출처 : ResearchGate)

Question 5

지상에서 항공기 가스터빈엔진 공기 흡입구(Air Inlet, Air Intake)에 결빙이 발생하였다면, 어떻게 해야 하는가?

Answer

항공기 엔진 공기 흡입구에 결빙이 발생하였을 경우, 얼어있는 눈이나 얼음은 히팅 건(Heating Gun)을 이용하여 녹여주고, 얼어있지 않은 눈이나 얼음은 부드러운 솔이나 빗자루 등을 이용하여 쓸어내려준다.

Question 5-1

그렇다면 공중에서 항공기 가스터빈엔진의 팬 블레이드(Fan Blade)에 결빙이 생겼다면, 어떻게 해야 하는가?

Answer

공중에서는 블리드 에어를 이용하여 엔진 흡입구를 사전에 방빙하므로 결빙이 생기지 않는다.

Question 6

항공기 가스터빈엔진의 점화계통(Ignition System)은 어떤 것인가?

Answer

항공기 가스터빈엔진의 점화계통은 현재 고에너지, 커패시터형(High Energy, Capacitor Type)을 사용한다. 이 형식의 점화계통은 콘덴서(Condensor)와 커패시터(Capacitor)에 전하를 저장 후 점화 시 짧은 시간 동안 저장된 에너지를 방전하여 고에너지, 고온의 점화 불꽃을 만들어낸다.

Question 6-1

항공기 가스터빈엔진의 점화계통(Ignition System)에서 이그나이터 플러그(Igniter Plug)까지 에너지 공급이 어떻게 이루어지는가?

Answer

이그나이터 플러그(Igniter Plug)까지의 에너지 공급 흐름도는 먼저, 24VDC 전원이 점화 익사이터 유닛(Ignition Exciter Unit)에 공급된다. 이 에너지는 점화 익사이터 유닛에 도달하기 전 항공기 전기계통으로 유도되는 잡음을 방지하기 위해 노이즈 필터(Noise Filter)를 거쳐간다. 저전압 입력 전력은 멀티 로브 캠(Multi-Lob Cam)과 싱글 로브 캠(Single Lobe Cam)을 구동하는 직류 전동기를 작동시킨다.

동시에, 입력 전력은 멀티 로브 캠에 의해 움직이는 한 세트의 브레이커 포인트에 공급된다. 브레이커 포인트로부터 오는 단속되는 전류는 자동 변압기(Auto Transformer)로 공급된다. 차단기가 닫힐 때 변압기의 1차 권선을 통과한 전류의 흐름은 자기장을 형성한다.

반대로 차단기가 열릴 때, 전류의 흐름은 정지되고 자기장이 붕괴되면서 변압기의 2차 권선에 전압을 유도한다. 이 전압은 한 방향으로 흐름을 제한하는 정류기(Rectifier)를 통과하여 저장 콘덴서(Storage Capacitor) 안으로 흐르는 전류의 맥동을 일으킨다.

맥동을 반복함으로써 저장 콘덴서는 최대 약 4[Joule]까지 충전된다. 참고로 1초당 1[Joule]은 1[W]와 같다. 저장 콘덴서는 트리거 변압기(Triggering Transformer)와 정상 열림의 접촉기를 거쳐 이그나이터로 연결된다.

커패시터에 충전량이 증가할 때 접촉기는 싱글 로브 캠의 기계적인 작용에 의해 닫혀있다. 충전량의 일부분이 트리거 변압기의 1차 권선과 함께 연결된 트리거 커패시터를 통해 흐르며, 이 전류는 이그나이터 플러그에서 간극을 이온화시키는 2차 권선에 고전압을 유도시킨다.

이그나이터 플러그에 고전압이 흘러 전도체가 되면 저장 콘덴서는 트리거 변압기의 1차 권선과 직렬로 커패시터로부터 충전량과 함께 나머지 저장된 에너지를 방출시킨다. 이그나이터 플러그에서 불꽃 비율은 전동기 회전수에 영향을 주는 직류전원장치의 전압에 의하여 변한다.

그러나 양쪽 캠은 같은 축에 맞물려 있기 때문에, 저장 콘덴서는 항상 방전하기 전에 같은 빈도의 맥동으로써 에너지를 축적한다. 낮은 유도저항의 2차 권선과 함께 고주파 트리거 변압기의 사용은 최소 한도로 방출의 지속시간을 유지한다. 최단 시간에 에너지가 모여 이그나이터 플러그에 최적화된 불꽃을 얻을 수 있으며, 탄소 퇴적물을 불어 내고 연료를 기화시킬 수 있게 된다.

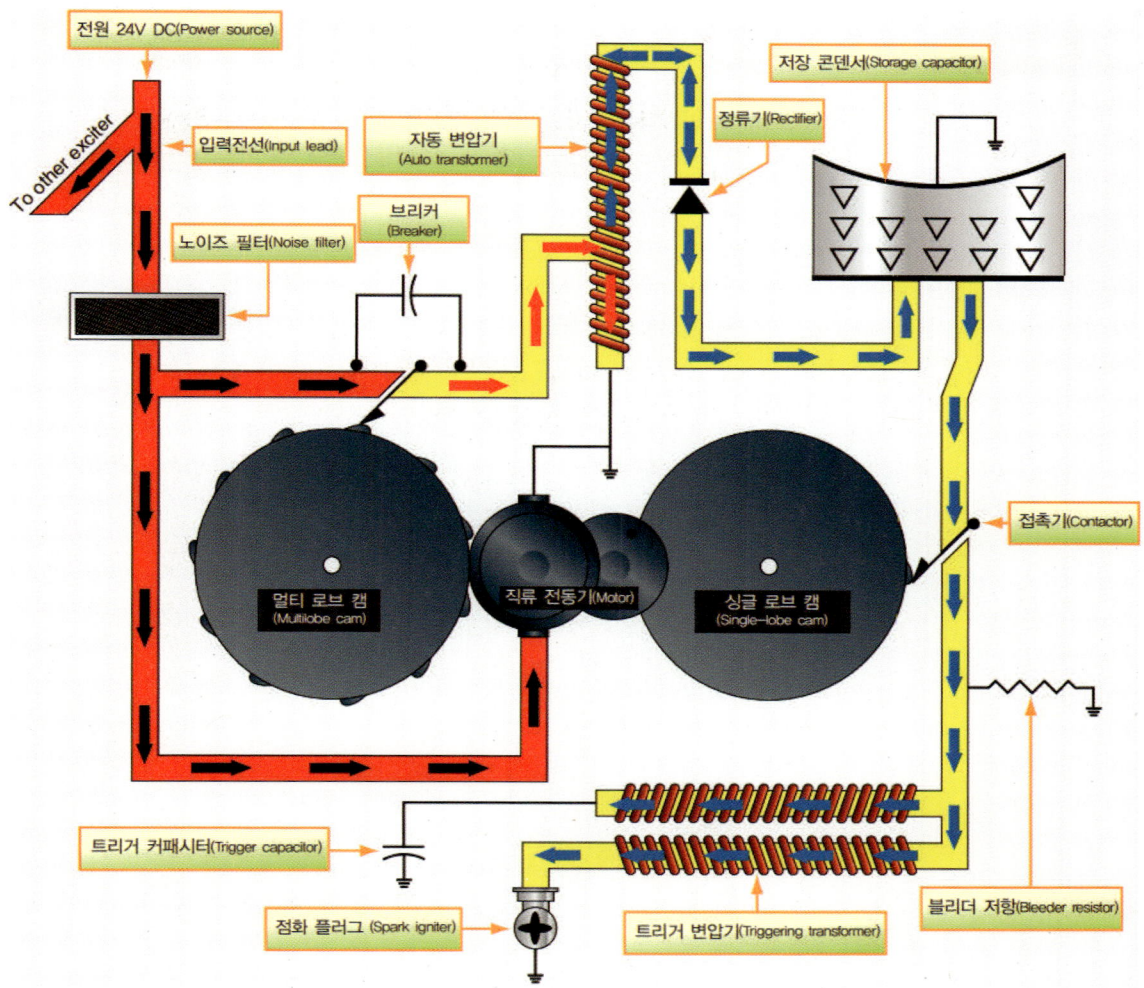

◆ 항공기 가스터빈엔진 점화계통의 점화 전원 공급 과정 ◆
(출처 : 국토교통부 항공정비사 표준교재 항공기엔진 제2권 가스터빈엔진)

Question 6-2

항공기 가스터빈엔진의 점화장치 구성품들로는 무엇이 있는가?

Answer

항공기 가스터빈엔진의 점화장치는 점화 익사이터(Ignition Exciter)와 하이텐션 리드선(High – Tension Lead 또는 Exciter – to – Igniter Plug Cable), 이그나이터 플러그(Igniter Plug)가 각각 2개씩 있다.

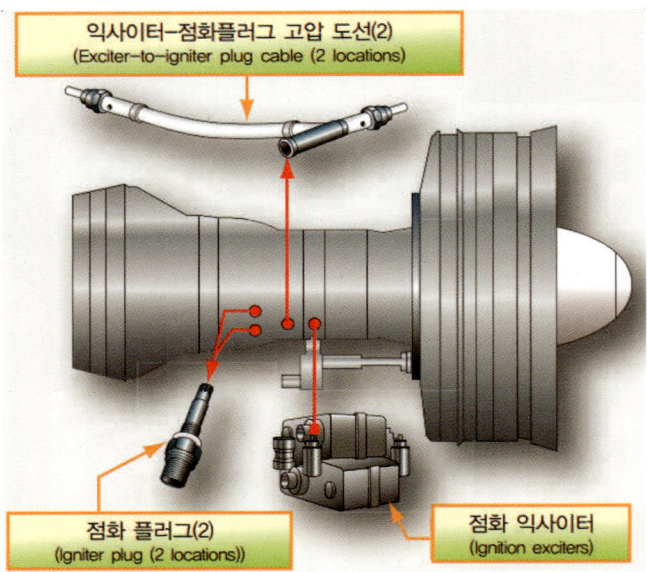

◆ 항공기 가스터빈엔진의 점화계통 구성품 ◆

(출처 : 국토교통부 항공정비사 표준교재 항공기엔진 제2권 가스터빈엔진)

Question 6-3

왜 가스터빈엔진의 이그나이터 플러그는 2개씩 장착되어 있는가?

Answer

하나의 계통에 결함이 발생하여도, 나머지 한쪽 계통만으로도 점화가 가능하게 하기 위함이다.

Question 6-4

항공기 가스터빈엔진의 이그나이터 플러그(Igniter Plug) 장탈 시 주의사항은 무엇이 있는가?

Answer

항공기 가스터빈엔진의 이그나이터 플러그 장탈 시 주의사항은 다음과 같이 있다.
① 점화 익사이터 코일 유닛((Ignition Exciter Coil Unit)의 전압이 매우 높기 때문에 취급 시 주의해야 한다.
② 점화계통의 회로 차단기(Circuit Breaker)로 회로를 차단시키고 Safety Tag를 부착하여 다른 작업자가 실수로 작동하는 것을 방지한다.
③ ENG Start Lever CUTOFF Position으로 설정한다.
④ ENG Start Switch OFF Position으로 설정하고 Safety Tag를 부착한다.
⑤ APU Master SW를 OFF로 설정한다.
⑥ 이그나이터 리드선 분리 전 5분간 시간 여유를 두고 수행한다.

Question 7

항공기 가스터빈엔진의 FADEC이란 무엇인가?

Answer

FADEC은 현대 항공기에 주로 쓰이는 전자식 엔진 제어장치로 원어는 Full Authority Digital Engine Control이다. 이 장치는 엔진의 모든 요소들을 각종 센서를 통해 감지하여 엔진의 상태를 최적의 상태로 유지하게끔 한다. 주 기능이 동력 관리 제어(Power Management Control), ACCS(Active Clearance Control System), VSV(Variable Stator Vane) 제어, 역추력장치 제어, 연료량 조절, 시동, 정지, 점화제어 등을 한다. 구성은 EEC와 HMU, 각종 서보와 액추에이터, 센서 등이 있다.

Question 7-1

항공기 가스터빈엔진의 EEC(Electronic Engine Control)에 결함이 발생한다면 어떻게 되는가?

Answer

만약 EEC에 결함이 발생한 경우에는, EEC에는 Active Channel과 Standby Channel 2개의 채널이 있는데 하나의 채널에 결함이 발생하게 되면 나머지 하나의 채널로 데이터를 이어받아서 지속적으로 엔진 관리를 하도록 해준다. 고장 전 상호 간 채널 공유를 지속적으로 해주는 장치가 있는데 그 장치는 CCDL(Cross Channel Data Link)라고 부른다.

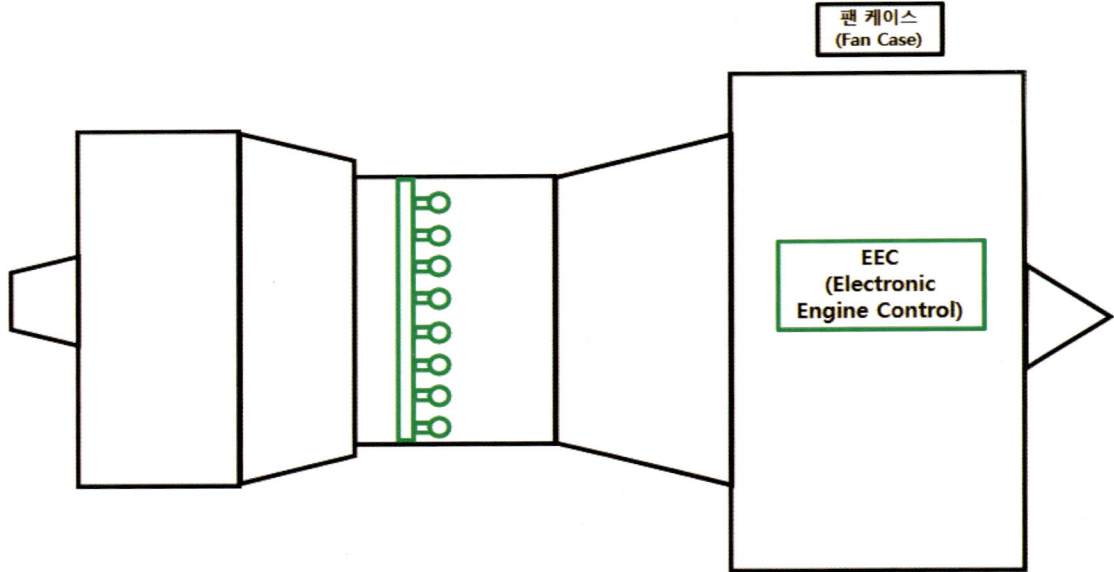

◆ B737 항공기의 CFM56-7B Engine Fan Case에 장착되어 있는 EEC ◆

Question 8

항공기 가스터빈엔진에서 Motoring이란 무엇인가?

Answer

Motoring은 항공기 계통에 대한 기능점검과 누설점검 등을 수행하려는 목적으로 시동기(Starter)로 엔진을 공회전시키는 방법을 말한다. 연료공급을 하여 점검하는 Wet Motoring과 연료공급을 하지 않고 점검하는 Dry Motoring이 있다.

Question 8-1

항공기 가스터빈엔진 Motoring을 위해 시동기(Starter)의 시동 동력원은 어디서 공급받는가?

Answer

항공기 APU(Auxiliary Power Unit)나 ASU(Air Start Unit)의 Bleed Air를 통해 시동기를 구동시킨다.

Question 8-2

Dry Motoring과 Wet Motoring의 차이는 무엇이며 왜 수행하는가?

Answer

Motoring은 엔진을 시동기(Starter)의 최소 동력으로 점화 없이 공회전을 시켜 여러 점검을 목적으로 수행한다. 또한 연료 공급을 하는 것과 하지 않는 것에 따라 Dry, Wet 2가지로 분류된다.

Dry Motoring은 연료 공급과 점화 없이 오일계통의 누설점검이나 기능점검을 위해 수행한다. 이외에도 잔여 연료 배출 및 Hot Start로 인한 엔진의 과열을 식히는 목적으로도 수행한다.

Wet Motoring은 점화 없이 연료만 공급된 상태에서 엔진을 공회전시켜 연료계통의 누설점검이나 기능점검 등을 위해 수행한다.

Question 9

항공기 가스터빈엔진에 쓰이는 베어링은 어떤 것들이 있는가?

Answer

항공기 가스터빈엔진의 베어링이 장착되는 수는 엔진 제작사마다 모두 다르며, B737 항공기 기종 기준으로 설명하자면, No.1, No.2, No.3, No.4, No.5 총 5가지 베어링이 장착되어 있다.

No.1, 2, 3는 주로 엔진 전방에 장착되어 있으며 No.1, No.3는 볼 베어링(Ball Bearing)을 사용해서 추력 하중을 지지해주고 No.2, 4, 5는 롤러 베어링(Roller Bearing)을 사용하여 방사형 하중을 지지해준다.

이외에도 평형 베어링(Plain Bearing)이 있는데, 방사성 하중을 받도록 설계되어 있으며 주로 저출력 왕복 엔진 항공기의 커넥팅 로드, 크랭크샤프트, 캠 샤프트 등에 사용되고 있다.

엔진 베어링 장착 위치는 다음과 같이 있다.

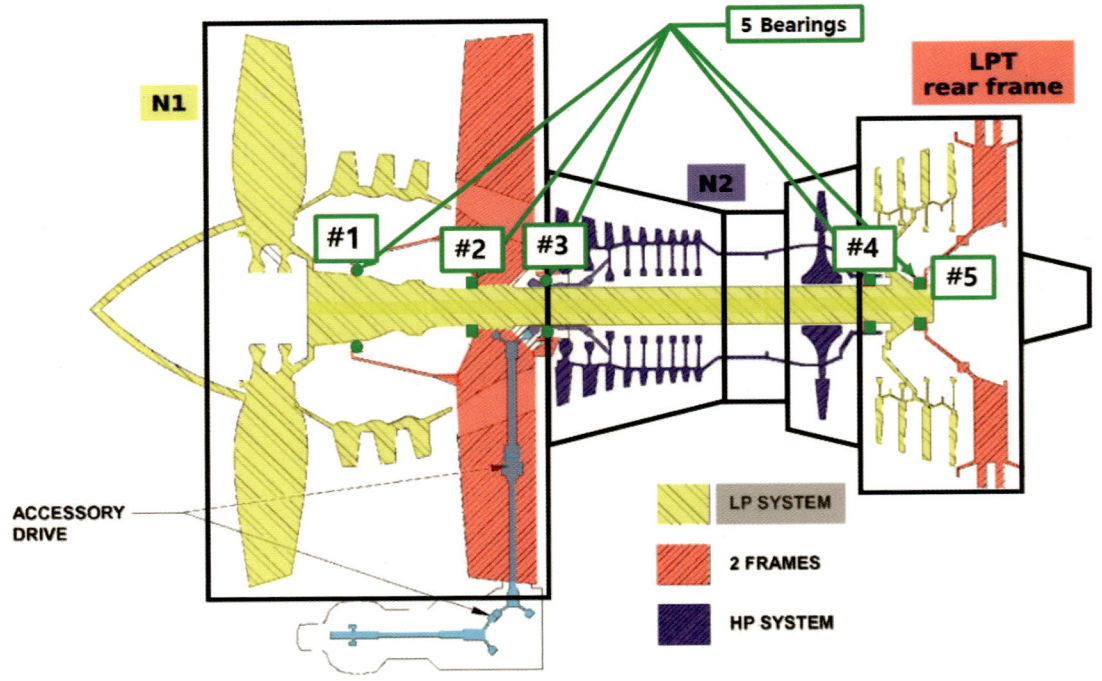

◆ B737 CFM56-7B 엔진의 베어링 장착 위치 ◆

◆ 평형 베어링(Plain Bearing) ◆　　◆ 볼 베어링(Ball Bearing) ◆　　◆ 롤러 베어링(Roller Bearing) ◆

(출처 : Freepik)

Question 9-1

항공기 오일계통에서 Dry Sump와 Wet Sump란 무엇인가?

Answer

Dry Sump는 별도로 독립되어 있는 오일탱크(Oil Tank)가 있고 스케벤지 펌프(Scavenge Pump)가 있다. Wet Sump는 왕복 엔진의 크랭크케이스(Crankcase)나 가스터빈엔진의 악세서리 기어박스 케이스(Accessary Gearbox Case)를 자체적으로 오일탱크(Oil Tank)로 사용하는 방식이며 현대 항공기는 일반적으로 Dry Sump 방식을 가장 많이 사용한다.

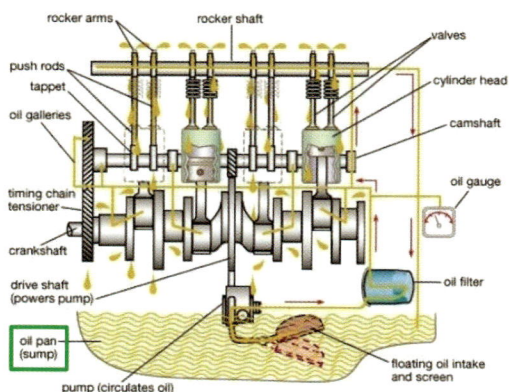

◆ Wet Sump Reciprocating Engine Oil System ◆

* 별도로 오일탱크가 장착되어 있지 않고 크랭크케이스 하부에 위치한 오일 팬에 오일을 가압하여 공급 및 다시 오일 팬으로 모인다.

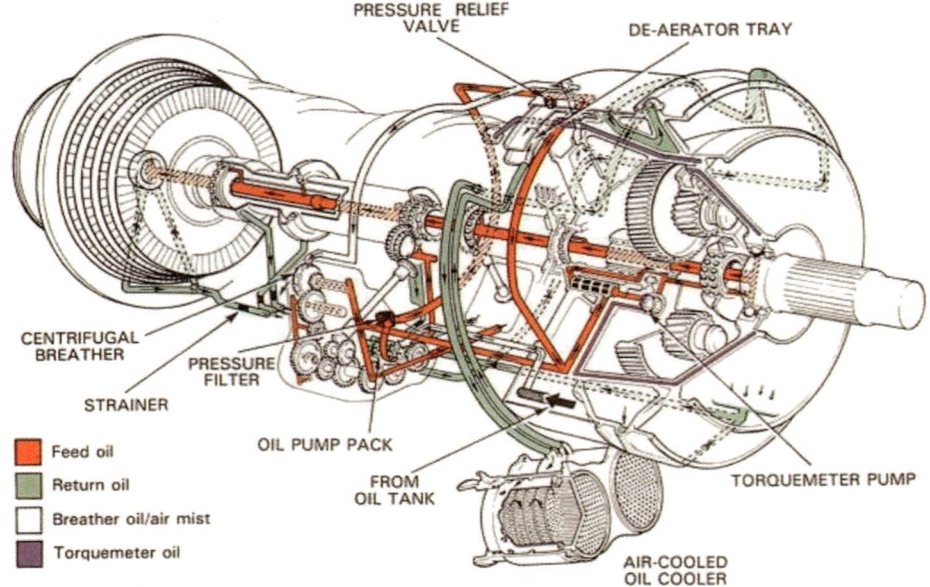

◆ Wet Sump Gas Turbine Engine Oil System ◆

* 별도로 오일탱크가 장착되어 있지 않고 악세서리 기어박스 케이스를 오일탱크로 사용한다.

(출처 : Freepik)

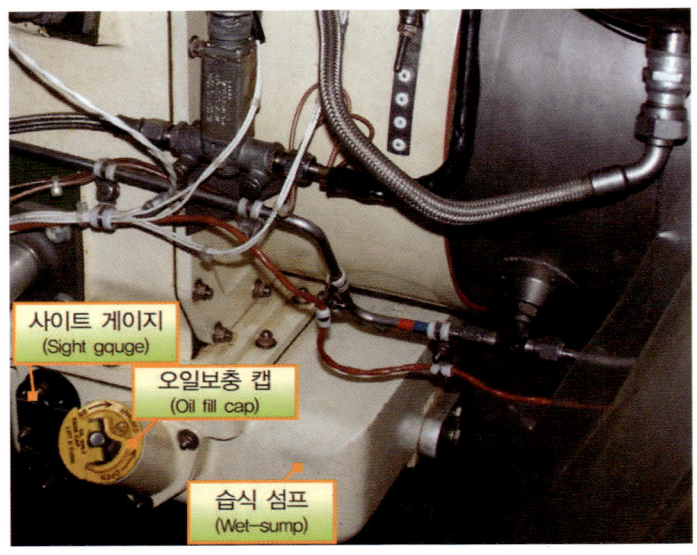

◆ 항공기 가스터빈엔진의 Wet Sump Oil System 구성 ◆

(출처 : 국토교통부 항공정비사 표준교재 항공기엔진 제2권 가스터빈엔진)

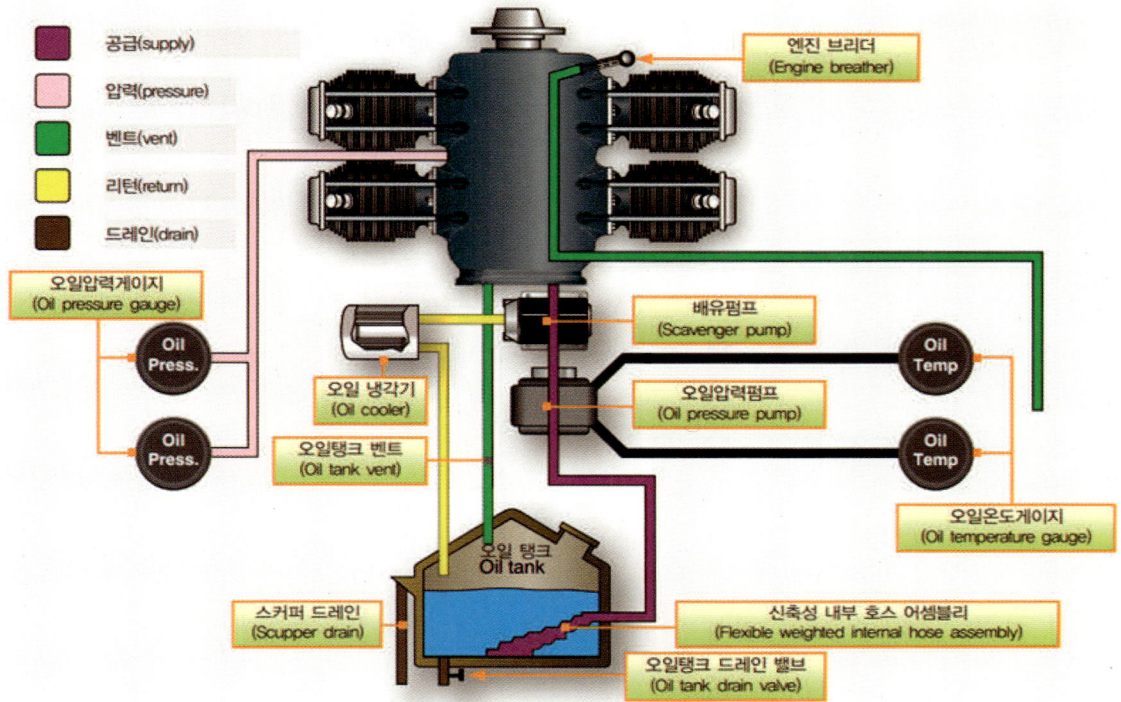

◆ 왕복엔진 항공기의 Dry Sump Oil System 구성과 흐름도 ◆

(출처 : 국토교통부 항공정비사 표준교재 항공기엔진 제1권 왕복 엔진)

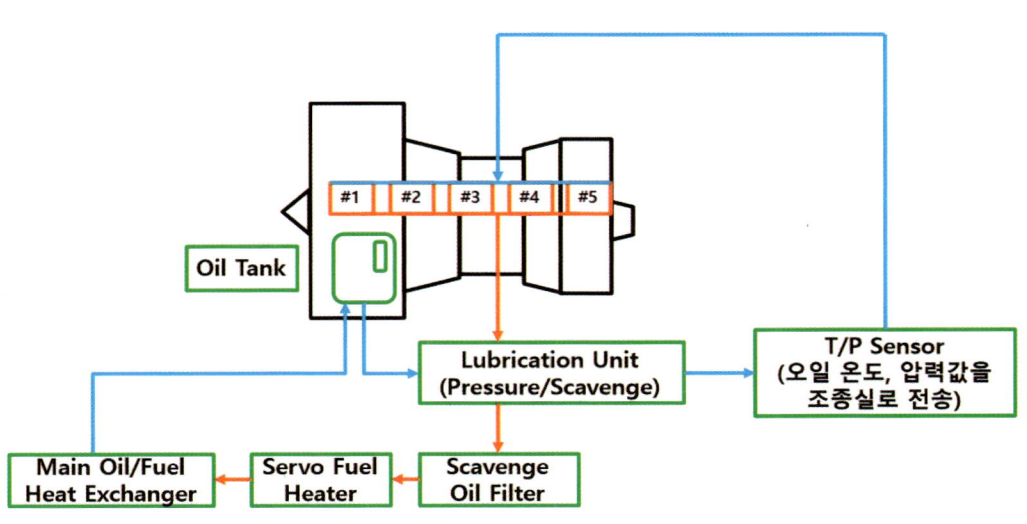

◆ B737 CFM56-7B Engine Dry Sump Oil System ◆

> **Question 9-2**
>
> 항공기 가스터빈엔진의 오일계통(Oil System) 흐름 순서는 어떻게 되는가?

Answer

일반적으로 드라이 섬프(Dry Sump) 방식이 많이 채택되며, B737 항공기 기종 기준으로 오일계통 흐름 순서는 다음과 같다.

① 오일탱크(Oil Tank)
② 윤활 장치(Lubrication Unit : 가압)
③ T/P Sensor(오일 온도와 압력값을 조종실로 지시)
④ No.1~5 베어링 윤활
⑤ 윤활 장치(Lubrication Unit : 배유)
⑥ 스케벤지 오일 필터(Scavenge Oil Filter)
⑦ 연료 서보 히터(Fuel Servo Heater)
⑧ 주 오일/연료 열 교환기(Main Oil/Fuel Heat Exchanger)
⑨ 오일탱크(Oil Tank)

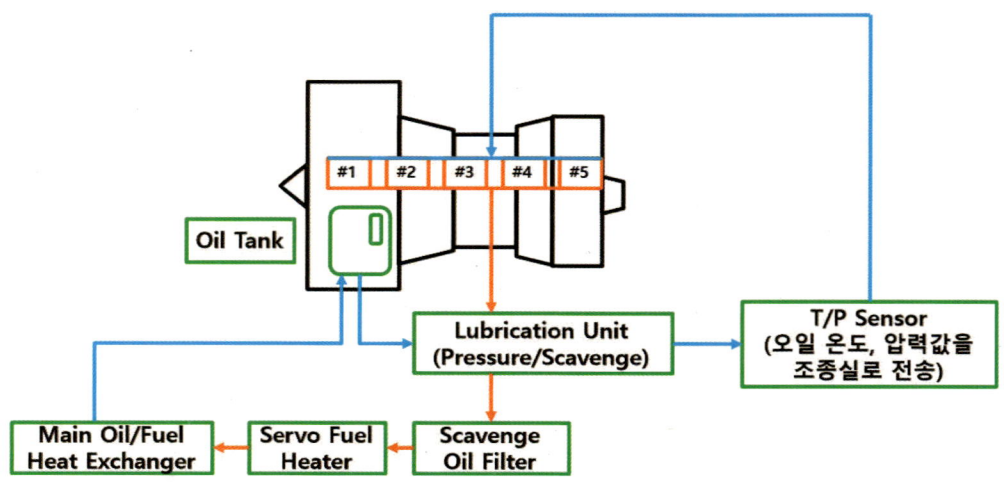

◆ B737 CFM56-7B Engine Dry Sump Oil System ◆

Question 9-3

항공기 가스터빈엔진의 오일계통에서 스케벤지 펌프(Scavenge Pump)의 체적 공간은 왜 압력 펌프(Pressure Pump)의 체적 공간보다 더 큰가?

Answer

베어링을 윤활하고 배유되는 오일에는 열에 의한 팽창 및 공기가 섞여있는 상태이므로 부피가 커지기 때문인 것을 고려해서이다.

Question 9-4

항공기 가스터빈엔진의 오일계통에서 오일 필터(Oil Filter)가 막힌 것을 어떻게 알 수 있는가?

Answer

오일 필터에 있는 팝 아웃 인디게이터(Pop-Out Indicator)의 돌출된 상태 유무나 차압 스위치(Differential Pressure Switch)에 의해 오일 필터가 막혔을 경우에 필터의 서로 다른 입출구 압력차를 감지하여 조종실 계기로 신호를 전송하여 오일 필터의 바이패스 밸브가 열렸음을 지시해주도록 한다.

Question 9-5

항공기 가스터빈엔진의 오일계통에서 오일 필터(Oil Filter)가 막히면 어떻게 되는가?

Answer

오일계통에서 오일 필터가 막히면 오일 펌프를 통과한 오일이 필터를 통과하지 못하고 압력이 점점 높게 형성되어 바이패스 밸브를 열리도록 한다. 이로 인해 엔진으로 오일이 우선 공급되도록 하며, 일부 오일들은 릴리프 밸브를 통해 다시 오일 펌프 입구 부분으로 되돌아간다.

일부 엔진에서는 오일 분사 노즐 전에 위치한 라스트 찬스 필터(Last Chance Filter)를 통해 한번 더 오일 내의 이물질들을 걸러낸다.

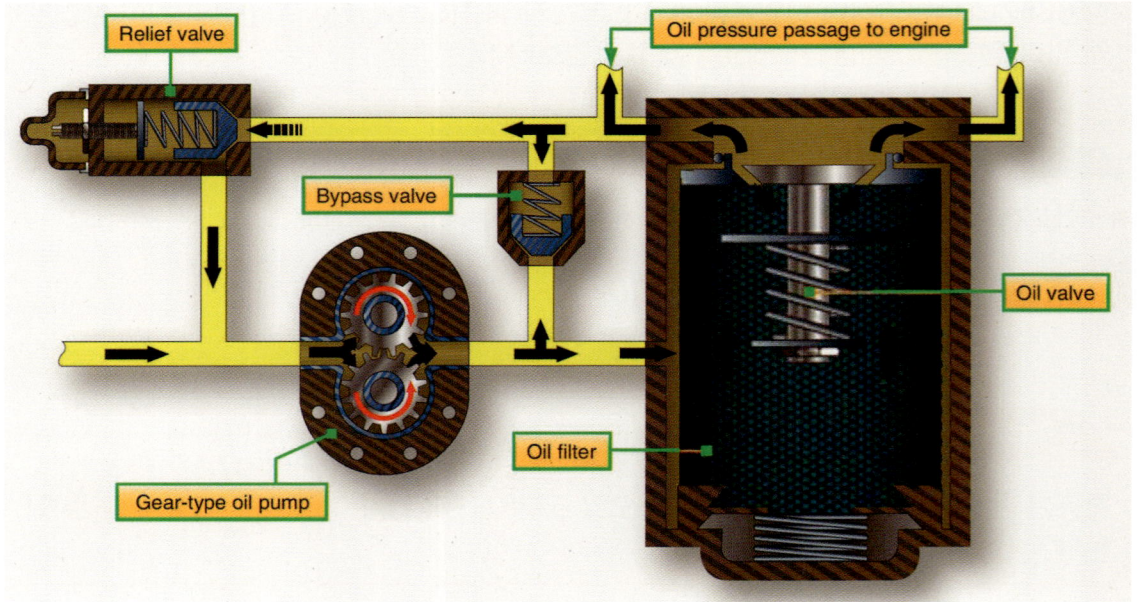

◆ 항공기 가스터빈엔진 오일계통의 필터와 바이패스 밸브 ◆

(출처 : 국토교통부 항공정비사 표준교재 항공기엔진 제2권 가스터빈엔진)

Question 9-6
항공기 가스터빈엔진의 오일 보급은 언제 수행하는가?

Answer

보통 엔진 Shutdown 후 5~60분 사이에 보급해야 한다. 이유는 엔진이 운용된 상태에서 오일을 보급하게 되면 계통을 순환하는 오일의 가스와 팽창된 부피로 과보급이 될 우려가 있기 때문이다. 일부 기종에서는 엔진 오일의 가스를 외부로 배출시키는 Separator가 있다. 엔진 오일량을 확인할 때 Shutdown 후 오일량이 지나치게 적어보일 경우에는 아직 Bearing Sump로부터 오일이 오일탱크로 완전히 순환되지 않았음을 의심해볼 수 있으므로 정해진 여유 시간을 두고 오일을 보급한다.

Question 9-7

항공기 가스터빈엔진의 오일 보급은 어떻게 수행하는가?

Answer

먼저 B737 항공기 기종 기준으로 엔진에 있는 Access Door를 열고 그 안에 있는 사이트 게이지(Sight Gage)를 통해 오일량을 확인한다. 오일량이 부족할 경우에는 Filler Valve를 열어준 뒤 오일을 적정량까지 보급한다. 오일 보급 전에 5분간 내부 압력을 제거해야 한다.

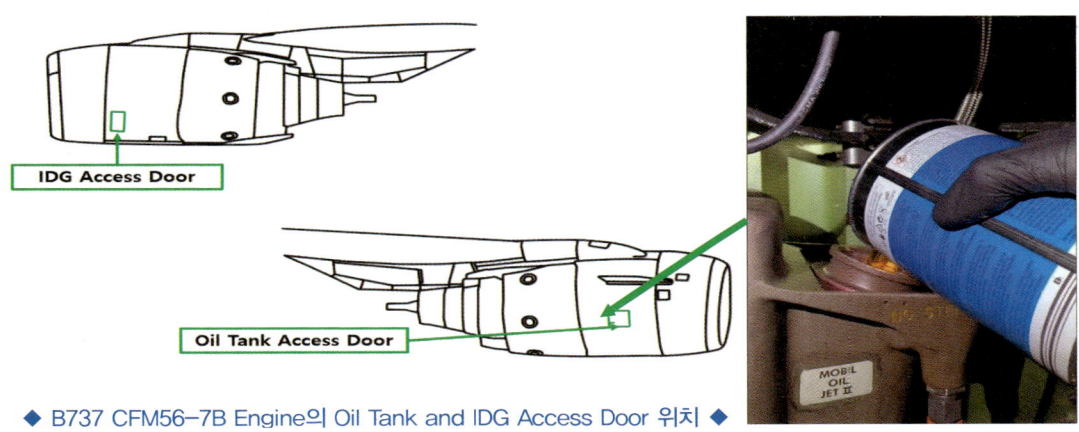

◆ B737 CFM56-7B Engine의 Oil Tank and IDG Access Door 위치 ◆

Question 9-8

만약 항공기 가스터빈엔진의 오일 보급하다가 일부 오일 캔이 남았다면 어떻게 해야 하는가?

Answer

오일 캔을 개봉하여 오일을 보급 후 오일 캔의 오일이 남았을 경우에는 개봉 당시에 산화가 진행되어 오일 특성에 변질이 생길 수 있으므로 폐기처리를 해야 한다.

Question 9-9

항공기에 사용하는 오일의 역할들은 무엇이 있는가?

Answer

방청작용, 기밀작용, 냉각작용, 윤활작용 등을 해준다.

Question 9-10

항공기 가스터빈엔진의 오일은 어떻게 냉각되는가?

Answer

항공기 가스터빈엔진의 오일은 연료-오일 냉각기(Fuel-Oil Cooler) 또는 주 오일/연료 열 교환기(Main Oil/Fuel Heat Exchanger)를 통해 차가운 연료와 엔진 베어링의 윤활을 마치고 순환하는 오일의 뜨거운 온도를 서로 열교환하여 오일은 냉각하고 연료는 가열시킨다.

Question 9-11

항공기에 사용하는 오일의 구비조건은 어떻게 되는가?

Answer

항공기에 사용하는 오일의 구비조건은 다음과 같다.
① 빙점이 낮을 것
② 유동성이 좋을 것
③ 내식성이 있을 것
④ 인화점이 높을 것
⑤ 점성이 낮고 점도지수가 높을 것

> **Question 9-12**
>
> 항공기 가스터빈엔진의 오일계통은 크게 3가지로 나뉘는데, 어떻게 되는가?

Answer

항공기 가스터빈엔진의 오일계통은 크게 압력 계통(Pressure System), 브리더 계통(Breather System), 스케벤지 계통(Scavenge System)으로 나뉘며, 압력 계통은 인체의 동맥과 비슷하고 스케벤지 계통은 인체의 정맥과 비슷한 계통이다. 브리더 계통은 엔진 샤프트에 있는 베어링 섬프 내의 오일들이 외부로 누설되지 않도록 앞뒤로 밀폐해주는 에어 시일과 오일 시일들 간에 발생되는 내외부 차압을 조절한다. 이때 차압 조절에 엔진 압축기 블리드 에어를 이용한다.

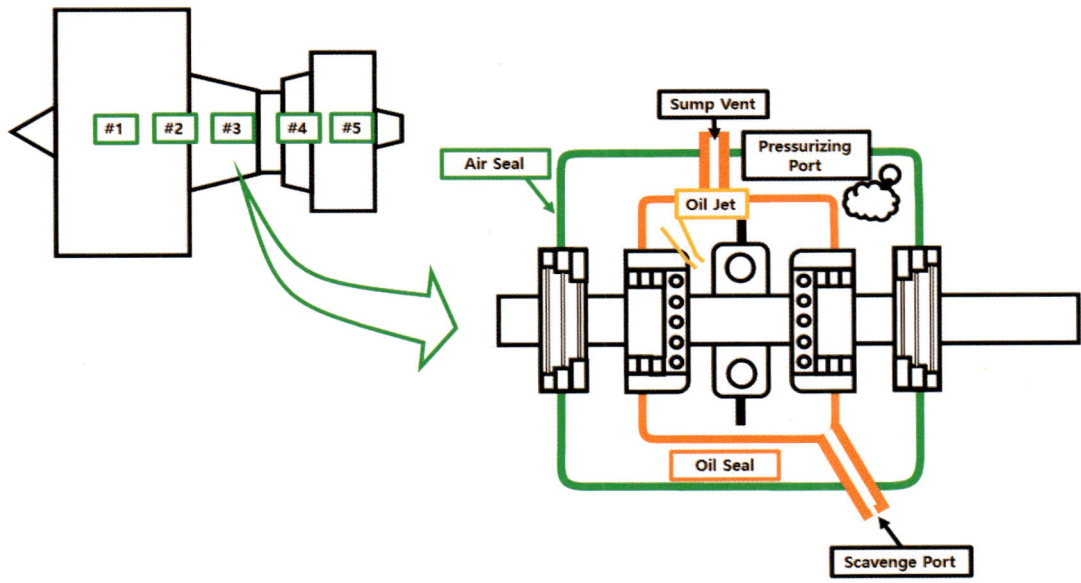

◆ Engine Bearing Oil Sump · Breather System ◆

Question 9-13

항공기 가스터빈엔진의 오일계통에서 Hot Tank System과 Cold Tank System의 차이는 무엇인가?

Answer

오일계통에서 Hot Tank System과 Cold Tank System의 차이는 냉각기 위치의 차이가 있다. 보통 오일은 연료와 열교환을 통해 오일을 냉각시키는데, 오일탱크(Oil Tank)로 재순환될 때 차가운 오일이 들어가는지, 가열된 오일이 들어가는지에 대한 차이로 명칭 차이가 나타난 것이다.

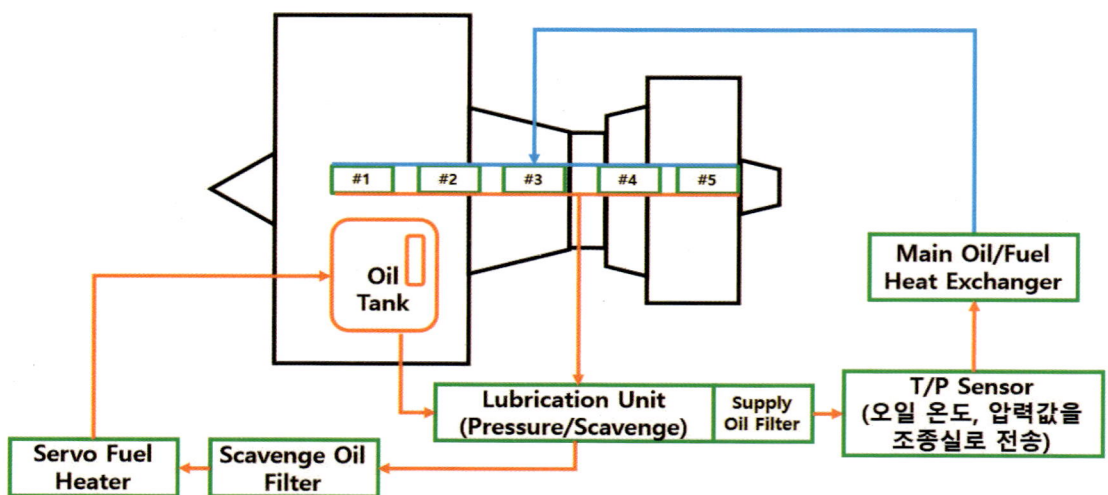

◆ Engine Hot Tank Oil System ◆

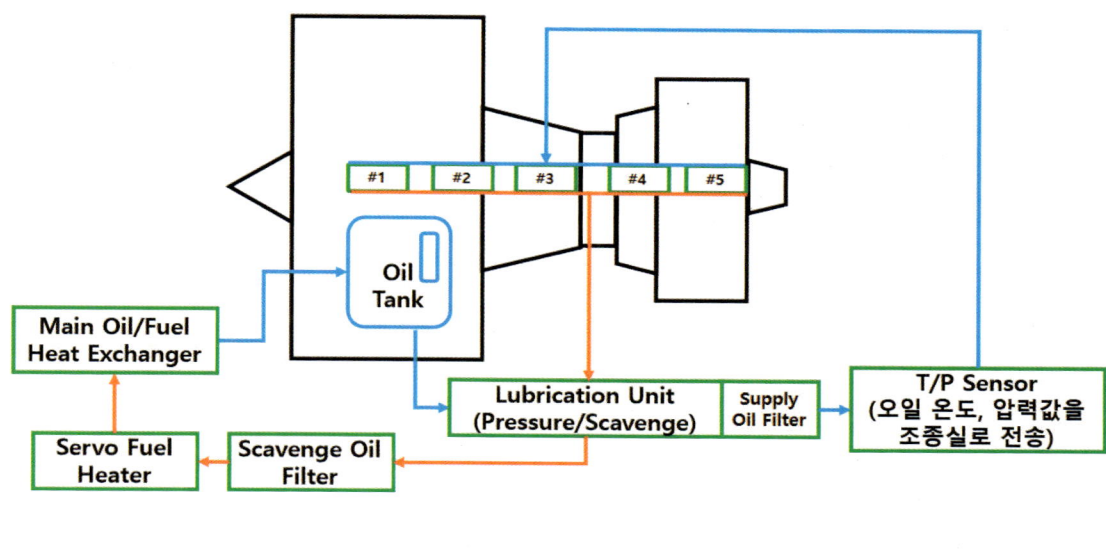

◆ Engine Cold Tank Oil System ◆

Question 10

항공기 가스터빈엔진에서 EPR(Engine Pressure Ratio)이란 무엇인가?

Answer

EPR은 엔진 압축기 실속이나 다른 계통에 문제가 생겼을 시 충분한 압력이 나오지 않아 EPR값이 낮게 지시되어 고장을 판단할 때도 사용한다. 압축기 입구 전압(Pt2)과 터빈 출구 전압(Pt7)의 비를 말한다.

Question 10-1

항공기 가스터빈엔진에서 방빙장치가 정상적으로 작동이 될 경우, 지시계기에 EPR 값이 감소된다. 수치는 감소하는데 이 현상이 왜 정상인가?

Answer

항공기 가스터빈엔진 압축기에서 블리드 에어(Bleed Air)를 이용하여 공기조화계통(Air Conditioning System)이나 방빙(Anti-Icing)에 쓰이기 때문에 중간에 일부 공기가 빠지면서 감소되는 것이다.

Question 11

항공기 가스터빈엔진에서 역추력장치(Reverse Thrust System) 종류는 무엇이 있는가?

Answer

기계적 차단방식과 공기역학적 차단방식이 있다. 두 방식의 특징은 다음과 같다.

(1) 기계적 차단방식(Mechanical Blockage Type)

과거 터보 제트 엔진의 배기가스를 역방향으로 분출시켜 제동 역할을 하도록 만든 장치이다. 터빈 리버서(Turbine Reverser)라고도 불리는데, 발생되는 소음에 비해 역추력 효율이 좋지 않아서 최근에는 공기역학적 차단방식을 많이 사용한다.

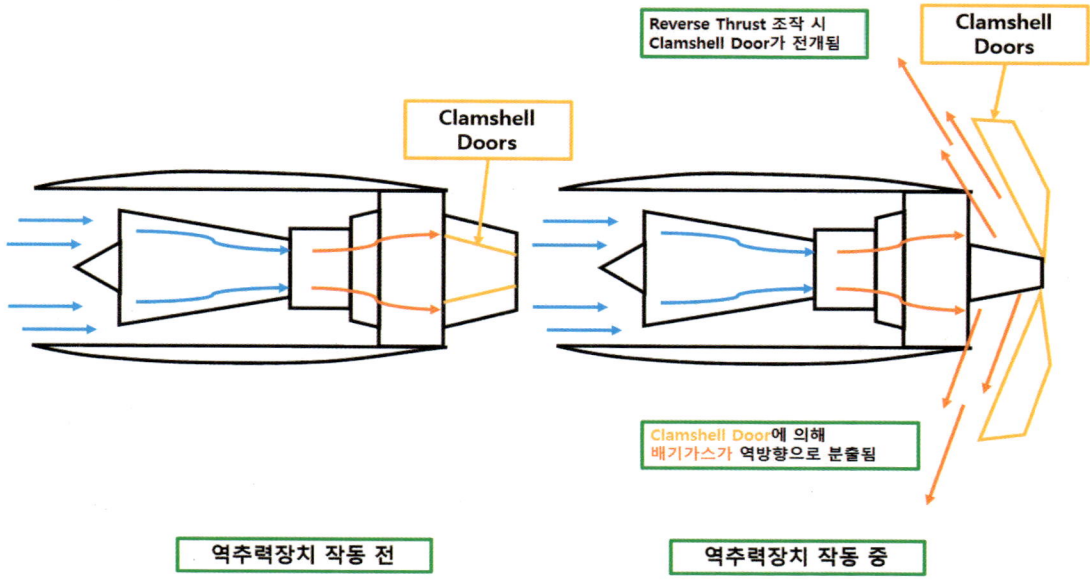

(2) 공기역학적 차단방식(Aerodynamic Blockage Type)

이 방식은 터보 팬 엔진에 주로 쓰인다. 조종실에서 역추력 레버를 조작하게 되면 엔진 카울링(Engine Cowling)이 열리면서 캐스케이드 베인(Cascade Vane)으로부터 팬 공기가 분출되어 제동 역할을 하게 된다. 이 팬 공기는 팬 덕트(Fan Duct)를 지난 공기를 블로커 도어(Blocker Door)에 의하 역방향으로 팬 공기가 흐르도록 하는 것이다.

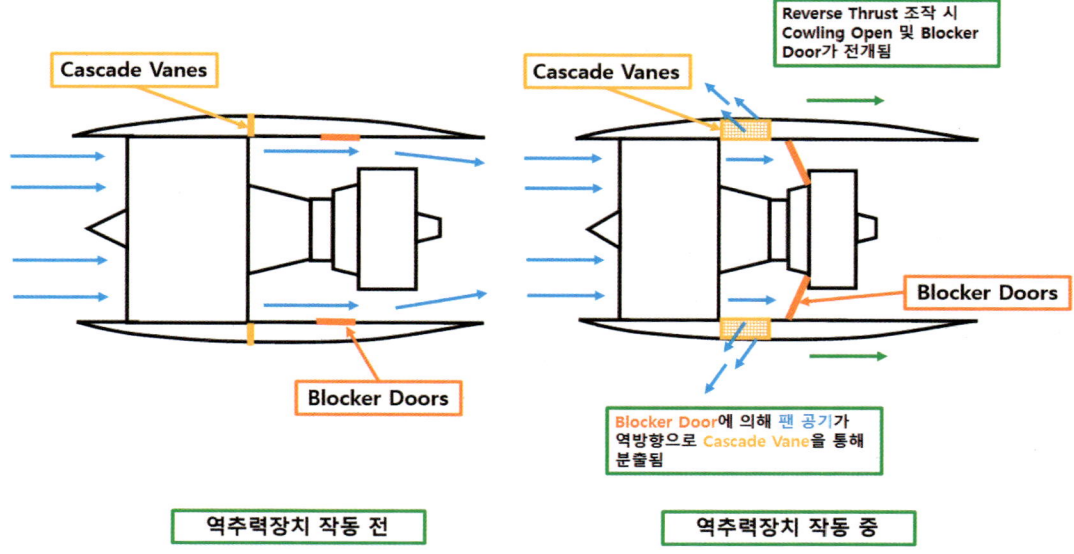

Question 12

항공기 가스터빈엔진에서 Water Wash는 어떻게 수행되는가?

Answer

항공기가 해상 지역 비행 또는 세척주기에 도달했을 경우 이 작업을 수행한다. 먼저, 엔진 흡입구에 Water Injection Nozzle을 위치시키고 Motoring을 실시한다. 엔진 내부로 증류수를 가압시켜 분사하고, 엔진의 흡입력에 의해 엔진 코어가 세척되게 한다. 엔진으로부터 나온 오물을 받아둘 스탠드를 엔진 밑에 구비시키거나 지정된 장소(Wash Pad)에서만 수행한다.

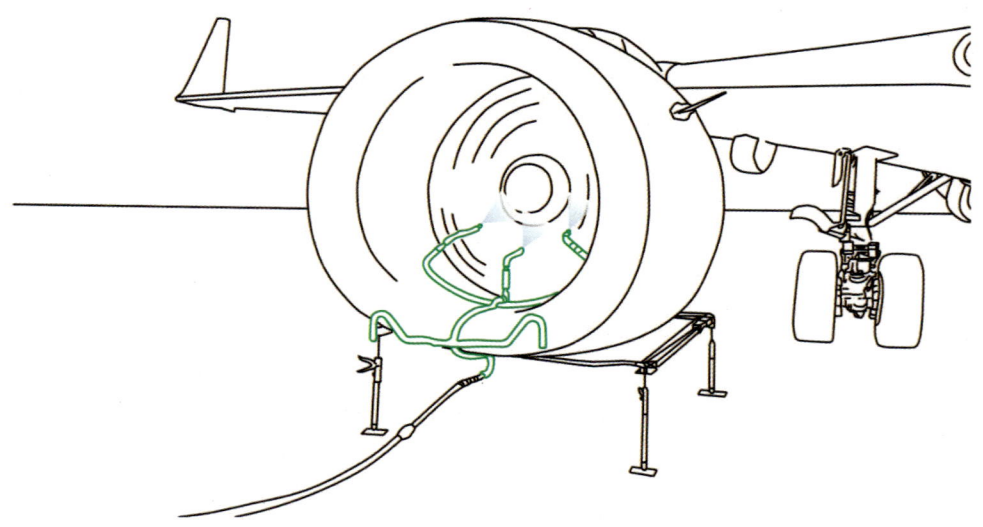

Question 13

항공기 가스터빈엔진에서 모듈 구조(Module Structure)란 무엇인가?

Answer

항공기 가스터빈엔진은 현재 대부분 모듈 구조를 사용하고 있으며, 보통 다음과 같이 구성된다.

① 팬 모듈(Fan Module)

저압 압축기(LPC : Low Pressure Compressor)로 구성된다.

② 코어 모듈(Core Module)

고압 압축기(HPC : High Pressure Compressor), 연소실, 고압 터빈(HPT : High Pressure Turbine)으로 구성되어 있다.

③ 악세서리 기어박스 모듈(Accessory Gearbox Module)

연료 펌프, 오일 펌프, 유압을 생성하는 엔진구동펌프(EDP : Engine Driven Pump), 항공기 주전원을 생성하는 통합구동발전기(IDG : Integrated Drive Generator) 등으로 구성되어 있다.

④ 저압 터빈(LPT : Low Pressure Turbine) Module

저압 터빈축에 의해 전방의 팬 모듈(저압 압축기)을 구동시킨다.

*전투기의 터보 팬 엔진의 경우에는 Afterburner 또는 Augmentor Module이 추가로 구성된다.

모듈 구조는 상호 호환성이 가능할 경우 교체가 용이하다는 점과 구조가 간단해지는 장점들이 있다. 또한, 정비성이 용이하여 해당 모듈이 오버홀 주기에 도래되었을 경우 해당 모듈만 장탈하여 교체 및 저장정비를 할 수 있다는 이점이 있다.

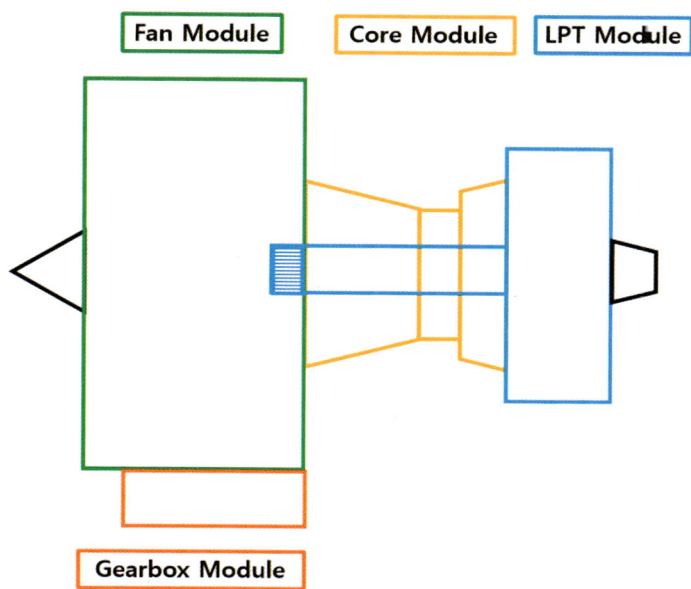

Question 14

항공기 APU(Auxiliary Power Unit)란 무엇인가?

Answer

APU는 보조동력장치를 말하며, 항공기 동체 후방에 장착되어 있다. APU는 지상에서 항공기 엔진이 시동되지 않은 상태에서 필요로 하는 항공기 주 전원과 공압을 자체적으로 생성하여 엔진 시동(Engine Starting) 및 공기조화계통(Air Conditioning System), 방빙(Anti-Icing) 그리고 각종 전기전자계통에 전원을 공급해준다.

공압은 APU 압축기 블리드 에어(Compressor Bleed Air)를 이용하여 공급해주고 비행 중에는 엔진의 고장으로 충분한 동력을 얻지 못할 때 APU를 이용하여 비상 전력으로 공급해주는데 이때 전력은 APU에 있는 발전기를 통해 공급해준다.

APU의 시동은 항공기의 배터리 전원 24VDC나 외부 전원(External Power)을 이용하며 APU 시동기(Starter)는 소형 전동기 방식으로써 전기 에너지 공급 시 기계적 에너지로 전환되어 APU의 구동축을 회전시켜 시동을 걸어준다.

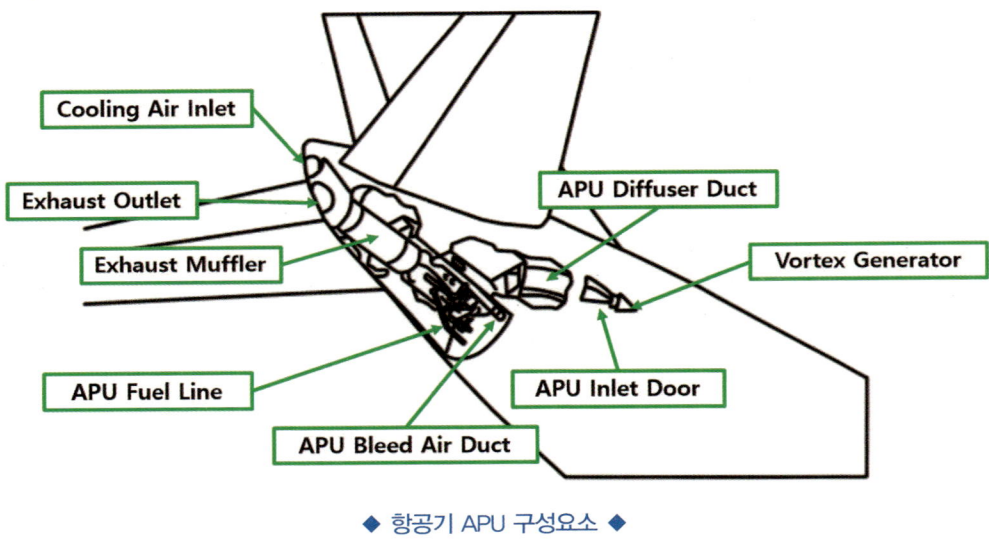

◆ 항공기 APU 구성요소 ◆

03 추진 계통

(1) 프로펠러
　① 블레이드(Blade) 구조 및 수리 방법
　② 작동절차(작동 전 점검 및 안전사항 준수)
　③ 세척과 방부처리 절차
(2) 동력전달장치
　① 주요 구성품 및 기능점검
　② 주요 점검사항 확인

Question 1

항공기 프로펠러 블레이드 구조와 명칭들은 어떻게 되는가?

Answer

항공기 프로펠러 블레이드 구조와 명칭은 다음과 같다.

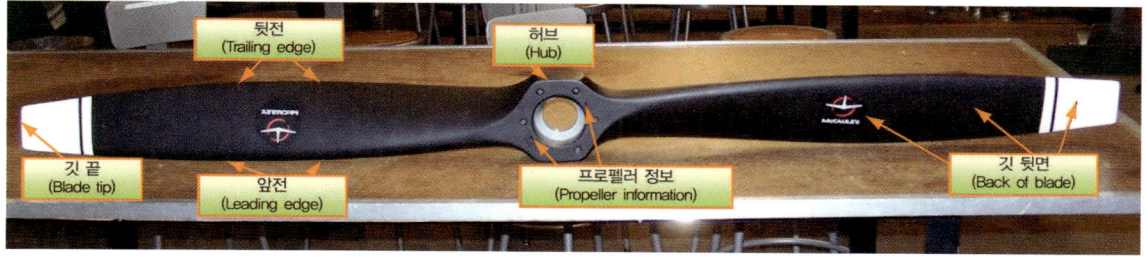

(출처 : 국토교통부 항공정비사 표준교재 항공기엔진 제1권 왕복 엔진)

> **Question 1-1**
> 항공기 프로펠러 종류는 어떤 것들이 있고, 특징은 무엇인가?

Answer

항공기 프로펠러 종류는 대표적으로 고정피치 프로펠러, 가변피치 프로펠러, 정속 프로펠러가 있다.

(1) 고정피치 프로펠러(Fixed – Pitch Propeller)

　　고정피치 프로펠러는 피치 변경이 불가능한 방식의 프로펠러이다. 보통 2개의 블레이드로 되어 있으며 목재 또는 알루미늄 합금으로 제작된다. 보통 소형 항공기에 널리 사용되고 1회전으로 최상의 효율(순항)과 전진 속도를 내도록 설계했으며, 저출력, 저속, 적은 항속거리, 저고도용 항공기에 사용된다. 비용도 적게 들고 작동 또한 간단한 장점이 있다.

(2) 가변피치 프로펠러(Adjustable Pitch Propeller 또는 Controllable – Pitch Propeller)

　　가변피치 프로펠러는 프로펠러가 회전하고 있는 동안, 블레이드 피치(Blade Pitch) 또는 블레이드 각(Blade Angle, 깃 각)을 변경할 수 있는 방식이다. 이 프로펠러는 특정 비행 조건에서 최상의 성능을 제공하도록 효율적인 블레이드 각을 사용할 수 있다. 또한 조종사가 직접 프로펠러 블레이드 각을 변경해야 하며, 프로펠러의 개발이 지속적으로 진행되면서 가버너(Governor, 조속기)를 사용하는 정속 프로펠러가 개발되어 현재는 사용량이 감소되고 있다.

(3) 정속 프로펠러(Contstant Speed Propeller)

　　정속 프로펠러는 가장 효율이 우수한 프로펠러이다. 이 프로펠러는 가버너(Governor, 조속기)를 이용하여 저피치에서 고피치까지 자유롭게 피치를 자동적으로 조정할 수 있기에 비행속도나 엔진 출력의 변화에 관계없이 프로펠러를 항상 일정한 속도로 유지시켜준다.

Question 1-2

항공기 프로펠러에서 블레이드 피치(Blade Pitch)와 블레이드 각(Blade Angle, 깃 각)은 무엇인가?

Answer

블레이드 피치(Blade Pitch)와 블레이드 각(Blade Angle, 깃 각)은 동일한 용어이다. 프로펠러 블레이드의 시위선(Chord Line)과 프로펠러의 회전속도(Rotational Velocity) 사이의 각을 말하는 것이다.

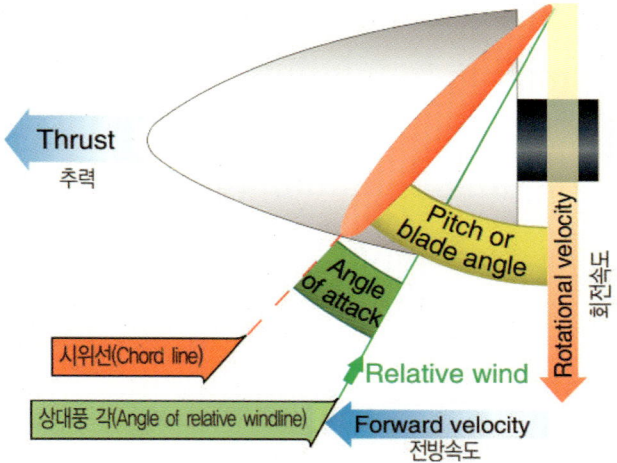

(출처 : 국토교통부 항공정비사 표준교재 항공기엔진 제1권 왕복 엔진)

Question 1-3

항공기 프로펠러 피치에서 기하학적 피치(Geometric Pitch)와 유효 피치(Effective Pitch)는 무엇인가?

Answer

프로펠러 기하학적 피치와 유효 피치는 다음과 같다.

(1) 기하학적 피치(Geometric Pitch)

프로펠러 블레이드를 1회전 했을 때 앞으로 전진할 수 있는 이론상의 거리를 말한다. 일반적으로 기하학적 피치는 유효 피치보다 크며, 이 둘의 차이를 평균 기하학적 피치로 나누어 백분율로 표시한 것을 프로펠러 슬립(Propeller Slip)이라 한다.

(2) 유효 피치(Effective Pitch)

공기 중에서 프로펠러가 1회전 했을 때 실제로 전진한 거리를 말하며, 항공기의 진행 거리를 말한다.

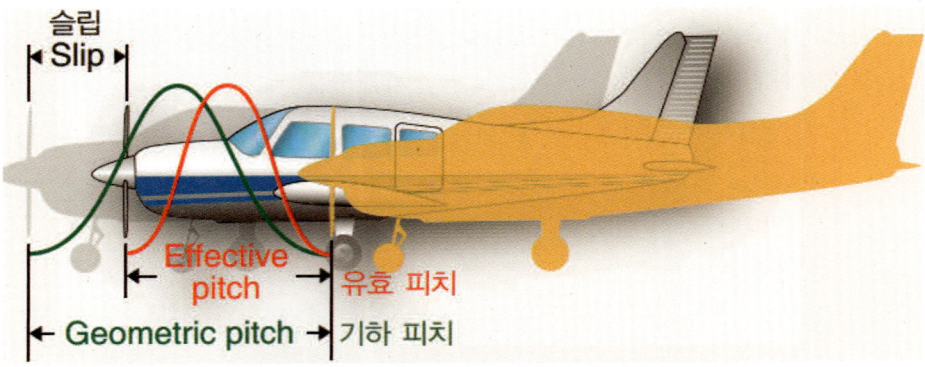

(출처 : 국토교통부 항공정비사 표준교재 항공기엔진 제1권 왕복 엔진)

Question 1-4

항공기 프로펠러 종류 중 정속 프로펠러의 작동 원리는 어떻게 되는가?

Answer

항공기가 상승할 때에는 프로펠러 회전이 느려지고, 하강할 때에는 항공기 속도가 증가하면서 프로펠러 회전이 빨라지는 경향이 있다. 이러한 속도 변화에 관계 없이 일정한 프로펠러 회전속도를 유지할 수 있도록 정속 프로펠러는 가버너(Governor, 조속기)를 이용한다. 항공기가 상승할 때 엔진 속도가 감소되지 않도록 프로펠러 블레이드 각을 감소시킨다. 엔진은 스로틀을 조작하지 않는 이상 출력을 그대로 유지할 수 있다.

항공기가 하강할 때에는 과속되지 않을 정도로 프로펠러 블레이드 각을 증가시켜 엔진의 출력을 유지시키고, 스로틀 또한 동일하게 유지된 상태로 비행이 가능하도록 한다.

가버너는 이러한 일정한 속도 유지를 위해 엔진 오일계통의 오일을 이용하는 것뿐만 아니라 스피더 스프링(Speeder Spring), 카운터웨이트(Counterweight, 평형추), 파일럿 밸브(Pilot Valve) 등 여러 구성품들을 이용한다. 작동 상태에 따른 작동원리는 다음과 같다.

(1) 저속 상태(Underspeed Condition)

항공기 상승 중일 때 어떠한 엔진 컨트롤을 하지 않게 되면, 엔진에 많은 부하가 발생되고 회전수가 감소하게 된다. 이때 프로펠러 또한 저속 상태가 되어 플라이웨이트가 오므라든다. 이로 인해 파일럿 밸브는 아래로 움직여 프로펠러 피치각을 감소시키도록 허브에 있는 오일들을 섬프로 귀환하도록 유로를 형성한다. 엔진 속도는 다시 회전수가 증가되어 정상적인 회전수를 유지하게 된다.

(2) 과속 상태(Overspeed Condition)

항공기가 하강 중일 때 마찬가지로 어떠한 엔진 컨트롤을 하지 않게 되면, 엔진 속도는 더욱 증가하게 되고 프로펠러 또한 속도가 증가한다. 이로 인해 플라이웨이트는 바깥쪽으로 벌어져 파일럿 밸브는 상승된다. 이때 허브로 엔진 오일이 공급되도록 유로를 형성시키면 프로펠러 피치각은 증가한다. 엔진 속도는 감속되어 정상적인 회전수로 유지하게 된다.

(3) 정속 상태(On – Speed Condition)

엔진이 조종사에 의해 설정한 엔진 rpm으로 작동하고 있을 때, 가버너는 정속으로 작동한다. 정속 상태에서는 카운터웨이트의 원심력과 스피더 스프링의 장력이 서로 균형을 이루고 있으므로, 파일럿 밸브는 중앙에 위치하여 가압된 오일들이 유입되거나 나가지 않는 상태가 되고, 프로펠러 블레이드 각 또한 움직이지 않아 피치가 변화하지 않는다.

그러나 항공기가 하강하거나 상승한 상태 또는 조종사가 스로틀을 조작하여 엔진 rpm을 설정했을 때 균형상태가 무너지면서 과속 또는 저속 상태가 된다. 프로펠러의 정속 회전 상태를 변경시키려면 프로펠러 피치 레버를 조작하여 카운터웨이트를 누르고 있는 스프링 강도를 조절하거나 항공기 고도를 변경하면 된다. 가버너는 항공기 고도와는 상관없이 어느 정도는 설정된 프로펠러 rpm을 유지해준다. 스피더 스프링의 제어 한계는 약 200rpm으로 제한되어 있으며, 이 한계치를 넘어서면 가버너는 더 이상 정확한 rpm을 유지할 수 없게 된다.

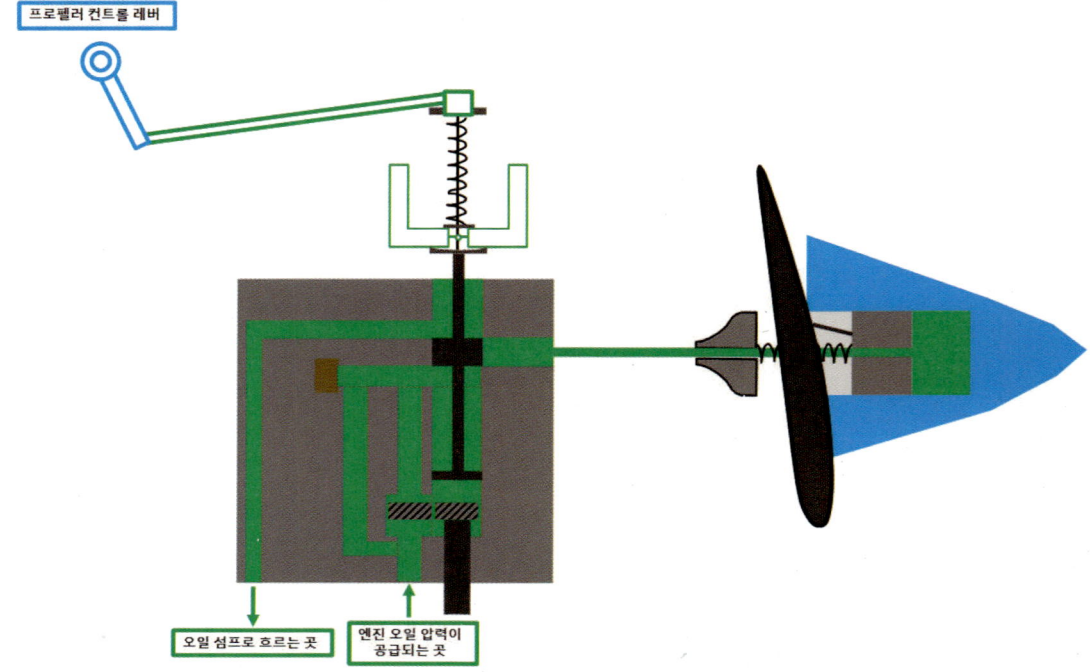

◆ 이륙 출력일 때 조종실에서 조작한 프로펠러 컨트롤 레버 위치 ◆

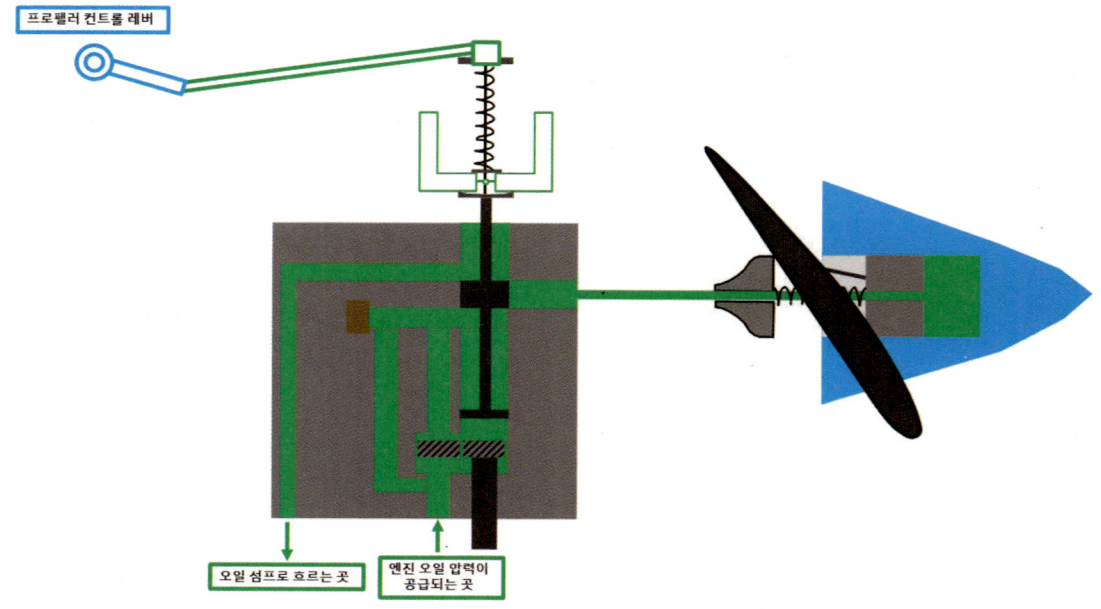

◆ 순항 출력일 때 조종실에서 조작한 프로펠러 컨트롤 레버 위치 ◆

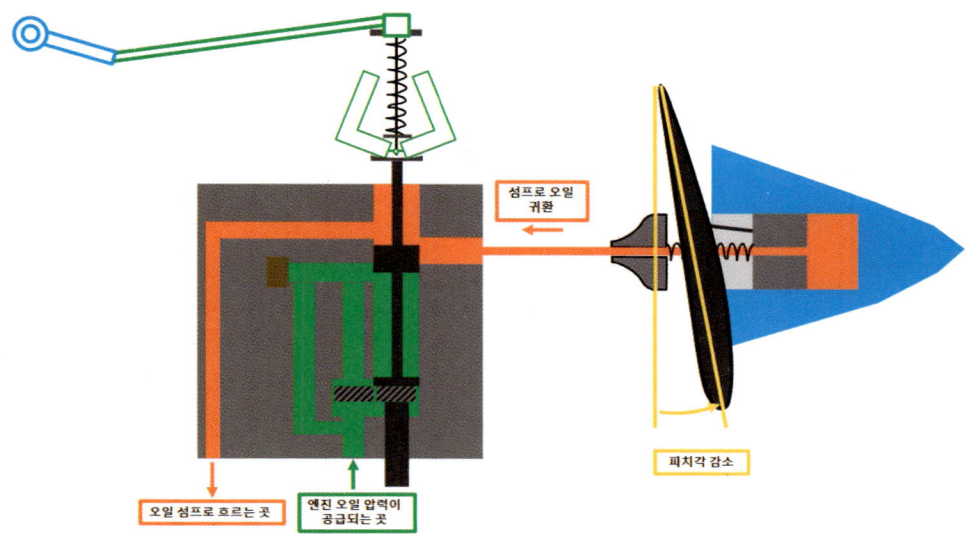

항공기 상승 중일 때 어떠한 엔진 컨트롤을 하지 않게 되면, 엔진에 많은 부하가 발생되고 회전수가 감소하게 된다. 이때 프로펠러 또한 저속 상태가 되어 플라이웨이트가 오므라든다. 이로 인해 파일럿 밸브는 아래로 움직여 프로펠러 피치각을 감소시키도록 허브에 있는 오일들을 섬프로 귀환하도록 유로를 형성한다. 엔진 속도는 다시 회전수가 증가되어 정상적인 회전수를 유지하게 된다.

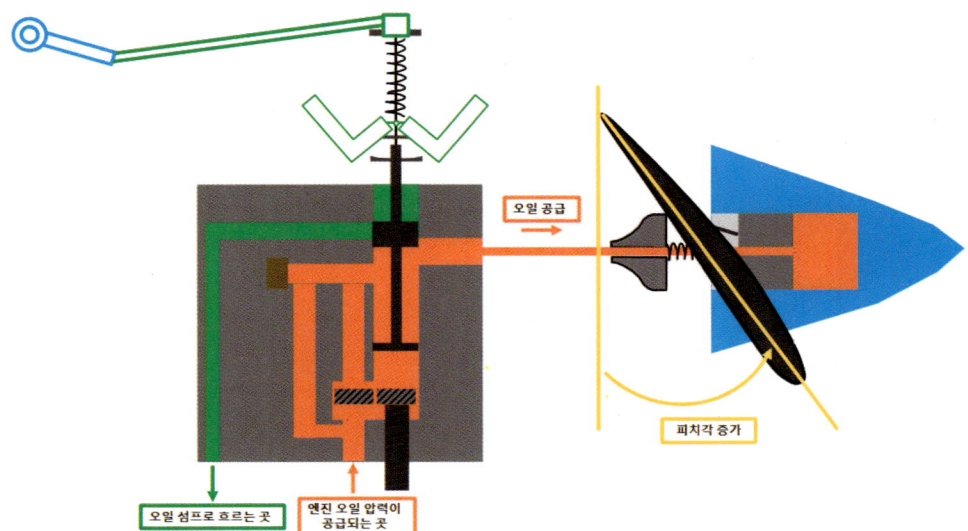

항공기가 하강 중일 때 마찬가지로 어떠한 엔진 컨트롤을 하지 않게 되면, 엔진 속도는 더욱 증가하게 되고 프로펠러 또한 속도가 증가한다. 이로 인해 플라이웨이트는 바깥쪽으로 벌어져 파일럿 밸브는 상승된다. 이때

허브로 엔진 오일이 공급되도록 유로를 형성시키면 프로펠러 피치각은 증가한다. 엔진 속도는 감속되어 정상적인 회전수로 유지하게 된다.

Question 1-5
항공기 프로펠러에서 페더링(Feathering)이란 무엇인가?

Answer

비행 중 프로펠러가 멈췄을 때 상대풍에 의해 프로펠러가 회전하게 되는 풍차작용(Windmilling, 윈드밀링) 현상이 발생한다. 이 현상으로 인해 엔진이 프로펠러를 회전시키는 것이 아닌 프로펠러가 엔진을 회전시키게 되고, 이로 인해 엔진이 손상되는 결과를 초래할 수가 있다.

따라서 비행 중 엔진에 결함이 발생되어 프로펠러가 멈추게 되면, 프로펠러의 공기저항을 감소시키고 프로펠러 회전에 따른 엔진의 손상을 방지하기 위해 프로펠러 블레이드 각을 비행 방향과 평행하도록 피치를 변경시키는데, 이것을 프로펠러 페더링(Propeller Feathering)이라 한다.

Question 1-6

항공기 프로펠러에서 역피치 프로펠러(Reverse Pitch Propeller)란 무엇인가?

Answer

역피치 프로펠러는 항공기 착륙 시 착륙거리 감소를 목적으로 프로펠러 피치를 역방향으로 전환하여 역추력을 발생시키도록 하는 것이다. 비행기의 역추력장치(Reverse Thrust System)와도 같다.

[이 장의 특징]

항공기 전자전기계기 분야는 앞으로의 항공산업에 있어서 핵심적인 기술이자 수많은 기술 진보에 많은 기여를 하게 될 분야이다.

전자전기계기는 항공기의 다양한 시스템과 장비들을 연결하고 제어하는 것에 있어 모든 관련이 있고 전기회로와 시스템 분석에 대한 기초 지식을 응용하여 항공전기전자시스템들을 개발 또는 향상시키는데 도모한다. 이외에도 다양한 신호 처리 기법과 시스템의 작동에 대한 이해도를 높여 항공기에서 발생되는 여러 신호들을 분석 및 해석하여 고장탐구 능력까지도 향상시키는 능력도 갖추게 된다.

이 장에서는 항공정비사로서 전자전기계기에 대한 기본적인 원리와 구성품, 위치 그리고 항공기에 사용되는 전기전자 용어 등을 숙지하여 현장에서 올바른 조치사항을 신속히 처리하고 항공기 성능과 시스템 개량 및 분석능력을 향상시키는 데도 기여할 것이다.

CHAPTER

04

전자전기계기
Avionics

01 전기전자작업

(1) 전자전기 벤치작업 및 전기선 작업
 ① 배선작업 및 결함 검사
 ② 와이어 스트립(Strip) 방법
 ③ 납땜(Soldering) 방법
 ④ 터미널 크림핑(Crimping) 방법
 ⑤ 스플라이스(Splice) 크림핑(Crimping) 방법
 ⑥ 전기회로 스위치 및 전기회로 보호장치
 ⑦ 전기회로 스위치 및 전기회로 보호장치 장착
 ⑧ 전기회로의 전선규격 선택 시 고려사항
 ⑨ 전기 시스템 및 구성품의 작동상태 점검
(2) 솔리드 저항, 권선 등의 저항측정
 ① 멀티미터(Multimeter) 사용법
 ② 메가테스터(Megameter) 사용법
 ③ 휘트스톤 브릿지(Wheatstone Bridge) 사용법
(3) ESDS 작업
 ① ESDS 부품 취급 요령
 ② 작업시 주의사항
(4) 디지털회로
 ① 아날로그 회로와의 차이

Question 1

항공기에 사용하는 전선 배선 작업(Wiring)에는 어떤 것들이 있는가?

Answer

전기 배선 작업은 크게 납땜(Soldering), 스플라이스 크림핑(Splice Crimping), 터미널 크림핑(Terminal Crimping) 연결 방법이 있다. 여기서 납땜과 스플라이스는 전선과 전선을 연결하는 것이고, 터미널 연결 방식은 전선과 터미널 블록(Terminal Block)의 스터드(Stud) 간에 연결하는 것을 말한다.

납땜은 연결할 두 전선의 끝 부분의 피복을 벗겨내 나오는 구리선을 두 전선 간에 구리선을 납땜하여 연결하는 방법을 말한다.

스플라이스 크림핑 방법은 납땜과 같이 두 전선 끝의 피복을 벗겨 구리선을 연결하는 것으로써 크림핑 플라이어(Crimping Plier)를 이용하여 두 전선의 구리선을 스플라이스 양쪽에 넣어 압착시켜 고정시키는 방식이다. 스플라이스 가운데 부분에는 전도체가 있어 두 전선의 접속을 도와주도록 한다.

터미널 크림핑 방법은 전선의 끝 부분의 피복을 벗겨내 나온 구리선을 터미널 블록에 넣고 배럴을 이용하여 꽉 압착시켜 고정시켜준다. 이렇게 연결된 터미널을 스터드에 장착하여 연결해주는 방법이다. 터미널 연결 방법은 마무리로 비행 중 발생되는 진동에 의해 풀림 방지를 위해 스프링 와셔와 평와셔 그리고 너트를 이용하여 고정시킨다.

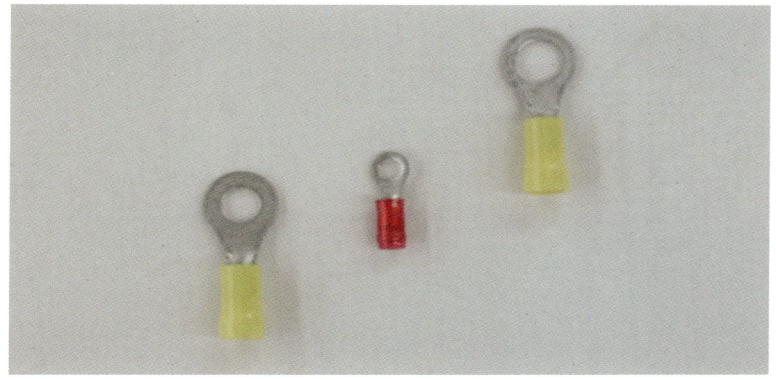

◆ 항공기에 많이 쓰이는 링 텅 터미널(Ring-Tongue Terminal) ◆

(출처 : 국토교통부 항공정비사 표준교재 항공기전자전기계기)

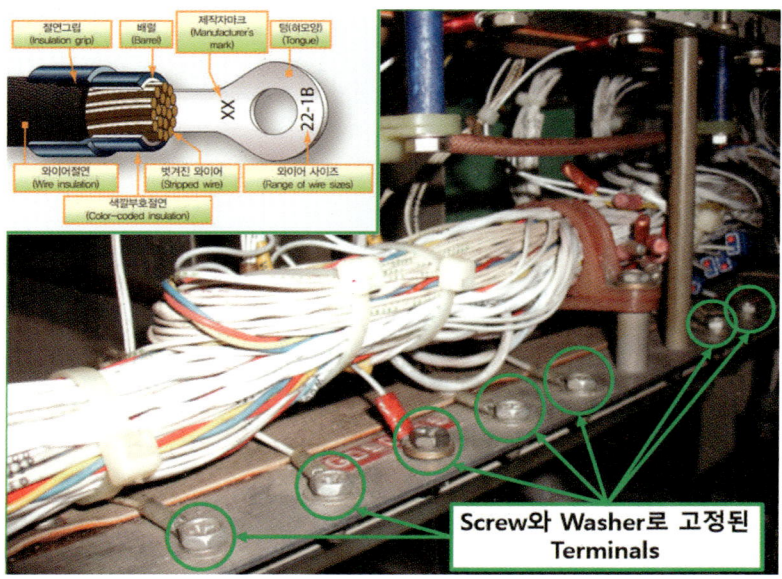

(출처 : 국토교통부 항공정비사 표준교재 항공기전자전기계기)

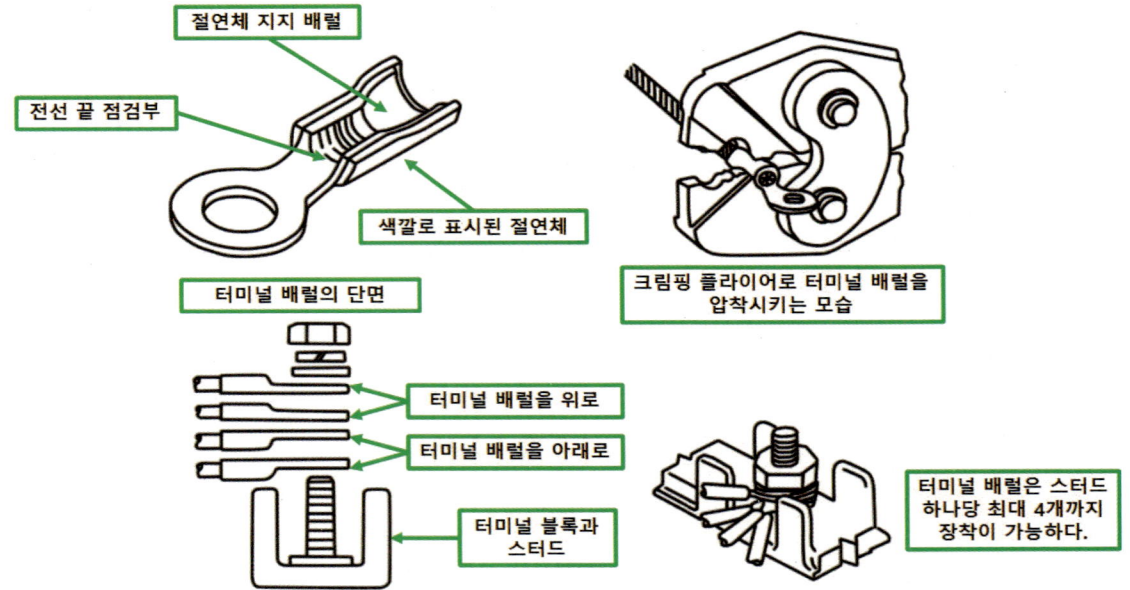

◆ 터미널 스트립 포스트 연결 방법 ◆

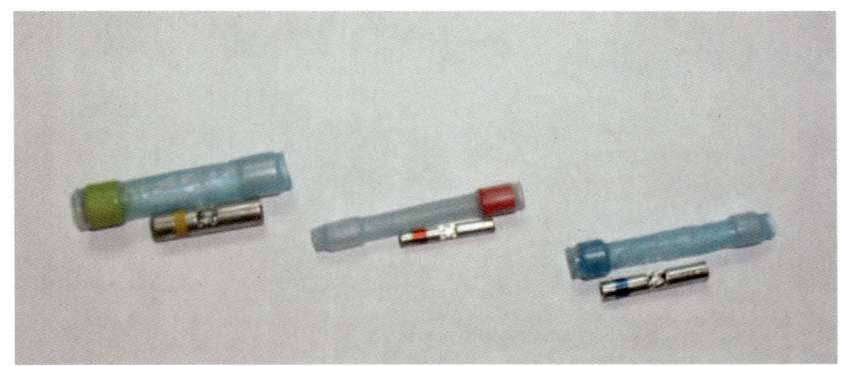

◆ Splice 실물 ◆

(출처 : 국토교통부 항공정비사 표준교재 항공기전자전기계기)

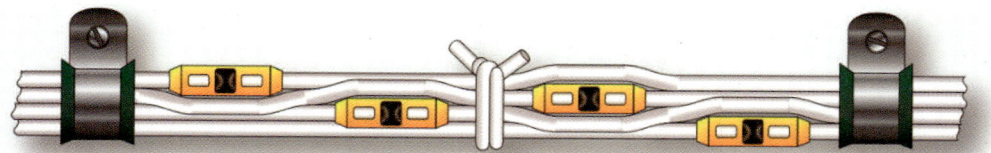

◆ 스플라이스를 이용한 병렬 접속 방식으로 연결된 스태거(Stagger) 접속 ◆

(출처 : 국토교통부 항공정비사 표준교재 항공기전자전기계기)

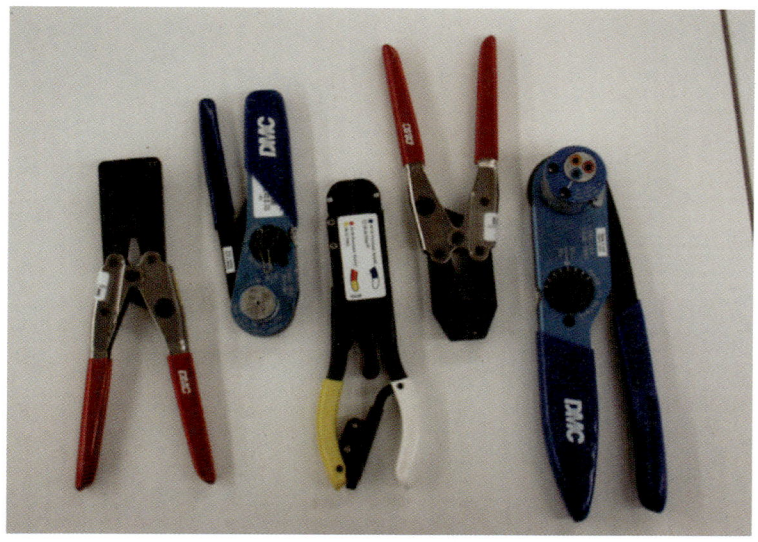

◆ 전선과 Terminal, Splice를 고정시킬 때 사용하는 Crimping Tools ◆

(출처 : 국토교통부 항공정비사 표준교재 항공기전자전기계기)

Question 1-1

항공기 계기나 각종 전자장치들에 연결되어 있는 커넥터(Connector)들을 풀거나 장착할 때 사용하는 공구 이름은 무엇인가?

Answer

커넥터 플라이어(Connector Plier) 또는 캐논 플라이어(Cannon Plier)이다.

Question 2

항공기 전기회로에 사용되는 스위치는 어떤 것들이 있는가?

Answer

항공기 전기회로에 사용되는 스위치는 다음과 같이 있다.
① 토글 스위치(Toggle Switch)
② 로터리 셀렉터 스위치(Rotary Selector Switch)
③ 푸시버튼 스위치(Push – Button Switch)
④ 리미트 스위치(Limit Switch)
⑤ 릴레이(Relay)
⑥ 프록시미티 스위치(Proximity Switch)

(출처 : 국토교통부 항공정비사 표준교재 항공기전자전기계기)

(1) 토글 스위치(Toggle Switch)

토글 스위치는 단극단투(SPST : Single Pole, Single Throw), 단극쌍투(SPDT : Single Pole, Double Throw), 쌍극단투(DPST : Double Pole, Single Throw), 쌍극쌍투(DPDT : Double Pole, Double Throw)가 있다. 각 종류별로 작동방식은 다음과 같다.

① 단극단투(SPST : Single Pole, Single Throw)

단극단투는 2개의 접점 사이에 접속을 허용한다. 전기회로에서는 하나의 위치에서 접속을 차단하거나 접속시키는 조건 2가지 중 1가지의 상태가 된다.

② 단극쌍투(SPDT : Single Pole, Double Throw)

단극쌍투는 한 접점과 다른 접점 간에 접속을 만들 수가 있다. 즉, 입력 접점은 하나이고 출력 접점은 두 개가 되는 것이다.

③ 쌍극단투(DPST : Double Pole, Single Throw)

쌍극단투는 하나의 접점과 두 개의 다른 접점 중 하나를 연결할 수가 있다. 즉, 입력 접점은 두 개이고 출력 접점은 하나인 것이다.

④ 쌍극쌍투(DPDT : Double Pole, Double Throw)

쌍극쌍투는 하나의 접점 세트에서 두 개의 다른 접점 세트 중 하나로 연결된다. 즉, 입력 접점과 출력 접점 모두 각각 두 개씩 있는 것이다.

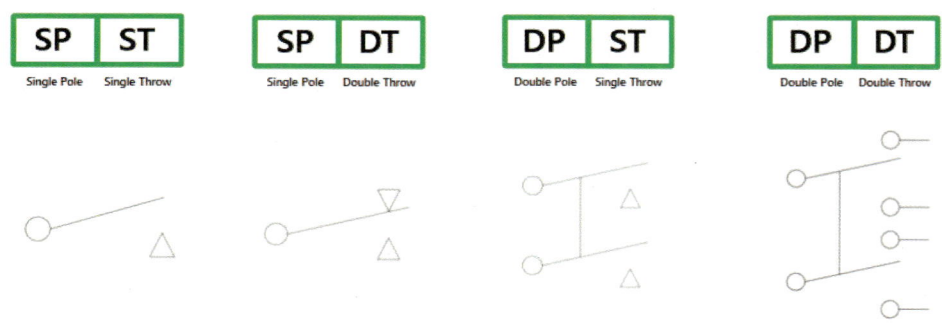

◆ 토글 스위치(Toggle Switch) 종류 ◆

(출처 : 국토교통부 항공정비사 표준교재 항공기전자전기계기)

(2) 로터리 셀렉터 스위치(Rotary Selector Switch)

로터리 셀렉터 스위치는 손잡이 역할인 노브(Knob)를 회전시켜 하나의 회로를 차단(Open)시키고 다른 하나의 회로는 접속시킨다. 점화 스위치와 전압계 선택 스위치는 이러한 종류의 스위치를 사용한다.

(출처 : 국토교통부 항공정비사 표준교재 항공기전자전기계기)

(3) 푸시버튼 스위치(Push-Button Switch)

푸시버튼 스위치는 고정접점과 가동접점 각각 1개씩 구성되어 있다. 가동접점은 푸시버튼에 부착된다. 푸시버튼은 절연체이거나 접촉으로부터 절연된다. 이 스위치는 스프링식으로 작동되며 순간 접점으로 설계되어 있다.

이 스위치는 내부에 조명이 탑재된 방식도 있으며 스위치의 기능을 지시하도록 백열등 또는 LED가 있는 5/8~1[inch] 정육면체 형태로 제작되어 있다. 조명이 켜진 스위치의 디스플레이 광학 장치는 조도가 매우 높고 시야각이 넓은 광범위한 조명 조건에서 볼 수 있는 명확한 메시지를 승무원에게 제공한다.

일부 표시장치는 단순히 백열등에 의해 빛이 비춰지는 투명한 화면의 형태를 띠고 있지만, 더 높은 품질과 신뢰성을 향상시킨 스위치는 일광판독 화면표시장치(Sunlight Readable Display Version)와 야간 시야(NVIS) 버전에서 이용할 수 있다. 조종실의 햇빛환경으로 인하여 표준조명기술인 "워시아웃(Washout)"을 활용한 표시장치가 있다. 일광판독 화면표시장치는 이 효과를 최소화하도록 설계되었다.

(출처 : 국토교통부 항공정비사 표준교재 항공기전자전기계기)

(4) 리미트 스위치(Limit Switch)

이 스위치는 마이크로 스위치(Micro Switch)로 많이 알려져 있다. 마이크로 스위치는 트립핑 장치(Tripping Device)의 1/16[inch] 이하의 아주 작은 움직임으로도 회로를 차단하거나 접속시킬 수 있다. 그래서 마이크로(Micro)가 작다는 의미이기 때문에 스위치의 이름에 붙여진 것이다.

이 스위치는 보통 푸시버튼 방식의 스위치이며 랜딩기어(Landing Gear), 액추에이터 모터(Actuator Motor) 그리고 이와 유사한 장치들의 자동제어를 마련하기 위해 쓰인다.

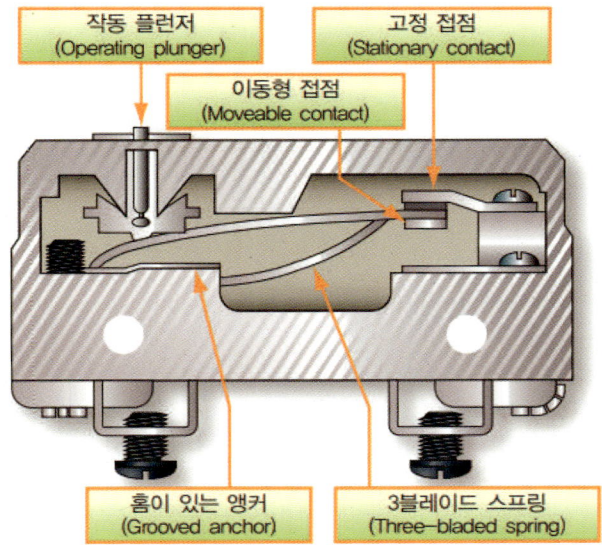

(출처 : 국토교통부 항공정비사 표준교재 항공기전자전기계기)

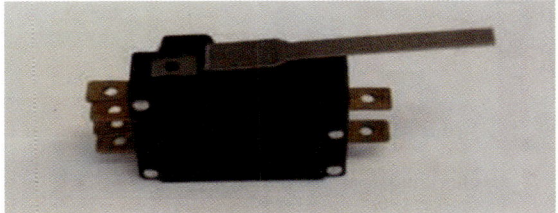

(출처 : 국토교통부 항공정비사 표준교재 항공기전자전기계기)

(5) 릴레이(Relay)

릴레이는 적은 양의 전류로 많은 양의 전류를 제어할 수 있는 전기 – 기계식 스위치(Electro – Mechanical Switch)이다. 외부에서 전원이 릴레이 코일에 공급되면 코일로 전류가 흘러 자화된다. 이로 인해 스위치를 움직이도록 제어하게 된다.

보통 전류는 자기장과 함께 발생되며, 대표적인 예시로는 앙페르의 오른나사 법칙이 있다. 스크루가 체결될 때 진행되는 방향이 전류라고 가정한다면 스크루의 회전방향이 자기장이 된다. 반대로 스크루의 진행방향이 자기장이 된다면 회전방향이 전류가 된다고도 볼 수가 있는 것이다.

이에 따라 코일로 흐르는 전류의 흐름 방향이 스크루의 회전방향과 동일하게 되고 코일 중심으로 자기장이 발생되어 스위치를 움직이는 힘을 만들게 되는 것이다.

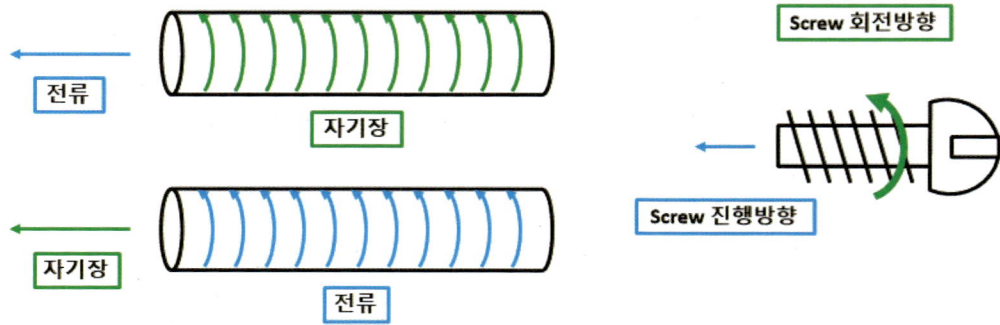

앙페르의 오른나사 법칙에 따르면 오른나사의 Screw가 체결될 때 직선으로 진행하는 방향이 전류라고 가정했을 때 Screw가 회전하는 방향을 자기장으로 가정하였다.
반대로 진행 방향을 자기장으로 반대로 가정해보면 회전 방향은 전류가 되기도 한다.

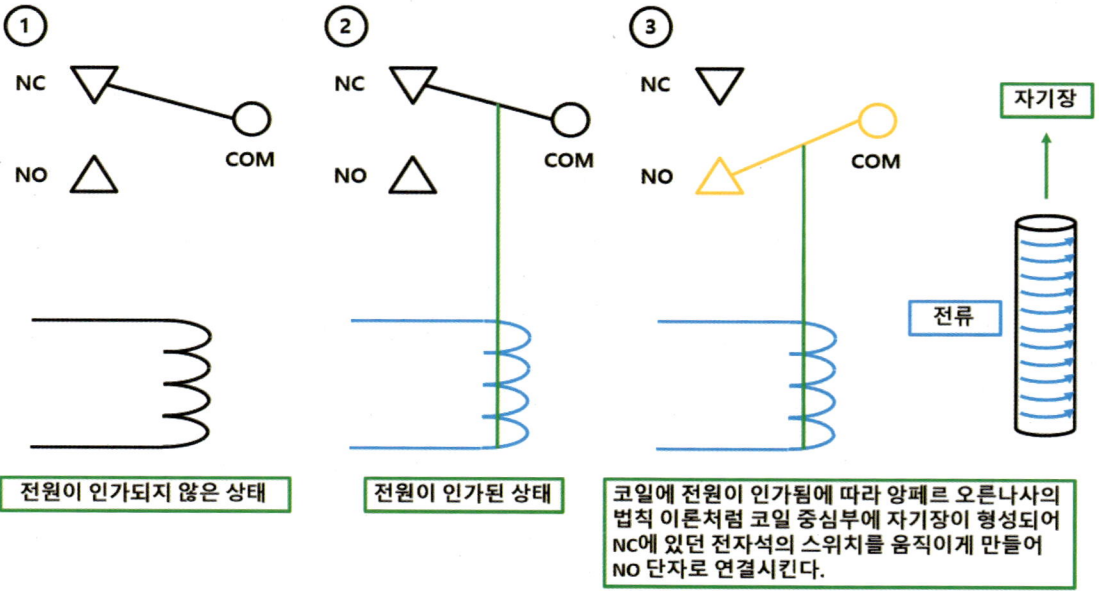

(6) 프록시미티 스위치(Proximity Switch)

이 스위치는 일반적인 스위치와 달리 접점을 이용하지 않고 회로를 제어하기 위해 사용하며, 항공기에서는 PSEU(Proximity Switch Electronic Unit)이라 부른다. B737 항공기 기종의 사용처로는 다음과 같이 있다.

① Air/Ground Relays
② Landing Gear Transfer Valve
③ Landing Gear Position Indicating and Warning
④ Takeoff & Landing Configuration Warnings
⑤ Speedbrake Deployed Indication Warning
⑥ Airstairs Control and Warning
⑦ Door Warning

프록시미티 스위치는 금속 물체인 타겟의 거리에 따라 자기장의 변화를 감지하며 대표적으로 도어나 랜딩기어의 상태를 지시하는데 사용한다.

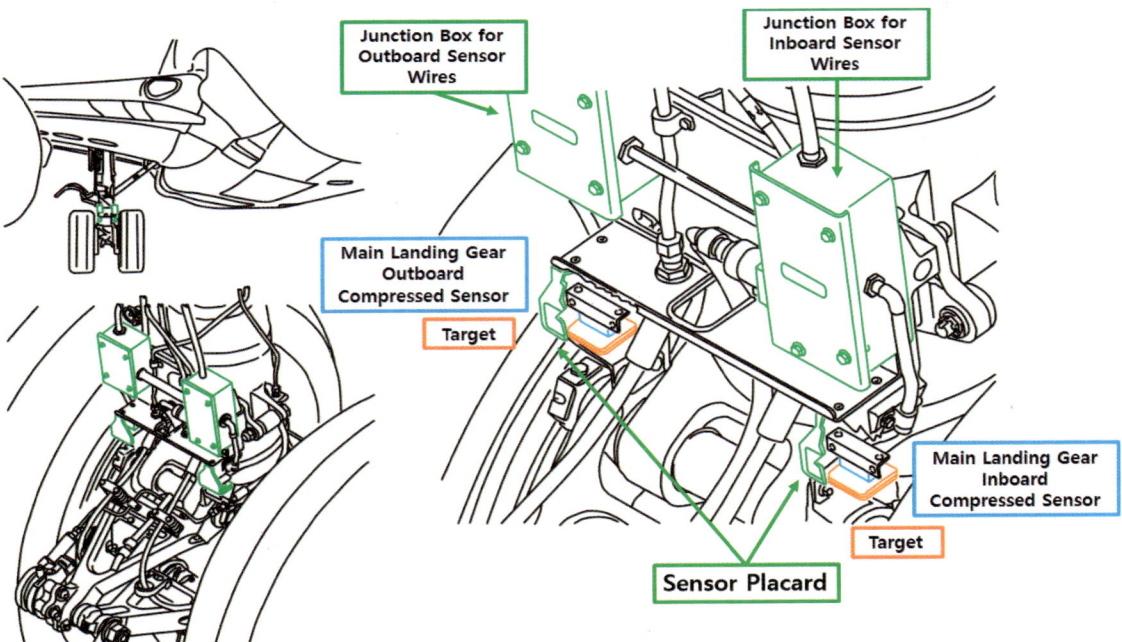

◆ B737 항공기 랜딩기어의 Air/Ground Sensor와 Target 위치 ◆

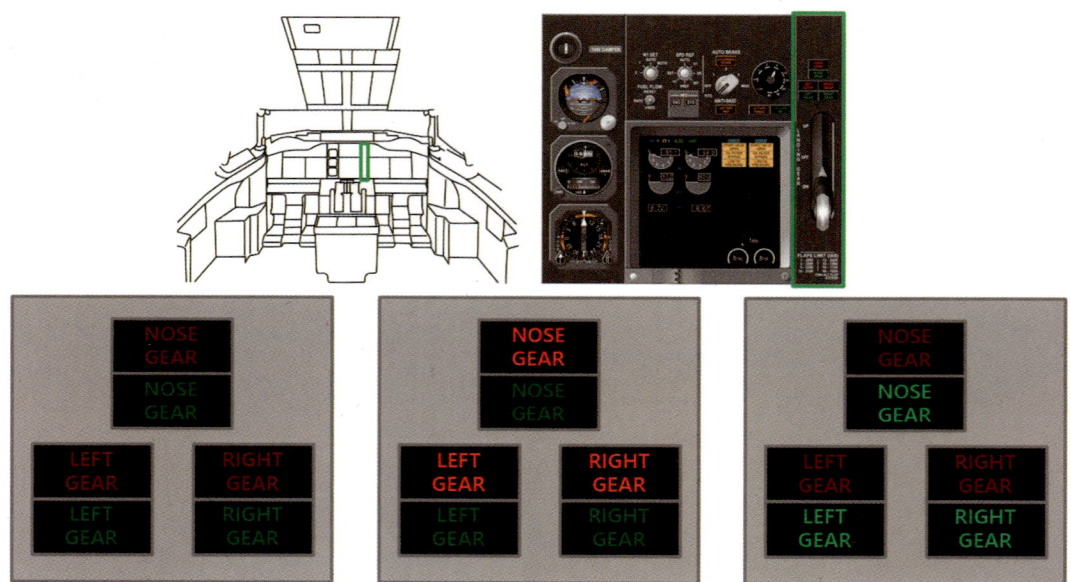

랜딩기어에 있는 Target은 프록시미티 스위치와 가까워지거나 멀어짐에 따라 변화하는 스위치의 자기장에 의해 감지되어 조종실에 있는 랜딩기어 지시등(Landing Gear Indicator Lights)에 상태를 나타낸다.

랜딩기어가 접히고 도어가 완전히 닫히면 모든 지시등은 소등된다. 반대로 도어가 열려 랜딩기어가 Down 상태가 되면 녹색 지시등이 계속 점등된 상태가 된다. 적색 지시등은 작동 중일 때 또는 결함이 발생했을 때 점등된다.

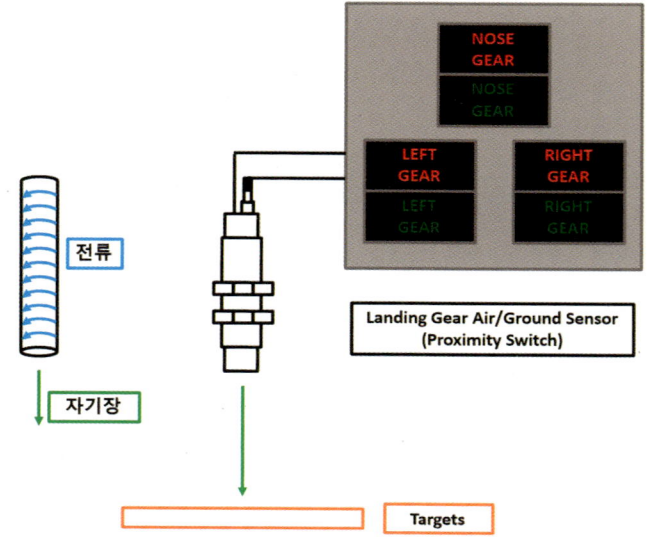

항공기가 이륙하면 항공기 하중에 의해 영향을 받았던 랜딩기어의 Target이 Proximity SW와 멀어지게 된다. 이때 Air/Ground Sensor가 Air Mode로 감지하게 된다. 이 신호를 PSEU로 전송하여 조종실에 있는 랜딩기어 지시등을 작동시키게 한다.

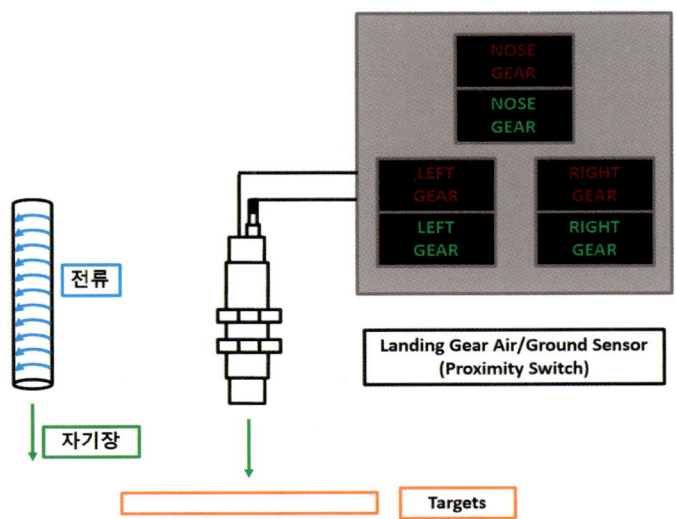

착륙 후 항공기가 지상에 있을 경우에는 항공기 하중에 의해 랜딩기어에 있는 Target이 Proximity SW와 가까워지고 이를 Air/Ground Sensor가 Ground Mode로 감지하게 된다. 이 신호를 PSEU로 전송하여 조종실에 있는 랜딩기어 지시등을 작동시키게 한다.

Question 3

항공기 전기회로에 사용되는 회로 보호 장치들은 어떤 것들이 있는가?

Answer

전기회로 보호 장치는 다음과 같이 있다.
① 퓨즈(Fuse)
② 회로 차단기(Circuit Breaker)
③ 전류 제한기(Current Limiter)
④ 열 보호장치(Thermal Protection System)

(1) 퓨즈(Fuse)

퓨즈는 전기계통 구성품들에 흔히 사용하며, 일정 용량 이상의 전류가 흐를 시 내부에 있는 주석과 납 합금 재질의 전선이 녹아 더 이상 전류가 흐르지 못하도록 차단한다.

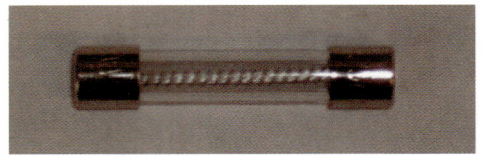

◆ 퓨즈(Fuse) 실물 ◆

(출처 : 국토교통부 항공정비사 표준교재 항공기전자전기계기)

(2) 회로 차단기(Circuit Breaker)

전기회로에 과전류가 흐를 경우 접점이 열려(Trip 상태) 전류를 차단하는 스위치이다. 이때 스위치는 튀어나온 상태가 되는데, 다시 누르면 회로가 Reset 되어 재사용할 수가 있다.

이외에도 항공기에 문제가 생긴 계통에 작동이 원활하지 못 할 경우 이 회로 차단기의 스위치를 당겨서 다시 눌러 재가동시키기도 한다.

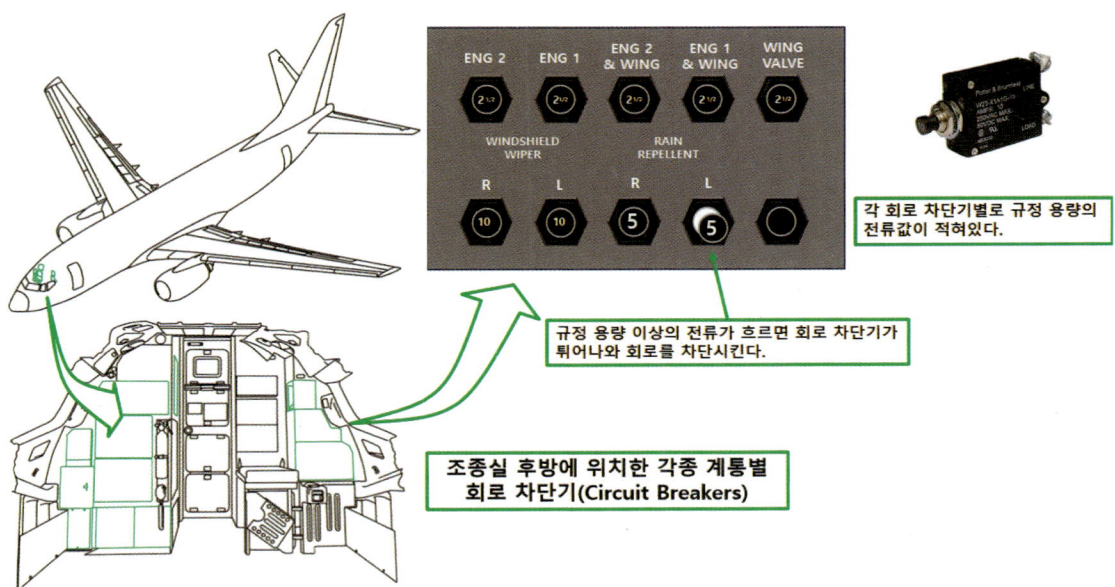

(3) 전류 제한기(Current Limiter)

높은 전류를 짧은 시간에만 흐를 수 있도록 만든 퓨즈로써 주로 동력 회로에 사용한다.

(4) 열 보호장치(Thermal Protection System)

열 보호장치는 서멀 스위치(Thermal Switch)라고도 부르며, 과부하가 걸린 전동기가 과열되면 자동으로 바이메탈 스위치(Bi – Metal Switch)를 이용하여 전류를 차단시킨다.

Question 3-1

퓨즈와 회로 차단기의 차이는 무엇인가?

Answer

퓨즈와 회로 차단기의 차이는 재사용 가능 여부이다. 회로 차단기는 과전류가 전기회로로 흐를 시 스위치가 튀어나와 회로를 차단시킨다. 튀어나온 스위치는 다시 눌러주면 재사용할 수가 있다.

Question 3-2

회로 차단기에 '3A'라고 적혀있는 것은 무엇을 의미하는가?

Answer

회로 차단기가 3A보다 높은 전류가 흐를 경우 회로를 차단한다는 것을 의미한다. 퓨즈에도 마찬가지로 허용 용량이 적혀있다.

Question 4

항공기 전선 규격이란 무엇인가?

Answer

항공기 전선 규격은 AWG(American Wire Gauge)인 미국 전선 규격으로 4/0(0000)~49번까지 번호가 다양하지만, 항공에서는 2/0(00)번부터 20번까지 짝수 번호만 사용한다. 여기서 번호가 작을수록 굵기가 굵은 선을 뜻한다.

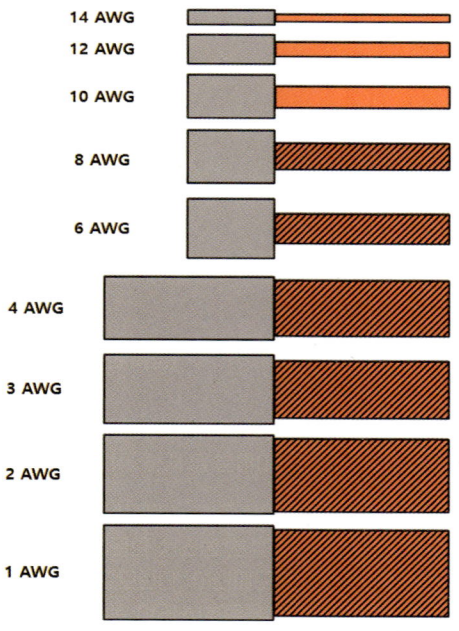
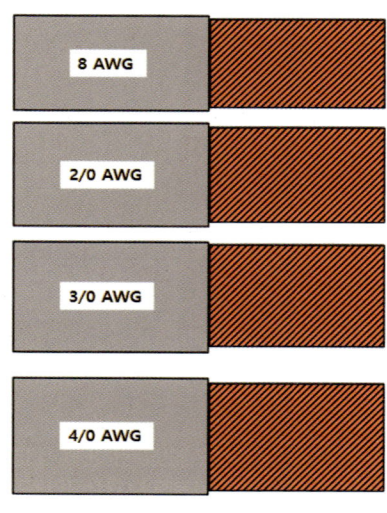

Aircraft Maintenance Technician

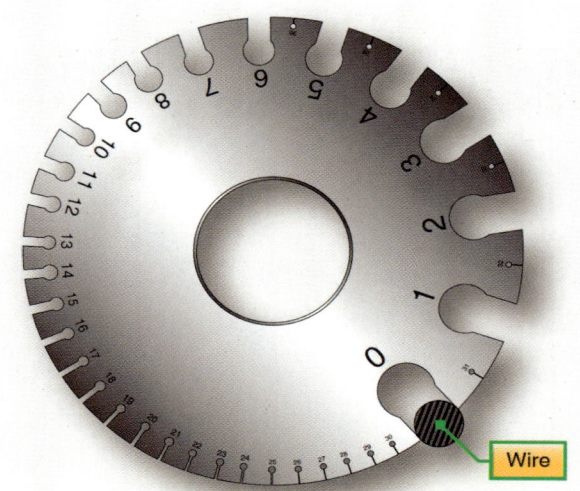

◆ 전선 굵기 측정에 쓰이는 와이어 게이지(Wire Gage) ◆

(출처 : 국토교통부 항공정비사 표준교재 항공기전자전기계기)

Question 4-1

곧 운항을 해야 할 항공기에 10번 전선을 사용해야 하는데 현장에서 재고가 없을 경우 어떻게 해야 하는가?

Answer

한 치수 높은 8번 전선을 사용한다.

Question 4-2

항공기 전선 배선 방식 중 단선 계통(Single Wire System)은 무엇인가?

Answer

단선 계통 방식은 항공기 배선 무게 감소 목적으로 기본적으로 사용하는 것으로써 +선은 도선을 사용하고 -선은 기체 구조물을 이용하는 방식으로 비교적 적은 전류를 소비하는 장치에 사용한다. 이와 반대로 전류량이 많은 곳에서는 +선과 -선 모두 도선을 사용하는 복선 계통(Double Wire System) 방식을 사용한다.

Question 4-3

항공기 작동 중 두 도선이 상호 간에 오랫동안 접촉되어 있으면 어떻게 되는가?

Answer

화재가 발생된다. 이유는 도선 내에서 전류가 흐를 때 주울 열이라는 열에너지가 발생되는데, 이때 서로 접촉되어 있는 도선에 열이 축적되어 화재가 발생될 수도 있다.

Question 4-4

항공기 전선 규격 선택 시 고려사항으로는 무엇이 있는가?

Answer

항공기 전선 규격 선택 시 도선에 흐르는 전류의 크기와 주울 열(Joule Heat) 그리고 도선의 저항에 의한 전압강하를 고려해서 배선작업을 수행해야 한다. 또한 도선의 저항값은 $0.005[\Omega]$까지 허용되고 본딩 와이어(Bonding Wire) 또는 본딩 점퍼(Bonding Jumper)의 저항값은 $0.003[\Omega]$까지 허용된다.

Question 5

전기회로에 사용하는 멀티미터(Multimeter)는 무엇인가?

Answer

멀티미터는 항공기 정비에 사용되는 다용도 측정계기로써 전기회로의 도통, 전압과 전류 그리고 저항치를 폭넓게 측정할 수 있도록 한다. 아날로그 방식과 디지털 방식이 있으며 디지털 방식이 눈금을 힘들게 읽을 필요가 없고 정확하며 기능도 다양하고 크기도 작아서 많이 쓰이고 있다.

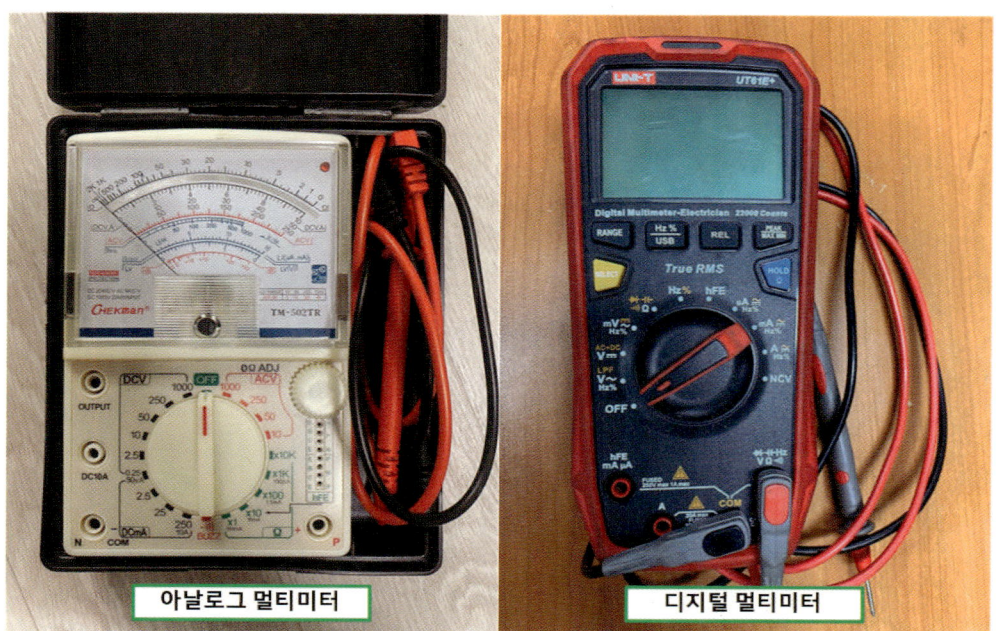

아날로그 멀티미터 / 디지털 멀티미터

Question 5-1

전기회로에 사용하는 메가옴미터(Mega Ohm Meter)는 무엇인가?

Answer

메가옴미터는 주로 높은 저항치를 측정하는 데 사용한다. 이러한 저항을 메가옴(Mega Ohm)이라 하며, 전기전자 부품들의 절연상태가 정상인지에 대해 확인해볼 수가 있다. 메가옴은 [kΩ]이나 [MΩ]으로 표시하는데, 길이의 단위인 m와 같이 생각하면 이해하기 쉽다.

1,000[Ω] = 1k[Ω](길이의 경우 1,000[m] = 1[km]), 1,000[kΩ] = 1[MΩ]의 관계가 된다. 메가옴미터는 이러한 저항을 측정하는 것에 있어서 전기전자 부품들의 절연저항뿐만 아니라 권선저항의 상태가 정상인지 판별하는데 사용할 수가 있다.

Question 5-2

전기회로 테스터기로 측정하는 절연저항과 권선저항은 각각 무엇을 말하는가?

Answer

절연저항은 절연물에 직류 전압을 가할 경우 작은 값이지만 전류가 흐르는데, 이 전류를 누설전류라 하며 누설전류와 가한 전압의 비를 절연저항이라 한다. 즉 절연저항은 인가된 전압/누설전류이다. 전기전자 장치의 절연상태가 우수하지 못하다면 외부로 누전되어 감전사고 위험과 화재 위험성을 초래한다.

권선저항은 일반적으로 금속 와이어(권선)를 절연체로 감싼 뒤 특정한 형태로 감아서 만들어진다. 이때 와이어의 재질은 주로 니크롬, 코발트, 텅스텐 등이 쓰이며 저항값에 따라 길이와 직경이 조절된다. 와이어의 감김 패턴은 저항값과 전력 처리 능력을 결정하는 중요한 요소이며 여러 가지 형태와 패턴의 권선저항이 존재한다.

권선저항은 높은 저항값과 정확한 저항값 허용 오차, 높은 전력 처리 능력 그리고 우수한 온도 계수 특성 등을 가지고 있어 정밀한 전기회로에서 사용된다. 특히 고전력 회로나 높은 주파수 회로에서 주로 활용되고 전력 변환기, 발전기, 변압기 등이 그 예시이다.

Question 5-3

전기회로에서 휘트스톤 브릿지(Wheatstone Bridge) 회로란 무엇인가?

Answer

휘트스톤 브릿지는 전기회로에서 저항값을 측정하는데 사용되는 회로이다. 이 회로는 4개의 저항으로 구성되어 있으며, 전압 분배와 평형 조건을 이용하여 알려진 저항값 또는 알 수 없는 저항값의 측정에 활용된다.

휘트스톤 브릿지 회로의 구성은 다음과 같이 있다.
① 연결된 4개의 저항 : 일반적으로 3개의 고정 저항(R_1, R_2, R_3)과 측정하려는 저항(R_X)으로 구성된다.
② 전원 공급원 : 회로에 전압을 공급하는 전원 공급원이 필요하다.
③ 갈래점 : 저항들이 연결되는 지점으로 전압을 측정하는 데 사용된다.

작동 원리는 전원 공급원으로부터 일정 전압이 가해지면 각 저항들 사이에 전압이 분배된다. 이때 저항들의 저항값이 서로 연관되어 있으므로 저항 간의 전압 비율에 따라 갈래점에서의 전압이 결정된다. 따라서 갈래점에서 전압이 0[V](평형 상태)가 되도록 저항값을 조절하면, 알려진 저항값이나 알 수 없는 저항값인 R_X를 측정할 수 있다.

휘트스톤 브릿지 회로의 평형 조건은 다음과 같이 표현된다.

$$\frac{R_1}{R_2} = \frac{R_X}{R_3}$$

이 평형 조건식을 이용하여 알려진 저항값과 알 수 없는 저항값 사이의 비율을 구할 수 있다.

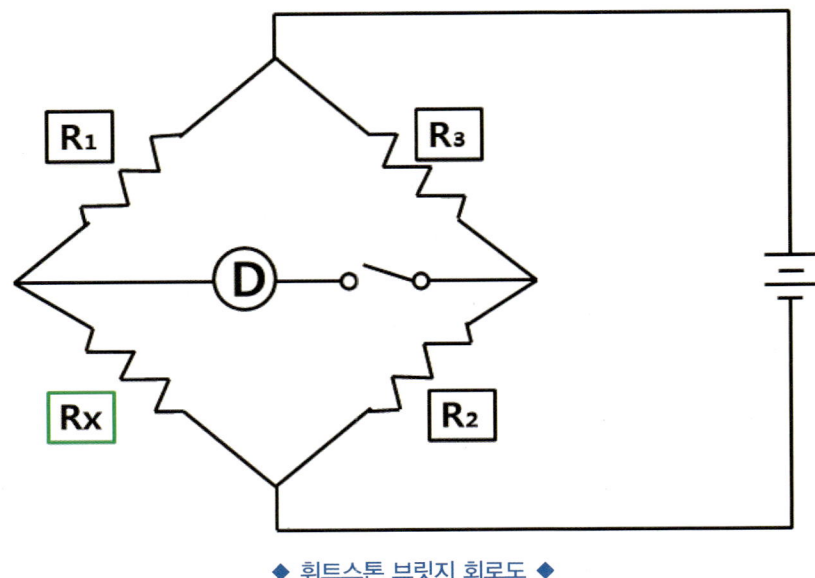

◆ 휘트스톤 브릿지 회로도 ◆

Question 6

항공기 ESDS(Electro Static Discharge Sensitive) 품목이란 무엇인가?

Answer

ESDS는 정전기에 민감한 부품을 말한다. 작업자는 항공기 부품들을 취급하거나 다룰 때 해당 부품이 ESDS 부품인지 아닌지 ESDS Label을 확인하고 만약 Label 식별이 불가능할 경우에는 사전에 대비하여 ESDS 품목 취급 주의사항을 준수해야 한다.

Question 6-1

정전기란 무엇을 말하는가?

Answer

전기에서는 전자의 움직임에 따라 정전기(Static Electricity)와 동전기(Dynamic Electricity)로 구분된다. 정전기는 전자가 움직이지 않는 상태이며 전류가 흐르지 않는 상태를 말한다.

이러한 정전기는 열, 마찰, 압력, 빛, 화학, 자기 작용 등에 의해 발생되며 인체에서도 겨울철 건조한 날 흔히 접해 볼 수가 있다. 인체에 있던 전자들이 일부 물체들과 접촉함에 따라 점점 축적되어 과잉 상태가 되고 이로 인해 전도체 물질과 접촉하였을 때 +, - 양극으로 전위차가 발생되어 전자의 이동 현상이 발생하게 된다. 이러한 현상을 대전 현상이라 한다.

가장 일상생활에서 접하게 되는 현상으로는 겨울철 문 손잡이를 잡았을 때 따끔거리는 통증과 함께 스파크가 튀거나 머리카락을 빗질하였을 때 머리카락이 빗에 달라붙는 현상들이 있다.

Question 6-2

항공기 ESDS(Electro Static Discharge Sensitive) 품목 취급 시 주의사항은 어떻게 되는가?

Answer

해당 품목을 취급하거나 다루는 작업자는 작업 시 Wrist Strap을 손목에 착용하여 작업자 몸에 축적된 정전기를 동체와 연결시켜 제거해준다. 항공기 동체도 접지되어 있는 상태라 작업자 몸에 축적된 정전기도 같이 제거된다.

작업 테이블에 Table Mat와 Floor Mat를 설치하여 정전기에 대비하고 Ionized Air Blower를 이용하여 비전도체에서 발생되는 정전기를 이온화된 균일한 양(+)과 음(-)의 공기를 방출시킴으로써 중성 상태로 만드는 방법도 있다.

ESDS 품목을 운반 혹은 보관 시에는 정전기를 차폐시켜주는 ESDS Conductive Bag이나 Container를 이용해야 한다.

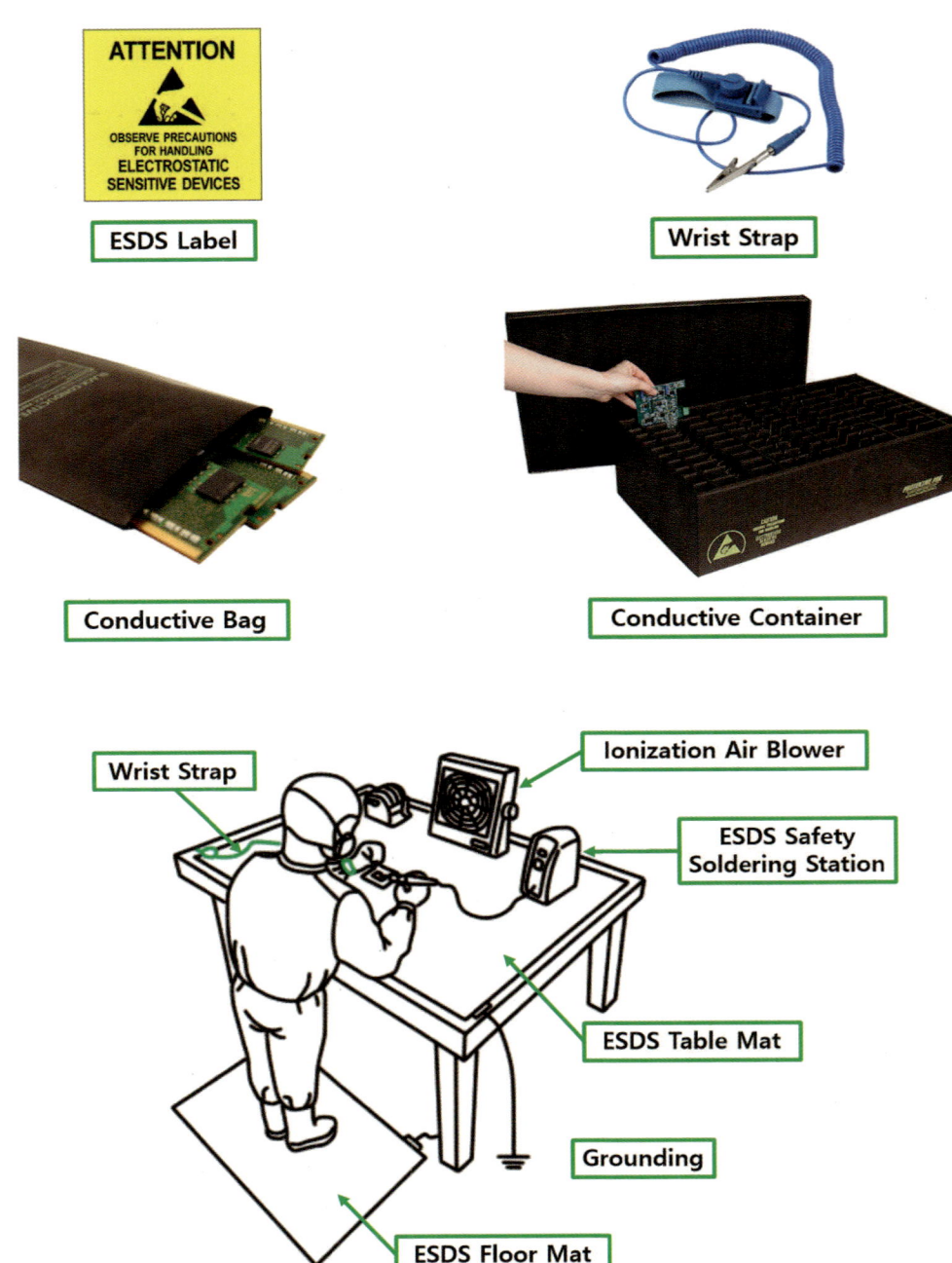

> **Question 6-3**
>
> 항공기 본딩 와이어(Bonding Wire)와 스태틱 디스차저(Static Discharger)는 무엇인가?

Answer

본딩 와이어(Bonding Wire)는 본딩 점퍼(Bonding Jumper)라고도 불리며 전기전자 부품을 항공기 동체나 구조물 등에 연결시켜 정전기로 인한 화재, 무선 통신 간섭 등을 줄이기 위해 쓰인다. 여기서 축적된 정전기는 스태틱 디스차저(Static Discharger)를 통해서 방전시킨다. 스태틱 디스차저는 피뢰침과도 같으며 비행 중 표면에 축적되어 발생되는 정전기를 대기 중으로 방전시킨다.

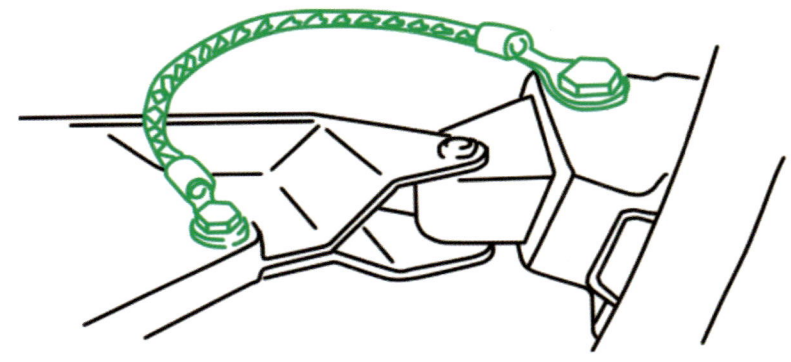

◆ 항공기 Bonding Wire 장착 예시 ◆

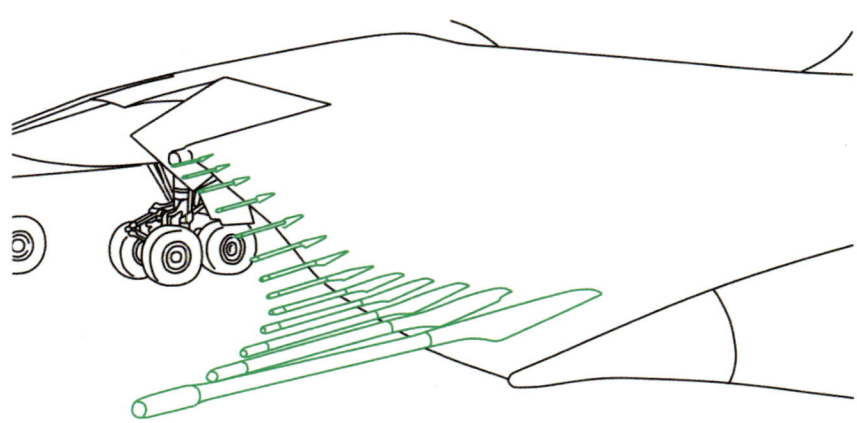

◆ 항공기 날개나 조종면에 위치한 Static Discharger ◆

> **Question 7**
>
> 아날로그 회로와 디지털 회로의 차이는 무엇인가?

Answer

아날로그 회로는 교류 주파수의 매체 파장에 변화하는 주파수나 진폭 신호를 추가함으로써 정보 전송에 이용되며 전류, 전압 등과 같이 연속적으로 변화하는 물리량을 이용하여 어떤 값을 표현하거나 측정한다. 보통 사인파 곡선으로 나타낸다.

디지털 회로는 아날로그 회로와 달리 데이터를 0과 1로만 데이터 생성, 저장, 처리 등을 한다. 그러므로 디지털 기술로 전송되거나 저장된 데이터는 0과 1이 연속되는 하나의 스트링으로 표현된다. 각각의 상태부호를 비트(Bit)라 하고 이 비트들이 8개가 모이면 바이트(Byte)가 된다.

02 통신항법 계통

(1) 통신장치(HF, VHF, UHF 등)
    ① 사용처 및 조작방법
    ② 법적 규제에 대한 지식
    ③ 부분품 교환 작업
    ④ 항공기에 장착된 안테나의 위치 및 확인
(2) 항법장치(ADF, VOR, DME, ILS/GS, INS/GPS 등)
    ① 작동 원리
    ② 용도
    ③ 자이로(Gyro)의 원리
    ④ 위성통신의 원리
    ⑤ 일반적으로 사용되는 통신/항법 시스템 안테나 확인 방법
    ⑥ 충돌방지등과 위치지시등의 검사 및 점검

Question 1
항공통신 중 VHF와 HF 통신장치란 무엇인가?

Answer

VHF 통신장치는 근거리 통신에 이용하는 통신장치이다. 주파수 대역 30~300[MHz] 중 118~136.9[MHz]의 범위를 항공통신에 이용한다. VHF 같은 경우에는 주파수가 높아 파장이 짧고 에너지가 강해서 직진성이 있기 때문에 전리층을 뚫고 지나간다. 이러한 이유로 HF보다 전리층의 전자밀도에 따른 통신 간섭 영향이 적어 통신품질이 우수하다.

HF 통신장치는 장거리 통신에 이용하는 통신장치이다. 주파수 대역이 3~30[MHz]이며 전리층 F층에 반사되는 특징이 있다. HF 통신 주파수는 VHF보다 파장의 길이가 길고 에너지가 약하여 전자 밀도가 밀집된 전리층에서 반사되고, 이로 인해 장거리 통신에 이용할 수 있게 된다. 이 통신 주파수는 외부 간섭에 의한 영향을 쉽게 받으므로 VHF 주파수보다 통신품질이 우수하지 못한 점도 있다. 현재는 인공위성을 이용한 SATCOM이 개발되어 HF 통신장치에 대한 사용량이 현저히 줄어들고 있다.

	VHF(초단파)	HF(단파)
통신 거리	근거리	장거리
주파수 대역	30~300[MHz] (118~136.9[MHz]는 항공에 사용)	3~30[MHz]
안테나 위치	동체 상하면	수직 꼬리날개 앞전
변조	FM 변조	AM 변조
구성품	조정패널, 안테나, 송수신기	안테나, 안테나 커플러

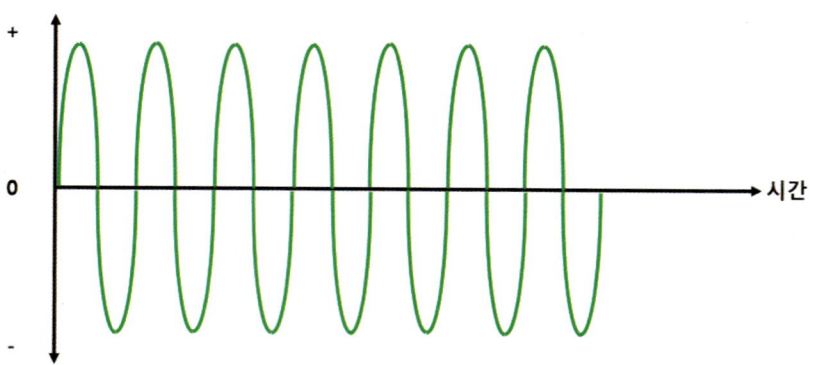

◆ VHF 통신 주파수 파장 ◆

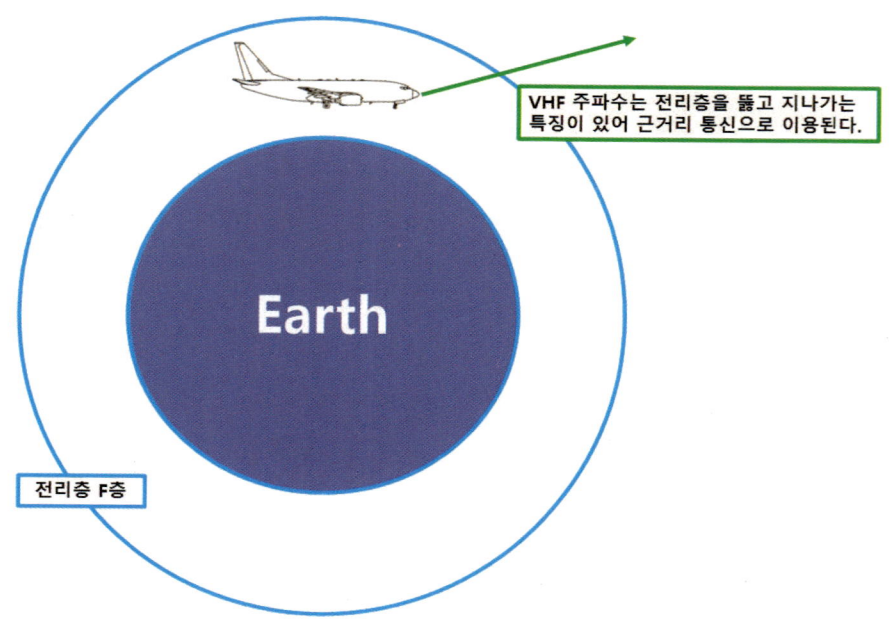

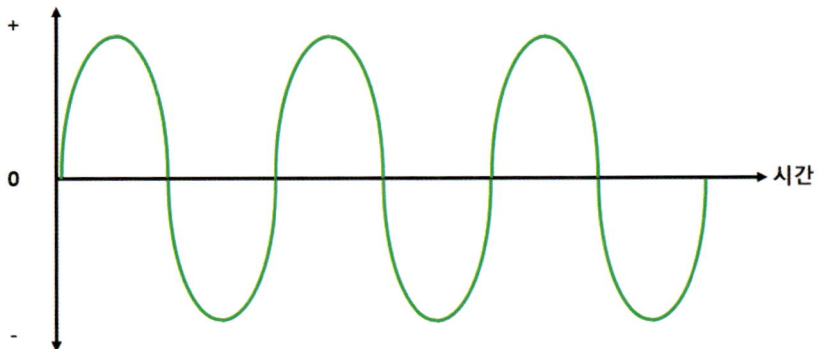

◆ HF 통신 주파수 파장 ◆

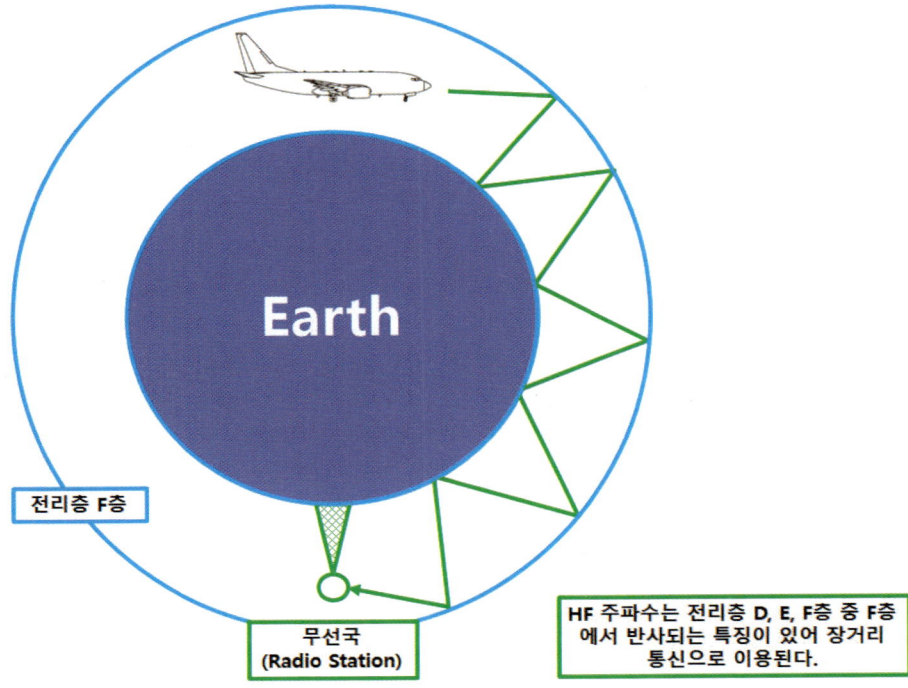

Question 1-1

HF 통신장치 구성품 중 안테나 커플러(Antenna Coupler)는 무엇인가?

Answer

HF 통신장치는 3[MHz]의 주파수를 이용하고자 할 때 안테나 길이를 계산해보면 100[m] 크기의 안테나가 요구되는데 이 안테나를 수직꼬리날개 앞전에 장착할 수 없으므로 이 부분을 안테나 커플러로 보완해서 송수신기간의 전기적인 매칭 역할을 해준다.

Question 1-2

항공기 VHF 안테나(Antenna) 장탈착 작업은 어떻게 수행하는가?

Answer

항공기 VHF 안테나 장탈착 작업은 다음과 같다.
① 비금속 재질의 Sealant Removal Tool을 사용하여 VHF 안테나 플랜지 주위에 있는 Sealing Compound를 제거한다.
② 항공기에서 VHF 안테나를 고정시키는 10개의 볼트(Bolt)들을 장탈한다.
③ VHF 안테나를 조심스럽게 들어내서 내부에 연결된 전기 커넥터(Electrical Connector)들을 분리한다. 이때 커넥터별로 어떤 곳에 연결되는지 표시해두는 것이 좋다.
④ VHF 안테나로부터 Rubber O – Ring을 장탈하여 보관한다.

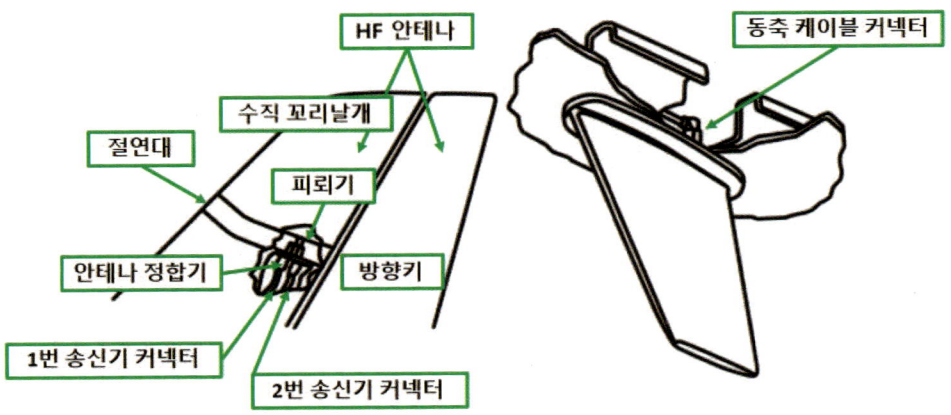

> **Question** 1-3
>
> B737 항공기 기종 기준으로 안테나들은 무엇이 있으며 어디에 위치하는가?

Answer

B737 항공기 기종 기준으로 안테나별 위치는 다음과 같다.

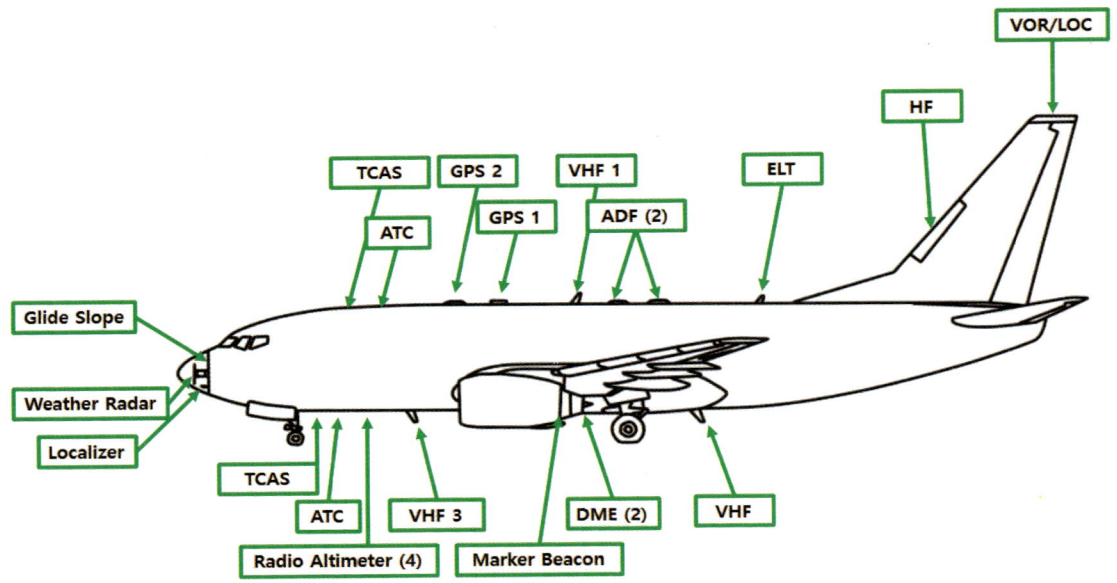

Question 1-4

공항 인근에 착륙하기 전 VHF 통신 주파수를 해당 공항의 관제탑 주파수로 설정하여 착륙허가를 받아야 하는데, 주파수 설정은 어떻게 하는가?

Answer

조종실에 위치한 Radio Tuning Panel을 이용하여 착륙할 공항 관제탑의 주파수를 설정할 수가 있다.

먼저 Standby Channel에 VHF 관제탑 주파수(Tower Frequency)를 입력하고 Transfer Button을 눌러주면 Standby Channel Frequency가 Active Channel Frequency로 서로 바뀌면서 VHF 통신장치가 작동되기 시작한다.

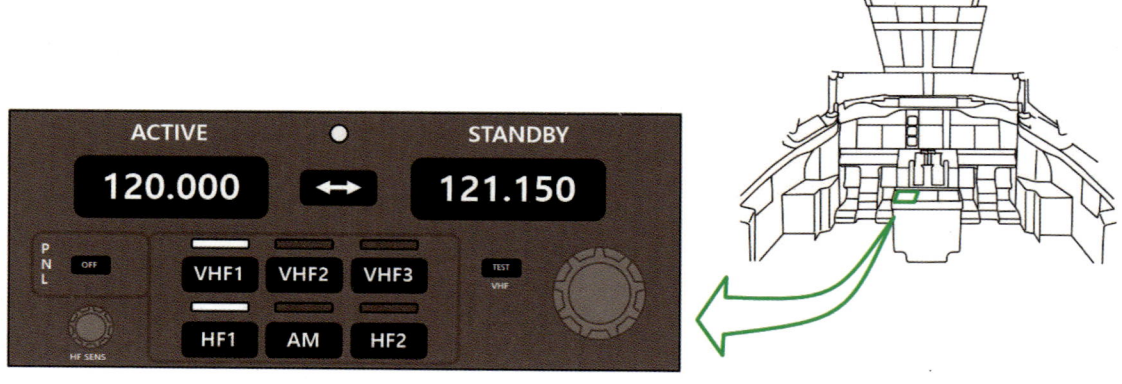

◆ B737 항공기 조종실에 위치한 Radio Tuning Panel ◆

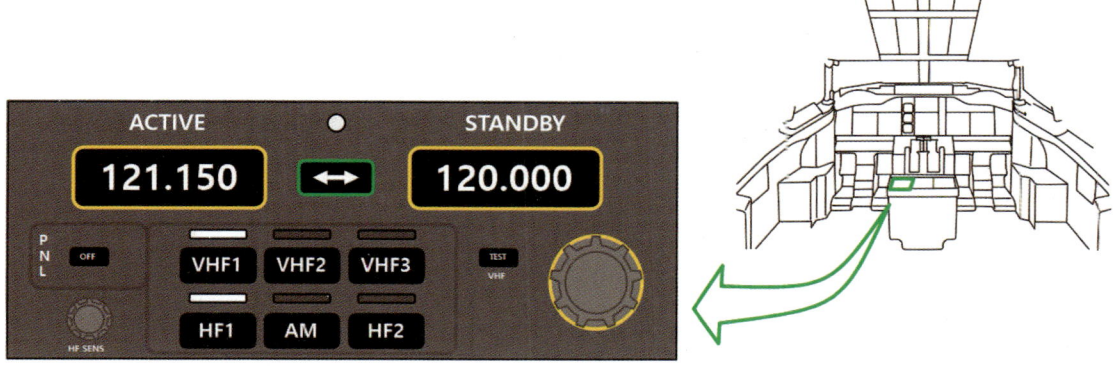

주파수 설정을 위해 쓰이는 Radio Tuning Panel은 Knob를 돌려서 Standby Channel Frequency 값을 맞춰준다. 그 후 Transfer Button을 누르면 Active Channel Frequency로 채널 값이 이동하여 활성화된다.

Question 1-5

항공기 전파 고도계(Radio Altimeter)는 무엇인가?

Answer

항공기 전파 고도계는 전파를 이용한 저고도용 고도 측정 장치이다. FM형과 펄스형 2가지가 있고 FM형을 주로 사용한다. 측정 고도 범위는 0~2,500[FT]이며 항공기와 지면 간에 절대고도를 측정하여 조종실에 정보를 제공해준다. 측정 원리로는 항공기에 장착된 전파 고도계 안테나에서 전파를 송신했을 때 지면으로부터 반사되어 되돌아오는 전파를 수신하는데 소요되는 시간을 고도로 환산하여 절대고도 값을 측정한다. 안테나는 B737 항공기 기종 기준으로 노즈 랜딩기어 후방에 4개가 탑재되어 있다.

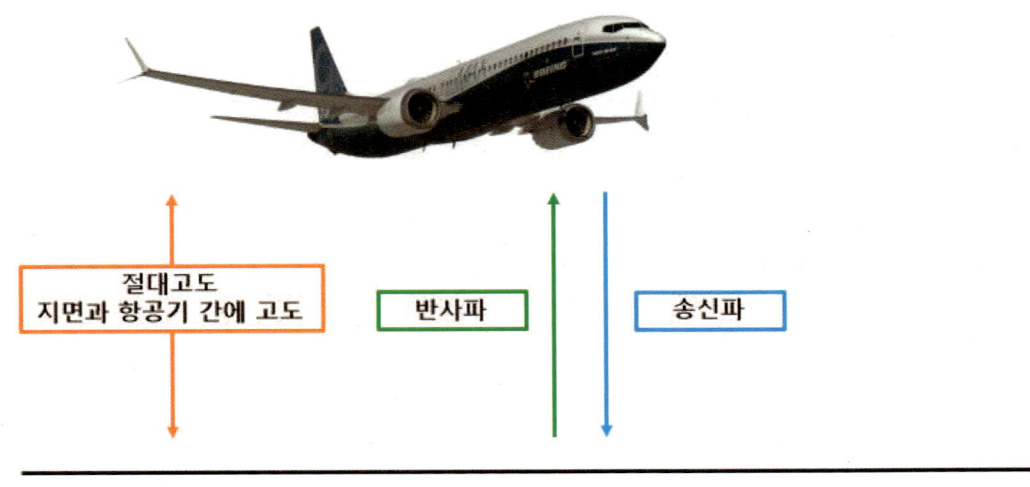

◆ 항공기 전파 고도계 측정 원리 ◆

Question 1-6

항공기 SATCOM(Satellite Communication)이란 무엇인가?

Answer

SATCOM은 인공위성을 이용한 통신 방식으로, 지구를 선회하는 궤도상에 위치된 인공위성을 중계기로 사용하여 무선통신으로 사용하는 것이다. 인공위성에 탑재된 중계기는 지상 장거리 통신에서 중계국과 같이 지상의 무선국(지구국)에서 송신한 전파를 수신하고 증폭하여 하나 또는 복수의 지구국으로 송신한다.

이 통신 방식은 다음과 같은 장점들이 있다.
① 통신 구역의 광역성
② 전송 거리와 비용의 무관계성
③ 지리적 장애의 극복, 통신품질의 균일성/내재해성
④ 광대역(고속) 전송의 가능성
⑤ 자유로운 이동 통신 가능

Question 1-7

항공기 ACARS(ARINC Communication Addressing and Reporting System)란 무엇인가?

Answer

항공기 ACARS는 운항정보 교신장치를 말한다. 미국 항공통신 사업자인 ARINC사가 제공하는 항공기와 지상 간에 데이터 링크 시스템(Data Link System)이다. VHF/HF 무선 통신에 의존하던 정형적인 통신 방식에서 데이터 링크 통신으로 대체하고 음성 통신은 조난, 긴급 통신 등 비정형적인 통신으로 국한시킨 것을 말한다.

ACARS는 항공기의 운항 정보, 엔진 상태, 각 센서별 데이터값, 기상 정보, 운항 계획 등 다양한 정보를 주고받을 수 있으며 항공기 운항과 정비에 소요되는 실시간 데이터들을 지원한다.

이 시스템은 인공위성 통신(SATCOM)을 통해 데이터를 전송하며 항공기와 지상 간의 양방향 통신을 지원하고 데이터는 지상 무선국 또는 통신 위성을 통해 전송된다.

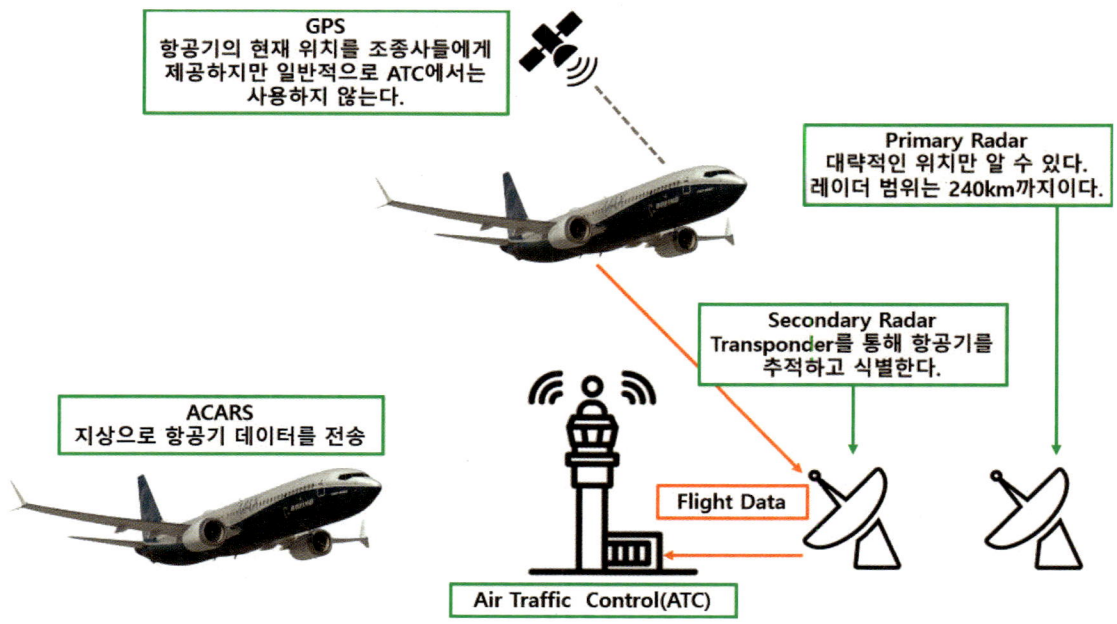

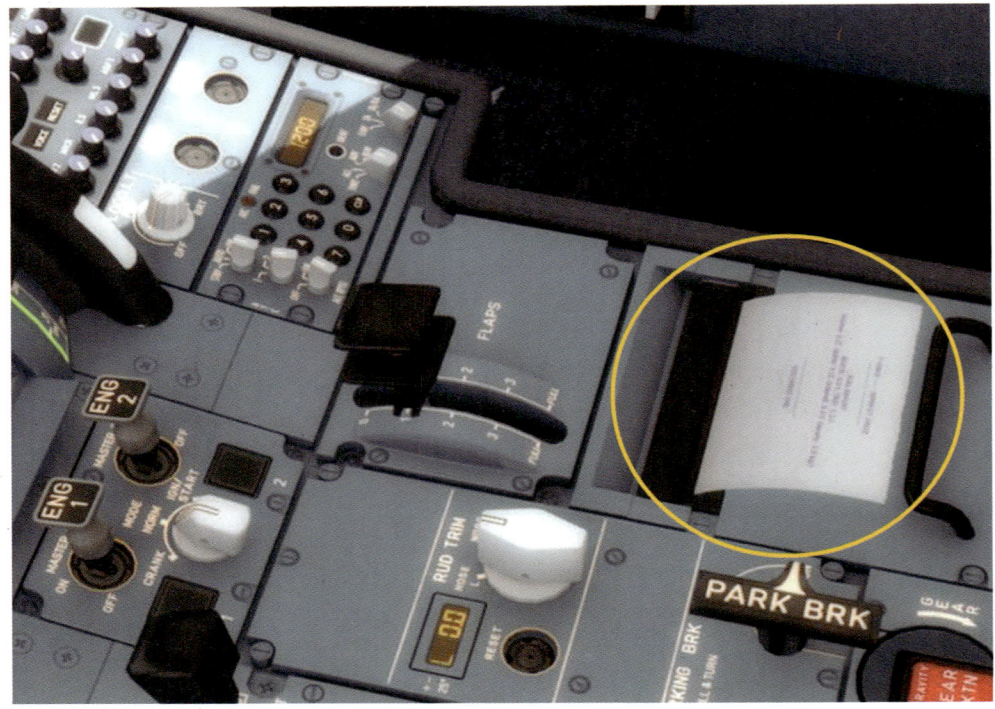

◆ 비행 중 ACARS를 통해 공중과 지상 간에 운항 정보를 주고 받는 모습 ◆

(출처 : Microsoft Flight Simulator 2020)

Question 1-8

항공기 블랙박스(Black Box)는 무엇이 있는가?

Answer

항공기 블랙박스는 항공사고 원인 분석에 있어 매우 중요한 장치이다. 항공기 사고가 발생하면 블랙박스를 수거하여 분석팀에서 해당 블랙박스를 분석 장비를 통해 프로그램으로 실행시켜 보면 해당 항공기가 사고 직전 얼마의 고도와 속도, 승강률, 자세, 조종간과 페달의 조작량, 계통별 이상 유무, 조종실 내에서의 음성 등 모든 데이터들을 제공하여 원인 분석에 많이 기여한다. 블랙박스는 대표적으로 CVR, DFDR이 있고 항공기 동체 후방 꼬리날개 쪽에 내진, 내열 설계된 주황색 캡슐과 함께 장착된다. 이유는 항공기가 추락 시 연료로 인한 폭발 위험성과 파손율이 제일 적은 부위이기 때문이다.

CVR(Cockpit Voice Recorder)은 조종실 음성 기록장치로써 4개의 채널을 기록하는데, 각 채널은 조종사, 부조종사, 선임 옵저버, 엔진 및 잡음과 무선통신음 등을 기록한다. 과거에는 최종 30분간의 기록만을 저장하였으나 현재는 2시간까지 성능이 개량되었다.

DFDR(Digital Flight Data Recorder)은 FDR보다 개선된 장치로써 63개의 채널을 디지털 신호로 기록하며 Endless Tape 형식을 갖추고 있어 25시간의 기록을 보유할 수 있다. 과거 FDR은 8개의 채널(주로 항공기 고도, 속도, 방위, 날짜 등)만을 아날로그 신호로 기록하였으나 현재는 DFDR로 기술이 발전되어 쓰이지 않고 있다.

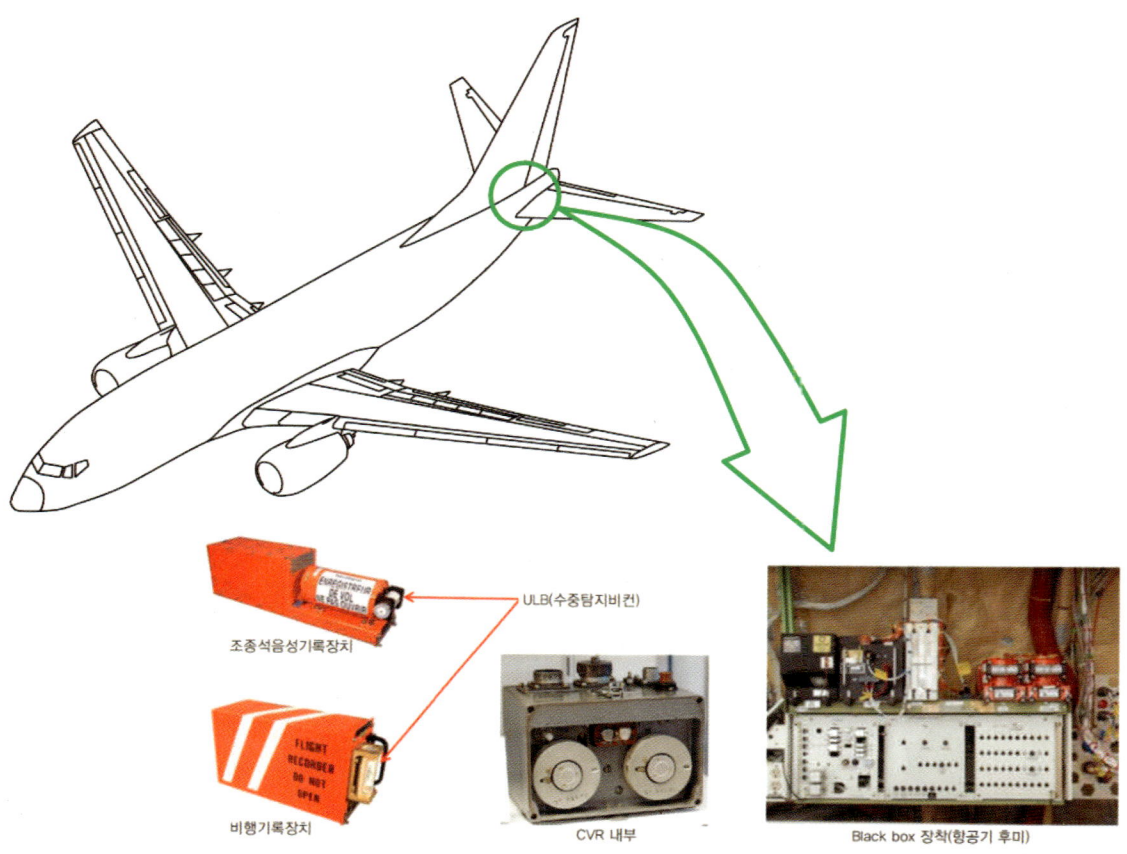

◆ 항공기 블랙박스(Blackbox) 장착 위치 ◆

(출처 : 국토교통부 항공정비사 표준교재 항공기전자전기계기)

Question 2

항공기 항법장치(Navigation System)는 무엇이 있는가?

Answer

항공기 항법장치는 크게 무선 항법, 자립 항법, 위성 항법으로 다음과 같이 분류할 수 있다.
① 무선 항법 : ADF, VOR, DME, TACAN
② 자립 항법 : INS, IRS
③ 위성 항법 : GPS

1. 무선 항법장치

    무선 항법장치는 지상에 있는 무선국(Radio Station)과의 전파를 송수신하여 항공기의 현재 위치와 무선국과의 거리, 방향, 방위각 등의 정보들을 조종사에게 제공한다. 현재 무선 항법장치들은 이후에 다루게 될 자립 항법장치와 위성 항법장치로 인하여 정확도는 물론 차지하는 비중도 크게 감소하기 시작하였다. 종류로는 ADF, VOR, DME, TACAN이 대표적으로 있다.

    (1) 자동 방향 탐지기(ADF : Automatic Direction Finder)

    지상 무선국인 무지향표지시설(NDB : Non-Directional Beacon)로부터 송신 전파를 항공기 ADF 수신기가 루프 안테나와 센스 안테나로 전파를 수신하면 NDB국을 향해 방향을 지시하여 상대 방위를 알아가는 방식이다.

    보통 190~1750[kHz] 대역의 장파(LF)를 사용하고, 주파수 일부를 사용하여 라디오 및 기상예보도 청취가 가능하다. 그러나 현재는 사용량이 크게 줄어들고 있으며 일부 국가에서는 무지향표지시설(NDB)을 철거하는 추세이기도 하다.

NDB Station의 전파를 수신받으면 NDB Station의 위치로 방향을 지시한다.

NDB Station의 전파를 수신받으면 NDB Station의 위치로 방향을 지시한다.

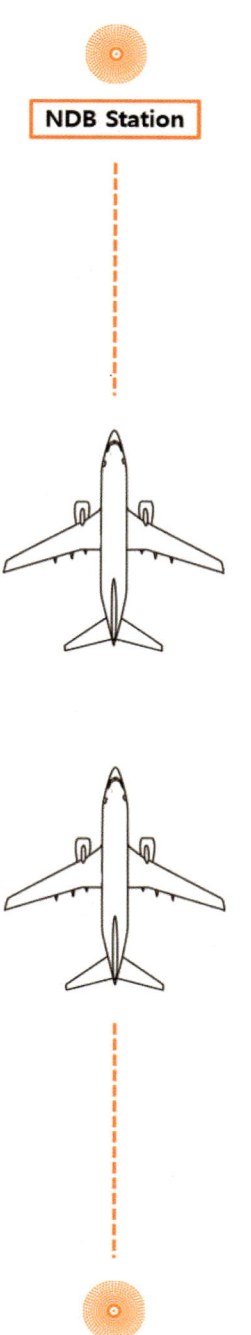

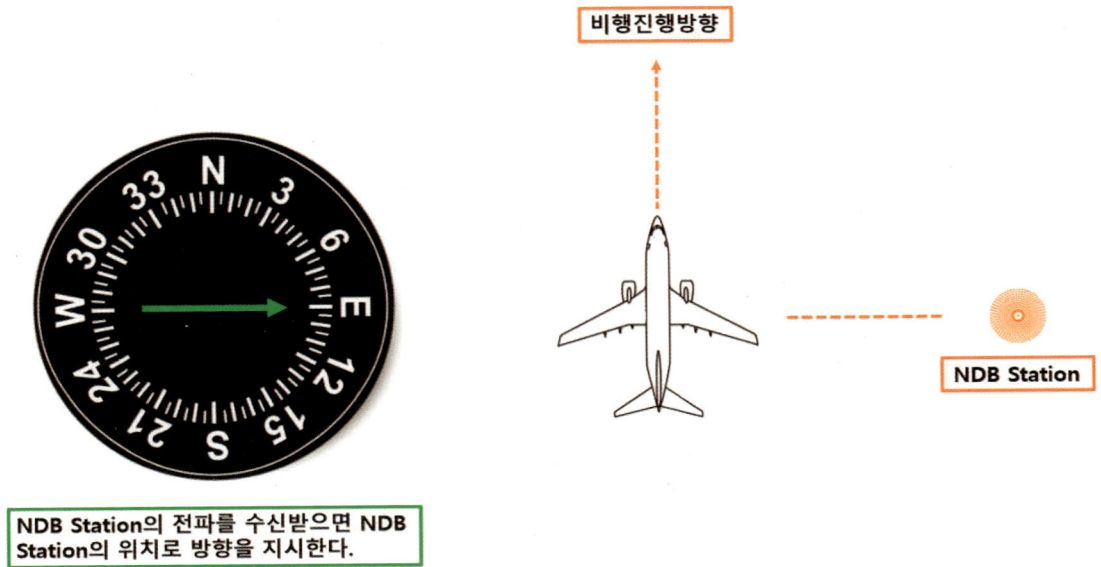

(2) 전방향 무선 표지 시설(VOR : VHF-Omni Directional Range)

VHF 전파를 이용하여 지구의 자북을 기준으로 삼는 기준전파와 360° 전방향에 대한 가변전파를 지상에 있는 VOR 무선국에서 송신한다. 전파 범위 내에 항공기가 들어오면 해당 항공기가 자북으로부터 몇도의 방위각 위치에 있는지에 대한 정보를 항공기 계기판에 지시해준다. 이 항법장치는 보통 108~118[MHz] 대역의 주파수를 사용한다. ADF보다 정밀도 또한 우수한 점이 있다.

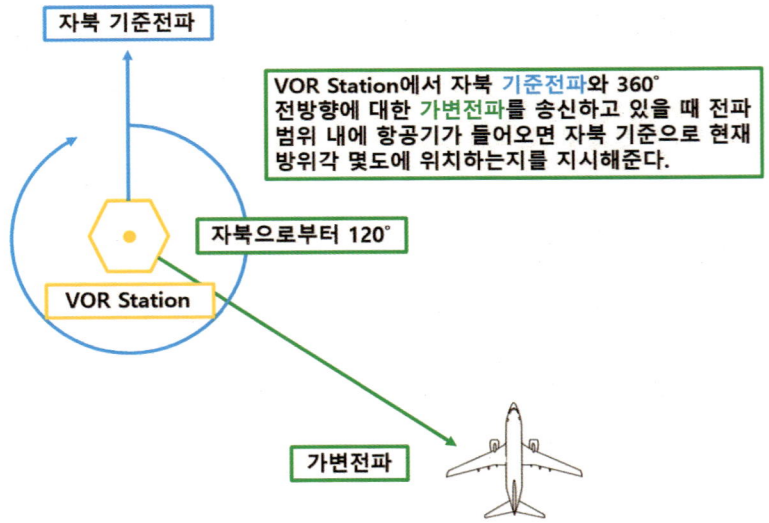

(3) 거리 측정 장치(DME : Distance Measuring Equipment)

UHF 전파를 사용하는 무선 항법장치로써 항공기가 지상에 있는 DME 무선국으로 질문 펄스를 송신하면 그 무선국으로부터 응답 펄스가 도래되는 시간을 거리로 환산하여 항공기와 무선국 간에 거리가 얼마만큼 남았는지를 계기판에 지시해준다. 단위는 nm(Nautical Mile)을 사용한다.

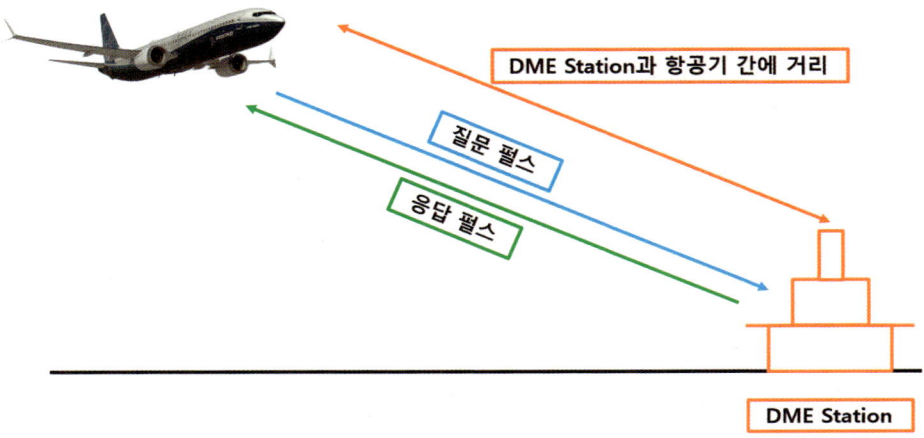

※ 항공기가 DME Station으로 질문 펄스를 송신하면 그 Station으로부터 응답 펄스를 수신하는데 소요되는 시간을 거리로 환산하여 거리를 측정한다.

(4) 전술항법장치(TACAN : Tactical Navigation)

주로 군용 항공기에 사용하는 무선 항법장치이며 VOR의 방위각 정보와 DME의 거리 정보 기능을 모두 제공해주는 무선 항법장치이다. 현재는 군에서 사용하던 주파수 대역을 민간항공 분야에도 공개함에 따라 민간 항공기에서도 TACAN의 정보를 주고받을 수 있게 되었다. 민간에서 사용하는 것을 VORTAC이라 부른다.

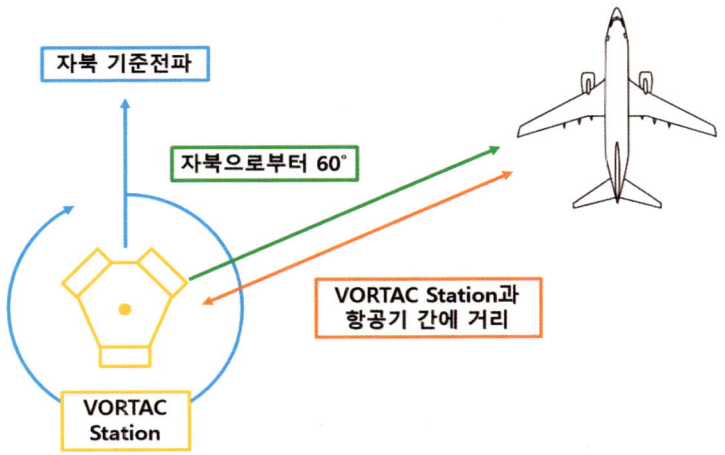

2. 자립 항법장치
    (1) 관성 항법장치(INS : Inertial Navigation System)
        관성 항법장치는 지구의 진북을 중심으로 수평면의 위치를 계산하며 운항 전 항공기 현재 자신의 위치와 목적지를 입력 후 운항을 하게 되면 스스로 3축 운동에 대한 자세를 교정하여 정확하게 목적지까지 항로를 유지시키는 항법장치이다. 무선 항법장치와는 달리 지상 무선국이 불필요한 자립 항법장치이다. 구성으로는 3축에 대한 기계식 자이로스코프와 가속도계, 적분기 등이 있으며 3축 자이로스코프로 항공기 3축 운동에 대한 가속도를 가속도계로 측정 후 적분기로 적분한다. 이때 가속도를 적분하면 속도값을 얻어낼 수 있고, 한 번 더 적분하게 되면 거리 정보를 얻어낼 수 있다. 이러한 원리로 항법에 쓰이는 것이다. 그러나 기계식 자이로스코프를 이용한다는 점에 있어서 오랜 사용에 따라 정밀도가 떨어지고 정비성이 좋지 않은 단점이 있다. 또한 지구 자전에 따른 오차 발생이 있어 목적지까지 정확하게 비행하기가 어렵다.

    (2) 관성 기준 장치(IRS : Inertial Reference System)
        이 장치는 INS와 동일한 목적으로 쓰이지만, 기존의 자이로스코프에서 링레이저자이로(RLG:Ring Laser Gyro)를 사용하여 초정밀도를 보유하고 있다. 현재 GPS 정보까지 같이 입력되어 목적지까지 정확히 도착할 수가 있다. 요즘 대부분의 항공기는 IRS가 기본 3개이며 ADIRU(Air Data Inertial Reference Unit)라고 부른다.

        ADIRU는 FMC(Flight Management Computer)에 입력한 속도, 고도, 자세 정보들을 실시간으로 추적하여 항공기가 항로를 이탈하지 않도록 제어한다. NAV Mode에서는 자세, 진방위, 가속도 정보, 승강률, 대지 속도, 항로 진행 현황, 현위치 그리고 풍향 정보 등을 모두 제공한다.

예시

목적지가 뉴욕이면 FMC IRS 입력란에 주기된 좌표, 예를 들어 인천공항이면 인천공항 좌표, 김포공항이면 김포공항 좌표 등을 설정하여 자신의 그 위치를 저장하게 되고 그 다음 뉴욕까지의 항로 좌표를 입력하여 설정한다.

IRS 설정을 하지 않고도 FMC에 항로 좌표를 입력해서 비행기가 이동할 수 있지만 정작 비행기가 비행항로는 어디로 갈지 모르기에 아무리 뉴욕까지 정확한 길을 입력시켰음에도 불구하고 IRS 설정을 하지 않으면 뉴욕이 아닌 다른 목적지로 가는 상황이 발생하게 된다.

이유는 출발지에 대한 정보(기준점)가 없기 때문이다. 과거 1996년경 유나이티드 항공 여객기가 IRS 설정을 수행하지 않고 운항을 진행하다가 도착지인 프랑크푸르트가 아닌 다른 국가에 착륙한 일화가 있다.

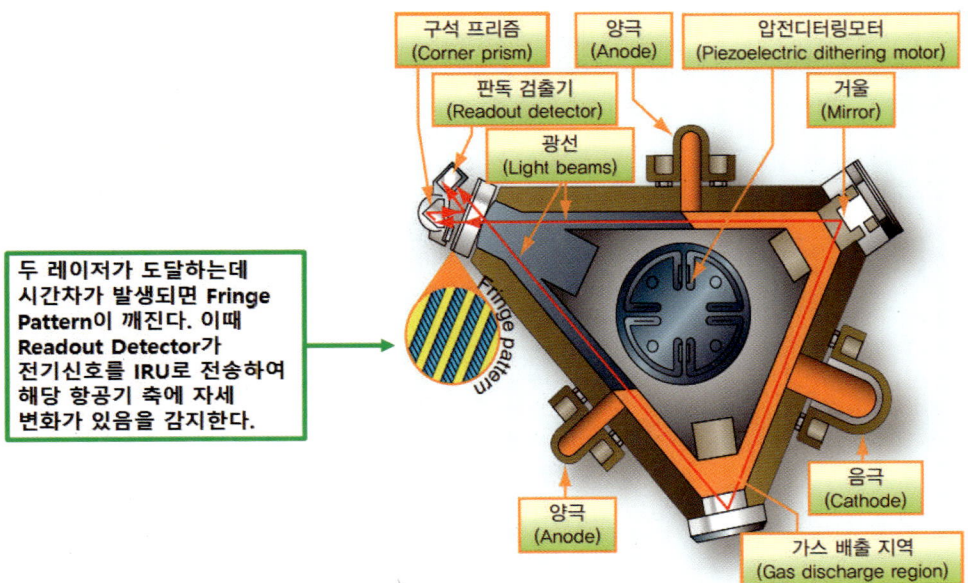

◆ 항공기 링레이저자이로(Ring Lasergyro) 내부 구조와 구성 ◆

(출처 : 국토교통부 항공정비사 표준교재 항공기전자전기계기)

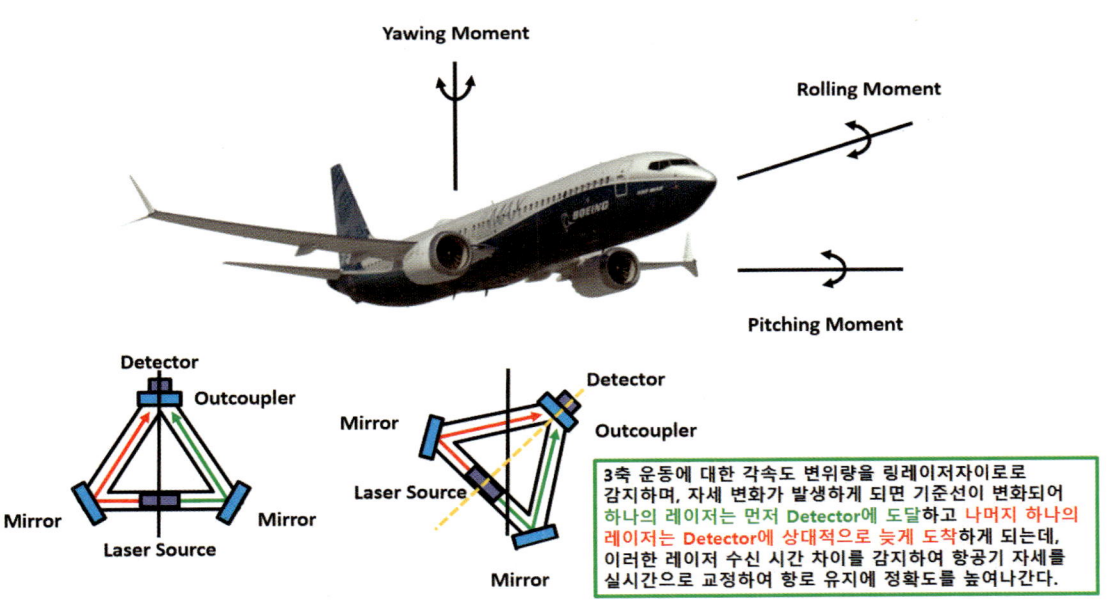

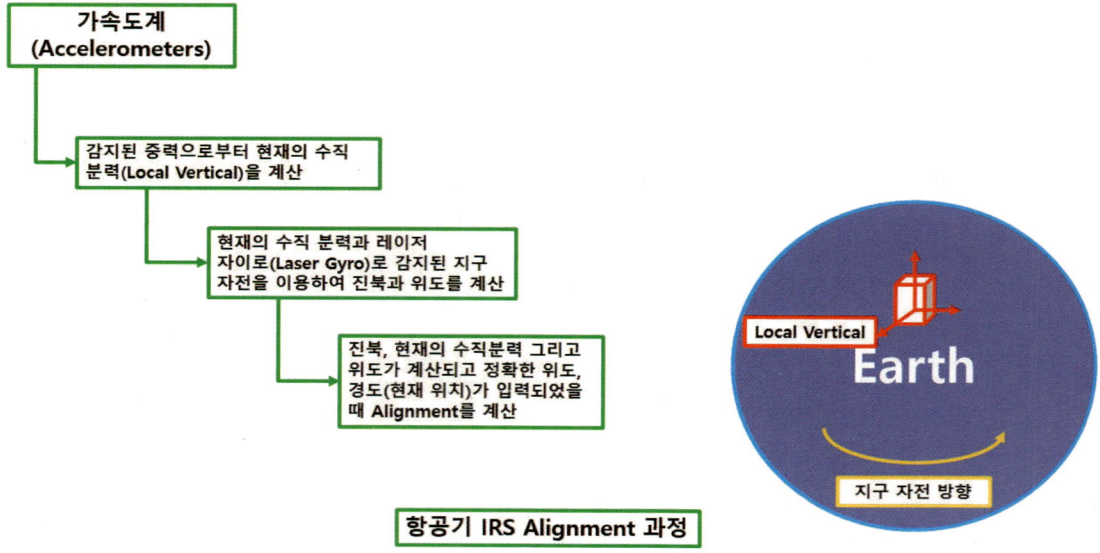

항공기 IRS Alignment 과정

3. 위성 항법장치

(1) GPS(Global Positioning System)

과거 미국에서 군사용으로 사용하던 이 항법장치는 현재 민간 산업 분야에 공개됨에 따라 모든 항공기의 항법장치 기술 향상에 많은 기여를 하게 되었다. GPS는 지구상의 3개의 각 궤도별로 8개씩 위치한 위성 중 4개의 위성을 이용하여 사용자가 자신의 위치 정보를 알 수 있도록 해준다.

각 궤도별로 위치한 위성들로부터 송신한 전파는 항공기의 수신기인 한 지점으로 모이고 각 위성별 전파 지연 시간들이 그 위성에 대한 위치 정보로 나타내어 이용자의 현재 위치를 파악할 수 있도록 해준다. 일반적으로 2차원 위치(위도와 경도)를 계산하고 이동을 추적하기 위해 GPS 수신기는 최소한 3개의 위성들로부터 신호를 수신받아야 한다. 4개 이상의 위성의 신호를 수신하면 수신기는 사용자의 3차원 위치(위도, 경도, 고도)도 알아낼 수 있다. 현재는 현대 항공기의 자립 항법장치인 INS나 IRS와 함께 사용하여 더욱 우수한 정밀도를 제공한다. GPS는 우주 부분, 제어 부분, 이용자 부분 총 3개 부분으로 구성되어 있다.

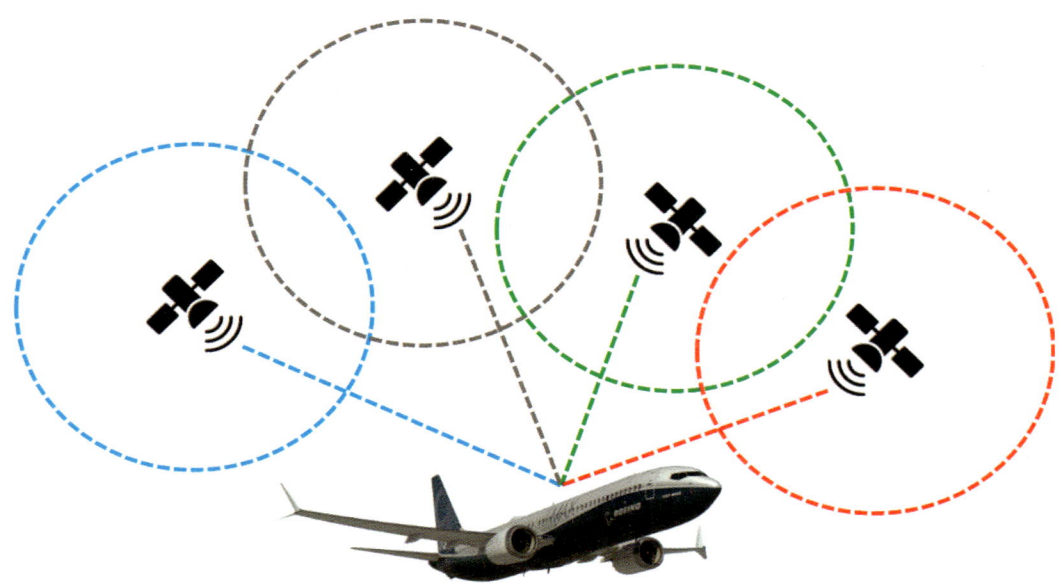

※ 각 인공위성으로부터 신호를 수신기가 수신하면 위성별로 위치가 모두 다르므로 모든 신호를 수신하는데 시간 차이가 발생하게 된다. 이러한 수신 시간 편차를 위치 정보로 나타내 현재 위치에 대한 위도, 경도 정보를 얻어내며 총 4개의 위성을 사용하여 고도 정보까지도 얻어낸다.

Question 3
자이로스코프(Gyro-Scope)란 무엇인가?

Answer
자이로스코프는 라틴어로 회전체라는 의미로 일종의 팽이이다. 자이로스코프는 로터, 로터축, 짐벌, 프레임 등으로 구성된다. 항공기 자세와 방위각, 선회각, 관성항법, 자동조종 등 여러 계통의 수감장치로 많이 활용되고 있다.

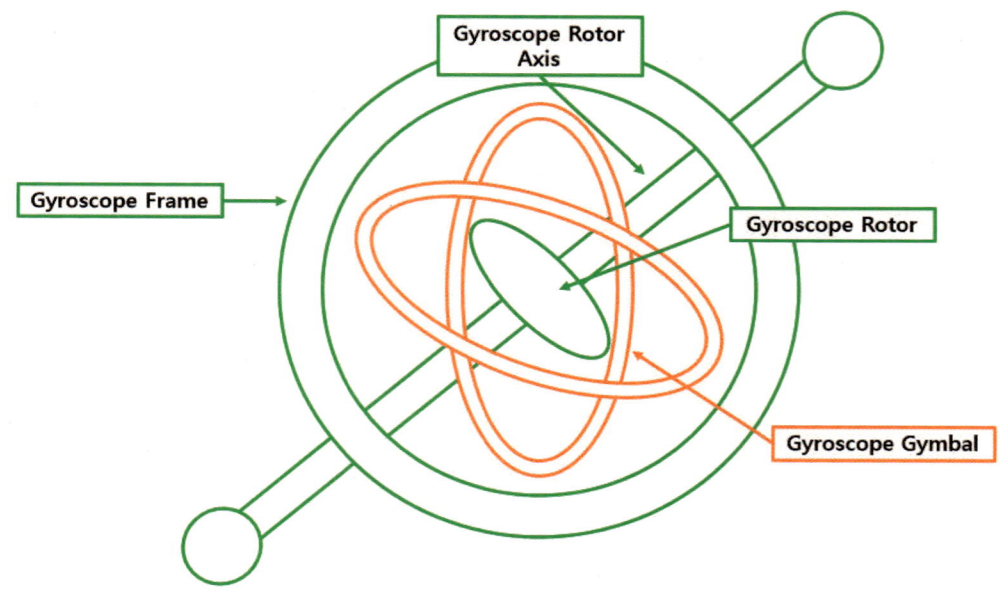

> **Question** 3-1
> 자이로스코프의 2가지 성질은 무엇인가?

Answer

자이로스코프는 강직성(Rigidity)과 섭동성(Precession) 두 가지 성질이 있다. 강직성은 자이로의 축이 항상 지구 중심을 향하여 외력을 가하지 않는 한 같은 자세를 유지하려는 성질을 말한다. 섭동성은 회전하고 있는 물체에 힘을 가하면 90° 지난 지점에서 힘이 작용되는 것을 말한다.

Question 3-2

자이로스코프를 이용한 항공기 계기는 무엇이 있는가?

Answer

자이로스코프를 이용하는 계기는 다음과 같이 있다.
① 방향 자이로 지시계(DG : Directional Gyro Indicator, 정침의)
② 선회계(Turn Indicator) 또는 선회경사계(Turn & Bank Indicator)
③ 수평 자이로 지시계(Horizon Gyro Indicator, 수평의) = 수직의(Vertical Gyro) = 인공수평의(Artificial Horizon Indicator)

각 계기별 기능과 작동 원리는 다음과 같다.

(1) 방향 자이로 지시계(DG : Directional Gyro Indicator, 정침의)

방향 자이로 지시계는 자이로스코프의 강직성을 이용한다. 자이로스코프의 축을 항공기 기수방향과 평행하게 고정시킨 상태에서 자이로 로터가 회전하고 있으면 외력을 가하지 않는 한 계속 같은 자세를 유지하려 할 것이다. 이때 항공기가 좌우로 Yawing Moment를 발생시키면 자이로 주변 짐벌(Gymbal)이 움직여 계기판에 방위각이 현재로부터 얼마만큼 변하는지를 나타낸다.

현재 이 계기는 과거 HSI(Horizon Situation Indicator)라고 불렸으며 이 계기에 방위각, 항법, 풍향, 풍속, 대지속도, 기상정보, 현재 위치 등 다양한 정보들을 집약시켜 하나의 CRT로 나타낸 ND(Navigation Display) 계기로 진보되어 쓰이고 있다. 진보 순서 : HSI → EHSI → ND

 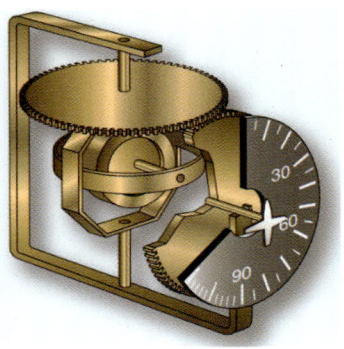

◆ 항공기 방향자이로지시계(Directional Gyro Indicator) 실물과 내부 구조 ◆

(출처 : 국토교통부 항공정비사 표준교재 항공기전자전기계기)

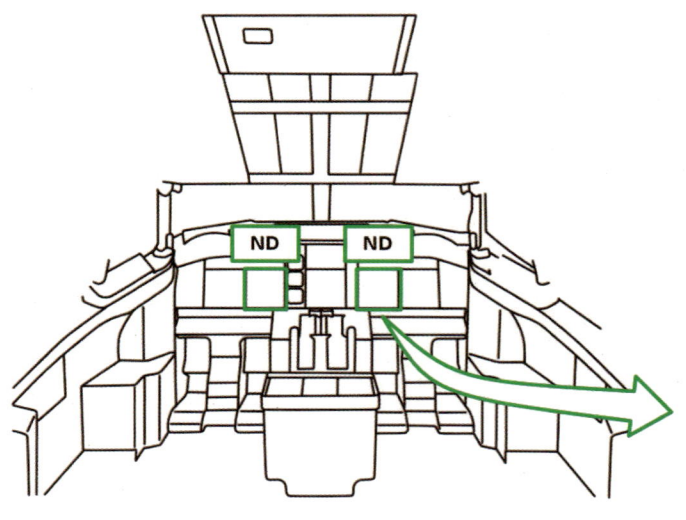

ND는 여러 항법 장치, 풍향, 풍속, 대지속도, 방위각, 현재 위치, 비행예정코스, 기상 정보 등 다양한 정보들을 시현한다.

(2) 선회계(Turn Indicator) 또는 선회경사계(Turn & Bank Indicator)

이 계기는 자이로스코프의 섭동성을 이용하여 항공기 선회 각속도에 대한 정보를 제공해준다. 항공기가 좌우측으로 선회할 경우에는 선회 자세에 따른 내활(Slip), 외활(Skid)을 나타내며 2분계, 4분계 2가지 종류가 있다. 2분계는 2분 동안 선회 시 360° 회전을 의미하고 4분계는 4분 동안 선회 시 360° 회전하는 의미를 뜻한다.

현재 이 계기도 마찬가지로 PFD(Primary Flight Display)라는 계기에서 종합적으로 지시되므로 과거 아날로그 방식의 계기를 사용하던 항공기에서만 볼 수 있다.

Coordinated Turn

Skid

Slip

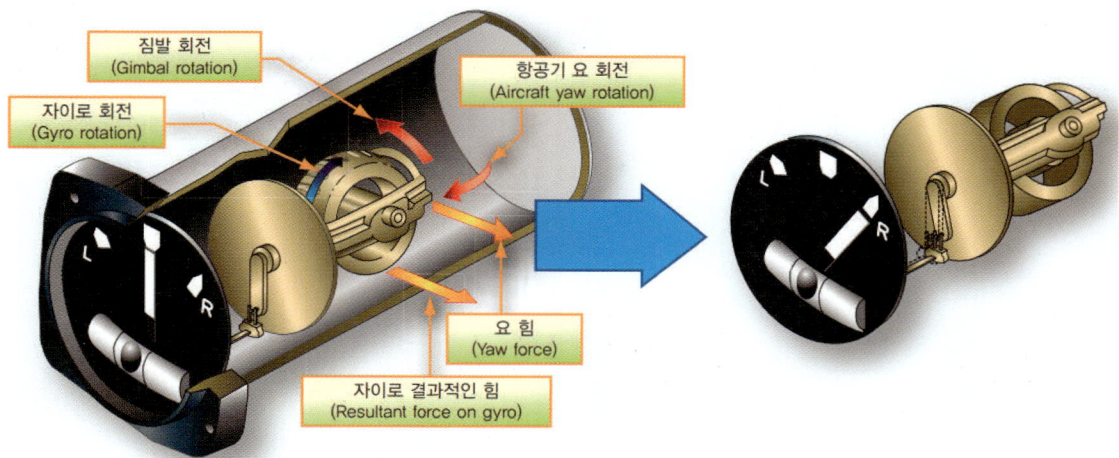

◆ 항공기 선회 & 경사계(Turn & Bank Indicator) 내부 구조와 자세에 따른 지시 ◆
(출처 : 국토교통부 항공정비사 표준교재 항공기전자전기계기)

(3) 수평자이로지시계(Horizon Gyro Indicator, 수평의) = 수직의(Vertical Gyro) = 인공수평의(Artificial Horizon Indicator)

이 계기는 자이로의 강직성과 섭동성 2가지를 모두 이용한 계기로써 항공기의 Roll과 Pitch를 알려주는 계기이다. 과거 ADI(Attitude Direction Indicator)라고 불렸으며 이 계기에 고도, 속도, 승강률, 자동조종장치 작동 상태, 방위각, ILS 정보 등 하나의 CRT로 집약시켜 나타낸 PFD(Primary Flight Display) 계기로 진보되어 쓰이고 있다. 진보 순서 : ADI → EADI → PFD

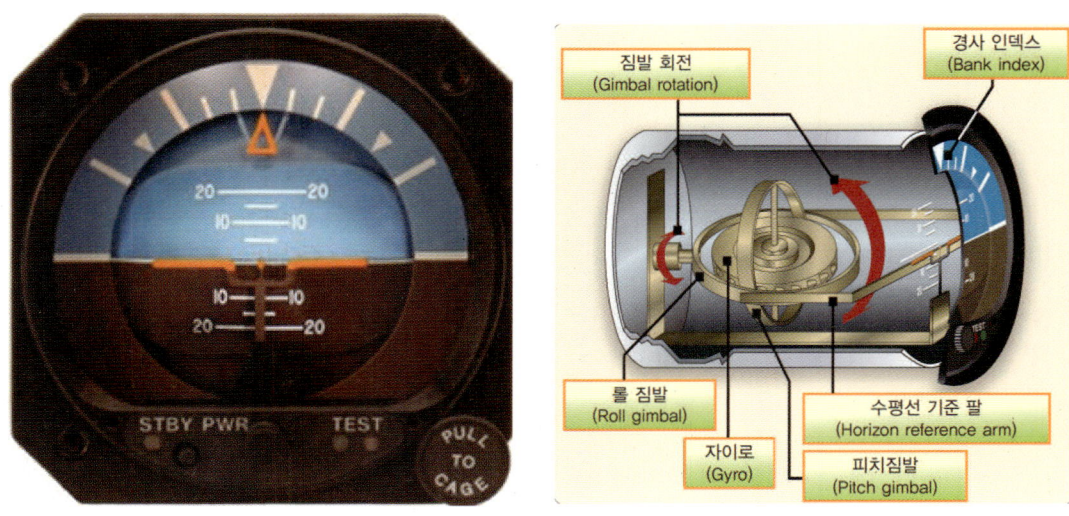

◆ 항공기 자세계 실물과 내부 구조 ◆
(출처 : 국토교통부 항공정비사 표준교재 항공기전자전기계기)

항공정비사 면허 실기 · 구술

◆ 항공기 자세계 구성품과 비행 자세에 따른 지시 ◆

(출처 : 국토교통부 항공정비사 표준교재 항공기전자전기계기)

> **Question 3-3**
>
> 항공기 RMI(Radio Magnetic Indicator) 계기는 무엇인가?

Answer

RMI 계기는 자기 컴퍼스(Magnetic Compass)의 자방위와 ADF, VOR의 자방위를 종합적으로 지시해주는 계기이다. INS의 진방위를 이용하여 지시하기도 한다. 이 계기는 B737 항공기 기종 기준으로 Standby RMI 계기가 있으며 항공기의 모든 계기가 전원 공급이 안 될 경우 비상시 조종사에게 방위각, 무선국 방향 등의 정보들을 제공한다. 아래의 사진에서는 Dual ADF가 장착된 방식이며 필요에 따라 ADF, VOR 정보 중 어떤 것을 이용할지 설정하는 스위치도 있다.

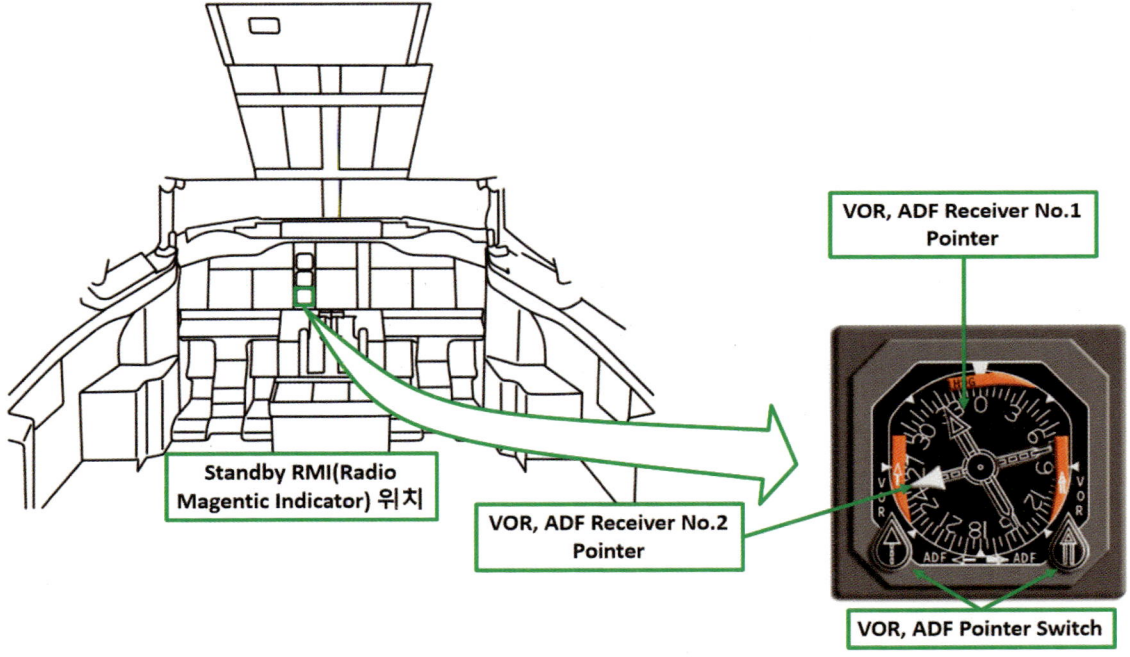

Question 4

항공기 ILS(Instrument Landing System)는 무엇인가?

Answer

항공기 ILS는 계기 착륙 시설을 말하며 항공기 착륙 시 활주로 중심 및 하강각을 유도하고, 활주로와 항공기 간에 거리에 대한 정보도 지시한다. 구성으로는 로컬라이저(Localizer), 글라이드 슬로프(Glide Slope), 마커 비콘(Marker Beacon) 3가지로 구성된다.

(1) 로컬라이저(Localizer)

90[Hz]와 150[Hz]의 서로 다른 세기의 변조파를 로컬라이저 안테나로부터 송신하여 두 전파가 겹쳐지는 부분을 활주로 중심으로 항공기를 유도한다. 로컬라이저 표식은 조종실 PFD 계기판에서 자세계 아래에 수평면으로 지시된다.

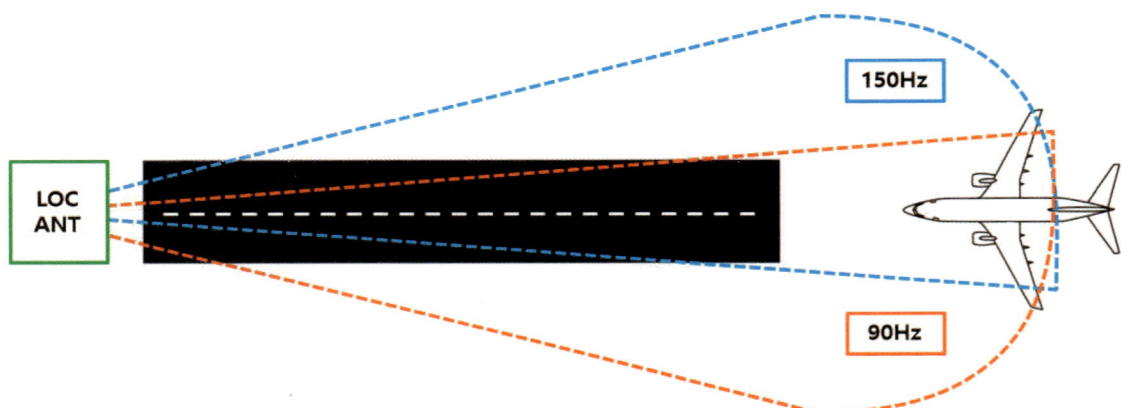

(2) 글라이드 슬로프(Glide Slope)

90[Hz]와 150[Hz]의 서로 다른 세기의 변조파를 글라이드 슬로프 안테나로부터 송신하여 두 전파가 겹쳐지는 부분을 항공기 하강각 2.5~3°로 유도한다. 로컬라이저와 마찬가지로 조종실 PFD 계기판에서 자세계 우측 수직면으로 지시된다.

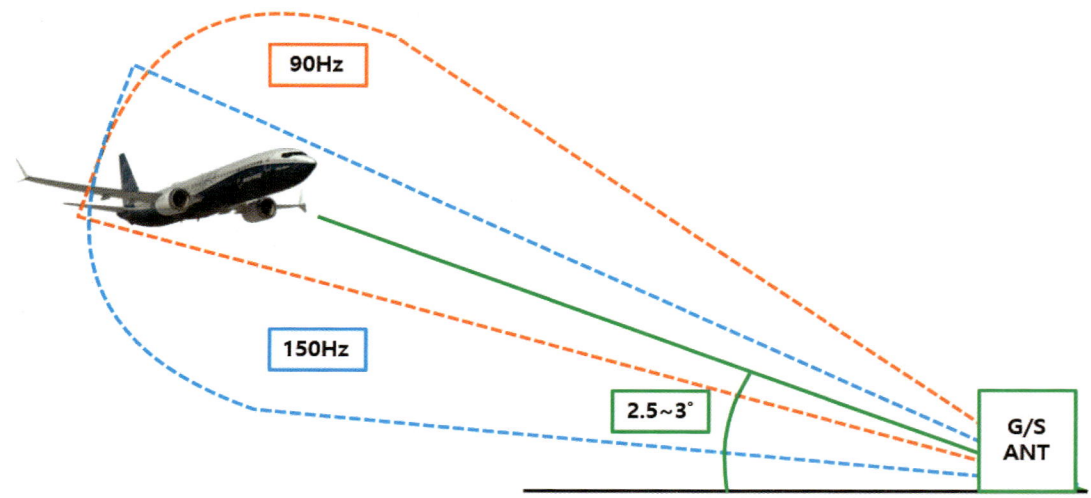

(3) 마커 비콘(Marker Beacon)

마커 비콘은 외측 마커(Outer Marker), 중앙 마커(Middle Marker), 내측 마커(Inner Maker) 총 3가지로 구성된다. 각 마커별 기능은 다음과 같다.

① 외측 마커는 400[Hz] 주파수 대역을 이용하며 외측 마커(OM) 진입 시 PFD 계기판에 청색 불빛이 점등되고 대쉬 음이 울린다. 이 신호의 의미는 활주로로부터 해당 항공기가 7[km] 떨어진 지점에 있다는 것을 지시하는 것이다.

② 중앙 마커는 1300[Hz] 주파수 대역을 이용하며 중앙 마커(MM) 진입 시 PFD 계기판에 주황색 불빛이 점등되고 도트, 대쉬 음이 울린다. 이 신호의 의미는 활주로로부터 해당 항공기가 1[km] 떨어진 지점에 있다는 것을 지시한다.

③ 내측 마커는 3000[Hz] 주파수 대역을 이용하며 내측 마커(IM) 진입 시 PFD 계기판에 백색 불빛이 점등되고 도트 음이 울린다. 이 신호의 의미는 활주로로부터 해당 항공기가 300[m] 떨어진 지점에 있다는 것을 지시한다.

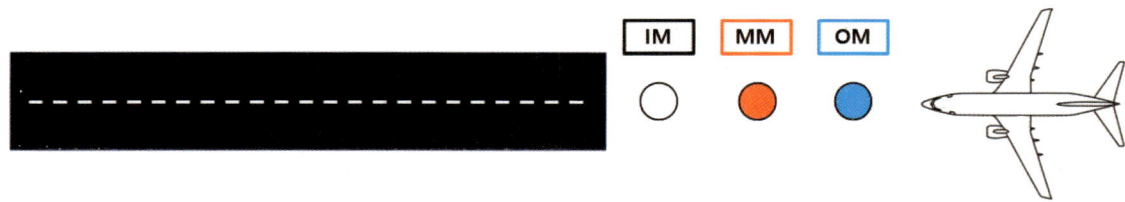

또한 로컬라이저와 글라이드 슬로프는 ILS 주파수를 설정할 때 두 장치가 연동되어 같이 정보를 제공해준다. ILS는 VHF 주파수 대역 108~112[MHz]를 사용한다.

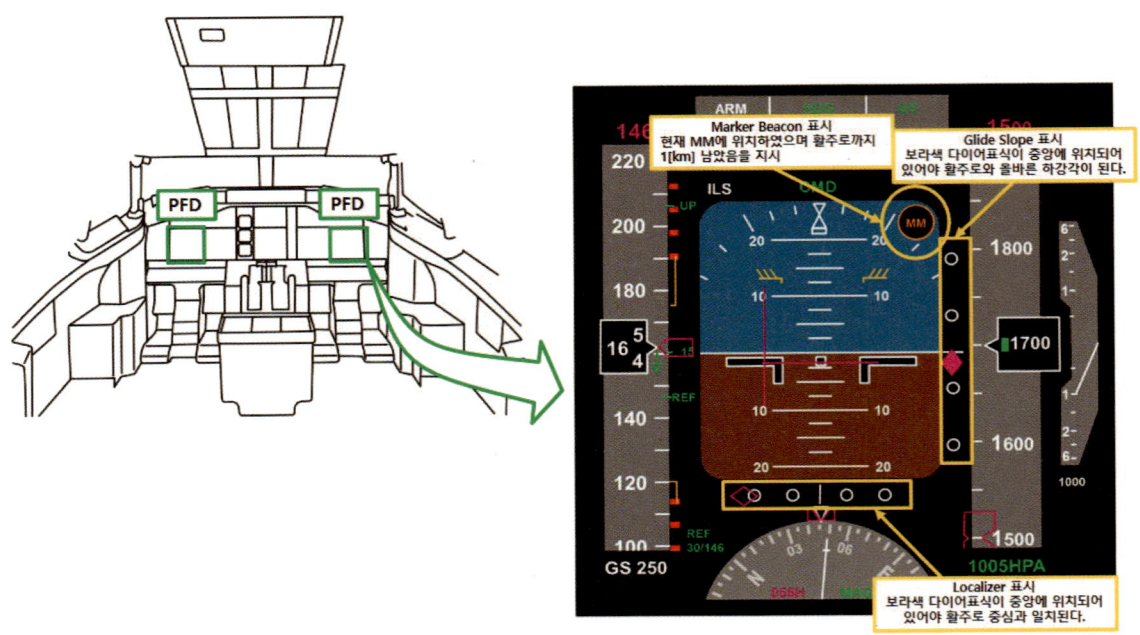

> **Question 5**
>
> 항공기 ATC 트랜스폰더(Transponder)는 무엇인가?

> **Answer**

항공기 ATC 트랜스폰더는 많은 항공기들이 운항하면서 다양한 정보로 조종사와 관제사가 항공교통관제를 위해 쉽게 식별하도록 의무적으로 장착된 장치를 말한다. 이 트랜스폰더는 공항에 있는 2차 감시 레이더(SSR : Secondary Surveillance Radar)의 질문 전파를 수신했을 때 응답 전파를 송신하는 용도로 쓰이며 해당 항공기는 이 장치로부터 항법 또는 통신 등 아무런 정보를 얻을 수가 없다. 단지 공항 관제탑 레이더에 항공기 식별을 용이하도록 정보를 제공하는 것이다.

단순히 항공기의 정보인 고도, 속도, 현재 위치, 방위 정보, 항공기 식별번호 등을 관제기관에 제공해주는 것으로 항공교통이 매우 근대화하는데 기여하고 비행 안정성에도 이바지하는 중요한 장치로 자리를 잡게 되었다.

Question 6

항공기 TCAS(Traffic Collision Avoidance System)란 무엇인가?

Answer

TCAS는 공중 충돌 방지 장치이다. TCAS는 ATC 트랜스폰더의 3가지 Mode(Mode A, C, S) 중 Mode-S 정보를 이용하여 운항 시 다른 항공기와의 충돌을 방지한다. Mode-S는 지상 공항 레이더나 다른 항공기의 TCAS 컴퓨터가 ATC System 정보를 얻게 되면 해당 항공기의 트랜스폰더는 Pulse-Coded 응답 신호로 변환한다. 이러한 응답 신호를 이용하여 다른 항공기를 식별 및 고도를 파악하며 항공기 PFD, ND 계기에 지시된다.

TCAS 작동 원리는 박쥐와 같다. 박쥐는 어두운 동굴 속에서 날아다녀도 부딪히지 않는데, 그 이유는 박쥐가 초음파를 이용하기 때문이다. 초음파를 송신했을 때 전방에 장애물이 있다면 그 장애물에 의해 초음파가 반사되어 박쥐에게 돌아온다. 이때 돌아온 초음파의 시간차를 거리로 계산하여 피할 수가 있는 것이다.

TCAS도 마찬가지로 항공기 간에 전파를 송수신함에 따라 전파 수신 시간차가 적어질수록 상호 간에 거리가 가깝다고 판단하여 회피 기동을 하는 것이다. 이러한 전파 원리는 거리 측정 장치(DME), 전파 고도계(RA), 지상 근접 경보장치(GPWS), 공항 감시 레이더 등 다양하게 쓰이고 있다.

Question 7

항공기 GPWS(Ground Proximity Warning System)이란 무엇인가?

Answer

GPWS는 항공기가 비행 중 지면과 가까워지면 그 지면으로부터 항공기 충돌을 방지하기 위해 수직으로 전파를 송수신하여 전파가 되돌아오는 시간을 측정하는 원리를 사용한다. 상황에 따라 작동되는 Mode가 총 6개가 있다. 각 Mode별 기능은 다음과 같다.

(1) Mode 1

항공기가 지나친 고도 하강률이 발생했을 때 RA(Radio Altimeter)와 기압고도계 하강률을 기반으로 작동된다. 이때 조종실 PFD 계기에서는 자세지시부 하단에 적색의 문자로 'PULL UP'이 지시되어 기수를 올리라고 경보장치가 작동된다.

(2) Mode 2

지형물과 근접했을 때의 상황을 알려주며 Mode 1의 경보음과 함께 컴퓨터 음성으로 'Terrain Terrain! Pull Up!'으로 알려준다. Mode 2는 RA 고도 변화율과 항공기 자세, ADIRU Output Parameter들을 이용한다. Mode 2는 Mode 2A와 2B로 분류되며 다음과 같이 기능을 발휘한다.

① Mode 2A

항공기 착륙 시 지면과 지나치게 근접하지 않도록 경보를 나타낸다. 작동 범위는 다음과 같다.
- 비행속도 220[Knots] 이하까지는 최대 고도 RA 1,650[ft]까지 GPWS 작동
- 비행속도 220~310[Knots] 사이에서는 2,450[ft]까지 GPWS 작동
- 고도 하강 시 3,000[ft] 미만부터 GPWS가 작동하기 시작, 3,000[ft] 이상부터는 GPWS 작동 비활성화

② Mode 2B

RA 200~780[ft] 범위에서 항공기 착륙 시 지면과 지나치게 근접하지 않도록 경보를 나타낸다.

(3) Mode 3

항공기가 이륙 또는 복행(Go Around) 후 고도 유지를 못 할 경우에 작동된다. 기장석과 부기장석에 있는 PFD 계기에 'PULL UP' 메시지가 표시되어 지시되며 Don't Sink 청각음이 울려 인지하도록 한다. 작동 고도 범위는 RA 30~1,330[ft]이다.

(4) Mode 4

다음과 같은 상황에서 Mode 4가 전환되어 작동된다.
- 고도 RA 1,330[ft], 속도 190[Knots] 이상일 경우
- 고도 RA 700[ft], 속도 190[Knots] 이하일 경우

또한 착륙 상황이 아닌 경우에서 지형물과 항공기 간에 간격이 너무 가까운 경우 다음의 파라미터들을 이용하여 작동한다.
- 전파 고도계(RA)로 측정한 전파 고도(절대 고도)
- 지시 대기 속도
- 항공기 자세

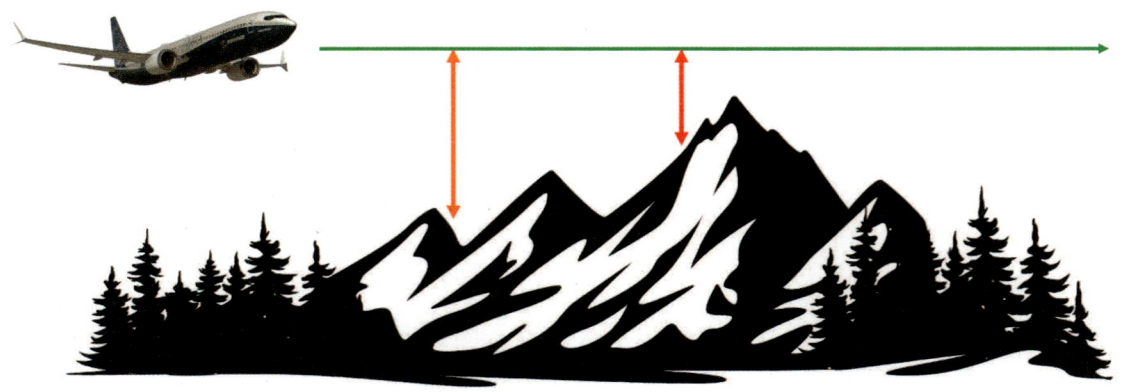

① Mode 4A

항공기가 랜딩기어(Landing Gear)를 내리지 않은 상태에서 지형물과 항공기 간에 간격이 너무 가까운 경우 작동되며 다음과 같이 작동된다.

- 비행속도 190[Knots]를 기준으로 190[Knots] 미만이면 청각음 – 'TOO LOW GEAR' 작동, 기준 속도 이상일 경우 'TOO LOW TERRAIN' 작동
- 기장석과 부기장석 PFD 계기에 'PULL UP' 메시지 지시

② Mode 4B

항공기가 착륙 시 랜딩기어와 플랩을 내리지 않은 상태에서 지형물과 항공기 간에 간격이 가까운 경우 작동되며 다음과 같이 작동된다.

- 플랩 각도가 15° 또는 30° 미만에서 RA 245[ft], 159[Knots]까지는 'TOO LOW FLAPS' 청각음 작동
- 159[Knots] 이상부터는 'TOO LOW TERRAIN' 청각음 작동

(5) Mode 5

Mode 5는 글라이드 슬로프(Glide Slope) 하강각 유도 전파보다 항공기가 아래에 있는 경우에 작동된다. Mode 5는 RA 고도값과 글라이드 슬로프 하강각 편차를 측정하여 작동을 하며 아래의 그림을 참조하면 이해하기 쉽다.

Mode 5는 RA 1,000[ft] 이하에서 NAV 1 글라이드 슬로프 수신기의 신호를 수신받을 때 작동되기 시작한다. 경보장치가 활성화되면 글라이드 슬로프 지시등이 점등되며 경보장치 작동을 끄려면 RA 1,000[ft] 이하에서 지시등을 눌러야 한다. 글라이드 슬로프 하강각 편차가 클수록 경보장치의 청각음과 작동 반복률 또한 증가되며 이때 청각음은 'GLIDE SLOPE'로 작동된다.

이러한 기존의 GPWS는 급경사와 같은 곳을 항공기가 맞닥뜨렸을 때는 전파로 감지하기가 어려워 수많은 사고들을 일으켰다. 과거에 발생했던 사고를 다시는 일어나지 못하도록 미국에서 군사용 목적으로 개발했던

위성 항법장치(GPS)를 민간에도 공개함에 따라 항공산업 기술 발전에도 크게 기여하게 되었다.

따라서 현재는 GPS로 3차원 정보까지 획득함에 따라 기존의 GPWS 기술력을 더욱 진보시켜 항공기가 충돌하는 것을 더더욱 방지하는 EGPWS(Enhanced Ground Proximity Warning System)이 개발되어 사용하고 있다.

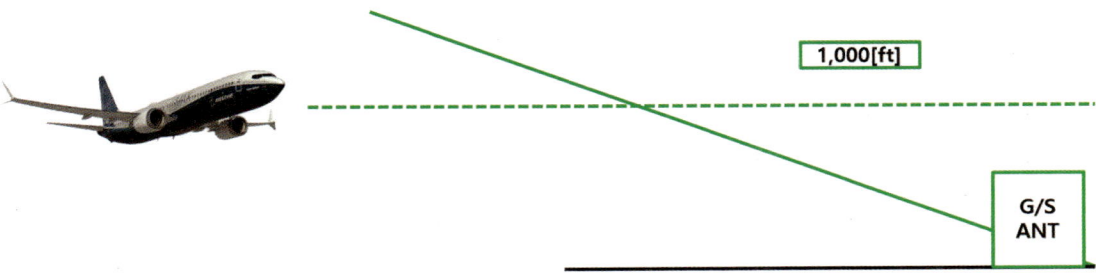

03 전기조명 계통

(1) 전원장치(AC, DC)
    ① 전원의 구분과 특징, 발생원리
    ② 발전기의 주파수 조정장치
(2) 배터리 취급
    ① 배터리 용액 점검 및 보충 작업
    ② 세척 시 작업안전 주의사항 준수 여부
    ③ 배터리 정비 및 장탈착 작업
    ④ 배터리 시스템에서 발생하는 일반적인 결함
(3) 비상등
    ① 종류 및 위치

Question 1

전기에서 직류(DC), 교류(AC), 맥류(Ripple Current)란 각각 무엇인가?

Answer

- 직류(DC : Direct Current)는 단위시간 당 전압이 일정한 방향으로 흐르는 전류이다.
- 교류(AC : Altenate Current)는 1초간 반복되는 사이클 수로 이것을 주파수라고 하고 단위는 Hz의 단위를 사용한다.
- 맥류(Ripple Current)는 교류 성분을 포함한 직류 전류를 말한다. 이 전류는 전파 정류기나 반파 정류기를 통해 교류를 정류시킨 후 평활 회로를 거치게 되면 매끈한 힘의 직류 성질을 띠는 전류를 얻어 낼 수 있다.

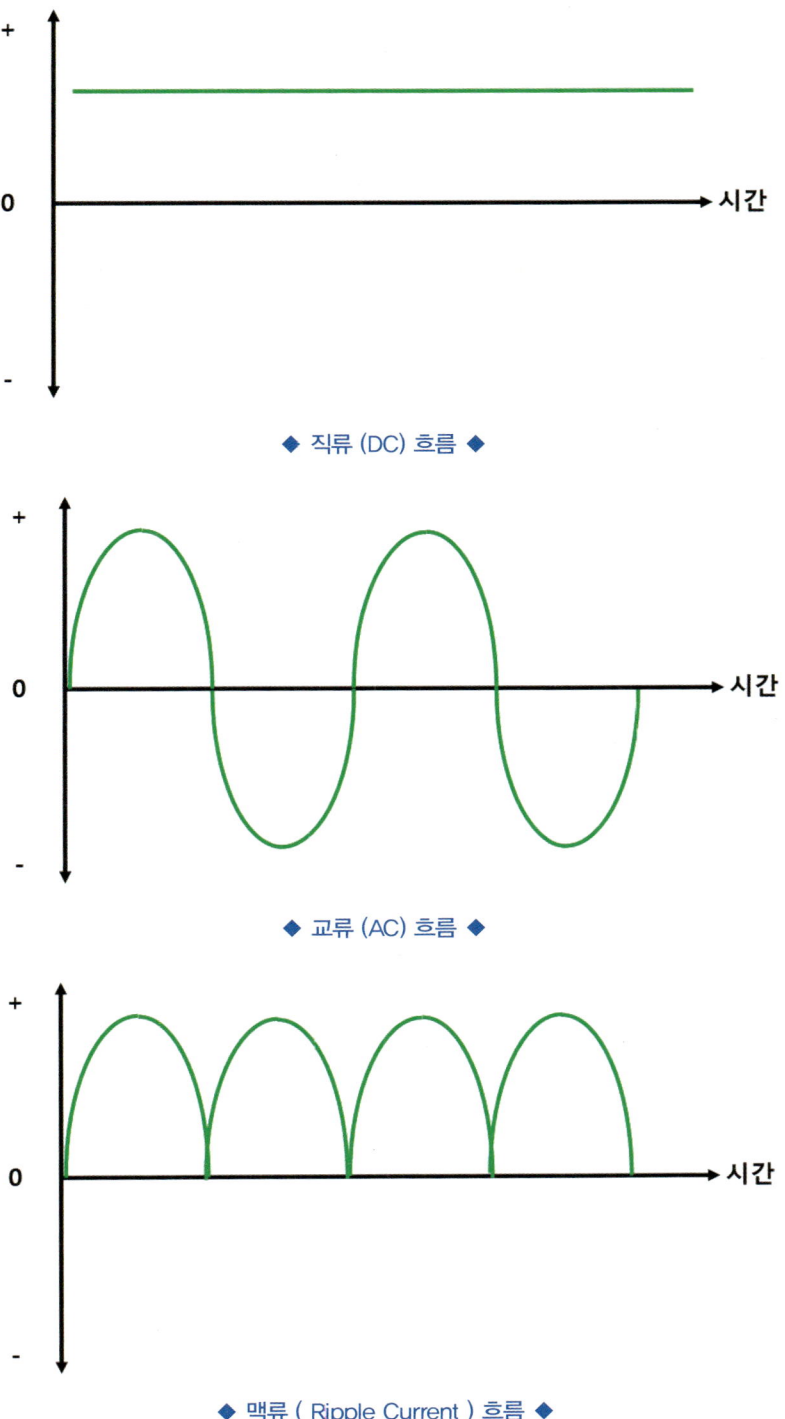

◆ 직류 (DC) 흐름 ◆

◆ 교류 (AC) 흐름 ◆

◆ 맥류 (Ripple Current) 흐름 ◆

Question 1-1

항공기에 사용되는 주 전원(Main Power)은 얼마인가?

Answer

115[VAC], 3상, 400[Hz]이다.

Question 1-2

왜 그 전원을 사용하는가?

Answer

우선 교류를 사용하는 이유는 승압 및 감압이 용이하고 직류에 비해 무게를 줄일 수 있으며 높은 전력 수요가 감당이 가능하여 효율이 우수한 특징이 있다. 직류를 사용하게 되면 115[V]만큼 배터리를 장착해야 하고 이것은 곧 항공기 무게를 늘리게 되는 셈이다.

400[Hz]를 사용하는 이유는 항공기 전선과 변압기 코일의 굵기를 줄여 무게를 1/6~1/8 정도 감소시킬 수 있으며 발전기(Generator)의 기어비 또한 경량화가 가능한 장점이 있다. 만약 60[Hz]를 사용한다면 그만큼 감속 장치의 기어 수와 직경이 커져 항공기 중량에 상당한 영향을 미칠 수 있다.

📎 예시

4극으로 구성된 Generator가 60[Hz] 주파수를 생성해야 하는 경우, 얼마의 rpm으로 회전하는가?

주파수 공식 = $\frac{PN}{120}$ (P : 극수, N : 회전수)를 응용

N = $\frac{f \times 120}{4}$ = $\frac{60 \times 120}{4}$ = 1,800 [rpm], 따라서 1,800[rpm]으로 회전해야 한다.

2. 4극으로 구성된 Generator가 400[Hz] 주파수를 생성해야 하는 경우, 얼마의 rpm으로 회전하는가?

주파수 공식 = $\frac{PN}{120}$ (P : 극수, N : 회전수)를 응용

N = $\frac{f \times 120}{4}$ = $\frac{400 \times 120}{4}$ = 12,000 [rpm], 따라서 12,000[rpm]으로 회전해야 한다.

2개의 Generator를 비교했을 때 60[Hz]를 생성해야 하는 Generator는 작은 회전수로 회전해야 하기 때문에 그만큼 감속 기어의 크기가 커지게 된다. 이러한 설계 방식은 항공기 중량 경량화를 목적으로 하기에는 어려워지고 효율이 떨어진다.

115[V] 전압값은 400[Hz]에 가장 이상적인 전압이라고 볼 수 있다. 3상은 교류 사인파가 3개이며 효율이 우수하고 높은 전력의 수요를 감당할 수 있다. 또한 브러시리스 발전기(Brushless Generator)를 사용함에 따라 발전기 작동 시 고고도에서 발생되는 아크 발생이 없고 주기적인 브러시 교체에 대한 수요가 없어 정비 및 유지 보수면에도 우수한 특징이 있다.

Question 1-3

400[Hz] 주파수가 무게 경감 효과가 있다고 했는데, 왜 600[Hz], 800[Hz]를 사용하지 않는가?

Answer

고주파수를 사용할 경우에는 적용할 장비의 설계와 제작이 어렵고 비용이 비싸다. 또한 400[Hz]가 항공산업에서 표준 주파수로 사용되어 왔기 때문에 고주파수를 사용하려면 기존 시스템과의 호환성과 새로운 표준을 정립하는 문제도 고려해봐야 한다.

고주파수는 일부 전기기기에서 노이즈도 발생시킬 수 있으며 저주파수로 작동되는 장비보다 고주파수로 작동되는 장비는 변동에 민감할 수 있고 이로 인해 신뢰성에 영향도 미치게 된다.

Question 2

전동기와 발전기의 원리는 어떻게 되는가?

Answer

전동기는 전기 에너지를 기계 에너지로 변환하며 플레밍의 왼손 법칙에 따라 작동 원리를 설명할 수 있다.
발전기는 기계 에너지를 전기 에너지로 변환하며 플레밍의 오른손 법칙에 따라 작동 원리를 설명할 수 있다.

(1) 전동기에 적용되는 플레밍의 왼손 법칙

전동기는 플레밍의 왼손 법칙이 적용된다. 사람의 손으로 표현하자면 엄지 손가락은 힘, 검지 손가락은 자기장 방향, 중지 손가락은 전류 흐름방향을 나타낸다고 볼 수 있다. 왼손 적용에 앞서 전동기의 구성은 다음과 같다.

① 전기자(Armature)
② 계자(Field)
③ 슬립 링(Slip Ring)

그림과 같이 왼손으로 전류 흐름방향에 따라 위치시킨다면 힘의 방향이 회전하는 전기자(Armature) 권선에 위아래로 움직이는 것을 볼 수 있으며, 자기장은 고정되어 있는 계자 N극에서 S극으로 들어가므로 일정한 방향성이 있기에 검지 손가락을 그대로 두고 손가락 방향만 틀면 된다.

이러한 방향을 적용시켜 보면 최초로 배터리로부터 전기 에너지를 공급받았을 때 전기자는 회전력이 발생되어 이는 곧 동력으로 사용하게 된다. 보통 전동기는 소형 항공기 엔진 시동기(Starter)나 APU 시동기(Starter) 등에 쓰이며 배터리로 전원 공급을 받으면 소형 항공기의 엔진이나 APU의 시동동력을 공급해준다.

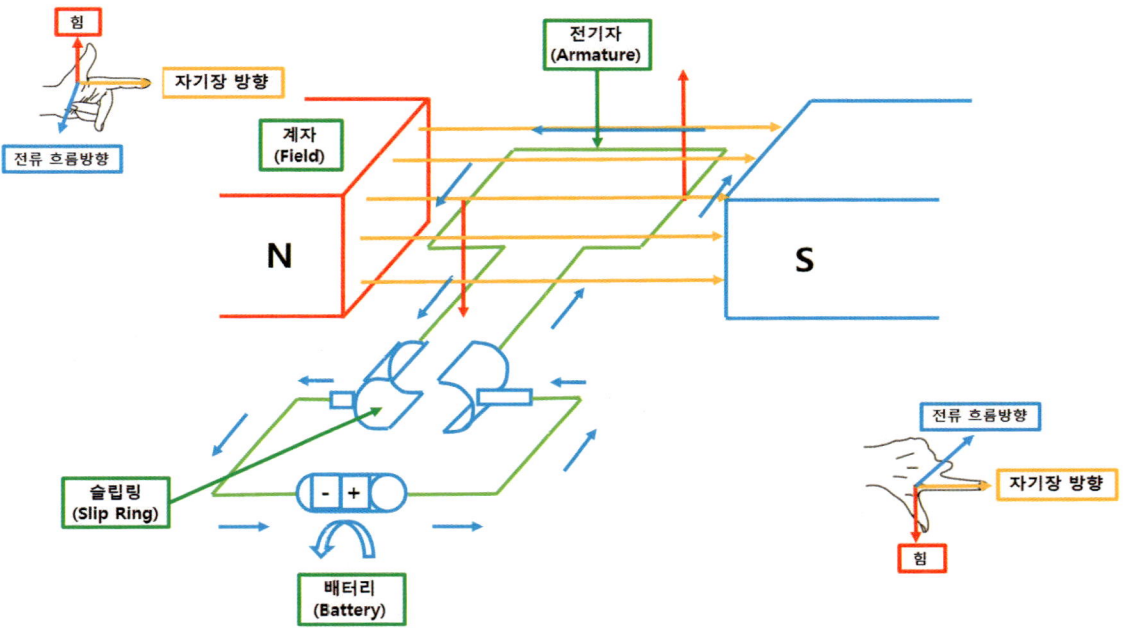

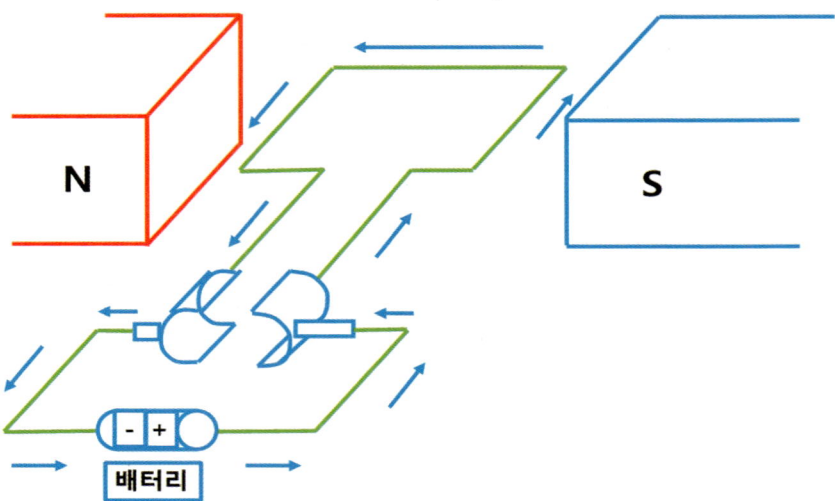

◆ 전동기에 적용되는 플레밍의 왼손 법칙 중 전류의 흐름 방향 ◆

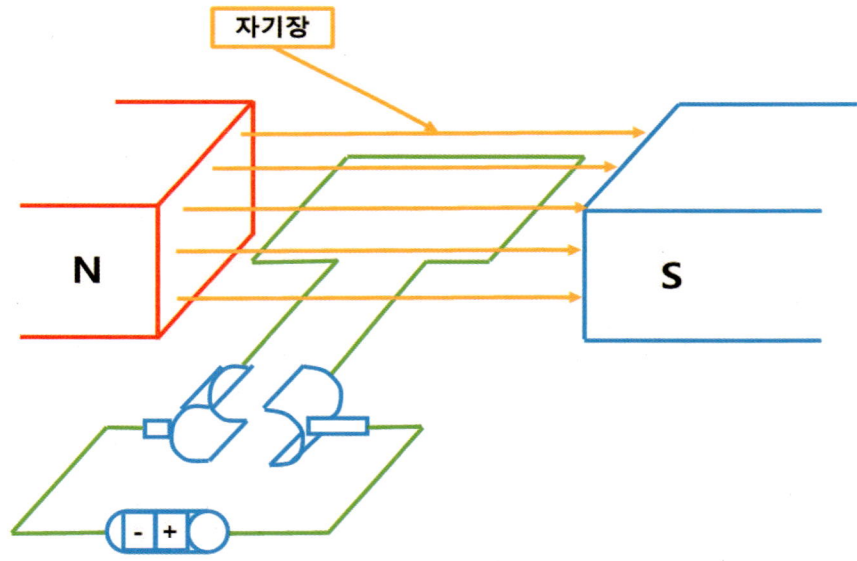

◆ 전동기에 적용되는 플레밍의 왼손 법칙 중 자기장의 방향 ◆

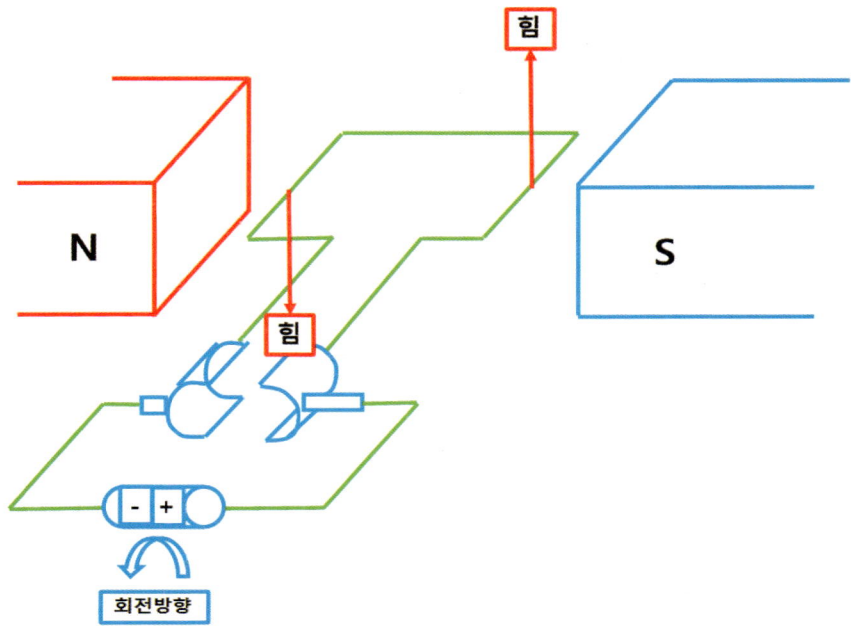

◆ 전동기에 적용되는 플레밍의 왼손 법칙 중 힘의 방향 ◆

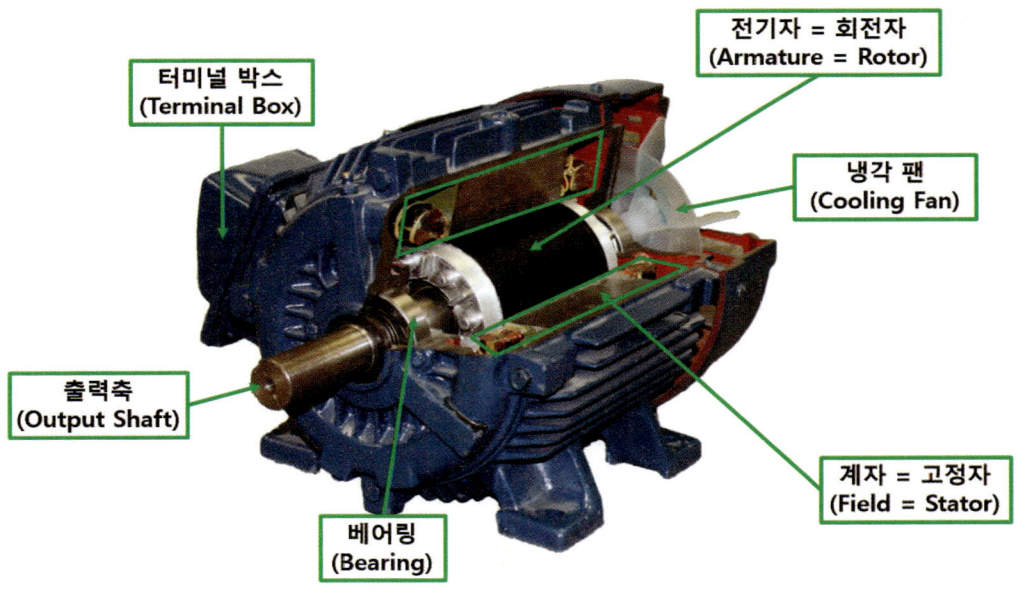

◆ 전동기 내부 구조와 구성품 ◆

(출처 : Freepik)

(2) 발전기에 적용되는 플레밍의 오른손 법칙

발전기는 전동기와 구조가 거의 동일하고 플레밍의 오른손 법칙이 적용된다는 점이 있다. 왼손 법칙과는 중지 손가락에서의 방향 지시 차이가 있다. 왼손 법칙에서 중지 손가락이 전류의 흐름방향이였다면, 오른손 법칙에서는 유도기전력 흐름방향을 나타낸다.

발전기는 전동기와 달리 항공기 엔진 악세서리 기어박스에 장착되어 엔진의 동력으로 구동되기 시작한다. 이러한 구동력이 발전기의 고정된 계자 내에 있는 전기자를 회전시킨다. 전기자가 회전을 하게 되면 계자의 N극과 S극 사이의 자기장 내에서 간섭을 일으켜 유도기전력을 발생시킨다. 이 유도기전력은 곧 항공기의 전원으로 쓰이는 것이다.

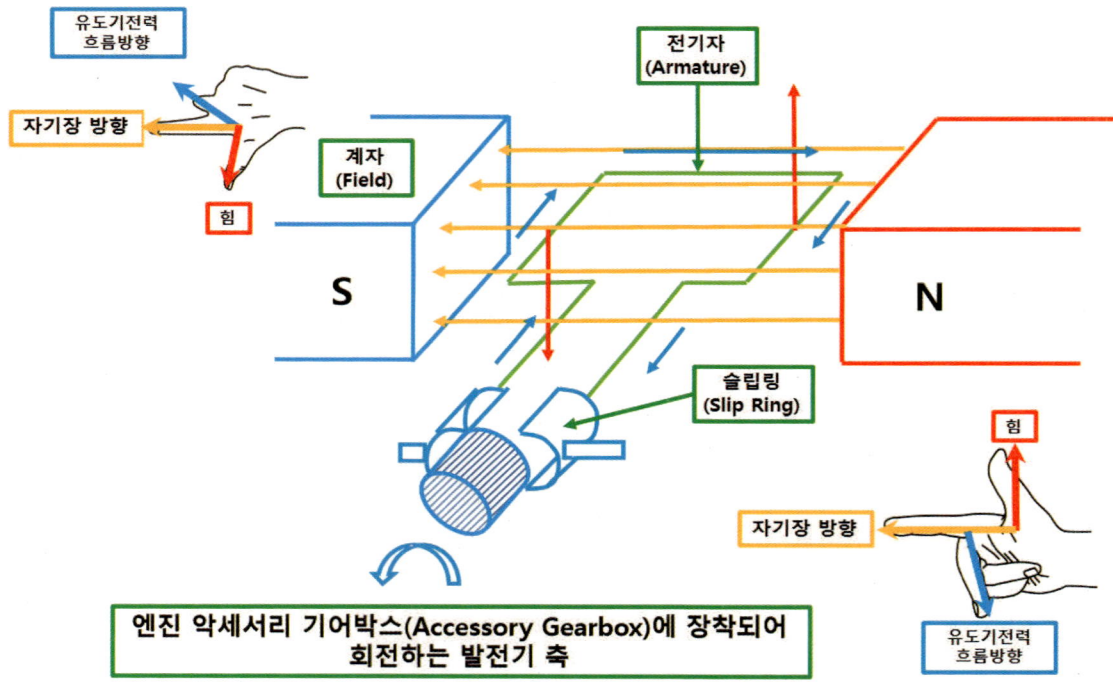

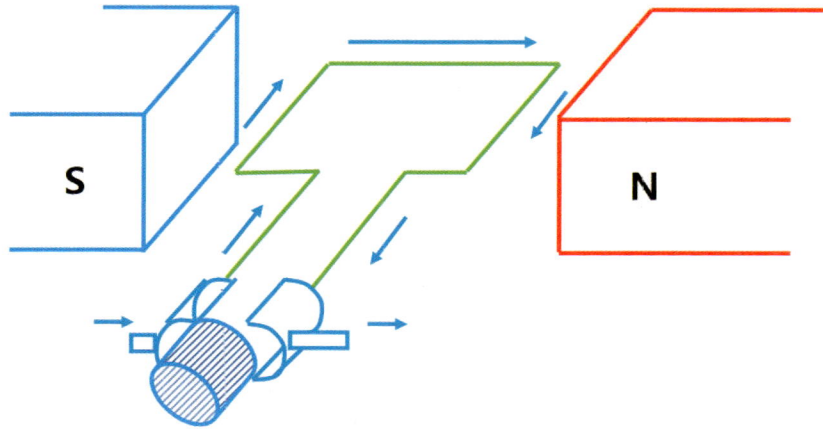

◆ 발전기에 적용되는 플레밍의 오른손 법칙 중 전류의 흐름 방향 ◆

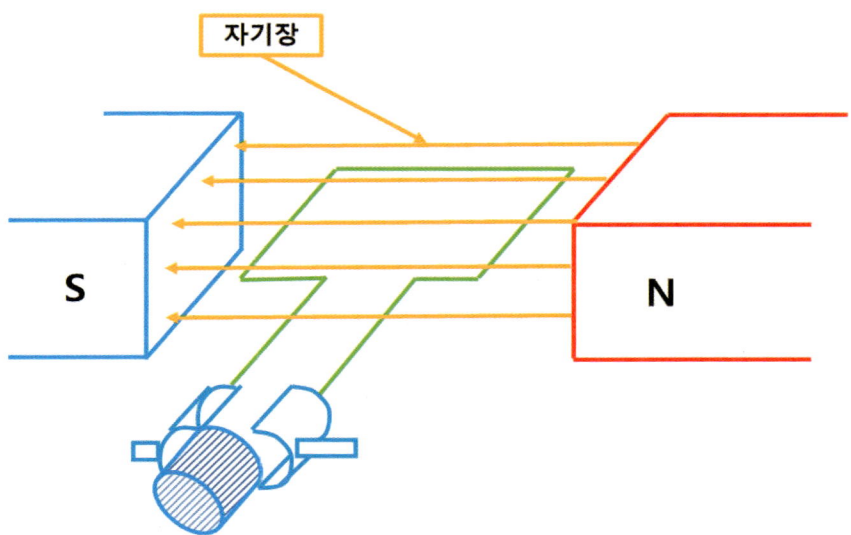

◆ 발전기에 적용되는 플레밍의 오른손 법칙 중 자기장의 방향 ◆

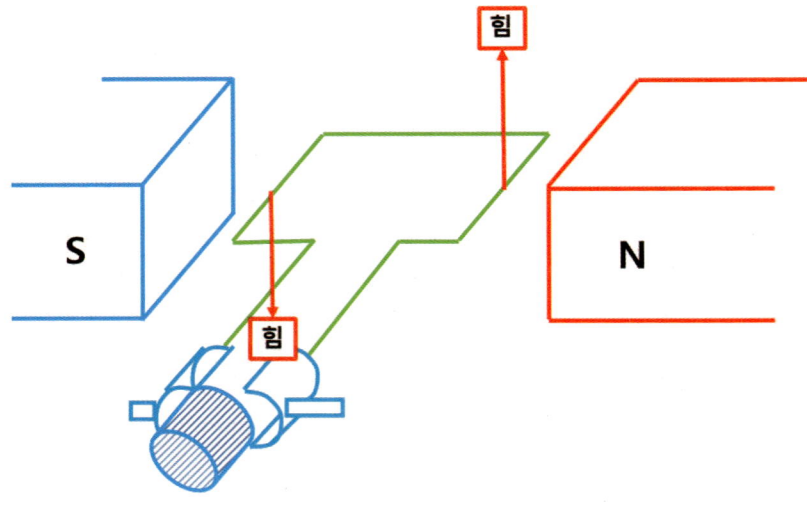

◆ 발전기에 적용되는 플레밍의 오른손 법칙 중 힘의 방향 ◆

Question 2-1
변압기(Transformer) 역할과 원리는 무엇인가?

Answer

변압기(Transformer)는 교류 전원을 승압 또는 감압하는 역할을 하며 1차 코일 권선수보다 2차 코일 권선수를 더 많이 감아 전압을 승압시키는 용도로 사용한다.

원리는 1차 코일 권선수에 전원 장치를 연결하고 전원을 흘러 보내주면 코일에 전류가 흐름과 동시에 코일 중심으로 자기장이 발생되어 2차 코일로 전달된다. 자기장이 전달된 2차 코일은 아무런 전원장치가 연결되어 있지 않음에도 불구하고 코일에 스스로 전류가 유도되는 원리가 발생된다.

이때 코일 권선수가 많을수록 승압, 적을수록 감압이 되는 원리이며 이것을 상호유도작용이라 부른다.

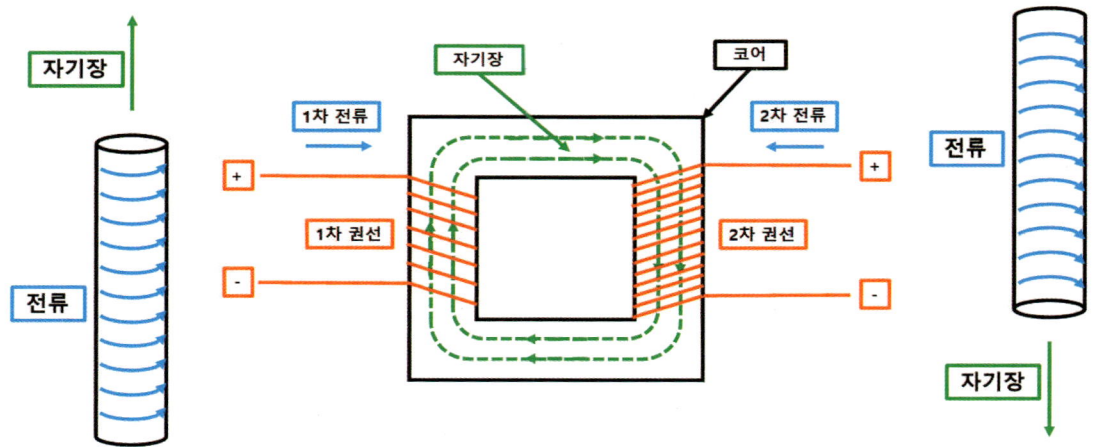

※ 앙페르의 오른나사 법칙을 적용하여 변압기 원리를 보면 이해하기 쉬워진다.

Question 2-2

항공기 교류 전원 중 Y결선과 델타결선이 있는데, 이 둘의 차이는 무엇인가?

Answer

Y결선의 선간전압은 상전압의 $\sqrt{3}$ 배, 위상은 30° 앞서며 선간전류는 상전류와 같다.

델타결선인 경우 선간전류는 선전류의 $\sqrt{3}$ 배, 위상은 30°, 뒤처지며 선간전압은 선전압과 같다. 이 결선 방법 중 항공기 발전기는 효율이 우수한 3상 Y 결선 방식을 더 많이 사용한다.

Question 2-3

항공기 스태틱 인버터(Static Inverter)란 무엇인가?

Answer

스태틱 인버터는 직류전원을 교류전원으로 변환시켜주는 장치이다. 주로 비상시 항공기에 필요한 교류전력을 배터리로부터 공급받아 변환시켜주며 비상 계기(Standby Instrument)를 작동시키고자 할 때 전원을 공급해준다.

또한 이 장치는 반도체를 사용하기 때문에 소형이면서 경량이고 장착하기가 용이하다는 장점이 있다. 결함 발생률 또한 적고 수명이 길며, 소음발생도 거의 없고, 부하가 연결되어 있더라도 동작할 수 있으며, 부하 변동에 따른 반응속도도 빠르다.

Question 3

항공기 CSD(Constant Speed Drive)는 어떤 장치인가?

Answer

항공기 CSD는 엔진 출력 증감에 따른 발전기 회전수를 일정하게 하여 출력 주파수를 일정하게 유지시켜준다.

Question 3-1

어떤 원리로 일정하게 해주는가?

Answer

항공기 CSD 내부 구조에는 3개의 샤프트(Shaft)가 기어로 맞물려 연결되어 있고, 이 샤프트 중 하나는 와블러(Wobbler)라고 불리우는 가변 피스톤 펌프를 통해 엔진 출력에 따라 고압측, 저압측으로 유로를 형성하여 회전수를 제어해준다. 가스터빈엔진 회전수가 높을 경우 CSD 내부에 있는 가변 피스톤 펌프가 발전기(Generator)의 회전수를 낮추도록 하고, 반대로 엔진 회전수가 낮을 경우에는 발전기의 회전수를 높여서 일정한 출력 주파수가 생성되도록 한다.

Question 3-2

항공기 CSD의 장착 위치는 어디인가?

Answer

항공기 엔진 구동축과 발전기 사이에 장착된다.

과거 항공기에 장착되었던 CSD 실물

(출처 : Wikipedia)

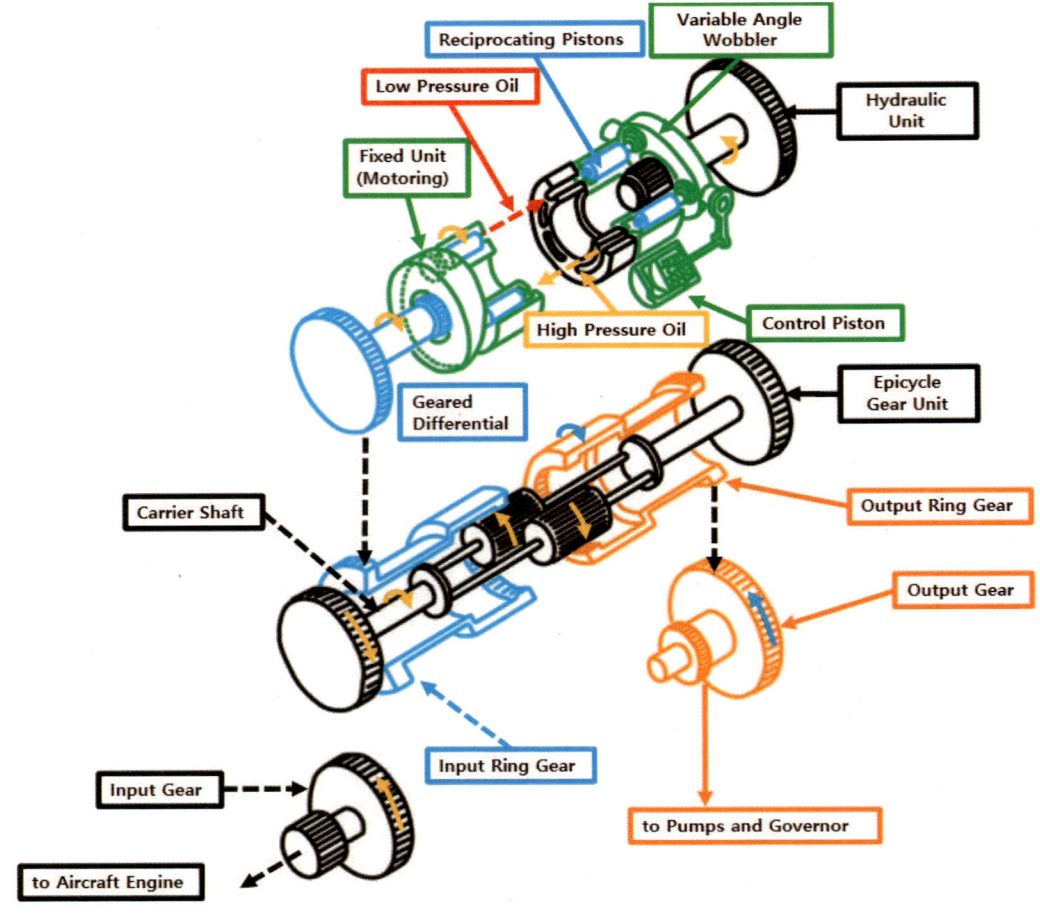

◆ 항공기 정속 구동 장치(CSD)의 내부 구조 ◆

Question 3-3

항공기 IDG(Integrated Drive Generator)는 어떤 장치인가?

Answer

항공기 IDG는 CSD와 발전기(Generator)를 하나로 통합시킨 것으로써 기존의 항공기에 별도로 있던 CSD와 발전기의 부피를 줄여 신뢰성을 높이며 출력 주파수 유지 및 115VAC, 400[Hz] 항공기 주 전원을 생성한다.

> **Question 3-4**
>
> 항공기 IDG에서 전기를 어떻게 생성해내는가?

Answer

항공기 IDG Drive Shaft에는 다음과 같이 구성된다.
① PMG(Permanent Magnet Generator)
② GCU(Generator Control Unit)
③ Main AC Exciter
④ Main AC Generator

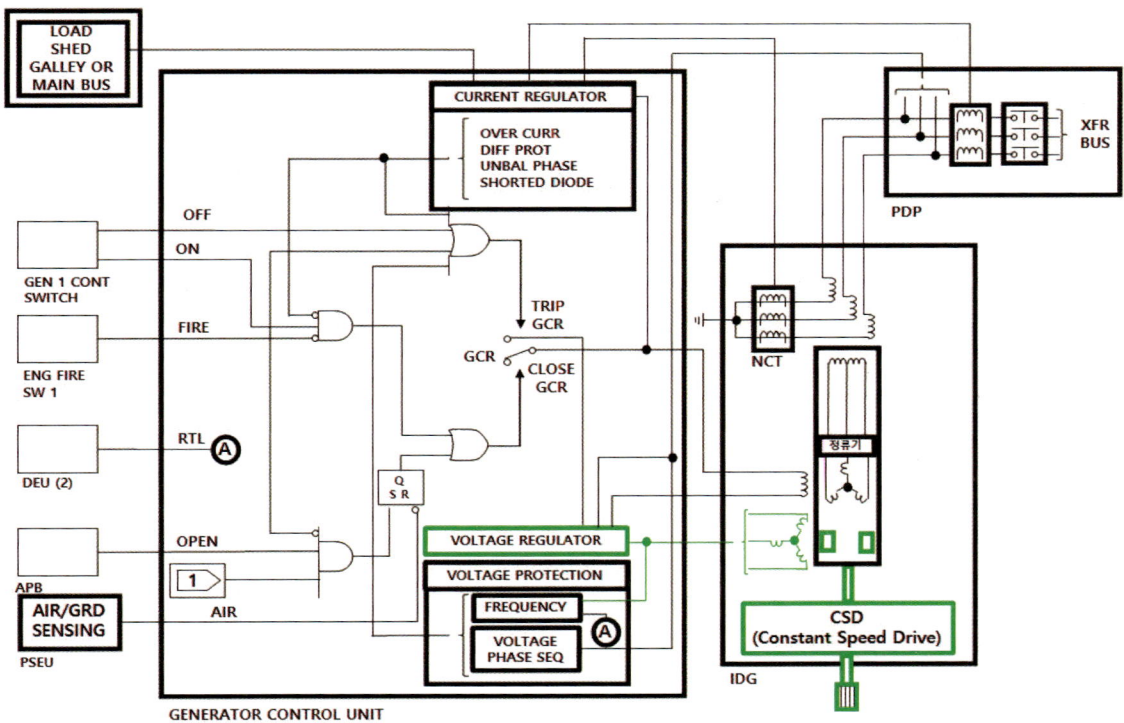

엔진 악세서리 기어박스에 장착된 IDG는 엔진 시동 동력에 의해 회전하게 된다. 이때 IDG 내부에 있는 CSD와 PMG Rotor 축이 회전하고, PMG Stator로 전압을 생성한다. 이 전압은 GCU에 있는 전압 조절기로 흐르게 된다.

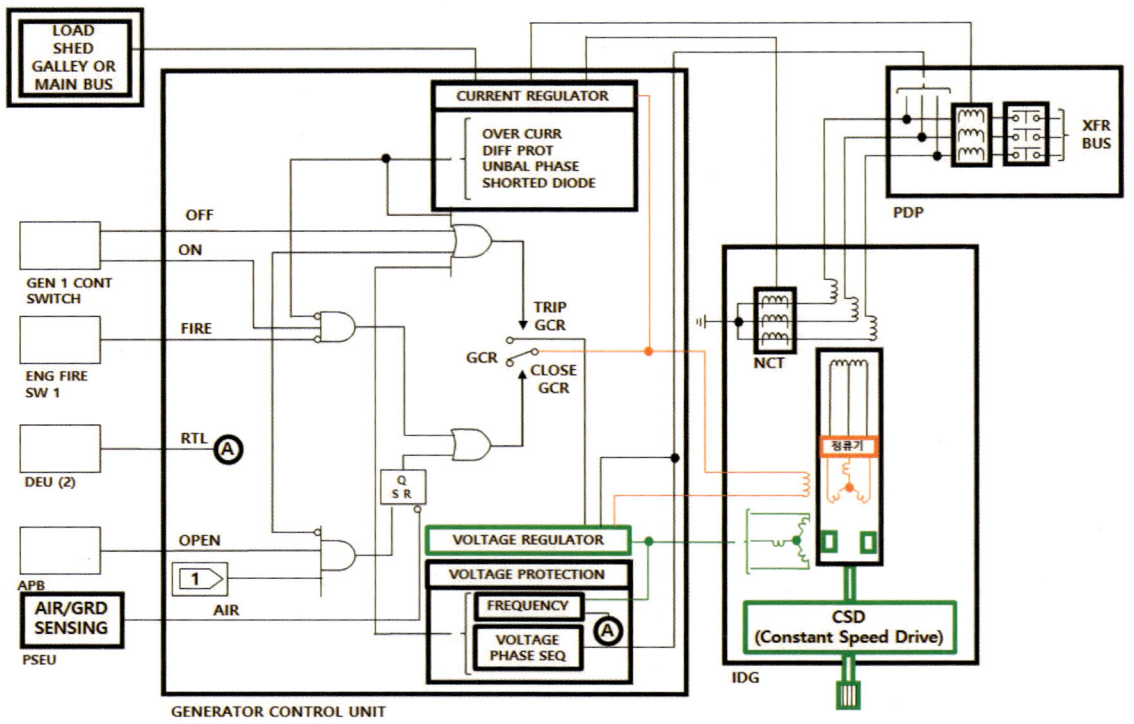

GCU의 전압 조절기는 PMG Stator로부터 공급받은 115VAC 전압을 28VDC로 조절 및 정류하여 Exciter Field로 공급한다. 그 후 Exciter에서 생성된 115VAC 전압을 정류기를 통해 다시 28VDC로 정류한다.

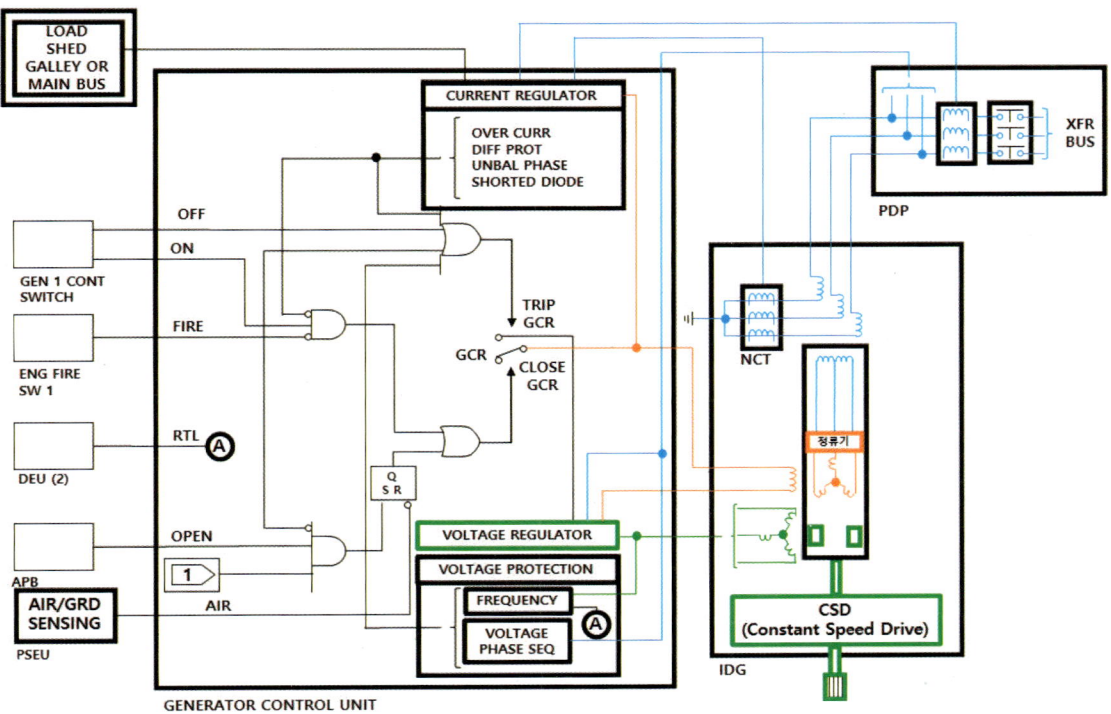

Exciter에 의해 정류된 28VDC 전압이 Main Generator Rotor에 공급된다. 이로 인해 Main Generator Stator에 115VAC 3상, 400Hz 전원이 생성되어 Transfer Bus로 흘러 전원을 필요로 하는 곳에 공급한다.

Question 3-5

중간에 왜 교류에서 직류로 정류를 하는가?

Answer

직류로 Exciter Rotor를 자화시키기 위함이다. Exciter Rotor는 일종의 자석으로써 초기에 자석에 감겨있던 코일에 전류가 없으니 자성도 띠지 못하게 된다. 이 상태에서 Stator를 감싸고 있는 Rotor를 아무리 코일을 감아놓은 자석이라 해도 회전시켰을 때 전류가 유도되지 않는다. 이에 따라 Rotor를 자화시켜 자력선 내에서 유도운동을 일으켜 유도기전력을 생성해낸다.

Question 3-6

항공기 IDG Oil Servicing은 어떻게 하는가?

Answer

항공기 IDG Oil Servicing 절차는 B737 항공기 기종 기준 다음과 같다.

① 먼저 Engine Cowling을 열어서 IDG Oil Sight Gage에 나타나 있는 오일량을 확인 후 PUSH-TO-VENT Valve를 15초간 눌러 내부 압력을 빼낸다. 그렇지 않으면 내부에 차있는 압력에 의해 오일이 작업자에게 분사될 수가 있다.

② IDG에 있는 Pressure Fill Fitting의 Cover를 제거한 다음 오일 보급 장비의 Pressure Fill Hose를 연결한다.

*이때 오일은 다른 종류의 오일이나 제조사가 다른 것을 섞어서 사용해서는 안되며 정해진 정격의 오일을 사용해야 한다. 그렇지 않으면 화학적 안정성에 저해되는 요소가 된다.

③ 최대 40[psi] 압력으로 오일이 IDG로 공급되도록 오일 보급 장비를 이용하여 채워준다.

④ 오일이 IDG로 공급되는 동안 주기적으로 PUSH-TO-VENT-Valve를 눌러준다.

⑤ IDG 오일 보급이 끝나고 최종 오일량을 확인하기 전일 때 PUSH-TO-VENT VALVE를 눌러야 한다.

⑥ 정확한 오일량을 확인하기 위해 IDG에 있는 Sight Glass를 보고 확인한다. 이때 Sight Gage의 Full Mark 이상으로 오일이 채워져 있으면 안된다. 엔진 작동 시 열팽창에 따른 오일량이 과보급될 수도 있기 때문이다.

⑦ 정상적으로 채워졌으면 Pressure Fill Fitting에 장착되어 있던 Hose를 분리시키고 Fitting에 Cover를 장착한다.

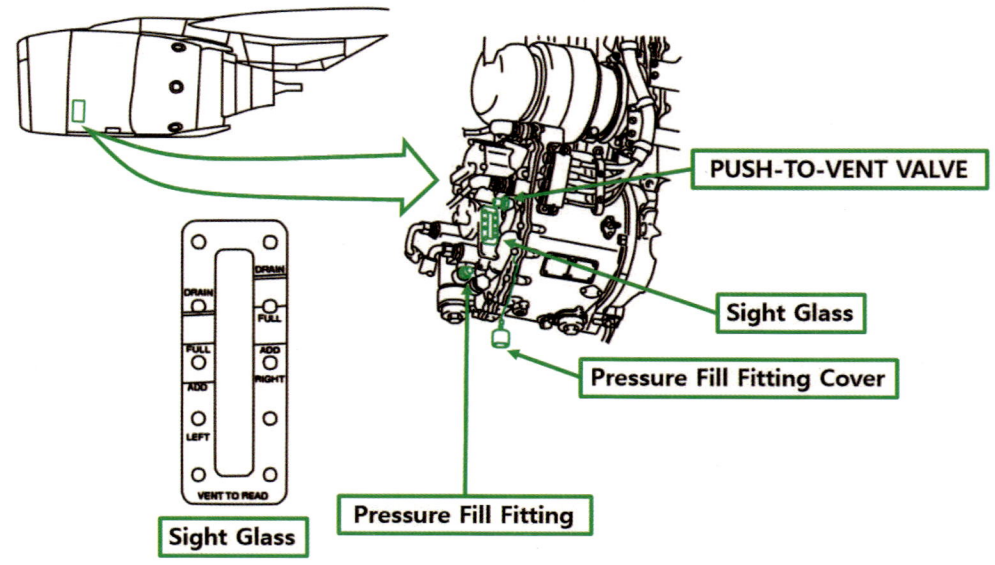

◆ 현대 항공기에 장착된 IDG와 Sight Glass 실물 ◆

Question 4

항공기 배터리(Battery)는 무엇이 있고 어떤 특징들이 있는가?

Answer

항공기 배터리는 크게 황산-납 배터리와 니켈-카드뮴 배터리로 나뉘며 각각의 배터리는 다음과 같은 특징들이 있다.

	황산-납 배터리	니켈-카드뮴 배터리
Cell 당 전압값	1 Cell 당 2V 전압 생성 12V : 6개의 Cell로 구성 24V : 12개의 Cell로 구성	1 Cell 당 1.2~1.25V 전압 생성 12V : 10개의 Cell로 구성 24V : 19개의 Cell로 구성
전해액	묽은 황산	수산화칼륨(KOH)
중화제	암모니아수	레몬주스, 아세트산
특징	전해질로 황산이 좋지만 사람에게 유해하다. 그러나 충전시간이 짧은 특징이 있다.	황산-납 배터리보다 인체에 덜 유해하고 수명이 길다. 가스발생과 발열이 적다.

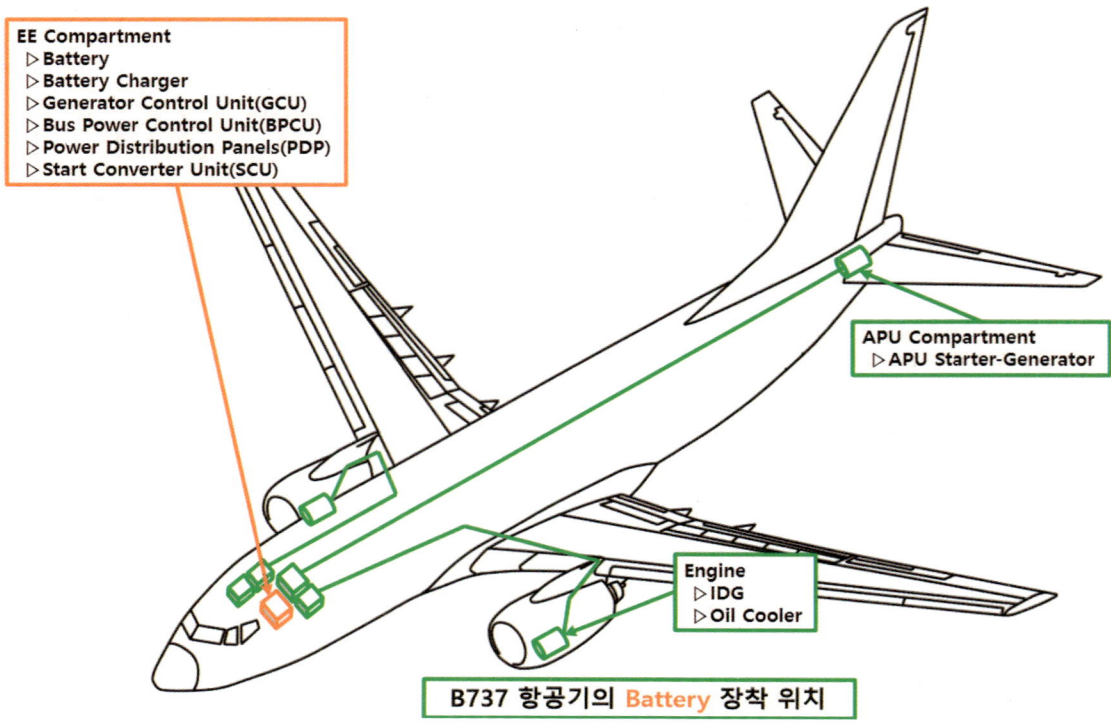

B737 항공기의 Battery 장착 위치

◆ 니켈-카드뮴 배터리(Nickel-Cadmium Battery)와 셀(Cells) 실물 ◆

(출처 : 국토교통부 항공정비사 표준교재 항공기전자전기계기)

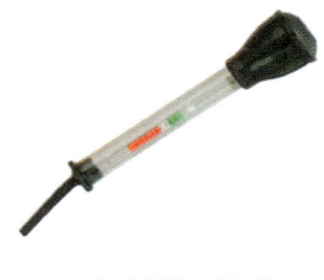
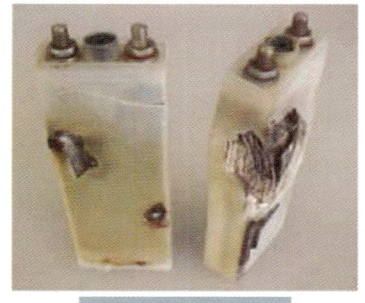
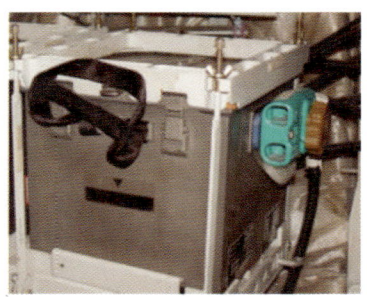

비중계   열 폭주로 손상된 셀   신속분리형 플러그

◆ 비중계와 과열로 인해 손상된 배터리 셀 그리고 배터리 연결에 쓰이는 신속분리형 플러그 실물 ◆

(출처 : 국토교통부 항공정비사 표준교재 항공기전자전기계기)

Question 4-1

항공기 배터리 취급 시 주의사항은 무엇이 있는가?

Answer

항공기 배터리 취급 시 주의사항은 다음과 같이 있다.

① 저온에서는 효율이 떨어지므로 보관할 때 실내에 보관하여 사용하는 것이 좋다.
② +, - 단자를 올바르게 연결하고 사용해야 한다.
③ 전해액이 과충전에 의해 누설되었을 때 중화제를 이용하여 닦아내야 한다.
④ 황산 - 납 배터리의 전해액을 비중계로 검사할 때에는 온도에 따른 비중 변화가 있으므로 온도를 꼭 고려해야 한다.
⑤ 배터리 커버에 하얀색 침전물이 많이 쌓여 있으면 전해액을 교체해야 한다.
⑥ 완충된 니켈 - 카드뮴 배터리는 전해액에서 나오는 가스 발생으로 인해 전해액의 양이 안정화될 때까지 증류수를 3~4시간 이후에 부어야 한다.
⑦ 전해액 보충 작업 전 장갑과 앞치마 등을 꼭 착용하고 전해액이 혹시라도 피부에 묻었을 경우 중화제로 중화시켜서 닦아내야 한다.
⑧ 전해액 제조는 다음과 같다.

- 황산 - 납 배터리는 물에다 묽은 황산을 조금씩 부어서 섞는다.
- 니켈 - 카드뮴 배터리는 증류수에다 수산화칼륨을 조금씩 부어서 섞습니다.

반대로 할 경우 묽은 황산은 탈수 현상에 의해 발열 작용이 심해져 끓거나 폭발할 위험성이 매우 크기 때문이다.

> **Question 4-2**
>
> 왜 항공기에서는 니켈-카드뮴 배터리(Nickel-Cadmium Battery)를 지금까지 사용하고 있는가?

Answer

항공기에 사용하는 배터리는 항공기 엔진이나 APU 초기 시동시 필요로 하는 전원 공급을 위해 내부에서 발생되는 화학작용이 발열과 가스발생을 매우 크게 촉진시킨다. 이때 직류 전압이 순간적으로 최대치를 도달하게 되는 경우가 있는데, 이러한 시점을 순간 최대 전압값(Peak Voltage)이라 한다. 황산-납 배터리는 순간 최대 전압값에서 역률이 부족하여 배터리 내부가 찌그러지거나 손상될 수가 있다. 그러나 니켈-카드뮴 배터리는 이러한 현상에서도 안정적이기 때문에 현재까지도 사용하는 것이다.

> **Question 4-3**
>
> 항공기 배터리 충전법 중 정전류 충전법과 정전압 충전법은 무엇인가?

Answer

항공기 배터리 충전법에 대한 내용은 다음과 같다.

(1) 정전류 충전법

　정전류 충전법은 일정 전류값을 유지하여 배터리를 충전하는 것이다. 충전기와 배터리를 직렬로 연결하여 충전하며 공급 전압은 14[V], 28[V]를 사용한다. 장단점으로는 다음과 같이 있다.
　① 장점 : 완충 시간은 예측할 수 있다.
　② 단점 : 과충전에 대한 위험과 폭발 위험이 있고 충전시간이 다소 소요된다.

(2) 정전압 충전법

　정전압 충전법은 일정 전압으로 배터리를 충전하는 것이다. 충전기와 배터리를 병렬로 연결하여 충전하며 공급 전압은 14[V], 28[V]를 사용한다. 장단점으로는 다음과 같이 있다.
　① 장점 : 과충전에 대한 위험이 없고 충전시간이 짧다. 또한 가스 발생이 거의 없고 충전 능률이 우수하다.
　② 단점 : 완충 시간을 예측할 수 없고 일정시간 간격으로 충전상태를 확인해야 한다.

◆ Electronic Equipment Bay에 위치하는 B737 항공기의 배터리 충전기(Battery Charger) ◆
(출처 : 국토교통부 항공정비사 표준교재 항공기전자전기계기)

Question 5

항공기 조명계통(Lighting System)은 무엇이 있는가?

Answer

항공기 조명계통은 내부 조명과 외부 조명으로 분류되며, 다음과 같이 있다.

(1) 내부 조명(Interior Lights)

① 조종실 계기 패널 조명(Instrument Panel Light)

항공기 계기판, 오버헤드 패널, 전자장비 패널 등에 장착되어 조종사와 정비사에게 시각적인 부분을 향상시켜 계통 조작이나 스위치 조작 등을 원활히 하도록 기여한다.

항공정비사 면허 실기 · 구술

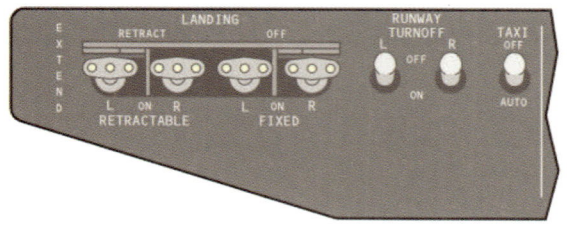

◆ 항공기 조종실 오버헤드 패널(Overhead Panel)에 있는 외부 조명등 스위치 위치 ◆
(출처 : 국토교통부 항공정비사 표준교재 항공기전자전기계기)

야간에는 각 계통별 조작 스위치들이 쉽게 보일 수 있도록 오버헤드 패널(Overhead Panel)에 조명 장치들이 내장되어 쉽게 식별할 수 있도록 할 수 있으며, 밝기 조절도 가능하다.

(2) 객실 조명등(Passenger Cabin Light)

객실 조명등은 천장, 벽면, 통로 등 객실을 전체적으로 밝혀주며 각 좌석별로 승객들이 독서를 할 수 있도록 PSU(Passenger Service Unit)에 독서등(Reading Light)이 장착되어 있다.

(3) 객실 사인등(Passenger Sign Light)

객실 사인등은 승객에게 금연, 좌석벨트 착용 등의 안내를 알려주는 역할을 한다. 이 사인등(Sign Light)은 각 객실 좌석 머리 위에 있는 PSU(Passenger Service Unit)에서 확인할 수 있다.

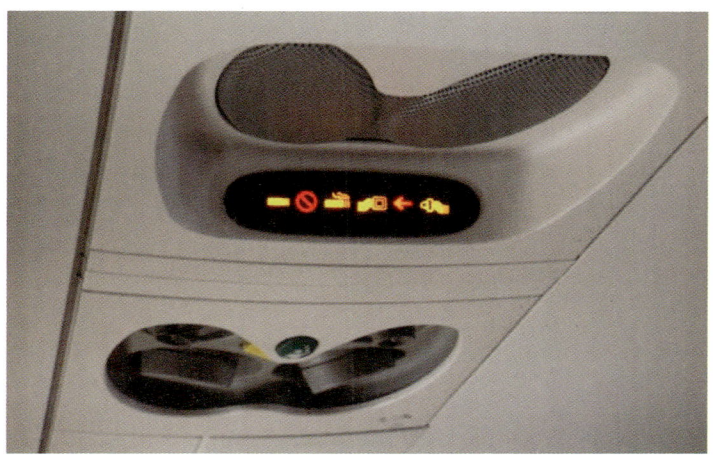

(5) 화장실 조명등(Lavatory Light)

화장실 조명등은 화장실 문을 닫고 잠그면 자동적으로 점등되어 내부를 밝게 보이도록 한다.

2. 외부 조명등(Exterior Lights)
   (1) 항법등(Navigation Lights) 또는 위치 표시등(Position Lights)
      다른 항공기에게 해당 항공기의 비행진행방향을 알려주는 목적으로 사용한다. 좌측 날개는 빨강, 우측 날개는 초록, 꼬리날개는 백색으로 점멸한다. 조종실 오버헤드 패널에서 스위치를 "STEADY" 위치로 설정하면 항법등 또는 위치표시등만 켜지고, "STOBE & STEADY" 위치로 설정하면 충돌방지등까지 켜진다.

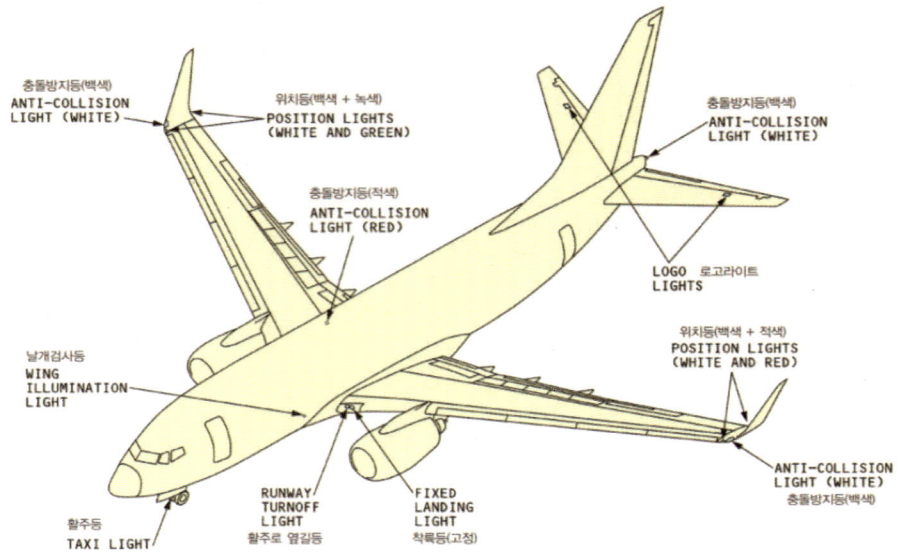

◆ B737 항공기 외부 조명등(Exterior Lights) 위치 ◆

(출처 : 국토교통부 항공정비사 표준교재 항공기전자전기계기)

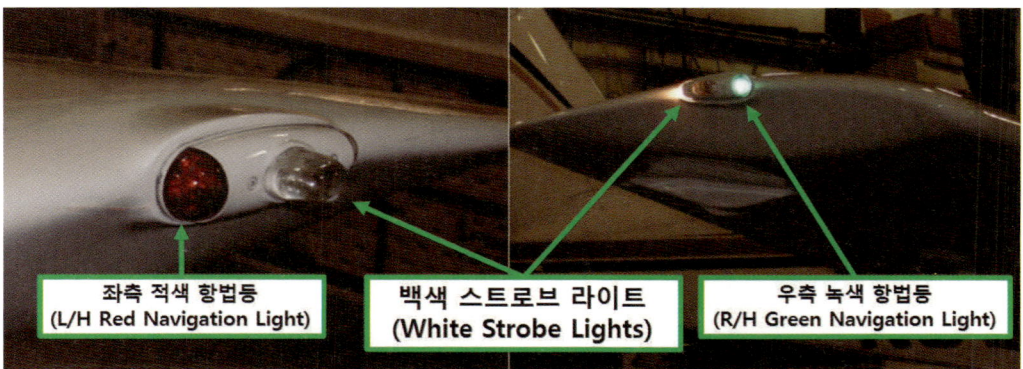

◆ 항공기 항법등(Navigation Light) 또는 위치표시등(Position Light) ◆

(출처 : 국토교통부 항공정비사 표준교재 항공기전자전기계기)

(2) 충돌방지등(Anti-Collision Light, Beacon Light)

일반적인 충돌방지등은 항공기 동체 상하면에 장착되어 있고, 다른 항공기와 충돌을 방지 목적으로 사용한다. 분당 40~100회 정도 적색으로 점멸된다. 일부 기종에서는 백색의 스트로브 라이트가 날개끝(Wing Tip) 또는 꼬리날개(Empennage)에 장착된다.

◆ 항공기에 각각 장착된 백색의 스트로브 라이트(White Strobe Light)와 적색 비컨 라이트(Red Beacon Lights) ◆
(출처 : 국토교통부 항공정비사 표준교재 항공기전자전기계기)

(3) 착륙등(Landing Light)과 유도등(Taxi Lights)

착륙등은 항공기 주 날개 앞전에 장착되고, 야간착륙 시 활주로를 비추기 위한 목적으로 쓰인다. 이 조명등은 매우 밝기가 밝기 때문에 지상에서 작동시키는 것을 지양한다.

유도등은 활주로(Runway), 유도로(Taxi Strip)로부터 또는 격납고(Hanger)로부터 항공기를 유도 또는 견인하는 동안 지상에 밝은 조명을 제공하는데 쓰인다. 유도등은 노즈 랜딩기어(Nose Landing Gear)에 장착되어 있으며 비조향 부분(Non-Steerable Part)에 장착된다. 또한 유도등은 항공기 전방에 직접적인 조명과 경로상의 좌우측으로 조명을 제공하도록 항공기 중심선에 비스듬한 각도로 장착된다.

◆ 항공기 착륙등(Landing Lights) 위치 ◆
(출처 : 국토교통부 항공정비사 표준교재 항공기전자전기계기)

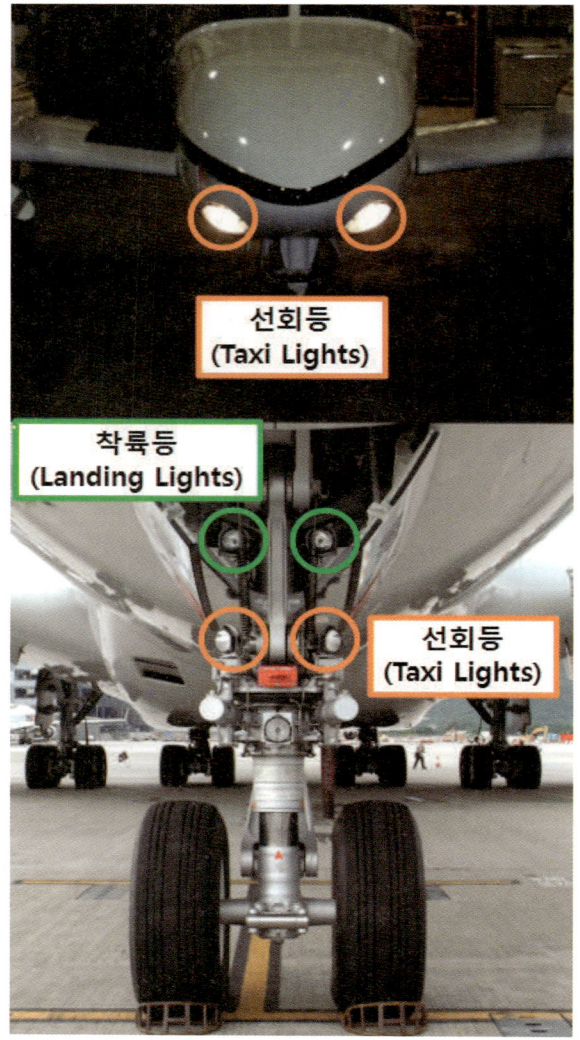

◆ 항공기 착륙등(Landing Lights)과 선회등(Taxi Lights) 위치 ◆

(출처 : 국토교통부 항공정비사 표준교재 항공기전자전기계기)

(4) 날개 검사등(Wing Inspection Light)

날개 검사등은 날개 및 엔진 검사등(Wing & Engine Scan Light)이라고도 하며 항공기 날개 앞전과 엔진 흡입구(Engine Intake)의 착빙(Icing) 상태나 FOD를 검사하는 목적으로 사용한다.

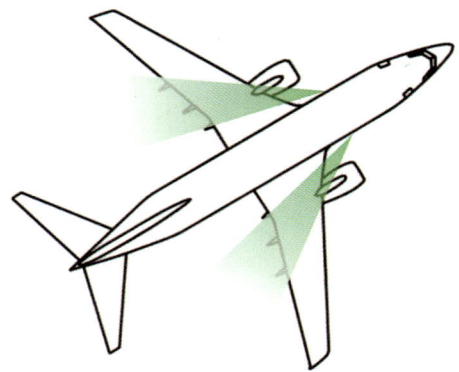

◆ 항공기 Wing Inspection Light 위치 ◆

(5) 활주로 선회등(Runway Turnoff Light) 및 로고등(Logo Light)

활주로 선회등은 야간에 착륙 후 활주로를 벗어나 유도로(Taxiway)로 회전할 때 유도로 상태를 먼저 파악하는데 사용한다.

로고등(Logo Light)은 특히 야간에 항공사의 로고나 상징(Emblem)이 잘 보이도록 비추는데 사용한다. 항공기 수직 안정판(Vertical Stabilizer)에 있는 항공사의 로고를 비추도록 수평 안정판(Horizontal Stabilizer)에 장착되어 있다.

◆ 항공기 Runway Turnoff Light 위치 ◆

◆ 항공기 Logo Light 위치 ◆

Question 5-1

항공기 비상등(Emergency Light)은 무엇이 있는가?

Answer

비상등은 항공기 전체 전원이 끊어졌을 때 자동적으로 점등하고 독립된 배터리에 의해 최소 10분간 작동된다.

(1) 천장 및 입구통로 비상등(Ceiling & Entryway Emergency Light)

비상 출구(Emergency Exit Path)를 따라 항공기에서 탈출할 때 승무원과 승객에게 통로를 비춰 탈출을 유도한다. 일부 기종에서는 객실 좌석 시트 옆면에 불빛이 점등되어 탈출을 유도한다.

(출처 : ResearchGate)

(2) 슬라이드가 장착된 비상등(Door-Mounted(Slide) Emergency Light)
각 객실에 있는 도어(Door)의 안쪽에 장착되어 있으며, 도어(Door)가 열렸을 때 비상 탈출 슬라이드를 비춰 탈출을 도와준다.

(3) 도어 프레임에 장착된 비상등(Door Frame Mounted Light)
항공기 도어 프레임(Door Frame) 상단에 장착되어 문턱(Door Sill)을 비춰준다.

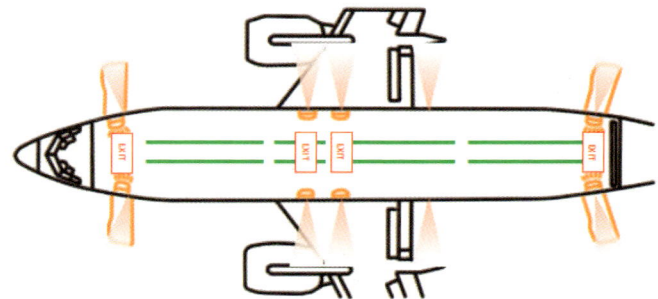

◆ B737 항공기 비상등(Emergency Light)과 탈출 슬라이드(Escape Slide) 위치 ◆

(4) 출구 사인등(Exit Sign)
각 도어(Door) 상부 또는 근처, 통로 위의 천장에 장착되어 Emergency Egress Paths를 지시한다.

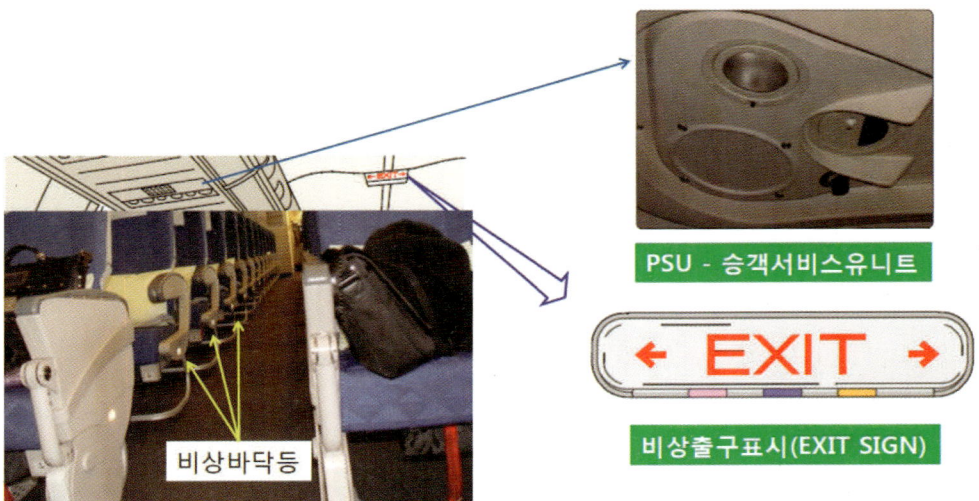

◆ 항공기 비상등(Emergency Lights) 위치 ◆
(출처 : 국토교통부 항공정비사 표준교재 항공기전자전기계기)

04 전자계기 계통

(1) 전자계기류 취급
    ① 전자계기류 종류
    ② 전자계기 장·탈착 및 취급 시 주의사항 준수 여부
(2) 동정압(Pitot-Static Tube) 계통
    ① 계통 점검 수행 및 점검 내용 체크
    ② 누설 확인 작업
    ③ Vaccum/Pressure, 전기적으로 작동하는 계기의 동력 시스템 검사 고장탐구

Question 1
항공기 계기 장탈 시 주의사항은 어떻게 되는가?

Answer
먼저 계기의 동력원들을 차단해준 후 계기를 장탈한다. 분리된 배선이나 배관은 전용의 Cap으로 먼지가 유입되는 것을 막도록 조치를 취한다. 장탈한 계기 중 사용 불능인 것은 태그(Tag)에 기록을 하여 표시해두고, 지정된 케이스가 있을 경우에는 그 케이스에 넣어서 운반한다. 자이로스코프가 내장된 계기의 경우에는 취급을 조심히 해야 하며 떨어뜨리거나 충격을 주어서는 안 된다.

Question 1-1
항공기 동·정압 계통(Pitot-Static System)에 해당되는 계기는 무엇이 있는가?

Answer
동·정압을 이용하는 계기는 속도계, 고도계, 승강계가 있다.

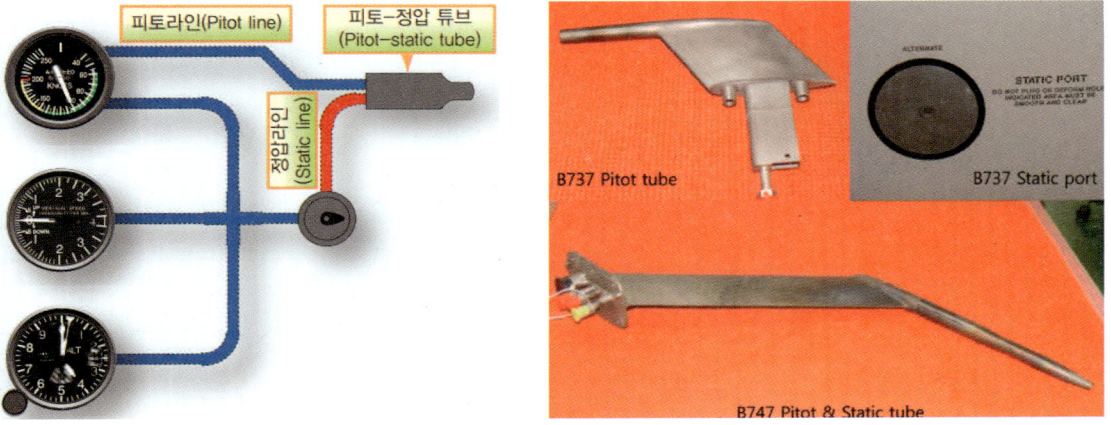

◆ 동·정압 계통의 계기들과 B737 피토관(Pitot Tube), B737 정압공(Static Port), B747 피토 & 정압관(Pitot & Static Tube) 〉
(출처 : 국토교통부 항공정비사 표준교재 항공기전자전기계기)

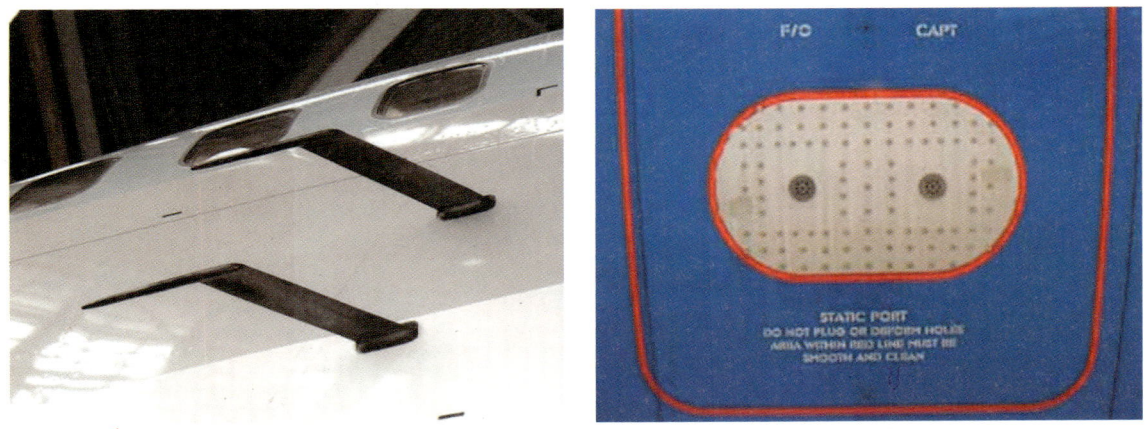

◆ B747 항공기의 피토관(Pitot-Tube) 실물, 정압공(Static Port) 실물 ◆
(출처 : 국토교통부 항공정비사 표준교재 항공기전자전기계기)

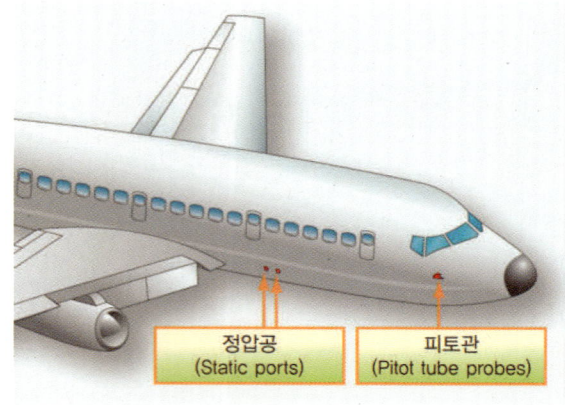

◆ 피토관(Pitot Tube)과 정압공(Static Ports)의 대략적인 위치 ◆
(출처 : 국토교통부 항공정비사 표준교재 항공기전자전기계기)

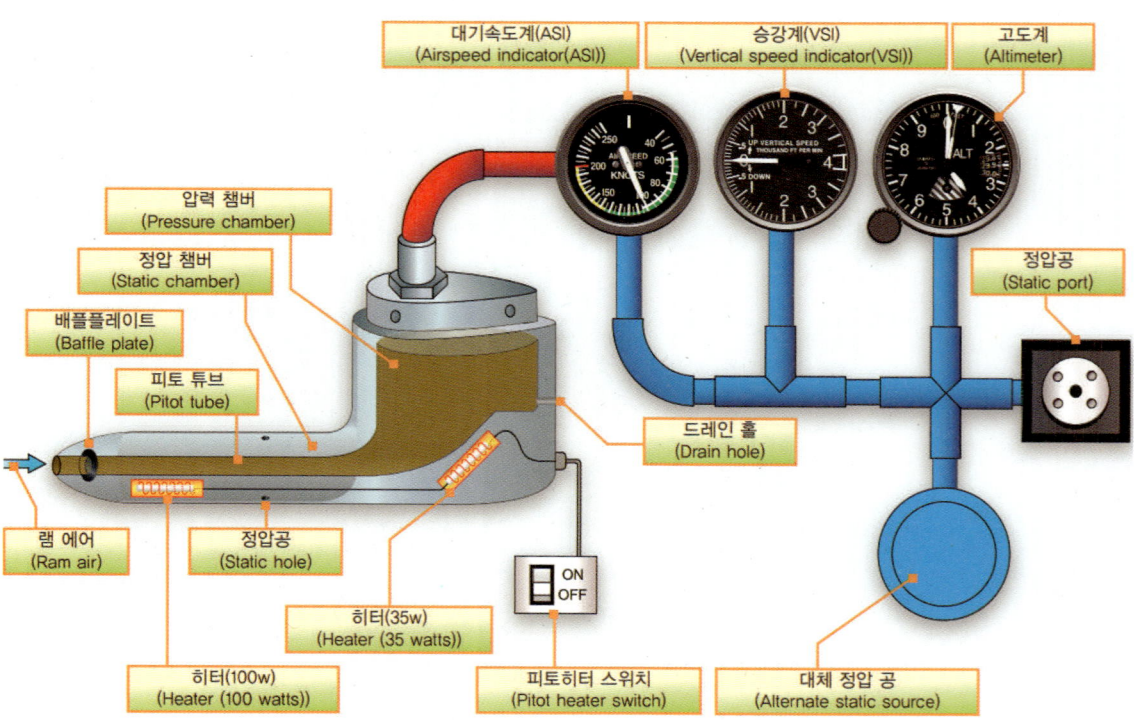

◆ 전형적인 동·정압 계통(Pitot-Static System)의 구성 ◆
(출처 : 국토교통부 항공정비사 표준교재 항공기전자전기계기)

> **Question 1-2**
>
> 각 계기들은 어떤 계기들이고 작동 원리 또한 어떻게 되는가?

Answer

(1) 속도계(Air Speed Indicator)

속도계는 항공기의 속도값을 지시해주며 내부에는 수감부로 쓰이는 다이어프램(Diaphragm)이 있다. 작동 원리는 피토관(Pitot Tube)의 전압(Total Pressure)이 다이어프램 내부로 흐르고, 정압공(Static Port)의 정압은 계기 케이스 내부 나머지 공간에 채워진다. 이러한 두 압력의 차압인 동압(Dynamic Pressure)이 속도계의 다이어프램을 수축, 팽창을 하도록 한다. 이러한 움직임이 곧 속도계의 지시 바늘을 움직이게 하여 항공기 속도에 따른 속도값을 유동적으로 지시하게 만든다.

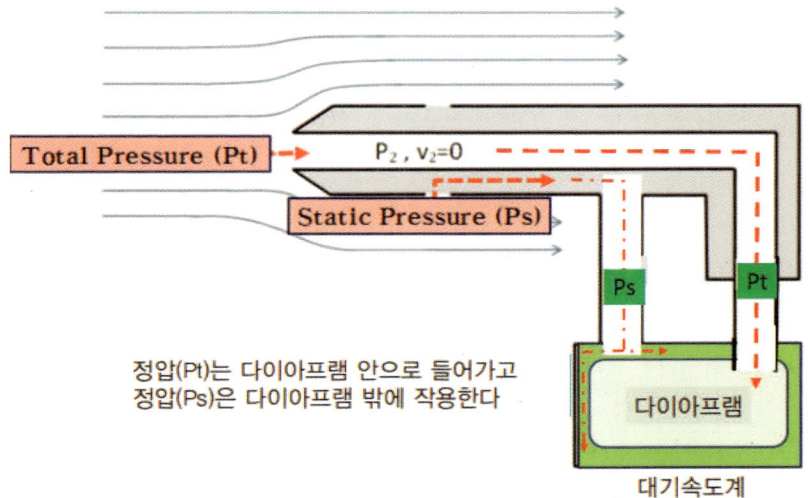

◆ 피토관(Pitot Tube)으로 흐르는 공기의 압력과 다이어프램으로 작용하는 압력 예시 ◆

(출처 : 국토교통부 항공정비사 표준교재 항공기전자전기계기)

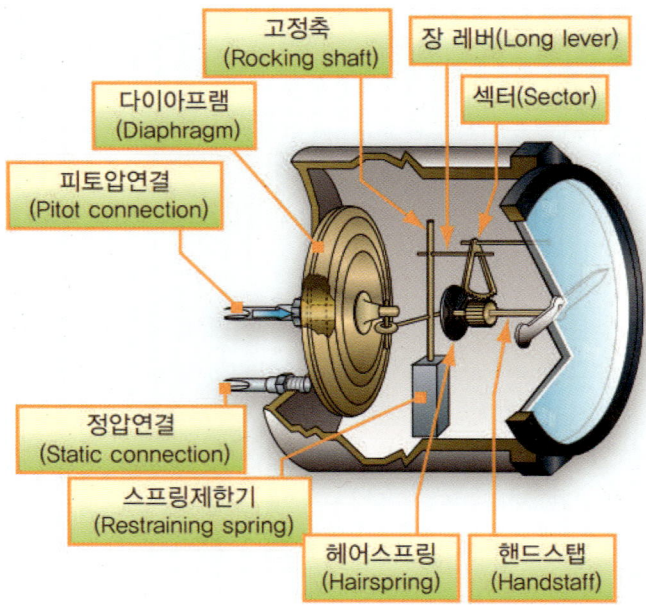

◆ 항공기 속도계(Air Speed Indicator) 내부 구조 ◆

(출처 : 국토교통부 항공정비사 표준교재 항공기전자전기계기)

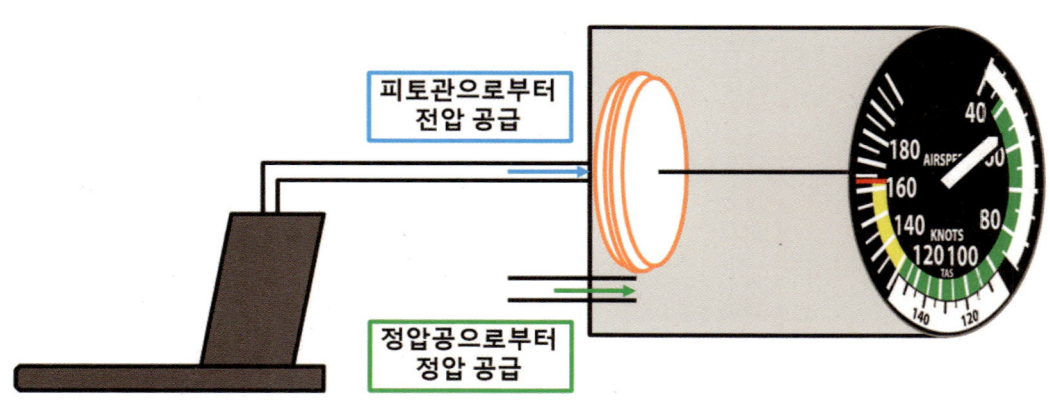

※ 항공기 속도가 느릴수록 동압은 작게 작용하여 다이어프램은 수축, 지시값은 낮게 지시된다.

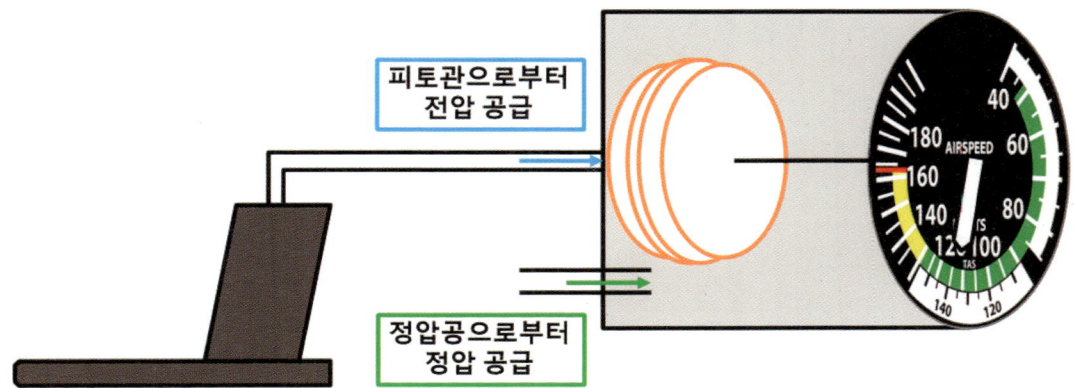

※ 항공기 속도가 빠를수록 동압은 크게 작용하여 다이어프램은 팽창, 지시값은 높게 지시된다.

(2) 고도계(Altitude Indicator)

고도계는 정압공에만 연결되어 정압을 이용하여 고도값을 지시한다. 항공기 고도가 상승, 하강에 따라 내부에 수감부로 쓰이는 아네로이드(Aneroid)가 수축, 팽창을 하여 고도계의 지시 바늘을 움직이게 한다.

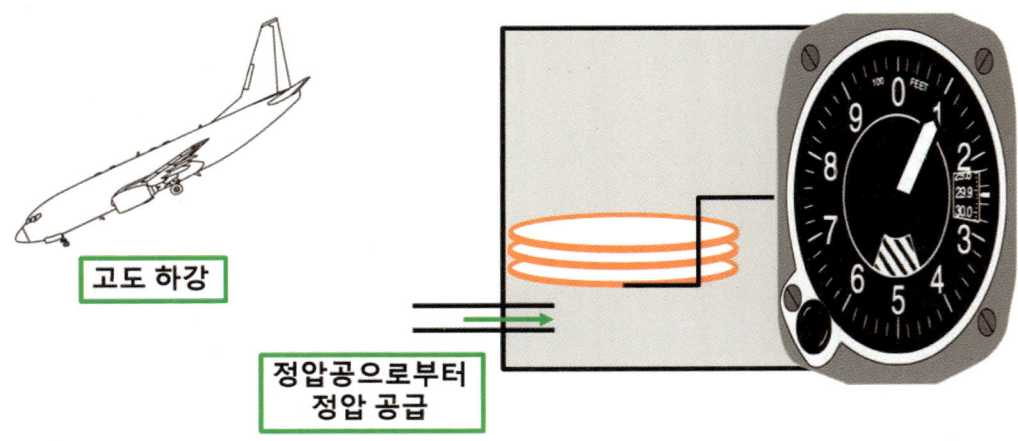

※ 항공기 고도가 낮아지면 정압은 증가하여 아네로이드는 수축, 지시값은 낮게 지시된다.

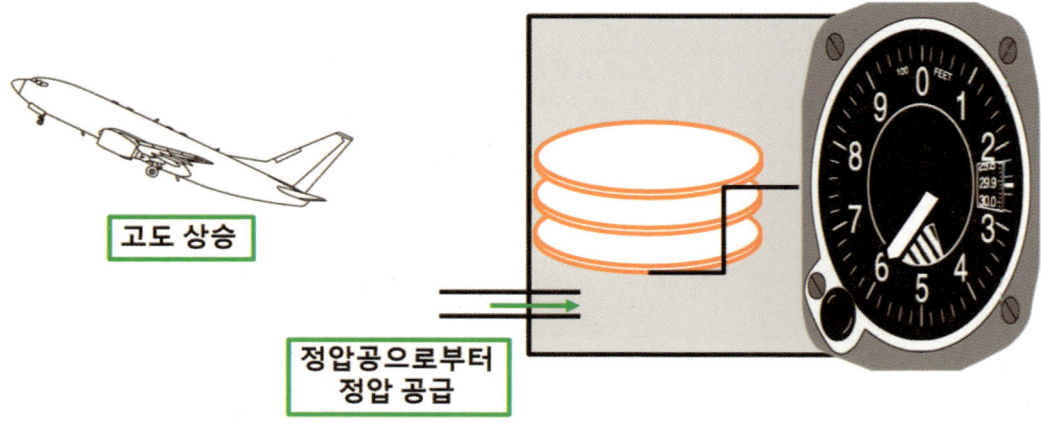

※ 항공기 고도가 높아지면 정압은 감소하여 아네로이드는 팽창, 지시값은 높게 지시된다.

(3) 승강계(Vertical Speed Indicator)

고도계와 마찬가지로 승강계도 정압공에만 연결되어 있다. 이 계기는 항공기 고도가 상승, 하강에 따라 분당 상승률과 하강률에 대해 지시해준다. 단위는 FPM(Feet per Minutes)을 사용한다. 내부에 있는 개방형 다이어프램(Diaphragm)은 다이어프램 내부의 정압 차이를 이용하여 수축, 팽창을 한다.

항공기 고도가 낮아지면 정압이 증가하여 다이어프램으로 유입되는 압력이 증가함으로써 다이어프램을 팽창시켜 지시 바늘은 낮게 지시된다. 반대로 고도가 높아지면 정압이 감소하여 다이어프램으로 유입되는 압력이 감소됨으로써 다이어프램은 수축되고 지시 바늘은 높게 지시된다.

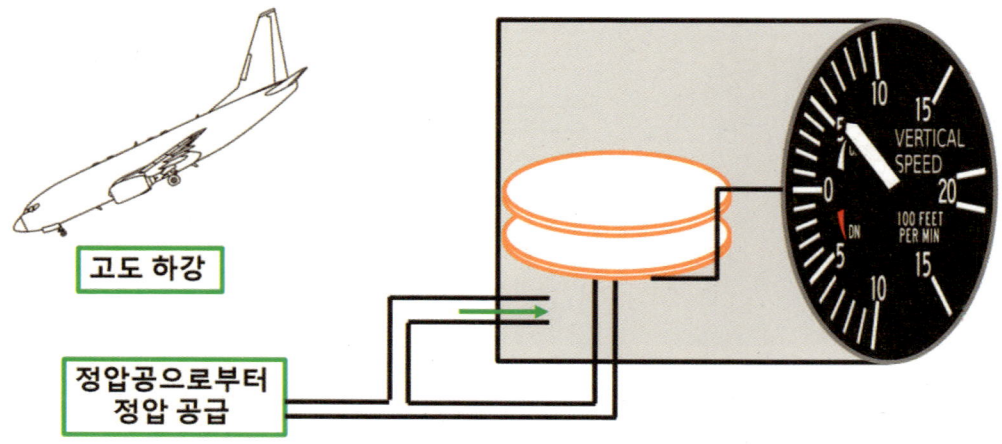

※ 항공기 고도가 낮아지면 정압은 증가하여 다이어프램으로 유입되는 정압이 이 다이어프램을 팽창시켜 지시값을 낮게 지시하도록 한다.

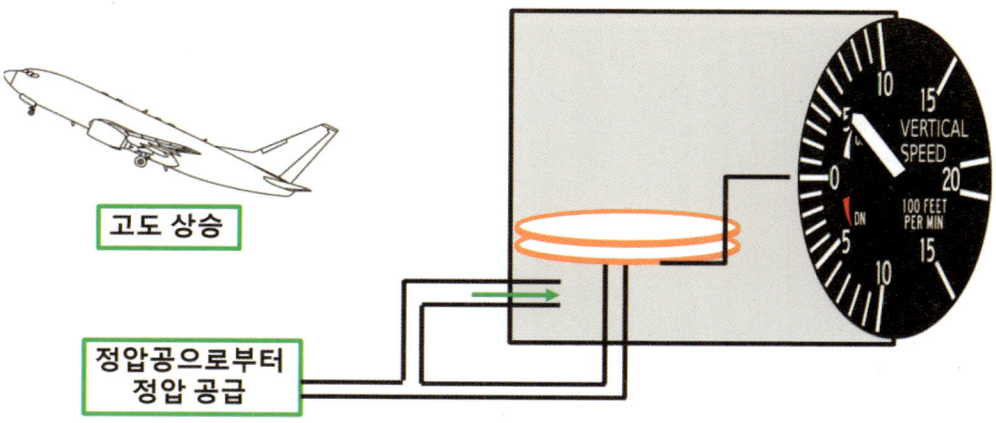

※ 항공기 고도가 높아지면 정압은 감소하여 다이어프램으로 유입되는 정압이 이 다이어프램을 수축시켜 지시값을 높게 지시하도록 한다.

◆ 전형적인 Cessna 172 항공기의 아날로그 계기 구성도 ◆

◆ 기본 T자 배치 아날로그 비행 계기 ◆

(출처 : 국토교통부 항공정비사 표준교재 항공기전자전기계기)

Question 1-3

항공계기에 사용되는 공함(Pressure Capsule)이란 무엇인가?

Answer

공함은 압력을 기계적 변위로 변환하는 장치로써 항공계기에 중요한 역할을 한다. 압력을 공급받은 공함은 이를 수감한다고 표현하며, 수감부라고도 말한다. 공함 종류로는 버든 튜브(Bourdon Tube), 벨로즈(Bellows), 아네로이드(Aneroid), 다이어프램(Diaphragm)이 있으며 각 사용처로는 다음과 같이 있다.

(1) 버든 튜브 : 작동유 계통 등에 사용되는 고압 수감부
(2) 벨로즈 : 오일 압력, 연료 압력 등 수감부
(3) 아네로이드 : 고도계의 주요 수감부
(4) 다이어프램 : 속도계의 주요 수감부

Aircraft Maintenance Technician

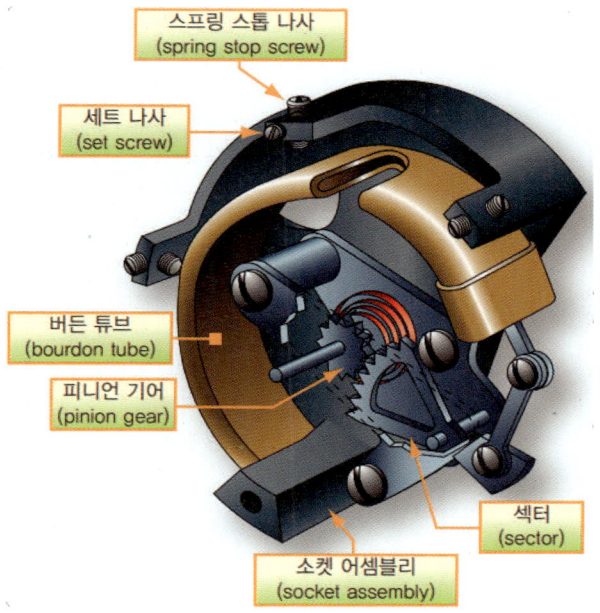

◆ 항공기 계기 수감부로 쓰이는 버든 튜브 구조 ◆

(출처 : 국토교통부 항공정비사 표준교재 항공기전자전기계기)

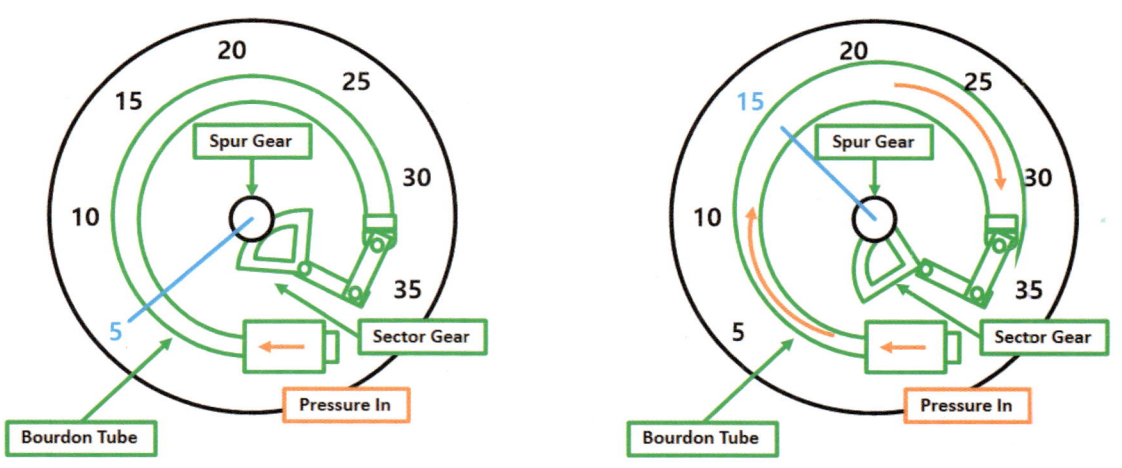

※ 오일이나 연료의 압력이 버튼 튜브 내부로 흐르게 되면 튜브가 팽창되어 지시 바늘을 움직이도록 한다. 오일이나 연료의 흐름량이 더욱 클수록 지시 바늘 움직임 또한 증가한다.

04 전자계기 계통 • 503

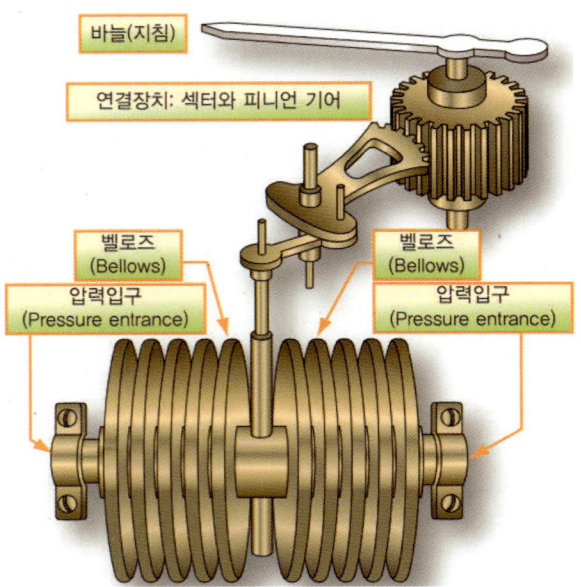

◆ 항공기 계기 수감부로 쓰이는 벨로즈 구조 ◆

(출처 : 국토교통부 항공정비사 표준교재 항공기전자전기계기)

양쪽에 있는 압력 입구에 측정 대상물의 압력이 유입되면 벨로즈는 팽창하여 연결장치(섹터와 피니언 기어)를 움직이게 한다. 이러한 움직임은 계기판 지시 바늘을 움직여 값을 나타내는 것이다.

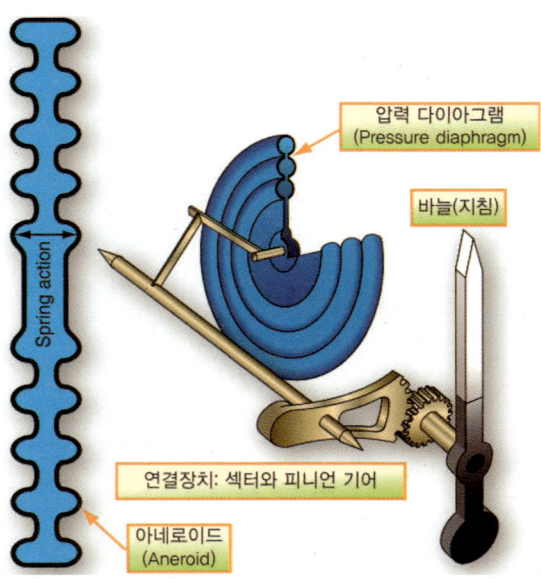

◆ 항공기 계기 수감부로 쓰이는 다이어프램 구조 ◆

(출처 : 국토교통부 항공정비사 표준교재 항공기전자전기계기)

다이어프램 내부에는 전압(Total Pressure)이 들어가는 구멍이 있고 외부에는 정압이 작용된 상태이며, 두 압력의 차압인 동압(Dynamic Pressure)에 의해 다이어프램이 수축, 팽창을 이루게 된다. 이러한 움직임은 연결장치(섹터와 피니언 기어)를 움직여 지시 바늘이 움직이고, 지시값을 나타낸다.

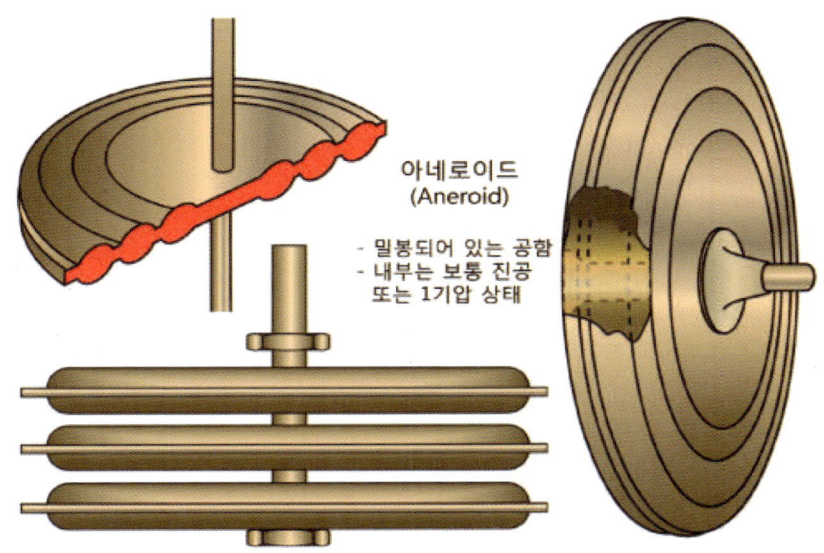

◆ 항공기 계기 수감부로 쓰이는 아네로이드 구조 ◆

(출처 : 국토교통부 항공정비사 표준교재 항공기전자전기계기)

다이어프램과 유사하나 내부에 전압이 들어가는 구멍이 없고 완전한 진공상태로 밀봉된 점에서 차이가 있다. 밀봉된 아네로이드는 외부에서 작용하는 정압에 의해 수축, 팽창을 이루게 되며 주로 고도계에 쓰인다. 또한 내부가 진공상태가 아닌 1기압 상태의 가스를 채워 넣는 경우도 있다.

Question 1-4

항공기 동 · 정압 계통(Pitot-Static System)의 계기 누설 확인은 어떻게 수행하는가?

Answer

항공기 동 · 정압 계통 누설 확인은 ADTS(Air Data Test System) 장비를 통해 정압공에 1,000[FT]에 해당하는 부압을 공급하여 1분간 바늘의 낙차 범위를 확인한다. 이때 150[FT] 미만으로 바늘이 낙차를 하게 되면 정상적으로 사용이 가능하다. 피토관(Pitot Tube) 같은 경우에는 정압을 150[MPH]의 압력을 공급하여 바늘의 낙차 범위가 50[MPH] 미만인지를 확인하여 누설 여부를 판단한다.

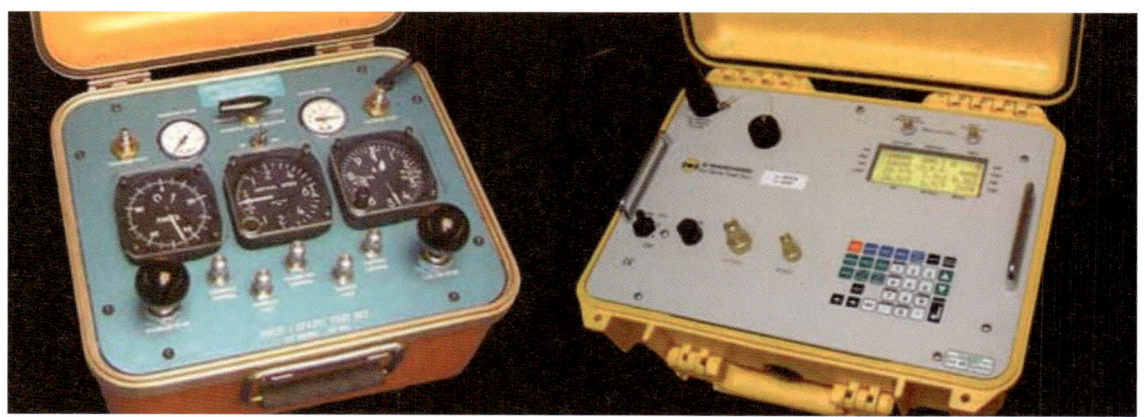

◆ 동 · 정압 계통 시험 장비 - 아날로그(좌측) 및 디지털(우측) ◆

(출처 : 국토교통부 항공정비사 표준교재 항공기전자전기계기)

Question 1-5

항공기 고도계에 쓰이는 고도 종류는 무엇이 있는가?

Answer

항공기 고도계에 쓰이는 고도는 기압고도(Pressure Altitude), 절대고도(Absolute Altitude), 진고도(True Altitude)가 있으며, 정의는 다음과 같다.

(1) 기압고도(Pressure Altitude)

표준대기압 기준선(29.92[inHg]일 때 해면)으로부터 항공기까지의 고도이며 이는 표준대기압 고도계로 전이고도 이상(14,000[ft])에서 모든 항공기는 기준으로 비행한다.

(2) 절대고도(Absolute Altitdue)

지표면(활주로)에서부터 항공기까지의 고도이며 전파 고도계(Radio Altimeter)가 지시하는 고도이다.

(3) 진고도(True Altitude)

실제 해면상에서부터 항공기까지의 고도를 말한다. 전이고도 이하에서 기준으로 하는 고도로 비행하기 전 기압치를 설정 후 비행하는 고도이다.

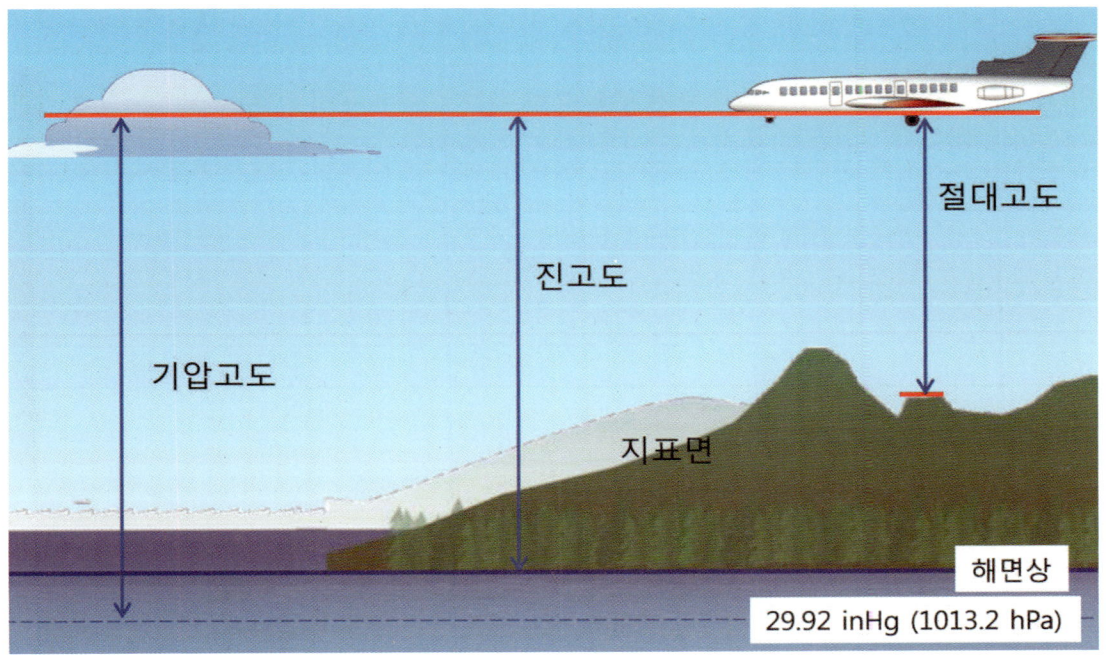

◆ 고도 종류(Kinds of Altitude) ◆

(출처 : 국토교통부 항공정비사 표준교재 항공기전자전기계기)

Question 2

항공기 전자계기는 어떤 것들이 있는가?

Answer

항공기 전자계기는 기본적으로 6개의 디스플레이 유닛(Display Unit)으로 구성되어 있으며 2명의 조종사가 사용할 수 있도록 되어 있다.

에어버스사의 항공기는 전자계기계통(EIS : Electronic Instrument System), 보잉사 항공기는 종합계기계통(IDS : Integrated Display System)으로 제작사마다 용어 차이도 있다.

여기서 에어버스사와 보잉사의 차이는 다음과 같다.
① EIS = EFIS(Electronic Flight Instrument System) + ECAM(Electronic Centralized Aircraft Monitor)
② IDS = EFIS(Electronic Flight Instrument System) + EICAS(Engine Indicating and Crew Alerting System)

또한 보잉사의 항공기는 여러 아날로그 계기들을 6개의 화면으로 종합하였다고 하여 종합계기계통(IDS)이라 하기도 하지만 일부 기종에서는 B737의 경우 CDS(Common Display System), B777의 경우 PDS(Primary Display System)이라고 부르기도 한다.

여기서 EFIS 용어에는 비행 주요 정보를 제공해주는 PFD(Primary Flight Display)와 주요 항법 정보들을 종합적으로 지시해주는 ND(Navigation Display) 계기들을 포함한 것을 말한다.

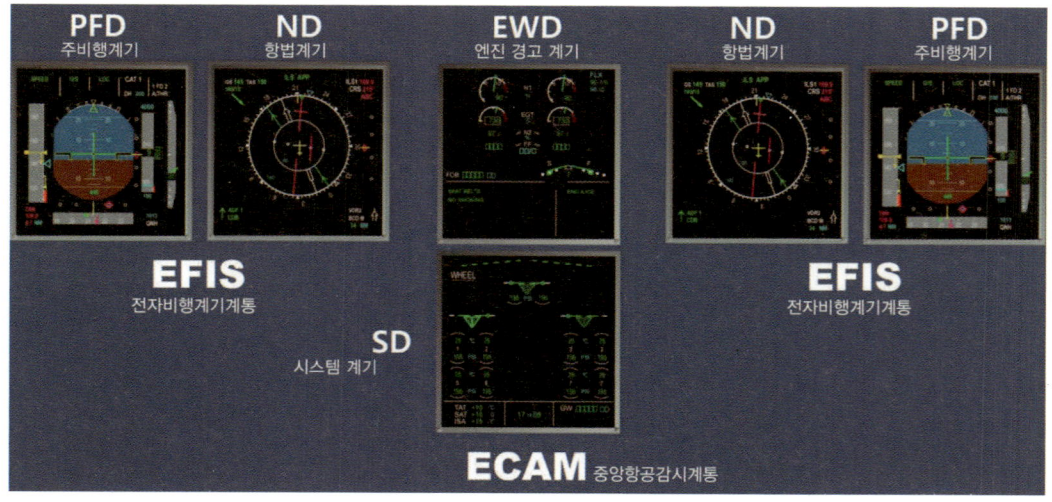

◆ 에어버스사의 항공전자계기 배치도 ◆

(출처 : 국토교통부 항공정비사 표준교재 항공기전자전기계기)

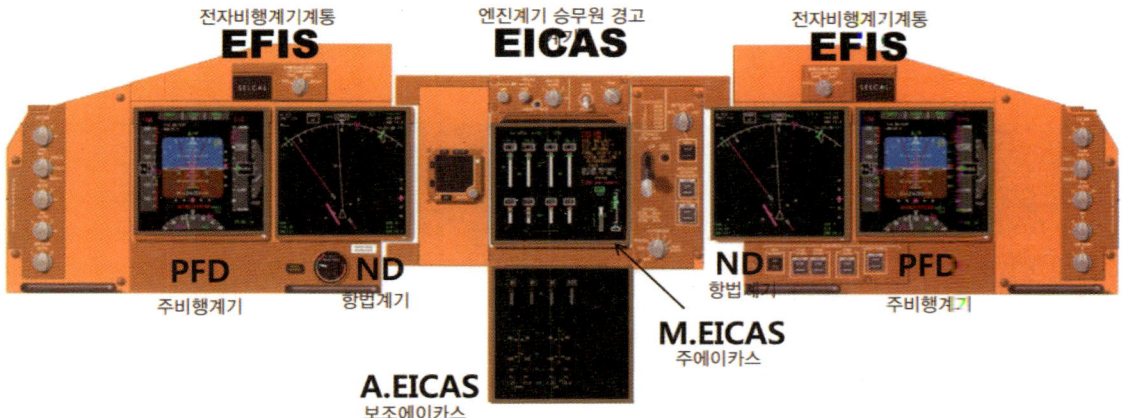

◆ 보잉사의 항공전자계기 배치도 ◆

(출처 : 국토교통부 항공정비사 표준교재 항공기전자전기계기)

Question 2-1

항공기 전자계기 중 PFD와 ND는 어떤 계기인가?

Answer

PFD(Primary Flight Display)는 항공기 비행에 대한 주요 정보들을 조종사에게 제공해주는 집합전자계기이다. 이 계기에서는 항공기 자세, 속도(단위 : Knots), 고도(단위 : ft, m), 승강률(단위 : ft/min), 방위각(Heading), ILS(Instrument Landing System), 대지속도(Ground Speed), CMD(Command Bar), LNAV, VNAV, Auto Throttle 상태 등을 지시해준다.

ND(Navigation Display)는 항공기의 진로, 위치, 방위 등을 알려주는 집합전자계기이다. 이 계기에서는 현재 위치, 공항이나 무선국으로부터 얼마만큼 남았는가에 대한 거리 정보, 도착 예정 시간(ETA : Estimated Time Arrival), 방위각(Heading), 비행 진로 방향, 지상 무선국 표지시설 위치, 기상 정보, 풍향, 대지 속도(Ground Speed), GPS, INS(IRS), DME, VOR, ADF 등을 모두 종합적으로 지시해준다.

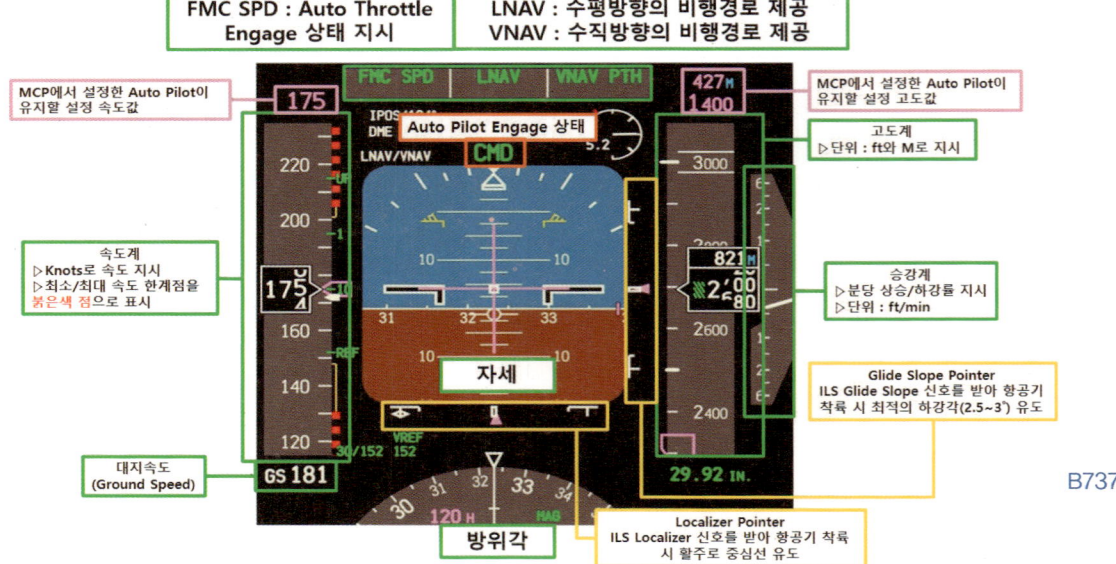

◆ NG PFD(Primary Flight Display)에서 시현되는 정보들 ◆

(출처 : Wikimedia Commons)

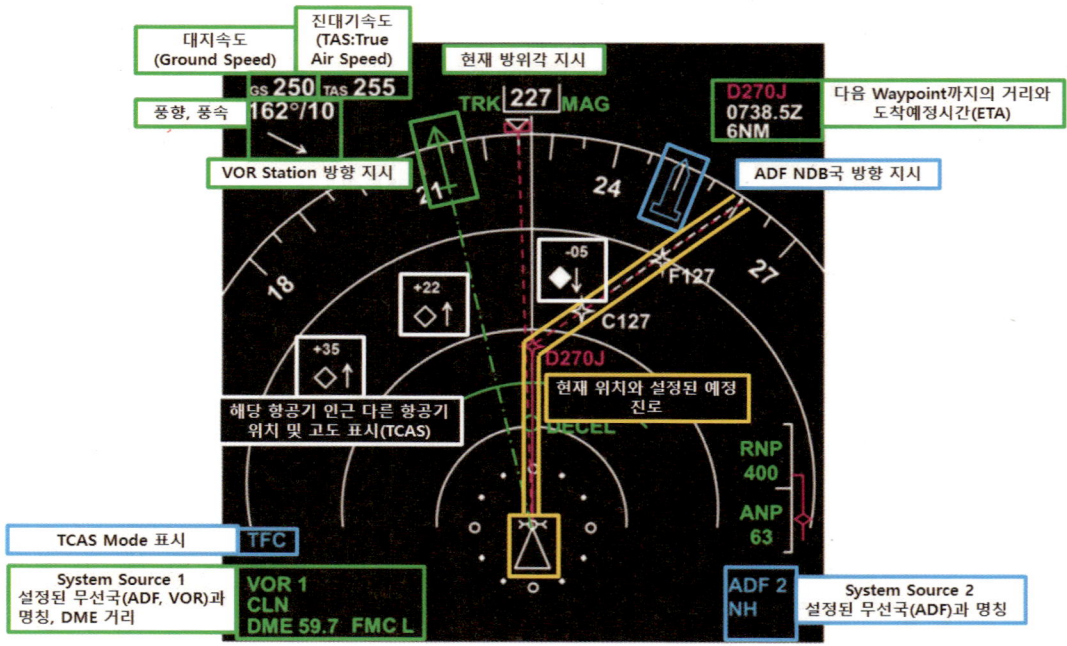

(출처 : Wikimedia Commons)

Question 2-2

항공기 EICAS/ECAM는 어떤 계기인가?

Answer

두 용어의 차이는 다음과 같다.

① EICAS(Engine Indicating and Crew Alerting System)는 보잉사에서 제작된 항공기에서 부르는 명칭
② ECAM(Electronic Computerized Aircraft Monitor)은 에어버스사에서 제작된 항공기에서 부르는 명칭

EICAS의 경우에는 B747과 B777 기종에서 MAIN과 AUX 두 가지로 분류된다. MAIN에서는 N1, N2와 EGT 등 엔진의 주요 파라미터 등을 지시해주고 여기에 추가로 랜딩기어 상태 및 객실여압상태 그리고 계통에 이상이 있을 시 승무원에게 경고 메시지 등을 지시해준다.

AUX에서는 부수적인 Engine Parameter와 Hydraulic System, Door Open/Close 상태, Electrical System, Fuel System, Cabin Pressurization System, Air Conditioning System 등 다양한 계통들을 한눈에 쉽게 알아볼 수 있도록 원하는 페이지를 띄워서 확인도 할 수 있다.

B737 기종의 경우에는 Upper DU(Display Unit)와 Lower DU(Display Unit)로 분류되며 Upper DU에서는 Engine N1, 배기가스 온도(EGT), TAT, 연료량, Landing Gear UP/DOWN 상태, Flap 각도 등을 지시하고 Lower DU에서는 Engine N2, 오일 압력, 오일 온도, 연료흐름량(FF : Fuel Flow), 진동값 등을 나타낸다.

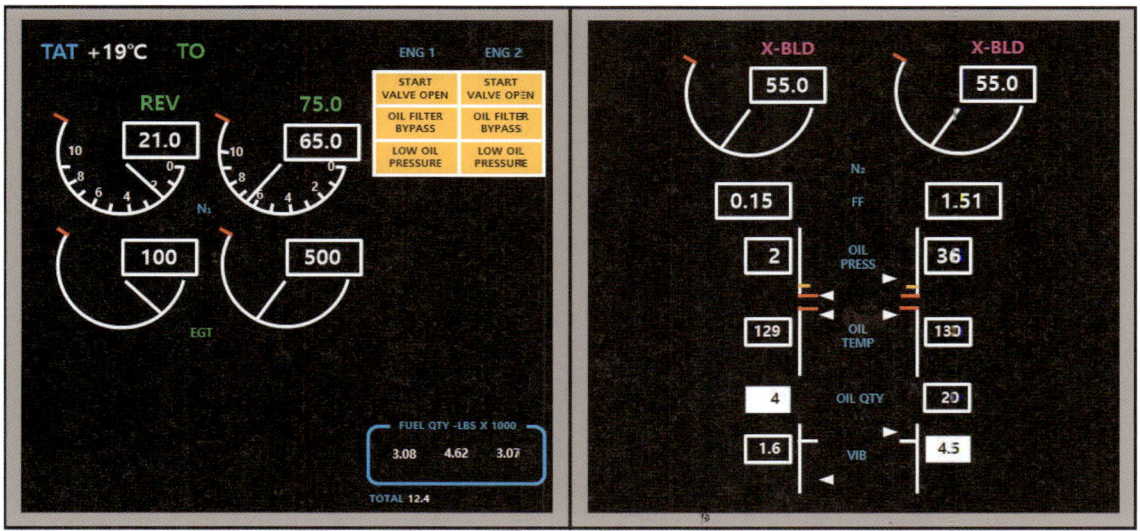

◆ B737 항공기의 Upper DU와 Lower DU에서 시현되는 Parameter들 ◆

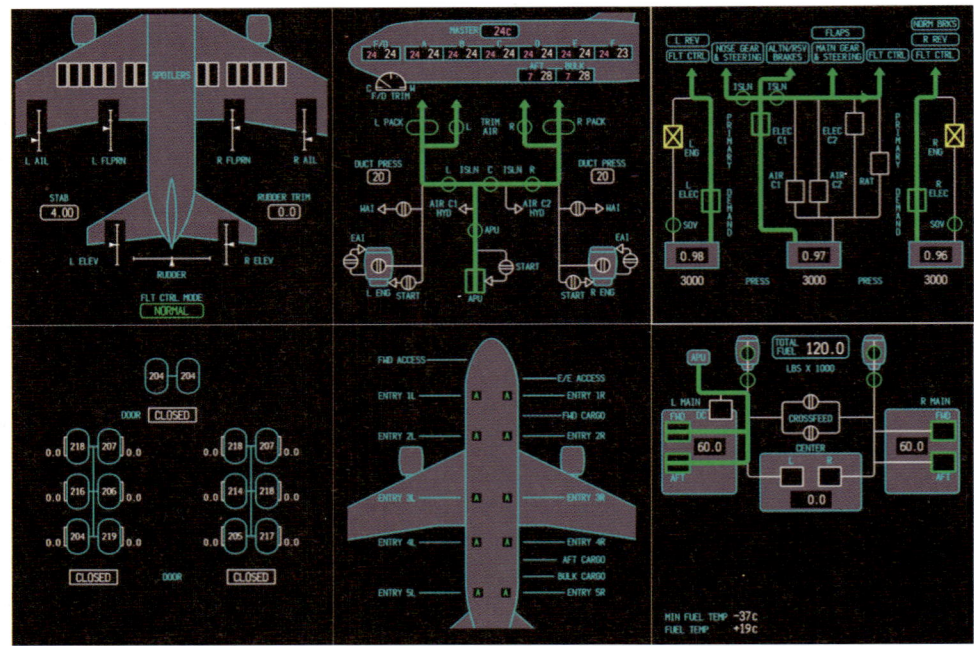

◆ B777 항공기의 AUX EICAS에서 시현되는 계통도 ◆

(출처 : Wikimedia Commons)

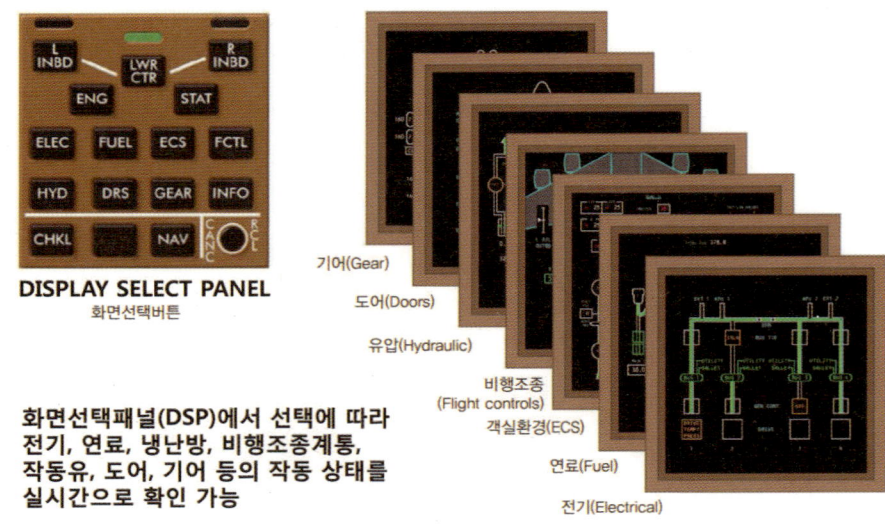

보잉사의 B747 항공기는 DSP(Display Select Panel)에서 원하는 계통도를 AUX EICAS에서 시현시켜 한눈에 파악하기 쉽도록 해준다.

(출처 : 국토교통부 항공정비사 표준교재 항공기전자전기계기)

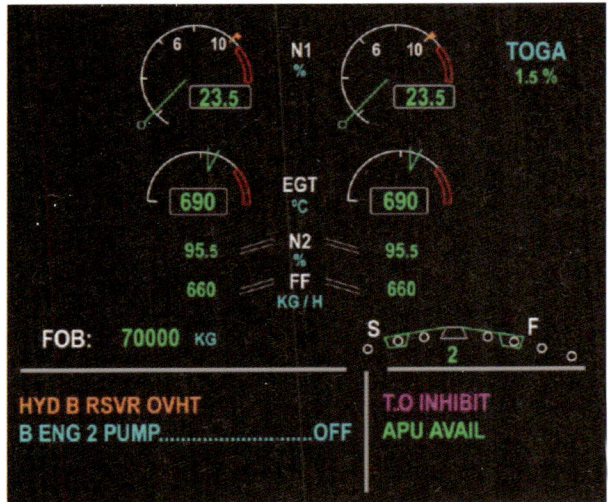

◆ 에어버스사의 A330 항공기 Upper ECAM에서 시현되는 Parameter들 ◆
(출처 : 국토교통부 항공정비사 표준교재 항공기전자전기계기)

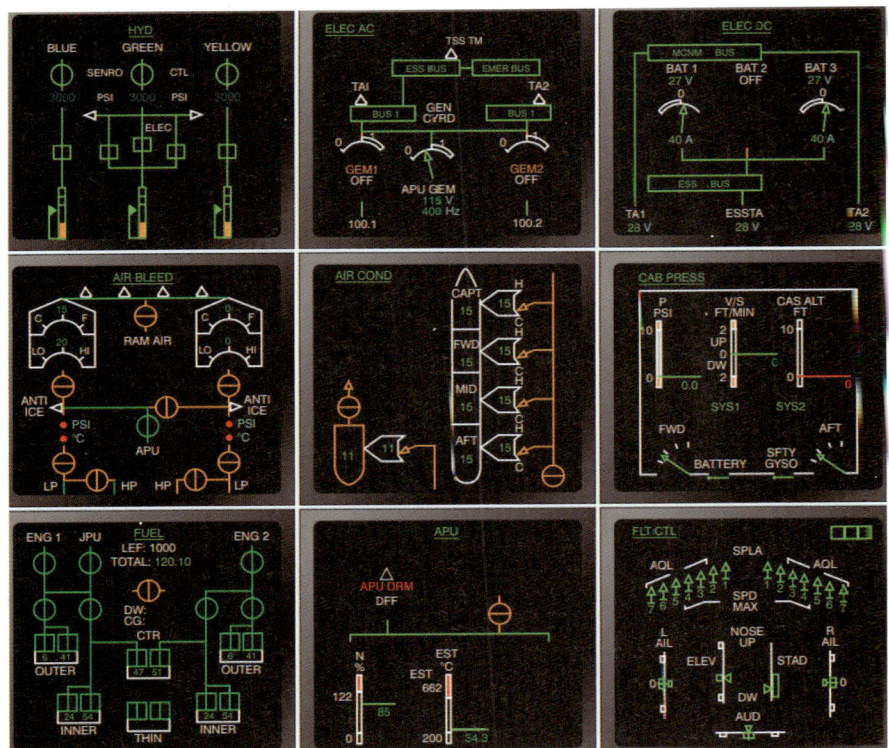

| 에어버스사의 항공기 Lower ECAM에서 시현되는 계통별 계통도 |
(출처 : 국토교통부 항공정비사 표준교재 항공기전자전기계기)

에어버스사의 항공기도 마찬가지로 Display Select Panel을 통해 원하는 계통도를 Lower ECAM에서 시현시켜 한눈에 파악하기 쉽게 해준다.

(출처 : 국토교통부 항공정비사 표준교재 항공기전자전기계기)

참고자료

항공정비 약어 및 원어

항공약어	원어	뜻
AMO	Approved Maintenance Organization	정비조직인증
MEL	Minimum Equipment List	최소 장비 목록
CDL	Configuration Deviation List	배열 이탈 목록
AD	Airworthiness Directive	감항성 개선지시서
SB	Service Bulletin	정비 기술 회보
AMM	Aircraft Maintenance Manual	항공기 정비 매뉴얼
SRM	Structure Repair Manual	구조 수리 매뉴얼
WDM	Wiring Diagram Manual	전기 배선 매뉴얼
IPC	Illustrated Part Catalog	부품 도해 목록
FIM	Fault Isolation Manual	결함 해소 매뉴얼
HT	Hard Time	하드 타임(시한성 정비)
OC	On Condition	온 컨디션(상태점검 정비)
CM	Condition Monitoring	컨디션 모니터링(신뢰성 정비)
MSG	Maintenance Steering Group	메인터넌스 스티어링 그룹 또는 정비 작업군
TR Check	Transit Check	중간 점검
PR/PO Check	Preflight/Postflight Check	비행전/후점검
HM	Heavy Maintenance	중정비
SVC	Servicing	서비싱 - 연료, 오일, 작동유 등 보충하는 작업
ISI	Internal Structure Inspection	내부 구조 검사
ICAO	International Civil Aviation Organization	국제 민간 항공 기구
IATA	International Air Transport Association	국제 항공 운송 협회
ATA	Air Transport Association of America	미국 항공 운송 협회
AA	Aluminum Association	알루미늄 협회
SAE	Society of Automotive Engineers	미국 자동차 기술자 협회
AISI	American Iron and Steel Institute	미국 철강 협회
AN	Airforce & Navy Aeronautical Standard	미국 공군 해군 표준 규격
MS	Military Standard	미국 군용 항공기 엔진 표준 부품 기호
MIL	Military Specification	미국 육군 표준 규격
NAS	National Aircraft Standard	미국 국립 항공 기관에 의해 정하진 항공기 표준 부품 기호

참고자료

항공약어	원어	뜻
CM	Composite Material	복합재료/복합소재
FRP	Fiber Reinforced Plastic	강화섬유플라스틱
ENG	Engine	엔진
NLG	Nose Landing Gear	노즈 랜딩기어
MLG	Main Landing Gear	메인 랜딩기어
HYD	Hydraulic	유압
ELEC	Electronic	전기
SYS	System	시스템 또는 계통
SOV	Shutoff Valve	차단 밸브
FOD	Foreign Object Damage	외부 물질에 의한 손상
IOD	Internal Object Damage	내부 물질에 의한 손상
FLTR	Filter	필터
MDL	Module	모듈
DET	Detector	디텍터 또는 탐지기
AGB	Accessory Gearbox	악세서리 기어박스
IGB	Intermediate Gearbox	인터미디에이트 기어박스
TGB	Transfer Gearbox	트랜스퍼 기어박스
HPC	High Pressure Compressor	고압 압축기
HPT	High Pressure Turbine	고압 터빈
LPC	Low Pressure Compressor	저압 압축기
LPT	Low Pressure Turbine	저압 터빈
IGV	Inlet Guide Vane	인렛 가이드 베인
VSV	Variable Stator Vane	가변 스테이터 베인
VBV	Variable Bleed Valve	가변 블리드 밸브
C/B	Circuit Breaker	회로 차단기/서킷 브레이커
IDG	Integrated Drive Generator	통합 구동 발전기
IGN	Ignition	점화
GEN	Generator	발전기
EGT	Exhaust Gas Temperature	배기가스 온도
CHT	Cylinder Head Temperature	실린더 헤드 온도
EPR	Engine Pressure Ratio	엔진 압력비
TEMP	Temperature	온도
PRESS	Pressure	압력
VIB	Vibration	진동

Reference

항공약어	원어	뜻
FF	Fuel Flow	연료 흐름량
FQI	Fuel Quantity Indicator	연료량 지시계
FQIS	Fuel Quantity Indicator System	연료량 지시 계통
DU	Display Unit	디스플레이 유닛
CDS	Common Display System	공통 지시 계통
IDS	Integrated Display System	통합 지시 계통
V/V	Valve	밸브
SOAP	Spectrometric Oil Analysis Program	오일 분광 검사
COMP	Compressor	압축기
C/C	Combustion Chamber	연소실
TURB	Turbine	터빈
TNGV	Turbine Nozzle Guide Vane	터빈 노즐 가이드 베인
ACCS	Active Clearance Control System	능동 간격 조절 장치
TCCS	Turbine Case Cooling System	터빈 케이스 냉각 장치
BRG	Bearing	베어링
EEC	Electronic Engine Control	엔진의 모든 센서들로부터 전기 신호를 수감하여 엔진 연료량과 최적의 상태를 유지하는 전기 제어 장치
HMU	Hydro-Mechanical Unit	EEC로부터 신호를 수감하여 엔진 연료량과 최적의 상태를 유지하는 유압-기계식 장치
FADEC	Full Authority Digital Engine Control	EEC와 HMU와 같은 장치를 통틀어 말하는 엔진 용어
GND	Ground	점화장치 스위치 설정 위치 중 지상 출력
FLT	Flight	점화장치 스위치 설정 위치 중 비행 출력
STBY	Standby	스탠바이
W & B	Weight and Balance	중량 및 평형/웨이트 앤 밸런스
MTOW	Maximum Takeoff Weight	최대 이륙 중량
MLW	Maximum Landing Weight	최대 착륙 중량
MEW	Manufacturer Empty Weight	제작 당시의 자중
BEW	Basic Empty Weight	기본 자중
OEW	Operational Empty Weight	운항 자중
SEW	Standard Empty Weight	표준 운항 자중
ZFW	Zero Fuel Weight	영연료 무게
CG	Center of Gravity	무게중심
MAC	Mean Aerodynamic Chord	평균 공력 시위

참고자료

항공약어	원어	뜻
ACM	Air Cycle Machine	에어 사이클 머신 또는 공기 순환 장치
VCM	Vapor Cycle Machine	베이퍼 사이클 머신 또는 증기 순환 장치
ACS	Air Conditioning System	공기 조화 계통
FCSOV	Flow Control and Shutoff Valve	흐름량 제어 및 차단 밸브
TCV	Temperature Control Valve	온도 조절 밸브
FLT ALT	Flight Altitude	비행 고도
PSU	Passenger Service Unit	고객 서비스 장치
PSS	Passenger Service System	고객 서비스 시스템
PA	Passenger Address	기내 방송
PES	Passenger Entertainment System	오락 프로그램 제공 시스템
ELT	Emergency Locator Transmitter	비상 위치 송신기
EMER	Emergency	비상
LRU	Line Replaceable Unit	라인에서 교체 가능한 품목
SRU	Shop Replaceable Unit	공장에서 교체 가능한 품목
CPC	Cabin Pressurization Controller	객실 압력 조절 장치
CPC	Corrosion Preventive Compound	부식 방지제
CAB ALT	Cabin Altitude	객실 고도
E & E	Electronic Equipment	전기전자 장비
APU	Auiliary Power Unit	보조 동력 장치
GPU	Ground Power Unit	지상 전원 공급 장치
ASU	Air Start Unit	엔진 시동을 위한 공압 공급 장치
ACU	Air Condition Unit	객실 냉난방 공급 장치
INOP	Inoperation	불가동, 결함
DIU	De-Icing Unit	제빙 장치
HOT	Holdover Time	제빙액 지속 유지시간
HRD	High of Rate Discharge	고압 분사 소화장치
PROP	Propeller	프로펠러
SW	Switch	스위치
AWG	Americal Wire Gauge	미국 전선 규격
AOA	Angle of Attack	받음각
FCC	Flight Control Computer	비행 조종 컴퓨터
FBW	Fly By Wire	플라이 바이 와이어
FMC	Flight Management Computer	비행 관리 컴퓨터
CMC	Central Maintenance Computer	중앙 유지 컴퓨터

Reference

항공약어	원어	뜻
CCDL	Cross Channel Data Link	크로스 채널 데이터 링크 - EEC 기능 중 하나
PFD	Primary Flight Display	비행 주요 지시계기
ND	Navigation Display	항법 지시계기
ADI	Attitude Direction Indicator	자세계
HSI	Horizon Situation Indicator	수평 상황 지시계
EADI	Electronic Attitude Direction Indicator	전자식 자세계
EHSI	Electronic Horizon Situation Indicator	전자식 수평 상황 지시계
DG	Directional Gyro	방향 자이로
VG	Vertical Gyro	수직 자이로
EFIS	Electronic Flight Instrument System	전자식 비행 계기 계통
EICAS	Engine Indicating and Crew Alerting System	엔진 계기 및 승무원 경보 계통
ECAM	Electronic Centralized Aircraft Monitor	전자식 중앙 항공기 감시 계통
ESDS	Electro Static Discharge Sensitive	정전기 민감 부품
ANT	Antenna	안테나
AM	Amplitude Modulation	증폭 변조
FM	Frequency Modulation	주파수 변조
HF	High Frequency	단파
VHF	Very High Frequency	초단파
UHF	Ultra High Frequency	극초단파
SSB	Single Side Band	단측파대
DSB	Double Side Band	양측파대
ADF	Automatic Direction Finder	자동 방향 탐지기
NDB	Non-Direction Beacon	무지향 표지시설
VOR	VHF-Omnidirectional Range	전방향 무선 표지 시설
DME	Distance Measuring Equipment	거리 측정 장치
INS	Inertial Navigation System	관성 항법장치
IRS	Inertial Reference System	관성 기준 장치
GPS	Global Positioning System	위성 항법장치
ETA	Estimated Time Arrival	도착 예정 시간
IAS	Indicated Air Speed	지시 대기 속도
CAS	Calibrated Air Speed	보정 대기 속도
EAS	Equivalent Air Speed	등가 대기 속도
TAS	True Air Speed	진 대기 속도
DH	Decision Height	결심 고도

참고자료

항공약어	원어	뜻
ILS	Instrument Landing System	계기 착륙장치
LOC	Localizer	로컬라이저
G/S	Glide Slope	글라이드 슬로프
M/B	Marker Beacon	마커 비콘
IM	Inner Marker	내측 마커
MM	Middle Marker	중앙 마커
OM	Outer Marker	외측 마커
TAT	Total Air Temperature	전 온도
TACAN	UHF Tactical Air Navigation Aid	전술 항법장치
NAV	Navigation	항법
PRI	Primary	주요, 1차
SEC	Secondary	보조, 2차
GPWS	Ground Proximity Warning System	지상 근접 경보장치
EGPWS	Enhanced Ground Proximity Warning System	개량형 지상 근접 경보장치
TCAS	Traffic Collision Avoidance System	공중 충돌 경보장치
ATC	Air Traffic Control	항공 교통 관제
ACARS	ARINC Communication Addressing and Reporting System	운항 정보 교신장치
SATCOM	Satelite Communication	위성통신장치
RA	Radio Altimeter	전파 고도계
WARN	Warning	경고
FDR	Flight Data Recorder	비행 자료 기록장치
DFDR	Digital Flight Data Recorder	디지털 비행 자료 기록장치
CVR	Cockpit Voice Recorder	조종실 음성 기록장치
ULD	Underwater Locator Device	수중 위치 표시장치
AUX	Auxiliary	보조
AVG	Average	평균
CAT	Category	카테고리/범주
DEG	Degrees	도(각도 또는 방위)
MAG	Magnetic	마그네틱 또는 자석, 자방위
BATT/BAT	Battery	배터리
T/Q	Torque	토크
ETOPS	Extended Operations	회항시간 연장운항
EDTO	Extended Diversion Time Operations	회항시간 연장운항

Reference

항공약어	원어	뜻
HDG	Heading	기수
GS	Ground Speed	대지 속도
HUD	Head-Up Display	전방 시현기
INSTR	Instrument	계기
LGT	Light	항공등화 또는 조명
NAVAID	Navigation Aid	항행 시설
OAT	Outside Air Temperature	외기 온도
PAX	Passenger	승객
PWR	Power	출력, 전력
RVR	Runway Visual Range	활주로 가시거리
RWY	Runway	활주로
SELCAL	Selective Calling System	선택 호출 장치
PSR	Primary Surveilance Radar	1차 감시 레이더
SSR	Secondary Surveilance Radar	2차 감시 레이더
STD	Standard	표준
TWR	Tower	관제탑
TWY	Taxiway	유도로

참고문헌

1. 항공법규(Aviation Legislation)
01 법제처 항공안전법(시행령, 시행규칙 등)
02 법제처 공항시설법(시행령, 시행규칙 등)
03 국토교통부 항공정비사 표준교재 항공법규

2. 항공기체(Airframe)
01 국토교통부 항공정비사 표준교재 항공기기체 제1권(기체구조 및 판금)
02 국토교통부 항공정비사 표준교재 항공기기체 제2권(항공기 시스템)
03 국토교통부 항공정비사 표준교재 항공기정비일반
04 청연출판사 항공기기체
05 청연출판사 항공기기체 I(항공기 복합소재, 헬리콥터)
06 청연출판사 항공기기체 II(기체구조와 부품)
07 대영사 항공기 기체
08 대영사 항공기 기체 실습
09 태영문화사 항공정비실무
10 크라운출판사 항공기 기체
11 선학출판사 항공기 기체 I
12 선학출판사 항공기 기체 II
13 연경문화사 항공기 기체
14 노드미디어 항공정비학개론
15 A&P Technician Airframe Textbook
16 B737 MTM(Maintenance Technical Manual) ATA 00
17 B737 MTM(Maintenance Technical Manual) ATA 01
18 B737 MTM(Maintenance Technical Manual) ATA 12
19 B737 MTM(Maintenance Technical Manual) ATA 20

20 B737 MTM(Maintenance Technical Manual) ATA 27
21 B737 MTM(Maintenance Technical Manual) ATA 28
22 B737 MTM(Maintenance Technical Manual) ATA 29
23 B737 MTM(Maintenance Technical Manual) ATA 32
24 B737 Systems Summary(made by Smartcockpit)

3. 발동기(Power Plant)

01 국토교통부 항공정비사 표준교재 항공기엔진 제1권(왕복엔진)
02 국토교통부 항공정비사 표준교재 항공기엔진 제2권(가스터빈엔진)
03 국토교통부 항공정비사 표준교재 항공기정비일반
04 청연출판사 항공기관
05 청연출판사 가스터빈엔진
06 크라운출판사 항공기 기관
07 선학출판사 항공기 동력장치 I
08 선학출판사 항공기 동력장치 II
09 태영문화사 항공정비실무
10 태영문화사 항공기 왕복 엔진
11 태영문화사 항공기 가스터빈엔진
12 대영사 항공기기관실습 I
13 A&P Powerplants Textbooks
14 B737 MTM(Maintenance Technical Manual) ATA 00
15 B737 MTM(Maintenance Technical Manual) ATA 01
16 B737 MTM(Maintenance Technical Manual) ATA 12
17 B737 MTM(Maintenance Technical Manual) ATA 70
18 B737 Systems Summary(made by Smartcockpit)

참고문헌

4. 전자전기계기(Avionics)

- 01 국토교통부 항공정비사 표준교재 항공기전자전기계기
- 02 청연출판사 항공기 장비
- 03 청연출판사 항공기 장비 I
- 04 청연출판사 항공전자
- 05 연경문화사 항공기 장비
- 06 연경문화사 항공기 장비(상)
- 07 연경문화사 항공기 장비(하)
- 08 선학출판사 항공기 장비
- 09 태영문화사 항공기 장비 총론
- 10 크라운출판사 항공기 장비
- 11 B737 Systems Summary(made by Smartcockpit)

Memo

메 모

최신 출제 경향에 따른
항공정비사
면허 실기·구술

발 행	2023년 10월 20일 초판1쇄
저 자	조정현
발 행 인	최영민
발 행 처	피앤피북
주 소	경기도 파주시 신촌로 16
전 화	031-8071-0088
팩 스	031-942-8688
전자우편	pnpbook@naver.com
출판등록	2015년 3월 27일
등록번호	제406-2015-31호

정가 : 38,000원

- 이 책의 어느 부분도 저작권자나 발행인의 승인 없이 무단 복제하여 이용할 수 없습니다.
- 파본 및 낙장은 구입하신 서점에서 교환하여 드립니다.

ISBN 979-11-92520-65-0 (93550)